PETER HEUSSER

Anthroposophie und Wissenschaft
Eine Einführung

PETER HEUSSER

Anthroposophie und Wissenschaft

Eine Einführung

Erkenntniswissenschaft, Physik, Chemie, Genetik, Biologie, Neurobiologie, Psychologie, Philosophie des Geistes, Anthropologie, Anthroposophie, Medizin

VERLAG AM GOETHEANUM

Hochschulschrift der Freien Hochschule für Geisteswissenschaft am Goetheanum
(Genehmigte Lizenzausgabe der ersten deutschen Ausgabe von Heusser, Anthroposophische Medizin und Wissenschaft © by Schattauer GmbH, Stuttgart/Germany)

www.vamg.ch

Umschlaggestaltung: Wolfram Schildt, Berlin

Satz: Höpcke, Hamburg
Druck und Bindung: Druckhaus Nomos, Sinzheim
ISBN 978-3-7235-1568-6

Inhalt

Vorwort zur aktualisierten Ausgabe von 2016

Dieses Buch ist die aktualisierte Fassung meines Buches, das 2011 im Schattauer Verlag, Stuttgart, unter dem Titel *«Anthroposophische Medizin und Wissenschaft. Beiträge zu einer integrativen medizinischen Anthropologie»* erschienen ist. Dabei handelte es sich um meine Habilitationsschrift, die 2009 an der Universität Witten/Herdecke eingereicht worden und als Wissenschaftsgrundlage für den 2009 eingerichteten Lehrstuhl für Medizintheorie, Integrative und Anthroposophische Medizin an der Fakultät für Gesundheit der Universität Witten/Herdecke intendiert worden war, für den ich dann berufen wurde. Allerdings gab und gibt es international an mehreren Universitäten – z. T. schon vor Jahrzehnten – Wissenschaftler, Lektoren, Privatdozenten und Professoren, die anthroposophisch-medizinische Fragestellungen wissenschaftlich bearbeiteten, so in Deutschland, der Schweiz, in Schweden, den Niederlanden, den USA und in Brasilien. Aber da es bisher noch keine systematische Einführung in die Wissenschaftsgrundlagen der anthroposophischen Medizin gab und da es sich in Witten/Herdecke um den ersten Lehrstuhl und die erste Professur namentlich für anthroposophische Medizin an einer Universität überhaupt handelte, schien mir die Schaffung einer solchen Grundlage nötig. Heute (2016) gibt es bereits zwei weitere Professuren für anthroposophische Medizin, an der Universität Bern und an der Charité, Berlin.

Das Anliegen dieser Schrift war und ist eine Darstellung der wissenschaftlichen Begründung des Menschenverständnisses, das der anthroposophischen Medizin zugrunde liegt und das auch geeignet ist, die moderne Integrative Medizin konzeptionell zu untermauern. Es beginnt mit der erkenntniswissenschaftlichen Begründung des Wissenschafts- und Wirklichkeitsbegriffs, den Rudolf Steiner (1861 – 1925) in seinen erkenntniswissenschaftlichen Grundschriften entwickelt und sowohl für die Naturwissenschaft wie für die Geisteswissenschaft geltend gemacht hat. Darauf folgt die konsequente Anwendung dieses Wissenschafts- und Wirklichkeitsbegriffs auf zentrale Fragestellungen der modernen Wissenschaft. Das betrifft das Substanzverständnis in Physik und Chemie, die genetische, molekularbiologische und morphogenetische Grundlage der Biologie, die Neurobiologie mit Blick auf das Leib-Seele-Problem, die Psychologie, die Philosophie des Geistes, und hier insbesondere die Frage nach dem freien Willen des Menschen. Daraus ergibt sich ein modernes und naturwissenschaftlich begründetes Ganzheitsverständnis des Menschen bzw. eine Anthropologie, die geeignet ist, den reduktionistischen Naturalismus in der modernen Wissenschaft und Medizin zu überwinden. Allerdings muss beim Lesen dieses Buches stets berücksichtigt werden, dass die darin entwickelten medizinisch-anthropologischen Konzepte erst dann wirklich verständlich sind, wenn ihre erkenntniswissenschaftliche Basis begriffen wird. Aus diesem Grund ist Kapitel 2 die Voraussetzung der weiteren Kapitel.

Der Mensch wird nicht mehr bloß mechanistisch als eine genetische, molekularbiologische und neurobiologische Maschinerie verstanden, die aus physikalisch-chemischen Gesetzen und Kräften kausal die organischen, seelischen und geistigen Eigenschaften des Menschen produzieren soll, sondern als eine in sich differenzierte Wesenheit aus Körper, Leben, Seele und Geist. Dabei werden der physische Körper, die Ursache des organischen Lebens, die Seele und der Geist als vier eigenständige, emergente Systeme von Gesetzen und Kräften verstanden. Diese bilden in der menschlichen Organisation eine Einheit, in der sie zusammenwirken, aber in diesem Wirken voneinander abhängig sind. So kommen die differenzierten physischen, organischen, seelischen und geistigen Eigenschaften des Menschen mit ihren bekannten gegenseitigen Abhängigkeiten zustande. Aber Abhängig-Sein ist nicht identisch mit Verursacht-Sein, was oft verkannt wird.

Das hier auf Basis von Naturwissenschaft und Psychologie begründete Menschenverständnis kann in Übereinstimmung mit der europäischen Wissenschaftsgeschichte als «Anthropologie» bezeichnet werden. Diese stimmt sehr eng mit dem geisteswissenschaftlich begründeten Menschenverständnis der Anthroposophie Rudolf Steiners überein sowie mit den Begriffen von Gesundheit und Krankheit, die aus diesem Menschenverständnis resultieren. Gesundheit und Krankheit werden nicht mehr bloß als eine Folge von molekularen Wechselwirkungen verstanden, sondern darüber hinaus als eine Folge eines harmonischen oder dissonanten Ineinanderwirkens von realen Prozessen des Physischen, Lebendigen, Seelischen und Geistigen in einem Organ oder Organsystem. Und entsprechend sollte auch die Therapie nicht nur auf der physischen, sondern auf allen betroffenen Ebenen ansetzen.

In diesem Buch wird gezeigt, dass das Konzept einer geisteswissenschaftlichen Anthroposophie als eine konsequente Forderung der naturwissenschaftlich und psychologisch begründeten Anthropologie in der europäischen Wissenschaftsgeschichte bereits im frühen und mittleren 19. Jahrhundert auftaucht, so bei Ignaz Paul Vital Troxler (1780–1866) und Immanuel Hermann Fichte (1796–1879). Rudolf Steiner hat sich in historischen oder philosophischen Ausführungen wiederholt auf diese Denker bezogen; seine Anthroposophie als Geisteswissenschaft hat er jedoch erkenntniswissenschaftlich und methodisch vor allem in seiner Auseinandersetzung mit der zeitgenössischen, an Immanuel Kant anschließenden Erkenntniswissenschaft, in Anknüpfung an Johann Wolfgang Goethes Erkenntnismethode in dessen naturwissenschaftlichen Arbeiten und im Verfolgen der inneren, seelisch-geistigen Empirie im Sinne Johann Gottlieb Fichtes und Franz Brentanos am Ende des 19. und im Beginn des 20. Jahrhunderts begründet. Inhaltlich hat er diese

Geisteswissenschaft in den folgenden rund 25 Jahren in einer geistesgeschichtlich erstmaligen, aber schon sehr weit differenzierten und ausgedehnten Form entwickelt, wie das von seinen Vorgängern wie Troxler und I. H. Fichte noch gar nicht geleistet werden konnte. Fachleute der verschiedensten Kulturgebiete haben dann diese Resultate zunächst unter seiner Anleitung, aber später in eigenständiger Arbeit bis zur konkreten, lebenspraktischen Anwendung gebracht, insbesondere auch in der Medizin, in der Pädagogik, Heilpädagogik, Landwirtschaft, Kunst, Religion, im sozialen Leben usw. Dadurch ist die weit über den europäischen Kontinent hinausgehende Kulturwirksamkeit der modernen Anthroposophie entstanden. Weniger bekannt hingegen ist die Wissenschaftsgrundlage, auf der diese Anthroposophie beruht. Dieses Buch möchte eine Einführung in diese Wissenschaftsgrundlage und ihren Zusammenhang mit der akademischen Wissenschaft geben, besonders am Beispiel der Medizin und deren Wissenschaftsgrundlagen. Besonderer Wert wird deshalb auch darauf gelegt, am konkreten Beispiel der Medizin zu zeigen, wie die Resultate der anthroposophisch-geisteswissenschaftlichen Forschung im Sinne Rudolf Steiners sich zur wissenschaftlichen Forschung der modernen Medizin in Beziehung setzen und wie weit die Forschung auf diesem Gebiet schon ist bzw. wie viel ihr auch noch fehlt.

Die in diesem Buch dargestellten allgemeinen Wissenschaftsgrundlagen von Erkenntniswissenschaft, Physik, Chemie, Biologie, Neurobiologie, Psychologie, Philosophie des Geistes, Anthropologie und Anthroposophie werden so entwickelt, dass sie auch unabhängig von der Medizin Geltung haben. Sie werden dann lediglich auf die Medizin angewendet, da diese mein eigenes Fachgebiet ist. Aber sie könnten ebenso gut auch auf Pädagogik, Heilpädagogik oder andere Fachgebiete angewandt werden, die es mit dem Menschen als Ganzem zu tun haben. In der Tat haben insbesondere auch Fachleute aus dem pädagogischen Bereich auf das erste Erscheinen dieses Buches sehr positiv reagiert. Im Grunde geht es in diesem Buch um eine Einführung in die Anthroposophie und ihr Verhältnis zu den genannten Wissenschaften, was dann am Beispiel der Medizin zu einem konkreten praktischen Anwendungsgebiet in Beziehung gesetzt wird. Deswegen soll der Titel dieser aktualisierten Ausgabe allgemeiner gefasst sein als in der ersten Fassung: *«Anthroposophie und Wissenschaft. Eine Einführung»* sowie auch explizit die Wissenschaftsbereiche nennen, die dabei besonders berücksichtigt sind: *Erkenntniswissenschaft, Physik, Chemie, Genetik, Biologie, Neurobiologie, Psychologie, Philosophie des Geistes, Anthropologie, Anthroposophie, Medizin.*

Ich danke Frau Marion Ulrich vom Schattauer Verlag, Stuttgart, und Frau Christiane Haid vom Verlag am Goetheanum, Dornach, Schweiz, für ihre Bereitschaft, das aktualisierte Buch als Hochschulschrift der Freien Hochschule für Geisteswissenschaft am Goetheanum in Lizenz neu herauszugeben, und ich danke Lydia Garnitschnig aus Wien für sorgfältiges Korrekturlesen sowie Frau Anna S. Fischer vom Verlag am Goetheanum für die gute Zusammenarbeit beim Produktionsprozess des Buches.

Die neue Ausgabe dieses Buches ist dem Basler Philosophen Werner A. Moser (1924–2003) gewidmet. Nach Beendigung meines medizinischen Staatsexamens an der Universität Bern hatte ich bei ihm im Herbst 1976, also vor bald 40 Jahren, eine bemerkenswerte Vorlesungsreihe am Goetheanum in Dornach zum Thema «Anthroposophie als Geisteswissenschaft» hören können. Es war eine überzeugende Darstellung der Wissenschaftsbasis der Anthroposophie (Moser, 2014). Ich frug ihn damals nach einer dieser Vorlesungen, ob es wohl möglich wäre, ein solches Wissenschaftsfundament auch für die Medizin zu entwickeln. Er guckte mich über den Rand seiner kleinen Lesebrille prüfend an und sagte dann, das könne man schon. Durch ihn lernte ich in der Folge Rudolf Steiners *«Grundlinien einer Erkenntnistheorie der Goetheschen Weltanschauung»* gründlich kennen, an denen mir zunehmend deutlich wurde, dass die Erkenntniswissenschaft Rudolf Steiners nicht nur ein solides Fundament für seine Geisteswissenschaft, sondern für die Wissenschaften überhaupt bildet, also auch für Naturwissenschaften, Psychologie und Philosophie, und dass sie damit erlaubt, eine wissenschaftliche Brücke zwischen Anthroposophie und Anthropologie zu bauen, so besonders auch in der Medizin. Mein ganzes wissenschaftliches Streben an den Universitäten Bern und Witten/Herdecke und meine Lehrkonzepte an den anthroposophisch-medizinischen Ausbildungsstätten in der Schweiz und Deutschland waren dann in den folgenden Jahren auf dieser Basis aufgebaut. Und so fügte es sich, dass ich 33 Jahre später mit meiner Habilitationsschrift den eigenen Versuch eines solchen Wissenschaftsfundaments für die Medizin an der Universität Witten/Herdecke einreichen konnte. Es schien mir auch, dass ein solches Fundament für die Begründung des ersten Lehrstuhls für anthroposophische Medizin notwendig sei, den ich seither in Witten/Herdecke innehaben und zusammen mit fähigen Mitarbeitern und Mitarbeiterinnen aufbauen durfte. Wenn ich jetzt im 66sten Lebensjahr diese Schrift in erweiterter Form noch einmal herausgeben darf, so denke ich mit großer Dankbarkeit an Werner Albrecht Moser und realisiere, was ich ihm für den ganzen Gang meines wissenschaftlichen Berufslebens verdanke. Ihm sei deshalb diese Schrift in herzlichem Gedenken zugeeignet.

Sehr herzlich danken möchte ich auch Herrn Dr. Peter Schnell und der Software AG Stiftung in Darmstadt, die durch die Finanzierung des Gerhard Kienle Stiftungslehrstuhls meine Arbeit an der Universität Witten/Herdecke überhaupt ermöglicht hat, und somit auch das Verfassen dieses Buches.

Witten/Herdecke, Januar 2016 *Prof. Dr. med. Peter Heusser*

Geleitwort der Erstausgabe von 2011

Als ich die ersten Gespräche mit dem Autor dieses Buches führen konnte, ist sehr schnell die gemeinsame Geisteshaltung im Verhältnis zur Medizin zutage getreten: das Ringen um das Verständnis und die Praxis der Integration aller wirksamen Maßnahmen in der Versorgung von gesunden und kranken Menschen als Personen. Peter Heusser hat in seinem Buch den ungewöhnlichen Versuch unternommen, den Boden für eine wissenschaftlich-empirische komplette Integration der medizinischen Richtungen zu bereiten. Er hat sich damit weit über die übliche Konfrontation der naturwissenschaftlichen mit der geisteswissenschaftlichen medizinischen Betrachtungsweise hinausbewegt und regt mit seiner durch Evidenz geführten Logik zu einer ganz neuen Durchdringung der menschlichen Natur für eine Medizin der Zukunft an. Der rasche und elegante Perspektivenwechsel, der dieses Werk durchdringt, zeugt von ungewöhnlicher menschlicher Toleranz gegenüber scheinbar gegensätzlichen Denkweisen und von einer ärztlichen Haltung, die sich nur in der hingebungsvollen Beschäftigung mit Patienten entwickeln kann. Voluntas aegroti suprema lex – diese uralte und doch oft paternalistisch unterwanderte ärztliche Haltung bekommt für mich durch die hier entfaltete Betrachtung des menschlichen Wesens einen neuen Sinn und eine neue Begründung. Und was mich am meisten fasziniert: Die Überlegungen von Peter Heusser fördern den Anspruch einer wissenschaftlichen Überprüfung mit geeigneten Methoden, die allerdings einen gewaltigen Bogen über das gesamte Spektrum von der atomaren Physik über die biologischen Nachweisverfahren der molekularen Medizin bis hin zur qualitativen Forschung der Geistes- und Sozialwissenschaften und schließlich zur Versorgungsforschung im Gesundheitswesen spannen. Man entwickelt während der Lektüre eine Vielzahl von Hypothesen – und so ist das Buch im wahrsten Sinne des Wortes innovativ und integrativ. Ich wünsche mir, dass alle Beteiligten in der Gesundheitsversorgung dieses Buch lesen, um die Praxis der Individualmedizin mit der Denkweise der Integrativen Medizin zu stärken.

Witten, im Oktober 2010

Prof. Dr. med. Eckhart G. Hahn,
Dekan der Fakultät für Gesundheit
Universität Witten/Herdecke

Vorwort der Erstausgabe von 2011

Es ist an der Zeit, dass in den biologischen und psychologischen Wissenschaften und insbesondere in der Humanmedizin, die sich ja dem Menschen widmet, neu und ernsthaft über das Wesen des Menschen nachgedacht wird. Denn die erfolgreiche Aufklärung der materiell-körperlichen *Bedingungen* des Lebens, des Seelischen und des Geistigen im Menschen haben zum Glauben geführt, Leben, Seele und Geist seien durch Materie *verursacht* und entbehrten einer eigenständigen Realität. Der wissenschaftliche Blick fokussierte sich zwar sehr erfolgreich, aber einseitig auf die materielle Ebene. Damit wurde aber das Menschliche im Menschen zunehmend aus dem Auge verloren. Denn auf der Ebene der Moleküle verwischt sich der Unterschied zwischen Mensch, Tier und anderen Lebewesen. Und die Elemente dieser Moleküle haben die Lebewesen sogar mit der unbelebten Stoffwelt gemeinsam. Wo bleibt das spezifisch Menschliche? Es wird in der Welt der Substanzen nicht gefunden. Und so formuliert John Martin im Jahr 2000: «Perhaps the great problem of the next 100 years in biology will be *to understand what makes a human being a human being*» (Martin, 2000, 934).

In dieser Schrift habe ich versucht, einen Beitrag zur Lösung dieses Problems zu geben und zu zeigen, dass eine wissenschaftliche Sicht des Menschen möglich ist, die nicht nur die materielle, sondern auch die lebendige, die seelische und die geistige Seite des Menschen als Realität anerkennt. Diese Arbeit ist im Jahr 2009 unter dem Titel *«Anthroposophische Medizin und Wissenschaft. Erkenntniswissenschaftliche und konzeptionelle Beiträge zu einer ganzheitlichen medizinischen Anthropologie»* als Habilitationsschrift an der Universität Witten/Herdecke entstanden. Dabei habe ich von verschiedenen Seiten wertvolle Anregungen und Unterstützung erhalten.

Zu danken habe ich für kritisch-konstruktive Kommentare den Medizinern und Kollegen Prof. Peter Matthiessen, Prof. Arndt Büssing und Dr. Friedrich Edelhäuser, den Entwicklungsbiologen Prof. Wolfgang Schad und PD Dr. Bernd Rosslenbroich, dem Genetiker Dr. Johannes Wirz, dem Physiker Dr. Stephan Baumgartner und dem Mathematiker und Erkenntniswissenschaftler Dr. Renatus Ziegler. Danken möchte ich auch der Software AG Stiftung für die Gewährung eines Habilitationsstipendiums sowie der Asta Blumfeld Stiftung, der Dr. Hauschka Stiftung, der Mahle Stiftung, der Iona Stichting, der Stichting Triodos, der Weleda AG und der Gerhard Kienle Stiftung für Druckkostenbeiträge, die die Publikation dieser Schrift überhaupt möglich gemacht haben. Sehr dankbar bin ich auch dem Schattauer Verlag für die sofortige Bereitschaft, dieses Werk zu publizieren, und insbesondere der Lektorin Frau Marie Teltscher für ihre verlässliche Arbeit und für die sehr angenehme und speditive Kommunikation. Ferner danke ich meiner Sekretärin und Assistentin Marina Frieben für technische Hilfe und meiner lieben Frau Ursula Heusser für ihre Hilfe beim Auffinden von Stil- und Tippfehlern sowie für ihre Geduld und fortwährende Unterstützung während des monatelangen Entstehungsprozesses dieser Arbeit, zusätzlich zu vielen anderen beruflichen Belastungen. Ihr sei deshalb diese Arbeit von Herzen gewidmet.

Witten/Herdecke, September 2010

Peter Heusser

1 Einleitung

Das international zunehmend artikulierte Bedürfnis der Bevölkerung für ganzheitliche oder komplementäre medizinische Methoden, zu denen auch die anthroposophische Medizin gezählt wird, ist durch zahlreiche Studien belegt und als Faktum allgemein anerkannt. Insgesamt wird eine große Anzahl von verschiedenen komplementärmedizinischen Verfahren angeboten und ein erhebliches Volumen von komplementärmedizinischen Präparaten umgesetzt, was auch ökonomisch ins Gewicht fällt. Entsprechend besteht die Notwendigkeit einer Evidenz-basierten wissenschaftlichen Absicherung komplementärer Methoden hinsichtlich Sicherheit und Wirksamkeit. Daran arbeitet heute eine zunehmende Zahl von Forschern und Zentren, auch in akademischen Institutionen. Noch vor 20 Jahren war die Komplementärmedizin vorwiegend eine Sache von Heilpraktikern und praktizierenden Ärzten, es gab nur wenige und ungenügend ausgebildete Forscher, es existierten (wie auch heute noch!) nur wenige und fast durchwegs kleine klinische Einrichtungen der Komplementärmedizin, und im Vergleich zur schulmedizinischen Forschung, die zu einem großen Teil durch eine mächtige Pharmaindustrie getragen wird, war und ist das Sponsoring durch komplementärmedizinische Arzneimittelhersteller unbedeutend. Entsprechend war (und ist) die wissenschaftliche Evaluation der Komplementärmedizin oft mangelhaft, was regelmäßig Anlass zu Konflikt zwischen den verschiedenen Richtungen gab und gibt.

Doch allmählich scheint sich diese Situation zu verbessern. Staatliche Forschungsförderung hat zu systematischen Evaluationen beigetragen, so das Projekt «Unkonventionelle Medizinische Richtungen» des deutschen Bundesministeriums für Forschung und Technologie (Matthiessen et al., 1992), das «Nationale Forschungsprojekt 34» (NFP 34) des Schweizerischen Nationalfonds für wissenschaftliche Forschung (Baumann & von Berlepsch, 1999), das nationale Programm Evaluation Komplementärmedizin (PEK) der Schweiz (Melchart et al., 2005) sowie zahlreiche Grants des US-amerikanischen National Center for Alternative and Complementary Medicine (NCCAM) des National Institute of Health (http://nccam.nih.gov/)[1] und des Office of Cancer Complementary and Alternative Medicine (OCCAM) des National Cancer Institute (www.cancer.gov/CAM/). An Universitäten sind komplementärmedizinische Lehrstühle oder Professuren eingerichtet wor-

1 2015 wurde der Name des NCCAM geändert zu «National Center for Complementary and Integrative Health» (NCCIH) (https://nccih.nih.gov; abgerufen am 3.12.2015).

den, im deutschsprachigen Europa z. B. in Witten/Herdecke, Berlin, Freiburg, Zürich und Bern[2]; und eine zunehmende Anzahl von internationalen komplementär- und integrativmedizinischen Journals mit Peer Review ist entstanden. Das alles hat die Kapazität und die Qualität der komplementärmedizinischen Forschung beträchtlich gefördert und es ist klar, dass dabei die Komplementärmedizin methodologisch enorm viel von der klassischen konventionellen Medizin gelernt hat.

Der beschriebene Wandel spiegelt sich auch in der Nomenklatur: War vor 20 Jahren bevorzugt von «Alternativmedizin» und manchmal despektierlich von «Paramedizin» die Rede, so sprach man vor 10 Jahren kollegialer von «Komplementärmedizin» und spricht heute noch vereinender von «Integrativer Medizin». Insbesondere in den USA haben führende Universitäten wie Harvard, Stanford, John Hopkins, University of California, University of Texas, University of Michigan und andere in kurzer Zeit Zentren für «Integrative Medicine» eingerichtet und sich zum «Consortium of Academic Health Centers for Integrative Medicine» (CAHCIM)[3] zusammengeschlossen, dem mittlerweile über 50 Zentren angehören. Integrative Medizin ist dort so definiert worden: «Integrative Medicine is the practice of medicine that reaffirms the importance of the relationship between practitioner and patient, focuses on the whole person, is informed by evidence, and makes use of all appropriate therapeutic approaches, healthcare professionals and disciplines to achieve optimal health and healing» (www.imconsortium.org)[4]. Auch in Europa hat dieser Trend vor etlichen Jahren mit Kongressen begonnen (www.ecim-congress.org), und die Universität Witten/Herdecke hat seit Juli 2009 als erste deutschsprachige Universität ein «Zentrum für Integrative Medizin» aufgebaut, das 2013 in das «Institut für Integrative Medizin» umgewandelt wurde.

Damit ist die Wissenschaftsfrage hinsichtlich komplementärer oder integrativer Medizin in ein neues und gleichzeitig tiefergehendes Stadium eingetreten. Denn bisher ging es in erster Linie pragmatisch um den wissenschaftli-

---

2 Für anthroposophische Medizin sind bisher drei Professuren eingerichtet worden: 2009 an der Universität Witten/Herdecke (das ist gleichzeitig ein Lehrstuhl), 2014 an der Universität Bern und 2015 an der Charité in Berlin.

3 2015 wurde der Name des Konsortiums geändert in: «Academic Consortium for Integrative Medicine & Health» (https://www.imconsortium.org/; abgerufen am 3. 12. 2015).

4 Die aktualisierte Definition von 2015 lautet: «Integrative medicine and health reaffirms the importance of the relationship between practitioner and patient, focuses on the whole person, is informed by evidence, and makes use of all appropriate therapeutic approaches, healthcare professionals and disciplines to achieve optimal health and healing» (www.imconsortium.org/about/about-us.cfm; abgerufen am 3. 12. 2015).

chen Nachweis von Sicherheit und Wirksamkeit, in gewisser Weise unabhängig von der Natur der verschiedenen Methoden und den sie begründenden Konzepten. Die entsprechenden Forschungsmethoden sind etabliert, und die Konturen von Wirksamkeit und Sicherheit vieler Verfahren werden allmählich deutlicher. Die dadurch zustande gekommene Integration hat jedoch zur Folge, dass schul- und komplementärmedizinische Verfahren und Konzepte «integriert» werden, die sich teilweise sehr fremd gegenüberstehen, ja logisch zu widersprechen scheinen. Werden in der konventionellen Medizin letztlich molekularbiologische Geschehnisse für die physiologischen und pathologischen Erscheinungen des Lebens und des Bewusstseins kausal verantwortlich gemacht, so gibt es in der Komplementärmedizin für dieselben Erscheinungen Erklärungen durch *immaterielle* Wirkfaktoren wie «Chi»-Kräfte in der chinesischen, «Prana» in der ayurvedischen, «Lebenskraft» in der homöopathischen, «ätherische» und «astralische» Kräfte in der anthroposophischen Medizin, «Information» in der Neuraltherapie und diverse «energetische» Faktoren in anderen Systemen. Und es werden Verfahren angewendet, die dem entsprechen: Tai-Chi soll Chi-Kräfte harmonisieren, Heileurythmie auf den Ätherleib wirken, homöopathisch potenzierte Substanzen, die bei einer Verdünnung jenseits der Avogadro-Grenze keine Moleküle mehr enthalten, die Lebenskraft anregen usw. Das steht alles mehr oder weniger unverstanden nebeneinander, mehr einer «Aggregation» statt einer «Integration» entsprechend.

Eine wirkliche, über das heutige Stadium hinausgehende Integration würde bedeuten, dass nicht nur solche Therapien an konventionellen Zentren evaluiert und bei Bestehen der «Prüfung» in die «Mainstream»-Medizin aufgenommen werden, sondern dass auch ihre Natur und die dahinterstehenden Konzepte verstanden und übergeordnete Konzepte entwickelt werden, die das Schulmedizinische *und* Komplementäre, das Materielle *und* Immaterielle in einer gemeinsamen Sicht begreifen.

Denn es ist nicht damit zu rechnen, dass die *konzeptuelle Integration* darin bestehen wird, dass die komplementärmedizinischen Konzepte zugunsten der konventionellen eines Tages aufgegeben und die entsprechenden Therapien kausal durch molekularbiologische Wechselwirkungen erklärt werden können. Das wird zwar teilweise versucht, aber im Grunde erfolglos. Denn diese Erklärungen sind ebenso eine Flucht wie diejenige von den Phänomenen des Bewusstseins zur Funktion des Gehirns. Das Bewusstsein mit seinen *tatsächlich erlebten seelischen Qualitäten* ist nicht dadurch «erklärt», dass man die materiellen Gehirnvorgänge aufklärt, die nötig sind für das *Auftreten* jener seelischen Qualitäten. Die reduktionistische Denkgewohnheit der letzten 200 Jahre hat konzeptuell zu einer Art Negierung desjenigen geführt, was jeder Mensch täglich an Erfahrungen nicht-molekularer, ja immaterieller

Art macht, Erfahrungen, die einen wesentlichen Teil seines *Menschseins* ausmachen, nämlich sein seelisch-geistiges Leben, Leisten und Leiden. Von jener reduktionistischen Denkgewohnheit sind aber die medizinische Theorie und letztlich auch die medizinische Praxis deutlich geprägt. Und damit hängt auch mindestens teilweise die oft geäußerte Unzufriedenheit von Patienten mit der konventionellen Medizin zusammen, trotz aller Verdienste, die man dieser Medizin andererseits gerne zugesteht, und zwar gerade *wegen* ihrer Fähigkeit, die materiellen Grundlagen der menschlichen Organisation aufzuklären und zum Wohl des Patienten zu nutzen. Das Beispiel einer repräsentativen Studie der Schweizerischen Akademie der Medizinischen Wissenschaften von 2002 zeigt klar, wo die Defizite der konventionellen Medizin empfunden werden: 69 % der Schweizer wünschen in der Medizin *mehr* Menschlichkeit, 58 % mehr Alternativmedizin, aber nur 27 % mehr Grundversorgung und 21 % mehr Spitzenmedizin; und im expliziten Vergleich mit der gegenwärtigen Situation gehört eine mehr ganzheitliche Betrachtung des Patienten mit Abstand zu den wichtigsten Bedürfnissen für die Zukunft (Leuenberger & Longchamp, 2002). Man sucht in der Komplementärmedizin, was man in der konventionellen Medizin vermisst (Heusser, 2002 a). Es kann nicht a priori ausgeschlossen werden, dass an den komplementären Konzepten «etwas dran» ist, dass der Mensch doch mehr als seine physische Organisation sein könnte, wie das die Patienten auch empfinden, und dass hier die konventionelle Medizin auch etwas von der Komplementärmedizin lernen könnte. Das erscheint aber nur möglich, wenn zwischen Schul- und Komplementärmedizin ein – bislang nicht existierender – wissenschaftlicher Diskurs auf der Ebene der medizinisch-anthropologischen Konzepte und ihrer erkenntniswissenschaftlichen Grundlage geführt würde, der zu demjenigen hinzukäme, der auf der Ebene klinischer Studien bereits besteht. Erst dann bestünde Aussicht auf eine wirkliche Integration, die nötig erscheint, wenn die Medizin letztlich *eine* sein soll.

Obwohl die *anthroposophische Medizin* von allen sog. komplementärmedizinischen Systemen die jüngste ist, scheint sie für einen solchen Diskurs eine ganz besondere Ausgangslage zu bieten. Denn sie hat in den bald 100 Jahren ihrer Existenz in Theorie und Praxis ein hohes Maß an Integration zwischen konventionellen und anthroposophischen Elementen verwirklicht, wie das für keine andere medizinische Richtung gelten kann. Diese Integration kommt schon in ihrem hauptsächlichsten Grundsatz zum Ausdruck, wie er von Otto Wolff et al. formuliert worden ist (Wolff et al., 1990):

> Die anthroposophische Medizin ist die geisteswissenschaftliche Erweiterung der naturwissenschaftlichen Medizin. Sie stützt sich bei der Beurteilung von Gesundheit, Krankheit und Heilung auf die physischen Gesetzmäßigkeiten, die von den Naturwissenschaften erfasst werden,

und berücksichtigt gleichwertig die Gesetzmäßigkeiten von Leben, Seele und Geist in ihren gegenseitigen Abhängigkeiten.

Realisiert wird dieser Grundsatz dadurch, dass die anthroposophische Medizin ein reguläres Medizinstudium und eine anschließende allgemeinmedizinische oder fachärztliche Weiterbildung voraussetzt, dass die anthroposophischen Aspekte durch eine geregelte Zusatzausbildung erworben werden, die z. B. in der Schweiz zu einem von der Vereinigung der Schweizer Ärzte FMH[5] anerkannten Fähigkeitsausweis führt, ferner dass die anthroposophischen Ärzte und anthroposophischen Kliniken an der Regelversorgung ihrer Regionen teilnehmen und dass ihre diesbezüglichen Leistungen von den Krankenkassen wie üblich übernommen werden und dass die anthroposophischen Kliniken auch an der regulären Weiterbildung von Fachärzten und zum Teil an der Ausbildung von Medizinstudenten beteiligt sind. Zu dieser Integration gehört auch, dass anthroposophische Arztpraxen und Spitäler diagnostisch und therapeutisch grundsätzlich auch so wie die rein schulmedizinischen eingerichtet sind, und dass Untersuchungen, Abklärungen und nötige schulmedizinische Therapien so vorgenommen werden wie sonst auch. Der Unterschied zur reinen Schulmedizin besteht darin, dass die entsprechenden Befunde und Symptome nicht allein im gewöhnlichen medizinisch-anthropologischen Sinn naturwissenschaftlich und psychologisch interpretiert werden, sondern auf dem Hintergrund eines geisteswissenschaftlich erweiterten Menschenbildes nach Körper, Leben, Seele und Geist, dass dem entsprechend auch die Anamnese und die Befunderhebung zusätzliche Elemente enthalten können und dass korrespondierend zusätzliche Therapieverfahren eingesetzt werden.

Dazu kommt, dass die Anthroposophie sich als eine empirische Geistes*wissenschaft* versteht, die auf ihrem Gebiet der Naturwissenschaft analog ist und deren Erkenntnisprinzip auf das Gebiet geistiger Wahrnehmung überträgt. In dieser Hinsicht hat sie ihre Wurzeln, wie keine andere komplementärmedizinische Richtung, in der neueren europäischen Wissenschaftsentwicklung selbst, für deren aktive Weiterführung auf geistigem Gebiet sie sich einsetzt.

Aus diesen Gründen scheint die anthroposophische Medizin in besonderem Maße dafür prädisponiert zu sein, Beiträge zu einem wissenschaftlichen Diskurs zwischen Schul- und Komplementärmedizin zu leisten, der in längerer Perspektive das Ziel anstreben kann, die *Medizin als solche* zu einer ganzheitlichen und in diesem Sinn auch konzeptionell integrativen zu machen.

---

5 FMH: Foederatio Medicorum Helveticorum.

In dieser Arbeit wird versucht, einen Beitrag in dieser Richtung zu geben. Auf einer an Steiner und Goethe anknüpfenden erkenntniswissenschaftlichen Basis soll zunächst ein naturwissenschaftliches Konzept von Substanz entwickelt werden, das erlaubt, die Materie in Physik, Chemie und Biochemie so zu denken, dass sie nicht im Gegensatz zum Geistigen steht, sondern dieses gewissermaßen schon beinhaltet. Darauf aufbauend sollen biologische Grundkonzepte wie Gen, genetische Information, Genregulation, organische Selbstorganisation, Morphogenese und biologisches System in einer Weise besprochen werden, die es ermöglicht, den Zusammenhang zwischen moderner Biologie, Goethes Typus-Konzept und Steiners Begriff des Ätherischen zu sehen sowie zwischen empirisch gerechtfertigten und bloß hypothetischen organismischen Konzepten vitalistischer Art zu unterscheiden. Sodann soll auf das Bewusstsein, das Leib-Seele-Verhältnis, die Frage der psychophysischen Kausation und anschließend auf die Geist- und Freiheitsfrage eingegangen werden. Dabei wird unter anderem begründet, warum die menschliche Freiheitsfähigkeit trotz des vieldiskutierten Bereitschaftspotenzials im Sinn von Benjamin Libet nicht in Frage gestellt ist.

Auf solcher Grundlage soll durch die naturwissenschaftliche und psychologische Anthropologie ein viergliedriges Menschenbild aufgestellt werden, für das der physische Körper, das spezifisch Lebendige im Organismus, die Seele und der Geist durch je andere, emergente Gesetze und Kräfte bestimmt werden. Das führt zu einer Erweiterung der medizinischen Anthropologie im Sinne eines in sich differenzierten integrativen Menschenbildes, das demjenigen der geisteswissenschaftlichen Anthroposophie entspricht.

Im darauf Folgenden wird die Anthroposophie *als empirische Geisteswissenschaft* besprochen. Es wird in einigen Zügen gezeigt, wie diese geisteswissenschaftliche Anthroposophie als eine Forderung der wissenschaftlichen Entwicklung Mitteleuropas selbst auftritt und wie sie dann von Steiner begründet worden ist. Sodann wird auf ihre Anwendung auf die medizinische Anthropologie hingewiesen, und es wird deutlich gemacht, wie die dadurch entstandenen anthroposophisch-medizinischen Konzepte in einen sinnvollen Zusammenhang mit modernen naturwissenschaftlichen Konzepten gebracht werden können, um einerseits eine einheitliche rationale Medizin zu ermöglichen, die das Natur- *und* Geisteswissenschaftliche umfasst, und die andererseits eine empirisch-naturwissenschaftliche Prüfung anthroposophischer Konzepte erlaubt, ja fordert. Auf dieser Grundlage wird zum Schluss ein Blick auf die Lage der seit Steiner ausgebildeten anthroposophisch erweiterten medizinischen Anthropologie und auf die Evidenzlage bezüglich Wirksamkeit und Sicherheit anthroposophischer Therapieanwendungen sowie auf dabei auftretende methodologische Probleme geworfen; und es folgt eine Zusammenfassung der wesentlichen Aussagen der einzelnen Kapitel.

Grundlage dieser ganzen Unternehmung ist die wissenschaftliche Basis der Anthroposophie, wie sie in Goethes naturwissenschaftlicher Methode und in den erkenntnistheoretischen Grundschriften Steiners verankert ist. Da diese heute nahezu unbekannt sind, und auch von Kritikern der anthroposophischen Medizin wie F. Stratmann (Stratmann, 1988), Klaus Dietrich Bock (Bock, 1993), Thomas Dinger (Dinger, 1996), Robert Jütte (Jütte, 1996), Barbara Burkhard (Burkhard, 2000) und Helmut Zander (Zander, 2007), die die von Steiner beanspruchte Wissenschaftlichkeit zum Teil vehement in Frage stellen, gar nicht rezipiert oder zumindest nicht berücksichtigt werden[6], wird Steiner in Kapitel 2 über den Erkenntnis- und Wirklichkeitsbegriff ausführlich selbst zitiert. Es wird gezeigt, wie daraus ein empirischer, ontologischer objektiver Idealismus resultiert, der es erlaubt, auf den Reduktionismus zu verzichten und stattdessen die Phänomene und Gesetze einer jeder der emergenten Ebenen des Seins in ihrer eigenen Realität anzuerkennen. Der Erkenntnis- und Wirklichkeitsbegriff im Sinne Goethes und Steiners wird so zum durchgängigen Element, das alle differenziellen Seinsbereiche, also z.B. Materie, Leben, Seele und Geist, einerseits voneinander unterscheidet, aber andererseits auch in einer einheitlichen wissenschaftlichen Gesamtauffassung miteinander verbindet.

Dabei ist nicht zu vermeiden, dass in den Spezialkapiteln Elemente aus den allgemeinen erkenntniswissenschaftlichen und ontologischen Grundlagen zum Teil wiederholt und an Beispielen aus den Einzelwissenschaften in ähnlicher Art zur Anwendung gebracht werden. Dadurch soll die innere Kohärenz des Ganzen erhöht und dem Leser die Verarbeitung von möglicherweise ungewohnten Gesichtspunkten erleichtert werden.

Dieser Versuch, eine erkenntniswissenschaftlich sorgfältig begründete *wissenschaftliche Gesamtauffassung* unterschiedlicher Wissenschaftsgebiete zu skizzieren, wird auch deswegen gewagt, weil das weitgehende Fehlen einer integrativen Gesamtauffassung ein Hauptcharakteristikum unserer Zeit hoch spezialisierter Einzelwissenschaften darstellt, nicht nur zum Nutzen, sondern auch zum Schaden unserer Patienten und unserer medizinischen Kultur. Es soll gezeigt werden, dass eine solche Gesamtauffassung grundsätzlich möglich ist. Damit sei ein Beitrag zur heute notwendig gewordenen wissenschaftlichen Ausarbeitung einer integrativen und dadurch ganzheitlichen medizini-

---

6 Addendum 2015: Dasselbe gilt auch von Ernst & Schmacke (2015). Vgl. dazu auch weitere Kommentare zu diesen Kritikern in den Kapiteln 8.2, 8.3 und 8.5 sowie in der 2011 nach diesem Buch publizierten ausführlichen Arbeit «*Anthroposophische Medizin und ihr integratives Paradigma*» von Michaela Glöckler, Matthias Girke und Harald Matthes (Glöckler et al., 2011), das ebenfalls Wissenschaftsgrundlagen des integrativen Konzepts der anthroposophischen Medizin darstellt.

schen Anthropologie geleistet, die im Sinne der Mahnung Gerhard Kienles (1923 – 1983) nicht allein die gewohnte naturwissenschaftliche Erkenntnis, sondern ohne Zweifel «auch eine die Individualität des Menschen umfassende Erkenntnis» wird sein müssen (Kienle, 1980).

Was im Rahmen dieser Arbeit *nicht* geleistet werden kann, ist eine *systematische* Besprechung von Steiners Erkenntniswissenschaft und des darauf fußenden Wirklichkeitsbegriffs im Kontext der neueren Wissenschaftstheorien. Diesbezüglich sei ausdrücklich auf Helmut Kienes *«Grundlinien einer essentialen Wissenschaftstheorie»* und den erkenntnistheoretischen Teil von Peter Schneiders *«Einführung in die Waldorfpädagogik»* verwiesen (Kiene, 1984; Schneider, 1985)[7]. Auch diese Schriften werden von den genannten Kritikern nicht besprochen, was deswegen erstaunt, da es in ihrer Auseinandersetzung mit Steiner und der anthroposophischen Medizin in erster Linie um die Frage der Wissenschaftlichkeit geht.

Was diese Arbeit ebenfalls nicht leisten kann, ist eine eingehende bzw. systematische Erörterung von weiteren Hauptthemen im Kontext der jeweiligen aktuellen Diskussion. Das betrifft insbesondere die Themen von Emergenz, Substanzbegriff, biologische Konzepte, Leib-Seele-Verhältnis, Geist- und Freiheitsfrage, Wissenschafts- und Philosophiegeschichte und Methodologie klinischer Studien. Das würde bei weitem den Rahmen sprengen, müsste doch jedes dieser Themen Gegenstand einer ausführlichen Monographie sein können. Das kann auch als Schwäche dieser Studie empfunden werden, da die Behandlung der Themen an vielen Punkten unvollkommen oder unvollständig bleibt und so nicht dem Diskussionsbedarf manches Lesers entsprechen mag. Von einem Ein-Autoren-Buch wird das beim heutigen Stand differenzierter Diskussionen auf jedem dieser Gebiete auch kaum leistbar sein.

Was hier versucht wird, ist von einer gediegenen, auf Beobachtung statt bloßer Theoriebildung beruhenden erkenntniswissenschaftlichen Grundlage eine innerlich konsistente Gesamtauffassung der verschiedenen, für die medizinische Anthropologie relevanten Gebiete zu entwickeln, wie Substanzbegriff, Biologie, Bewusstsein und Leib-Seele-Verhältnis, Geist und Freiheitsfähigkeit, und ferner, auf derselben Grundlage zu zeigen, wie die Weiterbildung der naturwissenschaftlichen und psychologischen Anthropologie in eine geisteswissenschaftliche Anthroposophie zu denken ist, die die Anthropologie komplementär ergänzt, und wie die anthroposophischen Konzepte in der Medizin durch empirisch-naturwissenschaftliche Arbeit überprüft und für die medizinische Praxis ausgearbeitet werden können. Dazu dienen auch Bei-

---

7 Addendum 2015: Jaap Sijmons' *«Phänomenologie und Idealismus. Struktur und Methode der Philosophie Rudolf Steiners»* (Sijmons, 2009).

spiele aus der eigenen experimentellen und klinischen Forschungsarbeit des Verfassers.

Es handelt sich gleichzeitig um die erste Arbeit in der Medizin, in der der Versuch einer solchen umfassenden, in sich logisch konsistenten und mit den empirischen Fakten übereinstimmenden anthropologisch-anthroposophischen Gesamtsicht auf einer erkenntniswissenschaftlichen Grundlage versucht wird. Damit sei ein Beispiel dafür gegeben, in welche Richtung eine konzeptuelle Integration zwischen konventioneller und komplementärer Medizin gedacht werden könnte. Diese Abhandlung dient auch der sinnvollen Grundlegung der Arbeit des Verfassers als Inhaber des Gerhard Kienle Lehrstuhls für Medizintheorie, Integrative und Anthroposophische Medizin an der Universität Witten/Herdecke.

Zum Text sei lediglich gesagt, dass eckige Klammern in Zitaten Hinzufügungen oder Auslassungen des Verfassers bedeuten. Hervorhebungen in zitierten Texten durch den Verfasser werden mit «HvPH» gekennzeichnet und Fußnoten in Zitaten gehen auf den Verfasser zurück.

1.1 Zusammenfassung

Aktuell ist ein zunehmender Trend hin zu einer «Integrativen Medizin» zu beobachten. Die Integration besteht bisher gewöhnlich darin, dass an akademischen Zentren komplementärmedizinische Verfahren in klinischen Studien pragmatisch geprüft und bei Erfolg auch klinisch eingesetzt werden. Was noch fehlt, ist eine *konzeptuelle Integration*, bei der die vorerst unvereinbar scheinenden molekularbiologischen kausalen Erklärungen der Schulmedizin und die immateriell-energetischen Erklärungen oder Methoden der Komplementärmedizin auf eine gemeinsame gegenseitige Verständigungsgrundlage gehoben werden. Die anthroposophische Medizin bietet besondere Möglichkeiten für eine solche Verständigungsgrundlage, da sie in Ausbildung, Theorie und Praxis ihrem Wesen nach auf einer Integration von natur- und geisteswissenschaftlichen Elementen beruht und da sie ihrem Selbstverständnis nach als Geisteswissenschaft einer Fortsetzung des naturwissenschaftlichen Erkenntnisprinzips auf geistigem Beobachtungsgebiet gleichkommt. Grundlage für Natur- und Geisteswissenschaft ist gleichermaßen die Erkenntniswissenschaft.

2 Erkennen und Wirklichkeit

2.1 Erkenntniswissenschaft: Erkennen des Erkennens

In seiner ersten erkenntniswissenschaftlichen Schrift, den «*Grundlinien einer Erkenntnistheorie der Goetheschen Weltanschauung*» von 1886, kennzeichnet Steiner im Anschluss an Goethe die Aufgabe jeglicher Wissenschaft wie folgt (Steiner, 1979 a, 25):

> Von aller Wissenschaft gilt zuletzt das, was Goethe so bezeichnend mit den Worten ausspricht: ‹Die Theorie an und für sich ist nichts nütze, als insofern sie uns an den Zusammenhang der Erscheinungen glauben macht.› Stets bringen wir durch die Wissenschaft getrennte Tatsachen der Erfahrungswelt in einen Zusammenhang. Wir sehen in der unorganischen Natur Ursachen und Wirkungen getrennt und suchen nach deren Zusammenhang in den entsprechenden Wissenschaften. Wir nehmen in der organischen Welt Arten und Gattungen von Organismen wahr und bemühen uns, die gegenseitigen Verhältnisse derselben festzustellen. In der Geschichte treten uns einzelne Kulturepochen der Menschheit gegenüber; wir bemühen uns, die innere Abhängigkeit der einen von der anderen zu erkennen. So hat jede Wissenschaft in einem bestimmten Erscheinungsgebiete im Sinne des obigen Goetheschen Satzes zu wirken. Jede Wissenschaft hat ihr Gebiet, auf dem sie den Zusammenhang der Erscheinungen sucht.

Damit ist auf die Tatsache hingewiesen, dass wissenschaftliches Erkennen stets zwei Elemente benötigt: erstens empirisch gegebene *Erscheinungen*, wahrzunehmende Phänomene, und zweitens die *Theorie*, d.h. Gedanken, Ideen, Konzepte, Begriffe[8], durch die man sich den Zusammenhang der Phänomene erklärt. Stritten sich in den erkenntniswissenschaftlichen Auseinandersetzungen vor Kant oder Goethe der «Rationalismus» und der «Empirismus» darüber, ob Empirie oder Vernunft zu Erkenntnis führe, so führte dann Immanuel Kant, der eigentliche Inaugurator der neueren Erkenntnistheorie, zu

8 Mit dem Ausdruck «*Begriff*» wird hier wie in der ganzen Arbeit in Übereinstimmung mit Kant, Hegel und Steiner ausschließlich der vom menschlichen Denken hervorgebrachte *Gedanke* bezeichnet, und *nicht*, wie das in Abwandlung des Sprachgebrauchs heute oft üblich geworden ist, das *Wort*, mit dem der Gedanke *sprachlich zum Ausdruck* gebracht wird.

einer Synthese dieser Positionen, indem er darauf hinwies (Schneider, 1998), dass «die Wirklichkeit der Dinge zu erkennen» *beides* erfordere, einerseits die «Wahrnehmung», andererseits den «Begriff», sowie deren «Verknüpfung» in der Form eines Urteils (Kant, 1926, 266–273). Erkenntnis von Dingen könne weder aus der bloßen Erfahrung gewonnen werden, wie der Empirismus postuliere, noch allein aus dem Begriff, sondern benötige die Synthese beider. Der Begriff werde der Wahrnehmung im erkennenden Urteil «als Prädikat beigefügt» (Kant, 1926, 266). Auch Karl Popper, dem in der modernen Erkenntnistheorie noch immer ein großes Gewicht zugemessen wird, sieht das Erkennen in der Beziehung unserer «Theorien» auf die Gegenstände der durch Beobachtung gewonnenen «Erfahrung» (Popper, 1976), und Ähnliches gilt überhaupt für die Erkenntnistheorie des 20. Jahrhunderts (Schneider, 1998), so etwa für Donald Davidson, wenn er «unsere Empfindungen und Gedanken» als die beiden für das Erkennen benötigten Elemente erwähnt (Davidson, 1993).

Das Erkennen erscheint so übereinstimmend als eine Leistung des menschlichen Subjekts, die zwei aufeinander bezogene Elemente erfordert: Wahrnehmung und Begriff. Das ist unabhängig davon, wie diese keineswegs gleichsinnigen Erkenntnisauffassungen von über 200 Jahren das Erkennen als solches bestimmen und welche Beziehung sie seinen beiden im Subjekt vorgefundenen Elementen zu einer «objektiven Wirklichkeit» zuweisen. Ob das Subjekt in Wahrnehmung und Begriff in sich selbst verbleibt oder ob sich ihm durch diese Elemente ein tatsächlicher Zugang zur Wirklichkeit bzw. zu den Dingen «an sich» eröffnet, ist für den Umstand ohne Belang, dass Wahrnehmung und Begriff die für das Erkennen gleichermaßen notwendigen Elemente sind.

Was das Erkennen sei, und welchen Bezug es bzw. seine Elemente zur Wirklichkeit haben, kann von einem wissenschaftlichen Gesichtspunkt aus freilich nicht a priori oder willkürlich festgesetzt werden, sondern muss selbst wiederum Resultat wissenschaftlicher Untersuchung sein. Mit anderen Worten: Das Erkennen hat sich zur Beantwortung dieser Fragen *auf das Erkennen selbst* zu richten. Das ist Steiners Auffassung, die er in seinen Grundschriften vertritt, und in diesem Sinne, als *Erkennen des Erkennens*, versteht er die Erkenntniswissenschaft oder Erkenntnistheorie[9] (Steiner, 1979 a, 25 ff.).

Die Erkenntniswissenschaft ist deshalb für Steiner die *Grundwissenschaft aller Wissenschaften*. Denn sie hat das Instrument derselben, das Erkennen als solches, zum Gegenstand. Steiner hat seine natur- und geistes-

9 Erkenntnis*theorie* ist hier und bei Steiner synonym mit Erkenntnis*wissenschaft* (Steiner, 1979 a).

wissenschaftlichen Ansichten konsequent auf der Erkenntniswissenschaft aufgebaut[10], zunächst in der Herausarbeitung von Goethes Wissenschaftsart und in Übereinstimmung mit dieser in den bereits erwähnten «*Grundlinien*», sodann von seinem eigenen Standpunkt aus rein philosophisch-erkenntniswissenschaftlich in seiner Promotionsarbeit, die er 1892 in erweiterter Form publizierte als «*Wahrheit und Wissenschaft. Vorspiel einer Philosophie der Freiheit*» (Steiner, 1980), sowie 1894 mehr erkenntnispsychologisch in seinem philosophischen Hauptwerk «*Die Philosophie der Freiheit. Grundzüge einer modernen Weltanschauung. Seelische Beobachtungsresultate nach naturwissenschaftlicher Methode*» (Steiner, 1978 b).

Gemäß Steiners Auffassung kann erst die Erkenntniswissenschaft die Wissenschaft zu einer *kritischen* machen, indem das Erkennen des Erkennens dessen Gesetzmäßigkeit zutage fördert. Vorher bleibe das Erkennen unreflektiert oder «naiv» im ursprünglichen, also nicht pejorativen Sinn des Wortes: Es wird zwar betätigt, aber noch ohne Bewusstsein davon, welches die Regeln dieser Betätigung sind (Steiner, 1980, 44):

> Bei aller Tätigkeit, die wir vollbringen, kommt zweierlei in Betracht: die Tätigkeit selbst und das Wissen um deren Gesetzmäßigkeit. Wir können in der ersteren vollständig aufgehen, ohne nach der letzteren zu fragen. Der Künstler, der die Gesetze seines Schaffens nicht in reflexionsmäßiger Form kennt, sondern sie dem Gefühle, der Empfindung nach *übt*, ist in diesem Falle. Wir nennen ihn *naiv*. Aber es gibt eine Art von Selbstbeobachtung, die sich um die Gesetzlichkeit des eigenen Tuns fragt, und welche für die soeben geschilderte Naivität das Bewusstsein eintauscht, dass sie genau die Tragweite und die Berechtigung dessen kennt, was sie vollführt. Diese wollen wir *kritisch* nennen. Wir glauben damit am besten den Sinn dieses Begriffes zu treffen, wie er sich seit Kant mit mehr oder minder klarem Bewusstsein in der Philosophie eingebürgert hat. Kritische Besonnenheit ist demnach das Gegenteil von Naivität. Wir nennen ein Verhalten *kritisch*, das sich der Gesetze der eigenen Tätigkeit bemächtigt, um deren Sicherheit und Grenzen kennen zu lernen. Die

---

10 Dies ist insbesondere von Peter Schneider in dessen Habilitationsschrift für den Lehrstuhl für Berufspädagogik an der Universität Paderborn überzeugend dargestellt worden, publiziert als «*Einführung in die Waldorfpädagogik*» (Schneider, 1985). Seine Darstellung der erkenntniswissenschaftlichen und -methodischen Grundlagen zur Anthroposophie als Grundlage der Waldorfpädagogik kann in ihrem allgemeinen Teil auch für die Grundlegung der anthroposophischen Medizin gelten. Ebenso gilt das für Renatus Zieglers «*Vorbedingungen und Konsequenzen der Fragefähigkeit des Menschen: Erkenntniswissenschaft als Grundlage von Natur- und Geisteswissenschaft*» (Ziegler, 2014).

> Erkenntnistheorie kann aber nur eine kritische Wissenschaft sein. Ihr Objekt ist ja ein eminent subjektives Tun des Menschen: *Das Erkennen*, und was sie darlegen will, ist die Gesetzmäßigkeit *des Erkennens.* Von dieser Wissenschaft muss also alle Naivität ausgeschlossen sein. Sie muss gerade darinnen ihre Stärke sehen, dass sie dasjenige vollzieht, von dem sich viele aufs Praktische gerichtete Geister rühmen, es nie getan zu haben, nämlich das ‹Denken über das Denken›.

Das Denken über das Denken bzw. das «Erkennen des Erkennens» beginnt aber mit dem *Beobachten* des Erkennens, und zwar mit der Beobachtung des Erkennens als solchem, d.h. *unserer geistigen Tätigkeit*, und nicht mit der Beobachtung der Gehirnvorgänge, die das materielle Korrelat unserer geistigen Tätigkeit ist. Das muss deswegen betont werden, weil unter dem Einfluss der reduktionistischen Geist-Gehirn-Theorien sowie der naturalistischen und der evolutionären Erkenntnistheorien des 20. Jahrhunderts der *phänomenale* Unterschied zwischen materiellen Gehirnzuständen und den ihnen entsprechenden seelisch-geistigen Bewusstseinszuständen *ontologisch* verwischt wird, und zwar deswegen, weil jeder Bewusstseinszustand von dem ihm entsprechenden Gehirnzustand abhängig ist. So sagt Gerhard Vollmer, ein Hauptexponent der evolutionären Erkenntnistheorie in Deutschland (Vollmer, 1987, 90):

> Diese psychophysischen Entdeckungen legen die Vermutung nahe, dass jedem Bewusstseinszustand eindeutig ein Gehirnzustand entspricht oder dass überhaupt nur ein Zustand vorliegt, der verschieden – nämlich psychologisch und physiologisch – wahrgenommen wird.

Jedoch ist eine Entsprechung oder ein Bedingt- und Abhängigsein noch nicht dasselbe wie ontisch Dasselbe-Sein, und phänomenologisch bleibt nichts anderes übrig, als das Psychische oder Geistige einerseits und das Physiologische oder Materielle andererseits zunächst *für sich* zu beobachten, um dann überhaupt die Art ihrer *Beziehung* erkennen zu können (vgl. dazu Kap. 5). In diesem Sinn ist Steiners Erkenntniswissenschaft, im Gegensatz zu vielen anderen insbesondere auch neueren erkenntniswissenschaftlichen Strömungen, ganz radikal.

Um das Erkennen erkennen zu können, muss es also als solches, d.h. als geistige Tätigkeit, dem Erkennen als Objekt vorliegen, also gewissermaßen sich selbst. Das bietet aber ein Problem, denn das *erkennende* Erkennen ist dann nicht mehr dasselbe wie das *zu* erkennende Erkennen oder Denken. Dazu meint Steiner (Steiner, 1978b, 43):

Während ich denke, sehe ich nicht auf mein Denken, das ich selbst hervorbringe, sondern auf das Objekt des Denkens, das ich nicht hervorbringe. [...] Ich kann mein gegenwärtiges Denken nie beobachten; sondern nur die Erfahrungen, die ich über meinen Denkprozess gemacht habe, kann ich nachher zum Objekt des Denkens machen. Ich müsste mich in zwei Persönlichkeiten spalten: in eine, die denkt, und in die andere, welche sich bei diesem Denken zusieht, wenn ich mein gegenwärtiges Denken beobachten wollte. Das kann ich nicht. Ich kann das nur in zwei getrennten Akten ausführen. Das Denken, das beobachtet werden soll, ist nie das dabei in Tätigkeit befindliche, sondern ein anderes.

Das Denken bzw. das Erkennen kann also erst im Nachhinein, d. h. reflexiv[11], zum Objekt des Erkennens gemacht werden, indem sich ein späteres Denken auf bereits vollzogenen Denk-Akte richtet[12]. Das Denken ist in diesem Sinn

11 Nur in dieser Weise, d. h. reflexiv anhand des «Objekts» bereits vollzogener Denkprozesse, sind z. B. auch die erstmals von Aristoteles beschriebenen Gesetze der formalen Logik zu erheben, also die Formen, nach denen die Denkprozesse in Urteilen und Schlüssen vollzogen werden. Im Unterschied zur Wissenschaft der Logik, die sich allein mit den Gesetzen des *Denkens* beschäftigt, untersucht die Erkenntniswissenschaft das *Erkennen,* d. h. die Tätigkeit, die im Sinne des oben zitierten Ausspruchs Goethes die Beziehung zwischen der gedanklichen Theorie und den Erscheinungen herstellt.

12 Hier könnte jedoch der Einwand erhoben werden, dass das spätere, in Tätigkeit befindliche Denken doch ein anderes sei als das vorherige, bereits abgeschlossene, in der Reflexion beobachtete, und dass das tätige so stets unberücksichtigt bleibe. Das betrifft jedoch nicht das Denken selbst, sondern nur den Formzustand des Denkens. Dieses ist als Tätigkeit in actu gewissermaßen flüssig oder lebendig, als abgeschlossene Tätigkeit jedoch fest oder «abgestorben». Aber es bleibt doch Denken und folgt dessen Gesetzen. Und um diese geht es: «Wenn ich aber mein Denken betrachte, so ist kein solches unberücksichtigtes Element vorhanden. Denn was jetzt im Hintergrund schwebt, ist selbst wieder nur das Denken. Der beobachtete Gegenstand ist qualitativ derselbe wie die Tätigkeit, die sich auf ihn richtet» (Steiner, 1978 b, 40). – Aber woher wissen wir denn, dass das Denken in actu ein lebendiges ist, wenn wir es doch erst im Nachhinein nur noch als seinen «Leichnam» beobachten können? Das wissen wir, weil wir es selbst durch unsere eigene Tätigkeit hervorbringen müssen, wenn es überhaupt da sein soll. Wir erleben, erfahren es im Hervorbringen unmittelbar als lebendige Tätigkeit. «Es ist eine Wahrnehmung, in der der Wahrnehmende selbst tätig ist, und es ist eine Selbstbetätigung, die zugleich wahrgenommen wird» (ebd., 256). Dieses unmittelbare *Wahrnehmen* oder *Erfahren*, in dem man erlebend darinnen ist, während man es aktiv produziert, ist zu unterscheiden vom *Beobachten*. Denn Beobachten ist «beschauliches Gegenüberstellen» (ebd., 43). Und das ist beim Denken erst möglich, nachdem man es produziert hat: «Der Grund, der es uns unmöglich macht,

«das unbeobachtete Element unseres gewöhnlichen Geisteslebens». «Das ist die eigentümliche Natur des Denkens, dass der Denkende das Denken vergisst, während er es ausübt. Nicht das Denken beschäftigt ihn, sondern der Gegenstand des Denkens, den er beobachtet» (Steiner, 1978 b, 42), und deswegen ist die Beobachtung des Denkens im Vergleich zur Beobachtung anderer Objekte «eine Art Ausnahmezustand» (ebd., 40).

Diese Tatsache, dass das Erkennen leicht das unreflektierte Element des Erkennenden bleibt und die Beobachtung des Denkens einen Ausnahmezustand der gewöhnlichen Bewusstseinseinstellung darstellt, mag der Grund dafür sein, warum z. B. in einer wissenschaftlich fundierten Ausbildung wie im Medizinstudium von Erkenntniswissenschaft praktisch nicht die Rede ist[13]. Das Risiko dabei ist, dass das Erkennen im oben genannten Sinn «naiv» bleibt und die Wissenschaft nicht wirklich kritisch wird, d. h. sich selbst ihrer eigenen Prinzipien nicht bewusst werden kann und so Gefahr läuft, diese nicht korrekt zu handhaben.

Steiner stellt deshalb an den Anfang der Wissenschaft die Erkenntniswissenschaft, die ebenso bei der empirischen Beobachtung seiner Tätigkeit anzuheben hat wie die Naturwissenschaft bei der Beobachtung empirisch gegebener Tatbestände. Die erwähnten Grundschriften hat Steiner deshalb nicht als bloße Erkenntnis*theorie* konzipiert, sondern als begriffliche Darstellung von intersubjektiv überprüfbaren inneren empirischen Tatbeständen. Deshalb auch der Untertitel der *«Philosophie der Freiheit»*: «Seelische Beobachtungsresultate nach naturwissenschaftlicher Methode». In diesem Sinn sind auch die folgenden Ausführungen über die beiden Elemente des Erkennens, Erfahrung und Denken, gemeint.

---

das Denken in seinem jeweilig gegenwärtigen Verlauf zu beobachten, ist der gleiche wie der, der es uns unmittelbarer und intimer erkennen lässt als jeden anderen Prozess der Welt. Eben weil wir es selbst hervorbringen, kennen wir das Charakteristische seines Verlaufs, die Art, wie sich das dabei in Betracht kommende Geschehen vollzieht» (ebd., 44). Aber die «Kenntnis soll Erkenntnis werden», wie Hegel sagt; und anhand seiner Beobachtung kann das, was wir «naiverweise» schon kennen und können, mit kritischem Bewusstsein erkannt werden.

13 Damit stimmt überein, dass z. B. in einer weltweit verfügbaren, stets aktualisierten und von Fachleuten ihrer Gebiete verfassten Enzyklopädie in ausführlichen Kapiteln wie «Erkenntnis», «Erkenntnistheorie», «Epistemologie», «Wissen», «Wissenschaft» oder «Wissenschaftstheorie» keine Hinweise auf die Beobachtung des Denkens und Erkennens als Ausgangspunkt der Erkenntniswissenschaft aufmerksam gemacht wird (http://de.wikipedia.org/wiki/; für die genannten Begriffe abgerufen am 16. 12. 2015).

2.2 Erfahrung

Die Selbstbeobachtung zeigt, dass sich das Erkennen an gegebenen Erscheinungen entzündet. Zweierlei ist also zu unterscheiden: Das gegebene Phänomen, dem gegenüber sich das Erkenntnisbedürfnis regt, und die Erkenntnis selbst. Steiner bezeichnet die Gegenstände, «insofern sie unserer Beobachtung zugänglich sind, als den Inhalt der Erfahrung» (Steiner, 1979 a, 27). Es sei hier ausdrücklich bemerkt, dass Steiner hier in den «*Grundlinien*» im Anschluss an Johannes Volkelt unter «*Erfahrung*» die *Wahrnehmung* versteht, die er in der «*Philosophie der Freiheit*» auch so benennt, und nicht, wie man durch einen anderen Wortgebrauch hineinlegen könnte, den Gesamtumfang wiederholter früherer Wahrnehmungen. Die Erfahrung ist also dasjenige, was die Beobachtung *vorfindet*, wenn die Erkenntnis ihr Geschäft anhebt (Steiner, 1979 a, 28):

> Was ist Erfahrung? Jedermann ist sich dessen bewusst, dass sein Denken im Konflikte mit der Wirklichkeit angefacht wird. Die Gegenstände im Raume und in der Zeit treten an uns heran; wir nehmen eine vielfach gegliederte, höchst mannigfaltige Außenwelt wahr und durchleben eine mehr oder minder reichlich entwickelte Innenwelt. Die erste Gestalt, in der uns das alles gegenübertritt, steht fertig vor uns. Wir haben an ihrem Zustandekommen keinen Anteil. Wie aus einem uns unbekannten Jenseits entspringend, bietet sich zunächst die Wirklichkeit unserer sinnlichen und geistigen Auffassung dar. Zunächst können wir nur unseren Blick über die uns entgegentretende Mannigfaltigkeit schweifen lassen.
>
> Diese unsere erste Tätigkeit ist die sinnliche Auffassung der Wirklichkeit. Was sich dieser darbietet, müssen wir festhalten. Denn nur das können wir reine Erfahrung nennen.
>
> Wir fühlen sogleich das Bedürfnis, die unendliche Mannigfaltigkeit von Gestalten, Kräften, Farben, Tönen usw., die vor uns auftritt, mit dem ordnenden Verstande zu durchdringen. Wir sind bestrebt, die gegenseitigen Abhängigkeiten aller uns entgegentretenden Einzelheiten aufzuklären. […] Was aber auf solche Weise zustande kommt, ist nicht mehr *reine Erfahrung*. Es hat schon einen doppelten Ursprung: Erfahrung und Denken.
>
> *Reine Erfahrung ist die Form der Wirklichkeit, in der diese uns erscheint, wenn wir ihr mit vollständiger Entäußerung unseres Selbstes entgegentreten.*

Unter «vollständiger Entäußerung unseres Selbstes» ist hier – wie aus dem Zusammenhang hervorgeht – die Entäußerung vom *denkenden, urteilenden* Selbst zu verstehen, das durch Herstellen von Zusammenhängen Ordnung,

Wertung, Beurteilung in die vorliegenden Phänomene bringen möchte. «Rein» ist die Erfahrung vor Betätigung dieses Denkens insofern, als es noch rein ist von den durch das urteilende Denken hinzugebrachten, Zusammenhang schaffenden Begriffen[14]. Das schließt nicht aus, dass diese – *erkenntniswissenschaftlich* gemeinte – reine Erfahrung *erkenntnispsychologisch* gar nicht rein ist, dass sie z. B. nicht nur reine Sinneseindrücke, sondern bereits damit verknüpfte Vorstellungen oder Begriffe enthält, die sich beim Wahrnehmen spontan einstellen. In Bezug auf den aktuellen Erkenntnisvorgang sind auch solche, wahrnehmungspsychologisch gesehen vermischte Erfahrungen noch «rein», solange sie noch nicht vom erkennenden Urteil durchsetzt sind. Das ist von Steiner gemeint. Reine Erfahrung ist in diesem Sinn «das unmittelbar Gegebene», durch das sich das Erkennen erst herausgefordert fühlt (Steiner, 1980, 46):

> *Vor* aller erkennenden Tätigkeit stellt sich im Weltbilde nichts als Substanz, nichts als Akzidenz, nichts als Ursache oder Wirkung dar; die Gegensätze von Materie und Geist, von Leib und Seele sind noch nicht geschaffen[15]. Aber auch jedes andere Prädikat müssen wir von dem auf dieser Stufe festgehaltenen Weltbilde fernhalten. Es kann weder als Wirklichkeit, noch als Schein, weder als subjektiv, noch als objektiv, weder als zufällig noch als notwendig aufgefasst werden; ob es ‹Ding an sich› oder bloße Vorstellung ist, darüber ist auf dieser Stufe nicht zu entscheiden.

Denn solche Bestimmungen können erst *als Resultat* des Erkennens gesetzt werden[16].

Aus diesem Grund kann für die Erkenntniswissenschaft die Wahrneh-

---

14 Umgekehrt ist das «reine Denken» rein vom Bezug auf eine Erscheinungswelt, so wie etwa in der reinen Mathematik oder in der reinen Inhaltslogik. Vgl. dazu Steiner (1978 b) oder Hegel (1979).

15 Gemeint ist: *als Erkenntnisinhalt* – nicht etwa seinsmäßig – «noch nicht geschaffen», wie aus dem Folgenden hervorgeht.

16 Diesen Begriff der reinen Erfahrung kennt interessanterweise auch der Begründer der modernen japanischen Philosophie Nishida Kitaro (1870 – 1945): «*Rein* beschreibt den Zustand einer wirklichen Erfahrung als solcher, der auch nicht eine Spur von Gedankenarbeit anhaftet. [...] Das meint zum Beispiel, dass wir in dem Augenblick, in dem wir eine Farbe sehen oder einen Ton hören, weder überlegen, ob es sich um Einwirkungen äußerer Dinge handelt, noch ob ein Ich diese empfindet. Selbst das Urteil, was diese Farbe und dieser Ton eigentlich sind, ist auf dieser Stufe noch nicht gefällt. Somit sind *reine* und unmittelbare Erfahrung eins. In der unmittelbaren Erfahrung des Bewusstseinszustandes gibt es noch kein Subjekt und kein Objekt» (Nishida, 1989, 29). Nishida hatte sich mit dem Deutschen Idealismus beschäftigt; dem Autor ist nicht bekannt, ob er auch Steiner rezipiert hat.

mungswelt nicht von vornherein als ein bloß subjektives, als lediglich im Bewusstsein auftretendes Konstrukt der menschlichen Wahrnehmungsorganisation gelten, wie das im 20. Jahrhundert u. a. auch von der von Willard Quine dominierten naturalistischen Erkenntnistheorie aufgefasst worden ist und von Norbert Schneider so zusammengefasst wird: «Was als Beobachtung gelten soll, kann nun mittels der Reizung der Sinnesrezeptoren geklärt werden – bleibe das Bewusstsein wo es will» (Schneider, 1998, 154). Steiner nennt eine solche Auffassung «ein seit Kant bestehendes Vorurteil» (Steiner, 1979 a, 36–37):

> Ich meine die Ansicht, als ob es von vornherein feststünde, dass die gesamte Wahrnehmungswelt, diese unendliche Mannigfaltigkeit von Farben und Formen, von Tönen und Wärmedifferenzen usw. nichts weiter sei als unsere subjektive Vorstellungswelt, die nur Bestand habe, solange wir unsere Sinne den Einwirkungen einer uns unbekannten Welt offen halten. Die ganze Erscheinungswelt wird von dieser Ansicht für eine Vorstellung *innerhalb* unseres individuellen Bewusstseins erklärt, und auf Grundlage dieser Voraussetzung baut man weitere Behauptungen über die Natur des Erkennens auf. [...] Das ist keine *Grundwahrheit* und am wenigsten *dazu* berufen, an der *Spitze* der Erkenntniswissenschaft zu stehen.
>
> Man missverstehe uns nur ja nicht. Wir wollen nicht gegen die *physiologischen* Errungenschaften der Gegenwart einen gewiss ohnmächtigen Protest erheben. Was aber physiologisch vollkommen gerechtfertigt ist, das ist deshalb noch lange nicht berufen, an die Pforte der Erkenntnistheorie gestellt zu werden. Es mag als eine unumstößliche physiologische Wahrheit gelten, dass erst durch die Mitwirkung unseres Organismus der Komplex von Empfindungen und Anschauungen entsteht, den wir Erfahrung nannten. Es bleibt doch sicher, dass eine solche Erkenntnis erst das Resultat vieler Erwägungen und Forschungen sein kann. Dieses Charakteristikon, dass unsere Erscheinungswelt in *physiologischem Sinne* subjektiver Natur ist, ist schon eine gedankliche *Bestimmung* derselben; es hat also ganz und gar nichts zu tun mit ihrem ersten Auftreten. Es setzt schon die Anwendung des *Denkens* auf die *Erfahrung* voraus. Es muss ihm daher die Untersuchung des Zusammenhanges dieser beiden Faktoren des Erkennens vorausgehen.

Das ist nur dadurch möglich, dass *das Erkennen selbst*, als selbsteigene geistige Tätigkeit des Menschen, zum Gegenstand des Erkennens gemacht wird.

Nicht den *Inhalt* der Erfahrung zu bestimmen ist in diesem Sinn die Aufgabe der Erkenntniswissenschaft, sondern deren *Form*, d. h. den *Begriff* der Erfahrung (Steiner, 1979 a, Kap. 4). Ersteres ist Aufgabe entsprechender Spezialwissenschaften, also der Physiologie, Psychologie usw. Der erkenntniswissenschaftliche Begriff der reinen Erfahrung kommt deshalb *allen beobachteten Erfahrungsinhalten in gleicher Weise* zu, gleichgültig, ob es sich dabei um sogenannte physische oder psychische Phänomene handelt, um Sinneswahrnehmungen, Gefühle, Traum- oder Phantasiebilder, Erinnerungsvorstellungen, oder gar um durchgearbeitete Begriffe. Insofern als solche Elemente als zu Erkennende dem Bewusstsein vorliegen und in sich wie in ihrer Beziehung zu anderen *noch nicht erkannt* sind, können sie erkenntniswissenschaftlich als «reine Erfahrung» gelten. Steiner erläutert das anhand von einer Textstelle von Johannes Volkelt, die er als eine «vorzügliche Charakterisierung der reinen Erfahrung» bezeichnet (Steiner, 1979a, 33–34):

> Sie schildert uns einfach die Bilder, die in einem beschränkten Zeitabschnitte in völlig zusammenhangloser Weise vor unserem Bewusstsein vorüberziehen. Volkelt sagt: ‹Jetzt hat zum Beispiel mein Bewusstsein die Vorstellung, heute fleißig gearbeitet zu haben, zum Inhalte; unmittelbar daran knüpft sich der Vorstellungsinhalt, mit gutem Gewissen spazieren gehen zu können; doch plötzlich tritt das Wahrnehmungsbild der sich öffnenden Türe und des hereintretenden Briefträgers ein; das Briefträgerbild erscheint bald handausstreckend, bald mundöffnend, bald das Gegenteil tuend; zugleich verbinden sich mit dem Wahrnehmungsinhalte des Mundöffnens allerhand Gehörseindrücke, unter anderen auch einer, dass es draußen zu regnen anfange. Das Briefträgerbild verschwindet aus meinem Bewusstsein, und die Vorstellungen, die nun eintreten, haben der Reihe nach zu ihrem Inhalte: Ergreifen der Schere, Öffnen des Briefes, Vorwurf unleserlichen Schreibens, Gesichtsbilder mannigfachster Schriftzeichen, mannigfaltige sich daran knüpfende Phantasiebilder und Gedanken; kaum ist diese Reihe vollendet, als wiederum die Vorstellung, fleißig gearbeitet zu haben, und die von Missmut begleitete Wahrnehmung des fortfahrenden Regens eintreten; doch beide verschwinden aus meinem Bewusstsein, und es taucht eine Vorstellung auf mit dem Inhalte, dass eine während des heutigen Arbeitens gelöst geglaubte Schwierigkeit nicht gelöst sei; damit zugleich sind die Vorstellungen: Willensfreiheit, empirische Notwendigkeit, Verantwortlichkeit, Wert der Tugend, absoluter Zufall, Unbegreiflichkeit usw. eingetreten und verbinden sich miteinander in der verschiedensten, kompliziertesten Weise; und ähnlich geht es weiter.› Da haben wir für einen gewissen, beschränkten Zeitabschnitt das geschildert, was wir wirklich *erfahren*, diejenige Form der Wirklichkeit, an der das *Denken* gar keinen Anteil hat.

Dasjenige Denken hat an der reinen Erfahrung «gar keinen Anteil», welches *für die aktuelle* Erkenntnis *aktiv* die Zusammenhänge zwischen den erscheinenden Wahrnehmungselementen aufzufinden hat, wogegen die in diesen Elementen selbst bereits enthaltenen Gedanken entweder früher – d. h. *vor* der aktuellen Wahrnehmungssituation – aktiv hervorgebracht worden sind (z. B. philosophische Begriffe des obigen Beispiels) oder aber spontan – also ohnehin ohne unser bewusstes Dazutun – von kognitiven Inhalten durchsetzt auftreten, so wie das z. B. bei Phantasiebildern, Erinnerungsvorstellungen, aber auch bei sog. inhärenten oder Gegenwartsvorstellungen der Fall ist, die bei Wahrnehmungen als kognitiver Inhalt zusammen mit sensorischen Eindrücken – bzw. bezogen auf diese – auftreten. Erkenntniswissenschaftlich sind alle von selbst, d. h. nicht durch unsere aktive Denktätigkeit auftretenden Denk- und Vorstellungsinhalte «Erfahrung», auch wenn sie zu einem früheren Zeitpunkt durch diese Denktätigkeit ins Bewusstsein geholt wurden[17]. Es ist eine heute allgemein anerkannte Tatsache der Wahrnehmungspsychologie, dass die Beobachtung in diesem letzteren Sinn von uns stets schon «theoriebeladen» erlebt wird (Hacking, 1996, 285). Bei der wahrnehmungspsychologisch verstandenen reinen Erfahrung bzw. Wahrnehmung müsste der sensorische Eindruck im Bewusstsein *rein von jeglicher inhärenter Vorstellung* auftreten. Das ist unmöglich, weil offenbar bei allem Sinneswahrnehmen durch die leiblich-seelische Organisation des Menschen – in der Regel ohne bewusstes Zutun des Erlebenden – kognitive Einheiten auf Sinnesdata bezogen werden, sodass die mannigfaltige Sinneswelt, in der rein sensorisch alles ohne Unterbrechung ineinander übergeht, bereits in der ersten Form ihres Auftretens im Bewusstsein als mannigfaltige, voneinander abgegrenzte Einheit auftritt: Blätter, Bäume, Kieselsteine usw. Diese «unreinen», also kognitiv-sensorischen Einheiten[18] stellen dann in der unmittelbaren Form ihres Auftretens die

17 Es kommt eben immer auf die *aktuelle* Erkenntnis an: Das Explanandum, die Erfahrung, muss für den in Betracht kommenden Erkenntnisakt schon *gegeben* sein; an seinem Zustandekommen hat *dieser* Erkenntnisakt keinen Anteil. Wohl ist dieser Erkenntnisakt aber der Hervorbringer des Begriffs (Explanans) und des Beziehens dieses Begriffs auf die Erfahrung. Dieser – aktiv hervorgebrachte – Begriff kann aber in einem weiteren Erkenntnisakt (in einem Verstandesurteil) erkenntniswissenschaftlich wieder zur – passiv entgegengenommenen – *Erfahrung* werden, weil sie aufgrund des früheren Denkaktes bereits vorhanden ist. Daraus erklärt sich, warum Volkelt in der oben zitierten Stelle als *Inhalte* der «reinen *Erfahrung*» auch *Begriffe* nennt.

18 Diese Tatsache solcher sensorisch-kognitiver Einheiten kann man sich gut anhand der sogenannten Vexierbilder klarmachen, in denen man *im selben* sensorischen Material *verschiedene* Gestalten «sehen» kann. Der Grund dafür liegt darin, dass die sensorischen, z. B. auf einem Blatt gedruckten Elemente so angeordnet sind, dass verschiedene Vorstellungen sinnvoll auf sie bezogen werden können. Mit diesen Phänomenen beschäftigt sich die Gestaltpsychologie.

Elemente der *erkenntniswissenschaftlich* verstandenen reinen Erfahrung dar, deren spezifischer Inhalt in sich und deren gesetzmäßiger Zusammenhang mit anderem durch Erkennen erst gefunden werden muss.

So kann es nur das *Resultat* einer Erkenntnis sein, wenn an der Erfahrung inhaltlich kognitive und sensorische Elemente als solche bestimmt werden. Aber diese Bestimmung setzt voraus, dass die entsprechenden Elemente zuerst *beobachtet* wurden, und zwar rein, d.h. in der Form der Erfahrung, noch ohne bestimmendes Urteil. Die Beobachtung zeigt dann, dass die Wahrnehmung keinesfalls bloß die zum Subjekt gehörigen kognitiven Elemente aufweist, sondern auch die sensorischen, die als dem Subjekt von außen gegeben erfahren werden. Das zeigt sich daran, dass der sensorische Eindruck nur bei konkreter Anwesenheit des Wahrnehmungsgegenstandes für das Subjekt vorhanden ist, wogegen das Vorstellungsbild mit dem Inneren des Subjekts auch nach Verschwinden des Gegenstandes verbunden bleibt. Steiner drückt das so aus (Steiner, 1978b, 68):

> Wenn der Baum aus meinem Gesichtskreise verschwindet, bleibt für mein Bewusstsein ein Rückstand von diesem Vorgange: ein Bild des Baumes. Dieses Bild hat sich während meiner Beobachtung mit meinem Selbst verbunden. Mein Selbst hat sich bereichert; sein Inhalt hat ein neues Element in sich aufgenommen. Dieses Element nenne ich meine *Vorstellung* von dem Baume.

Diese *empirische* Differenzierung zwischen den sensorischen und kognitiven Elementen der Beobachtung ist wichtig für die Frage, ob das Subjekt durch die Wahrnehmung einen Bezug zu einer objektiven Welt habe oder nicht. Unter dem Einfluss mehrerer Strömungen, von Kant bis zum modernen Konstruktivismus etwa im Sinne von Humberto Maturana, ist es in der Erkenntnistheorie üblich geworden, Erkenntnis, und insbesondere auch den Wahrnehmungsanteil davon, für vom menschlichen Subjekt bedingt oder gar von seiner leiblichen Organisation konstruiert zu halten (Schneider, 1998). Die Subjektivität der Erfahrung müsste dann aber auch in der *Beobachtung* nachgewiesen werden. Das ist bei dem sensorischen Anteil der Erfahrung nicht der Fall, und deshalb ist von der Empirie her die Bestimmung des Beobachteten als «subjektiv» oder «konstruiert» nicht adäquat.

Diese inhaltliche Differenzierung der Wahrnehmung in einen sensorischen und einen kognitiven Anteil, die Bestimmung des Wahrgenommenen als subjektiv oder objektiv, als gegeben oder konstruiert, als physiologisch oder psychologisch bedingt, als evolutorisch oder soziologisch entstanden, kann aber immer nur Ergebnis von empirischen Spezialerkenntnissen sein, also von Wahrnehmungspsychologie, Sinnesphysiologie, Evolutionsbiologie und Psychologie, Soziologie usw. Alle diese Spezialwissenschaften setzen aber das Erkennen voraus und können deshalb nicht an die Spitze der Erkenntniswissenschaft gestellt werden. Dass das selten bemerkt wird, ist mit ein Grund für die große Palette divergierender erkenntniswissenschaftlicher Positionen, die das 20. Jahrhundert hervorgebracht hat (Schneider, 1998) und die fast durchgängig von spezialwissenschaftlichen Aspekten *ausgehen*.

Die Erkenntniswissenschaft Steiners unterscheidet sich insofern radikal von diesen Positionen, als sie *vor* aller Spezialwissenschaft konsequent das Erkennen als solches ins Auge fasst, also diejenige geistige Tätigkeit des Menschen, die bei aller anderen Erkenntnis betätigt wird, die sich aber dabei nicht auf sich selbst richten kann und deshalb «das unbeobachtete Element unseres gewöhnlichen Geisteslebens» bleibt (Steiner, 1978 b, 42). Dieses Element auf empirische Weise zum Erkenntnisobjekt zu erheben, ist Aufgabe der Erkenntniswissenschaft als Grundwissenschaft. Ihr Ziel ist das Auffinden der «Gesetzmäßigkeit des Erkennens» (Steiner, 1980, 44) bzw. der «Natur des Wissens selbst» (Steiner, 1980, 85). Sie soll die Frage klären: «Was für eine Bedeutung hat die Spiegelung der Außenwelt in dem menschlichen Bewusstsein, welche Beziehung besteht zwischen unserem Denken über die Gegenstände der Wirklichkeit und den letzteren selbst?» (Steiner, 1979 a, 26). Das Erkennen des Erkennens ist jedoch nur dadurch zu leisten, dass das Erkennen zunächst beobachtet wird, also nicht das neurophysiologische Korrelat des Erkennens, sondern das Erkennen *als geistige Tätigkeit*, um anhand dieser Beobachtung ihre Gesetzmäßigkeit zu finden. Daher die Notwendigkeit, behufs Erkenntniswissenschaft nicht irgendwelche anderen Erfahrungstatsachen, sondern das Denken selbst, welches zum Zweck des Erkennens die Zusammenhänge zwischen den Elementen der «reinen Erfahrung» herstellt, zum Beobachtungsobjekt zu erheben (Steiner, 1979 a, 30):

> *Wir müssen das Denken innerhalb der Erfahrungstatsachen selbst als eine solche aufsuchen.* Nur so wird unsere Weltanschauung der inneren Einheitlichkeit nicht entbehren. Sie würde es sogleich, wenn wir ein fremdes Element in sie hineintragen wollten. Wir treten der bloßen reinen Erfahrung gegenüber und suchen innerhalb ihrer selbst das Element, das über sich und über die übrige Wirklichkeit Licht verbreitet.

Es zeigt sich dann, dass dasjenige, an dem sich das Denken erst entzündet, die reine Erfahrung, seine Bestimmungen erst durch dieses Denken erhalten kann. Deshalb dürfen keine Urteile über den Inhalt der Erfahrung an den Anfang der Erkenntnistheorie gesetzt werden. Erst muss vielmehr gezeigt werden, inwiefern das Denken zu solchen Urteilen berechtigt ist. Und das ist wiederum nur durch eine empirische Untersuchung des Denkens selbst möglich.

2.3 Denken als Erfahrungstatsache

Übereinstimmend mit Goethe macht Steiner darauf aufmerksam, dass das Denken als Erfahrungstatsache eine «höhere Erfahrung in der Erfahrung» darstellt: «Wir finden innerhalb des zusammenhanglosen Chaos der Erfahrung, und zwar zunächst auch als Erfahrungstatsache, ein Element, das uns über die Zusammenhangslosigkeit hinausführt. Es ist das *Denken* (Steiner, 1979a, 43). Aber, und das ist nun entscheidend: «Das Denken nimmt schon als Erfahrungstatsache innerhalb der Erfahrung eine Ausnahmestellung ein» (ebd.). Denn: «Was bei der übrigen Erfahrung erst anderswo hergeholt werden muss, wenn es überhaupt auf sie anwendbar ist, der *gesetzliche Zusammenhang*, ist im Denken schon in seinem allerersten Auftreten vorhanden. [...] *Im Denken ist dasjenige, was wir bei der übrigen Erfahrung suchen, selbst unmittelbare Erfahrung geworden*» (ebd.). Diese Feststellung ist von einer fundamentalen Bedeutung, denn sie erlaubt die durchgängige *Begründung der Erkenntniswissenschaft auf dem Erfahrungsprinzip*. Es sei deswegen eine längere Textstelle Steiners zitiert, die diesen Punkt genauer erläutert (ebd., 44–46):

> Darin ist die Lösung einer Schwierigkeit gegeben, die auf andere Weise wohl kaum gelöst werden wird. Bei der Erfahrung stehen zu bleiben, ist eine berechtigte wissenschaftliche Forderung. Nicht weniger aber ist eine solche die Aufsuchung der inneren Gesetzmäßigkeit der Erfahrung. *Es muss also dieses Innere selbst an einer Stelle der Erfahrung als solche auftreten.* Die Erfahrung wird so mit Hilfe ihrer selbst vertieft. [...]
>
> Das Prinzip der Erfahrung wird meist in seiner Tragweite und eigentlichen Bedeutung verkannt. In seiner schroffsten Form ist es die Forderung, die Gegenstände der Wirklichkeit in der ersten Form ihres Auftretens zu belassen und sie nur so zu Objekten der Wissenschaft zu machen. Das ist ein rein methodisches Prinzip. Es sagt über den Inhalt dessen, was erfahren wird, gar nichts aus. Wollte man behaupten, dass nur die *Wahrnehmungen der Sinne* Gegenstand der Wissenschaft sein können, wie das der Materialismus tut, so dürfte man sich auf dieses Prinzip *nicht* stützen[19]. Ob der Inhalt sinnlich oder ideell ist, darüber fällt dieses Prinzip kein Urteil. Soll es aber in einem bestimmten Falle in der erwähnten schroffsten Form anwendbar sein, dann macht es allerdings eine Voraussetzung. Es fordert nämlich, dass die Gegenstände, wie

19 Auch der sog. Materialismus bedient sich *des Denkens*, um die Wahrnehmungen der Sinne zu erklären.

sie erfahren werden, schon eine Form haben, die dem wissenschaftlichen Streben genügt. Bei der Erfahrung der äußeren Sinne ist das [...] nicht der Fall. Es findet nur beim Denken statt.

Nur beim Denken kann das Prinzip der Erfahrung in seiner extremsten Bedeutung angewendet werden.

Wesentlich für Steiners erkenntniswissenschaftliche Position ist, dass er sich diesbezüglich ganz in Übereinstimmung mit Goethe sieht, dessen Erkenntnishaltung[20] ihm anlässlich der Herausgabe von «*Goethes Naturwissenschaftliche Schriften*» deutlich geworden war (ebd., 45):

> Eine im Sinne der Goetheschen Weltanschauung begründete Erkenntniswissenschaft legt das Hauptgewicht darauf, dass sie dem Prinzipe der Erfahrung durchaus treu bleibt. Niemand hat so wie Goethe die ausschließliche Geltung dieses Prinzips erkannt. Er vertrat das Prinzip ganz so strenge, wie wir es oben gefordert haben. Alle höheren Ansichten über die Natur durften ihm als nichts denn als Erfahrungen erscheinen. Sie sollten ‹höhere Natur innerhalb der Natur› sein.

Aber wie kann «das Grundelement aller Wissenschaftlichkeit, die ideelle Gesetzmäßigkeit», auch wenn sie als Erfahrung auftritt, irgendeine für die objektive Wirklichkeit relevante Bedeutung haben, wenn dieses Element durch Betätigung des Denkens, also eine eindeutige, ebenfalls erfahrbare Leistung des Subjekts, erst hervorgebracht werden muss?

Die Antwort darauf erscheint möglich, wenn man sich anhand der inneren Beobachtung den Unterschied zwischen Denkinhalt und Denktätigkeit klarmacht. Die Denk*tätigkeit* ist freilich eine Leistung unseres Selbst, dessen sind wir uns auf das Bestimmteste bewusst, indem wir sie durch unsere Aktivität in jeder ihrer Fasern selbst hervorbringen[21]. Aber den Denk*inhalt*

---

20 Diese Erkenntnisauffassung Goethes, dass der Inhalt einer der Wirklichkeit entsprechenden Theorie der Natur nichts Willkürliches, sondern nur «Erfahrung einer höhern Art» sein darf, ist vom Verfasser im Rahmen der von ihm an der Universität Bern zum 250. Geburtsjahr Goethes veranstalteten Vorlesungsreihe «Goethes Beitrag zur Erneuerung der Naturwissenschaften» genauer aufgezeigt worden (Heusser, 2000c).

21 Vgl. dazu Kap. 2.1. Ferner sei hier betont, dass in dieser Arbeit, soweit nicht anders vermerkt, unter «Denken» ausschließlich durch *Selbsttätigkeit des Denkenden* hervorgebrachtes Denken verstanden wird, und nicht Gedanken, die im Bewusstsein *von selbst* auftreten, etwa als Assoziationen, spontane Einfälle, Erinnerungsvorstellungen usw. Vgl. dazu auch Steiner: «Man sollte nur nicht verwechseln: ‹Gedankenbilder haben› und Gedanken durch das Denken verarbeiten.

erwirken wir nicht in gleicher Weise. Wir bringen ihn durch unsere Denktätigkeit bloß *zur Erscheinung*, wir *erzeugen* ihn nicht. Das kann man daran bemerken, dass sich Denkinhalte wie z. B. die mathematischen oder geometrischen nicht beliebig denken lassen, sondern nur so, wie sie an sich selber sind (ebd., 49):

> Wir produzieren einen Gedankeninhalt durchaus nicht so, dass wir in dieser Produktion bestimmten, welche Verbindungen unsere Gedanken einzugehen haben. Wir geben nur die Gelegenheitsursache her, dass sich der Gedankeninhalt *seiner eigenen Natur gemäß* entfalten kann. Wir fassen den Gedanken *a* und den Gedanken *b* und geben denselben Gelegenheit, in eine gesetzmäßige Verbindung einzugehen, indem wir sie miteinander in Wechselwirkung bringen. Nicht unsere subjektive Organisation ist es, die diesen Zusammenhang von *a* und *b* in einer gewissen Weise *bestimmt*, sondern der Inhalt von *a* und *b* ist das *allein Bestimmende*. Dass sich *a* zu *b* gerade in einer bestimmten Weise verhält und nicht anders, darauf haben wir nicht den mindesten Einfluss. *Unser Geist vollzieht die Zusammensetzung der Gedankenmassen nur nach Maßgabe ihres Inhaltes.* Wir erfüllen also im Denken das Erfahrungsprinzip in seiner schroffsten Form.

Vergleichsweise wird hier innerhalb des Denkens dasselbe erlebt wie in der sinnlichen Wahrnehmung beim Betasten einer Felswand aus Granit: Wie man bei dieser alle Ecken und Krümmungen so entgegennehmen muss, wie sie an sich selbst gestaltet sind und ineinander übergehen, so muss man sich auch mit der Denktätigkeit den Denkinhalten so entlang bewegen, wie sie an sich selber sind und unter sich objektiv zusammenhängen. Jeder Versuch etwa, eine Primzahl durch eine andere Zahl als sich selbst oder Eins so zu teilen, dass ein ganzzahliges Resultat entsteht, wird misslingen. Man bemerkt, dass der ideelle Inhalt diesem Versuch *geistig* auf analoge Weise einen passiven Widerstand entgegensetzt, wie das die Felswand auf sinnenfällige Weise tut: Sie lässt sich nur so erfahren, wie sie an sich selber ist, und nicht so, wie wir sie haben wollen[22].

Gedankenbilder können traumhaft, wie vage Eingebungen in der Seele auftreten. Ein *Denken* ist dieses nicht» (Steiner, 1978 b, 55). Beispiel für das hier gemeinte Denken sind das Mathematisieren und Geometrisieren oder das Durchdenken der Hegel'schen Logik. Ohne *vollständige Eigentätigkeit* kann man auf diesen Gebieten nichts begreifen.

22 Darin liegt auch der empirische Grund gegen die Theorie, Gedankenverknüpfungen seien *Konventionen*. Im Übrigen liefert die Konventionstheorie eher eine Bestätigung des hier Gesagten. Denn bei einer Konvention müssen sich die vielen

Dieses innerliche Widerstandserlebnis ist ein empirischer Beleg für die Objektität[23] der Denkinhalte und damit für den von Steiner geltend gemachten objektiven Idealismus oder Universalienrealismus (vgl. Kap. 2.6). Der Denkinhalt erweist sich empirisch, d. h. in der Erfahrung, als ein Gegebenes, ein inneres «Objectum». Allerdings ein Objekt, dem das Denken nicht mehr *gegenüber*steht wie das Beobachten dem Sinnesobjekt, sondern mit dem es sich im Denkakt vollständig *vereint*. Ohne diese Vereinigung, die in der deutschen Sprache treffenderweise «Einsicht» und von Thomas von Aquin, Descartes und Steiner im *gedanklichen* Sinn «Intuition» genannt wird, könnte das Denken seine Inhalte auch gar nicht begreifen[24]. Diese Objektität ist der Grund für die Tatsache, dass z. B. mathematische und geometrische Inhalte als «Gesetzmäßigkeiten» erlebt und logische Verknüpfungen mit «Notwendigkeit» den Denkinhalten gemäß zu erfolgen haben, und dass diese Verknüpfungen «intersubjektiv überprüfbar» sein müssen, wie die Wissenschaft mit Recht fordert. Denn der Denkinhalt wird von der Denktätigkeit nicht *erzeugt*, sondern im Bewusstsein des Subjekts lediglich *zur Erscheinung* gebracht. Er besteht objektiv, unabhängig von den einzelnen Subjekten. Aber die Subjekte nehmen denkend an ihm teil.

Dass im Denken auch Fehler gemacht werden, ist kein Einwand gegen die Objektivität des Denkinhalts. Denn wenn sich die Denktätigkeit zu schwach oder unkonzentriert erweist, dem Inhalt zu folgen, dann können Verknüpfungen fehlerhaft werden. Die Korrigierbarkeit der Fehler und die intersubjektive Überprüfbarkeit der Korrektheit von mathematischen oder sonstigen inhaltslogischen Gedankenverknüpfungen, die jeder aus eigener Erfahrung kennt, bestätigt hingegen die prinzipielle Objektivität der Denkinhalte.

Hinsichtlich seines «Gegebenseins» (bzw. seiner Objektität) kommt also der Denkinhalt dem Wahrnehmungsinhalt gleich. Ein Unterschied besteht aber darin, dass der Wahrnehmungsinhalt als eine den Sinnen von außen «unmittelbar gegebene» Erscheinung uns gewissermaßen «passiv», d. h. ohne unser Zutun, erscheint, der Denkinhalt hingegen nur im Innern und «aktiv»,

---

Subjekte auf Eines einigen (convenire: lat. für zusammenkommen). Dieses Eine muss dann ein von allen Subjekten verschiedenes Objekt sein.

23 Die Ausdrucksweise «Objektität» (Objekthaftigkeit) wird gewählt, um noch stärker als durch den Begriff «Objektivität», der damit auch gemeint ist, auf den realen Gegebenheitscharakter bzw. die ontische Eigenständigkeit des in Wahrnehmungs- oder Gesetzesform Gegebenen hinzuweisen.

24 «Ich muss den Gedanken durcharbeiten, muss seinen Inhalt nachschaffen, muss ihn innerlich *durchleben* bis in seine kleinsten Teile, wenn er überhaupt irgendwelche Bedeutung für mich haben soll» (Steiner, 1979 a, 47). Die Denk*tätigkeit* schafft eben im Erleben des Denk*inhalts* dessen *Form*. Inhalt und Form bilden eine Einheit.

d. h. durch die Vermittlung unserer Denktätigkeit, in die Form des Gegebenseins eintritt (Steiner, 1980, Kap. 4 und 5).

Aber das Denken erfüllt dem Denkinhalt gegenüber die gleiche Funktion wie die Beobachtung gegenüber dem Wahrnehmungsinhalt: Es ist in der Ausdrucksweise Steiners «*Organ der Auffassung*»: «Das Denken ist ein Organ des Menschen, das bestimmt ist, Höheres zu beobachten als die Sinne bieten» (Steiner, 1979 a, 63), nämlich den Ideengehalt, durch den der Erkennende die objektiven Zusammenhänge der Erscheinungen klären will. In diesem Sinne spricht auch Goethe von den «Augen des Geistes», durch die der Forscher das innere Gesetz dessen erspähen soll, was ihn «die Augen des Leibes» äußerlich erblicken lassen (Goethe, 1950 r). Hegel bezeichnet das «reine Wissen» des objektiven Ideengehaltes der Welt als «intellektuelle Anschauung» (Hegel, 1978, 76) bzw. als «intellektuelles» oder «inneres Anschauen» (Hegel, 1979, 23, 61).

Steiner benutzt für denselben Vorgang den Terminus «Intuition», womit freilich eine *denkerische, rationale Intuition* gemeint ist, wie sie am Beginn des wissenschaftlichen Zeitalters schon Descartes für die Wissenschaft gefordert hatte[25], nicht das gewöhnlich mit diesem Ausdruck bezeich-

---

25 Wie bereits vom Verfasser an anderer Stelle gezeigt (Heusser, 1999 c), fordert René Descartes in seinen berühmten «*Regulae ad directionem ingenii*» (Descartes, 1993) für die Wissenschaft ein Denken, das «eine den arithmetischen oder geometrischen Beweisen gleiche Gewissheit gewinnen kann» (ebd., 13). Dabei «ist nicht danach zu fragen, was andere gemeint haben oder was wir selbst etwa mutmaßen, sondern danach, was wir in klarer und evidenter Intuition sehen oder zuverlässig deduzieren können; nur so erwirbt man sich nämlich Wissenschaft» (ebd., 15). Intuition und Deduktion machen zusammen die «Handlungen unseres Verstandes» [intellectus nostri actiones] aus (ebd., 17). «Unter Intuition verstehe ich nicht das schwankende Zeugnis der sinnlichen Wahrnehmung oder das trügerische Urteil der verkehrt verbindenden Einbildungskraft, sondern ein so müheloses und deutlich bestimmtes Begreifen des reinen und aufmerksamen Geistes, dass über das, was wir erkennen, gar kein Zweifel zurückbleibt, oder, was dasselbe ist: eines reinen und aufmerksamen Geistes unbezweifelbares Begreifen, welches allein dem Lichte der Vernunft [rationis] entspringt und das, weil einfacher, deshalb zuverlässiger ist als selbst die Deduktion [...]. So kann jeder intuitiv mit dem Verstande [animo] sehen, dass er existiert, dass er denkt, dass ein Dreieck von nur drei Linien, dass die Kugel von einer einzigen Oberfläche begrenzt ist und Ähnliches [...]» (ebd., 17–19). Descartes versteht also unter Intuition einerseits das rein denkerische «Sehen» von ideellen Inhalten, wie etwa den mathematischen, andererseits aber auch das «Sehen» der Denktätigkeit, die jene zur Erscheinung bringt. – Im gleichen Sinn versteht Steiner in seiner «*Philosophie der Freiheit*» unter «Intuition» die rein denkerische Intuition: Intuition ist an der oben im Text zitierten ersten Stelle «die Form», also die Denktätigkeit, in der der Denkinhalt auftritt, an den weiteren Stellen aber der hervorgebrachte Denkinhalt, der die Wahrnehmung erklärt. Auf S. 146

nete Auftreten von spontanen Einfällen, traumartigen Erlebnissen oder Gefühlen, die ohne Denkanstrengung von selbst[26] auftreten (Volkamer et al., 1991).

Das Denken hat also in sich einen *Inhalt*[27] aufzufinden, der sich in der Wahrnehmung nicht zeigt, und der Akt dieses Auffindens ist Einsicht, Intuition (Steiner, 1978 b, 95):

> Die einzelnen Tatsachen treten in ihrer Bedeutung in sich und für die übrige Welt erst hervor, wenn das Denken seine Fäden zieht von Wesen zu Wesen. Diese Tätigkeit des Denkens ist eine *inhaltvolle*. Denn nur durch einen ganz bestimmten konkreten Inhalt kann ich wissen, warum die Schnecke auf einer niedrigeren Stufe steht als der Löwe. Der bloße Anblick, die Wahrnehmung gibt mir keinen Inhalt, der mich über die Vollkommenheit der Organisation belehren könnte.

---

wird der Intuitionsbegriff erweitert und umfasst so auch das *Erleben und Erkennen* der Denktätigkeit: «*Intuition* ist das im rein Geistigen verlaufende bewusste Erleben eines rein geistigen Inhaltes. Nur durch eine Intuition kann die Wesenheit des Denkens erfasst werden» (Steiner, 1978 b, 146). Entsprechend spricht Steiner auch vom «intuitiven Denken» oder «intuitiv erlebten Denken» und charakterisiert geradezu als Grundlage der *«Philosophie der Freiheit»*: «Die Darstellung dieses Buches ist aufgebaut auf dem rein geistig erlebbaren intuitiven Denken, durch das jegliche Wahrnehmung in die Wirklichkeit erkennend hineingestellt wird» (ebd.,255–256). Dieser erweiterte Intuitionsbegriff ist grundsätzlich auch offen für die *höhere*, geisteswissenschaftliche Intuition, die in der *«Philosophie der Freiheit»* noch nicht explizit erwähnt wird (vgl. Kap. 7), hat aber nichts zu tun mit Intuitionsformen *unterhalb* des wachbewussten, aktiven Denkens.

26 Diese von selbst, als unmittelbar Gegebenes auftretende «Intuition» ist erkenntniswissenschaftlich betrachtet lediglich *Erfahrung* wie andere Wahrnehmungen, deren Bedeutung durch die hier gemeinte rationale Intuition im aktiven Denken erst gefunden werden muss. Das belegen berühmte Beispiele aus der Wissenschaftsgeschichte wie das «intuitive» Auffinden der Ringstruktur-Theorie des Benzols durch Kekulé. Kekulé berichtet, wie er nachts im letzten Omnibus durch London fuhr, dabei «in Träumereien versank» und dabei Bilder von sich bewegenden und sich dabei gruppierenden, zu Ketten sich ordnenden und «in wirbelnden Reigen» sich drehenden Atomen erlebte. «Der Ruf des Conducteurs: ‹Clampham Road› erweckte mich aus meinen Träumereien, aber ich verbrachte einen Teil der Nacht, um wenigstens Skizzen jener Traumgebilde zu Papier zu bringen. So entstand die Strukturtheorie.» «Lernen wir träumen, meine Herren, dann finden wir vielleicht die Wahrheit [...] Aber hüten wir uns, unsere Träume zu veröffentlichen, ehe sie *durch den wachen Verstand geprüft* worden sind» (Volkamer et al., 1991, 34, HvPH). Das ist nur durch *denkerische* Intuition möglich. Auf *diese* bezieht sich Steiner.

27 Dies zu bemerken ist nicht überflüssig, da nach Kant Begriffe ohne sinnliche Anschauung leer sind (vgl. Anm. 39).

> Diesen Inhalt bringt das Denken der Wahrnehmung entgegen. Im Gegensatz zum Wahrnehmungsinhalte, der uns von außen gegeben ist, erscheint der Gedankeninhalt im Innern. Die Form, in der er zunächst auftritt, wollen wir als *Intuition* bezeichnen. Sie ist für das Denken, was die *Beobachtung* für die Wahrnehmung ist. Intuition und Beobachtung sind die Quellen unserer Erkenntnis. Wir stehen einem beobachteten Dinge der Welt so lange fremd gegenüber, so lange wir in unserem Innern nicht die entsprechende Intuition haben, die uns das in der Wahrnehmung fehlende Stück der Wirklichkeit ergänzt. Wer nicht die Fähigkeit hat, die den Dingen entsprechenden Intuitionen zu finden, dem bleibt die volle Wirklichkeit verschlossen.

Gemäß dieser Darstellung erfasst das tätige Denken also einen objektiven Denkinhalt, und es bezieht diesen auf eine der Beobachtung gegebene Wahrnehmung. Dieses Beziehen ist die eigentliche Erkenntnisleistung des Denkens.

2.4 Objektive empirische Erkenntnis

Das Ergebnis der zwei vorangehenden Unterkapitel ist, dass gemäß Steiners Schilderung innerhalb des Gesamtumfangs der Erfahrung zwei Formen des Gegebenen zu unterscheiden sind: erstens das der Beobachtung unmittelbar Gegebene, das ohne Zutun des Subjekts für dessen sinnliches Auffassen[28] auftritt, und zweitens das dem Subjekt durch die Vermittlung seiner Denktätigkeit bzw. Intuition Gegebene, der Begriff. Die Erfahrung ist «rein», insofern sie noch nicht mit dem Begriff verknüpft ist. Der Begriff ist «rein», insofern sein Inhalt (noch) nicht auf einen Erfahrungsinhalt bzw. auf eine Wahrnehmung bezogen ist. Beispiele dafür sind die mathemati-

---

28 «Sinnliches Auffassen» ist hier nicht nur im physisch-sinnlichen Sinn gemeint, d. h. mit Hilfe der physischen Sinnesorgane, sondern ganz umfassend, wie das Steiner in den *«Grundlinien»* zum Ausdruck bringt: «Wenn wir für die erste Form, in der wir die Wirklichkeit beobachten, einen Namen haben wollten, so glauben wir wohl den der Sache am angemessensten in dem Ausdrucke: *Erscheinung für die Sinne* zu finden. Wir verstehen da unter *Sinn* nicht bloß die äußeren Sinne, die Vermittler der Außenwelt, sondern überhaupt *alle* leiblichen und geistigen Organe, die der Wahrnehmung der unmittelbaren Tatsachen dienen. Es ist ja eine in der Psychologie ganz gebräuchliche Benennung: *innerer Sinn* für das Wahrnehmungsvermögen der inneren Erlebnisse. Mit dem Worte *Erscheinung* aber wollen wir einfach ein für uns wahrnehmbares Ding oder einen wahrnehmbaren Vorgang bezeichnen, insofern dieselben im Raume oder in der Zeit auftreten» (Steiner, 1979 a, 41).

schen Begriffe der *reinen* Mathematik, *bevor* diese – in der *angewandten* Mathematik – auf Sinnestatsachen bezogen werden.

Die Betrachtung der reinen Begriffe zeigt weiter, dass diese durch sich selbst auf weitere Begriffe bezogen sind, mit ihnen ihrem Inhalt gemäß in gesetzmäßiger Weise zusammenhängen. So ist der Begriff der Ursache von sich aus auf denjenigen der Wirkung, der Begriff des Teils auf den des Ganzen bezogen und umgekehrt. Und «reines Denken» bedeutet nichts anderes als das Denken dieser reinen, *in sich* bestehenden, Begriffsbezüge. Diese werden im Denkakt also innerlich, d. h. ideell, angeschaut. Hegel nennt das die «intellektuelle» oder «reine» Anschauung: «Reines *Anschauen* ferner ist nur ganz dasselbe, was reines Denken ist» (Hegel, 1969, 88).

In diesem inhärenten Bezugscharakter alles Ideellen liegt dessen oben besprochene Objektität und intersubjektive Überprüfbarkeit und gleichzeitig der Grund für das menschliche Vermögen, im Gedanken logisch konsistente Systeme, d. h. eine systematische Einheit in der Vielheit von Gedanken zu bilden (Steiner, 1979 a, 56 – 57):

> Wie erscheint uns unser Denken *für sich* betrachtet? Es ist eine *Vielheit* von Gedanken, die in der mannigfachsten Weise miteinander verwoben und organisch verbunden sind. Diese Vielheit macht aber, wenn wir sie nach allen Seiten hinreichend durchdrungen haben, doch wieder nur eine Einheit, eine Harmonie aus. Alle Glieder haben Bezug aufeinander, sie sind füreinander da; das eine modifiziert das andere, schränkt es ein und so weiter. Sobald sich unser Geist zwei *entsprechende* Gedanken vorstellt, merkt er also gleich, dass sie eigentlich in eins miteinander verfließen. Er findet überall Zusammengehöriges in seinem Gedankenbereiche; *dieser* Begriff schließt sich an *jenen*, ein dritter erläutert oder stützt einen vierten und so fort. So zum Beispiel finden wir in unserm Bewusstsein den Gedankeninhalt ‹Organismus› vor; durchmustern wir unsere Vorstellungswelt, so treffen wir auf einen zweiten: ‚gesetzmäßige Entwicklung, Wachstum›. Sogleich wird klar, dass diese beiden Gedankeninhalte zusammengehören, dass sie bloß zwei Seiten eines und desselben Dinges vorstellen. So aber ist es mit unserm ganzen Gedankensystem. Alle Einzelgedanken sind Teile eines großen Ganzen, das wir unsere Begriffswelt nennen.

Ein solches ideelles Ganzes oder System herzustellen, empfindet man einerseits als ein elementares Bedürfnis (Steiner, 1979 a, 57):

> Tritt irgendein *einzelner* Gedanke im Bewusstsein auf, so ruhe ich nicht eher, bis er mit meinem übrigen Denken in Einklang gebracht ist. Ein

solcher Sonderbegriff, abseits von meiner übrigen geistigen Welt, ist mir ganz und gar unerträglich. Ich bin mir eben dessen bewusst, dass eine innerlich begründete Harmonie aller Gedanken besteht, dass die Gedankenwelt eine einheitliche ist.

Andererseits gilt die oben besprochene Objektivität des im Subjekt aufgesuchten Ideellen[29]. Deshalb wird das «durchgängige Zusammenstimmen aller Begriffe, über die wir verfügen», als *Wahrheit* erlebt: «Haben wir uns bis dahin durchgerungen, dass unsere ganze Gedankenwelt den Charakter einer vollkommenen, inneren Übereinstimmung trägt, dann wird uns durch sie jene Befriedigung, nach der unser Geist verlangt. *Dann fühlen wir uns im Besitze der Wahrheit*» (ebd., 57)[30].

Dieses innere, logische Zusammenstimmen der Begriffe wird aufgrund des *Begriffsurteils* festgestellt, bei welchem Begriff (als Subjekt des Urteils) mit Begriff (als Prädikat) verknüpft wird (Copula) (ebd., 64). Alle logisch konsistente wissenschaftliche Theoriebildung beruht in diesem Sinn auf

29 Dem Einwand, dass wegen des *Bedürfnisses des Subjekts* nach ideeller Einheit auch diese selbst subjektiv sei, entgegnet Steiner: «Es ist zwar richtig, dass die subjektive Vernunft das Bedürfnis nach Einheit hat. Aber dieses Bedürfnis ist ohne allen Inhalt, ein leeres Einheits*bestreben*. Tritt ihm etwas entgegen, das absolut jeder einheitlichen Natur entbehrt, so kann es diese Einheit nicht selbst aus sich erzeugen. Tritt ihm hingegen eine Vielheit entgegen, die ein Zurückführen auf eine innere Harmonie gestattet, dann vollbringt sie dasselbe. Eine solche Vielheit ist die vom Verstande geschaffene Begriffswelt» (ebd., 72).

30 Steiner versteht hier also zunächst unter «Wahrheit» das «durchgängige Zusammenstimmen aller Begriffe, *über die wir verfügen*», und reserviert den Wahrheitsbegriff nicht für das Zusammenstimmen *aller* Begriffe *überhaupt*, was im Übrigen von einem Individuum gar nicht zu erreichen wäre. Mit diesem *qualitativen* Wahrheitsbegriff unterscheidet Steiner sich von Popper, der unter Wahrheit *quantitativ* «die Menge aller wahren Aussagen» versteht, was verständlicherweise «eine unerreichbare Zielmenge» bleiben muss. Ein Beispiel für Wahrheit im Sinne Steiners ist, was auch Popper als eine «unbezweifelbare Wahrheit» gelten lässt, etwa «dass 1+1=2» (Popper, 1985, 58). Gemeint ist mit Wahrheit also die logische Stimmigkeit von Begriffsurteilen, die Popper – wenn auch halbherzig – als den sicher erweisbaren Teil der «Erkenntnis im objektiven Sinn» bezeichnet: «Sobald wir die objektive Erkenntnis einbeziehen, müssen wir sagen, dass höchstens ein sehr kleiner Teil von ihr mit einigermaßen hinreichenden Gründen als sicher wahr erwiesen werden kann: Es ist (falls es überhaupt einen gibt) jener kleine Teil, der als *beweisbare Erkenntnis* charakterisiert ist und (allenfalls) die Sätze der formalen Logik und der (endlichen) Mathematik umfasst» (ebd., 76). Im Übrigen versteht Popper sonst unter «Wahrheit die Übereinstimmung mit den Tatsachen (oder der Wirklichkeit) [...]; oder, genauer, dass eine Theorie wahr ist genau dann, wenn sie mit den Tatsachen übereinstimmt» (ebd., 45).

Begriffsurteilen. Popper behauptet sogar, dass die «objektive Erkenntnis oder Erkenntnis im objektiven Sinne [...] aus dem logischen Gehalt unserer Theorien besteht» (Popper, 1985, 74)[31]. Aber der logische Gehalt einer in sich noch so konsistenten Theorie ist für das Gewinnen einer objektiven Erkenntnis ungenügend, wenn darunter nicht allein eine objektive Begriffserkenntnis verstanden wird, wie z. B. in der reinen Mathematik, sondern eine objektive Erkenntnis der der Beobachtung zugänglichen Erscheinungswelt, wie z. B. mittels der angewandten Mathematik. Das weiß Popper natürlich auch, wenn er sagt, dass «Wahrheit die Übereinstimmung [der Theorie] mit den Tatsachen (oder der Wirklichkeit) ist» (ebd., 45).

Das Entscheidende für die empirische Erkenntnis ist also nicht das Ideelle, die Theorie, sondern deren *Übereinstimmung mit der Erfahrung*, mit der erscheinenden Wirklichkeit. Deshalb betont Steiner öfters, dass die Beurteilung der Wirklichkeit nicht allein *logisch*, sondern zudem auch *wirklichkeitsgemäß* sein müsse, so etwa in einem 1920 für Studierende und Akademiker gehaltenen Kurs über *«Fachwissenschaften und Anthroposophie»*: «Zweierlei ist heute nötig, wenn man ein Urteil fällen will: erstens, dass das Urteil auf Grundlage einer richtigen logischen Methode aufgebaut ist – die Rechnungsmethode ist auch eine logische Methode –; zweitens, dass aber auch das Urteil aufgebaut ist auf eine sachgemäße Einsicht in die Wirklichkeit. Wirklichkeitsgemäß und logisch muss ein Urteil sein. Das erstere vergisst man heute gewöhnlich, daher spielen in unserem wissenschaftlichen Leben die bloß logisch richtigen Urteile eine so große Rolle, die aber unter

---

31 Dabei glaubt Popper offenbar, dass das «Objektive» dieser Theorien in deren *Veröffentlichung* (!) bestehe: «Beispiele für objektive Erkenntnis sind Theorien, die in Zeitschriften oder Büchern veröffentlicht und in Bibliotheken aufgenommen worden sind», ja er lässt seine berühmte «Welt 3» aus den «logischen *Gehalten* von Büchern, Bibliotheken, Informationsspeichern von Datenverarbeitungsanlagen und ähnlichem» bestehen (ebd., 74 – 75). Aber wer sich beim Lesen von geschriebenen Worten nichts *denkt*, wird bloß Gruppen von Schriftzeichen, nicht aber den *logischen Gehalt* der Worte finden. Dieser ist einzig und allein innerlich, d. h. intuitiv, durch intellektuelle Anschauung als ein *geistiger* zu finden. Das gilt auch für das gesprochene Wort. Popper scheint nicht genügend zwischen Wort und Bedeutung, Gedanke und seinem sprachlichen Ausdruck bzw. zwischen Information und Informationsträger zu unterscheiden. Nur so wird erklärlich, dass er besonderen Wert auf «*sprachlich formulierte* Theorien» (ebd., 75) legt und sagt: «Theorien und Behauptungen oder Aussagen sind die wichtigsten sprachlichen Gegenstände der Welt 3» (ebd., 162 – 163). Es ist klar, dass Theorien nur durch die Vermittlung sprachlichen Ausdrucks *kommuniziert* werden können; aber nicht dieser, sondern dessen logischer Gehalt ist das Wesentliche der Theorie. Damit stimmt auch eher die griechische Ursprungsbedeutung des Wortes überein (*theorìa:* die Schau des Göttlichen, also Geistigen).

Umständen gar keine Anwendung auf die Wirklichkeit haben» (Steiner, 2005, 42).

Die Wirklichkeitsgemäßheit einer Idee oder eines Begriffs[32] wird in diesem Sinn durch das *Wahrnehmungsurteil* überprüft, in welchem ein Begriff auf eine konkrete Wahrnehmung bezogen wird. Durch diesen Bezug wird der Begriff «spezialisiert», er hört auf, reiner, d. h. allgemeiner Begriff zu sein. Die Wahrnehmung andererseits hört ebenfalls auf, im erkenntniswissenschaftlichen Sinn «reine Erfahrung» zu sein. Denn sie wird durch den auf sie bezogenen Begriff, der seinerseits mit weiteren Begriffen in Beziehung steht, ideell in einen Zusammenhang hineingefügt. «Das Urteil, welches hier in Betracht kommt, hat zum Subjekte eine Wahrnehmung, zum Prädikat einen Begriff. Dieses bestimmte Tier, das ich vor mir habe, ist ein Hund. In einem solchen Urteile wird eine Wahrnehmung in mein Gedankensystem an einem bestimmten Orte eingefügt. Nennen wir ein solches Urteil ein *Wahrnehmungsurteil. Durch das Wahrnehmungsurteil wird erkannt, dass ein bestimmter sinnenfälliger Gegenstand seiner Wesenheit nach mit einem bestimmten Begriffe zusammenfällt*» (Steiner, 1979 a, 65). Denn durch den Prädikatbegriff wird die Bestimmung dessen geliefert, was das Subjekt im Urteil, die vorliegende Erscheinung *ist*, d. h. sein gesetzmäßiges *Was oder Wesen.*

Ich sehe z. B. eine Sonnenblume und freue mich über die wunderbar regelmäßige Anordnung ihrer Kerne auf dem Blumenteller. Da regt sich mein Erkenntnisbedürfnis und ich frage mich, was das wohl für ein Muster ist. Ich beschäftige mich deshalb gedanklich mit geometrischen Mustern und finde heraus, dass die Kerne der Sonnenblume nach einem mathematisch-geometrischen Gesetz angeordnet sind, das eine Fibonacci-Folge[33] ist. Das

---

32 Bezüglich des Unterschieds zwischen Begriff und Idee bemerkt Steiner: «Kant hat auf den Unterschied von Verstand und Vernunft bereits hingewiesen. Er bezeichnet die Vernunft als das Vermögen, Ideen wahrzunehmen; wogegen der Verstand darauf beschränkt ist, bloß die Welt in ihrer Getrenntheit, Vereinzelung zu schauen. Die Vernunft ist nun in der Tat das Vermögen, Ideen wahrzunehmen. Wir müssen hier den Unterschied zwischen Begriff und Idee feststellen [...]. Begriff ist der Einzelgedanke, wie er vom Verstande festgehalten wird. Bringe ich eine Mehrheit von solchen Einzelgedanken in lebendigen Fluss, so dass sie ineinander übergehen, sich verbinden, so entstehen gedankenmäßige Gebilde, die nur für die Vernunft da sind, die der Verstand nicht erreichen kann. Für die Vernunft geben die Geschöpfe des Verstandes ihre gesonderten Existenzen auf und leben nur mehr als ein Teil einer Totalität weiter. Diese von der Vernunft geschaffenen Gebilde sollen *Ideen* heißen» (Steiner, 1979 a, 71).

33 Eine Fibonacci-Folge ist eine rekursive mathematische Reihe, bei der jede Zahl die Summe der beiden vorangehenden Zahlen ist, wobei die erste Zahl = 0 und die zweite Zahl = 1 gesetzt werden. Die entsprechende Reihe ist also: 0, 1, 1, 2, 3, 5, 8, 13, 21 usw. Die einander benachbarten Sonnenblumensamen stehen bezüglich der

erscheinende Muster ist *erkannt*, wenn ich festgestellt habe, dass Muster und Gesetz völlig zusammenstimmen, dieses also das «Was» oder «Wesen» von jenem ist, oder umgekehrt, dass das Muster demnach eine Erscheinungsform dieses Gesetzes ist.

Dazu muss freilich *vorher*, d. h. in Bezug auf den Moment des eigentlichen Erkenntnisaktes, die Fibonacci-Folge in meinem Denken «vorgebildet» sein, d. h. es muss aufgrund des Erkenntnisbedürfnisses ein Gesetz gesucht und gefunden, also bereits intuiert und begriffen sein, um nachher im Urteil mit der Wahrnehmung verknüpft werden zu können. «Wollen wir also begreifen, was wir wahrnehmen, dann muss die Wahrnehmung als bestimmter Begriff in uns *vorgebildet* sein. An einem Gegenstande, bei dem das nicht der Fall wäre, gingen wir, ohne dass er uns verständlich wäre, vorüber» (Steiner, 1979 a, 65). So gingen Tausende am langsam schwingenden Leuchter im Dom zu Pisa vorbei, bevor Galileo Galilei das Gesetz dieses Schwingens, das Pendelgesetz gefunden und begriffen hatte.

Der Prädikatbegriff muss also stets zum Subjekt des Urteils *hinzugebracht* werden, er liegt in der Wahrnehmung des Letzteren nicht schon vor. Steiner bezeichnet den Erkenntnisakt deshalb auch als «*die Synthese* von Wahrnehmung und Begriff» (Steiner, 1978 b, 92). Diese Synthese ist ebenfalls eine Leistung des Denkens: «Die gegebene Welt mit Begriffen und Ideen zu durchdringen, ist aber *denkende* Betrachtung der Dinge. Das Denken ist somit tatsächlich der Akt, wodurch die Erkenntnis vermittelt wird» (Steiner, 1980, 59).

Auch dieses die Wahrnehmungswelt mit Begriffen durchdringende Denken wird durch ein subjektives Bedürfnis in uns angestoßen: «Nirgends sind wir mit dem zufrieden, was die Natur vor unseren Sinnen ausbreitet. Wir suchen überall nach dem, was wir *Erklärung* der Tatsachen nennen» (Steiner, 1978 b, 28). Befriedigt sind wir erst, wenn wir im oben genannten Sinn *begreifen*, was wir wahrnehmen. Doch wie beim Begriffsurteil hat das Subjekt für das Zustandekommen objektiver Erkenntnis auch hier, beim Wahrnehmungsurteil, nichts von sich aus über das Objektive des zu Erkennenden zu bestimmen.

So gesehen können wir *drei Schritte des Erkennens* feststellen, durch die uns dreierlei in der erscheinenden Wirklichkeit objektiv gegeben wird:

Blumenachse im goldenen Winkel zueinander, also gemäß dem goldenen Schnitt. Die rationalen Zahlen, die diesen am besten approximieren, sind Brüche von aufeinanderfolgenden Fibonacci-Zahlen. Die benachbarten Samen stehen also an Positionen, die sich durch die Fibonacci-Zahl im Nenner unterscheiden. Darin besteht ihre spiralige Anordnung. Die Folge ist nach ihrem Entdecker benannt: Fibonacci (Leonardo Fibonacci da Pisa, ca.1170 bis ca. 1241), einem der bedeutendsten Mathematiker des Mittelalters.

1. Die *Beobachtung*; diese liefert uns die Wahrnehmung; 2. das Suchen und Finden (Intuieren), d.h. *Denken* des Gesetzes, der Idee; und 3. das *Denken* als eigentlicher *Erkenntnisakt*, das Hinzubringen des begriffenen Gesetzes zur Wahrnehmung[34], wodurch die innere Identität von Gesetz und Erscheinung eingesehen werden kann. Steiner formuliert das so (Steiner, 1979a, 64):

> Bei aller wissenschaftlichen Bearbeitung der Wirklichkeit ist der Vorgang dieser: Wir treten der konkreten Wahrnehmung gegenüber. Sie steht wie ein Rätsel vor uns. In uns macht sich der Drang geltend, ihr eigentliches Was, ihr Wesen, das sie nicht selbst ausspricht, zu erforschen. Dieser Drang ist nichts anderes als das Emporarbeiten eines Begriffes aus dem Dunkel unseres Bewusstseins. Diesen Begriff halten wir dann fest, während die sinnenfällige Wahrnehmung mit diesem Denkprozesse parallel geht. Die stumme Wahrnehmung spricht plötzlich eine uns verständliche Sprache; wir erkennen, dass der Begriff, den wir gefasst haben, jenes gesuchte Wesen der Wahrnehmung ist.

Das Erkenntnisurteil vollzieht in der Tat *formal* eine Wesensidentifizierung von Subjekt und Prädikat: Dieses beobachtete Tier (Subjekt des Urteils) – *ist*[35] (Copula) – ein Hund (Prädikat).

Ob auch *inhaltlich* eine Wesensidentifizierung stattfindet, hängt nicht vom Erkennenden, sondern vom zu erkennenden Inhalt ab. Denn wie das Denken beim Begriffsurteil nichts von sich aus über das Zusammenstimmen seiner Inhalte zu bestimmen hat[36], sondern nur die Gelegenheit dazu abgibt und das Resultat anschaut, so auch beim Wahrnehmungsurteil: Das Denken

---

34 Wie oben bereits bemerkt, gibt es *wahrnehmungspsychologisch* keine Wahrnehmung, die nicht schon gedanklich durchsetzt wäre. «Wahrnehmung» ist hier jedoch nicht wahrnehmungspsychologisch, sondern *erkenntniswissenschaftlich* gemeint. Der bereits von inhärenten Vorstellungen durchsetzte sensorische Eindruck, z.B. das oben erwähnte «schöne Muster» des «Sonnenblumentellers», ist erkenntniswissenschaftlich die Wahrnehmung, zu der das Denken zwecks Erkennen das entsprechende Gesetz erst auffinden und hinzubringen muss.

35 Man könnte auch sagen: *«west»*: von «wesen», Verwendung als Verb von «das Wesen» und als Synonym zu «sein». Deswegen möglicherweise auch der eigentümliche Ausdruck «Ur-teil»: Das «Ur» ist das Wesen, das im Urteil in seine zwei Elemente, Subjekt (das zu Bestimmende) und das Prädikat (die Bestimmung) «geteilt» wird, aber dennoch beide umfasst.

36 Das in Anm. 28 und 29 hinsichtlich des Begriffsurteils Gesagte gilt sinngemäß auch für das Wahrnehmungsurteil: Das Bedürfnis nach einem Zusammenstimmen von Wahrnehmung und Begriff wäre ohne allen Inhalt, ein leeres Vereinigungs*bestreben*, wenn die gegebenen *Inhalte* ein kongruentes Zusammenführen von sich aus nicht gestatteten. Es könnte dieses nicht selbst aus sich erzeugen. Dass diese

hat nicht willkürlich zu bestimmen, welches Gesetz dem Muster der Sonnenblumen zukommt, sondern im Aufeinander-Beziehen von Gesetz und Phänomen abzuwarten, ob beide kongruent sind. Erst dieses kongruente Resultat kann in strengem, d. h. inhaltlichem Sinne Steiners als Erkenntnis gelten (Steiner, 1980, 60):

> Dadurch, dass das Denken einen Bezug zwischen zwei abgesonderten Partien des Weltinhalts herstellt, hat es gar nichts von sich aus über dieselben bestimmt. Es wartet ja ab, was sich infolge der Herstellung des Bezuges von selbst ergibt. Dieses Ergebnis erst ist eine Erkenntnis über die betreffenden Teile des Weltinhaltes. Läge es in der Natur des letzteren, durch jenen Bezug überhaupt nichts über sich zu äußern: nun, dann müsste eben der Denkversuch misslingen und ein neuer an seine Stelle treten. Alle Erkenntnisse beruhen darauf, dass der Mensch zwei oder mehrere Elemente der Wirklichkeit in die richtige Verbindung bringt und das sich hieraus Ergebende erfasst.

So verstanden ist in der Erkenntnis alles *Erfahrung:* 1. die der Beobachtung vorliegende unmittelbare Erfahrung, 2. das durch die Vermittlung des Denkens erscheinende Gesetz und 3. das Zusammenstimmen von Gesetz und Erfahrung. «In diesem Sinne sind alle unsere Erkenntnisse empirisch» (Steiner, 1980, 63). Und in diesem empirischen Sinne ist man auch berechtigt, Erkenntnis durchgängig als objektiv zu bezeichnen.

Daraus ergibt sich auch, warum zwischen der von Steiner geltend gemachten objektiven Gegebenheit der Erkenntnisinhalte und der *Möglichkeit des Irrtums* kein Widerspruch zu bestehen braucht. Denn das Verknüpfen von Gedanken mit Gedanken oder von Gedanken mit Wahrnehmungen ist eine Tätigkeit des denkenden Selbstes; und dieses kann aus verschiedenen Gründen daran gehindert sein, die «richtige», d. h. aus der Sache selbst sich ergebende Gedankenverknüpfung zwischen Wahrnehmungselementen zu finden.

Ein einfacher Fall ist die jedermann bekannte Tatsache, dass man nicht immer in der Lage ist, in der Beobachtung genügend *Aufmerksamkeit* für die gegebenen Wahrnehmungsinhalte oder im Denken genügend *Konzentrationskraft* für das Durcharbeiten von deren gesetzmäßigen Bezügen aufzubringen. Irrtümer können dann darauf beruhen, dass man Wahrnehmungsinhalte falsch einschätzt und deswegen mit nicht zutreffenden Gesetzen versieht (fehlerhaftes Wahrnehmungsurteil) oder Gedankeninhalte unter sich unrichtig

---

Auffassung sich auch mit der Tatsache des möglichen Irrtums vereinbaren lässt, ergibt sich aus der weiteren Darstellung.

aufeinander bezieht (fehlerhaftes Begriffsurteil). Der Irrtum ist in beiden[37] Fällen Folge eines falschen Urteils, also einer unrichtigen denkerischen Verknüpfung durch das Subjekt, was jedermann z.B. vom fehlerhaften Zusammenzählen von Rechnungspositionen oder vom ungenügenden Berücksichtigen der Beobachtung beim Urteilen her kennt.

Dasselbe gilt für *Vor-Urteile und Urteils-Konventionen*, bei denen nicht abgewartet wird, welche Gedanken sich für eine vorliegende Wahrnehmungssituation als objektiv zutreffend erweisen, sondern diese Wahrnehmungssituation vorschnell mit Urteilen belegt wird. Aber gerade die Möglichkeit, sich von Vorurteilen frei zu machen und Urteilsfehler durch Verstärkung der Aufmerksamkeit und durch Aufrechterhaltung der denkerischen Konzentrationskraft zu korrigieren, belegt den *Gegebenheits*charakter der Erkenntnisinhalte bei aller Subjektivität und Irrtumsanfälligkeit der Erkenntnistätigkeit.

Das ist prinzipiell gesprochen, aber im täglichen Wissenschaftsprozess keineswegs trivial. So ist die Feststellung der «richtigen», d.h. aus der Sache selbst sich ergebenden gedanklichen Verbindung zwischen Wahrnehmungstatsachen bei komplexen Tatbeständen etwa der modernen Biologie keineswegs so einfach, wie das beim Zusammenstimmen des Fibonacci-Gesetzes mit der beobachteten Sonnenblumenkernen-Anordnung oder dem Pendelgesetz mit der schwingenden Kirchenlampe erscheinen könnte.

Ein Hauptgrund für die häufige Ablehnung der Möglichkeit, *überhaupt* eine «richtige» Gedankenverbindung zwischen Wahrnehmungselementen zu finden, dürfte jedoch im Umstand liegen, dass in der Nachfolge von Karl Popper und anderen Erkenntnistheoretikern des 20. Jahrhunderts die Objektivität, Realitätsbezogenheit und Gewissheit von Naturgesetzen aufgrund eines nominalistischen Verständnisses von Gesetzen abgelehnt werden (vgl. Kap. 2.6). Das hat dazu geführt, dass man den auf empirisches Material bezogenen Erkenntnisgedanken höchstens noch die Aufgabe von *Modellvorstellungen* zugesteht, die der Wirklichkeit selbst aber nie wirklich oder nur annähernd angemessen sein können; und es wird der Unterschied zwischen Modellvorstellungen oder Hypothesen und Erkenntnisideen im Sinne des hier gemeinten objektiven Bezugs auf die Empirie gar nicht mehr gesehen.

Ein weiterer Umstand, der scheinbar gegen objektive Erkenntnis spricht, ist die vom subjektiven Erfahrungshorizont abhängige *Perspekti-*

---

37 Das gilt auch für den Fall der ungenügenden Beobachtung. Denn die Wahrnehmung (d.h. der Gegenstand, insofern er durch Beobachtung gegeben ist) tritt in der Form der Erfahrung auf, die *als solche* nicht «falsch» ist, sondern als Gegebenheit auftritt, die dann ihrerseits freilich Veranlassung dazu bieten kann, ihr im Urteil nicht zutreffende Gedanken zuzuordnen. Der Irrtum liegt dann in dieser Zuordnung.

vengebundenheit des Erkennens (Matthiessen, 2002). Irrtümer sind grundsätzlich korrigierbar und deshalb kein grundsätzliches Argument gegen die Objektivität von Erkenntnis im oben genannten Sinn. Die Perspektivengebundenheit ist jedoch in der Natur der Sache begründet. Die örtlichen, zeitlichen, historischen, sozialen, ökonomischen, körperlichen oder sonst wie bedingten Standpunkte, von denen aus Dinge beobachtet und beurteilt werden, sind *als solche* nicht direkt zu umgehen und führen notwendigerweise zu beschränkten Urteilen. Das ist heute allgemein anerkannt und wird z. B. von der genetischen Epistemologie von Jean Piaget, der evolutionären Erkenntnistheorie von Gerhard Vollmer und anderen, dem biologisch basierten Konstruktivismus von Humberto Maturana, der Bewusstseinstheorie des dialektischen Materialismus, den gesellschaftskritischen und sozial ausgerichteten Erkenntnistheorien von Jürgen Habermas und Pierre Bourdieu und von der feministischen Epistemologie in den USA geltend gemacht (Schneider, 1998).

Auch Steiner anerkennt die Perspektivengebundenheit des Erkennens, so die externe Perspektivenabhängigkeit, etwa vom räumlichen oder zeitlichen Standort des Subjekts relativ zum Objekt, wie auch die interne Bedingtheit des Wahrnehmungsbildes durch körperliche Organisation des Subjekts. «Mein Wahrnehmungsbild wird ein anderes, wenn ich den Ort ändere, von dem aus ich meine Beobachtungen mache» (Steiner, 1978 b, 64); und die Tatsachen der Sinnesphysiologie und -pathologie, so etwa das Phänomen der Farbenblindheit, belegen klar «die Abhängigkeit unserer Wahrnehmungswelt von unserer leiblichen und geistigen Organisation» (ebd., 64). Steiner nennt die Abhängigkeit des Wahrnehmungsbildes vom Beobachtungsort eine «mathematische» und diejenige von der subjektiven Organisation eine «qualitative» (ebd., 65). «Meine Wahrnehmungsbilder sind also zunächst subjektiv» (ebd., 65), bzw. «die Wahrnehmung [wird] von der Organisation meines Subjektes mitbestimmt» (ebd., 67).

Dennoch spricht auch die Perspektivengebundenheit des Erkennens nicht grundsätzlich gegen die Objektivität von Erkenntnis, wie Steiner sie versteht. Denn bei Steiners Begriff der Erfahrung oder Wahrnehmung geht es nicht um die Dinge «als solche», sondern um die Gegenstände, «insofern sie unserer Beobachtung zugänglich sind» (Steiner, 1979 a, 27) bzw. «insofern das bewusste Subjekt von ihnen durch Beobachtung Kenntnis nimmt» (Steiner, 1978 b, 62). Darin sind implizit sowohl die externe wie die interne Bedingtheit des Wahrnehmungsbildes schon enthalten. *Dieses* Wahrnehmungsbild ist das uns in der Beobachtung *gegebene* und *insofern* objektiv[38],

38 Man kann leicht versucht sein, aus der physiologischen *Bedingtheit* des Wahrnehmungsbildes dessen physiologische *Verursachung* abzuleiten und den Wahr-

ein anderes kennen wir nicht und können es nicht erspekulieren. Und das Gesetz *dieser* Wahrnehmung muss im Erkennen gefunden werden. Auch das Gesetz kennen wir nur so, wie wir es in der Denktätigkeit als ein Gegebenes und insofern Objektives im oben genannten Sinn *erfahren* können. Wir haben keine andere Möglichkeit, an die Realität heranzukommen, als durch Wahrnehmung und Begriff.

Objektives Erkennen ist deshalb immer perspektivisch und situativ, d. h. denkendes Erfassen der konkret beobachteten Wahrnehmung. Das impliziert aber auch, dass objektive Erkenntnisse nicht durch objektive Erkenntnisse aus anderen Perspektiven außer Kraft gesetzt werden, denn für die entsprechende Perspektive sind sie ja richtig; sie werden durch andere aber zu einer umfassenderen Gesamterkenntnis *erweitert.* Objektiv ist eine Erkenntnis also nicht primär durch *Gleichheit* mit anderen Erkenntnissen, sondern durch die Übereinstimmung von Wahrnehmung und Begriff. Gleichheit, oder Reproduzierbarkeit ist zwar *auch* ein Charakteristikum objektiver Erkenntnis, aber nur unter Voraussetzung der Perspektivengleichheit.

Zwar zeigt ein und dieselbe Skulptur von verschiedenen Seiten gesehen ganz verschiedene Aspekte, aber diese rufen dann auch nach je anderen Begriffen, die diesen Aspekten entsprechen. Aber insofern als diese Entsprechung empirisch objektivierbar ist, hat jede dieser *verschiedenen* Erkenntnisse den *gleichen* objektiven Wert. So ist es mit allen Dingen der Wirklichkeit. Das spielt insbesondere in der Medizin eine große Rolle, in der verschiedene Wissenschaften und medizinische Richtungen den Menschen mit seinen verschiedenen körperlichen, seelischen, geistigen und sozialen Aspekten von den jeweiligen Perspektiven aus zu beschreiben, erkennen und behandeln versuchen (Matthiessen, 2008).

Damit hängt auch der *Begriff der Evidenz* zusammen. Die objektive *Anschauung* der Kongruenz von Begriff und Begriff im Begriffsurteil und von Begriff und Erfahrung im Wahrnehmungsurteil ist erst das, was man im ursprünglichen Sinn des Wortes als Evidenz zu bezeichnen berechtigt ist (evidentia: lat. für Augenscheinlichkeit). In *diesem* Sinne ist die Evidenz, die in der *Evidenz-basierten Medizin* angestrebt wird, noch keine wirkliche Evidenz. Denn diese macht äußerlich, aufgrund von statistischer Probabilitätsrechnung, Zusammenhänge *wahrscheinlich*, offenbart jedoch nicht das *innere*

nehmungsinhalt überhaupt für subjektiv zu erklären (vgl. dazu Kap. 5). In der Sinnesphysiologie ist es sogar üblich geworden, so zu denken. Allein, wenn die objektive Gegebenheit der Sinnesphänomene abgelehnt und aus den physiologischen Vorgängen des Sinnes-Nervensystems erklärt wird, so müsste man auch die physiologischen Tatsachen als objektive Gegebenheiten ablehnen, da sie ja ebenfalls durch Sinneswahrnehmung aufgefunden werden müssen. Damit würde sich aber das Subjektivitätsargument selbst aufheben (Heusser, 2000 a).

Gesetz dieser Zusammenhänge. So berechtigt und notwendig diese Form von statistisch begründeter Evidenz auch ist, vom erkenntniswissenschaftlichen Gesichtspunkt ist es deswegen nicht nur nicht unberechtigt, sondern sogar notwendig, zusätzlich eine klinische Erkenntnisgewinnung anzustreben, deren Evidenz in der Einsicht des inneren, gesetzmäßigen Zusammenhanges zwischen Erscheinungen beruht, also eine «*Cognition-based Medicine*» (Kiene, 2001; vgl. dazu auch Kap. 8.5).

Eine wesentliche Folge von Evidenz im Sinn der hier gemeinten objektiven Erkenntnis ist auch die *Gewissheit*. Diese *ergibt sich* in der Anschauung des logischen Zusammenstimmens von Gesetzen und des wirklichkeitsgemäßen Übereinstimmens von Gesetz und Erscheinung im oben genannten Sinn. Wenn die Objektivität der Gesetze und die Möglichkeit in die Einsicht ihres objektiven Bezugs zur Wahrnehmungswelt abgelehnt werden, wie etwa bei Popper, dann wird man auch nicht die Möglichkeit von Gewissheit im hier gemeinten Sinn akzeptieren wollen.

So steht die hier vertretene Auffassung von objektiver Erkenntnis und Gewissheit im Gegensatz zu Poppers Auffassung von Gewissheit, wenigstens in ihrem zweiten Teil. Wie in Anmerkung 30 erwähnt, akzeptiert Popper «als sicher wahr» allenfalls das oben genannte logische Zusammenstimmen von Gesetzen (die beweisbaren Sätze der formalen Logik und der Arithmetik). «Alles übrige – der weitaus wichtigste Teil der objektiven Erkenntnis, und auch der Teil, der die Naturwissenschaften wie die Physik und die Physiologie umfasst – ist seinem Charakter nach vor allem vermutetes oder hypothetisches Wissen; es gibt einfach keine hinreichenden Gründe, diese Hypothesen für wahr zu halten, geschweige denn für sicher wahr» (Popper, 1985, 76). Oder: «Abgesehen von *gültigen* und *einfachen* Beweisen in Welt 3 gibt es einfach keine objektive Gewissheit. [...] *Vom Gesichtspunkt des objektiven Wissens aus bleiben daher alle Theorien Vermutungen*» (ebd., 81). Deshalb gibt es für Popper auch *keine wissenschaftliche Verifikation*, sondern *nur die Falsifikation*: «Die Methode der Wissenschaft ist die Methode der kühnen Vermutungen und der erfinderischen und ernsthaften Versuche, sie zu widerlegen» (ebd., 82). «Alles, was wir tun können, ist, nach dem Falschheitsgehalt unserer besten Theorien zu fahnden» (ebd., 83). Das geschieht durch strenge Prüfung, bei der abgesehen von der zu prüfenden Logik der Theorie «das eingehende Beweismaterial natürlich empirisch ist». Doch auch wenn «unsere Theorie alle diese Prüfungen besteht», so könne man nicht ihre Wahrheit beweisen, sondern nur objektive Gründe für die «*Vermutung* anführen, *dass die neue Theorie eine bessere Annäherung an die Wahrheit ist als die alte*» (ebd., 83).

Doch ist dieser Gedankengang Poppers nicht konsistent: Wie kann die Falschheit einer (logischen) Theorie gegenüber der gegebenen Erscheinungswelt geprüft werden? Doch nur, indem die *Übereinstimmung zwischen Theorie und Erscheinung empirisch angeschaut* wird. Die Erkenntnis, dass diese Übereinstimmung *nicht* gegeben ist, also die *Falsifikation*, setzt aber überhaupt die Erkenntnismöglichkeit voraus, *ob* diese Übereinstimmung gegeben ist, und damit auch diejenige, *dass* sie gegeben ist, also die *Verifikation*. Hier liegt ein entscheidender Widerspruch in Poppers Denken. Das wird auch durch Anwendung seiner Theorie auf ihn selbst deutlich. Wenn er z.B. schreibt: «Man kann nie eine Theorie rational rechtfertigen – das heißt beanspruchen, ihre Wahrheit zu kennen» (ebd., 83), so präsentiert er uns das in der Form einer Wahrheit, die er, Popper, als gewiss erkannt zu haben meint; ansonsten hätte diese Aussage gar keinen Sinn. Seiner Erkenntnis*praxis* traut er also ein Vermögen zu, das er dem Erkennen *theoretisch* abspricht, nämlich, die Wahrheit zu erkennen. Der Grund für diese Inkonsistenz liegt meiner Einschätzung nach daran, dass Popper in der Erkenntnistheorie zu einseitig rationalistisch und zu wenig empirisch vorgeht. Er geht bei seiner Theorie des Erkennens nicht genügend vom *Beobachten* des – von ihm selbst vollzogenen – Erkennens aus, sondern «theoretisiert» darüber. Das zeigt sich auch daran, dass er zwar einerseits Wahrheit empirisch als «die Übereinstimmung mit den Tatsachen (oder der Wirklichkeit)» (ebd., 45) bestimmt, aber andererseits in einseitig rationalistischer Weise behauptet, dass die «Zunahme des Wahrheitsgehalts» einer wissenschaftlichen Theorie «eine rein logische Angelegenheit» sei (ebd., 82).

Für Steiner ist Gewissheit nicht nur eine logische, sondern vor allem eine *empirische* Frage, und zwar sowohl in der rein logischen wie auch in der sinnesbezogenen Erkenntnis, in der es beim Gewinnen von Gewissheit nicht nur um das *formale* Übereinstimmen von Gesetz und Gesetz oder von Gesetz und Erscheinung geht, sondern um das *Anschauen* ihres *inhaltlichen* Übereinstimmens. Gewissheit ist das Resultat der Anschauung der objektiven Erkenntniselemente und ihrer Relation zueinander (Steiner, 1980, 63):

> Das Denken sagt nichts a priori über das Gegebene aus, aber es stellt jene Formen her, durch deren Zugrundelegung a posteriori die Gesetzmäßigkeit der Erscheinungen zum Vorschein kommt. Es ist klar, dass diese Ansicht über die Grade der Gewissheit, die ein gewonnenes Erkenntnisurteil hat, a priori nichts ausmachen kann. Denn die Gewissheit kann aus nichts anderem denn aus dem Gegebenen selbst gewonnen werden.

Die Frage der Gewissheit spielt im Zusammenhang mit der oben besprochenen Perspektivität des Erkennens eine eminente Rolle bei den für die medizinische Anthropologie wesentlichen Grundfragen von Naturwissenschaft und Psychologie. So wird etwa die empirisch begründbare Gewissheit, vor mir rote Farbe zu sehen, nicht durch die mit den Beobachtungsmitteln der Physik gewonnene Gewissheit außer Kraft gesetzt, dass im selben Raumteil Schwingungsphänomene einer bestimmten Wellenlänge existieren; oder die durch innere Empirie gewonnene Gewissheit, aus Einsicht frei handeln zu können (Steiner, 1978 b), wird nicht durch die Gewissheit geschmälert, dass dazu bestimmte neurophysiologische Bedingungen notwendig sind (Bieri, 2001); und dasselbe gilt für sämtliche emergenten Ebenen der in sich differenziert gegliederten Wirklichkeit von Mensch und Natur (vgl. Kap. 5).

2.5 Wissenschaft und Wirklichkeit

Eine Hauptfrage der Erkenntnistheorie ist diejenige nach dem Bezug der menschlichen Ideen zur «Wirklichkeit». Was Wirklichkeit ist, kann, wie alles andere auch, nur aufgrund von Wahrnehmung und Denken entschieden werden. Wirklichkeit ist also nicht eine Frage der Theorie, sondern der empirischen Erkenntnis. Es versteht sich von selbst, dass die Anerkennung der äußeren sinnlichen und der inneren gedanklichen Empirie als *Gegebenes* und insofern Objektives, wie das in Steiners Erkenntnistheorie der Fall ist, zu einem ganz anderen Wirklichkeitsbegriff führen muss als etwa die Erkenntnisauffassungen von Kant, Popper und den meisten Erkenntnisphilosophen des 20. Jahrhunderts, die jene Objektivität nicht anerkennen und damit die Wirklichkeit an sich für nicht zugänglich bzw. für ein subjektives Konstrukt halten (Schneider, 1998). Wie gezeigt worden ist, müssen im Sinne von Steiners Erkenntniswissenschaft alle Erkenntniselemente objektiv als Erfahrung gegeben sein: die Wahrnehmung, der Begriff und ihr kongruentes Zusammenstimmen (Steiner, 1979 a, 44):

> Die Erfahrung wird so mit Hilfe ihrer selbst vertieft. Unsere Erkenntnistheorie erhebt die Forderung der Erfahrung in der höchsten Form, sie weist jeden Versuch zurück, etwas von außen in die Erfahrung hineinzutragen. Die Bestimmungen des Denkens findet sie selbst in der Erfahrung.

Das *Prinzip des wissenschaftlichen Prozesses* besteht demnach im Durchdringen der der Sinnesbeobachtung gegebenen Wahrnehmung mit der durch das Denken zur Erscheinung gebrachten ideellen Gesetzmäßigkeit. Erst durch diese Durchdringung, und nicht bloß durch die Beobachtung, wird die vorliegende Wirklichkeit erfasst (ebd., 62):

> Die Wissenschaft durchtränkt die wahrgenommene Wirklichkeit mit den von unserem Denken erfassten und durchgearbeiteten Begriffen. Sie

ergänzt und vertieft das passiv Aufgenommene durch das, was unser Geist selbst durch seine Tätigkeit aus dem Dunkel der bloßen Möglichkeit in das Licht der Wirklichkeit emporgehoben hat. Das setzt voraus, dass die Wahrnehmung der Ergänzung durch den Geist bedarf, dass sie überhaupt kein Endgültiges, Letztes, Abgeschlossenes ist. Es ist der Grundirrtum der modernen Wissenschaft, dass sie die Wahrnehmung der Sinne schon für etwas Abgeschlossenes, Fertiges ansieht. Deshalb stellt sie sich die Aufgabe, dieses in sich vollendete Sein einfach zu photographieren[39]. Konsequent ist in dieser Hinsicht wohl nur der Positivismus, der jedes Hinausgehen über die Wahrnehmung einfach ablehnt. [...] Im wahren Sinne des Wortes würde dieser Forderung nur eine solche Wissenschaft genügen, welche einfach die Dinge, wie sie nebeneinander im Raume vorhanden sind, und die Ereignisse, wie sie zeitlich auf einander folgen, aufzählt und beschreibt[40]. [Die neuere Wissenschaft] stellt eine vollständige Theorie der Erfahrung auf, um sie – sogleich zu

---

39 In diesem Sinn wurde die Aufgabe des Denkens beim Erkennen in der Tat lange Zeit im Herstellen einer Art ideellen Abbildes der Wirklichkeit gesehen (Schneider, 1998). Steiner führt dazu mit Bezugnahme auf die zeitgenössischen, an Kant orientierten Erkenntnistheoretiker aus: «Wie wir oben bemerkten, denkt man sich ja so vielfach das ganze Begriffssystem nur als eine Photographie der Außenwelt. Man hält zwar daran fest, dass sich unser Wissen in der *Form* des Denkens entwickelt; fordert aber von einer ‹streng objektiven Wissenschaft›, dass sie ihren Inhalt nur von außen nehme. Die Außenwelt müsse den Stoff liefern, welcher in unseren Begriff einfließt. Ohne jene seien diese leere Schemen ohne allen Inhalt» (Steiner, 1979a, 58). Dies entspricht Kants Auffassung, für den Begriffe ohne sinnliche Anschauung «leere Begriffe» sind, «bloße Gedankenformen ohne Realität, weil wir keine Anschauung zur Hand haben. [...] Unsere sinnliche und empirische Anschauung kann ihnen allein Sinn und Bedeutung verschaffen» (Kant, 1926, 162–163). Bei Steiner stellt sich dieses Verhältnis zwischen Anschauung und Begriff gerade umgekehrt dar: Nicht die Anschauung verschafft dem Begriff Sinn und Bedeutung, sondern der Begriff der Anschauung; diese ist die Erscheinung, jener das gesetzmäßige, *inhaltvolle* Was oder Wesen, das Klarheit in die Erscheinung bringt.

40 Streng genommen dürften die Gegenstände nicht einmal *beschrieben* werden, wenn sich die Wissenschaft allein auf die Sinneserfahrung zu beschränken hätte. Denn auch das Beschreiben geschieht mit Hilfe von Begriffen, die zu dem Sinnlich-Gegebenen der Gegenstände *hinzugebracht* werden. Allerdings haben Begriffe, wenn sie bloß der Beschreibung dienen, nicht eine bestimmende, sondern lediglich eine *hinweisende* Funktion; sie dient dann nur dazu, *den beobachtenden Blick auf das Phänomen zu lenken*: «Sieh dieses Muster der Sonnenblumenkerne!» (Dabei ist «Muster» freilich auch eine Bestimmung, die dem Sinneseindruck beigemessen ist, aber eben im Sinne der Beschreibung, nicht der Erkenntnis.) Eine *bestimmende Erkenntnisfunktion* hat der Begriff im folgenden Urteil: «Das Muster folgt dem geometrisch-mathematischen Gesetz einer Fibonacci-Serie.»

übertreten, wenn sie den ersten Schritt in der wirklichen Wissenschaft unternimmt.

Denn der wirklichen Wissenschaft geht es nicht bloß um die Erfahrungsinhalte als solche, sondern um deren *gesetzmäßigen Zusammenhänge*, und die müssen durch das Denken gefunden und zu den Erfahrungsinhalten *hinzugebracht* werden.

Allerdings muss es sich dabei gemäß dem bisher Dargestellten um diejenigen gesetzmäßigen Zusammenhänge handeln, nach denen sich die Wahrnehmungsgegenstände im Sinne des oben besprochenen Empiriebegriffs *tatsächlich* als geordnet erweisen, z. B. das Fibonacci-Gesetz in der Anordnung der Sonnenblumenkerne. Die Wirklichkeit zeigt also als unmittelbare Erfahrung nicht ihr Ganzes, sondern nur die der Sinnesbeobachtung zugängliche Erscheinung. Das Gesetz aber, nach dem diese Erscheinung konstituiert ist, muss im Denken zur Erscheinung gebracht werden. Steiner führt deshalb weiter aus (Steiner, 1979 a, 63):

> Man setzt das Denken herab, wenn man ihm die Möglichkeit entzieht, in sich selbst Wesenheiten [d. h. Gesetzmäßigkeiten] wahrzunehmen, die den Sinnen unzugänglich sind. Es muss in der Wirklichkeit außer den Sinnesqualitäten noch einen Faktor geben, der vom Denken erfasst wird. Das Denken ist ein Organ des Menschen, das bestimmt ist, Höheres zu beobachten als die Sinne bieten. *Dem Denken ist jene Seite der Wirklichkeit zugänglich, von der ein bloßes Sinnenwesen nie etwas erfahren würde.* Nicht die Sinnlichkeit wiederzukäuen ist es da, sondern das zu durchdringen, was dieser verborgen ist. Die Wahrnehmung der Sinne liefert nur *eine* Seite der Wirklichkeit. Die *andere* Seite ist die denkende Erfassung der Welt.

Erkenntnis hätte gar keinen Sinn, wenn die Wirklichkeit nicht beide Elemente, Erscheinung und Gesetz, beinhalten würde (Steiner, 1980, 64 – 65):

> Wir haben es oben als die Natur des Erkenntnisaktes bestimmt, dass das gegebene Weltbild denkend mit Begriffen und Ideen durchsetzt wird. Was folgt aus dieser Tatsache? Wäre in dem Unmittelbar-Gegebenen eine abgeschlossene Ganzheit enthalten, dann wäre eine solche Bearbeitung desselben im Erkennen unmöglich und auch unnötig. Wir würden dann einfach das Gegebene hinnehmen, wie es ist, und wären in dieser Gestalt davon befriedigt. Nur wenn in dem Gegebenen etwas verborgen liegt, was noch *nicht* erscheint, wenn wir es in seiner Unmittelbarkeit betrachten, sondern erst mit Hilfe der vom Denken hineingebrachten

> Ordnung, dann ist der Erkenntnisakt möglich. Was in dem Gegebenen *vor* der gedanklichen Verarbeitung liegt, ist nicht dessen volle Ganzheit. […] Das gegebene Weltbild wird somit erst vollständig durch jene mittelbare Art des Gegebenseins, die durch das Denken herbeigeführt wird.

Das Denken fügt sogar den *wesentlichen* – weil die Erscheinung *innerlich konstituierenden* – Teil dieser Ganzheit hinzu, und erst die Ganzheit, also die Vereinigung von Erscheinung und Gesetz, macht die Wirklichkeit aus (Steiner, 1980, 66):

> Das Erkennen beruht also darauf, dass uns der Weltinhalt ursprünglich in einer Form gegeben ist, die unvollständig ist, die ihn nicht ganz enthält, sondern die außer dem, was sie unmittelbar darbietet, noch eine zweite wesentliche Seite hat. Diese zweite, ursprünglich nicht gegebene Seite des Weltinhaltes wird durch die Erkenntnis enthüllt. […] *Erst die durch die Erkenntnis gewonnene Gestalt des Weltinhaltes, in der beide aufgezeigte Seiten desselben vereinigt sind, kann Wirklichkeit genannt werden.*

Auch dieser Wirklichkeitsbegriff ist, wie oben der logische Wahrheitsbegriff, nicht quantitativ, sondern *qualitativ* zu verstehen: Es geht nicht um «die Wirklichkeit überhaupt», sondern um Erkenntnis der dem Individuum *zugänglichen* Aspekte der Wirklichkeit: Insofern die der Beobachtung vorliegende Wahrnehmung ihrem Gesetz und Zusammenhang nach begriffen ist, liegt Wirklichkeitserkenntnis vor. Das impliziert auch die Relativierung dieser Wirklichkeit im Rahmen einer umfassenderen Wirklichkeit, in der sie aber, als ein aufgehobenes Moment, ihren Wirklichkeitscharakter behält, wenn gleichzeitig keine Irrtümer vorliegen.

Im Hinblick auf die oben besprochene Perspektivität des Erkennens bedeutet das, dass Wirklichkeit, die von *einem* Gesichtspunkt gewonnen ist (z.B. die Tatsache neurophysiologischer Gehirnprozesse), nicht durch die von anderen Gesichtspunkten aus erkannte Wirklichkeit außer Kraft gesetzt werden kann, noch mit ihr im Widerspruch zu stehen braucht (z.B. die Wirklichkeit des Denkens). Das heißt aber, dass insbesondere in der Medizin eine erkenntniswissenschaftlich begründete Multiperspektivität notwendig ist, wenn der «Wirklichkeit Mensch» in Theorie und Praxis adäquat begegnet werden soll (Matthiessen, 2002). Das ist mit dem Aufkommen einer Integrativen Medizin noch deutlicher geworden (Matthiessen, 2008). Es soll in dieser Arbeit deutlich gemacht werden, dass Steiners Erkenntnis- und Wirklichkeitsbegriff einen nicht unwichtigen Beitrag zu einer solchen Multiperspektivität leisten kann.

Die Objektität von Wahrnehmung, Begriff und ihres Zusammenstimmens zeigt, dass es an unserer *Erkenntnisorganisation* liegt und nicht an der Wirklichkeit, dass die Erscheinung und das gesetzmäßige Wesen derselben in getrennten Akten aufgenommen und dann vereinigt werden müssen. Die Wirklichkeit ist gesetzmäßig geordnete Erscheinung. Der Beobachtung ist die Erscheinung unmittelbar gegeben. Aber ihr Gesetz muss erst durch die Tätigkeit des Denkens zur Erscheinung und mit der Erfahrung zur Deckung gebracht werden. «Nicht an den Gegenständen liegt es, dass sie uns zunächst ohne die entsprechenden Begriffe gegeben werden, sondern an unserer geistigen Organisation. Unsere totale Wesenheit funktioniert in der Weise, dass ihr bei jedem Dinge der Wirklichkeit von zwei Seiten her die Elemente zufließen, die für die Sache in Betracht kommen: von Seiten des Wahrnehmens und des Denkens» (Steiner, 1978 b, 88). Oder anders formuliert: «Wäre in dem Weltinhalt von vornherein der Gedankeninhalt mit dem Gegebenen vereinigt, dann gäbe es kein Erkennen» (Steiner, 1980, 65).

Zusammenfassend stellt sich der Wirklichkeitsbegriff Steiners im Zusammenhang mit seiner Erkenntnisauffassung so dar: «Die Wahrnehmung ist also nichts Fertiges, Abgeschlossenes, sondern die eine Seite der totalen Wirklichkeit. Die andere Seite ist der Begriff. Der Erkenntnisakt ist die Synthese von Wahrnehmung und Begriff. Wahrnehmung und Begriff eines Dinges machen aber erst das ganze Ding aus» (Steiner, 1978 b, 92).

2.6 Objektiver ontologischer Idealismus

Die Wirklichkeit eines Dinges liegt nach Steiners Erkenntnisauffassung also nicht nur in dem, was uns von ihm erscheint, sondern ebenso im Gesetz, das die Erscheinung konstituiert. Die Wirklichkeit ist das Ganze, die Einheit von Erscheinung und Gesetz. *Das Gesetz ist Teil der Wirklichkeit.* Ja, es ist deren *wesentlicher, essenzieller Teil.* Diesen zu finden, ist Aufgabe der Wissenschaft bzw. der Wissenschaften. Denn diese charakterisieren sich dadurch, dass sie sich verschiedenen Erscheinungsgebieten der in sich mannigfaltig gegliederten Wirklichkeit zuwenden.

Steiners Erkenntnisauffassung und der sich daraus ergebende Wirklichkeitsbegriff liefern die erkenntniswissenschaftliche Begründung eines modernen *objektiven, ontologischen Idealismus*, philosophie- und wissenschaftsgeschichtlich auch bekannt als *Gesetzes- oder Universalienrealismus* (Schneider, 1985), d.h. die Auffassung, dass die vom Denken hervorgebrachten Gesetze objektiver, realer Natur sind und den entsprechenden Erscheinungen als ihre bestimmende Essenz inhärent sind (Steiner, 1980, 81):

> Unsere Erkenntnistheorie liefert die Grundlage für einen im wahren Sinne des Wortes sich selbst verstehenden Idealismus. Sie begründet die Überzeugung, dass im Denken die Essenz der Welt vermittelt wird. Durch nichts anderes als durch das Denken kann das Verhältnis der Teile des Weltinhaltes aufgezeigt werden [...].

Bereits in Kapitel 2.3 wurde auf die Objektivität der Gesetzesinhalte als solche hingewiesen und damit eine Begründung des objektiven Idealismus von Seiten der inneren, geistigen Empirie zu geben versucht. In den Kapiteln 2.4 und 2.5 wurde zusätzlich von Seiten der äußeren, sinnlichen *Empirie* auf die Tatsache verwiesen, dass die Erscheinungen diesen Gesetzen folgen und diese somit in der Natur selbst real verwirklicht sein müssen.

In diesem Sinn sind drei Formzustände der Gesetzmäßigkeiten oder Universalien zu unterscheiden, die in der mittelalterlichen Hochscholastik folgendermaßen bezeichnet wurden (Willmann, 1907, 357): 1. die *Universalia ante rem*, die allgemeinen Gesetze (Universalien) an sich, ganz unabhängig von ihren besonderen Erscheinungsformen in einzelnen Dingen oder Bewusstseinen, 2. die *Universalia in re*, dieselben Gesetze, aber insofern sie die einzelnen Dinge konstituieren, und 3. die *Universalia post rem*, abermals dieselben Gesetze, aber insofern sie als Abstraktionen vom Menschen gedacht werden[41].

In der abendländischen Philosophie- und Wissenschaftsgeschichte ist der objektive Idealismus oder Universalienrealismus eine bekannte und in verschiedenen Varianten immer wieder auftretende Position. Wesentliche Hauptvertreter sind Plato (427–347 v. Chr.) und Aristoteles (384–322 v. Chr.) im Altertum, Anselm von Canterbury (1033–1109), Albertus Magnus (um 1200–1280) und Thomas von Aquin (1225–1274) im Mittelalter, Nikolaus von Kues (1401–1464) und Baruch Spinoza (1632–1677) im Beginn des neueren naturwissenschaftlichen Zeitalters, F. W. J. Schelling (1775–1854), G. W. F. Hegel (1770–1831), J. W. Goethe (1749–1832) und F. Schiller (1759–1805) in der Epoche des Deutschen Idealismus, Rudolf Steiner (1861–1925), Nicolai Hartmann (1882–1950) und Alfred North Whitehead (1861–1947) sowie die Physiker Werner Heisenberg (1901–1976), Walter Heitler (1904–1981) und Carl Friedrich von Weizsäcker (1912–2007)

---

41 Albertus Magnus fasste die drei Formzustände der allgemeinen Gesetze oder Universalien wie folgt zusammen: «Resultant tria formarum genera: unum quidem ante rem existens, quod est causa formativa; aliud autem est ipsum genus formarum, quae fluctuant in materia; tertium autem est genus formarum, quod abstrahente intellectu, separatur a rebus» (Alb. M. de nat. et orig. an. I, 2. In: Willmann, 1907, 357).

im 20. Jahrhundert und heute die Philosophen Dieter Wandschneider (geb. 1938) in Aachen und Vittorio Hösle (geb. 1960) in Notre Dame, Indiana. Alle diese Denker vertreten – in verschiedenen Formen und Ausrichtungen – die Auffassung, dass Gesetze, Ideen objektive, reale Entitäten sind, nach denen «draußen» – unabhängig vom menschlichen Subjekt – die Erscheinungswelt gestaltet ist, die aber im menschlichen Geist zur Erscheinung gebracht werden können. Das Wesentliche dabei ist nicht die philosophische Position des Gesetzesrealismus für sich, sondern einerseits seine erkenntniswissenschaftliche Begründbarkeit und andererseits seine *Anwendbarkeit* auf die Fakten der empirischen Wissenschaften, wie zum Beispiel auf die Molekularbiologie (Heusser, 1989), Evolutionstheorie (Heusser, 2001 a; Hösle & Illies, 2005; Ziegler et al., 2015) oder das Krankheitsverständnis (Heusser, 1997).

Historisch und prinzipiell ist dem Gesetzesrealismus der seit dem berühmten Universalienstreit im Mittelalter so genannte *Nominalismus* entgegengestellt: Die vom Denken des Subjekts hervorgebrachten Gesetze gelten diesem nicht als objektive, reale Entitäten, sondern bloß als *subjektive Ordnungskriterien des menschlichen Geistes*, die diesem dazu dienen, die Welt der Sinneserscheinungen zu ordnen. Sie haben für die objektive Wirklichkeit keine seinsmäßige Bedeutung, sondern sind nur ideelle Bezeichnungen oder «Namen» (lat.: nomina) für sie. Bekannte Nominalisten in diesem Sinn sind in der Antike die Stoiker, im Mittelalter Johannes Roscelin (1050 – 1124) und Wilhelm von Occam (1288 – 1347), von dem auch der Terminus stammt, in der beginnenden Neuzeit Francis Bacon (1561 – 1626), René Descartes (1596 – 1650), John Locke (1632 – 1704), David Hume (1711 – 1776), später Immanuel Kant (1724 – 1804), Herrmann von Helmholtz (1821 – 1894), im 20. Jahrhundert Karl Popper (1902 – 1994) und der Konstruktivismus. In der heutigen Medizintheorie herrscht meistens die nominalistische Position vor.

Der Nominalismus führt notwendigerweise zum *einseitigen Empirismus* oder *Sensualismus* wie bekanntlich bei Hume; denn wenn die Gesetze der Natur nicht zur Erscheinungswelt gehören, kann die Suche nach der Wirklichkeit nur in der Phänomenwelt selbst stattfinden. Man wird dann entweder naiv-realistisch diese Welt, so wie sie unmittelbar erscheint, selbst für die Wirklichkeit halten, oder aufgrund von physikalischen, sinnesphysiologischen oder anderen Überlegungen die Erscheinungswelt zum bloßen Schein erklären und die «eigentliche» Wirklichkeit hinter dieser suchen (Steiner, 1978 b, Kap. 4 und 5). Der Sensualismus wird weiter zum *Materialismus*, wenn die eigentliche Wirklichkeit nur hinter bzw. unter den physisch-sinnlichen Phänomenen gesucht wird (und nicht etwa in analoger Weise hinter den psychischen Phänomenen, was ja auch denkbar wäre), und das Sein allein in die Moleküle, Atome oder subatomaren Teilchen verlegt. Der Materialismus wird endlich zum materialistischen *Reduktionismus*, wenn aus der «Wirklichkeit» der Atome und Elementarteilchen die übergeordneten Phänomene erklärt und diese tatsächlichen Phänomene dadurch zu bloßen Epiphänomenen der «eigentlichen» Wirklichkeit gemacht werden.

In der Tat ist die Naturwissenschaft und sind insbesondere die Medizin und die ihr zudienenden Wissenschaften seit dem Anbruch des naturwissenschaftlichen Zeitalters und im Geist von Francis Bacon (1561–1626) diesen Weg gegangen: das Aufräumen mit den realen Ideen von Plato und Aristoteles, und was davon noch geblieben ist, als bloßen «Idolen» (Bacon, 1990 a, Aph. 63–77), die «nichts anderes als willkürliche Abstraktionen sind» (ebd., Aph. 124), das Ausbilden der experimentellen, induktiven Methode, um von empirischen Einzelheiten zu systematischen Regeln und zum Auffinden von sinnlich-empirischen Ursachen zu kommen (ebd., Aph. 82–120). Dazu ist aber die Zergliederung des Körpers nötig bis «auf seine wahren kleinsten Teile», alles ist messbar und zählbar zu machen und am Schluss ist «das Physische im Mathematischen» abzuschließen (Bacon, 1990 b, Aph. 8).

Die Medizingeschichte bietet ein akkurates Bild dieser äußerst erfolgreichen Zergliederung des Ganzen in seine Teile: von der Begründung der modernen Anatomie durch Andreas Vesalius (1514–1564), über die Entdeckung des Kreislauf als Anstoß zur Physiologie durch William Harvey (1578–1657), bis zur Entdeckung der Zellen durch Matthias Schleiden (1804–1881) und Theodor Schwann (1810–1882), die Entwicklung der pathologischen Anatomie und erstmalige kausale Rückführung der Erkrankungen auf rein physische Strukturen durch Giovanni Battista Morgagni (1682–1771), die Ablösung der Humoral- durch die Zellularpathologie im 19. Jahrhundert durch Rudolf Virchow (1821–1902), die Zurückweisung des Vitalismus durch die Biochemie (Harnstoffsynthese 1826) durch Friedrich Wöhler (1800–1882), die Entwicklung der modernen Physiologie im 19. Jahrhundert durch Emil Du Bois-Reymond (1818–1896), Ernst Wilhelm von Brücke (1819–1892) und Herrmann von Helmholtz, im 20. Jahrhundert die Entwicklung der modernen Genetik und Molekularbiologie und im beginnenden 21. Jahrhundert die computergestützte mathematische Erfassung komplexer molekularer Vorgänge in der «Systems Biology» (vgl. Kap. 4.8) zur Erklärung der Lebensvorgänge. In gewissem Sinne kann deshalb die Vision von Francis Bacon als erfüllt betrachtet werden.

Symptomatisch für die Intention, die diesem ganzen Streben – teils bewusst, teils unbewusst – zugrunde liegt, ist Du Bois-Reymonds Ausspruch von 1842 (Du Bois-Reymond, 1918, 108):

> Brücke seinerseits schreibt eine Dissertation, in welcher zuerst der Versuch gemacht ist, […] alle vegetativen Vorgänge der organischen Körper auf physikalischem Wege zu erklären. […] Brücke und ich wir haben

> uns verschworen, die Wahrheit geltend zu machen, dass im Organismus keine anderen Kräfte wirksam sind, als die gemeinen chemisch-physikalischen; dass, wo diese bislang nicht zur Erklärung ausreichen, mittels der physikalisch-mathematischen Methode entweder nach ihrer Art und Weise der Wirksamkeit im konkreten Fall gesucht werden muss, oder dass neue Kräfte angenommen werden müssen, welche, von gleicher Dignität mit den physikalisch-chemischen, der Materie inhärent, stets auf nur abstoßende oder anziehende Componenten zurückzuführen sind.

Die damit ausgesprochene vollständig mechanistische Welterklärung ist auch heute noch das fundamentale Paradigma der Biologie und der dominierenden Leib-Seele- und Bewusstseinstheorien, wie sie in weltweit verbreiteten repräsentativen Lehrbüchern und wissenschaftlichen Standardwerken vertreten werden, so z.B. 1996 in Thomas Metzingers *«Bewusstsein»* (Metzinger, 1996) und 2006 in Purves' *«Biologie»*[42] (Purves et al., 2006).

Es darf vermutet werden, dass die im 19. Jahrhundert anhebende gewaltige Entwicklung der modernen Medizin mit ihrer immer weiter in die Einzelheiten gehenden Analyse der materiellen Strukturen und Funktionen des Organismus hauptsächlich dieser Intention zu verdanken ist, alles auf chemisch-physikalische Prinzipien zurückzuführen. Das ist gewiss eine einmalige, nicht genügend hoch zu schätzende Leistung in der Kulturentwicklung der Menschheit. Allein, dabei sind auch die in der Einleitung erwähnten Schattenseiten dieser Entwicklung zutage getreten. Unter wissenschaftlicher Erklärung verstand man Erklärung unter der Perspektive von Physik und Chemie. Die Tatsachen des Lebens, der inneren seelischen Erlebnisse und der geistigen Individualität des Menschen wurden nur unter dieser Perspektive gesehen, vorwissenschaftliche Erklärungsversuche für solche Tatsachen wurden verständlicherweise fallengelassen, aber der Sinn für eine adäquate Wissenschaftsentwicklung unter anderen, ebenfalls zum Wesen des Menschen

---

42 «Eine wichtige Erkenntnis der Biologie ist die Tatsache, dass Lebewesen aus den gleichen chemischen Elementen aufgebaut sind wie der immense unbelebte Teil des Universums. Diese *mechanistische Betrachtungsweise* – dass das Leben eine chemische Grundlage hat und universellen physikochemischen Gesetzen gehorcht – ist in der Menschheitsgeschichte relativ neu. In der westlichen Kultur war bis zum 19. Jahrhundert das Konzept einer ‹Lebenskraft› (*Vitalismus*) verbreitet, die für das Leben verantwortlich ist und sich von den Kräften unterscheidet, die in der Physik und Chemie eine Rolle spielen; viele Menschen glauben auch noch heute an eine derartige Kraft. Die Naturwissenschaften vertreten jedoch eine mechanistische Betrachtungsweise des Lebens, und diese Sichtweise bildet die Grundlage der modernen Medizin und Landwirtschaft» (Purves et al., 2006, 21–22).

gehörenden, Perspektiven blieb aus. Heute ist Vielen deutlich geworden, dass diese Situation geändert werden muss. In dieser Arbeit wird versucht zu zeigen, dass das Wissenschafts- und Wirklichkeitsverständnis bei Goethe und Steiner Beiträge zu einer Wissenschaftsentwicklung mit solchen Perspektiven geben kann.

2.7 Zusammenfassung

Die Erkenntniswissenschaft hat zum Ziel, das Gesetz des Erkennens selbst zu finden, um diejenige Tätigkeit (das Erkennen) vollbewusst («kritisch») handhaben zu können, die bei allem Erkennen ausgeübt, aber selten bewusst reflektiert wird. Erkenntniswissenschaft beruht also auf Erkennen des Erkennens selbst. Anhand der Erkenntniswissenschaft im Sinne Goethes und Steiners wird begründet, warum die Erkenntniswissenschaft auf einer direkten Beobachtung des geistigen Erkenntnisprozesses selbst beruhen muss und nicht auf einer Untersuchung der gehirnphysiologischen Prozesse. Der Begriff der Erfahrung (im Sinn von Wahrnehmung, Erscheinung) wird entwickelt und es wird gezeigt, inwiefern die Erfahrung Objektivität beanspruchen kann. Dann wird das Denken selbst als Erfahrungstatsache nachgewiesen und begründet, warum der Denkinhalt (die Gesetzmäßigkeit), den die Denktätigkeit des Subjekts zur Erscheinung bringt, ebenfalls als objektiv gelten kann. Im Erkennen wird der Denkinhalt durch das Denken der Wahrnehmung entgegengebracht. Es wird dargestellt, dass im objektiven Zusammenstimmen von Gesetz und Erscheinung objektive Erkenntnis erreichbar ist. Dies im Gegensatz zur dominierenden, an Popper und andere angelehnten Auffassung. Aus dem Erkenntnisbegriff folgt der entsprechende Wirklichkeitsbegriff: Wirklichkeit ist nicht nur im Wahrnehmungsobjekt, sondern auch im Gesetz zu finden, das die Wahrnehmung konstituiert. Damit wird das Gesetz (ein Ideelles, Geistiges) als Teil der Wirklichkeit anerkannt, und zwar als ihr wesentlicher, indem durch diesen der andere Teil, die Erscheinung, konstituiert wird. Daraus ergibt sich die erkenntniswissenschaftliche Begründung eines objektiven ontologischen Idealismus, der in der abendländischen Geistesgeschichte seit Plato und Aristoteles über die scholastischen Universalienrealisten bis zu Schelling, Hegel, Goethe und Steiner immer wieder vertreten worden ist, zuletzt von Physikern des 20. Jahrhunderts, und heute erneut von mehreren Philosophen. Die Grundkonzepte der anthroposophischen Medizin werden wissenschaftstheoretisch aus dem Gesetzesrealismus begründet, wogegen sich die Grundkonzepte der konventionellen Medizin in der Folge von Kant und Popper meist auf den Nominalismus stützen. In diesem wird das Gesetzmäßige, das die Wissenschaft im Erkenntnisprozess zutage fördert, als etwas bloß dem denkenden Subjekt Angehöriges betrachtet, dem für das erscheinende Objekt keine ontologische Bedeutung zukommt. Die Folge davon ist die begriffliche Reduktion der Wirklichkeit auf das sinnlich Erfassbare oder das hinter diesem Erschlossene, zuletzt auf die Welt von Atomen und Elementarteilchen.

3 Wissenschaft und ontologischer Idealismus in Physik und Chemie

3.1 Empirischer ontologischer Idealismus statt Reduktionismus

Die seit Mitte des 19. Jahrhunderts eingenommene physikalisch-chemische Perspektive auf wissenschaftliche Objekte hat dazu geführt, die *tatsächlich beobachteten* chemischen, biologischen und psychologischen Phänomene behufs wissenschaftlicher Erklärung auf die ihnen zugrunde liegenden, letztlich nicht mehr wahrnehmbaren kleinsten materiellen Elemente zurückzuführen. Das ist die sog. *reduktionistische Methode* der modernen Naturwissenschaft, die Emil Du Bois-Reymond in seinem berühmten Vortrag *«Über die Grenzen des Naturerkennens»* so formuliert hat: «Naturerkennen [...] ist Zurückführen der Veränderungen in der Körperwelt auf Bewegungen von Atomen, die durch deren von der Zeit unabhängige Zentralkräfte bewirkt werden, oder *Auflösung der Naturvorgänge in Mechanik der Atome*», und er gibt auch gleich einen psychologischen Grund für dieses Verfahren an: «Es ist eine psychologische Erfahrungstatsache, dass, wo solche Auflösung gelingt, unser Kausalitätsbedürfnis vorläufig sich befriedigt fühlt. Die Sätze der Mechanik sind mathematisch darstellbar, und tragen in sich dieselbe apodiktische Gewissheit, wie die Sätze der Mathematik» (Du Bois-Reymond, 1882, 10). Ähnlich charakterisiert Helmholtz in seinem 1853 erschienenen Aufsatz *«Über Goethes naturwissenschaftliche Arbeiten»* die Aufgabe der Naturwissenschaft (von Helmholtz, 1977, 412):

> Denn eine Naturerscheinung ist physikalisch erst dann vollständig erklärt, wenn man sie bis auf die letzten ihr zugrunde liegenden und in ihr wirksamen Naturkräfte zurückgeführt hat. Da wir nun die Kräfte nie an sich, sondern nur ihre Wirkungen wahrnehmen, so müssen wir in jeder Erklärung von Naturerscheinungen *das Gebiet der Sinnlichkeit verlassen* und zu *unwahrnehmbaren*, nur durch Begriffe bestimmten Dingen übergehen. Es ist das letztlich *eine Welt unsichtbarer Atome, Bewegungen, anziehender und abstoßender Kräfte.*

Die Folge dieses Verfahrens ist, dass die *Sinneswahrnehmung für eine Illusion* und *die Welt der Atome für die eigentliche Wirklichkeit* angesehen wird, aus der alles andere herzuleiten sei. Steiner charakterisiert die daraus resultierende wissenschaftliche Weltanschauung deshalb als «naturwissenschaftlichen Illusionismus» (Steiner, 1973e). Dabei werden die «wirklichen» Atome, die ja nicht sichtbar sind, in *hypothetischen Modellvorstellungen* repräsentiert. Das ist für das Vorstellungsbedürfnis aufgrund der Nicht-Wahrnehmbarkeit jener Entitäten begreiflicherweise zunächst nicht anders zu machen und insofern ganz legitim. Probleme entstehen erst dann, wenn die Modellvorstellungen ontologisch für wirklicher gehalten werden als die tatsächlich wahrgenommenen Phänomene und diese dann als Illusion und in diesem Sinn für unwirklich angesehen werden.

Eugen Kolisko (1893–1939), ein enger Mitarbeiter Rudolf Steiners und Ita Wegmans, einer der ersten und bedeutendsten anthroposophischen Ärzte (König, 2000) und goetheanistisch arbeitender Wissenschaftler (Kolisko, 1989), hat diese Entwicklung wie folgt zusammengefasst (Kolisko, 1922a, 170):

> Die Naturwissenschaft hat sich daher so entwickelt, dass immer mehr *die reinen Phänomene in den Hintergrund getreten* sind und man nur mehr die *Vorstellung* der hypothetischen, mechanischen Ursachen in seinem Bewusstsein hat. *Die Vorstellung eines Mathematisch-Mechanischen tritt an die Stelle des Phänomens.* [...] Außerdem betrachtet man alle Phänomene von dem Gesichtspunkte von *Ursache und Wirkung*. Man denkt immer eine Ursache, die nicht im Phänomen drinnen liegt, sondern die man hinzudenkt, als aus dem Unsichtbaren heraus wirkend und den Tatbestand, den man vor sich hat, erzeugend.

Wie sind aber diese Modellvorstellungen der den Phänomenen zugrundliegenden Atome und Moleküle, wie sie auch heute noch in repräsentativen Lehrbüchern der Biologie z.B. als Bohr'sches Atommodell herangezogen werden (Purves et al., 2006, 23)? Grundsätzlich so, dass sie aus Elementen komponiert werden, die *aus der Sinnesbeobachtung entnommen oder abgeleitet* sind. Das betrifft sowohl die hypothetisierten atomaren Raumkonfigurationen (z.B. im Bohr'schen Modell) wie auch die quantitativen Bindungsverhältnisse der Stoffe. Diese werden ja zunächst makroskopisch im Bereich der Sinnesbeobachtung und nicht durch direkte Beobachtung von Atomen gefunden; aber dann werden sie auf die *vorgestellten* Atome und ihre Verhältnisse in Molekülen übertragen. So wurde – wie Kolisko feststellt – in der neueren Naturwissenschaft ein «gewaltiges *Hypothesengebäude* ausgebildet, das nicht darstellt, wie das Wesen der Natur beschaffen *ist*, sondern, wie man es sich *vorstellen könnte*, wenn man von gewissen *Voraussetzungen* ausgeht. Und zwar hat man meist mathematisch-mechanische Voraussetzungen zugrunde gelegt. Die Frage, auf die schließlich die gesamte, gleichsam klassische, naturwissenschaftliche Betrachtungsart hinausgelaufen ist, war diese:

Wie können die Phänomene [...] erklärt werden, wenn man annimmt, dass sie aus *mathematisch-mechanischen Ursachen* hervorgegangen sind?» (Kolisko, 1922a, 168).

Die aus der Sinnesbeobachtung abgeleiteten Eigenschaften, die man in den Modellvorstellungen den Atomen zumisst, enthalten jedoch nicht alle, sondern nur selektionierte Arten sinnenfälliger Eigenschaften, wie Steiner in seinen Kommentaren zu *«Goethes Naturwissenschaftlichen Schriften»* mit Hinweis auf Descartes deutlich macht[43], nämlich Größe, d.h. räumliche Ausdehnung in Länge, Breite und Tiefe, Gestalt, Lage, Bewegung, Zahl, Dauer etc., also das was John Locke (1632–1704) als sog. «primäre», den äußeren Dingen objektiv zukommende Sinnesqualitäten bezeichnet. Dagegen enthalten die Atomvorstellungen weder Licht oder Farben noch Töne, Geschmack, Wärme oder Kälte, Glätte oder Rauheit. Denn diese «sekundären» Sinnesqualitäten im Sinne Lockes werden im Unterschied zu den ersteren nur dem empfindenden Subjekt zugemessen bzw. als Hervorbringungen des menschlichen Organismus gedeutet.

Steiner macht jedoch in *«Goethes Naturwissenschaftlichen Schriften»* mit Recht darauf aufmerksam, dass *beide* Sinnesqualitäten, die primären wie die sekundären, nur durch Sinnesbeobachtung aufzufinden und insofern erkenntniswissenschaftlich und ontologisch gleichwertig sind (Steiner, 1973d, 308):

> Größe, Gestalt, Lage, Bewegung, Kraft, usw. sind genau in demselben Sinne Wahrnehmungen wie Licht, Farben, Töne, Gerüche, Geschmacksempfindungen, Wärme, Kälte, usw. Wer die Größe eines Dinges von seinen übrigen Eigenschaften absondert und für sich betrachtet, der hat es nicht mehr mit einem *wirklichen* Dinge, sondern mit einer Abstrak-

43 «Nicht mit Unrecht hat man die Grundformel, nach der die moderne Naturanschauung die Welt der Wahrnehmungen beurteilt, in den Worten des Descartes gesehen: ‹Ich finde, wenn ich die körperlichen Dinge näher prüfe, dass darin sehr wenig enthalten ist, was ich *klar* und *deutlich* einsehe, nämlich die Größe, oder die Ausdehnung in Länge, Tiefe, Breite, die Gestalt, die von den Endigungen dieser Ausdehnung herrührt, die Lage, welche die verschieden gestalteten Körper unter sich haben, und die Bewegung oder Änderung dieser Lage, welchen man die Substanz, die Dauer und Zahl hinzufügen kann. Was die übrigen Sachen betrifft, wie das Licht, die Farben, die Töne, Gerüche, Geschmacksempfindungen, Wärme, Kälte und die sonstigen, dem Tastsinn spürbaren Qualitäten (Glätte, Rauheit), so treten sie in meinem Geiste mit solcher *Dunkelheit und Verworrenheit* auf, dass ich nicht weiß, ob sie wahr oder falsch sind, d.h. ob die Ideen, die ich von diesen Gegenständen fasse, in der Tat die Ideen von irgendwelchen reellen Dingen sind, oder ob sie nur chimärische Wesen vorstellen, die nicht existieren können›» (Steiner, 1973d, 305).

> tion des Verstandes zu tun. Es ist das Widersinnigste, das sich denken lässt, einem von der sinnlichen Wahrnehmung abgezogenen Abstraktum einen anderen Grad von Realität zuzuschreiben als einem Dinge der sinnlichen Wahrnehmung selbst. Die Raum- und Zahlverhältnisse haben den übrigen Sinneswahrnehmungen nichts voraus als ihre größere Einfachheit und leichtere Überschaubarkeit. Auf dieser Einfachheit und Überschaubarkeit beruht die Sicherheit der mathematischen Wissenschaften. Wenn die moderne Naturanschauung alle Vorgänge der Körperwelt auf mathematisch und mechanisch Ausdrückbares zurückführt, so beruht dies darauf, dass das Mathematische und Mechanische für unser Denken leichter zu handhaben ist.

Die Befriedigung des Kausalitätsbedürfnisses und die «apodiktische Gewissheit» mathematisch-mechanischer Gesetze sind aber – wie Du Bois-Reymond selbst sagt (vgl. oben) – *psychologische* und damit *subjektive* Gründe für die Präferenz der quantifizierbaren primären Sinnesqualitäten vor den rein qualitativen sekundären. Hingegen können die sekundären Sinnesqualitäten selbst nicht als subjektiv bezeichnet werden, denn, wie Steiner berechtigt einwendet: «Als subjektiv darf nur bezeichnet werden, was als zum Subjekte gehörig *wahrgenommen* wird» (Steiner, 1978b, 99, HvPH). Farben, Düfte, Wärme, Kälte, Tastqualitäten usw. werden aber – im Sinne der oben genannten empirischen Erkenntnis – gleichermaßen am Gegenstand wahrgenommen wie Größe, Gestalt, Bewegung etc., sind also ebenso objektiv wie diese. «Damit entschwindet die Möglichkeit, in der Bewegung der Atome etwas zu suchen, was als ein Objektives den subjektiven Qualitäten des Tones, der Farbe usw. gegenübergestellt werden dürfte» (Steiner, 1973e, 253–254), und aus dem diese kausal abgeleitet werden dürften. Denn auch der Begriff der Wirkursächlichkeit darf erkenntniswissenschaftlich nur so weit auf die Phänomene angewandt werden, als sich aus der Wahrnehmung ergibt. Das ist beim Verhältnis der modellhaft *vorgestellten* Atome zum *tatsächlichen* Phänomen nicht der Fall. Abgesehen davon ist nicht einzusehen, wie aus dem Inhalt der primären Qualitäten, die man den Atomen allein zugesteht, der Inhalt der sekundären Qualitäten hergeleitet werden soll.

Dasselbe gilt grundsätzlich für den auf den Chemiker Wilhelm Ostwald (1853–1932) zurückgehenden Versuch, bei der Erklärung der Sinneserscheinungen an die Stelle der Atome und deren Bewegung *Energie* zu setzen, indem auf eine einzige Eigenschaft des Wahrnehmbaren, nämlich Äußerung von Energie zu sein, rekurriert und von den Sinnesqualitäten als solchen abstrahiert wird: «Was wir empfinden, sind, wie schon betont, Unterschiede der Energiezustände gegen unsere Sinnesapparate [...]» (Ostwald, 1895, 29). Was wir faktisch *empfinden*, ist aber nicht Energie, sondern Farben, Töne,

Gerüche etc., die sich inhaltlich nicht einfach auf Energie reduzieren lassen. «Energie» ist nichts Wahrnehmbares, sondern ein Wirkendes, das sich nur durch seine *Auswirkungen* wahrnehmbar manifestiert. Aus diesem Grund wurde Energie in der klassischen Physik verallgemeinernd als das Vermögen bezeichnet, Arbeit zu leisten – mit mess- und damit berechenbarem Resultat im Wahrnehmbaren (Harten, 1974, 32). Der Energiebegriff wird in diesem Sinn gefasst, ohne dass dabei auf die *spezifische* Natur dessen, was diese Arbeit leistet, Rücksicht genommen zu werden braucht. «Der Energiebegriff leidet überhaupt daran, dass er von den verschiedenen Qualitäten in der Natur wie Licht, Elektrizität, Wärme, Gasförmiges usw. nur das allen Gemeinsame, nämlich mechanische Kraftleistungen vollbringen zu können, nicht das ihnen *Eigenartige* berücksichtigt» (Kolisko, 1922a, 221)[44].

Die Berücksichtigung dieses «Eigenartigen», das sich als das Spezifische des erzeugten Phänomens zeigt, führt jedoch zum Begriff *spezifischer Arten* von «Energien». Insofern ist z.B. der vom Physiologen Johannes Müller (1801–1858) gefasste Begriff der «spezifischen Sinnesenergien», durch die jedes Sinnesorgan auf verschiedene Reize nur in der ihm eigenen, spezifischen Weise antwortet, ontologisch gerechtfertigt. Nur dürften diese spezifischen Energien dann nicht bloß in die Sinnesorgane des Subjekts verlegt, sondern müssten aus phänomenologischen Gründen auch in der objektiven Außenwelt anerkannt werden (vgl. Kap. 2.1). Der partikularisierende Reduktionismus wäre dann in der Energetik nicht zwingend[45].

---

44 Vgl. dazu auch Steiner: «Die Erscheinungen der Wahrnehmungswelt, Licht, Wärme, Elektrizität, Magnetismus usw., lassen sich unter den allgemeinen Begriff der Kraftleistung, d.i. der Energie bringen. Wenn Licht, Wärme usw. in einem Körper eine Veränderung hervorrufen, so ist damit eben eine Kraftleistung vollzogen. Man hat, wenn man Licht, Wärme usw. als Energie bezeichnet, von dem den einzelnen Sinnesqualitäten spezifisch Eigenen abgesehen und betrachtet eine allgemeine, ihnen gemeinsam zukommende Eigenschaft» (Steiner, 1973d, 325). Aber das Spezifische dieser Energien ist damit nicht außer Kraft gesetzt.

45 So ergibt sich beispielsweise aus dem *photoelektrischen Effekt* nicht zwingend die korpuskuläre Natur des Lichtes, wie das seit Einsteins Arbeit von 1905 so interpretiert wird (Einstein, 1905). Denn wenn die *kontinuierliche* Lichtbestrahlung einer unoxydierten negativ geladenen Metallplatte zur *diskreten* Freisetzung von Elektronen aus diesem Metall führt, so besagt dieses Resultat *phänomenologisch* zunächst nur, dass das Metall auf die Lichtexposition mit elektrischen «Energiequanten» *reagiert*, nicht, dass das Licht aus Quanten *bestehe*, worauf Steiner in seinem ersten naturwissenschaftlichen Kurs von 1921 mit Recht aufmerksam macht (Steiner, 1987, Diskussionsvotum vom 8.8.1920). Es ist ja aufgrund der Phänomene auch denkbar, dass, wie selbst Einstein zugesteht, das Licht *Kontinuumscharakter* hat: «Die Energie eines ponderablen Körpers kann nicht in beliebig viele, beliebig kleine Teile zerfallen, während sich die Energie eines

Denn die *Konsequenz* des atomaren oder energetischen Reduktionismus müsste sonst die vollständige Elimination *aller* Qualitäten aus dem wissenschaftlichen Weltbild sein, einschließlich der sog. primären (Steiner, 1973 d):

> Wer den menschlichen Organismus zum Erzeuger der Ton-, Wärme-, Farben- usw. -Geschehnisse macht, der muss ihn auch zum Hervorbringer der Ausdehnung, Größe, Lage, Bewegung, der Kräfte usw. machen. Denn diese mathematischen und mechanischen Qualitäten sind in Wirklichkeit mit dem übrigen Weltinhalte der Erfahrungswelt untrennbar verbunden. Die Abtrennung der Raum-, Zahl-, und Bewegungsverhältnisse, sowie der Kraftäußerungen von den Wärme-, Ton-, Farben- und den anderen Sinnesqualitäten ist nur eine Funktion des abstrahierenden Denkens. Die Gesetze der Mathematik und Mechanik beziehen sich auf abstrakte Gegenstände und Vorgänge, die von der Erfahrungswelt abgezogen sind, und können daher auch nur innerhalb der Erfahrungswelt Anwendung finden. Werden aber die mathematischen und mechanischen Formen und Verhältnisse für bloß subjektive Zustände erklärt, dann bleibt nichts übrig, was dem Begriff von objektiven Dingen und Ereignissen als Inhalt dienen könnte. Und aus einem leeren Begriffe können keine Erscheinungen abgeleitet werden.

Damit ist aber dem *Reduktionismus* erkenntniswissenschaftlich und ontologisch die Basis entzogen. Er hebt sich selbst auf.

Diesen letzten Schritt, d. h. die vollständige Elimination *aller* sinnlichen Qualitäten, hat die moderne Physik (Quantenmechanik) noch vollzogen[46]. Das Atom besteht hinsichtlich seiner relevanten physikalisch-chemischen Eigenschaften in erster Linie aus Elektronen. Die Elektronen selber sind aber keine Dinge mehr mit einer klaren räumlichen Existenz oder kontextunabhängigen sinnlichen Eigenschaften (wie Größe, Gestalt, Lage, Bewegung). Dem Elektron «an und für sich» ist nach Ansicht der Physiker am ehesten noch seine Wellenfunktion zuzuordnen, auch den Elektronen in einem Atom

---

von einer punktförmigen Lichtquelle ausgesandten Lichtstrahles nach der *Maxwell*schen Theorie (oder allgemeiner nach jeder Undulationstheorie) des Lichtes auf ein stets wachsendes Volumen sich [sic] kontinuierlich verteilt» (Einstein, 1905,132). In diesem Sinn wäre grundsätzlich denkbar, dass sich die Wirkung des Lichts auf die Elektronen des Metalls *kontinuierlich in der Zeit* entfalten, bis diese energetisch eine Schwelle erreicht haben, über welcher sie sich als *diskretes* Energiequant lösen. Das Licht könnte in diesem Fall gegenüber den Elektronen als eine qualitativ eigene, nicht partikularistische, Energieform aufgefasst werden.

46 Die Diskussion dieses Abschnittes und die dazu gehörigen Literaturhinweise verdanke ich Priv.-Doz. Dr. Stephan Baumgartner.

(Eisberg & Resnick, 1985). Diese Wellenfunktion ist eine mathematische Funktion in einem abstrakten Raum, der mit dem normalen dreidimensionalen Raum direkt nichts zu tun hat; diese Funktion hat selbst auch keinerlei anschauliche Bedeutung mehr (Messiah, 1961). Erst durch mathematische Operationen wird diese Wellenfunktion in den normalen Raum projiziert und bekommt dort die Bedeutung einer Erscheinungswahrscheinlichkeit für bestimmte Vorgänge, vor allem für Energiegrößen, welche in optischen Experimenten indirekt nachgemessen werden (Bergmann & Schaefer, 1981). *Inhaltlich-qualitativ* kann aus den Begriffen der Quantenmechanik in der Tat kein einziges sinnlich wahrnehmbares Phänomen mehr abgeleitet werden, da die Elektronen keinerlei kontextunabhängige sinnliche Eigenschaften mehr aufweisen. Was aber offenbar gut funktioniert, sind die Berechnungen der quantitativen Energieverhältnisse (z. B. von Wellenlängen bestimmter Farben in den Emissionsspektren von Gasen) unter der Annahme eines Erscheinungsprozesses eines nicht-sinnlichen Universale ante rem (der rein mathematischen Wellenfunktion bzw. des noch rein virtuellen Elektrons) in ein Universale in re (elektromagnetische Energiezustände, welche mit real beobachtbaren Lichtemissionen von Gasen bei hoher Temperatur verknüpft werden) unter bestimmten sinnlichen Bedingungen (wie Temperatur, elektromagnetische Kräfte bzw. Potenziale etc.) (Bergmann & Schaefer, 1981). Interessanterweise gibt es aber offenbar keine sinnlich wahrnehmbaren Bedingungen, welche den eigentlichen Erscheinungsprozess (in actu) bedingen (bekannt als prinzipieller Indeterminismus der Quantenmechanik, vgl. Messiah, 1961).

Der Ausweg aus dem Dilemma, bei Nicht-Anerkennen der Sinnesqualitäten letztlich alle Sinnesqualitäten und damit letztlich die Wirklichkeit überhaupt zu verlieren, kann nur sein, *alle* Sinnesqualitäten als epistemologisch gleichwertig anzuerkennen sowie eine daraus folgende phänomenologische Wissenschaft anzuwenden. Steiner dazu (Steiner, 1973 d, 311):

> So wenig wie die Vorgänge der Körperwelt sich in Mechanik der Atome, so wenig lassen sie sich in Energieverhältnisse ‹auflösen›. Durch ein solches Verfahren wird nichts weiter erreicht, als dass die Aufmerksamkeit von dem Inhalt der wirklichen Sinnenwelt abgelenkt und einem unwirklichen Abstraktum zugewendet wird, dessen ärmlicher Fond von Eigenschaften doch auch nur aus derselben Sinnenwelt entnommen ist. Man kann nicht die eine Gruppe von Eigenschaften der Sinnenwelt: Licht, Farben, Töne, Gerüche, Geschmäcke, Wärmeverhältnisse usw. dadurch erklären, dass man sie ‹auflöst› in die andere Gruppe von Eigenschaften derselben Sinnenwelt: Größe, Gestalt, Lage, Zahl, Energie usw. Nicht ‹Auflösung› der einen Art von Eigenschaften in die andere kann Aufgabe der Naturwissenschaft sein, sondern Aufsuchung von Beziehungen

und Verhältnissen zwischen den wahrnehmbaren Eigenschaften der Sinnenwelt.

Oder: «Die Theorie muss sich auf das [...] Wahrnehmbare erstrecken und *innerhalb dessen die Zusammenhänge suchen*» (ebd., 304). Also auch hier: Erkenntnis der Wirklichkeit als das denkerische Aufsuchen der objektiven gesetzmäßigen Zusammenhänge der *wahrnehmbaren*[47] Erscheinungen im Sinne Goethes (vgl. Kap. 2).

---

47 Gegen diese Auffassung, dass die Wirklichkeit bzw. das Wirkliche durch denkerische Durchdringung der *Wahrnehmung* zu erkennen sei, kann eingewendet werden, dass Energien oder Kräfte grundsätzlich nicht wahrnehmbar sind und trotzdem dem bewirkten Phänomen theoretisch zugrunde gelegt werden müssen. Dem ist vollständig zuzustimmen. Dennoch ändert sich am *Prinzip* des Erkennens und der Wirklichkeitsbestimmung dadurch nichts. Denn es werden *wahrnehmbare Phänomene* als «bewirkt» erkannt, und zwar aufgrund des *wahrnehmbaren, gesetzmäßigen Ausdrucks dieses Wirkens*. Deshalb ist die Annahme eines im Erscheinungsbereich Wirkenden logisch berechtigt, ja, es ergibt sich auch nach Steiners Auffassung «die Nötigung [...], gar nicht von unmittelbar anschaulich-wahrnehmbaren Elementen, sondern von unanschaulichen Größen wie elektrischen oder magnetischen Kraftlinien und so weiter zu sprechen. Es kann *scheinen*, als ob die Wirklichkeitselemente, von denen die Physik spricht, weder mit dem Wahrnehmbaren, noch mit dem im tätigen Denken erarbeiteten Begriff etwas zu tun hätten. Doch beruht eine solche Meinung auf einer Selbsttäuschung. Zunächst kommt es darauf an, dass *alles* in der Physik Erarbeitete, insofern es nicht unberechtigte Hypothesen darstellt, die ausgeschlossen bleiben sollten, durch Wahrnehmung und Begriff gewonnen ist. Was scheinbar unanschaulicher Inhalt ist, das wird aus einem richtigen Erkenntnisinstinkt des Physikers heraus durchaus in das Feld versetzt, auf dem die Wahrnehmungen liegen, und es wird in Begriffen gedacht, mit denen man sich auf diesem Felde betätigt. Die Kraftstärken des elektrischen und magnetischen Feldes und so weiter werden, *dem Wesen nach*, nicht durch einen anderen Erkenntnisvorgang gewonnen als durch denjenigen, der sich zwischen Wahrnehmung und Begriff abspielt» (Steiner, 1978 b, 131). Aber gerade *deshalb* darf nicht vom *Spezifischen* der jeweiligen Wahrnehmung abstrahiert werden. Die *Phänomene* von Licht, Farben oder Wärme sind durchaus *nicht identisch* mit denen von Elektrizität oder Magnetismus, auch wenn sie mit ihnen *in Beziehung* stehen. Es ist deshalb ganz uneigentlich, das gesamte Spektrum der «Energiewellen» vom Radiobereich über Infrarot, sichtbares Licht und Ultraviolett, bis zu Röntgen und γ-Strahlen einfach als «elektromagnetisch» zu bezeichnen (Harten, 1974, 247). Das suggeriert, Licht oder Wärmestrahlung sei letztlich «nichts anderes als» Elektromagnetismus, was durchaus nicht mit den Phänomenen übereinstimmt und in der differenziellen wissenschaftlichen Behandlung der Qualitäten als «Wärmelehre», «Elektrizität und Magnetismus», «Optik», «Atom- und Kernphysik» usw. auch gar nicht so behandelt wird (Harten, 1974). Die Aufgabe einer auf *empirischen* Gründen arbeitenden Naturwissenschaft ist nicht die Reduktion der verschiedenen Naturqualitäten und Wirkungen auf *eine*

Aufsuchung von Beziehungen und Verhältnissen zwischen den wahrnehmbaren Eigenschaften der Sinnenwelt: Damit ist aber die naturwissenschaftliche Methode Goethes charakterisiert: Phänomenologie als «rationeller Empirismus», wie Schiller sie in seiner diesbezüglichen Korrespondenz mit Goethe genannt hat (Schiller, 1935, Bd. 2, 237; Heusser, 2000 c), oder «empirischer Idealismus», wie Steiner sie in seinen Einleitungen zu *«Goethes Naturwissenschaftlichen Schriften»* nennt (Steiner, 1973 c, 296).

Diese *phänomenologisch rationelle Methode*, wie Kolisko sie auch nennt (Kolisko, 1922 a, 183), beruht, wie in Kapitel 2 dargestellt, auf der genauen Beobachtung der tatsächlichen Phänomene und der Feststellung von *deren* gesetzmäßigem Zusammenhang durch das Denken, das heißt ohne dass dieses Denken schon präformierte hypothetische Modellvorstellungen an die Erscheinungen heranträgt. In diesem Sinn hat die hier gemeinte phänomenologische Wissenschaft «hypothesenfrei» zu sein, so z. B. als «hypothesenfreie Chemie», wie sie von Kolisko bereits 1920 in ihren Grundprinzipien dargestellt worden ist (Kolisko, 1922 a).

Ausgangspunkt der rationellen Phänomenologie ist also zunächst die Feststellung der reinen[48] Phänomene, noch *ohne Voraussetzung interpretierender Konzepte*[49]. Freilich braucht man auch zur *Beschreibung* dieser Phä-

---

Sorte derselben, sondern das *Qualitativ-Spezifische der Naturphänomene* und das *Qualitativ-Differenzielle der Naturwirkungen* mit ihren jeweiligen Eigengesetzen und -kräften *anhand der Phänomene* zu erkennen und anzuerkennen und *erst dann* in ihren *Beziehungen* zu erforschen. Das ist, was der Goethe'schen Wissenschaftsart zugrunde liegt.

48 «Reine Phänomene» sind hier, wie in Kapitel 2.2 dargestellt, nicht im sinnespsychologischen, sondern im *erkenntniswissenschaftlichen* Sinn zu nehmen, als *reine Erfahrung*. Sie sind zunächst noch rein von allen durch das Denken hinzugebrachten Begriffen, einschließlich derjenigen, die aus der Mechanik entnommen sind. Ob die mechanisch-mathematischen Begriffe im Erkenntnisakt auf sie anwendbar sind, kann sich nur aus den Phänomenen selbst ergeben, nicht aus vorgefassten hypothetischen Konzepten, wie die Welt zu sein habe.

49 Vgl. dazu (Heusser, 2000 c, 18 ff.): Ausgangspunkt der Naturerkenntnis ist für Goethe «*das empirische Phänomen*, das jeder Mensch in der Natur gewahr wird» (Goethe, 1950 i, 869–871). Erste Pflicht des Naturforschers ist deswegen die «Gründlichkeit im Beobachten»; und: «Die erste von allen Pflichten ist die Aufmerksamkeit, wodurch das Phänomen sicher wird» Goethe, 1950 f, 857). Dieses nennt Goethe «die Erfahrung» (Goethe, 1950 i, 869) oder «reine Erfahrung» (Goethe, 1950 e, 770). Doch auf dieser Stufe des Erkennens, beim Feststellen des zu Erkennenden, muss man sehr vorsichtig sein. Man müsse sich hüten, dem naturgemäßen menschlichen Bedürfnis, die Phänomene zu beurteilen, gleich nachzugeben, «um so geschwind als möglich eine Konklusion machen zu können». Denn sonst gerät man in die Gefahr, dem empirisch Gegebenen nur seine «Meinung», die «subjektiv» ist (Goethe, 1950 f, 856–857), einzuprägen. Diese Vor-

nomene Begriffe. Aber diese haben nur einen auf das Phänomen *hinweisenden*, sie *darstellenden* Charakter, nicht aber den *bestimmenden* des *beurteilenden* Denkens. Das ist auch mit folgender Aussage Koliskos gemeint (Kolisko, 1922a, 172–173):

> *Goethe* wollte etwas ganz anderes wie *diese* naturwissenschaftliche Betrachtungsart. *Er wollte die reinen Phänomene herausarbeiten.* Es schien ihm eine Notwendigkeit, mit dem Denken erst dann an die Dinge

---

sicht, das bewusste Zurückhalten solcher Meinungen, ist, was Kolisko «eine Art negativer Tätigkeit» des Denkens bei Goethe nennt. Goethe dazu: «Man kann sich daher nicht genug in Acht nehmen, [...] nicht zu geschwind zu folgern: denn beim Übergang von der Erfahrung zum Urteil [...] ist es, wo dem Menschen gleichsam wie an einem Passe alle seine inneren Feinde auflauern, Einbildungskraft, Ungeduld, Vorschnelligkeit, Selbstzufriedenheit, Steifheit, Gedankenform, vorgefasste Meinung, Bequemlichkeit, Leichtsinn, Veränderlichkeit und wie die ganze Schar mit ihrem Gefolge heißen mag, alle liegen hier im Hinterhalte und überwältigen unversehens sowohl den handelnden Weltmann als auch den stillen, vor allen Leidenschaften gesichert scheinenden Beobachter» (Goethe, 1950g, 848–849). Diese Vorsicht erlaubt erst, die Aufgabe des Wissenschaftlers zu erfüllen, nämlich «die Gegenstände der Natur an sich selbst und in ihren Verhältnissen untereinander zu beobachten». Er soll «als gleichgültige[s] und gleichsam göttliche[s] Wesen suchen und untersuchen, was ist, und nicht, was behagt». Er soll die empirisch gegebenen Objekte «mit einem gleichen ruhigen Blicke sie alle ansehen und den Maßstab zu dieser Erkenntnis, die Data der Beurteilung nicht aus sich, sondern aus dem Kreise der Dinge nehmen, die er beobachtet» (ebd., 845). Die Beobachtung soll deshalb zunächst noch gar nicht in das Urteil übergeführt werden, sondern so systematisch wie möglich ausgebaut werden. Das geschieht dadurch, dass «das empirische Phänomen, das jeder Mensch in der Natur gewahr wird, [...] zum *wissenschaftlichen Phänomen* durch Versuche erhoben wird, indem man es unter anderen Umständen und Bedingungen, als es zuerst bekannt gewesen, in einer mehr oder weniger glücklichen Folge darstellt» (Goethe, 1950i, 871). Unter «*Versuch*» versteht Goethe das experimentelle, reproduzierbare Vorgehen, so wie er es in seiner «*Farbenlehre*» (Goethe, 1950o) selbst streng befolgt hat: «Wenn wir die Erfahrungen, welche vor uns gemacht worden, die wir selbst oder andere zu gleicher Zeit mit uns machen, vorsätzlich wiederholen und die Phänomene, die teils zufällig, teils künstlich entstanden sind, wieder darstellen, so nennen wir das einen Versuch. Der Wert eines Versuchs besteht also vorzüglich darin, dass er [...] jederzeit wieder hervorgebracht werden könne, so oft sich die bedingenden Umstände vereinigen lassen» (Goethe, 1950g, 848). Unter «*Folge*» versteht Goethe die Herstellung einer systematischen *Reihe* von Einzelversuchen oder Einzelbeobachtungen mit sukzessiven Variationen, wie er das vorbildlich etwa in seinen morphologischen Arbeiten zur Botanik (Goethe, 1950n) und zur vergleichenden Anatomie und Zoologie (Goethe, 1950m) geleistet hat, und wodurch er auch das Grundprinzip der Metamorphose finden und so den Zwischenkieferknochen beim Menschen entdecken konnte (Goethe, 1950p).

heranzugehen, wenn die Phänomene in ihrer vollen Reinheit dargestellt sind. Er wusste, dass man zu einer Einsicht in das Wesen der Dinge [...] gar nicht kommt, wenn man nicht die reinen Phänomene vor sich hat. Nur die *reinen* Phänomene können sich so verhalten, dass sich ihr Zusammenhang wie von selbst dem Denken aufdrängt. Das Denken ist bei *Goethe* eine Art *negativer* Tätigkeit. Es sucht auszuschalten alles, was von Befangenheit aus dem menschlichen Inneren herauskommen könnte, auch solche sich heraufdrängenden mathematisch-mechanischen oder teleologischen Lieblingsvorstellungen. Es sucht den Phänomenen die für sie geeigneten Vorstellungen abzulauschen und mit diesen *adäquaten* Vorstellungen die Phänomene zu beleuchten. Nicht durch die *Brille der Teleologie*, nicht durch die *Brille der Kausalität* hat Goethe die Welt angesehen, sondern so wie es der *jeweilige Tatbestand* erforderte.

In einem gewissen Sinn entspricht diese Erkenntnisintention der Vermeidung dessen, was Eugen Bleuler (1857–1939) von seinem mehr praktisch orientierten Standpunkt aus das «autistisch-undisziplinierte Denken»[50] genannt

50 Was *Bleuler* anstrebt, ist *«diszipliniertes Denken»*, das er aus guten Gründen dem «wissenschaftlichen» und dem «exakten» Denken noch überordnet: «Dem gewöhnlichen Denken mit seinen nachlässigen und autistischen Seitensprüngen stellt man gerne das *‹wissenschaftliche›* gegenüber. Ich verwende das Wort nicht, weil es zu viel missbraucht wird [...]. [...] Der Ausdruck bezeichnet nicht nur streng realistisch-logisches, von allen Bummeleien und Autismen befreites Denken, sondern auch Denken im Sinne einer bestimmten Wissenschaft, wie sie gerade aufgefasst wird, namentlich auch im Sinne bestimmter *‹Grundsätze›* und Denkformeln, die wissenschaftlich so eine Art von Eselsbrücken sind, und für den Schüler, der sich auf bekanntem Gebiet bewegen muss, einen Sinn haben mögen, *deren Tragfähigkeit aber gerade dann immer zuerst geprüft werden muss, wenn man sich auf ein neues Gebiet begibt»* (Bleuler, 1976, 104). Solche Eselsbrücken sind z. B. die oben erwähnten atomaren mechanisch-mathematischen Modellvorstellungen, obwohl Bleuler davon nicht spricht. Doch ist klar, dass er das disziplinierte Denken nicht nur auf das Quantifizierbare beschränkt, sondern insbesondere auf qualitative Phänomene angewandt haben wollte, die ja in der Medizin eine große Rolle spielen: «Beliebt ist auch die Forderung nach *exaktem Denken*, und es gibt Leute, die eine Wissenschaft nicht mehr anerkennen wollen, wenn sie nicht ‹exakt› ist. Wir können aber den Ausdruck hier nicht brauchen, schon weil man damit unnötigerweise nur das Denken in Maßen und Zahlen zu verstehen pflegt. Dieses umfasst ja nur den kleinern Teil des wissenschaftlich notwendigen Denkens; denn ihrer Natur nach sind alle qualitativen Unterschiede der zahlenmäßigen Behandlung unzugänglich [...]» (ebd., 106). Man muss sich bewusst sein, dass die physiologischen und pathologischen, körperlichen, vitalen, psychischen und geistigen Erscheinungen am Menschen zu einem großen Teil *qualitativer* Art sind und deshalb das von Bleuler geforderte disziplinierte Denken erfordern, auch ohne mathematisierbar zu sein.

hat, und demgegenüber er auf allen Gebieten, insbesondere auch für die Bereiche der qualitativen, nicht quantifizierbaren Tatbestände, ein «disziplinierten Denken» fordert (Bleuler, 1976). Denn man kann «auf allen Gebieten, mit oder ohne Zahlen und Maße exakt und unexakt denken [...]. Dasjenige Denken, das wir in den Wissenschaften verlangen, ist ein aufmerksames und rein realistisches; wir nennen es das *disziplinierte* Denken und stellen ihm die übrigen Formen als *undiszipliniertes* gegenüber» (ebd., 167).

Die Aufgabe dieses disziplinierten Denkens ist es, die gesetzmäßigen Zusammenhänge zwischen den tatsächlichen Erscheinungen zu suchen, also die Verwirklichung des oben dargestellten Erkenntnisbegriffs. Das ist, wie wir wissen, nicht trivial. Denn, wie auch Goethe bemerkte, «*das empirische* Phänomen, das jeder Mensch in der Natur gewahr wird» (Goethe, 1950i, 871), zeigt seine Elemente selten schon so geordnet, dass ihr *gesetzmäßiger* Zusammenhang dem Denken unmittelbar einsichtig wird. Ihr *erscheinender* Zusammenhang, so wie er für die Beobachtung auftritt, kann zufällig sein, und ist es in den meisten Fällen. Das empirische Phänomen muss deswegen «zum *wissenschaftlichen Phänomen*» erhoben werden (ebd., 871).

Das geschieht durch *Versuche*, sei es durch systematischen Vergleich mit anderen Phänomenen, sei es durch Herstellung künstlicher Bedingungen mit vorsätzlicher Wiederholung (Goethe, 1950g), also durch das *Experiment.* Dabei werden die zunächst nicht durchschauten, komplizierten Phänomene in Bezug auf die an ihrem Zustandekommen beteiligten einfachen Elemente analysiert. Die zufälligen werden eliminiert und die notwendigen systematisch so miteinander in Beziehung gebracht, *dass ihr jeweiliger gesetzmäßiger Zusammenhang für das Denken unmittelbar ersichtlich wird.* So werden komplexe Phänomene auf einfache, durchschaute Grundtatsachen zurückgeführt und dadurch verständlich. Eine solche empirische Grundtatsache, deren Erklärung *unmittelbar aus der Natur ihrer Elemente selbst hervorgeht*, nennt Goethe ein «*reines Phänomen*», «*Grundphänomen*» oder «*Urphänomen*» (Goethe, 1950i, 871; Goethe, 1950o; Steiner, 1973d, 311–312), aber auch «das empirische Gesetz» (Goethe, 1950i, 870), das in Schillers Formulierung «eins ist mit dem objektiven Naturgesetz» (Schiller, 1935).

Hinlänglich bekannte Beispiele für objektive Naturgesetze bzw. reine Phänomene sind etwa: «Wenn zwei Körper von ungleicher Temperatur aneinander grenzen, so fließt so lange Wärme von dem wärmeren in den kälteren, bis die Temperatur in beiden gleich ist. Wenn eine Flüssigkeit in zwei Gefäßen ist, die miteinander in Verbindung stehen, so stellt sich das Niveau in beiden Gefäßen gleich hoch. Wenn ein Körper zwischen einer Lichtquelle und einem anderen Körper steht, so wirft er auf denselben einen Schatten. Was in Mathematik, Physik und Mechanik nicht bloße Beschreibung ist, das muss

Urphänomen sein» (Steiner, 1979a, 93). Ein Urphänomen ist also eine *in der Wahrnehmung* auffindbare Grundtatsache, bei der «der Charakter des Vorganges unmittelbar aus der Natur der in Betracht kommenden Faktoren in durchsichtig klarer Weise folgt»; und darum ist es auch «identisch mit dem objektiven Naturgesetz. Denn es ist in demselben nicht allein ausgesprochen, dass ein Vorgang unter bestimmten Verhältnissen erfolgt ist, sondern dass er erfolgen *musste*. Man hat *eingesehen*, dass er bei der Natur dessen, was da in Betracht kam, erfolgen musste» (ebd., 91). Ein solches Naturgesetz hat deshalb immer die Form: *Wenn* dieser Faktor mit jenem zusammenwirkt, *dann* entsteht – *mit Notwendigkeit* – diese Erscheinung (ebd., 93). Ein Naturgesetz gilt also immer nur unter bestimmten *Bedingungen*. Ob in der konkreten Wirklichkeit allerdings immer alle Bedingungen bekannt sind, unter deren Vorhandensein das Gesetz mit Notwendigkeit gültig ist, ist eine ganz andere Frage, die das Prinzip des notwendig gültigen Naturgesetzes nicht in Frage stellt.

Diese Auffassung des *einsehbaren, notwendigen* Naturgesetzes unterscheidet sich von dem auf David Hume (1711–1776) zurückgehenden Induktivismus, der die Gesetze in gewisser Weise bloß auf phänomenologische *Gewohnheiten* zurückführt. Steiner kommentiert diese Sicht wie folgt (Steiner, 1979a, 91–92):

> Sie sieht ein Phänomen, das unter gegebenen Bedingungen in einer bestimmten Weise erfolgt. Ein zweites Mal sieht sie unter ähnlichen Bedingungen dasselbe Phänomen eintreten. Daraus folgert sie, dass ein allgemeines Gesetz bestehe, wonach dieses Ereignis eintreten müsse, und spricht dieses Gesetz als solches aus. Eine solche Methode bleibt den Erscheinungen vollkommen äußerlich. Sie dringt nicht in die Tiefe. Ihre Gesetze sind Verallgemeinerungen von einzelnen Tatsachen. Sie muss immer erst von den einzelnen Tatsachen die Bestätigung der Regel abwarten.

Das ist auch bei Popper der Fall, obwohl er im Gegensatz zu Hume eine Verallgemeinerung der aus Wiederholung von Tatsachen gewonnenen Regeln ablehnt. Jedoch muss auch nach Popper jedes sog. «Naturgesetz», so etwa, dass die Sonne jeden Tag über London aufgeht, sich durch jeden neuen wahrnehmbaren Fall erst bewähren. Deswegen gibt es für Popper *keine Verifikation*, sondern immer *nur eine Falsifikation* von Gesetzen oder Theorien (Popper, 1985). Er sieht offenbar nicht, dass das Gelten von Gesetzen stets an entsprechende, im Wahrnehmungsfeld gegebene, *Bedingungen* geknüpft ist und dass, wenn diese vorhanden sind, das Gesetz aus einsehbaren, in diesen Bedingungen liegenden, Gründen mit *Notwendigkeit* gelten muss und deswegen – *unter den entsprechenden Bedingungen* – auch verifizierbar ist. Das gilt z. B. auch für das tägliche Aufgehen der Sonne; und die klare Berechenbarkeit der mechanischen Technik, auf der ihr unbestreitbarer Erfolg beruht, ist Folge dieser Tatsache[51].

Das gilt auch für rein mathematische und geometrische Gesetze als solche. Denn die unabänderliche Grundtatsache, dass die Winkelsumme eines ebenen Dreiecks stets 180° beträgt, gilt nur unter der *Bedingung* der ungekrümmten Ebene. Deswegen bedarf «auch dasjenige, was wir in mathematischen oder geometrischen Sätzen als Urteile aussprechen, [...] ebenso einer empirischen Verifizierung wie das, was wir aussprechen in der Phänomenologie» (Steiner, 2005, 126).

Diese einsehbare und notwendige Form des Naturgesetzes ist jedoch unabhängig davon, ob es sich bei den beobachteten Tatsachen um solche quantitativer oder qualitativer Art bzw. um primäre oder sekundäre Sinnesqualitäten handelt. Das geht schon aus den oben erwähnten Beispielen klar hervor. Denn diese sind *qualitativer* Art, noch vor ihrer genaueren quantitativen Bearbeitung anhand von Maß, Zahl und Gewicht, ihre Gesetze rein *an den Phänomenen* abgelesen, ohne alles reduktionistische Ableiten aus hypostasierten Kausalfaktoren *hinter* den Phänomenen.

Dasselbe gilt aber auch für die von Goethe in seiner «*Farbenlehre*» festgestellten Grundphänomene, so z. B. bei der Entstehung der sog. dioptrischen Farben aus dem Zusammenwirken von Licht mit Finsternis bzw. mit trüben Medien (Goethe, 1950 o, 63):

> Das höchstenergische Licht, wie das der Sonne, [...] ist blendend und farblos. [...] Dieses Licht aber durch ein auch nur wenig trübes Mittel gesehen, erscheint uns gelb. Nimmt die Trübe eines solchen Mittels zu, oder ist seine Tiefe vermehrt, so sehen wir das Licht nach und nach eine gelbrote Farbe annehmen, die sich endlich zum Rubinrot steigert. Wird hingegen durch ein trübes, von einem darauffallenden Lichte erleuchtetes Mittel die Finsternis gesehen, so erscheint uns eine blaue Farbe, welche immer heller und blässer wird, je mehr sich die Trübe des Mittels vermehrt, hingegen immer dunkler und satter sich zeigt, je durchsichtiger das Trübe werden kann, ja bei dem mindesten Grad der reinsten Trübe als das schönste Violett dem Auge fühlbar wird.

Goethe zeigt nun, wie aus diesen und anderen einfachen Grundtatsachen das Entstehen der prismatischen Farben sowie von komplexeren Farbphä-

51 Man vergleiche dazu auch das in Kapitel 2.4 über Poppers Ablehnung einer objektiven Erkenntnis Gesagte.

nomenen begreifbar wird, ohne dass für deren Erklärung begrifflich auf hypothetisch angenommene Wirklichkeitsfaktoren *hinter* den Erscheinungen rekurriert wird, sondern so, dass man *rein innerhalb des Bereichs der Phänomene selbst* verbleibt und *deren* gesetzmäßige Bezüge eruiert. So ist auch Goethes berühmter Aphorismus gemeint: «Das Höchste wäre, zu begreifen, dass alles Faktische schon Theorie ist. Die Bläue des Himmels offenbart uns das Grundphänomen der Chromatik. Man suche nur nichts hinter den Phänomenen; sie selbst sind die Lehre» (Goethe, 1950c, 723), was von Steiner so kommentiert wird: «Das Faktische *nach seinem wesentlichen* Charakter betrachtet, nicht eine von den Dingen abziehende Abstraktion ist Theorie» (Anm. R. Steiners in: Goethe, 1975a, 376). In dieser Hinsicht hat Steiner die Intention von Goethes Farbenlehre sehr treffend charakterisiert: «Das Ziel war kein anderes als das, die reiche Mannigfaltigkeit der Farbenwelt auf ein systematisches Ganzes zurückzuführen, so dass uns aus diesem Ganzen jedes Farbenphänomen ebenso verständlich wird, wie es irgendein Zusammenhang von Raumgrößen aus dem System der Mathematik wird» (Steiner, 1961b, 320).

Dass Goethe hierbei seine Farbenlehre nicht mathematisch bearbeitet hat, tut dem keinen Abbruch. Konsequentes wissenschaftliches Denken im Bereich von qualitativen Fakten und Gesetzen bedeutet grundsätzlich, mit der gleichen Stringenz zu arbeiten wie im Bereich von Quantitäten – mit strenger Adhärenz an die Wahrnehmung einerseits und die Logik andererseits. Goethe unterscheidet deshalb folgerichtig zwischen Mathematik und *mathematischer Methode* (Ziegler, 2000; Steiner, 1973f). Mit «mathematischer Methode» ist gemeint, dass die methodische Strenge, mit der Mathematik und Geometrie auf ihren Gebieten vorzugehen haben, die ganze Naturwissenschaft durchdringen sollte (Goethe, 1950g, 852):

> Die Bedächtlichkeit, nur das Nächste ans Nächste zu reihen oder vielmehr das Nächste aus dem Nächsten zu folgern, haben wir von den Mathematikern zu lernen, und selbst da, wo wir uns keiner Rechnung bedienen, müssen wir immer so zu Werke gehen, als wenn wir dem strengsten Geometer Rechenschaft zu geben schuldig wären.

Goethes Farbenlehre ist selbst das beste Beispiel für eine *systematische rationelle Phänomenologie*; sie zeigt, wie qualitative Phänomene mit sog. sekundären Sinnesqualitäten mit der gleichen methodischen Konsequenz wissenschaftlich bearbeitet werden können wie Quantitäten bzw. wie die sog. primären Sinnesqualitäten, die durch Maß, Zahl und Gewicht quantifizierbar sind.

Das ist oft verkannt und der Wert von Goethes Farbenlehre in Frage gestellt worden[52]. Man meinte, reduktionistisch die Qualia ursächlich auf Quanta *hinter den Qualia* zurückführen zu müssen. So auch Helmholtz in seinem 1853 erschienenen Aufsatz «*Über Goethes naturwissenschaftliche Arbeiten*» (von Helmholtz, 1977, 412, HvPH):

> Goethe bleibt auch in der Farbenlehre seiner oben erwähnten Ansicht getreu, dass die Natur ihre Geheimnisse von selbst darlegen müsse, dass sie die durchsichtige Darstellung ihres ideellen Inhaltes sei. Er fordert daher für die Untersuchung physikalischer Gegenstände eine solche Anordnung der beobachteten Tatsachen, dass eine immer die andere erkläre, und dass man so zur Einsicht in den Zusammenhang komme, *ohne das Gebiet der sinnlichen Wahrnehmung zu verlassen*. Diese Forderung hat einen sehr bedeutenden Schein für sich, ist aber ihrem Wesen nach grundfalsch. Denn eine Naturerscheinung ist physikalisch erst dann vollständig erklärt, wenn man sie bis auf die letzten ihr zugrunde liegenden und in ihr wirksamen Naturkräfte zurückgeführt hat. Da wir nun die Kräfte nie an sich, sondern nur ihre Wirkungen wahrnehmen, so müssen wir in jeder Erklärung von Naturerscheinungen *das Gebiet der Sinnlichkeit verlassen* und zu *unwahrnehmbaren*, nur durch Begriffe bestimmten Dingen übergehen. Es ist das letztlich *eine Welt unsichtbarer Atome, Bewegungen, anziehender und abstoßender Kräfte*.

Aber eben dieser Welt hat man in den Modellvorstellungen hypothetisch Eigenschaften von primären Sinnesqualitäten beilegen wollen, die auch der Sinneswelt, von der man absehen wollte, entnommen sind. Wird deswegen auch noch von *diesen* Qualitäten abgesehen, dann bleibt in der den Sinnesphänomenen zugrunde gelegten Materie- und Energiewelt nichts mehr übrig, was als Realität nach dem Muster der wahrnehmbaren Welt vorgestellt werden

---

52 Eine völlige Verkennung des Wissenschaftsprinzips und des wissenschaftlichen Wertes von Goethes Farbenlehre liegt in Albrecht Schönes Buch mit dem bezeichnenden Titel «*Goethes Farbentheologie*» vor (Schöne, 1987). Demgegenüber hat der an der Humboldt-Universität Berlin lehrende Philosoph und Wissenschaftstheoretiker Olaf L. Müller kürzlich aufgrund präziser Experimente und wissenschaftstheoretischer Argumente die hohe Wissenschaftlichkeit von Goethes Farbenlehre belegt (Müller, 2015).

53 So z.B. Steiner 1916 in «*Vom Menschenrätsel*»: «Wäre die Welt so, wie die [neuere, z.B. an Max Planck und Ernst Mach anknüpfende] Naturwissenschaft sie zeichnet: von dieser Welt würde niemals ein Wesen etwas erfahren. Die Welt der naturwissenschaftlichen Vorstellungsart ist allerdings in der Wirklichkeit gewissermaßen dort, woher der Mensch seine Sinneswelt wahrnimmt; allein sie wird ohne alles das vorgestellt, wodurch sie für irgend ein Wesen wahrnehmbar sein könnte.

könnte, wie bereits Steiner[53] und insbesondere Vertreter der neueren Quantenphysik wie Werner Heisenberg[54] am Anfang des 20. Jahrhunderts deutlich zum Ausdruck gebracht haben. Was bleibt, ist lediglich *das rein Gesetzmäßige, die mathematische Struktur, ohne allen anschaulichen Inhalt,* obwohl sie aus diesem letztlich erschlossen worden ist. So bei Heisenberg: «Für den Atom-

---

Was diese Vorstellungsart als dem Licht, dem Ton, der Wärme zum Grunde legen muss, das leuchtet nicht, tönt nicht, wärmt nicht. [...] Auch das den Tastempfindungen [denen z. B. die räumliche Ausdehnung zugänglich ist] zugrunde Liegende ist nicht tastbar. Es sei noch ausdrücklich hervorgehoben, dass hier nicht bloß gesagt wird: die hinter der Sinnesempfindung liegende Welt sei eben anders, als was die Sinne aus ihr machen; es wird vielmehr betont, diese Welt müsse von der naturwissenschaftlichen Vorstellungsart *so* gedacht werden, dass die Sinne aus ihr nichts machen könnten, wenn sie in Wirklichkeit das wäre, als was sie gedacht wird. Aus der Beobachtung heraus holt die Naturwissenschaft ein Weltbild, das durch seine eigene Wesenheit gar nicht beobachtet werden kann» (Steiner, 1984, 150–151). Goethes Gegnerschaft gegen Newtons Farbenlehre kam daher, dass er im Unterschied zu Newton nicht eine *hinter* den Farbphänomenen angenommene physikalische Welt, sondern die Bedingungen und Gesetze der phänomenalen *Farbenwelt selbst* untersuchen wollte. Steiner hierzu: «Goethe verstand, dass Newtons Farbenlehre nur ein Bild einer Welt liefern könne, die nicht leuchtet und nicht in Farben strahlt. Da er auf die Bedingungen eines rein naturwissenschaftlichen Weltbildes sich nicht einließ, so ist seine tatsächliche Gegnerschaft gegen Newton an manchen Stellen schief geraten. Die Hauptsache aber ist, dass er ein rechtes Gefühl von dem hatte, was zugrunde liegt. Wenn der Mensch durch das Licht Farben beobachtet, so steht er einer anderen Welt gegenüber als die ist, welche Newton allein zu beschreiben vermag. Und Goethe beobachtete die wirkliche Welt der Farben» (ebd., 153).

54 So sagt Heisenberg in seinem bekannten Buch *«Physik und Philosophie»* in Anlehnung an Demokrit, aber auch mit Gültigkeit für die Atomvorstellungen des 19. Jahrhunderts: «Demokrit war sich vollständig klar darüber, dass die Atome, wenn sie durch ihre Bewegung und Anordnung die Eigenschaften der Materie: Farbe, Geschmack, Geruch, erklären sollten, nicht auch selbst diese Eigenschaften besitzen können. Daher nahm er den Atomen diese Eigenschaften; und das Atom des Demokrit ist deshalb ein ziemlich abstraktes Stück Materie. Aber Demokrit hat dem Atom die Eigenschaft des ‹Seins› und der räumlichen Ausdehnung, der Gestalt und Bewegung gelassen. Diese Eigenschaften waren dem Atom geblieben, weil es schwierig geworden wäre, über das Atom überhaupt noch zu sprechen, wenn man auch diese Eigenschaften noch von ihm genommen hätte. *Daraus folgt aber, dass der Atombegriff nicht die geometrischen Formen, die räumliche Ausdehnung oder die Existenz der Materie erklären kann: denn diese Eigenschaften werden einfach vorausgesetzt und nicht auf etwas Fundamentaleres zurückgeführt.* In Bezug auf diese Fragen scheint die moderne Auffassung von Elementarteilchen konsequenter und radikaler. Wir sprechen zwar einfach z. B. von einem Neutron, aber wir können kein wohldefiniertes Bild des Neutrons geben und auch nicht genau sagen, was wir mit diesem Wort eigentlich meinen. Wir benützen

physiker ist das ‹Ding an sich›, sofern er diesen Begriff überhaupt gebraucht, schließlich eine mathematische Struktur. Aber diese Struktur wird, im Gegensatz zu Kant, indirekt aus der Erfahrung erschlossen» (Heisenberg, 1973, 70). Und diese Struktur entspricht nicht mehr Demokrits anschaulich gedachten Atomen, sondern Platons *Ideen* (ebd., 48 – 52), oder, um einen aristotelischen Ausdruck zu gebrauchen, den dem Stoff zugrunde liegenden *Formen*: «Die kleinsten Teile der Materie sind also nicht primär existierende Dinge wie in der Philosophie des Demokrit, sondern sie sind mathematische Formen. Es wird deutlich, dass die Form hier wichtiger ist als der Stoff, aus dem die Form besteht oder der in dieser Form erscheint» (ebd., 50 – 51). Grundsätzlich dasselbe schrieb Carl Friedrich von Weizsäcker in einem Artikel im Deutschen Ärzteblatt, durch den er gemeinsam mit seinem Mitautor den Ärzten einen Anstoß zum fundamentalen Umdenken geben wollte (Schmal & von Weizsäcker, 2000, HvPH):

> Diese [die Quantentheorie] hat schon in den 20er Jahren gezeigt, dass die atomaren Strukturen nicht mehr entsprechend der anschaulichen Vorstellungswelt der klassischen Physik als Gegenstände, als körperlich fassbare Teilchen, im Sinne der Descartesschen res extensa verstanden werden können. Sie sind bisher widerspruchsfrei *nur als mathematische Strukturen* beschrieben worden.

Die Konsequenz dieser von führenden Physikern, also von wirklichen Kennern der Materie (!), geäußerten Gedanken wäre demnach, *Ideen als die den Sinneserscheinungen letztlich zugrunde liegende Wirklichkeit* anzuerkennen, und Wissenschaft wäre dann tatsächlich ontologischer empirischer Idealismus. Mit dem stimmt auch die neuerdings von Thomas Görnitz, theoretischer Physiker und Schüler Carl Friedrich von Weizsäckers, aus quantenphysikalischen Gründen vertretene Grundthese überein, die Materie sei letztlich *Information*

verschiedene Bilder und beschreiben es einmal als ein Teilchen, einmal als eine Welle oder als ein Wellenpaket. Aber wir wissen, dass keine dieser Beschreibungen genau sein kann. *Sicher hat das Neutron keine Farbe, keinen Geschmack, keinen Geruch.* In dieser Hinsicht ist es den Atomen der griechischen Philosophie ähnlich. *Aber selbst die anderen Eigenschaften werden dem Elementarteilchen in einem gewissen Sinne genommen.* [...] So ist das einzige, was als Beschreibung niedergeschrieben werden kann, die Wahrscheinlichkeitsfunktion. Aber daraus erkennt man, dass *nicht einmal die Eigenschaft des ‹Seins› [...] dem Elementarteilchen ohne Einschränkung zukommt*» (Heisenberg, 1973, 50 – 51). Das heißt aber auch, dass aus den Elementarteilchen *noch* weniger die Eigenschaften des Sinnenseins abgeleitet werden können als aus den Atomen Demokrits oder denjenigen des 19. Jahrhunderts.

und damit *Geist* (Görnitz & Görnitz, 2008)[55]. Jedoch sind mathematische Formen, für sich allein genommen, der Form nach Abstraktionen des menschlichen Geistes und dem Inhalt nach sicher nicht die ganze Wirklichkeit. Denn erstens gibt es in der Wirklichkeit nirgends ein Quantum ohne Quale[56], und

---

55 Für Görnitz *ist* Substanz Information (d.h. «abstrakte Information» oder «Protyposis»), die für sich stehe, keines Trägers bedürfe, aber Träger von materiellen Eigenschaften werden könne. Dabei sei Information keine Eigenschaft der Materie oder Energie, sondern gewissermaßen identisch mit Materie. (Von dem in diesem Buch vertretenen Gesichtspunkt könnte man sagen, Information sei das *Wesen* und eine materielle Eigenschaft eine *Erscheinung* dieses Wesens.) Diese These wird anhand der Gesetzmäßigkeiten oder «Informationen» der Quantenphänomene entwickelt, die ja *aller* sinnlichen Eigenschaften wie Härte, Tastbarkeit usw. entkleidet sind. Wenn die Autoren aber – auch in ihrem neuesten Buch wieder (Görnitz & Görnitz, 2016) – die Entstehung von Leben, zielgerichtetem Verhalten und Bewusstsein bloß als «existenzerhaltende interne Quanteninformationsverarbeitung», das Gehirn als vielschichtige Quanteninformation und das Denken als quantentheoretisch ablaufenden Prozess interpretieren, so macht sich darin wieder der alte Reduktionismus und Materialismus geltend, nämlich die Zurückführung aller höhergeordneten Daseins- und Gesetzesebenen auf diejenigen des *untergeordnetsten Materiebereichs*, in diesem Fall denjenigen der Quanten. Und aus dieser Voraussetzung halten sie dann die Trennung zwischen Leib und Seele für überwunden. Es wird übersehen, dass schon die höheren Substanzebenen und darüber das Leben und das Bewusstsein *anderen und höhergeordneten, emergenten* Gesetzen oder Informationen unterworfen sind (vgl. dazu Kap. 3.3, 4.3 und 5.1). Für diese müsste dann konsequenterweise dasselbe gelten wie für die Informationen der Quanten: sie sind realer und zudem nicht reduzierbarer Geist.

56 Das wird von Steiner insbesondere in seinen Einleitungen zu «*Goethes Naturwissenschaftlichen Schriften*» deutlich gemacht: «Gegenstand der Mathematik ist die Größe, das, was ein Mehr oder Weniger zulässt. Die Größe ist aber nichts an sich selbst Bestehendes. Es gibt im weiten Umkreis menschlicher Erfahrung kein Ding, das *nur* Größe ist. Neben anderen Merkmalen hat jedes Ding auch solche, die durch Zahlen zu bestimmen sind. Da die Mathematik sich mit Größen beschäftigt, hat sie zu ihrem Gegenstande keine in sich vollendeten Erfahrungsobjekte, sondern nur alles das von ihnen, was sich messen oder zählen lässt. Sie sondert alles, was sich der letzten Operation unterwerfen lässt, von den Dingen ab. So erhält sie eine ganze Welt von Abstraktionen, innerhalb welcher sie dann arbeitet. Sie hat es nicht mit Dingen zu tun, sondern nur mit Dingen, insofern sie Größen sind. Sie muss zugeben, dass sie da nur *eine* Seite des Wirklichen behandelt, und dass die letztere noch viele andere Seiten hat, über die sie keine Macht hat. Die mathematischen Urteile sind keine Urteile, die wirkliche Objekte voll umfassen, sondern sie haben nur innerhalb der ideellen Welt von Abstraktionen Gültigkeit, die wir selbst als *eine* Seite der Wirklichkeit von der letzteren begrifflich abgesondert haben. […] Es ist also ein entschiedener Irrtum, zu glauben, dass man mit mathematischen Urteilen die Gesamtnatur erfassen könne. Die Natur ist eben nicht bloß Quantum; sie ist auch Quale, und die Mathematik hat es nur mit dem

zweitens gibt es in der Wirklichkeit empirisch nicht nur eine Welt *hinter* oder *unter* den wahrnehmbaren Phänomenen, sondern auch *die Welt dieser Phänomene selbst.* Und diese hat verschiedene Klassen und Arten, und verschiedene, einander über-, unter- oder nebengeordnete Ebenen. Und *alle* haben *ihre* Gesetze. Aufgabe der Wissenschaft ist nicht, bloß die Perspektive der untergeordnetsten Ebene einzunehmen und die quantitativen Gesetze derselben für den Grund und die Ursache der qualitativen sowie für diejenigen aller höher geordneten Ebenen zu erklären, sondern die Gesetze der quantitativen und qualitativen Phänomene *aller* Ebenen zu eruieren und miteinander in einen Gesamtbezug zu bringen, in welchem jedem Phänomen der ihm objektiv gebührende Platz zukommt. Dann ersetzt empirischer ontologischer Idealismus den Reduktionismus; und der wissenschaftliche Blick wird frei auch für höhere Perspektiven als diejenige der kleinsten physikalisch-chemischen Entitäten. Das wird bereits beim Materiebegriff deutlich, aber dann auch bei den Phänomenen des Lebendigen, des Seelischen und des Geistigen. *Es ist ein Grundproblem von Chemie, Biochemie, Biologie, Psychologie und Medizin, dass man durch die reduktionistische Denkgewohnheit stets gedrängt wird, Phänomene höherer Ordnung auf jeweils niedrigere Schichten zu reduzieren und aus diesen kausal zu erklären. Dabei verliert man aus den Augen, dass diese «Schichten» ihre eigenen Eigenschaften und Gesetzmäßigkeiten haben, die nicht aus den Vorgängen und Gesetzen der Einzelteile erklärbar sind.* Es sei deswegen im Folgenden versucht, ein diesen emergenten Schichten epistemologisch und ontologisch angemessenes Substanz-, Biologie- und Menschenverständnis zu skizzieren.

3.2 Geist in der Materie

Im vorangehenden Kapitel ist versucht worden zu zeigen, dass die phänomenale Wirklichkeit, die uns umgibt, nicht aus den kleinsten Elementen oder Elementarteilchen erklärt werden kann, auf die man durch Analyse dieser Wirklichkeit letztlich kommt. Vom Gesichtspunkt von Goethes und Steiners Erkenntnisauffassung und dem daraus resultierenden Wirklichkeitsverständnis *muss* diese Erklärung misslingen, und zwar schon im Bereich des Substanzverständnisses in Physik, Chemie und Biochemie. Die Materie ist ihrer Erscheinung nach zwar «sinnlich» – insofern diese Erscheinung der Sinneswahrnehmung zugänglich ist –, ihrem gesetzmäßigen Was oder Wesen nach

---

ersteren zu tun. Es müssen sich die mathematische Behandlung und die rein auf das Qualitative ausgehende in die Hände arbeiten; sie werden sich am Dinge, von dem sie jede *eine* Seite erfassen, begegnen» (Steiner, 1973 f, 240).

ist sie aber *ideell, geistig*. Denn insofern alles Materielle, selbst das geringste Stäubchen und das winzigste Elementarteilchen, von dem ihm spezifischen Gesetzmäßigen bestimmt und so von ihm durchdrungen ist, ist *die Materie als vollständig durchgeistet* aufzufassen; wobei – wie oben dargestellt – unter «Geist» hier nichts Irrationales zu denken ist, sondern der höchst rationale, einsehbare Inhalt der die Materie bestimmenden Gesetze, mit denen es insbesondere auch die exakten Naturwissenschaften zu tun haben.

Diese Auffassung wird auch von modernen Physikern geteilt. Noch prägnanter als Werner Heisenberg und Carl Friedrich von Weizsäcker brachte das Walter Heitler, Professor für theoretische Physik an der Eidgenössischen Technischen Hochschule in Zürich, 1972 auf den Punkt (Heitler, 1972, 14–15):

> Sie [die physikalischen Gesetze] sind streng in mathematischer Ausdrucksform formuliert und die physikalischen Vorgänge folgen ihnen. Ein mathematisch formuliertes Gesetz ist etwas Geistiges. Wir können es so nennen, weil es menschlicher Geist ist, der es erkennt. Der Ausdruck Geist mag heute, wo ein überbordender Materialismus und Positivismus seine zum Teil recht üblen Blüten treibt, nicht sehr populär sein. Aber eben deshalb müssen wir uns darüber klar werden, was Naturgesetz und Naturerkenntnis ist. Die Natur folgt also diesem nichtmateriellen Element, dem Gesetz. Folglich sind auch geistige Elemente in der Natur selbst verankert. Zu diesen gehört die Mathematik, die zur Formulierung des Gesetzes nötig ist, sogar hohe und höchste Mathematik. Andererseits ist der Forscher, der begnadet ist, eine Entdeckung zu machen, in der Lage, eben dieses die Natur durchdringende Element zu erkennen. Und hier zeigt sich die Verbindung zwischen dem menschlichen, erkennenden Geist und den in der Natur existierenden transzendenten Elementen. Am besten sehen wir die Sache, wenn wir uns der platonischen Ausdrucksweise bedienen, obwohl Plato diese Art von Naturgesetzen noch nicht kannte. Demnach wäre das Naturgesetz ein Urbild, eine ‹Idee› – im Sinne des griechischen Wortes Eidea –, dem die Natur folgt und die menschlicher Geist *wahrnehmen* kann.

In der klassischen Ausdrucksweise des Universalien-Realismus kann man das auch so sagen: Es ist *ein und dasselbe allgemeine* Gesetz (Universale), welches 1. die Struktur aller besonderen Kochsalzkristalle konstituiert (als Universale in re), 2. von den einzelnen Bewusstseinen gedacht wird (als Universale post rem), 3. auch unabhängig von 1. und 2. in einem rein geistigen Formzustand existiert (als Universale ante rem, vgl. Kap. 2.6). Die Verwirklichung eines Gesetzes vom Zustand «ante rem» in den Zustand «in re» ist gleichbedeutend mit dem Übergang seines – in Bezug auf seine Verwirklichung – realmöglichen Seinszustandes der «potentia» (griech.: dýnamis) in den tatsächlichen Zustand seiner Aktualisierung (lat.: actus, griech.: enérgeia) (Schneider, 1985, 44).

Eine *rein geistige* Zustandsform von Gesetzen und Ideen wird vom Nominalismus abgelehnt, entspricht nicht den Denkgewohnheiten und ist deshalb für viele Wissenschaftler schwer zu akzeptieren. Allein, aus der Universalität der Gesetze ergibt sich auch deren *Unabhängigkeit* von dem je einzelnen Ding und Bewusstsein, und zusammen mit der empirisch erweisbaren Objektität der Ideen (vgl. Kap. 2.6) ergibt sich daraus der Begriff einer rein geistigen, von allen Erscheinungsformen unabhängigen Existenzform der Ideen. Abgesehen davon ist das Gesetz als das Bestimmende der Erscheinung dieser übergeordnet. Nebst der Erscheinung des Gesetzes in unserem Denken kennen wir empirisch nur Erscheinungen räumlicher und zeitlicher Art (psychische Erscheinungen verlaufen zwar nicht im Raum, aber in der Zeit und gehören zu den Letzteren), und die Erscheinungen sind von Gesetzen, die wir im Denken finden können, bestimmt. Das reine Gesetz der Schneeflocke gilt – bei Erfüllung der dazu notwendigen Bedingungen – für die Schneeflocken aller Jahrtausende und Erdgebiete und übersteht auch Phasen, in denen die Bedingungen zu seiner Verwirklichung in Raum und Zeit nicht erfüllt sind und in denen es gerade nicht gedacht wird. Das Gesetz ist insofern von einer rein geistigen Natur, die von allem Erscheinungsdasein unabhängig ist. Man kann diese «ewig» nennen, wenn man darunter nicht «endlos» im Sinne von «räumlich oder zeitlich ohne Ende» versteht. Im Unterschied zu räumlichen und zeitlichen Erscheinungen zeigen die Gesetze auch keine Eigenschaften des Entstehens und Vergehens. Man ist deshalb berechtigt, die «Welt» der Universalia ante rem als eine rein geistige Welt anzuerkennen, gewissermaßen *über* oder *jenseits* von Raum und Zeit. Ihren – ewigen – Geistcharakter verlieren sie auch nicht, wenn sie als Universalia in re oder post rem zur Erscheinung kommen.

Zugegeben: die Auffassung, dass ein physisches Gesetz, d.h. ein das Physische ordnendes Gesetz, in einem rein geistigen Formzustand als ein «Universale ante rem» jenseits von Raum und Zeit existieren und sich aus diesem heraus als «Universale in re» manifestieren soll, ist gewiss harte Kost für die reduktionistische Weltanschauung. Jedoch hat auch hier die Physik selbst das Tor zum Geistigen aufgestoßen. Die Phänomene, die zu diesem Schritt führten, werden als «nicht-lokale Korrelationen» (nonlocal correlations) oder «Verschränkungen» (entanglements) von physikalischen Teilchen wie Atomen oder Photonen bezeichnet, die räumlich vollständig getrennt sind, aber in ihrem Verhalten dennoch gesetzmäßig korrelieren, ohne dass sie im Raum, also «lokal», interagieren können (Valentini, 1991). Als ein bekanntes Beispiel dafür seien zwei Photonen genannt, die nach experimenteller Aktivierung eines Atoms von diesem emittiert werden, jedoch in gegensätzlicher Richtung, und sich dabei völlig korreliert verhalten: wenn der Zustand *eines* dieser Photonen experimentell modifiziert wird, so modifiziert sich gleichzeitig auch der Zustand des von ihm getrennten *anderen* Photons. Die Photonen bewegen sich aber in Lichtgeschwindigkeit voneinander weg, und es gibt keine Möglichkeit, dass sie miteinander in Raum und Zeit «kommunizieren» oder sich auf irgendeine Weise gegenseitig beeinflussen. Nicolas Gisin kommentiert das in *Science* wie folgt (Gisin, 2009, HvPH):

> [...] the nonlocal correlations of physics are nonsignalling. That is, they do not communicate information. [...] Hence, nonlocal correlations happen without one system influencing the other. [...]. All of today's experimental evidence points to the conclusion that nature is nonlocal. This has implications both for *our world view* and for future technologies.

Eine wichtige Implikation für unsere Weltsicht ist die Notwendigkeit, zu akzeptieren, dass die Quelle dieser nicht-lokalen Korrelation jenseits von Raum und Zeit gesucht werden muss (ebd., HvPH):

> In modern quantum physics, entanglement is fundamental; furthermore, space is irrelevant – at least in quantum information science, space plays no central role and time is a mere discrete clock parameter. In relativity, space-time is fundamental and there is no place for nonlocal correlations. To put the tension in other words: No story in space-time can tell us how nonlocal correlations happen; hence, nonlocal quantum correlations seem to *emerge*, somehow, *from outside space-time.*

Das bedeutet, dass nicht-lokale Korrelationen, die in Raum und Zeit auftreten («in re»), ihren Ursprung außerhalb von Raum und Zeit («ante rem») haben. Warum soll das nicht auch für andere gesetzmäßige Beziehungen gelten, die in Raum und Zeit auftreten, wie z.B. für räumliche und zeitliche Muster, Formen usw.? Die *Emergenz* dieser Muster kann dann charakterisiert werden als Übergang ihrer Gesetzmäßigkeiten vom potenziellen Formzustand «ante rem» in den aktuellen Formzustand «in re», d.h. von einem rein geistigen Zustand in eine materielle Manifestationsform. Allerdings wird in *dieser* Manifestationsform der geistige Charakter der Gesetze nicht aufgehoben, und auch nicht, wenn sie vom Erkennenden im Zustand der Universalia «post rem» gedacht werden, wie wir bereits gesehen haben (vgl. Kap. 3.1). Mit anderen Worten: Geist existiert *in* der Materie, diese ist ihrem Wesen nach Geist. Aber dieser Geist existiert auch unabhängig von der Materie, in einem Formzustand jenseits von Raum und Zeit. Seinem Wesen nach ist der Kosmos geistig; er nimmt nur die uns bekannte sinnlich wahrnehmliche Form an, wenn und insoweit er sich in dieser manifestiert. Aber diese ist nur ein Teil – der materielle Teil – des Kosmos.

3.3 Emergenz, Selbstorganisation und Kausalität in Physik, Chemie und Biochemie

Erst durch die Aktualisierung eines Gesetzes kann seine Erscheinungsform, das Phänomen, überhaupt entstehen. Vorher kann es in der Erscheinungswelt nichts geben, das von diesem Gesetz geprägt wäre und dadurch seine Existenz dem Erkennen verraten könnte. Wenn also in der Erscheinungswelt ein neues Phänomen, z. B. eine neue Ordnung auftritt, die vorher nicht da war, so kann man nicht behaupten, dass das Gesetz *dieser* Ordnung oder *dieses* Phänomens vorher *in dem Material* vorhanden war, in dem sich das neue Phänomen zeigt. So tut das aber der Reduktionismus, obwohl er den empirischen Nachweis dafür stets schuldig bleibt, *wo und wie* denn das neue Gesetz in den vorherigen Phänomenen vorhanden ist[57].

57 Man könnte dem gegenüber einwenden, dass der Ideenrealismus den empirischen Nachweis für das Wo und Wie des Gesetzes im Zustand «ante rem» auch schuldig bleibe. Das ist aber eine Verkennung der hier in Betracht kommenden Tatsachen. Denn erstens kann die empirische – also nicht spekulierende – Naturwissenschaft die objektiv geltenden Naturgesetze niemals an einem Objekt nachweisen, wenn es sich an diesem nicht in einem Phänomen zeigt (als Universale in re); und das ist ja immer erst *nach* Auftreten des Phänomens möglich. Zweitens zeigen alle in Raum und Zeit auftretenden, der Sinnesbeobachtung zugänglichen Phänomene die Eigenschaft des Entstehens und Vergehens, was für die – nur dem Denken zugänglichen – Gesetze und Ideen nicht der Fall ist. Wer das nicht zugibt, muss das Entstehen und Vergehen der Gesetze positiv nachweisen. Wer sagt, man könne ja nicht wissen, ob das Gesetz als Universale ante rem noch existiert – also wenn es gerade nicht verwirklicht ist (als Universale in re) oder gerade nicht gedacht wird (als Universale post rem) –, der argumentiert mit der gleichen Logik wie jemand, der sagt, man könne nicht wissen, ob ein Stuhl weiterhin existiert, während man für eine Weile die Augen schließt und sich während dieser Zeit nicht durch Anschauung von seiner Existenz überzeugen kann. Der *Inhalt* eines Phänomens ist von dem *Auftreten desselben für das Bewusstsein* klar zu unterscheiden, und Ersterer ist von dem Letzteren unabhängig. Man vergleiche dazu auch Steiner (1973e, 270 – 274). Das gilt sowohl für Sinneserscheinungen wie auch für die im Denken erscheinenden Gesetze. Bei den Ersteren erscheint aber eine *Erscheinung* (ein Phänomen), bei den Letzteren erscheint das *gesetzliche Wesen* selbst. Könnte man eine *Erscheinung* gegen eine andere, ihr gleiche, austauschen (z. B. den Stuhl während des Augenschließens unbemerkt gegen einen äußerlich ununterscheid-

Nun ist das Spezifische *chemischer Prozesse*, dass in ihrem Verlauf *Substanzen als Phänomene vollständig verschwinden und ganz andere, neue erscheinen*. Der gelbe Schwefel und das warmrote Kupfer verbinden sich zum tiefblauen Kupfersulfat. Das stinkende, giftige, gelbgrüne Chlorgas und das weiße amorphe Natriumpulver verbinden sich zum durchsichtigen kubischen Kochsalz. Die Phänomene der Ausgangssubstanzen unterscheiden sich vollständig von denen der Endsubstanzen, und Letztere lassen sich aus den Ersteren nicht erahnen. Das gilt für sämtliche chemischen Prozesse. Rozumek charakterisiert das treffend so (Rozumek, 2008, 49):

> In jedem Fall beobachten wir ein mehr oder weniger abruptes Sich-Ablösen von Qualitäten. Die einen verschwinden vollständig, andere entstehen wie aus dem Nichts. Dazwischen gibt es keine Brücke. Nichts an der ersten Qualität verrät etwas von der zweiten. Natürlich gibt es auch Übergänge, kann eine Qualität noch fortbestehen, während die andere bereits auftritt. Eine so entstehende Mischfarbe beispielsweise leitet sich aus der Anfangs- und der Endfarbe her. Zwischen diesen fehlt jedoch ebenfalls jegliche Brücke.

Der Reduktionismus erklärt diese klare *Diskontinuität der Phänomene* durch den Gedanken der *Kontinuität der den Erscheinungen zugrunde gelegten Atome*: Es sind vorher und nachher die gleichen Atome, aber eben in anderer Verbindung: Na + Cl = NaCl. Doch das ist keine Erklärung der Phänomene. Denn erstens können, wie oben dargelegt, die tatsächlich beobachteten Qualitäten nicht aus denjenigen abgeleitet werden, die den *vorgestellten bzw. erschlossenen* Atomen allein zugesprochen werden. Das gilt für die Substanzen auf beiden Seiten der Reaktionsgleichung. Und zweitens sind die Substanzen auf beiden Seiten der Reaktionsgleichung *erkenntniswissenschaftlich gleich* zu behandeln. Kochsalz hat *seine* Erscheinung, und diese ist gesetzmäßig. Dasselbe gilt für Natrium und Chlor. Wir haben es also bei dieser Reaktion mit *drei* Erscheinungen und *drei* Gesetzen zu tun: diejenigen der «Teile», Natrium und Chlor, und diejenigen des «Ganzen», Kochsalz[58].

---

baren, aber anderen Stuhl), so ist das beim *Wesen* nicht der Fall. Das Wesen ist das mit sich identisch bleibende Universale, unabhängig davon, wann und von wem und ob überhaupt es gedacht wird oder zu welcher Zeit und in welchem räumlichen Phänomen es auch zur Erscheinung kommt. «Das Wesen einer Sache kann nicht zerstört werden; denn es ist außer aller Zeit und bedingt die letztere» (ebd., 274), und dasselbe gilt auch in Bezug auf den Raum.

58 Interessant ist in diesem Zusammenhang auch die Tatsache, dass es von der Phänomenologie her reines Natrium und Chlor *für sich* in der Regel kaum gibt. Das Ursprüngliche, d. h. in der Natur Aufzufindende ist das Kochsalz (!), und Natrium

Was bedeutet das? Gesetz und Erscheinung des Ganzen sind etwas *spezifisch Eigenes* gegenüber Gesetz und Erscheinung seiner Teile. Es gibt keine erkenntniswissenschaftlich begründbare Rechtfertigung dafür, Gesetz und Erscheinung *des Ganzen* für weniger objektiv und real zu halten als Gesetze und Erscheinungen seiner Teile. Denn Gesetz und Erscheinung stellen sich bei einem *Ganzen* im gleichen Sinne als die sich ergänzenden Wirklichkeitsfaktoren dar, wie das bei seinen *Teilen* der Fall ist. So gesehen präsentieren sich Kochsalz oder Kupfersulfat dem Phänomen nach also nicht als *Komposition* von Kupfer und Sulfat, sondern als eine *eigene* Substanz, deren *Wirklichkeit* durch ihre spezifisch eigene, neu aufgetretene Erscheinung und Gesetzmäßigkeit gegeben ist.

Man nennt dieses Neuauftreten von Erscheinungen *Emergenz* (*emergere*: lat. für auftauchen, hervorkommen, sich zeigen), d. h. das spontane Auftreten von Phänomenen oder Strukturen auf der höheren Ebene eines Systems auf der Grundlage des Zusammenspiels seiner Elemente, wobei sich jedoch die emergenten Eigenschaften der höheren Systemebene *nicht* auf die Eigenschaften der Elemente als solche zurückführen lassen (Stöckler, 1991). Das gilt für alle Ebenen eines Systems. Das Phänomen der Emergenz demonstriert also auf empirische Weise, dass der Reduktionismus misslungen ist, wie Bernhard Kiefer vor einigen Jahren in der Zeitschrift des Schweizerischen Nationalfonds für Wissenschaftliche Forschung deutlich zu machen versuchte (Kiefer, 2007, 33, HvPH):

> Zu den rätselhaftesten und doch grundlegenden Phänomenen des Universums gehört die *Emergenz: das Auftreten neuer Eigenschaften auf jeder höheren Komplexitätsstufe, die sich auf der vorangehenden Stufe nicht vorhersehen lassen haben.* Ein Beispiel: Von lebloser Materie lassen sich die Kennzeichen des Lebens nicht ableiten. Unabhängig davon, wie weit man die Forschung in Physik und Chemie treibt, wird man auf diesem Weg nie das spezifische Verhalten lebender Organismen vorhersagen kön-

---

und Chlorgas sind zumeist nur als abgeleitete, vom Menschen künstlich induzierte Phänomene bekannt, die in der Erscheinungswelt primär – aufgrund ihrer Reaktivität – kaum Bestand haben. In diesem Sinn ist *das Ganze primär und die Teile sekundär.* Es ist nicht von vornherein auszuschließen, dass das nicht auch für andere Naturphänomene gilt (man vergleiche dazu die Entstehung des Organismus durch konsekutive Teilung einer Zelle). Vom Standpunkt der tatsächlichen Empirie aus kann man sich – etwas überspitzt formuliert – sogar die scheinbar paradoxe Frage stellen, woher denn eigentlich die Eigenschaften *der Teile* kämen, und man hätte dann ebenso Mühe, sie aus dem Ganzen abzuleiten («holistischer» Reduktionismus), wie das bei der inhaltlichen Ableitung des Ganzen aus den Teilen, im gewohnten partikularistischen Reduktionismus, der Fall ist.

> nen. Es scheint ein allgemeingültiges Prinzip zu sein, dass sich das (komplexere) *Ganze nicht auf seine (einfacheren) Teile zurückführen lässt. Davon ausgenommen ist keine Stufe zunehmender Komplexität.* Auf der Ebene der Atome: Bei einer isolierten Betrachtung der Wasserstoff- und Sauerstoffatome deutet nichts auf die Eigenschaften eines Wassermoleküls. Oder am Ende der Skala: Die Merkmale des Bewusstseins ergeben sich nicht aus der Extrapolation des Verhaltens. [...]. Aus der Emergenz leitet sich ein wichtiger Schluss ab: *der Reduktionismus ist eine Irrlehre.*

Der reduktionistische Versuch, emergente Eigenschaften durch eine Art Selbstorganisation *«von unten»* zu erklären, ist bekannt: Atome oder Moleküle treten zufällig, aber unter entsprechenden Bedingungen, zusammen und arrangieren oder verbinden sich «von selbst» zu den zusammengesetzten Substanzen. Das insbesondere den Medizinstudierenden bekannte Kalottenmodell verleiht dieser Erklärungsweise konkret-bildhafte Plausibilität: Höhergeordnete Moleküle werden wie beim Lego-Spiel aus einzelnen Komponenten zusammengesetzt, deren Oberflächen nach dem Schloss-Schlüssel-Prinzip zusammenpassen. Die Schloss- und Schlüssel-Strukturen auf den korrespondierenden Kalotten dienen dabei der gleichnishaften Veranschaulichung von spezifischen, sich gegensätzlich ergänzenden physikalischen Eigenschaften der Teile, wie z.B. elektrische Ladungsverhältnisse oder anderes. Das Ganze ergibt sich dann gemäß diesem Modell *von selbst* aus den Teilen, d.h. durch eine Art atomaren Mechanismus im zufälligen Zusammentreffen dieser Teile in der chemischen Reaktion.

Das Problem ist jedoch, dass das Modell lediglich addierte Eigenschaften *der Teile* zeigt, wogegen das entstandene *Ganze* in der Wirklichkeit *neue, vorher nicht vorhandene* Eigenschaften aufweist. Und auch die faktische Berechnung der Eigenschaften des Ganzen aus denjenigen der Teile im Sinne eines tatsächlichen («starken») Reduktionismus erscheint nicht möglich. Das drückte John Maddox einmal in einem Editorial des Wissenschaftsjournals *Nature* so aus (Maddox, 1988):

> One of the continuing scandals in the physical sciences is that it remains in general impossible to predict the structure of even the simplest crystalline solids from a knowledge of their chemical composition. Who, for example, would guess that graphite, not diamond, is the thermodynamically stable allotrope of carbon at ordinary temperature and pressure? Solids such as crystalline water (ice) are still thought to lie beyond mortals' ken.

Zwar gibt Maddox seiner Hoffnung Ausdruck, dass es einer bestimmten Gruppe von japanischen Wissenschaftlern schlussendlich doch gelingen möge, die Strukturen von Silikaten aus Silizium und Wasserstoff rechnerisch herzuleiten, jedoch ist dazu die Einführung von Variablen nötig, die bereits an schon verwirklichten (!) Silikaten gewonnen worden sind: «On the face of things, the most obvious artificially introduced variables are the known crystal structures of the polymorphs of silica, used as a starting point for the molecular dynamics» (Maddox, 1988). Mit anderen Worten: Es handelt sich nicht um eine wirkliche *Herleitung* der übergeordneten Strukturen aus den untergeordneten Komponenten, sondern um eine Berechnung, inwiefern beides miteinander *kompatibel* ist. Und die Variablen der Silikate konnten selbstverständlich nur *an Silikaten*, d.h. am beobachteten Ganzen selbst gewonnen worden sein, nicht an seinen Teilen. Vom Gesichtspunkt von Wasser oder Silikaten als primärer Substanz erscheint dieses Bemühen sogar als völlig absurd bzw. als unnötige Spielerei ohne wirklichen Erkenntniswert.

Der Grund dafür liegt, wie Hans Primas, em. Professor für physikalische und theoretische Chemie an der ETH Zürich, dargelegt hat (Primas, 1985a), in der Tatsache von «emergenten Eigenschaften in der molekularen Hierarchie» der Substanzen, d.h. «das Auftauchen von qualitativ neuen Eigenschaften, wenn man von einem hierarchisch tieferen Niveau zu einem höheren Organisationsniveau aufsteigt». Dabei ist wesentlich, «dass die Welt Schichtstruktur besitzt und dass *jede Ebene eigene Eigenschaften und Gesetze hat*» (ebd., 117–118, HvPH).

Eine Reduktion der Eigenschaften von übergeordneten auf solche der untergeordneten Systemebenen ist dann nicht im «starken Sinn» möglich, d.h. durch rein *logische Ableitung* des Übergeordneten aus dem Untergeordneten, sondern lediglich im «schwachen Sinn». Dabei kann man «durch *asymptotische Grenzübergänge* aus den ersten Prinzipien der Quantenmechanik sukzessive ein ganzes System von molekularen Beschreibungen erzeugen» (ebd., 118). Da man die Grenzübergänge zwischen den Organisationsebenen «durch eine pedantisch sorgfältige mathematische Analyse in den Griff bekommen» kann, entsteht für den Nicht-Fachmann der Schein, als könnte man das Übergeordnete aus dem Untergeordneten *inhaltlich* kalkulieren. Das ist jedoch nicht der Fall: Die Grenzübergänge sind durch *Verschwinden* von Eigenschaften von jenseits und *Auftauchen* von neuen Eigenschaften diesseits der Grenze charakterisiert[59]. «Eine hierarchisch höher liegende Naturbe-

59 Ein Beispiel dafür ist das Folgende: «Ein molekulares System besteht aus elektrisch geladenen Elementarsystemen (wie Elektronen und Atomkernen), die immer mit ihrem elektromagnetischen Strahlungsfeld energetisch gekoppelt sind. In einer vollen quantenmechanischen Beschreibung sind Molekül und Strahlungsfeld durch EPR-Korrelationen verschränkt, so dass eine Molekel als individuelles Objekt nicht existiert. Macht man durch einen geeigneten Grenzübergang das Feld klas-

schreibung kann also nicht durch rein logische Operationen aus den ersten Prinzipien der Quantenmechanik hergeleitet werden. Sie ist eine schöpferische Konstruktion, welche mit den ersten Prinzipien der Quantenmechanik verträglich ist» (ebd., 118–119). Die Gesetze der höheren, emergenten Systemschichten sind also *kompatibel* mit den Gesetzen der tieferen Ebenen, aber sie gehen inhaltlich nicht aus den Letzteren hervor. Die heute bis zu einem gewissen Grad möglich gewordene theoretische Voraussagbarkeit von Kristallstrukturen aus ihren Bestandteilen (Misquitta et al., 2008; Stone, 2008) beruht auf dieser mathematisch bearbeitbaren Kompatibilität, und damit auf einer Reduktion im schwachen Sinn, d. h. die Eigenheit der Eigenschaften und Gesetze der übergeordneten Systemebene bleibt gegenüber der untergeordneten Ebene erhalten. Hierzu nochmals Hans Primas (Primas, 1991, 170):

> Higher-level theories do possess a certain autonomy and cannot be deduced from universally valid first principles without taking into consideration the pattern recognition devices necessary for the observation of higher phenomena. Any mathematically formulated reduction of a higher-level description to a fundamental theory is conceivable only if in the basic theory a new contextual topology is introduced. This new topology is never given a priori but depends in a crucial way on the abstractions made by the cognitive apparatus or the pattern recognition devices used by the experimentalist. This program can be realized in terms of modern algebraic quantum mechanics. In this framework it is possible to describe the behavior of matter in many, mathematically precisely characterized, mutually exclusive complementary ways. Each hierarchical level requires an autonomous, non-reducible language which should not be eliminated in favor of an empty ‹universal language›. Mutually exclusive complementary descriptions of nature are not only admissible, but they are equally entitled and necessary. That is, *science is necessarily pluralistic.*

Einfacher gesagt: Das Erkennen ist multiperspektivisch bereits im Bereich von Physik und Chemie: Die Teile und das Ganze sind je *für sich*, in separaten Erkenntnisgängen, zu beobachten und ihren gesetzlichen Eigenschaften nach zur Erkenntnis zu bringen – zwei *völlig gleichberechtigte Perspektiven.* Erst *dann* können die Beziehungen zwischen den Hierarchieebenen erkannt bzw. die Kompatibilität ihrer Gesetze geprüft werden.

Aber wie ist das Verhältnis der Teile zum Ganzen zu denken, wenn Ers-

---

sisch, so verschwinden diese EPR-Korrelationen. Die bei diesem Übergang neu entstehende klassische Observable beschreibt die Individualität der Molekel» (Primas, 1985 a, 118).

tere bei Auftauchen des Letzteren als beobachtbare Phänomene *verschwinden*? Dazu ist es hilfreich, sich des genialen Begriffs des *«aufgehobenen Moments»* bei Hegel zu erinnern[60]. Denn einerseits versteht es sich von selbst, dass sich «Kupfersulfat» nur durch Zusammentreten seiner zunächst für sich bestehenden Komponenten Kupfer und Schwefel bilden kann und dass diese in ihm *noch enthalten* sein müssen, denn sie kommen ja bei Auflösung des Kristalls wieder zur Erscheinung. Aber andererseits ist die Erscheinung dieser Teile als Komponenten des Ganzen doch *aufgehoben*, und ihre Gesetze sind in diesem Zustand nicht mehr eruierbar, sondern erst wieder nach der chemischen Auflösung des Kristalls. Aber an ihrer Stelle erscheint das Ganze mit *seinen* Eigenschaften; und *deren* Gesetze sind dann im Erkenntnisakt zu finden. Die Teile sind also *«aufgehobene Momente»* des Ganzen im doppelten Sinne dieses Hegel'schen Begriffs. Als Erscheinende sind die Teile im Ganzen «aufgehoben» im Sinne von *«verschwunden»*, aber sie sind gleichzeitig noch in ihm *«enthalten»* und in diesem – zweiten – Sinne «aufgehoben». Das Resultat, die höher geartete Substanz, ist also *nicht die Summe* ihrer Teile, sondern *die Einheit dieser aufgehobenen Teile mit ihrem Ganzen.* Dieses könnte sich niemals ohne diese Teile verwirklichen, es benötigt sie als seine inneren

60 Der Begriff des «aufgehobenen Momentes» wurde zwar von Hegel rein begrifflich in seiner *«Wissenschaft der Logik»* zunächst aus den Begriffen des «Seins» und des «Nichts» und des diese beiden aufhebenden, weil sie umfassenden, «Werdens» entwickelt, jedoch ist dieser Begriff, wie Hegel selbst bemerkt, von einer fundamentalen, unseres Erachtens auch für die empirischen Wissenschaften geltenden Bedeutung. So ist das Auftreten und Verschwinden, also die «Emergenz» und die dazu polare «Submergenz» von Substanzeigenschaften in der Chemie begrifflich wohl kaum besser zu fassen als durch Anwendung von Hegels Begriff des aufgehobenen Moments auf diese empirischen Tatsachen: «Das Werden, Entstehen und Vergehen, ist die Ungetrenntheit des Seins und Nichts; nicht die Einheit, welche vom Sein und Nichts abstrahiert, sondern als Einheit *des Seins* und *Nichts* ist es diese *bestimmte* Einheit oder die, in welcher sowohl Sein und Nichts *ist.* [...] Sie *sind* also in dieser Einheit, aber als Verschwindende, nur als *Aufgehobene.* Sie sinken von ihrer zunächst vorgestellten Selbständigkeit zu *Momenten* herab, *noch unterschiedenen*, aber zugleich aufgehobenen» (Hegel, 1978, 111–112). Und: «*Aufheben* hat in der Sprache den gedoppelten Sinn, dass es soviel als aufbewahren, *erhalten* bedeutet und zugleich soviel als aufhören lassen, *ein Ende machen.* Das Aufbewahren schließt schon das Negative in sich, dass etwas seiner Unmittelbarkeit und damit einem den äußerlichen Einwirkungen offenen Dasein entnommen wird, um es zu erhalten. – So ist das Aufgehobene ein zugleich Aufbewahrtes, das nur seine Unmittelbarkeit verloren hat, aber darum nicht vernichtet ist» (ebd., 114). Auf die Chemie angewendet bedeutet das, dass die Phänomene bzw. die apparenten Eigenschaften von Teilen im Ganzen «aufgehoben» sind. Das Ganze aber ist dann unmittelbares, eigenständiges Phänomen, so wie es die Teile vor ihrem Aufgehobensein waren.

Momente und ist ein «Ganzes» nur in Bezug auf diese[61]; dennoch ist seine gesetzmäßige Erscheinung diejenige einer eigenständigen Substanz.

Wie ist dieses Aufheben der Teile im Ganzen, d.h. das Zurückdrängen ihrer gesetzmäßigen Eigenschaften zugunsten derjenigen des Ganzen zu verstehen? Vom Gesichtspunkt des ontologischen empirischen Idealismus kann gesagt werden: Das Gesetz des Ganzen durchdringt seine Teile dergestalt, dass es ihnen *sein* Gesetz aufprägt und das Wirken *ihrer* Gesetze zurückdrängt. Es setzt sich ihnen gegenüber durch, mit dem Resultat, dass auch die Erscheinungsform bzw. das Phänomen *dieses* Gesetzes sich an die Stelle der anderen setzt.

Das ist nicht mehr Selbstorganisation von unten durch bloße Wechselwirkung der Teile, sondern *«Selbstorganisation von oben»*, wie das Steiner 1911 ganz grundsätzlich im Hinblick auf die physischen Gestaltgesetze in der Natur und im menschlichen Organismus darstellte und am Beispiel des Struktur- bzw. Formprinzips von Kochsalz erläuterte (Steiner, 1978c, 166–168):

> Sie können bis zum Kristall hinuntergehen und müssen sich sagen: Die Substanzen, welche in den Kristall eintreten, müssen, um das zu werden, als was der Kristall sich darstellt, gleichsam eingefangen werden von den Formprinzipien, die bei den Kristallen die Prinzipien der Kristallisation sind. Nehmen Sie zum Beispiel das Kochsalz, Chlornatrium, so haben Sie als physische Substanzen im Sinne unserer heutigen Physik ‹Chlor› und ‹Natrium›, ein Gas und ein Mineral. Und Sie werden leicht einsehen, dass diese beiden Stoffe so, wie sie sind, bevor sie in diejenige Wesenheit[62] eintreten, welche sie so auffängt, dass sie in ihrer chemischen Verbindung im Kubus kristallisiert erscheinen, nichts haben, was dieses Formprinzip Ihnen anzeigen kann. Bevor sie eintreten in dieses Formprinzip, haben sie nichts Gemeinsames; aber sie werden eingespannt, aufgenommen von diesem Formprinzip, und es bildet sich der physische Körper: Kochsalz.

Selbstorganisation von Kristallen oder chemischen Verbindungen «von oben» bedeutet also nicht ein bloßes Zusammentreten der Teile *zum* Ganzen, sondern

---

61 Naturwissenschaftlich wie philosophisch gesehen sind «Teil» und «Ganzes» korrelative, einander notwendig fordernde Begriffe: Ein Teil ist nur Teil in Bezug auf das Ganze und umgekehrt, aber sie sind nicht miteinander identisch und auch nicht durch einander zu ersetzen, sondern sind Bestimmungen je eigenen Inhalts.

62 Der Ausdruck «Wesenheit» ist hier konsistent mit dem Ausdruck des gesetzmäßigen «Was» oder «Wesen», also dem Gesetz in Steiners erkenntnistheoretischen Schriften (Steiner, 1979a).

das Sich-Durchsetzen *des* Ganzen in seinen Teilen, deren Anwesenheit unter entsprechenden Bedingungen freilich die *Bedingung* für die Verwirklichung des Ganzen darstellt. Oder, in der Ausdrucksweise des Universalienrealismus formuliert: Chlor und Natrium sind verwirklichte gesetzmäßige Erscheinungen, deren Gesetze (Universalien) sich im Zustand des Universale *in re* befinden. Unter den dazu notwendigen Bedingungen aktualisiert sich in ihnen das Kochsalzgesetz aus dem Zustand des Universale *ante rem* in den Zustand *in re* und subordiniert sich dabei das Wirken der Chlor- und Natriumgesetze als seine in ihm aufgehobenen Momente. Das kann jedoch nur so lange anhalten, wie die entsprechenden Bedingungen dafür vorhanden sind; ändern sie sich, so setzen sich die Gesetze der untergeordneten Teile wieder durch und Kochsalz verschwindet aus der Erscheinung. Auch die Reaktionsgleichung einer chemischen Verbindung kann als Ausdruck dieses Wechsel*verhältnisses* aufgefasst werden: Je nach relativem «Durchsetzungsvermögen» der Gesetze der Teile oder des Ganzen wird sich die Reaktionsgleichung schwergewichtig mehr auf Seiten der Teile oder das Ganzen befinden[63].

So gesehen sind die Substanzen also keine Konglomerate von untergeordneten Teilen, sondern hierarchisch geordnete Ganzheiten, deren Teile im Sinne Hegels «aufgehoben» sind. In diesem Sinn kann die Substanz *nicht* im mechanischen Sinn aus Bausteinen «zusammengesetzt» sein, wie das den Medizinstudierenden durch das Kalottenmodell noch suggeriert wird. Das mag paradox erscheinen, aber stimmt überein mit einem modernen Substanzverständnis, das sich aus der Quantenphysik ergibt. Man vergleiche z. B. mit dem Gesagten die folgenden Ausführungen von Hans Primas in seinem bemerkenswerten Artikel *«Umdenken in der Naturwissenschaft»* (Primas, 1992, 9–11):

> Der Atomismus behauptet, die Materie sei aus kleinsten, nicht weiter zerlegbaren Bausteinen aufgebaut, und das Naturgeschehen müsse aus den Eigenschaften und den Bewegungen dieser Atome erklärt werden […]. Moleküle, Atome, Elektronen, Quarks oder Strings sind aber *keine Bausteine der Materie* […]. Von dem ursprünglichen Begriff der Materie ist in der heutigen Physik nichts übriggeblieben. […] Wenn wir die Quantenmechanik für eine gute Theorie der Materie halten, dann ist die Aussage ‹Die Materie ist aufgebaut aus elementaren Bausteinen› natur-

63 In vielen chemischen Reaktionen gibt es auf beiden Seiten der Reaktionsgleichung mehrere Reaktionspartner (z. B. in der organischen Chemie mit sehr komplexen Molekülen). Hier wird das Verhältnis von Teil und Ganzem komplexer. Man hat es mit *verschiedenen* emergenten Ganzheiten der untergeordneten Bestandteile wie Kohlenstoff, Sauerstoff, Stickstoff etc. zu tun. Epistemologisch und ontologisch sind diese alle gleichberechtigt.

> wissenschaftlich falsch. Entscheidend ist nicht die Tatsache, dass die Atome der Chemiker weiter teilbar sind – das wäre eine triviale Nomenklaturfrage –, *sondern dass die materielle Realität ein Ganzes ist, das überhaupt nicht aus Teilen aufgebaut ist.* [...] Die Dialektik von Ganzem und Teil ist in der Quantenwelt grundsätzlich verschieden von den in den klassischen Naturwissenschaften üblichen Beschreibungen. Die Physik wurde aus naturwissenschaftlich-empirischen Gründen – gegen zähen Widerstand der meisten Philosophen – gezwungen, die ganzheitliche Natur der materiellen Welt anzuerkennen. [...] Nach den Vorstellungen der modernen Quantenphysik ist die materielle Realität eine Ganzheit, und zwar eine Ganzheit, die nicht aus Teilen besteht. [...] Die Quantenmechanik ist die erste logisch konsistente und mathematisch ausformulierte Theorie. Der Ganzheitsbegriff der modernen Physik ist viel umfassender als die ganzheitlichen Ansätze der übrigen Naturwissenschaften.

Die Materie ist *deswegen* nicht «aus Teilen aufgebaut», weil diese im Ganzen aufgehoben, implizit, latent oder submergent werden, vergleichbar einem «Status nascendi», wogegen das Ganze explizit und apparent, und dadurch als Phänomen emergent wird. Das geschieht dadurch, dass sich sein Gesetz bei gegebenen Bedingungen aus der Potenzialität des Zustands ante rem in den Zustand in re hinein aktualisiert.

Das liegt auch Steiners Substanzverständnis zugrunde, wenn er 1923 in einem Vortrag im Hinblick auf die «Zusammensetzung» der Eiweißsubstanz aus Kohlenstoff, Stickstoff, Sauerstoff usw. sagt (Steiner, 1974, 74, HvPH):

> Heute denkt man sich überhaupt bei allem: es sei zusammengesetzt; aber das ist ein Unsinn. Dasjenige, was man als gewisse höher geartete Substanzen kennt, das ist nicht immer aus dem zusammengesetzt, was dann erscheint, wenn man es analysiert; sondern *die Dinge hören auf, in der höheren Substanz darinnen zu sein.* Der Kohlenstoff ist da drinnen nicht Kohlenstoff, der Sauerstoff nicht Sauerstoff und so weiter, sondern das ist eine *höher geartete Substanz.*

Das emergente Ganze, das man in der Chemie gewohnt ist, als Molekül zu bezeichnen, ist so gesehen tatsächlich eine höher geartete Substanz, die Einheit ihrer selbst mit den in ihm aufgehobenen, «submergierten» Teilen. Der Beobachtung nach gibt es auch überhaupt keinerlei Hinweis darauf, dass Kohlenstoff als «Kohlenstoff» im *intakten* Eiweiß noch vorhanden ist (Rozumek & Buck, 2008).

Im gleichen Sinn sagte Eugen Kolisko in seinem Beitrag «*Hypothesenfreie Chemie im Sinne der Geisteswissenschaft*» an den anthroposophischen Hochschulwochen in Dornach von 1920 (Kolisko, 1922a, 206–207, HvPH):

> Hier ist wohl der Ort, auf den Begriff der chemischen Zusammensetzung einzugehen. *Dem Phänomen nach* gibt es diese nicht. Das Wasser ist als ebenso *einfach* zu betrachten wie der Wasserstoff. Die Zusammensetzung ist nur eine *dynamische. So wenig die sog. ‹latente Wärme› in dem Gase oder der Flüssigkeit als Wärme enthalten ist, so wenig der Wasserstoff im Wasser.* Wasser ist eine Form, die der Wasserstoff unter gewissen Bedingungen, nämlich wenn Sauerstoff und eine bestimmte Temperatur usw. vorhanden sind, annimmt. Wasser ist also keine Zusammensetzung, sondern es ist modifizierter und zwar am Sauerstoff modifizierter Wasserstoff oder am Wasserstoff modifizierter Sauerstoff. Wasserstoff ist in Wasser auf die eigenartige Weise enthalten, die man eben nur die chemische nennen kann. Es gibt ja unzählige Arten des Enthaltenseins. *Der bloß räumliche Begriff des ‹Enthaltenseins› ist nur die niederste Art.* Sie ist auf den Chemismus nicht anwendbar. [...] Die chemische Verbindung ist somit etwas ganz Eigenartiges. Sie kann nicht als eine mechanische gedeutet werden. Die latente Wärme ist ja auch nicht als Wärme in dem Gase vorhanden, sondern das, was als Wärme beim Verflüssigen frei wird, zeigte sich früher in den mehr ausdehnsamen, gestaltverleugnenden Eigenschaften des Gases[64]. Was

---

64 Kolisko meint damit die Grundeigenschaft aller Gase, sich in Abhängigkeit ihres Wärmezustandes quasi gestaltlos nach allen Seiten auszudehnen, woran es nur durch externe Begrenzung behindert werden kann. Kolisko zeigt in dieser Schrift auch auf, dass die partikularistischen Modellvorstellungen des Gases als einer Summe sich im Raum bewegender Atome oder Moleküle vollständig unnötig sind und dass die Gasgesetze von Boyle, Mariotte und Gay-Lussac ganz ohne diese Vorstellungen gefunden werden können (Kolisko, 1922a). Jene Modellvorstellungen kommen dadurch zustande, dass man bei der Begriffsbildung auch hinsichtlich der Gase *nur die Perspektive des festen Aggregatszustandes* der Materie einnimmt (Vorstellung der festen Kügelchen), obwohl das tatsächliche Phänomen einen gasförmigen Zustand zeigt. Ebenso ist es mit den Grundvorstellungen des Flüssigen. Vom Gesichtspunkt der hier geltend gemachten Erkenntnismethode von Goethe und Steiner müssten das Flüssige und das Gasförmige, ja sogar auch die Wärme als emergente Eigenschaften ihren spezifischen Phänomenen und Gesetzen nach erkannt werden, ohne auf feste Modellvorstellungen zu rekurrieren, d.h. es ist die *Perspektive des jeweiligen Phänomenbereichs* einzunehmen. Damit übereinstimmend macht Primas klar, es werde durch die neuere «Naturphilosophie» einfach «behauptet», Gase und Flüssigkeiten seien nichts anderes als «Molekülschwärme» und Temperatur «einfach ein anderes Wort für die mittlere kinetische Energie der Moleküle». Die Temperatur sei jedoch nicht aus mechanischen Gesetzen herzulei-

früher in dem Gase räumlich wirkte, tritt in Erscheinung als frei werdende Wärme. *Ebenso ist nicht der Wasserstoff irgendwie atomistisch im Wasser enthalten*, sondern er stellt sich in seinem Zusammenwirken als Wasser dar und nimmt, wenn er durch andere Einflüsse von diesem Einflusse des Sauerstoffs befreit wird, die Form an, die wir Wasserstoff nennen.

Dabei muss man sich klar sein, dass die chemische Verbindung «ein *völlig Neuartiges* gegenüber den sog. Komponenten» darstellt (Kolisko, 1922a, 212), eben eine neue, emergente Erscheinung mit entsprechenden, in den Komponenten nicht enthaltenen Gesetzen. Das zeigt das tatsächliche Phänomen, wogegen die partikularistische Modellvorstellung suggeriert, das bezüglich Gesetz und Erscheinung qualitativ Neue sei «auf bloß Quantitatives, Mechanisch-Mathematisches zurückzuführen. So soll in diesem Sinne z.B. bei einer Verbrennung, mit ihren wechselvollen und lebendigen Erscheinungen, nicht an Stelle von Sauerstoff und den anderen Ausgangsstoffen ein *Neues* entstanden sein, sondern die kleinsten Teilchen des Sauerstoffes sollen sich nur etwas näher an die der anderen Stoffe herangerückt haben, als dies früher der Fall war» (ebd., 170).

Kolisko nennt die Art des latenten Enthaltenseins der Komponenten in der Verbindung eine *dynamische*. Dieser dynamische Formzustand ist freilich noch als ein tatsächlicher, wirkender, zu denken, wie der Terminus auch zum Ausdruck bringt. Denn als aufgehobene Momente in der zweiten Bedeutung dieses Hegel'schen Begriffs sind die Komponenten im Ganzen noch «enthalten» und machen ihre Eigenschaften darin als latente noch geltend. Das heißt aber auch, dass die Komponenten in dem Maße aus ihrem latenten Zustand wieder apparent werden müssen, in dem die Wirkung des Gesetzes des Ganzen zurücktritt. Denn ihr Aufgehobensein heißt nichts anderes, als dass das Gesetz des Ganzen in der Wechselwirkung mit den Gesetzen der Teile die Oberhand erhält, aber diese bei Nachlassen dieses Wirkens, wenn z.B. die notwendigen Bedingungen dazu nicht mehr gegeben sind, auch wieder verliert. In anderen Worten: Die Interaktion zwischen dem Ganzen und seinen Teilen ist eine dynamische.

---

ten, «folglich *ist die Temperatur ein irreduzibles Konzept*» (Primas, 1985b, 161). Man ersieht daraus die Berechtigung, die Wärme nebst der gasförmigen, flüssigen und festen Zustandsform als eine eigenständige emergente Entität zu behandeln, die die anderen (das Gasförmige, Flüssige und Feste) zwar durchdringt, aber mit ihnen nicht zu identifizieren ist. In diesem Sinn wird die Wärme in der anthroposophisch orientierten Naturwissenschaft und Medizin auch aufgefasst (Steiner & Wegman, 1991; Husemann & Wolff, 1991; Basfeld, 1998).

Das «Ganze», d. h. die neue, emergente Substanz, ist zwar *komplex* hinsichtlich der in ihm aufgehobenen «Teile», aber wiederum *einfach* in sich selbst, als deren *höhere Einheit*. Darauf ist es zurückzuführen, dass «eine sog. chemische Verbindung genau so als ein Einheitliches wirkt wie ein chemisches Element» (ebd., 229), was u. a. in der Tatsache der Isomerie[65] bzw. der funktionellen Gruppen in der organischen Chemie zum Ausdruck kommt. Dadurch, dass solche Gruppen oder ihre Untereinheiten unter geeigneten Bedingungen als Einheiten hervortreten und mit anderen Substanzen zur Reaktion kommen, ergibt sich die bekannte Mannigfaltigkeit chemischer Prozesse und Verbindungen, insbesondere auch in der Biochemie[66].

Vor dem Hintergrund dieses ganzheitlichen Substanzbegriffs kann auch das Phänomen des *Kristallgitters* verständlich werden, *ohne* dass auf partikularistische Hilfsvorstellungen im Sinne des Kalottenmodells rekurriert werden muss. Kolisko bemerkt dazu (ebd., 227, HvPH):

> Es ist z. B. etwas ganz anderes, wenn man etwa die Laueschen Kristallgitter für eine *Abbildung einer räumlichen molekularen*, unter gewöhnlichen Verhältnissen unsichtbaren Struktur der Kristalle hält oder für ein Bild, das durch Zusammenwirken des Röntgenlichtes mit der das ganze Kristall dynamisch durchsetzenden Gestaltung entsteht, die nicht materiell zu sein braucht [d. h. nicht räumlich zur Erscheinung zu kommen braucht]. Man fasst dann das vorliegende Phänomen [also das zum Bild gebrachte *Ergebnis* der Röntgendurchstrahlung des Kristalls] als *entstehend* auf aus dem Zusammenwirken von chemischer Struktur mit dem Licht. Das atomistische Bild wird nicht als präformierter Tatbestand gedacht, sondern im Versuch *durch dynamisches Zusammenwirken entstehend*.

Mit anderen Worten, die Tatsache des Röntgenkristallgitters kann nicht als Beweis für die atomistisch gedachte Selbstorganisation des Kristalls «von unten» genommen werden, sie kann ebenso durch Selbstorganisation «von oben», als Verwirklichung des Gesetzes des Ganzen in seinen Teilen, verstanden werden. Im Gegenteil, das Letztere lässt sich mit der Tatsache der Emer-

65 Isomerie: «Eine Verbindung von Methyl, Methylen und primärer Alkoholgruppe (CH_3, CH_2 und Stoff CH_2OH) hat eben andere Eigenschaften wie eine Verbindung von zweimal Methyl und der sog. sekundären Alkoholgruppe (CH_3, CH_3 und CHOH)» (ebd., 229).

66 Vgl. dazu die weitergehenden Ausführungen der anthroposophischen Ärzte Eugen Kolisko (Kolisko, 1922 a; Kolisko, 1989), Otto Wolff (Wolff, 2013) sowie Chemiker (Rozumek & Buck, 2008).

genz und mit Primas' holistischer Substanzinterpretation besser in Übereinstimmung bringen als das Erstere.

Eine wichtige Konsequenz dieser Ganzheitsauffassung der Substanz ist die *Aktualisierung des aristotelischen Substanzbegriffs*: Substanz, *wirkliche* Substanz, ist nicht bloß die Welt der subatomaren, gewissermaßen «untersinnlichen» Kraftelemente, die man aufgrund ihrer Auswirkungen im sinnlich Beobachtbaren experimentell erschließen kann und denen gegenüber die Welt der sinnlichen Phänomene eine bloße Illusion wäre. Substanz kann auch im modernen naturwissenschaftlichen Sinn – durchaus wieder wie bei Aristoteles und Thomas von Aquin – gedacht werden als die Einheit, das «Kompositum» von «Form» und «Stoff» (Aquin, 1977, 55, Contra Gent. 2, 54) *auf der jeweiligen Systemebene*. Dabei sind Form und Stoff zwei Aspekte einer Ganzheit, die zwar nicht trennbar, aber unterscheidbar sind. Denn «Stoff» ist das *Besondere*, das dem sinnlichen Wahrnehmen zugänglich ist; und «Form» ist das *allgemeine* gesetzmäßige Was («Quidditas»), das diesem besonderen Stoff zugrunde liegt oder «subsistiert», dem Verstand aber nur auf geistige («intelligible») Weise zugänglich ist (Aquin, 1977, 26, 32, Summ. Theol. I, 84, 7; 85, 1). In diesem Sinn ist die Substanz Natrium nicht einfach eine Komposition von Protonen, Neutronen, Elektronen usw., sondern eben das diesen gegenüber emergente, höher geordnete und sie in sich aufhebende reale «Natrium», das als *solches* erscheint und gesetzmäßig bestimmt ist. Und die Substanz Kochsalz ist nicht einfach eine Komposition aus Chlor und Natrium, sondern wiederum das diesen gegenüber emergente, höher geordnete und sie in sich aufhebende reale «Kochsalz», das als *solches* erscheint und gesetzmäßig bestimmt ist. Und so ist es auch mit noch komplexer aufgebauten anorganischen und organischen Substanzen.

Der aristotelische Substanzbegriff ist also unabhängig von der «hierarchischen Position» einer Substanz in Bezug auf die ihr untergeordneten und gleichzeitig in ihr aufgehobenen Substanzen. Auf jeder hierarchischen Ebene ist die reale Substanz eine «einfache» Erscheinung; die «Komplexität» der in ihr aufgehobenen Substanzen ist buchstäblich verschwunden, und das Gesetzmäßige dieser Substanz ist nicht das Gesetz der in ihr aufgehobenen Elemente, sondern der *konkret vorliegenden Erscheinung*. Diese ist gewissermaßen die *«Anschauungsform»* ihres Gesetzes, das *als solches* freilich nur dem Denken zugänglich ist. Dieser Substanzbegriff entspricht so auch dem in Steiners Erkenntniswissenschaft deutlich gemachten Verhältnis von Anschauung und Begriff (Steiner, 1973c, 281–282):

> Durch die begriffliche Erfassung eines in der Sinnenwelt Gegebenen gelangt erst das *Was* des im Anschauen Gegebenen zur Erscheinung. Wir können den Inhalt des Angeschauten nicht aussprechen, weil dieser

Inhalt sich in dem *Wie* des Angeschauten, d.h. in der *Form* des Auftretens erschöpft. Somit finden wir im *Begriffe* das Was, den andern Inhalt des in der Sinnenwelt in Form der Anschauung Gegebenen.

Es ist deutlich, dass diese ganzheitliche oder aristotelische Substanzauffassung, die sich aus Steiners Erkenntniswissenschaft bzw. aus dem objektiven ontologischen Idealismus ergibt, auch eine *Revision des Kausalitätsbegriffs* bzw. eine Aktualisierung des aristotelischen Kausalitätsverständnisses mit sich bringt.

Die kausalen Erklärungen des Reduktionismus sind zunächst *mechanisch* gehalten, wenn auch auf molekularer Ebene. In der Mechanik ist aber, wie Steiner in den *«Grundlinien einer Erkenntnistheorie der Goetheschen Weltanschauung»* treffend formuliert, «ein Vorgang ganz das Ergebnis von Faktoren [...], die sich *äußerlich gegenüberstehen.* Da ist ein Ereignis oder eine Beziehung zwischen zwei Objekten [...] allein dadurch hervorgerufen, dass ein Ding in seinem Geschehen einen gewissen Einfluss auf das andere ausübt, seine Zustände auf das andere überträgt. Es erscheinen die Zustände des einen als die Folge jener des anderen» (Steiner, 1979a, 86). Deswegen ist das mechanische «Ganze», d.h. die Gesamtbeziehung oder das System der einander nebengeordneten Teile aus deren Zuständen grundsätzlich kalkulierbar; d.h. das mechanische «Ganze» ergibt sich aus seinen Teilen mit Notwendigkeit. Darauf beruht ja die Berechenbarkeit der mechanischen Technik. In der heutigen Naturwissenschaft wird unter Kausalität fast ausschließlich diese lineare Form extern aufeinander wirkender Faktoren verstanden.

Aristoteles hat demgegenüber *vier Arten von Ursachen* (aitía, causa oder arché, principium) unterschieden, an die in der Hochscholastik insbesondere Albertus Magnus und Thomas von Aquin angeknüpft haben, und die für die ganze Folgezeit bestimmend gewesen sind. Ihnen allen ist gemeinsam, «das Erste zu sein, woher etwas ist oder wird oder erkannt wird» (Aristoteles, Met. △ 2; 1013a, 18f. In: de Vries, 1983, 98). Die vier Ursachen sind:

1. *Causa materialis* (hýle): Die Materie, z.B. das Erz für die Statue.
2. *Causa formalis* (eĩdos oder morphé): Die Form, der dem Seienden innewohnende lógos, d.h. der sein Was bestimmende geistig erfassbare Gehalt, aus dem der Künstler z.B. dem Erz die Gestalt gibt.
3. *Causa efficiens* (arché tês kinéseos): Die wirkende Ursache, mit der der Künstler z.B. die Statue formt.
4. *Causa finalis* (télos): Das Ziel, um dessentwillen die wirkende Ursache wirkt.

In der linearen Kausalität der modernen Naturwissenschaft sind davon lediglich die causae materialis und efficiens übrig geblieben: so etwa beim Billardspiel die Kugeln als «causa materialis» und der von außen auf eine der Kugeln applizierte Kraftimpetus als die «causa efficiens», die beim Aufstoßen dieser Kugel auf eine andere entsprechend auf diese übertragen wird. So ist im Mechanischen alles Wirken *von außen* verursacht. Die Regel, nach welcher dieses äußere Bewirktsein des mechanischen Prozesses abläuft, ist der Inhalt des mechanischen Naturgesetzes. Aber dieses *Gesetz* ist im Prozess selbst *nicht wirksam*. Es wird deswegen mit einem gewissen Recht nicht als causa formalis betrachtet, denn es gibt bloß die Regel an, nach der das Wechselwirken der Teile verläuft. Deswegen formuliert Steiner: «Das [unorganische, in der Mechanik geltende] Naturgesetz ist abstrakt, über der sinnenfälligen Mannigfaltigkeit stehend, es beherrscht die unorganische Naturwissenschaft» (Steiner, 1973c, 283). Und Zielgerichtetheit, bzw. eine «causa finalis», gibt es in der Mechanik nicht.

Die mechanische Wirksamkeit ist jedoch nur die «einfachste Form von Naturwirksamkeit» (Steiner, 1979a, 86). Bei allem, was heute in physikalischen, chemischen, biologischen oder psychischen Vorgängen als *«Selbstorganisation»* erkannt wird, handelt es sich um *höhere Formen von Naturwirksamkeit*, die *Emergenz* zur Folge haben, also Erscheinungen, die höheren Gesetzen gehorchen als die in sie eingehenden Komponenten, die nicht aus diesen ableitbar sind, sondern die sich diesen dynamisch gesehen «von oben» aufprägen. Selbstorganisationsprozesse sind nicht bloß «das Ergebnis von Faktoren, die einander äußerlich gegenüberstehen», sondern «da ist ein Ereignis oder eine Beziehung zwischen [...] Objekten [...] bedingt von einem *Wesen*[67], das *sich* in den äußeren Erscheinungsformen darlebt, von einer Indi-

67 Wie oben bereits angeführt, ist mit «Wesen» hier der gesetzliche Inhalt, das «Was» einer Erscheinung gemeint, das aber nicht in der sinnlichen Anschauung dieser Erscheinung, sondern nur im Denken gefunden werden kann und im Erkenntnisakt zur Anschauung hinzugebracht werden muss: «Wir sind erst imstande, irgend ein Element in der Sinnenwelt zu verstehen, wenn wir einen Begriff davon haben. Was die sinnenfällige Wirklichkeit uns bietet, darauf können wir ja immer hinweisen; und jeder, der die Möglichkeit hat, gerade dieses in Rede stehende Element wahrzunehmen, weiß, worum es sich handelt. Durch den Begriff sind wir imstande, etwas von der Sinnenwelt zu sagen, was nicht wahrgenommen werden kann. Daraus erhellt aber unmittelbar das Folgende. Wäre das Wesen der Sinneswahrnehmung in der sinnlichen Qualität erschöpft, dann könnte nicht in Form des Begriffes etwas völlig Neues hinzukommen. Die Sinneswahrnehmung ist also gar keine Totalität, sondern nur eine Seite einer solchen. Und zwar jene, die bloß angeschaut werden kann. Durch den Begriff erst wird uns klar, *was* wir anschauen» (Steiner, 1973c, 281). Oder: «Unter dem Wesentlichen verstehen wir hier das, wodurch ein Ding eigentlich gerade das ist, als was es sich darstellt. [...] Dieses Wesen ist nur ideell zu fassen» (ebd., 272–273).

vidualität, die ihre *inneren* Fähigkeiten und ihren Charakter in einer Wirkung *nach außen* kundgibt» (Steiner, 1979a, 86, HvPH). So paradox das erscheinen mag: Es ist die Gesetzmäßigkeit bzw. die «Logik» der emergenten, höheren Substanz, Struktur oder Funktion *selbst*, die bei der Selbstorganisation als Ursache auftritt[68]. Aristotelisch gesprochen ist dieses Gesetzmäßige die intelligible «Form» des emergenten «Stoffs». Diese Form ist die *causa formalis*, die die ihr untergeordneten Substanzen und Kräfte – die *causae materialis* und *efficiens* – von innen durchdringt und bezwingt bzw. als ihre Momente in sich «aufhebt». Die causa formalis kann man auch als *causa finalis* bezeichnen, *insofern* als durch die unter entsprechenden Bedingungen auftretende Manifestation der Form *ein «Ziel»* verwirklicht wird[69], wie etwa bei gewissen Prozessen der Quantenphysik[70] oder bei den teleonomen Prozessen der Organismen. Und die causa formalis ist bei Selbstorganisationsprozessen auch *causa efficiens*. Denn was bei Maschinen oder beim mechanischen Dominospiel durch *Fremdorganisation* geschieht, leistet die sich selbst

---

68 Das wird heute bereits in der Physik zur Diskussion gebracht, so etwa von George Ellis, wenn er im Hinblick auf die hierarchische und emergente Strukturierung der Natur multiple Kausalität («top-down, bottom-up, and same-level») geltend macht und sagt: «The point is that higher-level properties themselves [...] are key variables in the causal chain. Paradoxically, although the higher-level properties emerge from the lower-level processes, they have a degree of causal independence from them: Higher level processes operate according to their own higher-level logic. Physics makes possible, but does not causally determine, the higher-order layers» (Ellis, 2005, 53).

69 Dieser *naturgesetzliche* Begriff von causa finalis oder *Teleonomie* ist nicht zu verwechseln mit dem *anthropomorphen* Begriff von causa finalis, der für die gedanklichen menschlichen Zielsetzungen wie für den gedanklich gefassten Plan für das Herstellen einer Maschine gilt und der, in spekulativer Art auf die Natur übertragen, zur *Teleologie* bzw. zum «intelligent design» einer naiv-realistisch begründeten Theologie führt.

70 Diese Interpretation der physikalischen Selbstorganisationsprinzipien als «causae formales» oder, wenn sich diese in der Zeit verwirklichen, als «causae finales» ergibt sich einerseits aus dem hier vertretenen, erkenntniswissenschaftlich begründeten ontologischen Idealismus. Andererseits wird sie aber bekräftigt durch Physiker wie Carl Friedrich von Weizsäcker oder David Bohm, die ihrerseits auf die vier aristotelischen Ursachen zurückgreifen, um ein vollständiges Verständnis von Kausalität bei den mathematisch beschreibbaren Phänomenen der Quantenphysik zu erreichen. So ist für Weizsäcker «die mathematische Form in der Tat eine Art einer *causa formalis*» (von Weizsäcker, 1986). Und Bohm verbindet Aristoteles' causa formalis und causa finalis mit ganzheitlich organisierten Phänomenen in der Physik und in der lebenden Natur und macht darauf aufmerksam, dass in der griechischen Philosophie der Ausdruck «Form» nicht nur *äußerliche* Formen oder Gestalten ausdrücke, wie das in den modernen Sprachen üblich geworden sei, sondern «in erster Linie eine innere *formende Aktivität*» (Bohm, 1986, 276–277).

organisierende Organisation *aus sich selbst*: das Anordnen (die konstruierende causa efficiens) der Teile nach einem bestimmten Design (causa formalis). Selbstorganisation bedeutet also nicht: Selbstorganisation *der* Teile, sondern Selbstverwirklichung des Organisationsgesetzes *in* den Teilen[71]. So gefasst lässt sich dann auch Hans Primas' oben erwähntes Diktum, dass *«die materielle Realität ein Ganzes ist, das überhaupt nicht aus Teilen aufgebaut ist»*, widerspruchsfrei verstehen.

Zusammenfassend ergibt sich aus der erkenntniswissenschaftlichen Position Goethes und Steiners sowie aus der daraus resultierenden ideenrealistischen Wirklichkeitsauffassung ein ganzheitliches Substanz- und Ursachenverständnis, dessen Stärke darin besteht, mehrere, scheinbar ganz unzusammenhängende Bereiche des Substanzverständnisses begrifflich gleichermaßen zu klären und zueinander in Beziehung zu setzen: 1. Im Hinblick auf die moderne Naturwissenschaft erlaubt es ein widerspruchsfreies Verständnis des ganzheitlichen Substanzkonzeptes, das sich heute aufgrund der Phänomene von Selbstorganisation, Emergenz und hierarchischer Systemordnung allmählich herauskristallisiert und das Hans Primas aufgrund empirischer Tatsachen der Quantenphysik geltend macht, derjenigen Wissenschaft der kleinsten Teilchen also, die in gewisser Hinsicht den erfolgreichsten Schlusspunkt der von Francis Bacon angeregten Detailanalyse der Natur bedeutet. 2. Der erkenntniswissenschaftlich begründete Gesetzesrealismus führt des Weiteren zu einer der modernen Naturwissenschaft gemäßen Aktualisierung zentraler Prinzipien der aristotelischen Naturwissenschaft, welche Francis Bacon am Beginn der wesentlich von ihm angestoßenen neuzeitlichen Naturwissenschaft als bloße «Idole» interpretierte (Bacon, 1990b). 3. Das sich daraus ergebende ganzheitliche Substanzverständnis ermöglicht außerdem, die natürlichen oder im Labor hergestellten Substanzen nicht nur unter der Perspektive ihrer submikroskopisch vorgestellten Komponenten, sondern insbesondere auch im Hinblick auf *ihre eigene Wesenhaftigkeit* zu untersuchen, die sich schon makroskopisch an ihren tatsächlich beobachtbaren emergenten Phänomenen und dann auch an ihren Wirkungen im Organismus zeigt. Daraus ergeben sich rationale Verständnismöglichkeiten für ihren Einsatz in der Therapie, *ohne* auf reduktionistische Modellvorstellungen von «Wirkungsmechanismen» zu rekurrieren, so wie das in der anthroposophischen

71 Von der Selbstorganisation ist deswegen auch die *«Selbstaggregation» oder «Selbstassemblierung» (self assembly)* zu unterscheiden, bei der sich Teile allein durch die ihnen inhärenten Kräfte zusammenlagern. Manche Autoren interpretieren auch die Kristallbildung als Selbstassemblierung (Krischer, 2007), im Gegensatz zur hier geltend gemachten und begründeten Interpretation der Selbstorganisation von Kristallen.

Medizin und in gewisser Weise auch in der Homöopathie gehandhabt wird (vgl. Kap. 8).

Die Erkenntniswissenschaft im Sinne von Goethe und Steiner erweist sich so als eine Basis, um wissenschaftlich eine Brücke zwischen dem neuen, geistgemäßen und ganzheitlichen Konzept der Substanz zu bauen, das sich in Physik und Chemie aus der Quantenphysik des 20. Jahrhunderts gebildet hat, und den ganzheitlichen Konzepten der komplementären Medizin, die sonst nur schwer kompatibel erscheinen mit den Grundvorstellungen der konventionellen Medizin. In der Tat ist Goethes wissenschaftliche Methode bereits als diejenige epistemologisch begründete Methode empfohlen worden, die es erlaubt, die ganzheitlichen Aspekte der verschiedenen komplementärmedizinischen Richtungen im modernen Sinn wissenschaftlich zugänglich zu machen, ein Vorhaben, das mit der konventionellen Wissenschaftsmethode nicht möglich sei (Whitelegg, 2003). Darüber hinaus – und das ist noch viel wichtiger – erlaubt sie jedoch auch *eine wissenschaftliche Begründung des ganzheitlichen Denkens in der konventionellen Wissenschaft und Medizin selbst* (Heusser, 2000 b; Heusser, 2006 a). Das gilt schon für den Substanzbegriff, im Weiteren aber auch für die moderne Genetik und Biologie sowie für die höheren, für die Humanmedizin relevanten Wissenschaftsformen.

3.4 Zusammenfassung

Es wird gezeigt, inwiefern der objektive, empirische Idealismus zu einer Ablösung des naturwissenschaftlichen Reduktionismus führen kann, zunächst beim Substanzbegriff in Physik, Chemie und Biochemie, dann in Molekularbiologie, Morphologie und Organismusbegriff. Gewöhnlich werden Substanzen zurückgeführt auf ihre kleinsten (Elementar-)Teilchen und ihr hierarchischer Aufbau in Atome, Moleküle, Makromoleküle, dann Organellen, Zellen, Organe, Organsysteme und Organismus letztlich als Folge des Zusammentretens jener Teilchen gesehen (Selbstorganisation «von unten»). Nun ist aber jede dieser Systemebenen *emergent* gegenüber der ihr untergeordneten, d.h. ihre gesetzmäßigen Eigenschaften lassen sich *nicht* aus den untergeordneten erklären. Vom Gesichtspunkt des ontologischen Idealismus sind die Eigenschaften jeder Systemebene epistemologisch und ontologisch *gleichwertig*, und zwar sowohl bezüglich ihrer Phänomene wie auch ihrer Gesetze. Hierarchisch höher geordnete emergente Substanzen und Strukturen sind insofern ebenso «real» wie die untergeordneten, die in ihnen «aufgehoben» sind (Begriff des «aufgehobenen Moments» im Sinne Hegels). Daraus ergibt sich der Übergang vom partikularistischen zu einem ganzheitlichen Substanz- und Systemverständnis, das zudem neueren naturwissenschaftlichen Fakten und

Ansichten entspricht. Die Konsequenz davon ist jedoch, dass «Selbstorganisation» sich nicht bloß als ein «von unten», sondern gleichzeitig auch ein «von oben» verwirklichender Prozess darstellt: Ein höher geordnetes Systemgesetz manifestiert sich – gewissermaßen «von oben» –, wenn die untergeordneten Elemente und Umgebungsbedingungen «von unten» vorhanden sind. Das Untergeordnete ist dann nicht die *Ursache*, sondern die *Bedingung* bzw. das *Material* für die Verwirklichung des Übergeordneten. Und dieses verwirklicht sich ursächlich aus sich selbst heraus. In anderen Worten: Substanzen werden kausal von ihren inhärenten Gesetzen regiert. Aber Gesetze haben eine «ideelle», d.h. «geistige» Natur. Nur die *Erscheinung* der Materie ist sinnlich, ihr gesetzmäßiges *Wesen* ist geistig. Diese Auffassung ergibt sich schon aus einer konsequenten erkenntniswissenschaftlichen Durchdringung von Physik und Chemie, aber sie ist auch die Konsequenz, die führende Physiker des 20. Jahrhunderts aus den empirischen Tatsachen von Physik und Chemie gezogen haben. Das führt zu einer erneuten Differenzierung des Ursachenbegriffs im Sinne von Aristoteles (causa materialis, causa efficiens, causa formalis, causa finalis) mit Konsequenzen für die naturwissenschaftlichen Grundkonzepte.

4 Ontologischer Idealismus in der Biologie

4.1 «Chemical explanation of life»? Gene, genetische Information und Proteine

Der hier geltend gemachte objektive ontologische Idealismus führt nicht zu anderen Fakten – außer wenn dadurch die wissenschaftliche Aufmerksamkeit auch auf andere als primär molekulare Aspekte gelenkt wird, was bereits bei der einfachsten morphologischen Untersuchung der Fall ist –, sondern zu einem *anderen Verständnis derselben Fakten* als die konventionelle medizinische Anthropologie.

Das gilt insbesondere auch für die Genetik, die in der modernen Biologie insofern eine zentrale Rolle spielt, als führende Biologen und Lehrbuchautoren auch heute noch die vor 50 Jahren von Francis Crick (Crick, 1966) begründete Auffassung vertreten, in den Genen müssten *alle* Informationen enthalten sein, die für das Leben einer Zelle oder eines Organismus nötig seien, eine Auffassung, die mit zunehmender Aufschlüsselung genetischer Abhängigkeiten auch auf psychische, verhaltensmäßige und soziale Dispositionen ausgedehnt worden ist (Robinson et al., 2008). Und da der Träger dieser Information, die DNS, eine chemische Substanz ist, hoffte Crick damals auf eine «chemical explanation of life» (zitiert in: Commoner, 1968). Aber im Verlauf des 20. Jahrhunderts hat sich der Fokus der Aufmerksamkeit allmählich von den Genen auf die Gen*regulation* verschoben. Diese lässt ihrerseits erkennen, dass die Gene nicht einfach, wie damals gehofft, die zentrale Steuerungsinstanz sein können, sondern dass sie selbst einer Steuerung unterliegen, die noch von anderen Informationen *von außerhalb der DNS* abhängig ist, unter anderem von solchen aus der Außenwelt. Dies wurde besonders evident durch die sich seit den 1990er Jahren rapid entwickelnde *Epigenetik* (Holliday et al., 1990). Aber da jede Genregulation nachweislich stets durch die Vermittlung bestimmter *Substanzen* geschieht, hat sich mit Beginn des 21. Jahrhunderts die Hoffnung auf eine letztendlich chemische Erklärung des Lebens sogar noch verstärkt (Kirschner et al., 2000). Dadurch hat sich die etwa seit Du Bois-Reymond geltend gemachte reduktionistische kausale Erklärung des Organismus «von unten», d.h. aus Molekülen und deren Interaktionen, noch weiter konsolidiert.

Von einer «chemical explanation of life» kann man im Sinne der in der Genetik üblichen Denkweise nur sprechen, wenn man nicht deutlich zwischen *Information* und Informations*träger* unterscheidet, ein Fehler, dessen sich aber gerade Crick schuldig gemacht hat (Crick, 1966). Denn nur der sog. Informations*träger*, die DNS, die RNS, ein hormoneller oder anderer Botenstoff, ist «chemisch» bzw. materiell, der Informations*inhalt* ist immer immateriell[72]. Das hat auch Norbert Wiener, der Begründer der für die heutigen physiologischen Konzepte so bedeutenden Kybernetik, deutlich ausgesprochen: «What is information? Information is information, not matter or energy. No materialism which does not admit this can survive at the present day» (Wiener, 1948).

Das «zentrale Dogma» der Molekularbiologie, wie es von Crick ursprünglich formuliert wurde, beinhaltet, dass Information nur von der DNS zu den Proteinen fließe, aber nicht umgekehrt (Crick, 1970). Dies führte zu der allgemein anerkannten Theorie, dass *alle* Information des Organismus in den Genen liege, eine Meinung, die auch heute noch in weiten Wissenschaftskreisen und in der Öffentlichkeit geltend gemacht wird: «In one sense, almost all information about a person's health and physical well-being can be called ‹genetic information›. A casual glance reveals information about a person's gender, race, height, weight, and other features that are related, in whole or in part, to that person's genetic inheritance» (Australian Government, 2014). Das jedoch trifft weder in quantitativer noch in qualitativer Hinsicht zu. Bezüglich Quantität ist z. B. gezeigt worden, dass die beim Menschen maximal verfügbare Informationsmenge nicht ausreichen würde, um etwa die Komplexität der Neuronenvernetzungen im Zentralnervensystem zu erklären; und das gilt auch für die Vernetzungsinformation anderer Systeme wie z. B. des Immunsystems (Stent, 1981; Kauffmann, 1995).

Aber auch in qualitativer Hinsicht stellt die von der DNS kodierte Information nur *einen Teil* der Gesamtinformation des Organismus dar. Denn was ist die von der DNS codierte Information qualitativ, d. h. inhaltlich? Einfach ausgedrückt ist sie nichts anderes als «the genetic potential of an organism carried in the base sequence of its DNA [...] according to the genetic code» (Oxford University Press, 2014). Genauer ausgedrückt ist sie nichts anderes als *das Gesetzmäßige der Eiweiß-Primärstruktur, d. h. das Ordnungsprinzip für Beginn, Abfolge und Abschluss der Aminosäuren* in der Aminosäurenkette des primären Eiweißfadens, entsprechend den mit diesen Aminosäuren assoziierten Basentriplets in der DNS. Nicht enthalten sind in *dieser* Information die Gesetze für die Strukturanweisungen, d. h. für die Abfolge der Grundbausteine von anderen, kohlenhydrat- und fettartigen Makromolekü-

72 Wer z. B. die in dieser Schrift enthaltene Information sucht, wird sie nicht in den Buchstaben finden, mag er diese noch so lange und gründlich anschauen, wie er will. Wer dabei nicht *denkt*, kann die Information überhaupt nicht finden. Diese ist nur im denkenden Geist, als *geistiger Inhalt*, auffindbar. Die Buchstaben als Informationsträger sind hingegen sehr wohl sinnlich anschaubar.

len, und im Weiteren die Strukturanweisungen für übergeordnete Strukturen, Formen, Anordnungen und Funktionen der Zellorganellen, Zellen, Organe, Organsysteme und für deren komplexe Beziehungen und Koordination im Gesamtorganismus (Stent, 1981; Heusser, 1989; Holdrege, 1999), wie weiter zu besprechen sein wird.

Man wendet dagegen gewöhnlich ein, dass die Verwirklichung von vielen dieser Strukturen und Funktionen von der katalytischen Funktion der Enzyme und damit von Proteinen bzw. deren Strukturinformation in der DNS abhängig sei. Aber ein Katalysator *erleichtert* bzw. *ermöglicht* die *Verwirklichung* eines Prozesses, er bestimmt nicht dessen Inhalt oder Gesetz. Das gilt insbesondere auch für Enzyme als Katalysatoren (Ringe & Petsko, 2008). Im Sinne des genetischen Informationskonzepts als solchem ist die «Information» der durch Vermittlung von Enzymen gebildeten Strukturen von Substanzen und organismischen Bildungen jedenfalls nicht auf die Enzyme und auch nicht auf die DNS zurückzuführen. Mit dieser Behauptung bleibt freilich noch offen, *woher* denn diese Information stammt.

Aber auch die Information für die Proteine selbst ist nicht eins zu eins, sondern gewissermaßen *nur in Stücken* in der DNS «enthalten», aus denen sie dann durch Aktivität erst gebildet wird. Das gilt bereits für das sog. Spleißen. Dabei werden codierende «Exons», die im DNS-Strang durch nicht-codierende «Introns» getrennt sind, *nach der Transkription* aus der Prä-Messenger-RNS, die dem DNS-Strang noch entspricht, durch aktive enzymatische Vermittlung herausgeschnitten und zur Messenger-RNS (mRNS) zusammengesetzt, die dann ihrerseits dem späteren Eiweißfaden entspricht. Das bedeutet, *dass das «Gen» eines spezifischen Proteins nicht schon in der DNS vorhanden ist*, wenn man – wie das üblich ist – unter «Gen» den DNS-Abschnitt versteht, der die *«Information» für ein spezifisches Protein enthält*. In *diesem* Sinn gibt es *in der DNS überhaupt keine Gene*, sondern erst auf der Stufe der aktiven mRNS. Und diese wird durch eine *aktive enzymatisch vermittelte Leistung des Organismus* im Vorgang des Spleißens *erst gebildet*. Im Falle von Immunglobulinen werden sogar die Gensegmente für die schweren Molekülketten vor der Transkription auf der DNS enzymatisch rekombiniert (Tonegawa, 1983) und nach der Transkription auf der mRNS zusätzlich gespleißt. Zudem stammen die Informationselemente für die schweren und die leichten Molekülketten von verschiedenen Chromosomen. «Gene für spezifische Antikörper» existieren also anerkanntermaßen in der DNS *nicht*, sie werden vom Organismus aus Segmenten *stets neu geschaffen*. Dass dabei zur Erhöhung der Antikörper-Vielfalt die verschiedenen Gensegmente frei kombiniert und während der Reifung durch Mutation zusätzlich verändert werden, spricht bei aller «Zufälligkeit» für einen vom Lebewesen aktiv gesteuerten Vorgang, dessen *Objekt* die DNS ist.

Funktionsfähig wird das Protein erst durch seine *Tertiärstruktur*. Aber auch diese kann ihrer Information nach nicht auf das Genom zurückgeführt werden, ja selbst nicht auf die letztlich in der mRNS enthaltene Information für den primären Eiweißfaden, obwohl das meist so gelehrt wird. So schreibt Lewin in seinem Standardwerk der Genetik: «Wie falten sich Proteine in die richtige Konformation? Ein Grundprinzip ist, dass *Strukturen höherer Ordnung direkt durch Strukturen niederer Ordnung bestimmt werden.* Das bedeutet, dass die primäre Aminosäuresequenz die Information für die Faltung zur richtigen Konformation trägt» (Lewin, 1988, 9).

Aber wo ist die Information für die Tertiärstruktur, also das *Strukturgesetz der dreidimensionalen Konformation*, in der primären Aminosäuresequenz des Eiweißfadens tatsächlich und nachweisbar «enthalten» bzw. codiert? Die primäre Aminosäuresequenz enthält freilich eine Reihe von *notwendigen materiellen Elementen oder Bedingungen* für die Verwirklichung und Stabilität der Konformation (z. B. schwefelhaltige Aminosäuren für die späteren Disulfid-Brücken), und ist *insofern* durch sie «bestimmt». Aus Protein-Rückfaltungsexperimenten geht sogar «eindeutig hervor, dass alleine die Aminosäuresequenz die Struktur des nativen Zustandes bestimmt und eine Abhängigkeit vom Faltungsweg und von den Ausgangsbedingungen der Faltung nicht besteht» (Fischer, 1993). Aber als höhere Systemeigenschaft ist die Konformation eines Proteins *emergent* und deswegen nicht inhaltlich-logisch aus den Eigenschaften des Primärfadens bestimmbar[73], so wie das bei einem rein mechanisch gedachten Prozess der Fall sein müsste.

Erstaunlich an der Proteinfaltung ist z. B. die enorme Flexibilität von entfalteten Proteinketten und unfertigen Faltungsintermediaten, die grundsätzlich verschiedenste Faltungsmöglichkeiten zulassen könnten, und dennoch in einer bestimmten Konformation resultieren. Fischer meint dazu (Fischer, 1993, HvPH):

> Durch die große Zahl der möglichen Anordnung der Atome zueinander ist der Zeitbedarf schon für den Übergang eines kleinen Proteins in den nativen Zustand astronomisch hoch, wenn man gleichzeitig annimmt, dass alle theoretisch möglichen Lagen im Konformationsraum auf dem

---

73 Vgl. dazu auch das oben in Kapitel 3 über die emergente Natur der Substanzen Ausgeführte. Die dort besprochene *schwache Reduzierbarkeit* einer übergeordneten auf eine untergeordnete Substanzebene gilt auch für das Verhältnis der Tertiär- zur Primärstruktur eines Proteins. Das muss für das Verständnis der heute bis zu einem gewissen Grad erfolgreich gewordenen Versuche, die Konformation aus den Substanzeigenschaften des primären Eiweißfadens vorauszusagen (Service, 2008), berücksichtigt werden.

> Faltungsweg durchschritten werden müssen. […] Trotzdem lassen sich einige denaturierte Proteine sehr rasch, im Sekundenbereich, zur nativen Struktur zurückfalten. Offensichtlich kann die Polypeptidkette auf einem *bevorzugten Reaktionsweg* falten, ohne dass sie den gesamten zur Verfügung stehenden Konformationsraum aufsuchen muss.

Service denkt in einer ähnlichen Richtung und verdeutlicht das mit folgender Rechnung (Service, 2008):

> Because two neighboring amino acids can bind to each other at any of three different angles, a simple protein with 100 amino acids can fold in 3^{200} different ways. *Somehow, a folding protein sorts through all those possibilities to find the correct, or ‹native›, conformation. And it's not trial and error.* Even if a folding protein could try out one different conformation every quadrillionth of a second, it would still take 10^{80} seconds – 60 orders of magnitude longer than the age of the universe – to find the right solution. Because most proteins fold in milliseconds to seconds, something else is clearly going on.

Gewöhnlich erklärt man sich diesen Prozess nach Peter Wolynes und Joseph Bryngelson durch das Bild einer «Energie-Landschaft» oder nach Ken Dill durch einen «Energie-Trichter» (Service, 2008): Das Protein strebt bei seiner Faltung durch das Prinzip der Energie-Minimierung *von jedem Ausgangspunkt aus* dieselbe Konformation an, gewissermaßen passiv, ähnlich wie das Wasser von jedem möglichen Ausgangspunkt den Berg hinunterläuft, um sozusagen «absichtslos» stets im gleichen Flussbett anzukommen. Gewiss, auch Chlor und Natrium streben bei ihrer chemischen Verbindung nach einem Energieausgleich im Sinne des energetisch tiefsten und damit stabilsten Energieniveaus, und sie neutralisieren sich dadurch im Kochsalz. Dennoch ist das Kochsalz *emergent* und bringt eine *höhere Ordnung* zur Erscheinung, in der seine Ausgangssubstanzen aufgehoben sind. Ebenso werden sich die Energiezustände des Primärfadens in der dreidimensionalen Konformation «neutralisieren». Aber diese Konformation ist jenem primären Eiweißfaden gegenüber emergent. Sie ist die Verwirklichungsform *ihres* Gesetzes, das vom Gesetz des Primärfadens zu unterscheiden und in der Konformation diesem übergeordnet ist. Die höhere Ordnung muss sich also der niedrigeren Ordnung aufgeprägt haben.

Dabei ist die Verwirklichung einer höheren Ordnung von Umgebungsbedingungen sowie von der niedrigeren Ordnung abhängig. So lässt z. B. Harnstoff mit Ausnahmen jede tertiäre Struktur schmelzen, und die Abfolge der Aminosäuren auf dem Eiweißfaden nach der Translation lässt nur bestimmte

Konformationen zu. Aber die Menge der möglichen Konformationen ist offenbar astronomisch hoch, sodass Löffler und Petrides in ihrem bekannten Lehrbuch «*Biochemie und Pathobiochemie*» sogar von einem «*zielgerichteten Verfahren*» sprechen (Löffler & Petrides, 1998, 277):

> Würde jede einzelne Konformationsmöglichkeit des Polypeptidrückgrats eines Proteins von nur 100 Aminosäuren auf seine Funktionsfähigkeit quasi getestet werden, so würde es *wenigstens* 10^{50} (!) *Jahre* dauern, bis die native, biologisch aktive Form dieses Proteins erreicht wird. Diese Überlegung deutet darauf hin, dass die Proteinfaltung zur korrekten Raumstruktur auf einem zielgerichteten Verfahren basieren muss.

Als «die einzige Erklärung» dafür lassen die Autoren gelten, «dass bereits in der Primärstruktur, d.h. in der Aminosäuresequenz eines Proteins, die vollständige Information zur Ausbildung der korrekten und für das Protein einmaligen Raumstruktur liegt» (ebd., 278). Aber wie oben dargelegt, ist es nicht zwingend, dass diese Information in einer vergleichbaren Weise *in der Primärstruktur* codiert wäre wie diese in der DNS. Dagegen spricht auch die Existenz isomerischer Antikörper, die – bei *gleichbleibender* Primärstruktur – wechselweise z.B. zwei strukturell *verschiedene* Konformationen annehmen und damit zwei verschiedene Antigene binden können (Foote, 2003). Dasselbe gilt für das Phänomen der Allosterie (Fox Keller, 2000, 64), d.h. der – meist durch Bindung eines spezifischen Effektors induzierten – Konformations-*Änderung* eines Enzyms, wodurch dessen biologische Aktivität erst *entsteht*. Die – stets spezifische – Funktion eines Proteins ist also keineswegs reduktionistisch aus der Spezifität seiner Primärstruktur deduzierbar. Deshalb: «One protein – many functions», wie Fox Keller formuliert (ebd., 65). Solche Erkenntnisse führen heute zunehmend zu einer «‹avant garde view› in which proteins are conformationally dynamic and exhibit functional promiscuity» (Tokuriki & Tawfik, 2009).

Es erscheint deswegen zunehmend denkbar, dass die tatsächlichen, unter der Bedingung spezifischer Umgebungsfaktoren und Primärstrukturen gebildeten Tertiärstrukturen Teil und Ausdruck von Konformationsgesetzen sind, die sich als solche in ihrer konkreten Verwirklichung in ähnlicher Weise «flüssig», d.h. variabel manifestieren können, wie das für den organischen Typus im Sinne Goethes, also für das Strukturgesetz des Organismus als Ganzen, der Fall ist[74]. Der Typus kann sich – umgebungs- und substratbedingt – ebenfalls in der Form von variablen Bauplänen verwirklichen (vgl. dazu Kap. 4.3).

---

74 Diesen Gedanken verdankt der Verfasser Dr. Johannes Wirz, Dornach (persönliche Mitteilung 2009). Seine Bestätigung wäre auf der *(makro)-molekularen*

Wenn die Verwirklichung der Tertiärstruktur im Sinne des oben Ausgeführten als *Selbstorganisationsprozess* gedacht wird, dann kann auch deutlich werden, was mit dem Ausdruck «zielgerichtetes Verfahren» naturwissenschaftlich sinnvoll gemeint sein kann. «Ziel» ist dann nicht eine *zum Voraus fixierte Struktur* im Sinne eines gedanklich vorweg genommenen Ziels menschlicher Handlungen oder eines anthropomorph gedachten «intelligent design» Gottes, sondern die Verwirklichung eines Strukturgesetzes, in seiner Konkretisierung möglicherweise *variabel*, ganz dem entsprechend, was die Substrat- und Umgebungsbedingungen zulassen. «Zielgerichtet» ist diese Verwirklichung trotz ihrer potenziellen Variabilität insofern, als das Gesetz nur verwirklichen kann, was inhaltlich in ihm liegt. Sein Inhalt, eine Gesetzmäßigkeit der Form (causa formalis), ist, als ein im Raum und auch in der Zeit zu manifestierender, das «Ziel» (causa finalis). Das entspricht genau der causa formalis und causa finalis, die David Bohm als kausale Prinzipien für die zielgerichtete Manifestation von «Ganzheiten» in physikalischen und organismischen Prozessen vorschlug (Bohm, 1986). Der Manifestationsprozess als solcher erscheint als «Selbstorganisation». Diese geschieht «von oben», insofern als sich die Form dem vorhandenen Stoff, d.h. dem unter bestimmten Bedingungen vorhandenen primären Eiweißfaden (causa materialis), *einprägt*; und sie geschieht gleichzeitig «von unten», insofern als Material und Bedingung für diese Verwirklichung vorhanden sein muss. Also ein gegenseitig sich bedingender Prozess, wie bei der Entstehung anorganischer Kristalle (vgl. Kap. 3.2 und 3.3), aber im Kontext des lebendigen Organismus. Es ist interessant, dass Goethe im organismischen Kontext einen ähnlichen Ausdruck benutzte wie David Bohm im physikalischen, um die Natur der kausal «von oben» agierenden Instanz zu bezeichnen, die für die Manifestation von Struktur oder Gestalt verantwortlich sind: «bildende Kraft» (Goethe, 1950j) bzw. «forming activity» (Bohm, 1986, 276). Dabei ist «von oben» oder «unten» selbstverständlich nicht im extensiven, räumlichen Sinn zu nehmen, sondern in einem intensiven, dynamischen: Das Gesetzgebende ist dem Gesetznehmenden immer «über»-, und dieses jenem «unter»-geordnet.

Ebene ein Beleg für den unten für die übergeordneten *morphologischen Strukturen* und den *Bauplan als Ganzen* besprochenen Gedanken, dass das Leben Gesetzen zu verdanken ist, deren Verwirklichung sich *im Werden*, also in der *Zeit*, vollzieht, wogegen das Unlebendige mit *Gewordenem* zu tun hat, dem dann nur noch eine *räumliche* Bedeutung zukommt. Als *gewordene* ist die Tertiärstruktur der Proteine deswegen einer anorganischen Kristallstruktur zu vergleichen, und der anorganische Kristall hat in seiner *Bildungsphase* noch eine entfernte Ähnlichkeit mit dem Lebendigen. Der Organismus als Ganzer ist in Bezug auf seine Gesamtstrukturen erst als Leichnam ein *Gewordener*. Dann ist auch er in dieser Beziehung buchstäblich anorganisch geworden.

Zusammenfassend kann gesagt werden: Die genetische Erklärung der Lebensvorgänge kann insofern nicht als «chemical explanation of life» verstanden werden, als dass es bei dieser Erklärung nicht nur um die Gene oder andere Substanzen als das eigentlich «Chemische» oder Materielle geht, sondern auch um die sog. «Information» bzw. ein Immaterielles (Geistiges), das von diesen Substanzen «kodiert» oder vermittelt wird. Was gemeinhin als «genetische Information» verstanden wird, ist streng genommen nur die Strukturinformation für die Primärstruktur der Proteine; und diese wird *als solche* nicht stationär in den Genen, sondern durch Spleißen und andere genetische Regulationsvorgänge erst in der mRNS kodiert. Verwirklicht wird diese Information erst durch den Vorgang der Translation. Sie ist dann in gewissem Sinne zwar «chemisch» vorhanden, nämlich als der Eiweißfaden mit dem ihm inhärenten Strukturgesetz. Was sich diesem bei der Auffaltung dann als Tertiärstrukturgesetz aufprägt, ist ein *weiteres* Gesetz, das sich als solches überhaupt nicht im Sinne von «genetischer Information» in DNS oder RNS, also «chemisch» kodiert vorfindet, sondern das sich im vorhandenen Material unter entsprechenden Bedingungen erst verwirklicht, und zwar nur so, wie es diese Bedingungen und das Material zulassen. Die Verwirklichung dieser Strukturgesetze erscheint als ein zielgerichteter Selbstorganisationsprozess. Dieser kann gesetzesrealistisch als die Aktualisierung der entsprechenden Gesetze (Universalien) aus dem Zustand «ante rem» in den Zustand «in re» interpretiert werden. Damit ist nicht nur «Chemisches» oder «Materielles», sondern auch «Geistiges» – das sich aus dem Geistigen heraus in den materiellen Formzustand verwirklicht – in die Entstehung organischer Substanzen involviert, so wie das auch für anorganische Substanzen bzw. Kristalle dargestellt werden konnte (vgl. Kap. 3.3). Den biochemischen und biologischen Substanzen liegt das Geistige ebenso zugrunde wie dem Materiellen überhaupt – als das ihm inhärente Gesetzmäßige. Doch nicht nur die Entstehung und die Konstitution der anorganischen und organischen Substanzen, sondern auch die biologischen Prozesse können in diesem Sinn als geistig-materielle Vorgänge verstanden werden, so z. B. die Genregulation.

4.2 Genregulation. Vom statischen zum dynamischen Gen-Konzept

Wie bereits erwähnt, besagt das erstmals von Francis Crick 1958 formulierte «zentrale Dogma» der Genetik, dass der Informationsfluss nur von der DNS zum Protein möglich sei, aber nicht umgekehrt. «The central dogma is a negative statement [...], a hypothesis which says that you can't translate backwards, [...] from protein to DNA or from protein to RNA» (Commoner, 1968). Aber seither ist klar geworden, dass es auch regulierende Rückwirkungen von der RNS auf die DNS gibt[75] wie auch von Proteinen auf RNS[76] und von Proteinen auf DNS[77] (Wirz, 2008). Dazu kommt die meist enzymatisch vermittelte epigenetische Regulation der DNS durch Methylierung, Histonmodifikation und andere Prozesse (Jaenisch & Bird, 2003). Bei all diesen Prozessen erweist sich die DNS nicht nur als informations*gebende*, sondern auch als informations*empfangende* Instanz. Die DNS wird so auch von Informationen bestimmt, die selbst nicht aus der DNS stammen. Das «zentrale Dogma» ist insofern schon vor vielen Jahren widerlegt (Heusser, 1989). «Die DNS hat ihre Bedeutung als Schaltzentrale verloren und ist Teil des molekularen Regelnetzwerks geworden» (Wirz, 2008, 11).

Gewöhnlich ist im Sinne des zentralen Dogmas das Genom als das beständige, Stabilität und dadurch Heredität gewährende Element angesehen worden, und wird es oft heute noch. Das ist, wie jedermann weiß, in dem Sinne richtig, als die Heredität auf der DNS-Stabilität beruht; aber in einem anderen Sinn ist das falsch. Denn schon die Gen-Replikation, die Voraussetzung jeder Vererbung auf Tochterzellen oder -organismen, ist keineswegs ein mechanisch-chemischer Prozess, wie die doppelsträngige DNS-Struktur nahelegt. Ein solcher Prozess wäre mit einer Fehlerrate von 1:300 behaftet, was mit dem Leben unvereinbar wäre. Die enzymatisch bedingte Replikation durch Polymerasen erniedrigt diese Fehlerrate auf 1:10000 Basenpaare, das ebenfalls enzymatisch bedingte «proof reading», d.h. die Korrektur falsch eingebauter Nukleotide während des Replikationsprozesses, zusätzlich auf $1:10^7$ und das «mismatch repair», die Korrektur nach Abschluss des Replikationsprozesses, auf $1:10^{10}$ (Wirz, 2008).

Mit anderen Worten: Die DNS-Replikation ist ein fehleranfälliger Prozess, und die Stabilität der DNS ist nicht eine inhärente Eigenschaft der DNS selbst, sondern wird durch eine enzymatisch bedingte Eigenleistung des Organismus *aktiv bewirkt* (Wirz, 2008). Fox Keller fasst das so zusammen (Fox Keller, 2000, 31):

> The stability of gene structure thus appears not as a starting point but as an end-product – as the result of a highly orchestrated dynamic process requiring the participation of a large number of enzymes organized into complex metabolic networks that regulate and ensure both the stability of the DNA molecule and its fidelity in replication.

---

75 Z.B. DNS-Expressionshemmung durch micro-RNS.

76 Z.B. positiv bei differenziellem Spleißen oder RNS-Editing, negativ bei RNS-Unterdrückung und Translationsstopp.

77 Bei allen genregulatorischen Proteinen.

Dass dabei das Gesetzmäßige dieser Orchestrierung bzw. der räumlich-zeitlichen Organisation den Genen *aufgeprägt* wird, versteht sich von selbst. In dieser Hinsicht sind sie Befehls-*Empfänger*, nicht Befehls-Geber.

Wer bestimmt also wen, DNS das Protein oder das Protein die DNS? Beide bestimmen einander wechselseitig, auf je andere Weise. DNS bzw. RNS einerseits und Proteine andererseits sind voneinander vergleichsweise ebenso abhängig wie Huhn und Ei (Fox Keller, 2000, 97). Darin findet das zentrale Dogma der Genetik seine Ergänzung und seine Auflösung.

Die dynamische (!) funktionelle Enzymtätigkeit von Proteinen ist also das «Konservative», das die Stabilität des Genoms bewirkt und erhält. Und die tendenzielle Instabilität der DNS ermöglicht andererseits das Innovative, die Evolution; und der Organismus kann diese Stabilität offenbar *aktiv* regulieren. Es ist heute klar, dass die Präzision der DNS-Replikation von Lebewesen aktiv gesteuert werden kann (Wirz, 2008). Bakterien können ihre Mutationsrate als Antwort auf Umgebungsbedingungen senken oder erhöhen und dabei auch die *Art* der Mutation bestimmen (Björkman et al., 2000). Diese kann sinnvoll bzw. *«gezielt»* auf die Umgebung bezogen sein, wie das erstmals von John Cairns entdeckte Phänomen der adaptiven Mutation zeigt (Cairns et al., 1988, Übersicht und Diskussion in: Wirz, 1996). Da Pflanzen und Tiere über ähnliche DNS-Polymerasen, Reparatur- und andere Regulatorenzyme verfügen wie Mikroben, darf geschlossen werden, dass die aktive Regulierung von Mutationen auch bei höheren Organismen vorkommt (Wirz, 2008). In der Tat: Adaptive Mutation wird jetzt für die Beschleunigung der menschlichen Anpassungsleistungen in der rezenten Evolutionsphase verantwortlich gemacht (Hawks et al., 2007). Die Regulierung des Gleichgewichts zwischen Konstanz und umgebungsbezogener Variation ist also eine genuine organismische *Leistung*. *Diese* ist der primäre Motor der Evolution, die Selektion ist sekundär.

Ein eindrückliches Beispiel dafür ist das Hitzeschockprotein Hsp90, welches bei Hefe, Pflanzen und Tieren für die Erhaltung der funktionellen Konformation von Regulatorenzymen der Signalübertragung, der Zell-Zyklen und der Entwicklung und damit für die Stabilität dieser Prozesse sorgt, andererseits aber bei Zellschaden von dieser Aufgabe abgezogen und als Hitzeschockprotein auch für die Erhaltung der Strukturen anderer Proteine eingesetzt wird. Dabei werden jene Regulatorprozesse instabil, was zu phänotypischen Varianten führt, die ihrerseits selektioniert und nach mehreren Generationen unabhängig von Hsp90 weitervererbt werden können. Die umgebungsabhängige Beanspruchung von Hsp90 kann also zum Freiwerden von phänotypischen Varianten führen, die ohne diese Beanspruchung wegen der stabilisierenden Wirkung von Hsp90 nicht hervorgetreten wären. Rutherford bezeichnet Hsp90 deshalb direkt als «capacitor for morphological evolution» (Rutherford & Lindquist, 1998). Die so apparent werdenden Varianten kommen ihrerseits nur durch gesetzmäßige Genregulation zustande und sind deshalb eine aktive organismische Leistung, bei welcher die Gene *als Objekte* der Regulation bzw. im Sinne des oben Gesagten Gesetzes-*empfangend* sind (vgl. auch Heusser, 1989).

Ebenso wie die Gen-Replikation ist auch die Gen-Expression eine dynamische, aktive, koordinierte, Enzym-gesteuerte Leistung des Organismus, deren *Objekt* die Nukleinsäuren sind. So ist z. B. die Transkription abhängig von der bereits erwähnten *epigenetischen* Regulation, z. B. durch enzymatisch vermittelte Methylierung oder Acetylierung der DNS oder der Histone, um die die DNS im Chromosom gewickelt ist. Durch Entfernung von Methylgruppen wird die Packungsdichte zwischen Histonen und DNS gelockert und diese wird so der Transkription zugänglich, durch Methylierung von DNS oder Histonen wird die Transkription blockiert. Man bedenke, welch *komplexe und gleichzeitig präzise räumlich-zeitliche Koordination* von Acetylasen und Methylasen nötig ist, um nur schon die Transkription bestimmter DNS-Sequenzen möglich zu machen! Ebenso verhält es sich mit der Promotion. Der Promotor ist der Gen-Abschnitt, an dem durch Anbindung der RNS-Polymerase die Entspiralisierung der DNS-Doppelhelix und die Transkription beginnen. Der Promotor muss aber nicht auf dem DNS-Strang direkt vor dem abzulesenden Gen liegen, sondern kann sich fern davon auf demselben DNS-Strang (auf dem gleichen Chromosom) wie auch auf einem anderen Chromosom befinden. In diesem Fall müssen sich die beiden Chromosomen räumlich nähern, um die Transkription zu initiieren (sog. «Gen-Küssen», vgl.: Lanctot et al., 2007).

Die Transkription selbst ist nicht ein einfaches Umsetzen des DNS-Codes in mRNS-Code, sondern, wie oben dargestellt, ein komplexer enzymatisch gesteuerter Vorgang, bei dem durch Spleißen die in Eiweiß umzusetzende «Information» als Korrelat der gespleißten mRNS *erst entsteht.* Durch sog. «alternatives Spleißen» können zudem aus *derselben* prä-mRNS *verschiedene* mRNS-Transkripte gebildet werden. Und die entstandenen mRNS-Transkripte können durch weitere enzymatisch regulierte Prozesse modifiziert werden, etwa durch Insertion oder Ersatz von Basen. Evelyn Fox Keller fragt deshalb mit Recht: «Which of these different transcripts corresponds to what we should call the gene?» (Fox Keller, 2000, 62–63). Denn diese Tatsachen bedeuten das Ende des traditionellen Gen-Konzepts als eines DNS-Abschnitts, der die Information für ein spezifisches Protein enthält (ebd., 62–63):

> We have to give up the notion, even for structural genes, that one gene makes one enzyme (or protein). One gene can be employed to make many proteins, and indeed the expression ‹one gene – many proteins›

has become fairly common in the literature. The problem with this formulation is that the gene has lost a great deal of both its specificity and its agency. Which protein should a gene make, and under what circumstances? And *how does it choose? In fact it doesn't. Responsibility for this decision lies elsewhere, in the complex regulatory dynamics of the cell as a whole.* It is from these regulatory dynamics, and not from the gene itself, that the signal (or signals) determining the specific pattern in which the final transcript is to be formed actually comes.

Fox Keller schlägt deswegen mit Recht vor, «to *consider the mature mRNA transcript formed after editing and splicing to be the ‹true› gene*» (ebd., 63, HvPH). Dabei ist klar, dass *dieses* «wahre Gen» im Gegensatz zur traditionellen Vorstellung des Gens als einer permanent vorhandenen Struktur *nur auf Bedarf und nur für kurze Zeit gezielt hergestellt* wird, und deswegen eigentlich als *«functional gene»* verstanden werden muss (ebd., 71). Dieses *neue, dynamische Gen-Konzept* ist allerdings unvermeidbar, wenn man das Wesentliche des alten, statischen Gen-Konzepts beibehalten, aber nicht ausschließlich mit der DNS identifizieren will: Das Gen als diejenige Struktur, welche die Information für ein spezifisches Protein codiert. Das «Gen» ist dann exakt gesprochen die letzte Form der mRNS, die am Ribosom als Substrat für die Translation vorliegt. Alle vorherigen Formen der mRNS und insbesondere auch die codierenden Anteile der DNS können dann als «genetisches Material» bezeichnet werden, im Unterschied zum spezifischen «Gen».

Es ist also die dynamische Regulation, der sowohl das Gen sein Entstehen und Vergehen im Moment des Bedarfs wie auch das genetische Material seine Generationen überdauernde Konstanz verdanken. Diese Regulation geschieht durch eine komplexe Kollaboration zahlreicher Faktoren. Zu diesen gehören Proteine (Enzyme), aber auch RNS-Moleküle oder Fraktionen von solchen, z. B. sog. «microRNS» oder «riboswitches» (Hobert, 2008; Breaker, 2008), ja sogar das komplexe dreidimensionale Netzwerk chromosomaler Interaktionen (Dekker, 2008). Es wird immer deutlicher, dass die Genregulation ein hochkomplexes, *koordiniertes* Geschehen darstellt, das durch die Vermittlung regulatorischer Faktoren das genetische Material in Raum und Zeit *aktiv und flexibel organisiert* (Chakalova et al., 2005), und dass diese Organisation mit der Entstehung von Gesundheit und Krankheit zusammenhängt[78]. *Organisation* ist überhaupt dasjenige, wodurch sich das Organische

78 So mehren sich die Hinweise, dass die Pathogenese und Entwicklung verschiedenster Krankheiten wie Virusentzündungen, Diabetes, Krebs und neurodegenerativer, autoimmuner und kardiovaskulärer Krankheiten wesentlich mit gestörten Gleichgewichten dieser *epigenetischen* Regulation zusammenhängt, etwa durch

vom Anorganischen, das Lebendige vom Unlebendigen unterscheidet, wie Fox Keller mit Hinweis auf die Biologie seit dem Ende des 18. Jahrhunderts deutlich zum Ausdruck bringt (Fox Keller, 2000, 106).

4.3 Selbstorganisation und Kausalität in der Biologie, Goethes Typus

Wer oder was aber ist die Ursache dieser dynamischen Organisation und Regulation? Die DNS als genetisches Material kann sie nicht sein, denn *ihre* Organisation (die Abfolge ihrer Nukleotide, die weiter als Introns und Exons organisiert sind) liefert nur Teile, aus denen die Organisation der «funktionellen Gene» (die fertige mRNS, vgl. Kap. 4.2) durch enzymatisch vermittelte, dynamische Regulation erst komponiert und sodann – wiederum enzymatisch vermittelt – durch Translation in die Organisation der Eiweiß-Primärstruktur umgesetzt wird. In dieser verwirklicht sich durch Selbstorganisation emergent die Konformation, allenfalls enzymatisch assistiert durch Chaperone, wodurch das Protein erst funktionell wird. Aber auch diese ganze enzymatische Prozess-Organisation ist nicht primäre Ursache der dynamischen Regulation, da ein Enzym als Katalysator bloß eine energetische Erleichterung der *Selbstorganisation* der katalysierten Struktur oder Funktion leistet, und zudem jeweils spezifisch nur für *eine* Struktur oder Funktion. Aber Gen-Replikation, Gen-Expression und Morphogenese sind komplexe Geschehen, die über die Ermöglichung *einzelner* Moleküle oder Funktionen hinaus die enzymatisch assistierte Selbstorganisation *höhergeordneter* Molekül-, Organell-, Zell- und Organstrukturen und -funktionen, kurz, letztlich *des Organismus*, zur Folge haben, und zwar «as the result of a highly *orchestrated* dynamic process requiring the participation of a large number of enzymes organized into complex metabolic networks» (Fox Keller, 2000, 31, HvPH).

Orchestrierung ist aber gleichbedeutend mit *aktiver Bestimmung* der orchestrierten Teile – in diesem Fall der regulierenden Enzyme – durch *das Ganze*, d. h. durch die gesetzmäßige *Einheit* oder *Organisation* dieser Enzyme bzw. ihrer Funktionen. Diese Enzyme sind freilich selbst wieder Resultat von orchestrierten dynamischen Prozessen, wenn auch auf einem vorhergehenden ontogenetischen Entwicklungsschritt, der aber mit dem folgenden wiederum in einer koordinierten Beziehung steht. Die Ursache der Orchestrierung sind also nicht Kaskaden von regulatorischen Proteinen, sondern gewissermaßen

Unter- oder Überexpression von microRNS, aberrante Methylierung oder Histon-Modifikation (Couzin, 2008; Halusková, 2010). Diese ist freilich wiederum Folge von dynamischer Regulation.

deren «Dirigent», d.h. diejenige tätige Instanz, die in einem top-down Prozess allen Einzel-«Instrumenten» – gemäß der «Symphonie» des Ganzen – ihren Einsatz gibt, um die Metapher der Orchestrierung zu Ende zu führen. Wenn man auf das Anthropomorphe dieses Vergleichs und damit auf den externen «Dirigenten» verzichtet (vgl. Kap. 4.4), dann ist es *das Koordinations- oder Orchestrierungsgesetz selbst, die symphonische Struktur*, die sich durch *Selbstorganisation* in ihren Instrumenten, und in Einheit mit ihnen, verwirklicht.

Und die «Symphonie» liegt nicht in den Genen. In dieser Organisation sind Proteine und Nukleinsäuren (DNS/RNS) wechselweise voneinander abhängig, wie bereits geschildert. Das Protein ist ein Genprodukt und das Gen ist auf seine Weise ein Proteinprodukt. Beide sind polare Elemente einer *höheren Organisation*, von der sie selbst als Teile eingegliedert sind. Niemals kann deswegen die DNS die ganze Information des Organismus enthalten. So sagt auch Richard Strohman, der diesbezüglich von einer «coming revolution in biology» spricht (Strohman, 1997, 195):

> There is growing recognition that information for function may not be located solely in genomic databases. That is, it is becoming clear that sequence information in DNA, by itself, contains insufficient information for determining how gene products (proteins) interact to produce a mechanism of any kind. The reason is that the multicomponent complexes constructed from many proteins are themselves machines with rules of their own; rules not written in DNA.

Die DNS codiert, wie oben gezeigt, nur Abschnitte der Primärstruktur von Proteinen und sie enthält ihre eigenen Organisationsgesetze (im Formzustand der Universalia in re). Alle höheren Organisationsgesetze der Proteine verwirklichen sich durch Selbstorganisation, d.h. durch aktiven Übergang aus dem potenziellen Formzustand ante rem in den aktualisierten Formzustand in re; und die Proteine katalysieren die Selbstorganisation von DNS/RNS wie auch von Proteinen. Die weitere Organisation von DNS/RNS und Proteinen in Raum und Zeit vollzieht sich durch *weitere Gesetze*, d.h. durch diejenigen, die den räumlichen und zeitlichen *Bezug* dieser Substanzen bestimmen und ihnen deshalb *hierarchisch übergeordnet* sind. *Diese* Organisationsgesetze oder Informationen sind weder aus DNS/RNS noch aus Proteinen ableitbar; doch auch sie verwirklichen sich – in Selbstorganisation – durch katalysatorische Assistenz von Proteinen. Dasselbe gilt für die enzymatisch geleitete Selbstorganisation einer Unzahl von anderen Substanzen, Funktionen und Strukturen und deren räumliche und zeitliche Gesetzeszusammenhänge. Mit anderen Worten: Die Proteine, die ihre Primärstruktur den Genen verdanken, katalysieren die geregelte Selbstorganisation ihrer selbst und ihrer Gene sowie der räumlichen und zeitlichen *Gesamtordnung*, die den Organismus als solchen ausmacht, von der untergeordnetsten Ebene einzelner Stoffe bis hinauf zur höchsten morphologischen Gestaltung von Organen, Organsystemen und des Ganzen des Organismus. Und wie den *Selbstaufbau*, so vermitteln sie auch den ebenso geregelten physiologischen *Selbstabbau* dieses Organismus bzw. von dessen Teilen und Substanzen; und auch diesbezügliche Ordnungsgesetze sind Teil der organischen Gesamtorganisation. In diesem Sinn sind nicht DNS und RNS, sondern *Proteine die entscheidenden Stoffe des Lebens*. Durch sie vermittelt sich die Gesamtinformation des Organismus bzw. deren komplex geregelte Verwirklichung, in der flexiblen, aber stets gesetzmäßigen Dynamik, die das Leben ausmacht.

Die Gesamtinformation des Organismus ist also weit mehr als die von der DNS codierte Information, d. h. als der Genotypus; die Gesamtinformation des Körpers ist das Gesetzmäßige der gesamten räumlichen und zeitlichen Struktur des Körpers, von den einzelnen organischen Substanzen über Organellen, Zellen und Organe, über deren komplexe Funktionen und Beziehungen hinauf bis zur alles integrierenden Gesamtorganisation des Körpers. *Die Gesamtinformation des Organismus umfasst also das Gesetzmäßige von Genotypus und Phänotypus*. Der Phänotypus hat seine eigenen Gesetze. Diese verwirklichen sich zwar, wie dargestellt, auf der Grundlage des Genotypus, aber sie verwirklichen sich auf dieser Grundlage und durch enzymatische Assistenz selbst, und sie sind inhaltlich nicht aus den Gesetzen des Genotypus deduzierbar. Das ist auch der Grund dafür, warum bis heute die Beziehung zwischen Genotyp und Phänotyp ungeklärt geblieben ist (Wirz, 2008).

Die eigentliche Ursache der organischen Bildung ist also die Selbstorganisation ihrer Gesamtinformation. Diese verwirklicht sich selbst, und sie bedient sich dazu ihrer eigenen Teile wie insbesondere der Nukleinsäuren und Eiweiße, aber auch anderer Substanzen. Aber nicht diese Substanzen «regeln», «kontrollieren» oder «steuern» die Organisation, wie in unreflektiertem Anthropomorphismus oft gesagt wird, sondern *diese Organisation regelt und steuert sich selbst durch diese Substanzen*. Denn die Substanzen sind inhaltlich Teile von ihr; sie verwirklichen sich alle durch Selbstorganisation, aber stets in wechselnder Abhängigkeit voneinander, sequenziell, hierarchisch, und in räumlich-zeitlicher Organisation, d. h. in Verwirklichung der ihnen als Einzelnen übergeordneten Bezugsgesetze, die das Typische, Ganze und Einheitliche des Organismus ausmachen. Die Gesamtinformation des Organismus also, der *«Blueprint»*, den das «zentrale Dogma» lediglich in der DNS finden möchte, ist die in sich selbst komplex und mannigfaltig gegliederte *Organisation* sämtlicher organischer Substanz-, Struktur- und Funktionsgesetze, von denen die DNS nur einen Teil darstellt. Insofern der Genotypus als Erscheinung verwirklicht ist, ist er selbst auch «Phänotypus» bzw.

ein spezifischer Teil desselben, wie auf seine Weise das Protein. Schaut man nur auf den gesetzlichen, wesenhaften Inhalt dieses den Genotypus umfassenden Phänotypus, unabhängig von seiner Verwirklichung als Erscheinung oder «Phän», so ist er «*Ideotypus*», d. h. die Gesamtorganisation seiner Gesetze als Gesetz, Idee oder eben: als Gesamtinformation. Diese enthält den *räumlichen und zeitlichen «Gesamtplan»* oder *das gesetzliche System* des Organismus. Sie ist das, was Goethe als *Typus* bezeichnet (Goethe, 1950 j). Er ist, wie Goethe mit Recht sagt, die *Idee* des Organismus (Steiner, 1979 a, 103).

Diese Idee ist freilich nicht als fertiger, fixer Gedanke, als präformierter Bauplan im Sinne des kreationistisch gedachten «intelligent design», oder, wie Steiner sich ausdrückt, als eine «abgeschlossene eingefrorene Begriffsform» zu verstehen, wie sie Louis Agassiz (1807 – 1873) im Sinn hatte. Agassiz maß jeder biologischen Spezies und damit jedem spezifischen Bauplan den Status einer fixen Idee im Sinne eines abstrakt verstandenen Platonismus zu (Hösle, 2005, 217). Damit wäre die Metamorphose bzw. der Übergang eines Bauplans in einen anderen und damit die Entwicklung im Sinne von Darwin unmöglich. Goethes Typus ist jedoch als ein allgemeines *Prinzip* zu verstehen, das sich im phylogenetischen und ontogenetischen Entwicklungsgang in variabler, sich metamorphosierender Form zur Erscheinung bringt und dadurch das Ideelle, Gesetzmäßige darstellt, das der von Darwin beobachteten Erscheinung evolutiver Prozesse zugrunde liegt. Steiner drückt das so aus (Steiner, 1979 a, 103):

> Man darf sich unter diesem Typus nichts Festes vorstellen. Er hat ganz und gar nichts zu tun mit dem, was Agassiz, Darwins bedeutendster Bekämpfer, einen ‹verkörperten Schöpfungsgedanken Gottes› nannte. Der Typus ist etwas durchaus Flüssiges, aus dem sich alle besonderen Arten und Gattungen, die man als Untertypen, spezialisierte Typen ansehen kann, ableiten lassen. Der Typus schließt die Deszendenztheorie nicht aus. Er widerspricht nicht der *Tatsache*, dass sich die organischen Formen auseinander entwickeln. Er ist nur der vernunftgemäße Protest dagegen, dass die organische Entwicklung rein in den nacheinander auftretenden, tatsächlichen (sinnlich wahrnehmbaren) Formen aufgeht. Er ist dasjenige, was dieser ganzen Entwicklung zugrunde liegt. Er ist es, der den Zusammenhang in dieser unendlichen Mannigfaltigkeit herstellt. Er ist das Innerliche von dem, was wir als äußerliche Formen der Lebewesen erfahren. *Die Darwinsche Theorie setzt den Typus voraus.*

In der Tat sind ja die *vergleichende* Anatomie und Typologie oder die Feststellung von Homologien in der Morphologie als Voraussetzung für das Aufstellen von Entwicklungsstammbäumen nur möglich, weil man das den einzelnen

Bauplänen tatsächlich Gemeinsame, Typische im Sinne Goethes wie auch das Disparate, ideell bestimmen kann (ebd., 104):

> *Alle* Formen ergeben sich als *Folge des Typus*, die erste wie die letzte sind Erscheinungen desselben. Ihn müssen wir einer wahren Organik zugrunde legen und nicht einfach die einzelnen Tier- und Pflanzenarten *aus*einander ableiten wollen. Wie ein roter Faden zieht sich der Typus durch alle Entwicklungsstufen der organischen Welt. Wir müssen ihn festhalten und dann *mit ihm* dieses große, verschiedengestaltige Reich durchwandern. Dann wird es verständlich. Sonst zerfällt es uns wie die ganze übrige Erfahrungswelt in eine zusammenhanglose Menge von Einzelheiten. [Man muss sich dabei auch klar sein], dass die Herleitung eines Späteren aus einem Früheren keine Erklärung ist, dass das Zeitlich-Erste kein Prinzipiell-Erstes ist. Alle Ableitung hätte aus einem Prinzipiellen zu geschehen und höchstens wäre zu zeigen, welche Faktoren wirksam waren, dass sich die eine Wesensart *zeitlich vor* der anderen entwickelt hat.

Diese Idee, Goethes Typus, ist deshalb nichts Hypothetisches, Spekulatives, wie oft geglaubt wird. Sie ist das Gesetzmäßige, Allgemeine dessen, was als konkrete Organisation in den besonderen, beobachteten Organismen erkannt werden kann. Sie ist nichts anderes «als das, was im besonderen erscheint, in der Form der Allgemeinheit», wie Steiner sich im Kapitel *«Die organische Natur»* seiner *«Grundlinien einer Erkenntnistheorie der Goetheschen Weltanschauung»* ausdrückt; sie ist «ein Organismus in der Form der Allgemeinheit» (ebd., 102) bzw. die Idee, das Gesetzmäßige des tatsächlich erscheinenden Organismus. Dieses Gesetzmäßige muss – ganz entsprechend dem allgemeinen Prinzip wissenschaftlichen Erkennens (vgl. Kap. 2) – vom Denken *aufgrund der entsprechenden Wahrnehmung* gefasst werden und mit dieser kongruent zusammenstimmen.

Der Typus, wie Goethe und Steiner ihn verstehen, kann in diesem Sinn nichts anderes sein als das Resultat empirischer Erkenntnis (Steiner, 1973 h). Dies im Unterschied zum alten Vitalismus und zum Neovitalismus des 19. Jahrhunderts bzw. zu der noch vor Goethe geltenden Teleologie.

Das Problem des Vitalismus besteht darin, «dass er zu allen kausalen Faktoren noch den zusätzlichen Kausalfaktor der Lebenskraft benutzt: die Vis vitalis oder der Nisus formativus oder die Vis essentialis – wie Ausdrücke im 18. und 19. Jahrhundert dafür lauteten. Da wird zu dem Spektrum der bisherigen Kausalkräfte einfach noch eine zusätzliche Kausalkraft postuliert, und das sei die Lebenskraft und die mache das Ganze lebendig» (Schad, 2003, 24).

Die «Entelechie» von Hans Driesch (1867–1941) wird meist dem Neovitalismus zugesprochen, obwohl sie von Driesch als das ganz-machende Prinzip des Organismus aus *empirischen* Gründen[79] angenommen und aufgrund ihrer Auswirkungen in einigen Eigenschaften auch konkreter charakterisiert wird (Mocek, 1996). Driesch selbst grenzt sich deutlich vom Vitalismus ab, so z. B. durch die Feststellung, dass die Entelechie nicht quantifizierbar sei und infolgedessen keine kausal wirkende Energie im materiellen Sinn sein könne. «Entelechie erschöpft sich in *Ordnungs*leistung und nichts anderem [...]. Ich lehne also so entschieden wie möglich jede Art von ‹energetischem Vitalismus› ab» (Driesch, 1921, 426–427). Aber *wer oder was* diese Ordnung leistet, bleibt unbestimmt, die Entelechie bleibt Hypothese – im Unterschied übrigens zur «Entelechie» Goethes (Goethe, 1950 l, 435). Das mag der Grund sein, warum Drieschs Entelechie meist als neovitalistisch gilt (vgl. Kap. 4.8).

Die noch vor Goethe geltende *Teleologie* führte die zweckmäßig erscheinende Einrichtung der Organismen auf *hypothetisch angenommene* Zwecke zurück, die der Schöpfer dem Geschöpf eingeprägt habe, was heute in neuer Auflage in der aus den USA stammenden kreationistischen Theorie des «intelligent design» postuliert wird (Fuller, 2007). Doch das ist anthropomorph gedacht und setzt Zweckhaftigkeit im Sinn von menschlichen Handlungsideen voraus, wie Steiner schon 1886 darstellte (Steiner, 1978 b, 184–186):

> Die Zweckmäßigkeit ist eine bestimmte Art in der Abfolge von Erscheinungen. [...] Der Mensch vollbringt eine Handlung, die er sich *vorher* vorstellt und lässt sich von dieser Vorstellung zur Handlung bestimmen. [...] Der Mensch macht seine Werkzeuge zweckmäßig; nach demselben Rezept lässt der naive Realist den Schöpfer die Organismen bauen. Nur ganz allmählich verschwindet der falsche Zweckbegriff aus den Wissenschaften. [...] Der Monismus weist den Zweckbegriff auf allen Gebieten mit alleiniger Ausnahme des menschlichen Handelns zurück. Er sucht nach Naturgesetzen, nicht nach Naturzwecken. *Naturzwecke* sind willkürliche Annahmen wie die unwahrnehmbaren Kräfte. [...] Zweckvoll ist nur dasjenige, was der Mensch erst dazu gemacht hat, denn nur durch Verwirklichung einer Idee entsteht Zweckmäßigkeit.

Auch heute wird diese anthropomorphe oder «äußere» Teleologie fast durchgängig abgelehnt. Sie wird als «Zweck*setzung*» bezeichnet, wogegen eine

79 «Es ist unser Bestreben gewesen, die Beziehung zwischen der Entelechie und den anorganischen Elementaragentien so zu formulieren, dass nichts gefordert wird, was nicht auf Grund experimenteller Tatsachen gefordert werden darf [...]» (Driesch, 1921, 441).

«innere» Teleologie oder «Zweck*mäßigkeit*» des Organismus von vielen Forschern anerkannt[80] und in Abgrenzung zur äußeren Teleologie auch als *Teleonomie* bezeichnet wird (Toepfer, 2005). Darunter wird insbesondere der «Kreislauf der wechselseitigen Abhängigkeit seiner Teile» (ebd., S. 47) verstanden, also das, was Rupert Riedl die «zirkuläre Kausalität» (auch «recursive», «recurrent» oder «feedback causality») der wechselweise aufeinander wirkenden Einzelprozesse im System des organischen Ganzen genannt hat, im Unterschied zur linearen Kausalität anorganischer Prozesse (Riedl, 2005).

Doch kommt es hinsichtlich Kausalität nicht nur auf die Wechselwirkung der Teile an (damit bliebe man in einer linearen Kausalität stecken, die lediglich zirkulär angeordnet ist), sondern darüber hinaus auch auf die *Anordnung bzw. das System der Teile selbst,* die im Ganzen jene wechselseitige Abhängigkeit überhaupt erst möglich macht: «Das organisierte System als Ganzes besteht ja in nichts als dieser wechselseitigen Bezogenheit der einzelnen Prozesse aufeinander» (Toepfer, 2005, 48). Da diese Anordnung eine tatsächliche ist, die sich gegenüber Störungen bemerkenswert robust erhält, muss sie Folge eines Wirkens sein. Es ist also nicht unzulässig, mit der Anordnung bzw. mit dem System oder der Organisation selbst ein Wirken verbunden zu denken, das die Teile in diese Anordnung hineinbringt und in ihr erhält. Die «zirkuläre» Kausalität Riedls setzt also eine *systemische Kausalität*, oder anders formuliert, *die Kausalität des Systems* voraus.

Von dieser Überlegung aus ergibt sich ein neuer Blick auf Goethes Typus. Denn mit diesem ist nichts anderes gemeint als eben jenes durch empirische Forschung zu findende System des Organismus als Ganzes, in dem alle Teile im Sinn der erwähnten *inneren* Zweckmäßigkeit gesetzmäßig aufeinander bezogen sind[81]. Dieser Typus, die Idee oder das Organisationsgesetz des Organismus wird von Goethe durchaus als ein *Wirkendes* gedacht. Dieses Wirkende kann als Ursache der organismischen Selbstorganisation angesehen werden sowie als kausaler Grund für die Anordnung der Teile in solcher Weise, dass diese in sinnvoller, systemischer Wechselwirkung stehen. Der Typus ist als Organisationsgesetz eine organische causa formalis; und insofern sich diese teleonom verwirklicht (man vergleiche etwa die Embryologie), ist er causa finalis (vgl. dazu auch Kap. 3.3 und 4.1).

---

80 Dass der Organismus in diesem *inneren* Sinn zweckmäßig ist, d. h. durch das sinnvolle Aufeinander-Bezogen-Sein der Teile und Funktionen im Ganzen, anerkennt auch Goethe. Man vergleiche dazu das Zitat aus seiner «*Metamorphose der Tiere*» in Kapitel 5.4.

81 Man vergleiche hierzu zum Beispiel *Goethes «Erster Entwurf einer allgemeinen Einleitung in die vergleichende Anatomie, ausgehend von der Osteologie»* von 1795, und darin insbesondere Kapitel 2 und 3: «*Über einen aufzustellenden*

Dass es aus empirischen Gründen berechtigt ist, in solcher Weise von einer Kausalität des organischen Systems zu sprechen, ergibt sich auch aus dem konsequenten Vergleich von Organismus und Mechanismus.

4.4 Organismus oder Mechanismus?

Es ist schon sehr ungewöhnlich, sich die Ordnung des lebendigen Organismus durch eine dem Organismus zugrunde liegende wirkende *Idee* zu erklären, die sich im Prozess der Selbstorganisation seinen Teilen aufprägt. Man ist eher gewohnt, diese Ordnung als Folge von kausalen Wechselwirkungen der Moleküle zu denken. Der Organismus wird so letztlich als eine Art komplexe biologische Maschinerie verstanden, und man hofft, durch eine vollständige Aufklärung der molekularbiologischen Wechselwirkungen auch seine Ordnung kausal erklären zu können.

Doch diese Hoffnung erweist sich nicht als realitätsgerecht. Betrachte man einmal den Organismus *konsequent* als Mechanismus. Ist eine Maschine kausal vollständig aus der Wechselwirkung ihrer Teile erklärbar? – Nein, denn *der Plan*, *das Design*, nach dem die Teile einer Maschine arrangiert sind, ist niemals eine *Folge* ihrer Wechselwirkung, sondern die Wechselwirkung der Teile der Maschine *setzt immer voraus*, dass die Teile zuerst nach diesem Plan arrangiert worden sind. Und das geschieht durch Kräfte, die ebenfalls nicht den Teilen entstammen, sondern diesen aufgezwungen werden, um ihnen ihren sinnvollen Platz im Ganzen der Maschine zuzumessen.

Die vollständige kausale Erklärung einer Maschine erfordert also in jedem Fall *zwei hierarchisch geordnete Systeme von Wirkursachen*: 1. das *den Plan verwirklichende konstruierende Kräftesystem*. Dieses ist den Teilen und ihren Kräften *übergeordnet*, denn es zwingt diese an ihre Stelle; 2. das die *Funktion* verwirklichende Kräftesystem, die *Wechselwirkung dieser Teile*. Niemals ergeben sich aus dieser der Plan und das diesen verwirklichende Kraftsystem.

Eine konsequente Bestimmung des Organismus als Mechanismus ergibt also die Forderung von zwei verschiedenen, hierarchisch geordneten Kraftsystemen als vollständige Erklärung der Lebensvorgänge. Dabei ist der Organismus jedoch in zwei Punkten wesentlich vom Mechanismus unterschieden. Erstens: Der Organismus ist autopoietisch, er verwirklicht sich stets selbst, wogegen die Maschine sich niemals selbst verwirk-

---

Typus zur Erleichterung der vergleichenden Anatomie» und «*Allgemeinste Darstellung des Typus»* (Goethe, 1950 j), und ferner Goethes oben erwähnte Schilderung dieser *inneren* Zweckmäßigkeit.

licht, sondern stets von einem externen Konstrukteur oder von anderen Maschinen gebaut wird, die ihrerseits natürlich wiederum fremdkonstruiert sind[82]. Der Organismus muss also *in sich* enthalten[83], was bei der Maschine stets *von außen*, durch den Konstrukteur, in sie hineingebracht werden muss: den Plan und die diesen verwirklichenden Kräfte. Und da diese Kräfte im Organismus *unmittelbar den Plan* verwirklichen, ohne Dazwischenkunft eines Konstrukteurs, müssen Plan (Idee, Gesetz) und Kraft eine Einheit sein: gesetzmäßig wirkende Kraft bzw. kraftendes Gesetz.

Die Bestimmung des Plans als einer *wirkenden Idee* im Sinne Goethes ist also geradezu das Ergebnis eines konsequenten Vergleichs von Organismus und Mechanismus. Der Plan vollzieht im Organismus selbst seine Wirkungen. Das hat bereits Steiner in seinen Einleitungen zu «*Goethes Naturwissenschaftlichen Schriften*» klargemacht (Steiner, 1973h, Anm. zu S. 73):

> Dies ist eben der Gegensatz des Organismus zur Maschine. Bei der letzteren ist alles Wechselwirkung der Teile. Es existiert nichts Wirkliches in der Maschine selbst außer dieser Wechselwirkung. Das einheitliche Prinzip, welches das Zusammenwirken jener Teile beherrscht, fehlt im Objekte selbst und liegt außerhalb desselben in dem Kopfe des Konstrukteurs als Plan. Nur die äußerste Kurzsichtigkeit kann leugnen, dass gerade darinnen die Differenz zwischen Organismus und Mechanismus besteht, dass dasjenige Prinzip, welches das Wechselverhältnis der Teile bewirkt, beim letzteren nur außerhalb (abstrakt) vorhanden ist, während es bei ersterem in dem Dinge selbst wirkliches Dasein gewinnt. So erscheinen dann auch die sinnlich wahrnehmbaren Verhältnisse des Organismus nicht als bloße Folge auseinander, sondern als beherrscht von jenem inneren Prinzipe, als Folge eines solchen, das nicht mehr sinnlich wahrnehmbar ist. In dieser Hinsicht ist es ebenso wenig sinnlich wahrnehmbar, wie jener Plan im Kopfe des Konstrukteurs, der ja auch nur für den Geist da ist; ja es ist im wesentlichen jener Plan, nur dass er jetzt eingezogen ist in das Innere des Wesens und nicht mehr durch

---

82 Die Vertreter des «*intelligent design*» stellen sich freilich vor, dass auch der Organismus in diesem Sinn wie die Maschine fremdkonstruiert ist, eben von Gott. Eine solche Vorstellung hat jedoch in der *Wissenschaft* nichts zu suchen. Sie ist eine unberechtigte Hypothese, insofern sie prinzipiell nicht auf Empirie abstützbar ist, sondern lediglich die empirisch beobachtbaren Umstände des *menschlichen* Konstruierens kindhaft-naiv auf den anthropomorph vorgestellten lieben Gott überträgt.

83 Man kann dagegen auch nicht einwenden, die parentale DNS sei doch exogen: denn der Tochterorganismus ist in gewisser Weise stets eine sich verselbständigende *Fortsetzung* des Mutterorganismus. Er ist diesem also primär nicht äußerlich, sondern innerlich, als ein Teil desselben.

> Vermittlung eines Dritten – jenes Konstrukteurs – seine Wirkungen vollzieht, sondern dieses direkt selbst tut.

Und hier liegt der zweite Unterschied zum Mechanismus: Bei diesem ist die *Konstruktion von der Funktion stets getrennt und geht dieser voran*; und der Motor wird erst repariert, wenn er abgestellt ist. Das ist zwar scheinbar trivial, wird aber bei der Maschinentheorie des Organismus in der Regel völlig außer Acht gelassen, sodass der Vergleich zwischen Organismus und Mechanismus inkonsequent bleibt. Beim Organismus werden nämlich – in allen seinen Teilen und im Ganzen – *Funktion und Konstruktion stets gleichzeitig verwirklicht*; und die typischen Eigenschaften des Lebens, durch die sich der Organismus klar von der Maschine unterscheidet, wie Wachstum, Morphogenese, Metamorphose, Selbstregeneration, ja schon die andauernde aktive Erhaltung der Form, sind nichts anderes als ein Ausdruck der unablässig aufrechterhaltenen (Re-)Konstruktion des Organismus, vom Lebensanfang bis zum Lebensende. Mit anderen Worten: Der lebendige Organismus ist im Sinne dieser Überlegungen nur dadurch möglich, dass er nicht nur aus dem System seiner wechselwirkenden Bestandteile (Moleküle, Organellen, Zellen usw.) besteht, sondern dass er darüber hinaus *ein zweites Wirksystem enthält*, das jenes erste durchdringt, ihm aber hierarchisch übergeordnet ist, indem es seine Ordnung bewirkt.

Diese hierarchische «two-leveled structure» der Organismen hat Michael Polanyi 1968 in seinem bemerkenswerten *Science*-Artikel «*Life's irreducible structure*» im Hinblick auf die moderne Molekularbiologie und Morphologie geltend gemacht (Polanyi, 1968):

> So the machine as a whole works under the control of two distinct principles. The higher one is the principle of the machine's design, and this harnesses the lower one, which consists in the physical-chemical processes on which the machine relies. [...] In this light the organism is shown to be, like a machine, a system which works according to two different principles: its structure serves as a boundary condition harnessing the physical-chemical processes by which the organs perform their functions. Thus, this system can be called to be a system under dual control. Morphogenesis, the process by which the structure of living beings develops, can then be likened to the shaping of a machine which will act as a boundary for the laws of inanimate nature. [...] Thus the morphology of living things transcends the laws of physics and chemistry. [...] The irreducibility of machines [...] teaches us, that the control of a system by irreducible boundary conditions does not *interfere* with the laws of physics and chemistry. [...] Irreducible higher principles are *additional* to the laws of physics and chemistry. [...] The theory of boundary

> conditions recognizes the higher levels of life as forming a hierarchy, each level of which relies for its workings on the principles of the levels below it, while it itself is irreducible to these lower principles.

Doch was diese höheren Lebensprinzipien, dieses «system of causes not specifiable in terms of physics and chemistry» bzw. diese «integrative power» eigentlich sei, scheint Polanyi erstaunlicherweise nicht zu sehen. Er hält es für ein «missing principle» und verweist bloß auf den inhaltlich hypothetisch bleibenden morphogenetischen Feld-Begriff von Hans Spemann und Paul Weiss. Er sieht nicht, dass die dem Maschinen-Design exakt entsprechenden «equivalent biological principles» nichts anderes sein können als die Prinzipien des im Organismus konkret erscheinenden Bauplans des Organismus und deshalb *empirisch bestimmbar* sind: ein System von Prinzipien, das sich selbst organisiert und selbst verwirklicht, wenn freilich nur in dem Material und unter den Bedingungen, die diese Prinzipien zu ihrer Verwirklichung brauchen, wie das für alle emergenten Prinzipien der Fall ist. Dieses sich selbst verwirklichende organische System ist der Typus, die «Idee» oder, wie man heute sagen könnte, die Gesamt-«Information» des Organismus (vgl. Kap. 4.1 und 4.3).

Dies erstmals und klar erkannt und die Methode zur naturwissenschaftlichen *Erkenntnis* dieser spezifisch biologischen Prinzipien erstmals aufgezeigt zu haben, ohne auf mechanistische oder spiritualistische Erklärungshypothesen zu rekurrieren, ist die besondere Leistung Goethes. Indem Goethe die wissenschaftliche Organik nicht allein durch Fortsetzung von Physik und Chemie in den Organismus hinein begründen wollte, wie das die auf ihn folgende Biologie getan hat, sondern durch systematisches Erkennen der *emergenten*, *spezifisch biologischen* Gesetze des Organismus, kann er als der eigentliche Inaugurator der *organischen* Naturwissenschaft bezeichnet werden. Diese steht zu den molekularbiologischen *Fakten*, die die moderne Biologie seit Goethes Zeitalter zutage gefördert hat, nicht im Widerspruch, sondern nur zu deren mechanistischer Interpretation. Goethes Ideen ergänzen jene Fakten, indem sie die empirisch begründbare Erklärung für deren *System* beinhalten. Auf diese fundamentale Bedeutung Goethes für die Biologie hat insbesondere Steiner hingewiesen und Goethes Leistung für die Biologie mit derjenigen von Kopernikus oder Kepler für die Astronomie verglichen (Steiner, 1973h, 106–107).

4.5 Typus und Morphogenese

Im Sinne des Vorangegangenen ist die Ordnung des Organismus also aus der sich im Organismus selbst verwirklichenden *Idee* zu erklären. Aber: Braucht es den «Typus», eine «Idee», wenn doch nachgewiesen ist, dass der Bauplan des Organismus durch Entwicklungskontrollgene bzw. durch «Morphogene» und Signalmoleküle festgelegt wird?

Nehmen wir das gut untersuchte Beispiel der Morphogenese der Taufliege *Drosophila melanogaster*: Die mütterlichen Ovarialzellen transkribieren die sog. Maternaleffektgene und deponieren deren mRNS in bestimmten Randregionen der sich entwickelnden Eizelle, so z. B. *bicoid*-mRNS am Vorderende und *nanos*-mRNS am Hinterende. Nach der Befruchtung der Eizelle und der Eiablage beginnt die Kernteilung, zunächst noch ohne Zellteilung, sodass sich bis zur 13. Kernteilung ein Synzytium ausbildet, dessen Kerne uniform in der kortikalen Randzone über die ganze Länge des Embryos verteilt sind. In dieser Zeit wird durch Translation jener maternalen Boten-RNS am Vorderende des Embryos das Bicoid-Protein gebildet, das nach hinten diffundiert und so einen nach distal abfallenden Konzentrationsgradienten bildet; in derselben Weise entsteht hinten das Nanos-Protein und dessen nach vorn abfallender Gradient. Durch diese Gradienten wird die anterior-posteriore Körperachse festgelegt und deren morphologische Gliederung vorgeprägt, indem jeder Zellkern im Sinne einer «Positionsinformation» einem anderen Verhältnis von Bicoid- und Nanos-Protein ausgesetzt ist. Davon hängt die weitere Musterbildung des Insektenkörpers ab, die im Weiteren durch hierarchisch-sequenzielle Aktivierung von drei Klassen sog. Segmentierungsgene zustande kommt: Zunächst regulieren Bicoid und Nanos die Expression der sog. Lückengene (*gap*-genes), deren Produkte mehrere breite Körperareale festlegen. Bicoid regelt ihre Transkription, Nanos ihre Translation. Die Lückengene aktivieren dann die sog. Paarregelgene, durch welche eine paarweise feinere Segmentunterteilung zustande kommt. Zum Schluss bestimmen die sog. Segmentpolaritätsgene die Grenzen und die anterior-posteriore Orientierung eines jeden Segments, deren Rolle (z. B. als Bein-, Flügel-, Antennenträger usw.) dann weiter durch homöotische Gene bestimmt wird (Nüsslein-Volhard & Wieschaus, 1980; Purves et al., 2006, 484–486).

Christiane Nüsslein-Volhard und Eric F. Wieschaus, die für die Entdeckung dieser regulatorischen Prozesskaskade 1995 den Nobelpreis für Medizin erhalten haben, führten die Entstehung der die Körperachse bestimmenden Substanz-Gradienten zunächst auf einfache Diffusion zurück, sodass sich das entstehende Muster als passive bzw. als mechanisch-chemische Folge der physikalisch-chemischen Eigenschaften der Regulator-Substanzen und ihrer Interaktion mit dem Ausbreitungsmedium ergeben müsste, und nicht als Folge einer sich aktiv verwirklichenden Idee. Das moderne Morphogen-Konzept impliziert, dass z. B. Bicoid die Domänen-Grenzen seines Target-Gens direkt selbst bestimmt (Gurdon & Bourillot, 2001). Die Vorstellung dabei ist, dass die lokale Lückengen-Expression (z. B. von hunchback) von einer bestimmten Schwellenkonzentration am jeweiligen Zellkern abhängig ist.

Aber eine *bloß passive* Diffusion ist als Ursache von Gestaltbildung aus mehreren Gründen in Frage zu stellen. So lässt schon der insbesondere von Ernst Mayr klar beschriebene grundsätzlich teleonome Charakter organismischer Gestaltprozesse (Mayr, 1999) vermuten, dass bei solcher Diffusion auch Aktivität im Spiel sein könnte. Denn ein *gezielter* [84] Vorgang setzt *aktive Steuerung* voraus. In der Tat wurde in der wissenschaftlichen Literatur bald über eine solche Steuerung der Diffusion berichtet, so etwa in *Science*: «Developing embryos may actively ship key signaling molecules from place to place, instead of relying on diffusion to carry the messages. [...] And simple gradients can't explain the physical changes that accompany some crucial developmental events» (Vogel, 1999). So wurde gezeigt, dass der Transport der maternalen mRNS wie auch der exprimierten Regulatorproteine gezielt («directed») durch entsprechende Motor-Proteine erfolgt, nach hinten durch sog. Kinesine und nach vorn durch sog. Dyneine, und zwar mindestens teilweise entlang von vorher entsprechend angelegten Mikrotubuli-Strukturen (Brendza et al., 2000). Im Weiteren erfolgt die Regulierung des Bicoid-Gradienten durch aktive Aufnahme und nachfolgende Degradierung von Bicoid durch die lokalen Zellkerne (Gregor et al., 2007) bzw. durch ein im Zeitverlauf dynamisch balanciertes Verhältnis zwischen dominierender Morphogen-Synthese im vorderen und überwiegender Degradierung im hinteren Bereich (Jaeger et al., 2004). Wie gesetzmäßig die Verteilung des Morphogens dabei insgesamt vom Organismus aktiv bestimmt wird, zeigt sich daran, dass die Gestalt und die geometrischen *Proportionen* des Gradienten-Musters im Ganzen sich stets gleich bleiben, unabhängig von der Größe des Embryos (Gregor et al., 2007). Bei passiver Diffusion wäre das unmöglich, da ein exponentieller Gradient seine eigene Längenskala hat, die nicht von der Körperlänge als solcher beeinflusst wird (Houchmandzadeh et al., 2002). Dabei wird eine Präzision erreicht, die der Präzision der eingesetzten physikalischen Messinstrumente gleicht und die nicht mehr der Zufallsverteilung von Molekülen bei simpler Diffusion entspricht: «The creation of the Bicoid gradient [...] must involve some sort of facilitated transit from nucleus to nucleus: The gradient is not explicable in terms of simple diffusion of Bicoid through the cytoplasm» (Lewis, 2008). Die Folge davon ist eine von Kern zu Kern

84 Teleonom oder «gezielt» ist hier, wie in den Kapiteln 4.1, 4.3 und 4.4 dargestellt, nicht im Sinne einer externen Teleologie als zum Voraus festgelegte fixe Zielsetzung zu verstehen, sondern im Sinne einer inneren Teleologie oder Teleonomie, die durch eine Selbstorganisation zustande kommt, bei der sich eine organische Strukturgesetzmäßigkeit durch Aktivität verwirklicht.

fein abgestimmte, aber im Ganzen koordinierte Morphogen-Konzentration, von der dann die Gen-Expression im jeweiligen Zellkern abhängt. Thomas Gregor und Mitarbeiter haben diese Verhältnisse durch direkte Konzentrationsmessungen untersucht und kommen zum Schluss, «the embryo is *not* faced with noisy input signals and readout mechanisms; rather, the system exerts precise control over absolute concentration differences and responds reliably to small concentration differences, approaching the limits set by basic physical principles» (Gregor et al., 2007). Das entstehende Segmentierungsmuster ist also nicht Folge von passiver Diffusion bzw. von entsprechenden chemisch-physikalischen Interaktionen des Morphogens mit seiner Umgebung, sondern ist Folge einer *aktiven und gezielten Positionierung* der Morphogen-Konzentration, wenn auch freilich unter der Voraussetzung jener Interaktionen. Je detaillierter heute die Erkenntnisse über die Morphogenese sind, desto deutlicher wird die Tatsache, dass Morphogenese nur durch eine dynamische Orchestrierung sämtlicher beteiligter Prozesskaskaden zustande kommt. Genexpression, Synthese, Transport und Degradation der Morphogene sowie die präzisierende Antwort der lokalen, untereinander interagierenden Zellkerne[85] sind aktive und dabei *stets aufeinander bezogene* Pro-

85 So ist z. B. nicht etwa bloß die gesetzmäßige Ausbreitung der maternalen Morphogene ein aktiver und gesteuerter Prozess, dem gegenüber die lokalen Lückengene als passive Informationsempfänger fungierten, um so den Bauplan zu aktivieren, sondern die Expression dieser *gap*-Gene in den lokalen Zellkernen ist selbst ein aktiver Prozess, der – in dynamischer regulatorischer Interaktion mit der *gap*-Gen-Expression von Zellkernen anderer Lokalisationen – dynamisch auf die maternalen Morphogene reagiert, sich auto-aktivieren kann, und so z. B. in der Lage ist, Variabilität auf der Ebene der maternalen Morphogene und damit Unschärfe der vorgegebenen «Positionsinformation» zu präzisieren (Houchmandzadeh et al., 2002). Damit erweist sich auch die differenzierte, interagierende Selbsttätigkeit der lokalen Zellkerne und späteren Zellen als ein dem *intendierten Bauplan unterworfener* Prozess. Aus diesem Grund ist die vormals von Nüsslein-Volhard und Wieschaus vertretene passive Morphogentheorie obsolet geworden und macht heute einer mehr organismischen Sicht Platz, die die gesetzmäßige Selbstaktivität des Gewebes, ja jedes einzelnen Zellkerns, anerkennt. Jaeger und Mitarbeiter drücken das so aus: «Our results indicate that maternal Bcd, Hb and Cad alone are not sufficient for positioning of gap gene domains and *hence do not qualify as morphogens in a strict sense.* As has been pointed out, *an active role of target tissue in specifying positional information contradicts the traditional distinction between the instructive role of maternal morphogens and their passive interpretation.* The requirement of specific regulatory interactions in the target tissue for *proper interpretation of positional information* can be interpreted as a requirement for specific tissue competence. In addition, the dynamical nature of the positional information, as encoded by expression boundaries, suggests *that positional information in the blastoderm embryo can no longer be seen as a static coordi-*

zesse, die selbst wiederum räumlich und zeitlich mit anderen Vorgängen, wie z. B. Bildung und Ausrichtung von Mikrotubuli, *koordiniert* sind. Es braucht also eine aktive Koordination aller aktiven Teilprozesse im Sinne einer Einheit im Ganzen bzw. auf *ein Ziel* hin: die Verwirklichung der morphischen Idee.

Was ist also das Bestimmende, nach dem diese Koordination erfolgt? Im Licht des bisher Ausgeführten nichts anderes als die *Idee*, das Gesetzmäßige des Musters selbst. Diese Idee, die durch Hinweis auf den Morphogen-Gradienten obsolet werden sollte, taucht als dessen *Voraussetzung* wieder auf. Eine Idee also, die sich nicht aus jenen molekularen Interaktionen *ableitet*, sondern diese zu ihrem Endresultat gewissermaßen *anleitet*. Morphogenese ist Selbstorganisation; aber nicht Selbstorganisation von unten, sondern *von oben*: Nicht die molekularen Interaktionen des Organismus bewirken dessen gesetzmäßiges Muster, sondern der Inhalt bzw. die Idee dieses Musters bewirkt dieses selbst, freilich ausschließlich unter der Bedingung jener Interaktionen und *in* diesen. Beim *organischen* Erkennen sind also hinsichtlich Kausalität nicht nur die Interaktionen der Teile zu erfassen wie im Anorganischen, sondern darüber hinaus auch die morphische Idee, die sich in diesen Interaktionen zur Erscheinung bringt.

4.6 Organisches versus anorganisches Erkennen

Durch das *Erfassen der organisatorischen Idee* unterscheidet sich das Erkennen des Organischen wesentlich von demjenigen des Unorganischen[86]. Im Unterschied zu einem mechanischen Prozess ist die Morphogenese des Organismus kein Vorgang, der aus der bloßen Interaktion seiner sinnlich wahrnehmbaren Teilprozesse erklärt werden kann (vgl. Kap. 4.4). Man beachte, dass hier vom *Prozess* gesprochen wird, also von der *Funktion* der Maschine,

---

nate system imposed on the embryo by maternal morphogens. Rather, it needs to be understood as the *dynamic process underlying the positioning of expression domain boundaries*, which is based on both external inputs by morphogens *and tissue-internal feedback among target genes*» (Jaeger et al., 2004, HvPH).

86 Mit Unorganisch ist hier das Mechanische gemeint, nicht etwa die Kristalle. Kristalle nehmen eine Zwischenstellung zwischen dem Anorganischen und dem Organischen ein. Sie sind zwar unorganisch im Sinne von «nicht lebend», aber ihr Erkennen ist insofern demjenigen des Organischen ähnlich, als es dabei ebenfalls um das Erfassen ihrer «organisatorischen Idee» geht, d. h. das Kristallprinzip. Und dieses kann ebenfalls als eine wirkende Idee (causa formalis) verstanden werden wie das Typusgesetz der Pflanze (vgl. Kap. 3.2 und 4.1), nur dass es sich im Unterschied zu diesem bloß als Raum-, aber nicht als Zeitgesetz (Wachstum und Metamorphose) manifestiert.

bei der es im Kausalerkennen lediglich um die Wechselwirkung der Teile nach anorganischen Gesetzen geht. Bei Erklärung der *Konstruktion* muss auch bei der Maschine zusätzlich zu den Teilen auch noch die Konstruktions-*Idee* und deren Verwirklichung mit einbezogen werden, ähnlich wie es hier für das organische Erkennen geltend gemacht wird (vgl. Kap. 4.5). Im Zustand der *Funktion* kommt die Verwirklichung der Konstruktionsidee der Maschine kausal aber nicht mehr in Betracht, da die Konstruktion abgeschlossen ist. Wohl aber muss die Organisationsidee des Organismus, also ein nicht mehr sinnlich Wahrnehmbares, stets in das Kausalerkennen mit einbezogen werden, da, wie der Mechanismusvergleich zeigt, organische Konstruktion und Funktion immer vereint auftreten.[87] Funktionell ist beim Mechanismus der Gesamtprozess eine notwendige passiv-mechanische Folge seiner Teilprozesse, die alle sinnlich wahrnehmbar sind. So ist das beim Organismus nicht mehr der Fall. Beim Organismus muss, abgesehen von den Teilprozessen, vielmehr deren Bestimmtsein von der übergeordneten Einheit, dem Gesetz des Ganzen, bei Erklärung der wirkenden Ursachen mit einbezogen werden, wie Steiner in seinem Aufsatz *«Über das Wesen und die Bedeutung von Goethes Schriften über organische Bildung»* deutlich macht (Steiner, 1973 h, 73):

> Man muss vielmehr zugestehen, dass alle Verhältnisse an einem lebenden Wesen nicht als Folge von andern sinnlich-wahrnehmbaren Verhältnissen erscheinen, wie dies bei der unorganischen Natur der Fall ist. Alle sinnlichen Qualitäten erscheinen hier vielmehr als Folge eines solchen, *welches nicht mehr sinnlich wahrnehmbar ist.* Sie erscheinen als Folge einer über den sinnlichen Vorgängen schwebenden höheren Einheit.

Da die Teilprozesse dieser Einheit folgen, also dem Gestaltungsgesetz des Ganzen, und da dieses selbst als ein Ideelles nicht sinnlich wahrnehmbar, sondern nur vom Denken erfassbar ist, sagt Steiner mit Recht (ebd., 73–74), dass beim Organismus alle sinnlichen Vorgänge bedingt sind

> durch ein über ihnen Stehendes, welches selbst nicht wieder sinnlich-anschaulicher Form ist; sie sind wohl füreinander da, nicht aber durcheinander. Sie bedingen sich nicht untereinander, sondern sind alle

---

87 Deshalb ist das den organischen Plan verwirklichende Kraftsystem eine fortwährend tätige causa formalis und causa finalis, die in das (Wechsel-)Wirken (causa efficiens) des Stoffes (causa materialis) hineinwirkt und diesem seine Richtung im Ganzen anweist. Man vergleiche dazu das in Kapitel 4.4 über das Verhältnis von Organismus und Mechanismus Gesagte: Im Organismus gibt es *zwei* im hierarchischen Verhältnis zueinander stehende Wirksysteme.

> bedingt von einem anderen. Wir können hier das, was wir sinnlich wahrnehmen, nicht wieder aus sinnlich wahrnehmbaren Verhältnissen ableiten, wir müssen in den Begriff der Vorgänge Elemente aufnehmen, welche nicht der Welt der Sinne angehören, *wir müssen über die Sinnenwelt hinausgehen.* Es genügt die *Anschauung* nicht mehr, wir müssen *die Einheit* begrifflich erfassen, wenn wir die Erscheinungen erklären wollen.

Diese Einheit ist nichts anderes als der Inhalt des sich konkret realisierenden Bauplans, der Typus im Sinne Goethes, *die Idee* des organischen Ganzen. Sie entspricht im Organischen dem, was im Anorganischen das physikalische Naturgesetz ist: der gesetzliche Zusammenhang, der die mechanischen Erscheinungen beherrscht, den wir aber durch unser Denken in der Form der Idee erfassen müssen, um die Erscheinung, die unserem Beobachten zugänglich ist, zu begreifen.

Da aber die Teilprozesse nicht bloß ihrer Wechselwirkung, sondern *tatsächlich* der alle Teilprozesse aufeinander beziehenden Einheit folgen, kommt dieser Einheit selbst *kausal wirkende* Bedeutung zu. Das ist der entscheidende Unterschied zwischen dem mechanischen Naturgesetz und dem organischen Typus. Die Idee des Organismus verwirklicht sich in der Erscheinung *selbst* als deren konkrete, sinnlich erscheinende Gestalt, Gliederung und Struktur; das mechanische Gesetz gibt bloß die ideelle Struktur an, nach der die sinnlich erscheinenden Elemente unter sich wirkursächlich zusammenhängen, es bringt aber diesen Zusammenhang nicht *wirkend* hervor und hat in ihm so gesehen kein «wirkliches» Dasein. Steiner bringt das folgendermaßen zum Ausdruck (ebd., 85):

> Dieses Verhältnis [d.h. der begrifflich erfasste Zusammenhang, das anorganische Naturgesetz], welches die Mannigfaltigkeit in ein einheitliches Ganzes zusammenfasst, ist *in den einzelnen Teilen* des Gegebenen begründet, aber als *Ganzes* (als Einheit) kommt es nicht zur realen, konkreten Erscheinung. Zur äußeren Existenz – im Objekte – kommen nur die *Glieder* dieses Verhältnisses. Die Einheit, der Begriff kommt *als solcher* erst in unserem Verstande zur Erscheinung. Es kommt ihm die Aufgabe zu, das Mannigfaltige der Erscheinung zusammenzufassen, er verhält sich zu dem letzteren als *Summe*. Wir haben es hier mit einer Zweiheit zu tun, mit der mannigfaltigen Sache, die wir *anschauen*, und mit der Einheit, die wir *denken*. In der organischen Natur stehen die Teile des Mannigfaltigen eines Wesens nicht in einem solchen äußerlichen Verhältnisse zueinander. Die Einheit kommt mit der Mannigfaltigkeit zugleich, als mit ihr identisch in dem Angeschauten zur Realität.

Das ist deswegen der Fall, weil diese Einheit, das Gesetz des Ganzen, im Organismus als ein realer, d.h. wirkender Faktor vorhanden ist (vgl. Kap. 4.5). Deshalb schreibt Steiner weiter (ebd., 86):

> Das Verhältnis der einzelnen Glieder eines Erscheinungsganzen (Organismus) ist ein reales geworden. Es kommt nicht mehr bloß in unserem Verstande zur konkreten Erscheinung, sondern im Objekte selbst, in welch letzterem es die Mannigfaltigkeit aus sich selbst hervorbringt. Der Begriff hat nicht mehr bloß die Rolle einer Summe, eines Zusammenfassenden, welches sein Objekt *außer* sich hat; er ist mit demselben vollkommen *eins* geworden. Was wir anschauen, ist nicht mehr verschieden von dem, wodurch wir das Angeschaute denken; wir schauen den Begriff als Idee selbst an. Daher nennt Goethe das Vermögen, wodurch wir die organische Natur begreifen, *anschauende Urteilskraft*. Das Erklärende – das Formelle der Erkenntnis, der Begriff – und das Erklärte – das Materielle, die Anschauung – sind identisch[88]. Die Idee, durch welche wir das Organische erfassen, ist somit wesentlich verschieden von dem Begriffe, durch den wir das Unorganische erklären; sie fasst ein gegebenes Mannigfaltiges nicht bloß – wie eine Summe – zusammen, sondern setzt ihren eigenen Inhalt aus sich heraus. Sie ist *Resultat* des Gegebenen (der Erfahrung), konkrete Erscheinung.

Mit anderen Worten: Im *anorganischen Erkennen*[89] bleibt die Urteilskraft bloß «denkend». Das allgemeine Gesetz wird durch das urteilende Denken als Begriff den konkreten sinnlich erscheinenden Elementen *gegenübergestellt* und erhellt deren inneren Zusammenhang. Im *organischen Erkennen*

---

88 «Identisch» ist hier von Steiner nicht im Sinne der formallogischen Identität gemeint (denn sie werden ja gleichzeitig als Erklärendes und Erklärtes *unterschieden*), sondern im Sinne des «Eins»-Geworden-Seins, von dem im selben Zitat die Rede ist. Deshalb heißt es dort auch: «Die Einheit kommt mit der Mannigfaltigkeit *zugleich*, als mit ihr identisch in dem Angeschauten zur Realität.» Der Ausdruck «identisch» ist deswegen berechtigt, weil die erwähnte Einheit, das Gesetz des Ganzen, das bestimmende *Wesenhafte* der erscheinenden Mannigfaltigkeit selbst ist.

89 Man beachte, dass hier das in Kapitel 2 entwickelte Prinzip des Erkennens mit seinen beiden Elementen Erfahrung (Anschauung, Wahrnehmung, Empirie) und Begriff (Idee, Gesetz, Theorie) gleichermaßen für das anorganische und das organische Erkennen in Anwendung kommt. Der Unterschied ist, dass auf *der Anschauungsseite* beim *anorganischen* Erkennen konkrete sinnliche Elemente vorhanden sind, deren Beziehung durch das allgemeine Gesetz geklärt wird, beim *organischen* Erkennen jedoch *eine konkrete Gestaltung* von Sinnlichem, die sich als eine konkretisierte Form des allgemeinen Gesetzes erweist.

wird das Urteilen zusätzlich «anschauend», indem das *allgemeine* Gesetz (der Begriff, die Idee) durch das urteilende Denken nicht einfach dem *Sinnlichen als solchem* auf der Anschauungsseite des Erkenntnisurteils gegenübergestellt wird, sondern dem, was in diesem Sinnlich-Angeschauten, Materiellen *konkret verwirklichte* organische *Idee*, d.h. konkrete Gestalt, Gliederung, Struktur, Verhältnis, System, *Organisation* ist, also das, was den Organismus überhaupt erst zum *Organismus* macht, und das gegenüber allem Anorganischen emergent ist. Auf der Begriffsseite des Erkenntnisurteils hat man dann – sofern man es finden kann – als Erklärendes das *allgemeine* Gesetz, das Typische, und auf der Anschauungsseite das *zu* Erklärende, nämlich irgendeine *konkrete individualisierte* Verwirklichungsform dieses Typischen. Insofern das letztere das Wesen des ersteren, in der Erscheinung auftretenden, ist, sind beide «identisch». Deshalb kann im Organischen das Ganze, die Gestalt usw. auch niemals aus den Teilen abgeleitet werden (sozusagen als deren *«Summe»* im Sinn der oben zitierten Formulierung von Steiner), sondern es muss stets *erwartet* bzw. *beobachtet* werden, was die Natur – oder auch das biologische Experiment – als *Resultat*, d.h. als konkrete Verwirklichungsform einer organischen Gesetzmäßigkeit hervorgebracht hat.

Die Wissenschaft des Organischen im Sinne von Goethes Morphologie richtet sich deswegen stets auf das, was im Organismus spezifisch organisch ist, d.h. auf dessen *Organisation* oder *Gestaltung*, sei es in räumlicher oder zeitlicher Hinsicht. Das bedeutet nicht, dass es von diesem Standpunkt aus unberechtigt sei, durch die Methoden von Physik und Chemie auch im Organismus zu verfolgen, was in diesem nicht organisch ist, und was erst dann zum Vorschein kommt, wenn man dessen Form zerstört oder umgeht (Heusser, 2000c). So schreibt Goethe in Notizen zur vergleichenden Anatomie (Goethe, 1950l, 415):

> Wir betrachten den organischen Körper insofern, als seine Teile noch Form haben, eine gewisse entschiedene Bestimmung bezeichnen und mit andern Teilen in Verhältnis stehen. Alles, was die Form des Teils zerstört, was den Muskel in Muskelfasern zertrennt, was den Knochen in Gallerte auflöst, wird von uns nicht angewandt. Nicht als ob wir jene weitere Zergliederung nicht kennen wollten und nicht zu schätzen wüssten, sondern weil wir, schon indem wir unsern ausgesprochenen Endzweck verfolgen, ein großes und unbegrenztes Tagewerk vor uns sehen.

Ja, es ist sehr aufschlussreich, dass Goethe in seinen Vorarbeiten zu einer Physiologie der Pflanzen mehrere Hilfswissenschaften anführt, deren Synthese erst die *Morphologie im umfassenden Sinne*, d.h. die Wissenschaft des Organischen ausmacht, «ein bemerkenswerter Entwurf einer transdisziplinären

Forschungsweise», wie Johannes Wirz im Hinblick auf die moderne Biologie mit Recht bemerkt (Wirz, 2000, 314). Dazu gehören die *Morphologie im engeren Sinne*, also «die Lehre von der Gestalt, der Bildung und Umbildung der organischen Körper» (Goethe, 1950 q), ferner die äußerlich vergleichende Morphologie (die «Naturgeschichte»), und auch die Anatomie, Physiologie, Physik und Chemie. Man kann sogar sagen, dass ohne diese Wissenschaften auch die Morphologie im engeren Sinne, die Lehre der organismischen Organisation, ihre Aufgabe nur schlecht lösen könnte. Denn der Typus ist für seine Manifestation auf die entsprechenden Materialien angewiesen, und deswegen ist die Untersuchung des *Gestaltungsgesetzes* auf das Engste mit der Untersuchung des *Gestalteten* assoziiert. In diesem Sinn ist es nicht unbiologisch, sondern eher einseitig, wenn die *nach* Goethe entwickelte Naturwissenschaft sich mit reduktionistisch-mechanistischer Erkenntnishaltung mehr dem Letzteren zugewandt und das Erstere als eine eigenständige Entität vernachlässigt hat. Denn auf diese Weise sind Erkenntnisse über die *materiellen Bedingungen* der Lebensprozesse zutage gefördert worden, wie das anders wohl kaum möglich gewesen wäre, und die erst möglich gemacht haben, was Goethe als die Morphologie im umfassenden Sinne gekennzeichnet hat. Ein Beispiel dafür sind die oben besprochenen modernen Erkenntnisse der Morphogenese.

Dazu kommt, dass Goethe und seiner Zeit die modernen Analysemethoden noch gar nicht zur Verfügung standen, die das weitere 19. und insbesondere das 20. Jahrhundert hervorgebracht haben. Dennoch wies er schon damals darauf hin, welche Bedeutung die physiologische Chemie in der Zukunft für die Biologie haben würde (Goethe, 1950 q, 116):

> Dem Chemiker, der Gestalt und Struktur aufhebt und bloß auf die Eigenschaft der Stoffe und auf die Verhältnisse ihrer Mischungen acht hat, ist man auch in diesem Fache viel schuldig und man wird ihm noch mehr schuldig werden, da die neueren Entdeckungen die feinsten Trennungen und Verbindungen erlauben, und man also auch den unendlich zarten Arbeiten eines lebendigen Körpers sich dadurch zu nähern hoffen kann. Wie wir nun schon durch genaue Beobachtung der Struktur eine anatomische Physiologie erhalten haben, so können wir mit der Zeit auch eine physisch-chemische uns versprechen, und es ist zu wünschen, dass beide Wissenschaften immer so fortschreiten mögen als wenn jede allein das ganze Geschäft vollenden wollte.

Am Ende seines Lebens, 1832, zehn Jahre vor dem oben zitierten Ausspruch Du Bois-Reymonds (vgl. Kap. 2.6), schreibt Goethe im Zusammenhang mit der teilweise von ihm selbst angeregten Isolierung von Koffein und Karotin durch Runge und Wackenroder (Goethe, 1988, 467–468):

> Es interessiert mich höchlich, inwiefern es möglich sei, der organisch-chemischen Operation des Lebens beizukommen, durch welche die Metamorphose der Pflanzen nach ein und demselben Gesetz auf die mannigfaltigste Weise bewirkt wird.

Dieses Ziel ist mit den molekularbiologischen Methoden des 20. und angebrochenen 21. Jahrhunderts in gewisser Weise erreicht worden, und Goethes Aussagen zeigen klar, dass er sich über die oben erwähnte molekularbiologische Aufschlüsselung der Morphogenese von Drosophila außerordentlich gefreut hätte. Doch niemals hätte Goethe diese Forschungsresultate *mechanisch* erklärt; er war «von der Eminenz des Lebens überzeugt, welches über, ja oft gegen mechanische Gesetze wirkt» (Goethe, 1950l, 417). So wandte er sich auch deutlich gegen eine mechanische Interpretation seiner *«Metamorphose der Pflanzen»* (Goethe, 1975b, 206), und die Anwendung atomistischer Begriffe «in organischen Fällen» führt er darauf zurück, dass «uns der atomistische Begriff nah und bequem zur Hand» sei und wir dazu tendieren, das Problem des Dynamischen beiseite zu schieben: «Denn eben wenn man Probleme, die nur dynamisch erklärt werden können, beiseite schiebt, dann kommen mechanische Erklärungsarten wieder zur Tagesordnung» (Goethe, 1975a, 413). Steiner merkt zu diesen Stellen an (ebd., 413, Anm. R. Steiners):

> *Atomistisch* ist die Naturerklärung, die von den letzten erdenkbaren Einzelheiten der Dinge ausgeht und die Phänomene durch Zusammenwirken dieser Einzelheiten erklärt. *Dynamisch* dagegen ist eine Erklärung, die sich einen Begriff von einer *Einheit* zu machen vermag und aus dieser Einheit die Einzelheiten entstehen lässt. Goethe bekannte sich zu der letzteren Erklärungsart. [...] Goethe ist ein Gegner der *ausschließlichen* Anwendung *einer* Vorstellungsart auf alle Naturvorgänge. Er will die Erklärungsart den Gegenständen anpassen. In den physikalischen Vorträgen, die er 1805 hielt, notiert er [...]: *Dynamische* Vorstellungsart: Werdendes, Anregendes, Handelndes, Hervorbringendes. *Atomistische* Vorstellungsart: Gewordenes, Duldendes, Anregbares, Ruhendes, Hervorgebrachtes.

Also auch hier: Perspektivität der Erkenntnisse (vgl. Kap. 2.4, 2.5 und 3.1). Die Wissenschaft der *Teile*, aus denen der Organismus zusammengesetzt ist, ist naturgemäß atomistisch. Die Wissenschaft der räumlich-zeitlichen *Organisation* dieser Teile, des spezifisch Organischen also, dessen Kennzeichen geradezu sein unaufhörliches, aus einer Einheit heraus organisiertes Werden ist – auch noch nach Abschluss seines Wachstums, in Regeneration, Reproduktion, und auch einfach im Erhalten seiner Strukturen durch dynamische

Fließgleichgewichte –, kann in diesem Sinn nur eine dynamische sein, wie eine solche erstmals von Goethe in seinen morphologischen Schriften ausgearbeitet worden ist. Das *Prinzip* seiner Methode bleibt auch dann noch gültig, wenn die Faktenlage weit über diejenige seiner Zeit hinausgewachsen ist. Deswegen kann in dieser Hinsicht auch heute wieder an Goethe angeknüpft werden (Heusser, 2000b). Steiner hat deswegen Goethes morphologischen Arbeiten eine besondere Stellung in der Geschichte der Wissenschaftsmethodik zugemessen[90] und in seinen eigenen Schriften eine ausführliche erkenntniswissenschaftliche Fundierung dieser Methode gegeben.

Durch Goethes organische Wissenschaftsmethode ist allerdings die Lösung einer Schwierigkeit gegeben, in die die Biologie im Verlauf der Wissenschaftsgeschichte bis heute immer wieder geraten ist, nämlich entweder der *Skylla eines unwissenschaftlichen Spiritualismus* oder der *Charybdis eines mechanistischen Materialismus* zu verfallen.

Den mechanistischen Materialismus kann diese Methode vermeiden, weil sie zwar einerseits das Wirken materieller Stoffe und Kräfte, aber andererseits in diesen selbst schon das ihnen inhärente Gesetzmäßige als ein Realgeistiges anerkennt, und weil sie aus empirischen Gründen nicht nur die mechanische, sondern auch höhere Formen gesetzmäßigen Wirkens gelten lässt und so auf den Reduktionismus verzichten kann. Den unwissenschaftlichen Spiritualismus kann diese Erkenntnisart vermeiden, weil sie das Geistige nicht in spekulativer, sondern auf empirische Weise sucht, zunächst in der Form der Gesetzmäßigkeit.

Unwissenschaftlich spiritualistisch ist im hier gemeinten Sinn die oben besprochene, meist religiös begründete äußere Teleologie, die in der bereits erwähnten Theorie des «intelligent design» weiterlebt oder auch in Europa von theologisch motivierten Philosophen und Biologen wieder vertreten wird (Spaemann & Löw, 1991). Unwissenschaftlich sind diese Formen von Teleologie insofern, als sie auf hypothetischen Annahmen über den der Beobachtung unzugänglichen Schöpfer beruhen, wogegen sich die Wissenschaft nur auf Beobachtung und Denken stützen kann.

Hypothetische Annahmen sind als solche selbstverständlich nicht a priori unwissenschaftlich; Wissenschaft operiert berechtigterweise sehr oft mit Hypothesen. Hypothesen sind Ideen, deren wahrnehmliches Korrelat (noch) nicht gefunden ist. Sobald die entsprechenden Wahrnehmungen bestätigend beigebracht werden können, hören die Hypothesen auf, Hypothesen zu sein,

---

90 «Die hohe Bedeutung von Goethes morphologischen Arbeiten ist darin zu suchen, dass in denselben die theoretische Grundlage und die Methode des Studiums organischer Naturen festgestellt ist, welches eine *wissenschaftliche Tat ersten Ranges ist*» (Steiner, 1973h, 70).

und erhalten den Wert von Erkenntnisideen. Unwissenschaftliche Hypothesen sind diejenigen, die Steiner *unberechtigte Hypothesen* nennt, weil ihr von der Wissenschaft zu forderndes Wahrnehmungskorrelat prinzipiell nicht gefunden werden *kann*: «Jede Art des Seins, das außerhalb des Gebietes von Wahrnehmung und Begriff angenommen wird, ist in die Sphäre der unberechtigten Hypothesen zu verweisen. In diese Kategorie gehört das ‹Ding an sich›» (Steiner, 1978 b) im Sinne Kants, aber auch die von der religiösen Teleologie angenommenen Zweckideen im Geist Gottes[91].

Insofern vitalistische Traditionen aus der älteren Medizin die Eigenschaften des Lebens und die spezifische Struktur und Funktion von Organismen auf *grundsätzlich* der wissenschaftlichen Empirie nicht zugängliche, meist immateriell bzw. supramateriell gedachte spezifische «Lebenskräfte» zurückführen, können sie aus dem gleichen Grund als unwissenschaftlich spiritualistisch gelten (Lehmann, 1991). Nicht das Geltendmachen von spezifischen, immateriellen Lebenskräften ist dabei das Unwissenschaftliche – denn es ist aus den auch in dieser Schrift ausgeführten Gründen immerhin denkbar, dass solche Kräfte ebenso existieren könnten wie Radiowellen oder magnetische Felder –, sondern deren prinzipielle empirische Unzugänglichkeit. Die Frage nach der Existenz von spezifischen Lebenskräften oder anderen immateriellen Kräften muss ebenso empirisch gelöst werden wie die Frage nach physischen Kräften. Das gilt auch bei der Frage nach der Existenz morphogenetischer Felder, die seit der Zeit des sog. Neovitalismus zur Erklärung der Morphogenese herangezogen worden sind.

---

91 Diese Aussage ist nicht gleichbedeutend mit einer Ablehnung des Geistig-Göttlichen als Schöpfungsgrundlage der Welt; sie wendet sich nur gegen eine mit einer wissenschaftlichen Haltung unvereinbare anthropomorphe Vorstellung dieses Göttlichen. Zudem darf nicht außer Acht gelassen werden, dass das Gesetzmäßige der Welt selbst ein Geistiges ist, und deswegen von Hegel nicht mit Unrecht als «Weltgeist» bezeichnet wird. Wie dieser sich zu dem von der Religion gelehrten Schöpfergott verhält, ist eine sehr weitreichende Frage, deren leichtfüßige Beantwortung im Sinne des Kreationismus nicht nur wissenschaftlich, sondern auch religiös naiv erscheint. Bestimmt man den «Weltgeist» aufgrund der «logischen» Form, in der er im Denken erlebt wird, umfassend als «Logos», dann kommt man der Schilderung des Göttlich-Geistigen am Anfang des Johannes-Evangeliums, das nichts zu tun hat mit anthropomorphem Kreationismus, wohl schon sehr nahe. Aus der auch hier vertretenen Universalienlehre ist klar, dass dieser «Logos» mehr umfassen muss als dasjenige, was sich im Erscheinungsdasein als «Universalia in re» oder «post rem» real manifestiert oder ideell gedacht wird.

4.7 Morphogenetische Felder oder morphogenetische Substanzen?

Die morphogenetischen Feldkonzepte des Neovitalismus sind zum großen Teil ebenfalls hypothetisch geblieben (Lehmann, 1991). Jedoch findet sich hier ein entscheidender Unterschied zu den älteren vitalistischen Traditionen. Denn die Neovitalisten waren im modernen Sinn naturwissenschaftlich experimentell arbeitende Biologen des ausgehenden 19. und beginnenden 20. Jahrhunderts, die meist aufgrund von Entwicklungs- und Regenerationsexperimenten mit Embryonen niederer Tiere zum Postulat ihrer Kraft- oder morphogenetischen Felder kamen. Im Unterschiede zum alten Vitalismus waren es also naturwissenschaftlich-*empirische* Gründe, die etwa Hans Driesch (1867–1941) zu seinem Begriff «von Ganzheitsbezogenheit und ganzmachender Kausalität» veranlassten (Driesch, 1929, 3). In Anlehnung an Aristoteles sprach er aufgrund der Zielbezogenheit der Wirkungen von «Entelechie» (entelécheia: griech. für «das, was sein Ziel in sich trägt») (Driesch, 1931). Alexander Gurwitsch (1874–1954) betrachtete Drieschs Ganzheitsfaktor auf Basis eigener, speziell auch mathematisch statistischer Untersuchungen von Zell- und Kernteilungsmustern «als eine Realität» (Gurwitsch, 1922); er sprach in Anlehnung an elektromagnetische Felder von *Kraftfeldern* oder *embryonalen Feldern* bzw. von einem *vektoriellen biologischen Feld*, das als suprazelluläres Ordnungsprinzip aus dem Ganzen heraus das einzelne Zellschicksal bestimmt (Beloussov et al., 1997). Paul Weiss (1898–1989) leitete sein morphogenetisches Feldkonzept von demjenigen Gurwitschs und aus eigenen Experimenten ab und fasste 1939 die bis dahin empirisch eruierten Feldeigenschaften folgendermaßen zusammen (Beloussov et al., 1997):

1. Die Feldaktivität ist stets an materielles Substrat gebunden.
2. Das Feld ist eine Einheit und kein Mosaik.
3. Die Struktur des Feldes variiert in drei Dimensionen und hat gewöhnlich eine Achse.
4. Wie bei den Polen eines Magneten kann kein Bestandteil des materiellen Substrats mit einer der verschiedenen Komponenten des Feldes identifiziert werden.
5. Wenn die Masse des Feldes reduziert wird, so bleibt die Struktur des Feldes dennoch erhalten.
6. Wenn das materielle Substrat («Feld-Distrikt») zerteilt wird, so besitzt jede Hälfte ein komplettes proportioniertes Feld, das der Struktur des ursprünglichen einzelnen Feldes äquivalent ist.
7. Die Fusion von Felddistrikten ergibt morphologische Resultate, die von der Orientierung ihrer Achsen abhängt.

Diese Feldeigenschaften lassen sich ohne weiteres an den bekannten Beispielen von Amphibienembryonen (Hadorn, 1981) und Planarienregeneration (Kühn, 1965) empirisch belegen. Sie zeigen, um mit Bernhard Dürken zu sprechen, die «beherrschende und übergeordnete Stellung dieses Ganzheitsträgers». Dieser «kann kein gesonderter Mechanismus sein, also keine Sonderanlage in den Keimzellen» (Dürken, 1936, 116). Es folge vielmehr aus den Tatsachen, «dass eben das *Ganze* des Keimes als *Wirkursache* in die Entwicklung eingreift» (ebd., 109); eine Wirkursache, die zudem dem organischen Material als solchem *übergeordnet* ist, wie auch die Experimente von Oberheim und Luther zur Polaritätsumkehr bei Extremitätenregeneration von Salamandern zeigen (Oberheim & Luther, 1958): Die Vorderextremität einer Salamanderlarve wurde einer andern Larve in die Rückenregion implantiert. Nachdem sie dort eingeheilt war (was nur bei guter Nervenversorgung des Wundgebietes und entsprechender Vaskularisierung möglich ist), wurden die Extremitäten beiderseitig amputiert. Das Ursprungstier regenerierte die verlorengegangene Extremität normal, das zweite Tier regenerierte deren Spiegelbild. Das wird durch eine De-Differenzierung[92] der bereits differenzierten Zellen des «verkehrt» implantierten Extremitätenstumpfes mit nachheriger Re-Differenzierung dieser Zellen ermöglicht (Hay, 1968), aber nota bene im Sinne einer «Normalisierung» der Extremitätenachse, d.h. durch Polaritätsumkehr des Extremitäten-«Plans» um 180°. Das bedeutet nichts anderes als *eine relative Unabhängigkeit des (Teil-)Planes von dem Geplanten*: Es kann sich von ihm «lösen» und in neuer Orientierung wieder mit ihm «verbinden». Paul Weiss

92 Nach neuen Erkenntnissen findet dabei keine vollständige Entdifferenzierung statt: Muskel-, Knorpel- und Hautzellen behalten als Blastemzellen etwas von ihrer genetischen Identität und können nur in beschränktem Maße in andere Zelltypen regenerieren. Knorpelzellen behalten sogar ihre «Positionsinformation» in Form eines zellständigen Regulatorproteins (MEIS) und bestimmter Hox-Messenger RNS. Das hat zur Folge, dass Knorpelzellen, die vor der Amputation in den Oberarm verpflanzt wurden, nach der Amputation als Blastemzellen nach distal in die entstehende Hand wanderten, wogegen sich Schwannzellen, die diese Substanzen nicht exprimierten, gleichmäßig über die Gesamtlänge der Extremität verteilten (Kragl et al., 2009). Man kann jedoch aus dieser Tatsache nicht folgern, die Position der Zellen im Ganzen bzw. die Form der Hand oder Extremität sei *ursächlich* auf diese oder ähnliche Substanzen zurückzuführen. Diese sind jedoch die materielle *Bedingung* für diese Position oder Form; aber erstens setzt die Exprimierung dieser Substanzen selbst schon eine Genregulation im Hinblick auf diese Position und Form voraus, und zweitens ist die Wanderung entsprechend prädestinierter Zellen und ihre Platzierung innerhalb des sinnvollen Ganzen einer Extremität ein koordiniertes, dem «Plan» entsprechendes Geschehen, in Bezug auf welches die Einzelzelle einschließlich ihrem gesamten Material Befehls*empfängerin* ist. Noch deutlicher wird das im Fall der im Text erwähnten Polarisationsumkehr dieses Plans.

unterschied deswegen mit einem gewissen Recht «einerseits *Differenzierungspotenz*, welche jedem Materialteil, sagen wir jeder Zelle eigen ist und ihre gesamten Reaktionsmöglichkeiten begreift; andererseits *Organisationspotenz* (oder *Gestaltungspotenz*), welche nur einem Material*ganzen* als solchem zukommt und welche die *Determinationsfähigkeit* für die untergeordneten oder unterzuordnenden Materialteile bedeutet; als dynamischer Träger einer *Organisationspotenz* erscheint ein Organisations*feld*» (Weiss, 1927, 335).

Den sog. neovitalistischen Kraft- und morphogenetischen Feldern ist – wie bereits gesagt – gemeinsam, dass sie aufgrund empirisch-experimenteller Fakten postuliert wurden (Beloussov et al., 1997), und zwar nach demselben Prinzip, nach dem die Naturwissenschaft auch die Existenz elektromagnetischer Kraftfelder annimmt: Aufgrund von beobachtbaren Wirkungen wird auf die Existenz des Wirkenden sowie auf seine Eigenschaften geschlossen, obwohl das Wirkende als solches selbst nicht beobachtbar ist. Das Postulat morphogenetischer Kraftfelder ist insofern naturwissenschaftlich berechtigt.

Aber was ist das Wirkende, Ganzmachende? So lange das gesetzmäßige Was dieses Ganzmachenden inhaltlich nicht ebenso angegeben werden kann wie das Gesetzmäßige von Elektrizität, Magnetismus oder Gravitation, bleibt sein Postulat zu unbestimmt, es kann ihm kein voller Erkenntniswert im Sinne der Naturwissenschaft zugemessen werden. Begriffe wie Entelechie, Ganzheit, Kraftfeld usw. bleiben abstrakt, wenn sie inhaltlich nicht konkret bestimmt werden können; sie haben so wenig Erklärungswert. Indem sie gewissermaßen über dem organischen Substrat «schweben», bleiben sie «spiritualistische» Hypothesen. Deshalb, und besonders auch weil im Unterschied zu elektromagnetischen Kraftfeldern für die morphogenetischen Kraftfelder *keine materielle Feldquelle angegeben werden kann*, hat sich der morphogenetische Feldbegriff nicht etablieren können. Es wurde ihm letztlich bloß eine *beschreibende*, aber keine *erklärende* Funktion zugemessen (Saunders, 1968, 63); er bietet lediglich «eine nützliche Umschreibung für bestimmte Systemeigenschaften von musterbildenden Zellverbänden», ist aber ansonsten eine «black box» (Sander, 1990, 136).

Es ist deshalb verständlich, dass das Erklärungspendel von einer unbefriedigenden, ganzheitlich-spiritualistischen allmählich wieder zu einer partikularistisch-mechanistischen Deutung der Morphogenese zurückgeschwungen ist, wobei der von Hans Spemann (1869–1941) entdeckte und 1935 mit einem Nobelpreis ausgezeichnete «Organisatoreffekt» dazu zum Ausgangspunkt genommen wurde. Damit ist die *Induktion* morphogenetischer Vorgänge durch sog. «Organisatoren» gemeint, d.h. besondere Gewebebezirke oder *Substanzen*, die aus diesen Bezirken isolierbar sind. Ein solcher Induktor oder Organisator ist nach Spemanns Darstellung dadurch charakterisiert, dass er «sich in dem indifferenten Material, in dem er liegt, oder in welches er künstlich verpflanzt wird, ein *Organisationsfeld* von bestimmter Richtung und Ausdehnung schafft» (Spemann, 1921, 568). Ein bekanntes Beispiel dafür ist die Induktion einer sekundären Embryoanlage durch Transplantation präsumtiven Chordamaterials aus der Urmundlippe von einer Amphibien-Gastrula auf eine andere[93]. Für Spemann war das Organisationsfeld eine Realität, und er vertrat die Auffassung, dass «die Regulation [...] durch das System des Ganzen vermittelt» wird (Spemann, 1968, 273).

Nach dem 2. Weltkrieg wurde das morphogenetische Feldkonzept größtenteils fallengelassen, bessere biochemische und später genetische Analysemethoden führten zur stofflichen Identifizierung einer Vielzahl von forminduzierenden Substanzen sowie zu einer rein molekularbiologischen und mechanistischen Interpretation der Gestaltbildung; und der Umstand, dass morphogenetische Felder aufgrund der ihnen zugeschriebenen Eigenschaften sich gar nicht auf stoffliche Faktoren reduzieren lassen, galt als Indiz für die Unwissenschaftlichkeit des Feldkonzepts (Beloussov et al., 1997).

Heute wird diese Regeneration in den Lehrbüchern ebenso wie die Morphogenese kausal auf die mechanistisch interpretierte genetische Aktivierung und Gradientenbildung von Morphogenen zurückgeführt (vgl. Kap. 4.5).

---

93 Beispiel des von Hans Spemann entdeckten Organisatoreffekts von Chordamaterial: Wird aus der dorsalen Urmundlippe einer jungen Amphibiengastrula Material ausgeschnitten, das präsumtives Chordamaterial enthält, und in die Bauchwand einer anderen Amphibiengastrula verpflanzt, so wird dort eine sekundäre Gastrulation indiziert, das Implantat invaginiert, streckt sich und gliedert sich ordnungsgemäß in sekundäre Chorda und Somiten. Dazu werden nicht nur Zellen des Implantats, sondern – im Sinn einer chimärischen Bildung – gleichermaßen auch Mesenchymzellen des Wirts verwendet, die durch die Gastrulation in den Bereich des Implantats geraten sind. «Der Vorgang ist höchst eigentümlich: Es ist nicht so, dass das Material des Implantats sich zuerst herkunftsgemäß differenziert und dann an den ‹Bruchstellen› der Torso durch Anlagerung vervollständigt wird [...]; sondern vor der Differenzierung wird von dem Implantat in einem bestimmten Umkreis noch nicht fest determiniertes Material in seinen *Feldbereich* einbezogen, und dann vollzieht sich die *Feldgliederung* ohne Rücksicht auf die artlichen Materialgrenzen über den ganzen Bereich hin» (Kühn, 1965, 268). Über dieser sekundären Chorda- und Somitenanlage wird dann eine Neuralplatte mit Randwülsten induziert, die ebenfalls chimärisch sein kann und die sich zum Neuralrohr schließt. Nach ventral hin wird durch die sekundäre Achsenanlage auf das Entoderm des Wirts induzierend gewirkt, sodass ein sekundäres Darmlumen entsteht und so allmählich eine zweite Embryonalanlage, die mit der primären Anlage Bauch-zu-Bauch verwachsen ist. «Die *sekundäre Embryonalanlage* kann sich so vollkommen weiterentwickeln und so viel Keimesmaterial an sich ziehen, dass geradezu eine Doppelbildung entsteht» (Kühn, 1965, 269). Das entsprechende Material der Urmundlippe wurde deshalb von Spemann also hier als primärer «Organisator» bezeichnet.

Die Verteilung des Transkriptionsfaktors β-Catenin im Blastulastadium z. B. korrespondiert mit der Lokalisation des Spemann-Organisators der dorsalen Urmundlippe im Gastrulastadium, induziert die Gastrulation und erweist sich experimentell als Initiator der Organisatoraktivität, allerdings in Wechselwirkung mit anderen Elementen eines komplex organisierten Signalprozesses (Purves et al., 2006, 501–502). Durch β-Catenin wird auch die Orientierung der Kopf-Schwanz-Polarität bei der Regeneration und Homöostase von Planarien entschieden (Gurley et al., 2008); und durch RNS-Interferenz-Experimente bei Planarien wurde deutlich, dass die Bildung eines posterior orientierten Blastems an irgendeiner Schnittfläche von der Aktivierung des Gens *Smed-βcatenin-1* bestimmt wird (Petersen & Reddien, 2008).

Auch die molekularbiologischen Grundlagen für Spemanns berühmtes «Bauchstück»-Experiment[94] sind in den letzten Jahren weitgehend aufgeklärt worden und können sehr vereinfacht so zusammengefasst werden: Im ventralen Pol des Embryo werden Gradienten von Morphogen-Proteinen namens *bone morphogenetic proteins* (*BMP* 2, 4 und 7) exprimiert, die durch Blockierung (auf Transkriptorebene) von dorsalisierenden, im dorsalen Pol lokalisierten Morphogenen (z. B. *Chordin*, *Noggin* u. a.) eine Ventralisierung herbeiführen, und die ihrerseits die Wirkung von BMP im oberen Pol (auf Rezeptorebene) antagonisieren. Im dynamischen Gleichgewicht zwischen diesen und weiteren Antagonisten verwirklicht sich der typische dorso-ventrale Bauplan (De Robertis & Kuroda, 2004). Nach Trennung des Keims in eine dorsale und ventrale Hälfte ist die dorsale Hälfte in der Lage, ein dort bereits exprimiertes Protein namens *anti-dorsalizing protein (ADMP),* das mit den ventralen BMPs verwandt ist und ebenfalls *Chordin* antagonisiert, kompensatorisch hoch zu regulieren, wodurch der durch den Schnitt bedingte Wegfall von BMP dorsal kompensiert und dort – aus der Hälfte des ursprünglichen Materials – ein vollständiger, wenn auch kleinerer Embryo regeneriert wird. Dagegen sind in der ventralen Hälfte nach der Trennung offenbar keine oder nicht genügend dorsalisierende Morphogene vorhanden, und es bleibt ein ventraler Torso zurück (Kimelman & Pyati, 2005; Reversade & De Robertis, 2005).

---

94 Spemann halbierte Amphibienembryos im Zwei-Zellen-Stadium mit Hilfe einer Haarschlinge. Wenn die Ligatur zwischen die beiden Zellen gesetzt wurde, entstand unter entsprechenden Bedingungen aus beiden Hälften (Zellen) ein ganzes Tier mit voll verwirklichtem Bauplan. Dasselbe geschah, wenn die Teilung in eine linke und rechte Embryohälfte etwas später, im Blastulastadium, vorgenommen wurde. Wenn die Ligatur der Blastula jedoch im rechten Winkel dazu erfolgte, sodass der Embryo in eine dorsale und ventrale Hälfte geteilt wurde, dann entwickelte sich aus dem dorsalen Stück wiederum ein ganzes Tier, aus dem ventralen hingegen nur ein unvollkommenes «Bauchstück» (Spemann, 1968).

So besteht am Beginn des 21. Jahrhunderts wieder die Hoffnung, die Morphogenese auf der Grundlage genetischer Programme *vollständig physikalisch-chemisch erklärbar* zu machen: Umsetzung der genetischen Sequenz in Proteine, Selbstaggregation und Selbstorganisation der Proteine zu höheren Strukturen und Systemen, Selektion derselben durch Umweltbedingungen. Die von Spemann beschriebene Induktion von Entwicklungs- und Organisationsprozessen kommt nach diesem Verständnis nicht durch eine Feld-bedingte Instruktion vorher naiver Zellen zustande, sondern durch chemische, d. h. Morphogen-bedingte Selektion alternativer Signal- und Expressionspfade. Diese sind als Kompetenzen bzw. als spezifische Realisierungsmöglichkeiten in den Zellen und Zellsystemen bereits *vorgebildet* und verwirklichen sich durch Selbstorganisation, nachdem das Morphogen – z. T. auch durch mechanische oder chemische Auslöser von außen – dazu stofflich den Anstoß (aber nicht die inhaltliche Anleitung) gegeben hat. Als treibende Kraft der Selbstorganisation wird das Anstreben von thermodynamischen Energieminima gesehen; und auf diese wird auch die Stabilität der Struktur- und Funktionsgleichgewichte bzw. die Robustheit der entstehenden Ordnung zurückgeführt, d. h. deren Fähigkeit, sich auch nach Störung wiederherzustellen. Diese Fähigkeit war aber vormals den vitalistischen Prinzipien zugesprochen worden, und deshalb schrieben Kirschner et al. in ihrem Millenniumsartikel in *Cell*: «It is this robustness that suggested ‹vital forces›, and it is this robustness that we wish ultimately to understand in terms of chemistry. We will have such an opportunity in this new century» (Kirschner et al., 2000, 87).

Aber Selbstorganisation ist – wie in Kap. 3.3 und 4.1 dargestellt – bereits in der Chemie und bei anorganischen Kristallbildungen nicht ein bloß «von unten» zu verstehender Prozess, in dem die Teile sich allein durch ihre Teil-Eigenschaften von selbst zu einem Ganzen verbinden, sondern eine Organisation dieser Teile «von oben», durch das Gesetz des Ganzen, das sich in ihnen zur Erscheinung bringt. Diese Erscheinung ist emergent, sie ist nicht mehr die – summierte – Erscheinung der Teile und folgt auch nicht mehr deren Gesetzen, sie ist die Erscheinung des *Ganzen* und folgt *dessen* Gesetz.

Noch deutlicher ist diese Bestimmung der Teile durch das Ganze im Organischen. Denn die Selbstorganisationsprozesse des Organismus sind im Unterschied zu denen der Chemie und der Kristalle *beweglich*; ihre Ordnungen sind nicht starr, sondern sie *metamorphosieren* sich, die Raumstruktur des Organismus verwirklicht sich *in der Zeit* allmählich und beweglich (Wachstum, Wachstumsbewegungen, Zell-Migration, Differenzierung); und selbst nach voll ausgewirkter Gestaltung und Differenzierung bleibt die Strukturverwirklichung oder Morphogenese aktiv, indem zwar die Form bleibt, aber der Stoff, der diese Form anzunehmen hat, stets wechselt (Fließgleichgewicht). Deshalb ist die Homöo*stase* nur bei der chemischen Verbindung und beim Kristall eine wirkliche «Stase», d.h. ein Stillstehen[95] der einmal verwirklichten Selbstorganisation; im Organismus hört das unablässige Selbstorganisieren, d.h. das Hineingezwungenwerden der Teile in das Ganze, erst mit dessen Tod auf. Und vor diesem Ereignis ist alles in einem unaufhörlichen Fluss von Substanzen in einem dynamischen Gleichgewicht, auch bei scheinbar stabilen Strukturen.

Dass die Teile des Organismus dem Ganzen oder Teilganzen stets aktiv unterworfen und insofern von diesem wirkursächlich bestimmt werden, zeigt sich auch an den Phänomenen der räumlich-zeitlichen *Koordination und Synchronisation,* die unabdingbare Charakteristika der organismischen Selbstorganisation durch systemische formative und finale Kausation darstellen (vgl. Kap. 3.3 und die Frage der «Orchestrierung» in 4.3). So internalisieren sich z.B. die Tausenden von Zellen des künftigen Mesoderms beim Zebrafisch-Embryo «in a single synchronized internalization wave around the entire circumference» (Keller et al., 2008, 1086), um nur eines von vielen Beispielen zu nennen. Synchronisation und Koordination bedeuten immer die Unterwerfung der betroffenen Teile unter eine gemeinsame Ordnung, d.h. unter das *«Syn»* und *«Ko»*. Riedl spricht von *«Synorganisation»* (Riedl, 2005, 124). Wer oder was aber *bewirkt* diese Ordnung? Der Vitalismus hat dafür seine hypothetischen, aber inhaltlich nicht bestimmten Prinzipien verantwortlich gemacht. Die moderne Molekularbiologie macht dafür konkrete, durch Experimente empirisch gefundene chemisch definierbare Substanzen verantwortlich[96]. Aber diese Substanzen sind, wie oben mehrfach festgestellt, nicht

---

95 Die bekannte chemische Belousov-Zhabotinsky-Reaktion relativiert diese Aussage insofern, als sie nicht stillsteht, sondern im Sinn eines chemischen Oszillators immer von neuem beginnt, wenn ihr Endprodukt erreicht ist, das wieder das Ausgangsprodukt darstellt. Es handelt sich dabei um eine periodisch zwischen Reduktion und Oxidation oszillierende komplexe Reaktion, die zeitlich als pendelnder Farbwechsel oder räumlich als abwechselnd gefärbte Ausbreitungswellen der entsprechenden Substanzen (Selbstorganisation) zum Ausdruck kommt (Belousov, 1981). Aber auch diese Selbstorganisation pendelt im Sinne der anorganischen Chemie ihrem Endzustand entgegen (Erschöpfung des Reduktions-Oxidations-Systems), d.h. sie leistet keine Homöostase bzw. kein dynamisches Gleichgewicht im *organischen* Sinn, wodurch diese Erschöpfung durch eine entsprechende Systemorganisation andauernd kompensiert werden könnte. Im Weiteren fehlt die für das Organische entscheidende Organisation als ein Ganzes bzw. die aktive Koordination ihrer Teilprozesse als System.

96 So wird z.B. die Koordination der Migration von Entoderm- und Mesodermzellen bei der Gastrulation des Zebrafischs von bestimmten Chemokinen und ihrem Rezeptor induziert, was die Modulation extrazellulärer Matrixproteine zur Folge hat, die für die Gastrulation notwendig sind (Nair & Schilling, 2008). Bei der Gastrulation von Drosophila ist Fibroblasten-Wachstumsfaktor (FGF) als einer

die Verursacher, sondern die *Veranlasser oder Vermittler* der Koordination und setzen diese bereits voraus. Denn da diese Substanzen immer als *einzelne* die konkreten Rezeptoren oder die Gene *einzelner* Zellen aktivieren, muss ihr Einsatz selbst schon koordiniert sein, um Koordination zwischen den Zellen hervorzubringen. Das Koordinationsproblem wird also durch die Identifikation der Induktoren nicht gelöst, sondern nur um eine Stufe zurückgeschoben. Stoffe sind im Organischen wirkursächlich nicht bloß Stoffen unterworfen wie in Mechanismen, sondern einer *Ordnung*. *Diese selbst* ist also – zunächst wenigstens dem Gesetz nach – das Ganzheitsschaffende, Koordinierende, Synchronisierende, dem Stoff Übergeordnete, das z. B. Driesch in seiner inhaltlich nicht bestimmten Entelechie gesucht hat. Da dieses Gesetz aber *verwirklicht* wird, muss ein *Kräftesystem* mit ihm verbunden sein. Aus diesem Grund muss die Ordnung des Ganzen als eine kausal wirkende Instanz anerkannt werden, die in die kausale Analyse der Morphogenese und der organismischen Strukturen und Funktionen einbezogen werden muss (vgl. Kap. 4.7).

Dass organismische Koordination *aktiv* aus einem *Ganzen* heraus verwirklicht wird, welches dem zu koordinierenden Material *übergeordnet* ist, zeigt sich auch in den heutigen, molekularbiologisch begründeten Versionen der erwähnten Regenerationsexperimente im Sinne von Spemann: Der Bauplan des ganzen Amphibien-Embryos verwirklicht sich im dynamischen Gleichgewicht zwischen ventralisierenden und dorsalisierenden Morphogenen, die am ventralen (z. B. *BMP*) bzw. dorsalen Pol (z. B. *Chordin*) exprimiert werden. Die Herstellung eines Gleichgewichts zwischen sich antagonisierenden *aktiven* Prozessen erfordert jedoch ebenfalls eine *Aktivität*, aber eine solche, die den Antagonisten *übergeordnet* ist. Kimelmans Kommentar zu diesen Befunden – «Chordin and ADMP exist in a complex dynamic equilibrium, where each factor regulates the other» (Kimelman & Pyati, 2005, 984) – ist deswegen nur unter der Voraussetzung korrekt, dass das Equilibrium tatsächlich dynamisch ist, d. h. aktiv reguliert wird. Das Beispiel zeigt ferner, dass

---

der Faktoren identifiziert worden, die für die auf das Ektoderm gerichtete Migration der Mesodermzellen verantwortlich ist. Die entsprechenden Zellverbände zeigen «a high level of organization» (McMahon et al., 2008, 1550). Bei der embryonalen Gestaltung der Amphibien-Extremität ist «a concerted colinear regulation» von Hox-Genen für die Entstehung der typischen Gliederung verantwortlich (Deschamps, 2004). Bei migrierenden künftigen Herzzellen von Ascariden-Embryos ist eine Koordination der Transkription für die konzertierte Aktivierung eines Netzwerks von Genen verantwortlich gemacht worden, deren Produkte für die Migration, Adhäsion, Zellpolarität und Membranpolarität dieser Herzzellen verantwortlich sind (Christiaen et al., 2008). Dies, um nur einige von zahllosen Beispielen der gewissermaßen *chemisch* induzierten Synchronisation und Koordination von Einzelprozessen bei der organismischen Gestaltbildung zu nennen.

die Aktivität zur Schaffung dieses Gleichgewichts das Ganze umgreift, indem dadurch die Regulationen im dorsalen und ventralen Pol zur Schaffung der harmonischen Gesamtgestalt koordiniert werden. Und schließlich zeigt das Beispiel, dass diese ganzheitsschaffende Aktivität *dem organischen Material als Ganzem übergeordnet* ist: Nach Teilung des ventralen und dorsalen Pols wiederholt sich mit Hilfe des ADMP-Chordin-Antagonismus im *halben* Material, was sich vorher im *Ganzen* ereignet hat: die Verwirklichung *ein und desselben* Bauplans (Reversade & De Robertis, 2005). *Diesem* gemäß erfolgt die lokalisierte Morphogen-Expression.

Das wird auch bei den erwähnten Regenerationsexperimenten mit Planarien deutlich, wenn z.B. ein an fast beliebiger Stelle eines Planarienkörpers herausgeschnittenes Segment an seinem posterioren Schnittrand *Smed-βcatenin-1* exprimiert und sich dadurch *ß-Catenin* als Induktor für Neubildung des an diesem Segment fehlenden Schwanzteils schafft (Petersen & Reddien, 2008). Wer sagt der Schnittstelle bzw. den dortigen Zellen und deren Genom, dass sie am *posterioren* Ende des durch die Segmentexzision gewonnenen neuen (Teil-)Ganzen liegen? Kommen *dieselben* Zellen beim Schneiden zufällig am *anterioren* Schnittrand des distalen Körperrestes (Schwanzteil) zu liegen, so werden sie kein *Smed-βcatenin-1* exprimieren, sondern sie schaffen ein *anteriores* Blastem mit Photorezeptoren, Kopfganglien und Kopfstruktur. Das ist nur möglich, wenn das Genom der lokalen, einzelnen Zelle *in Relation zum räumlichen Ganzen* oder Teilganzen informiert und instruiert wird, in dem es sich befindet (Positionsinformation). Und das gilt nicht nur während der Regeneration, sondern zeitlebens auch beim unverletzten Tier, wenn z.B. junge Zellen zum Aufrechterhalten der Zellhomöostase alte, differenzierte Zellen zu ersetzen haben: *Smed-βcatenin-1* verhindert, dass die Zellen entsprechender Lokalisation einen Kopf bilden, und ermöglicht, dass sie zu Rumpf- oder Schwanzzellen werden. Dabei erweist sich *Smed-βcatenin-1* selbst durch sog. *Wnt*-Signale[97] bestimmt (Petersen & Reddien, 2008), d.h. durch ein konservatives genetisches, ebenfalls in Antagonismen arbeitendes Programm, dessen Proteine für die Regulierung zahlreicher Musterbildungen von Organismen aller Hauptäste der Tier-Evolution bis zum Menschen verant-

97 «*Wnt*» (ausgesprochen als «wint») ist eine Kombination aus der Abkürzung für das Segmentpolaritätsgen *wingless (wg)* bei Drosophila und dem mit ihm homologen *int*-Gen bei der Maus. *Wnt*-Proteine kommen im gesamten Tierreich und auch beim Menschen vor und spielen eine entscheidende Rolle bei Musterbildungen und z.T. bei Zellmigration, Mutationen ihrer Gene bei der Krebsentstehung. *Wnt*-Proteine sind extrazellulär sezernierte und gradientenbildende Signalmoleküle, die an Zelloberflächenrezeptoren binden und im Zytoplasma über eine Signalkaskade *ß-Catenin* hochregulieren, welches dann intrazellulär als Transkriptionsfakor an der Genregulation beteiligt ist.

wortlich sind. Auch die Regulierung der *wnt*-Gene ist somit positionsabhängig, d. h. sie erfolgt aus dem Ganzen heraus, das allen Teilen übergeordnet ist.

Ein instruktives Beispiel für die positionsabhängige Instruktion von Zellen ist der Spemann-Organisator am dorsalen Urmundlippenrand, von dem aus die Organisation der späteren Gastrula induziert wird. Nach Exzision dieser Zellgruppe am Beginn der Gastrulation werden andere Zellen aus der Umgebung zu Organisatorzellen, und grundsätzlich kann jede Zelle des animalen Blastulapols zu einer Organisatorzelle werden, wenn sie aus ihrer Umgebung die richtige Kombination von Signalen erhält, z. B. durch ihre Verpflanzung an den richtigen Ort. Sobald aber erste Organisatorzellen gebildet sind, wird die Bildung anderer Zentren blockiert (Spratt & Hass, 1960).

Dass die Bildung des Organisators von diesen chemischen Signalen abhängt, scheint gegen die Theorie der Positionsinformation zu sprechen bzw. gegen die These, dass die Genregulation aus einer den Einzelzellen und ihrem Genom übergeordneten, d. h. aus einer *immateriellen* Ebene erfolgt. Jedoch ist die Produktion dieser Signale bzw. deren Genexprimierung in den entsprechenden Umgebungszellen auch schon positionsabhängig: Sie geschieht in einer räumlichen Verteilung, die dem anvisierten *Bauplan* entspricht. Dasselbe gilt für die obgenannte Regulation von *Smed-βcatenin-1* durch *Wnt*-Signale. Sucht man bei den *Wnt*-Signalen weiter, so findet man auch die *wnt*-Gene wiederum durch konkrete Transkriptionsfaktoren und eine Reihe von Enzymen reguliert, die alle von weiteren Enzym-regulierten Genen abhängen usw.: Stets sind die chemischen bzw. molekularbiologischen Faktoren abhängig von weiteren solchen.

Also dennoch «chemical explanation of life»? Denn nirgends sieht man eine «Idee» eingreifen *anstelle* von chemischen Faktoren. Für die Intervention spezieller immaterieller Kräfte im Sinne des Vitalismus gibt es also keinerlei Anhaltspunkte. Die organische Selbstorganisation vollzieht sich nach molekularbiologischen Erkenntnissen stets durch sequenziell, modular und hierarchisch organisierte Kaskaden molekularer Wechselwirkungen (Riedl, 2005).

Aber das ist kein geistloser Prozess, und es geschieht *nichts ohne «Idee»*. Denn nicht nur jede noch so untergeordnete Substanz ist ihrem gesetzmäßigen Wesen nach Geist (vgl. Kap. 3.1 und 3.2), sondern dasselbe gilt für alle höher geordneten emergenten Substanzen, Strukturen und Prozesse und Organisationen, die aus diesen untergeordneten durch deren Wechselwirkungen entstehen (vgl. Kap. 3.3). «Von oben» manifestiert sich gewissermaßen neuer «Geist», wenn «von unten» die materiellen Bedingungen dazu vorhanden sind. Die *Gesetzmäßigkeit* der sequenziellen, modularen und hierarchisch organisierten Kaskaden der molekularen Wechselwirkungen, der räumlich-zeitlichen Ordnung, welche sich als organische Selbstorganisation verwirklicht, ist in diesem Sinne «Geist», Geist, der sich im materiellen Geschehen manifestiert und dem dieses folgt. Es ist nichts Mystisches, Irrationales oder Spekulatives um diesen Geist. Seine Erkenntnis ist ein Resultat der naturwissenschaftlichen Empirie, er ist identisch mit den empirisch gefundenen Organisationsgesetzen; und seine Anerkenntnis als Geist ist das Resultat der erkenntniswissenschaftlichen Empirie (vgl. Kap. 2 und 3.1).

Das gilt insbesondere auch für das Erkenntnisgebiet der organischen Gestaltbildung oder Morphogenese. Sowohl die räumliche Verteilung wie auch die zeitliche Sequenz entsprechender Prozesse sind – wie bereits beschrieben – überall hoch koordiniert, synchronisiert oder orchestriert; sie unterliegen also einer räumlich-zeitlichen Organisation, die nicht aus ihnen stammt, sondern ihnen entweder *aufgeprägt* ist (z. B. die *Wnt*-abhängige Expression von *Smed-βcatenin-1* an Planarien-Schnitträndern, die posterior gelegen sind), oder die von ihnen *induziert* werden (z. B. die *Smed-βcatenin-1*-abhängige Bildung von fehlenden Schwanzteilen distal von posterior gelegenen Schnitträndern). Der induzierte Prozess ist selbst wieder ein hoch koordinierter und insofern Objekt einer organisierenden Funktion auf einer hierarchisch höheren Ebene.

Es wird oft geglaubt, dass diese «hierarchisch höhere Ebene» nichts anderes als die Aktivierung von hierarchisch hintereinander geordneten Gen-Expressionskaskaden durch ein *«Master-Gen»* darstelle, welches weitere Gene in nacheinander geschalteten regulatorischen Netzwerken aktiviere, schlussendlich bis hin zu spezifischen Genen, die Proteine des Phänotyps von Geweben konstituieren. Und in der Tat sind viele solche Master-Gen-abhängige Gen-Expressionskaskaden identifiziert worden. So ist z. B. bei der Morphogenese der Augenlinse Pax6, ein DNS-bindender Transkriptionsfaktor, identifiziert worden, der der Schlüsselfaktor ist für die Bildung der Linsen-Plakode und die nachfolgenden Stufen der Linsenmorphogenese. Pax6 induziert die Expression von c-Maf, welches seinerseits die Ausdifferenzierung der Linsenfasern induziert, was auch die Regulation von Kristallin einschließt, das entscheidende Linsenprotein, das für die Durchsichtigkeit der Linse und die Refraktion verantwortlich ist (Xie & Cvekl, 2011).

Auf der Basis der mechanistischen Denkgewohnheiten werden solche sequenziellen Prozesse von Gen-Expression, Morphogenese und organismischer Selbstorganisation meist als komplexe mechanistische Prozesse interpretiert, die durch das Master-Gen *verursacht* sind, so wie etwa der erste Dominostein die Ursache des Umfallens der hinter ihm aufgestellten Kette von weiteren Dominosteinen ist, von denen jeder den Fall des ihm folgenden verursacht. In dieser mechanistischen Erklärung gibt es wie bei der Funktion einer Maschine keine anderen kausalen Faktoren als die Teile und ihre Wechselwirkung, wobei der erste Teil der «Master»-Faktor ist, von dem alles abhängt. «Selbstorganisation» ist dann nichts anderes als die automatische

Abwicklung einer mechanischen Prozesskaskade. Was dabei jedoch wie in all diesen mechanistischen Vorstellungen vergessen wird, ist die Konstruktion der *Ordnung*, in die die an der Prozesskaskade beteiligten Faktoren zuerst gebracht sein müssen, damit sie dann in der richtigen Folge aufeinander wirken können. In einer Maschine kann diese Ordnung nur *von außen* erzeugt werden. Es gibt jedoch keine Maschinen, die die Anordnung ihrer Teile selbst, d. h. von innen, verursachen (vgl. Kap. 4.4).

Im Gegensatz dazu sind Organismen autopoietisch, sie arrangieren ihre «Dominosteine» selbst: die Ursache dazu liegt in ihrem *Innern* (vgl. Kap. 4.4 und 4.5). Regulatorische Gene und Moleküle verursachen die ihnen nachfolgenden Prozesse *nicht* im Sinn eines mechanischen Prozesses, sondern *induzieren* deren eigene *Selbstorganisation*. Sogar einzelne Elemente dieser Kaskaden sind selbstorganisierend, so die Proteine: Wie wir in den Kapiteln 4.1 – 4.3 gesehen haben, ist deren dreidimensionale Konformation, die für ihre Funktion verantwortlich ist, *emergent*, und so das Resultat eines Selbstorganisationsprozesses, d. h. sie folgen ihrem eigenen Gesetz, das sich kausal selbst verwirklicht und dazu von anderen, ihm vorgelagerten Faktoren nur *angestoßen* werden kann. Wenn es einmal verwirklicht ist, z. B. als ein funktionelles Protein bzw. ein Enzym, dann induziert dieses wiederum andere sich selbst organisierende Prozesse, z. B. biochemische Reaktionen, biologische Faktoren und Funktionen. *Aus diesem Grund kann man morphogenetischen Substanzen immer nur die Funktion zumessen, morphogenetische Selbstorganisation zu induzieren, aber nicht, sie zu verursachen.*

Je mehr wir über die molekularbiologischen Prozesse der Morphogenese kennenlernen, desto deutlicher wird, dass diese durch eine komplexe Orchestrierung von selbstorganisierenden Subsystemen in Raum und Zeit zustande kommen (Lecuit & Le Goff, 2007): genetische Programme, die Signal-Moleküle und Wachstumsfaktoren exprimieren, Prozesse von Zellteilung, Zellmigration, Apoptose usw., und all dies unter Schaffung und Erhaltung von geordneten Maßen und geregelter Gestaltung von Geweben innerhalb einer einheitlichen Gesamtorganisation, in der alle diese Einzelprozesse und Faktoren Teil eines gesetzmäßigen, aber flexiblen lebendigen Ganzen sind.

In der neueren Literatur findet man immer noch Versuche, «to understand within a single mechanistic framework», wie diese komplexen morphogenetischen Prozesse zustande kommen können (Lecuit & Le Goff, 2007). Aber allmählich beginnen sogar Vertreter einer physikalisch-chemischen Erklärung des Lebens darüber nachzudenken, dass diese Erklärung nicht genügt, um Organismen zu verstehen. Sogar Kirschner und Mitarbeiter, die explizit auf eine chemische Erklärung des Lebens hoffen, geben zu, dass mechanische Kausalität die Selbstorganisation nicht erklären kann, und verweisen dabei auf Folgendes (Kirschner et al., 2000, 80):

> […] two of the most archetypal and unusual biological properties: (1) the capacity for unitary organization, also called polarization; and (2) the capacity to generate nearly regular biological structure when size and composition of components are altered, also called regulation. These properties are not what we would expect from mechanical processes, and no machines of human design evince such properties.

Ein Grund, warum es so schwierig scheint, den Reduktionismus in der Wissenschaft zu überwinden, könnte sein, dass mechanische und chemische Prozesse immer auf der *lokalen Wechselwirkung von Teilen und ihren Kräften* beruhen, und dass das Denken so sehr an die Mechanik gewöhnt ist, dass es Kausalität nur in solchen lokalen Interaktionen denken kann. Jedoch, wie wir in Kapitel 3.2 gesehen haben, kennt sogar die Physik kausale Prozesse, die nicht auf lokalen Interaktionen beruhen, sondern auf *«nicht-lokaler Korrelation»*. In dieser Korrelation oder Verschränkung können die verschränkten Faktoren nicht mehr als separate interagierende Teile verstanden werden, sondern als eine *kausal wirkende Einheit*, deren Kausalität einen *holistischen* Charakter hat. Hans Primas kommentiert Experimente von Aspect und Mitarbeitern (1982), die das überzeugend gezeigt haben, wie folgt (Primas, 1992, 10):

> Man kann die Sache drehen wie man will, sobald man in der Diskussion dieses Experiments von zwei Teilchen spricht, verwickelt man sich in logische Widersprüche. Das System, das aus klassischer Sicht aus *zwei* Teilchen zu bestehen scheint, ist in Tat und Wahrheit *ein* ungeteiltes Ganzes.

Nicht-lokale Wirkbeziehungen gibt es aber nicht nur in der Physik, sondern *auch in der Biologie*. Warum die «capacity for unitary organization» des Organismus sowie seine Fähigkeit, «to generate nearly regular biological structure when size and composition of components are altered […] are not what we would expect from mechanical processes» (Kirschner et al., 2000, 80), hat seinen Grund darin, dass diese Eigenschaften nicht bloß in lokalen Interaktionen von Molekülen gesucht werden können, sondern in der kausalen Einordnung der lokalen Interaktionen in eine *«nicht-lokale», d. h. holistische Organisation*. Die experimentell begründete Einsicht, dass Morphogenese auf solchen nichtlokalen Prozessen beruhen muss, hat vor kurzem zu einer Wiedererwägung von Paul Weiss' Konzept des morphogenetischen Feldes durch Michael Levin[98]

98 Soto und Sonnenschein, deren Forschungsarbeit in eine ähnliche Richtung geht, veröffentlichten 2011, basierend auf zahlreichen Belegen, die «tissue field theory» als Alternative zur Mutationstheorie zur Erklärung der Karzinogenese (Soto & Sonnenschein, 2011).

geführt, in einem Artikel mit dem bezeichnenden Titel «*Morphogenetic fields in embryogenesis, regeneration, and cancer: Non-local control of complex patterning*». Levin hebt darin hervor (Levin, 2012):

> The quintessential property of a field is nonlocality – the idea that the influences coming to bear on any point in the system are not localized to that point and that an understanding of those forces must include information existing at other, distant regions in the system. [...] In this review, I focus on the spatially distributed nature of instructive patterning signals, discussing the evidence from developmental, regenerative, and cancer biology for *non-local control of pattern formation*. Specifically, these data suggest the hypothesis that many diverse examples of pattern formation are best understood not as cell-level behaviors around any one locale but rather at higher levels of organization.

Entsprechend der in diesem Buch bereits entwickelten Argumentation ist die Instanz, die für diese nicht-lokale Kontrolle der Musterbildung kausal verantwortlich gemacht werden muss, das sich selbst organisierende Prinzip des Musters selbst, das wirkende Gestaltungs- oder Systemgesetz des Organismus, Goethes Typus. Dies ist der eigentliche und aufgrund von Empirie logisch einsehbare Inhalt dessen, was in den vergangenen hundert Jahren wiederholt «morphogenetisches Feld» genannt worden ist. Die Ursache der Gestaltbildung liegt im Typus bzw. im «morphogenetischen Feld», und nicht in den morphogenetischen Substanzen. Diese dienen nur dazu, die Selbstorganisation der morphischen Muster zu induzieren.

4.8 Ursächlichkeit und Systembiologie

Die vorangehenden Kapitel haben gezeigt, dass weder Substanzen als solche oder ihre Interaktion noch rein hypothetisch bleibende morphogenetische Felder als Ursache der Gestaltbildung anerkannt werden können, sondern dass eine «nicht-lokal» wirkende «Organisation», die alle Teile in ein kohärentes Ganzes arrangiert, dafür verantwortlich gemacht werden muss, d.h. der «Typus» im Sinne Goethes, die «Form» bzw. das Gestaltungsgesetz selbst, eine wirkende «Idee». So paradox das scheinen mag, aber aus der Perspektive des in diesem Buch vertretenen, erkenntniswissenschaftlich begründeten ontologischen Ideenrealismus ist die «Idee», der «Plan» des Organismus die eigentliche Ursache der Selbstorganisation der sich bildenden Gestalt. Selbstverständlich nicht irgendeine vage Idee, sondern das in Form einer Idee zu fassende objektive *System* der gesetzmäßigen Prinzipien ist es, das den Organismus mit all seinen Subsystemen konstituiert, mit seinen hochkomplexen Funktionen und Strukturen in sinnvoller zeitlicher und räumlicher Ordnung, sequenziell und in hierarchisch organisierten Modulen aus sich heraussetzt und erhält, bis eben zum Ableben des Organismus. Es ist angesichts der mechanistischen Denkgewohnheiten nicht ganz trivial, diesen Gedanken konsequent durchzuhalten. Obwohl z. B. Kirschner und Mitarbeiter die nicht-mechanische Natur der organischen Selbstorganisation einsehen, halten sie sie bloß für «a manifestation of complex yet robust chemical processes» (Kirschner et al., 2000, 80), denn diese Selbstorganisation verwirklicht sich – nach allem was man empirisch wissen kann – nur durch chemisch-molekularbiologische Interaktionen und biochemische Prozesse. Aber was sich durch diese molekularen Interaktionen und biochemischen Prozesse verwirklicht, das ist mehr als diese allein, es ist ihre *einheitliche, systemische Organisation*. Die Teile des Organismus sind, wie Steiner in Kommentierung von Goethes biologischen Grundkonzepten ausführt, *«wohl füreinander da, nicht aber durcheinander. Sie bedingen sich nicht untereinander, sondern sind alle bedingt von einem anderen»* (Steiner, 1973 h, 73–74, HvPH), nämlich von jener systemischen Organisation, von der «Idee» des Organismus (Goethe, 1950 j). Dieses Bedingt- oder Bestimmtsein aller miteinander wechselwirkenden Teile durch das System des Ganzen ist auch der Grund für die oben besprochene Tatsache, dass im Organismus funktionell alles aufeinander bezogen ist, wie z. B. Riedl festhält: «Almost all features of an organism – that is, all that are functionally adjoining – are interdependent» (Riedl, 2005, 125).

Wolfgang Schad weist in seinem Aufsatz *«Biologisches Denken»* zu Recht darauf hin, dass lineare Kausalität eine Sache des Anorganischen ist und ursächlich mit Vergangenheit zu tun hat: Die *frühere* Ursache bedingt die *spätere* Wirkung. Teleologie hingegen ist Sache der denkenden Seele des Menschen und hat ursächlich mit Zukunft zu tun: Die Vorstellung eines *Späteren* ist der Grund für die Ausführung einer *vorherigen*, auf das vorgestellte Ziel gerichteten Handlung. Das Organische hingegen hat es ursächlich mit Gegenwart zu tun, indem die Teile eines Organismus immer *gleichzeitig* aufeinander bezogen sind: «Nur durch diesen *gleichzeitigen Zusammenhang* erscheint uns jeder Organismus immer als Ganzheit. [...] Die zentrale Methode der Biologie ist also das Auffinden korrelativer Zusammenhänge» (Schad, 1982 a, 19). Das Ursächliche, Zusammenhang*schaffende* ist aber der sich selbst verwirklichende Zusammenhang selbst, der Typus im Sinne Goethes, denn dieser «ist ja inhaltlich der Zusammenhang der sich gleichzeitig fordernden Teile» (ebd., 20).

Insofern diese korrelative Organisation teleonomisch verläuft, bezeichnet Goethe den Typus mit Recht auch als «Entelechie» (Goethe, 1950 l, 435), d. h. dasjenige, das sein Ziel (griech.: télos) in sich trägt. Der Unterschied zu Drieschs «Entelechie» liegt darin, dass Driesch zwar aus der Empirie auf die Notwendigkeit der Existenz einer solchen sich selbst verwirklichenden, ganzheitsschaffenden Entität schließt, aber diese inhaltlich unbestimmt lässt und sie so dem Vorwurf des Vitalismus preisgibt (Küppers & Paslack, 1996), wogegen Goethe den Inhalt dieser Entelechie bestimmt, nämlich als den «Typus», d.h. das Allgemeine, Gesetzmäßige der *rein empirisch zu bestimmenden* «Organisation» des Organismus (Goethe, 1950l, 421). Um den organischen Selbstorganisationsprozess zu *begreifen*, braucht man weder auf hypothetisch bleibende übernatürliche Prinzipien noch auf bloß mechanistisch interpretierte molekularbiologische Interaktionen zu rekurrieren, sondern man muss die konkrete natürliche[99] *Organisation* untersuchen, die sich durch diese Interaktionen manifestiert. Diese Manifestation geschieht sukzessiv und bringt in räumlich-zeitlicher Koordination molekularbiologischer Vorgänge zielvoll das komplexe, in sich hierarchisch gegliederte, stets als Ganzheit organisierte *System* von Prozessen und Strukturen zur Erscheinung, die das 19. und 20. Jahrhundert in seinen Einzelheiten immer genauer kennengelernt hat. Das Gesetzmäßige dieses Systems ist in jedem Teil und auf jeder Stufe der organischen Bildung aufzusuchen – von der biochemischen und molekularbiologischen Ebene über die Organellen, Zellen, Organe und Organsysteme bis hinauf zur Gesamtgestalt des Organismus –, denn *dieses* Gesetzmäßige ist der bestimmende Grund der Selbstorganisation. *Selbstorganisation heißt: Das Gesetzmäßige des Systems verwirklicht sich selbst* (vgl. dazu Kap. 4.3 und 4.4). Und die Teilerkenntnisse dieses Systems, die in den entsprechenden wissenschaftlichen Subdisziplinen gewonnen werden, sind dann einer kohärenten Synthese zuzuführen, ganz im Sinn von Goethes Konzept einer umfassenden Morphologie mit ihren Hilfswissenschaften.

In dieser Richtung arbeitet heute durchaus die neuere *Systembiologie*, indem sie nicht nur einzelne Komponenten untersucht, sondern versucht, Zellen, Organe usw. als System zu verstehen[100]. Dabei werden sowohl das Ganze

---

99 «Natürlich» ist hier im Gegensatz zu «übernatürlichen» Prinzipien des Vitalismus gemeint, und nicht etwa im Sinn von «normal», «gesund» oder Ähnlichem. Oft sind es sogar die Missbildungen oder andere Pathologien, die eine sehr gute Gelegenheit bieten, hinter die Prinzipien auch der normalen Organisation zu kommen, wie schon durch Goethe selbst sehr instruktiv in «*Die Metamorphose der Pflanzen*» gezeigt wurde (Goethe, 1950 h) und wie das heute besonders bei den so genannten «Knock-out»-Experimenten der Genetik der Fall ist.

100 Charakterisierung der modernen *Systembiologie* (Bekanntmachung des Bundesministeriums für Bildung und Forschung vom 25. Juni 2007, www.bmbf.de/): «Aufbauend auf den Erkenntnissen der molekularbiologischen Forschung wurde in den vergangenen Jahren ein neuer Forschungsansatz etabliert. Dieser Forschungsansatz – die Systembiologie – zielt darauf ab, zu einem umfassenden quan-

wie auch die Teile untersucht, möglichst unter natürlichen Funktionsbedingungen, allerdings immer noch mit der Zielsetzung, das Ganze mit Hilfe von mathematischen Modellen und Computersimulationen mechanistisch aus der Interaktion seiner Teile zu erklären[101]. Dabei bleibt aber das Systemgesetz, nach dem die Teile an ihrer Stelle im sinnvollen Ganzen gehalten werden, und damit die Systemkausalität, außen vor. Deshalb wurde in Kapitel 4.6 gesagt, dass die kausale Erklärung des Organischen außer den Teilen auch deren Zusammenhangsgesetz einschließen müsse.

Die Aufgabe der Systembiologie ist in diesem Sinn nicht die Ableitung des Systems aus seinen Teilen und deren Interaktion, sondern auf jeder Systemebene das Auffinden der *Systemgesetze selbst* und ihres Bezugs zu den Teilen. Jede Organisationsebene des Systems ist erkenntniswissenschaftlich und ontologisch gleichberechtigt; das Ganze wie auch die durch Analyse gewonnenen Teile sind gleichermaßen durch Beobachtung und Denken zu untersuchen. Es gibt keinen erkenntniswissenschaftlichen Grund, Erscheinung und Gesetz des Ganzen oder Systems ontologisch für weniger objektiv oder real zu halten als Erscheinung und Gesetz der Teile. Goethe hat sich in seiner Zeit vorwiegend dem übergeordneten Ganzen zugewendet und dessen Gesetz, den Typus, erforscht. Nach ihm kam die immer weiter ins Einzelne gehende Analyse der Teile, denen allein man schließlich im Sinne Du Bois-Reymonds den Status eines Realen beilegen wollte. Jedoch gilt heute noch, was Goethe in seinem Aufsatz «*Analyse und Synthese*» schrieb (Goethe, 1950b, 889–890): «Die Hauptsache, woran man bei ausschließlicher Anwendung der Analyse nicht zu denken scheint, ist, dass jede Analyse eine Synthese voraussetzt. [...] So beruht die neuere Chemie hauptsächlich darauf, das zu trennen, was die

titativen Verständnis der dynamischen Interaktionen zwischen den Bausteinen und Komponenten eines biologischen Systems zu gelangen, um das Verhalten des Systems als Ganzes zu verstehen und Vorhersagen zu ermöglichen. Zur Erreichung dieses Ziels werden mathematische Konzepte auf biologische Systeme angewandt. Von zentraler Bedeutung ist hierbei ein iterativer Prozess zwischen Laborexperiment und Modellierung im Computer. Grundlage für den systembiologischen Forschungsansatz ist die interdisziplinäre und arbeitsteilige Zusammenarbeit von Biologen und Medizinern mit Mathematikern, Informatikern, Physikern, Chemikern und Ingenieuren.» Dabei verfolgt die moderne Systembiologie in erster Linie praxisorientierte, industrielle Zielsetzungen. Anwendungsgebiete liegen in Medizin, chemischer Industrie und Umweltwissenschaften.

101 «To explain behaviour, the parts have to be considered in their natural context, i.e. as components in the functioning system, and at the same time, the system has to be studied as a whole. [...] In the end, a mechanistic explanation of a cellular behaviour amounts to a quantitative, mechanistic model that captures those molecular phenomena in the cell responsible for the cellular behaviour that is to be explained» (Boogerd et al., 2007, 14).

Natur vereinigt hatte; wir heben die Synthese der Natur auf, um sie in getrennten Elementen kennen zu lernen.» Aber der Analytiker treibt «doch eigentlich sein Geschäft, um zuletzt wieder zur Synthese zu gelangen». Und: «Was ist eine höhere Synthese als ein lebendiges Wesen; [...] ein Komplex [...] welcher sich immerfort herstellt, wir mögen ihn in noch so viele Teile zerfleischt haben.»

Deswegen geht es darum, sich bei der *systemischen* Erkenntnis des Organischen wieder des «geistigen Bandes» zu erinnern, das bei der einseitigen Analyse der Teile verloren gegangen ist, wie *Goethe* in seinem *«Faust»* den Mephistopheles in der Rolle des Professors seinem Studenten sagen lässt (Goethe, 1950k, 200–201):

> *Wer will was Lebendig's erkennen und beschreiben,*
> *Sucht erst den Geist herauszutreiben,*
> *Dann hat er die Teile in seiner Hand,*
> *Fehlt, leider! Nur das geistige Band.*

Dieses synthetische Band ist die Idee, das Organisationsgesetz, das alle Teile des Organismus in das System des Ganzen bringt; also in der Tat *Geist*[102], aber nicht mehr und nicht minder Geist als jede Gesetzmäßigkeit, mit der es Naturwissenschaft oder Mathematik zu tun haben kann. Jede Materie, auch das kleinste Molekül oder Elementarteilchen, ist aus dem Geist heraus bestimmt. Denn alle Materie ist gesetzmäßig, und es gibt für den Wissenschaftler gar keine andere Möglichkeit, Materie oder Organismen zu erkennen, als durch Erfassen ihrer geistigen Essenz in seinem eigenen Geist, durch Denken (vgl. Kap. 3.1 und 3.2).

Das organismische – aber auf ihrer Stufe auch schon das chemische und kristalloide (vgl. Kap. 3.3) – Ganze ist also ein *System*, wie es schon von Paul Weiss (Weiss, 1970) und Ludwig von Bertalanffy (von Bertalanffy, 1970) dargestellt und in treffender Weise von Wuketits formuliert worden ist (Wuketits, 1981, 88–89):

102 Der Ausdruck «Geist» mag in diesem Kontext etwas ungewöhnlich erscheinen oder gar zu Missverständnissen Anlass geben, da das Wort «Geist» mit den unterschiedlichsten Konnotationen besetzt sein kann. Der Ausdruck ist hier jedoch, wie bereits in Kapitel 3 ausgeführt, mit Bedacht gewählt, um auf dasjenige aufmerksam zu machen, was sich bereits in der naturwissenschaftlichen Erkenntnis als Geist erweist, was nichts Irrationales ist, sondern im Gegenteil den Inbegriff der Rationalität darstellt und im gewöhnlichen Bewusstsein nur dem klaren Denken zugänglich ist. Dieser Geist ist es auch, der die Brücke zwischen Naturwissenschaft und der von Steiner vertretenen Geisteswissenschaft abgibt (vgl. Kap. 7). Und nur von *diesem* Geist ist hier zunächst die Rede, dem Gesetz.

1. Das Ganze (= das System) ist stets «mehr» als die Summe seiner Teile (= System-Elemente). Nicht die bloße Addition der Elemente, sondern erst die spezifische Zusammenschaltung derselben (*Integration*) ergibt ein System. [...]
2. Systeme sind *hierarchisch* organisiert. Jedes System besteht aus ihm untergeordneten Subsystemen. [...]
3. Systeme zeigen bestimmte Eigenschaften oder Gesetzlichkeiten, die ihren Teilen (Subsystemen, Elementen) für sich betrachtet fehlen. Das sind sog. *Systemeigenschaften* (Systemgesetzlichkeiten).
4. Die Anzahl der Teile (Elemente, Subsysteme), die ein bestimmtes System aufbauen, variiert. [...]
5. Die hierarchische Organisation von Systemen [...] zeigt aus der Perspektive der Systemtheorie einen Stufenbau, was mit der philosophischen *Schichtenlehre* (z.B. bei N. Hartmann 1964) konform geht. [...]
6. Einerseits bestehen *zwischen* den Elementen *einer* bestimmten Stufe (Systemebene) und andererseits *zwischen den Stufen* selbst Wechselwirkungen.
7. Dem Modell funktioneller Kausalität gemäß wirkt niemals nur ein bestimmtes Element auf ein anderes ein, sondern dieses wirkt wieder, über das Netzwerk des Gesamtsystems, auf jenes zurück.
8. Die Beschreibung und Erklärung eines Systems bleibt unvollständig, solange nur einzelne Stufen (Subsysteme) oder gar eine einzige Stufe analysiert wird (Reduktionismus). Genauso unvollständig ist die Betrachtung des Gesamtsystems ohne Berücksichtigung seiner Teile (Subsysteme). Daher wird weder die bloße *Analyse*, noch die bloße *Synthese* der Sache gerecht.

Doch obwohl Wuketits spezifische Systemgesetzlichkeiten geltend macht, die den Teilen fehlen (also emergente Gesetze), und obwohl er die Teile via Netzwerk des Gesamtsystems (damit also über die Systemgesetzlichkeit) wirken lässt, führt er dennoch das System auf «molekulare Ursachen» zurück (ebd., 89). Er kann sich offenbar nicht vom Mechanismus lösen, was sich auch daran zeigt, dass sein funktioneller Kausalitätsbegriff bloß *Wechselwirkungen* kennt, sei es zwischen den Elementen innerhalb einer Systemebene, sei es zwischen den Systemebenen.

Ähnlich wird in der heutigen *Komplexitätstheorie* gedacht, einer aktualisierten Form der von Wuketits und anderen vertretenen Systemtheorie. So z.B. wenn eine ihrer Hauptvertreterinnen, Sandra Mitchell, die Entstehung von Emergenz so versteht: «Emergenz bedeutet in diesem neuen Sinn wie in den Vorstellungen aus dem 19. Jahrhundert, dass die Wechselwirkungen zwischen den Einzelteilen zu neuen Eigenschaften führen können, die keines der Einzelbestandteile besitzt, und dass diese Eigenschaften höherer Ordnung ihrerseits kausal wirksam werden» (Mitchell, 2008, 47). Darin liegt aber ein Widerspruch. Denn wenn «diese Eigenschaften höherer Ordnung ihrerseits kausal wirksam werden», dann wird ja *der höheren Ordnung als solcher,* dem Emergenten oder Ganzen *eigene Wirkursächlichkeit* zugeschrieben, also gerade nicht nur den Einzelheiten. Und da durch Emergenz «neue Strukturen entstehen, die *neuen Gesetzmäßigkeiten gehorchen*» (ebd., 27, HvPH), so muss das Wirkursächliche (causa efficiens) des Ganzen mit *dessen* Gesetz (causa formalis) in Einheit verknüpft sein. Denn es ist unmöglich, dass das Ganze eine Wirkung hervorbringe, ohne dass diese Wirkung *dem Gesetz* des Ganzen gehorche. *Das Gesetz des Ganzen muss also ein Wirkendes sein.*

Als Ursache für die höhere Ordnung des Emergenten kann also auch vom Gesichtspunkt der System- und Komplexitätstheorie das kraftende Gesetz bzw. die gesetzmäßig wirkende Kraft des Systems selbst gelten. Das «System» selbst zwingt den Teilen ihre Ordnung auf, wie vergleichsweise das Magnetfeld der Erde alle Kompassnadeln anordnet. Man kann deshalb verstehen, warum Driesch, Gurwitsch, Weiss, Spemann und in der neueren Zeit Rupert Sheldrake (Sheldrake, 1983) in Analogie zu den physikalischen Kraftfeldern morphogenetische Felder ursächlich für die Gestaltbildung beim Organismus oder bei Kristallen verantwortlich gemacht haben (vgl. Kap. 4.7).

Jedoch gibt es einen entscheidenden Unterschied zwischen den physikalischen Feldern und der Morphogenese von Kristall und Organismus: Die Eisenteile werden wohl in die Kraftlinien des Magnetfeldes hineingezwungen, aber ihre partikulare Erscheinung und Eigenheit bleiben dabei erhalten. Das Ganze bleibt ihnen *äußerlich*, sie haben zu ihm das Verhältnis einer physikalischen *Wechselwirkung*. Wechselwirkungen im *eigentlichen* Sinn gibt es jedoch nur zwischen sich *äußerlich gegenüberstehenden* Wirkfaktoren, wie das in der Mechanik der Fall ist. Bei chemischen, kristalloiden oder organischen Systemen durchdringt das Ganze seine Teile jedoch *innerlich* (vgl. dazu Kap. 3 sowie 4.4 und 4.6) und bringt deswegen an ihrer Stelle seine emergenten Eigenschaften zur Erscheinung. Das emergente System kommt also gerade dadurch zustande, dass das übergeordnete (System-)Gesetz den untergeordneten Elementen nicht äußerlich gegenübersteht, sondern *sie innerlich durchdringt*, und ihnen *seine* Erscheinung und *seine* Gesetzmäßigkeit einprägt, sodass ein höheres Ganzes entsteht, in dem die Eigenschaften der Teile in gewissem Sinne «aufgehoben» sind. Das Systemgesetz muss demnach als ein *wirkendes* gedacht werden.

4.9 Biologie jenseits von Vitalismus und Mechanismus

Der empirische ontologische Idealismus im Sinne Goethes und Steiners erlaubt die Begründung einer modernen Biologie jenseits von spiritualistischem Vitalismus und mechanistischem Materialismus. Diese Wissenschaftsart sieht Erkenntnis als Zusammenstimmen der gegebenen Wahrnehmungen mit den entsprechenden Gesetzen; und sie ist charakterisiert durch die empirisch begründete Anerkennung der Objektität[103] sowohl der Wahrnehmung wie des Gesetzes, ferner durch die erkenntniswissenschaftlich begründete Forderung, jeden Phänomenbereich in dieser Weise wissenschaftlich zu behandeln, und endlich durch einen Wirklichkeitsbegriff, der nicht nur die Wahrnehmung, sondern auch das Gesetz als einen realen, konstituierenden Faktor der Wirklichkeit auffasst (vgl. Kap. 2). Auf diesem Hintergrund sind dann die hierarchisch geordneten, emergenten Systemebenen des Organismus ihren *eigenen* Gesetzen nach zu untersuchen und ihrer spezifischen Realität nach anzuerkennen. Das Gesetzmäßige der höheren, emergenten Eigenschaften des Organismus ist konsequenterweise als eine wirkende Entität zu sehen, der für die Morphogenese und die systemische Ordnung des Organismus eine kausale Rolle zukommt. Dadurch kann auf die reduktionistische Interpretation von Organismus und Leben verzichtet werden, ohne dass man die Rolle der Substanzen für das Zustandekommen der Leistungen und Gestaltungen des Lebendigen verkennt, und ohne dass man auf spekulative Lebensprinzipien zu rekurrieren braucht.

Die Anerkennung der realen, wirkenden Natur des Gesetzes erlaubt in der Tat, das Rätsel der Emergenz zu lösen, das sonst schwer lösbar erscheint. «Es ist eindeutig ein Rätsel: Wie kann eine Eigenschaft höherer Ordnung einerseits ihre Wurzeln in den physikalischen Grundbausteinen haben (Wasser ist nichts anderes als H_2O) und andererseits etwas Neues sein, das sich aus den Eigenschaften der Bestandteile allein nicht vorhersagen lässt?» (Mitchell, 2008, 38). Das kann deswegen sein, weil das Neue sein eigenes Gesetz hat, das seine Bestandteile *durchdringt* und so eine neue – nämlich *seine* – Erscheinung hervorbringt, die *ihm* gehorcht. Damit wird auch ein weiterer Aspekt dieses Rätsels gelöst, den Jaegwon Kim thematisiert: «But how is it possible for the whole to causally affect its constituent parts on which its very existence and nature depend?» (Kim, 1999, 28). Das ist deswegen möglich, weil die Teile zwar sehr wohl die *Voraussetzung*, aber nicht die *Ursache* für die Verwirklichung des emergenten Gesetzes sind, und weil dieses ihnen als *ein Wirkendes* übergeordnet ist.

---

103 Vgl. Kap 2.3, Anm. 23.

Mit anderen Worten: Das Phänomen der Emergenz lässt sich dann widerspruchsfrei verstehen, wenn die Gesetzmäßigkeit jeder emergenten Ebene erstens in ihrer objektiven inhaltlichen Eigenheit und zweitens in ihrer realen, wirkenden Natur als causa formalis anerkannt wird. Wir haben bereits gesehen, dass auf dieser Grundlage der heute in der Elementarteilchenphysik aus empirischen Gründen geltend gemachte ganzheitliche Materiebegriff verständlich wird (vgl. Kap. 3.2 und 3.3). Dasselbe gilt analog für ein ganzheitliches Verständnis des Organismus (vgl. Kap. 4.3).

Damit kann der Inhalt dessen bestimmt werden, was in den noch hypothetisch bleibenden Konzepten von morphogenetischen Feldern und in der ganzheitsschaffenden Entelechie Drieschs noch unbestimmt blieb, nämlich das Wesen der Ganzheitsursache der organischen Bildung (vgl. Kap. 4.5). Das Ganzheitsschaffende liegt im Systemgesetz selbst (vgl. Kap. 4.7), das empirisch aufgrund der konkreten, als Emergenz aufgetretenen Organisation gefunden werden kann, sei es in der makroskopischen Morphologie wie noch bei Goethe selbst, oder sei es in der molekularbiologisch untersuchten Zellorganisation in der modernen Biologie.

Das spekulative Element lässt sich dadurch vermeiden, dass sich das Denken strikt an die Wahrnehmung hält und eine Organisationsidee nur so weit fasst, als es durch konkret beobachtete Organisation gerechtfertigt erscheint. Die Ideen müssen «wirklich mit den Objekten übereinkommen und mit ihnen zusammentreffen», wie Goethe gegenüber hypothetischen Gedanken des Anatomen Sömmering fordert (Goethe, 1958 b, 349). So gehen die Morphologie und die Paläontologie tatsächlich auch vor, insofern sie es mit dem Aufstellen und Vergleichen von Bauplänen zu tun haben oder insofern sonst Musterbildungen der Organismen untersucht werden. Man macht sich dabei aufgrund der reduktionistischen Grundeinstellung nur selten bewusst, dass dem *Organisationsprinzip selbst Realitätscharakter* zuzusprechen ist, ja dass es als bestimmende Ursache für die Musterbildung zu sehen ist.

Es handelt sich also beim Bestimmen der morphischen Ursache der organischen Musterbildung darum, das *Gesetzmäßige* des in der Erscheinung konkret verwirklichten Musters *selbst* aufzusuchen, denn dieses Gesetzmäßige ist es, das sich durch Selbstorganisation in dem es bedingenden Material verwirklicht (vgl. Kap. 4.6).

Nahe kommt dieser Auffassung der wahrscheinlich letzte Vertreter der morphogenetischen Feldtheorie im Sinne von Spemann, Curt Stern, der 1954 das morphogenetische Feld dem embryonalen Vormuster gleichsetzte: «The prepatterns of the embryonic tissue in *Drosophila*, which call forth a response of genes involving the differentiation of bristles, are embryonic fields of larger dimensions than the limited points of normal location of bristles» (Stern, 1954; zitiert in Beloussov et al., 1997, 778). Doch abgesehen davon, dass

Stern dieses Vormuster dann wiederum auf Gene zurückführte und so das nachfolgende kausale Primat der Gene beförderte (Beloussov et al., 1997), ist nicht *dieses* konkrete Vormuster oder irgendein anderes Muster *als solches* das morphogenetische Feld, sondern viel umfassender: Das Gesetzmäßige *jeder* sich selbst organisierenden Muster- oder Strukturbildung räumlicher oder zeitlicher Art, das im Organismus manifestiert ist oder sich in ihm noch manifestieren kann, ist *Teil* der hier gemeinten morphischen Ursache oder Entelechie. Die Entelechie ist *das System* dieser Gesetze. Die organische Bildung kann so interpretiert werden, dass bereits verwirklichte Teile des Ganzen Veranlassungsgrund für die Verwirklichung (Selbstorganisation) weiterer Teile dieses Systems darstellen, so z.B. die Enzyme für die von ihnen katalysierten Funktionen oder Strukturen (vgl. Kap. 4.7). Die Entelechie als solche ist, wie bereits dargestellt, die Gesetzmäßigkeit des komplexen, in sich gegliederten, hierarchisch organisierten Ganzen all dieser Teile, das System, der Typus, die Idee oder die Gesamtinformation des Organismus.

Diese Idee oder Gesamtinformation ist der *eigentliche* «Blueprint» des Organismus, von dem der in den funktionellen Genen codierte Blueprint, die Information für die Primärstruktur der Eiweiße, nur einen kleinen Teil ausmacht (vgl. Kap. 4.1). Und erst vom umfassenden *systemischen* Blueprint ist man berechtigt zu sagen, was man im 20. Jahrhundert – in Worten Ernst Mayrs ausgedrückt – der genetischen Information zuschreiben wollte: «And the blueprint makes everything!» (zitiert in Riedl, 2005, 128). Denn das organische System verwirklicht seine Zustände in seiner phylogenetischen und ontogenetischen *Entwicklung*[104] tatsächlich selbst. Deswegen ist auch der

104 Die Anwendung dieser Grundgedanken auf die ontogenetische und insbesondere auch die phylogenetische Entwicklung wirft auch ein interessantes Licht auf die Natur der *Vererbung* und das *biogenetische Grundgesetz*, wie Steiner in seinen Einleitungen zu *«Goethes Naturwissenschaftliche Schriften»* deutlich macht: «In Goethes Begriffen erhalten wir auch eine ideelle Erklärung für die durch Darwin und Haeckel gefundene Tatsache, dass die Entwicklungsgeschichte des Individuums eine Repetition der Stammesgeschichte repräsentiert. Denn für mehr als eine unerklärte Tatsache kann das, was Haeckel hier bietet, doch nicht genommen werden. Es ist die Tatsache, dass jedes Individuum alle jene Entwicklungsstadien in abgekürzter Form durchmacht, welche uns zugleich die Paläontologie als gesonderte organische Formen aufweist. Haeckel und seine Anhänger erklären dieses aus dem Gesetz der Vererbung. Aber letzteres ist selbst nichts anderes als ein abgekürzter Ausdruck für die angeführte Tatsache. Die Erklärung dafür ist, dass jene Formen sowie jedes Individuum die Erscheinungsformen eines und desselben Urbildes sind, welches in aufeinanderfolgenden Zeitperioden die der Möglichkeit nach in ihm liegenden Gestaltungskräfte zur Entfaltung bringt. Jedes höhere Individuum ist eben dadurch vollkommener, dass es durch die günstigen Einflüsse seiner Umwelt nicht gehindert wird, sich seiner inneren Natur nach völlig frei

gesetzliche Inhalt dieses Systems nur durch Verfolgen des faktischen Entwicklungsganges der Organismen zu finden, wie Steiner mit Bezug auf Goethes Arbeitsweise bemerkte (Steiner, 1973h, 88–89):

> Die auf sich gebaute Entelechie enthält eine Anzahl sinnlicher Gestaltungsformen, von denen eine die erste, eine andere die letzte sein muss; bei denen nur immer in ganz bestimmter Weise die eine auf die andere folgen kann. Die ideelle Einheit setzt aus sich heraus eine Reihe sinnenfälliger Organe in zeitlicher Aufeinanderfolge und in räumlichem Nebeneinandersein und schließt sich in ganz bestimmter Weise von der übrigen Natur ab. Sie setzt ihre Zustände aus sich heraus. Daher sind sie auch nur in der Weise zu begreifen, dass man das aus einer ideellen Einheit hervorgehende Gestalten aufeinanderfolgender Zustände verfolgt, *d.h. ein organisches Wesen ist nur in seinem Werden, in seiner Entwicklung zu verstehen.*

Goethe hat dieses Werden in seinen morphologischen Arbeiten makroskopisch verfolgt; die auf ihn folgende Biologie hat die Mittel entwickelt, dieses Werden mikroskopisch und molekularbiologisch zu verfolgen; aber beides kann sich in einer modernen «Biologie jenseits von Mechanismus und Vitalismus» (Wuketits, 1981, 88) zusammenschließen, wenn das Erkennen sich strikt in der objektiven Weltdialektik zwischen Wahrnehmung und Begriff bewegt, wenn das gleiche Erkenntnisprinzip auf jeder Erscheinungsebene gilt, und wenn nicht nur die sinnlichen Erscheinungen, sondern auch das in ihnen waltende Gesetzmäßige als objektive, reale Welttatsache anerkannt wird. Die Erkenntnistheorie im Sinne von Goethe und Steiner kann dazu einen wesentlichen Beitrag leisten (vgl. Kap. 2).

---

zu entfalten. Muss das Individuum dagegen durch verschiedene Einwirkungen gezwungen auf einer niedrigeren Stufe stehenbleiben, so kommen nur einige von seinen inneren Kräften zur Erscheinung, und es ist dann bei ihm das ein Ganzes, was bei jenem vollkommeneren Individuum nur ein Teil eines Ganzen ist» (Steiner, 1973h, 104–105). Man vergleiche dazu auch die Anwendung dieser Grundgedanken auf das Problem des Höherentwicklungsbegriffs in der Evolutionstheorie (Rosslenbroich, 2006), auf das Problem der Verschiedenzeitlichkeit von Gestaltmerkmalen in der Evolution der Wirbeltierklassen (Heterochronie, teilweise als Mosaikbildung missdeutet) (Schad, 1992), auf die Frage nach der morphologischen Sonderstellung des Menschen im Verhältnis zu den höheren Säugetieren und Primaten auf dieser Grundlage (Verhulst, 1999; Schad, 2012) und auf die mit der evolutorischen Höherentwicklung verbundene Autonomiezunahme bis zum Menschen (Rosslenbroich, 2007; Rosslenbroich, 2014).

4.10 Überlegungen zur Thermodynamik organischer Prozesse

Der ontologische Idealismus, d. h. die Auffassung der biologischen Systemgesetze als reale, wirkende, selbstorganisierende Entitäten, lässt sich auch unter energetischer Perspektive im Sinne der Thermodynamik rechtfertigen. Zwar wird als treibende Kraft der Selbstorganisation das spontane Hinneigen des Systems zu *thermodynamischen Energieminima* gesehen, also ein passiver Vorgang. Auf diesen wird auch gewöhnlich die Stabilität der Struktur- und Funktionsgleichgewichte bzw. die Robustheit der entstehenden organismischen Ordnung zurückgeführt, d. h. deren Fähigkeit, sich auch nach Störung wiederherzustellen (Kirschner et al., 2000, 81):

> The concept of the steady state as a thermodynamic minimum helps us understand the ultimate driving force behind self-organization, and may account in energetic terms for the robustness and pathway-independence of a process like spindle assembly. [...] The steady state resembles equilibrium in the sense that the system moves spontaneously downhill over some energy landscape to reach the steady state, where it comes to rest. If a steady state is perturbed, it will return to its preferred parameters.

In der Tat hat Ilya Prigogine, auf den sich Kirschner hier bezieht, herausgefunden, dass sich in offenen Systemen, die durch ständigen Energiefluss *nicht* im thermodynamischen Gleichgewicht sind, stabile Ordnungen im Sinne eines Fließgleichgewichts entwickeln können. Dabei ist das Erreichen des Fließgleichgewichts thermodynamisch mit Energieminimierung und Entropievermehrung verbunden, weshalb das System spontan diesen geordneten Zustand anstrebt (Prigogine, 1977). Ein solcher Zustand wird deshalb auch als *Attraktor* bezeichnet. Fließgleichgewichte sind dynamische Ordnungen, die auch *dissipative Strukturen* genannt werden, weil sie durch irreversible, mit Energie-Dissipation verbundene Prozesse entstehen, so z. B. die Flammengestalt, die Selbstorganisation von wabenförmigen Strukturen in viskösen Flüssigkeiten in flachen Gefäßen aufgrund von Konvektion, die durch mildes Erhitzen von unten erzeugt wird (Rayleigh-Bénard-Konvektion) (Küppers, 1996), das Wachsen von Kristallen, biochemische Fließgleichgewichte mit Anfluten von Substrat und Wegströmen von Produkten, und überhaupt die Fließgleichgewichte in lebenden Systemen.

Es darf jedoch nicht außer Acht gelassen werden, dass solche Selbstorganisationsprozesse, die *von selbst* zu dissipativen Strukturen bzw. stabilen Fließgleichgewichten führen, nur durch *organisierte Aktivität* induziert und aufrechterhalten werden können, was insbesondere die *Erzeugung eines thermodynamischen Ungleichgewichts* durch entsprechende Energie- oder Materialzufuhr und – z. B. bei biochemischen und organisch-strukturellen Fließgleichgewichten – die organisierte Produktabfuhr beinhaltet. So schildert z. B. Küppers direkt als «elementare Basis der Selbstorganisation»: «Selbstorganisation ist die Entstehung dynamischer Strukturen, die sich selbst reproduzieren. Sie ist in physikalischen Systemen an eine Dynamik gebunden, die durch Ausgleichsprozesse in Ungleichgewichten getrieben wird. *Damit sie nicht nach kurzer Zeit zum Erliegen kommt, muss der Ausgleich des Ungleichgewichts durch dessen Aufrechterhaltung verhindert werden.* Selbstorganisation ist deshalb auf eine Umwelt angewiesen, die die Ressourcen für die Aufrechterhaltung solcher Ungleichgewichte bereitstellt», also z. B. durch stetige, genau geregelte Wärmezufuhr bei der Rayleigh-Bénard-Konvektion (Küppers, 1996, 134, HvPH).

Was beim physikalischen oder chemischen System der Selbstorganisation also künstlich – oder bis zu einem äußerst limitierten Grad auch durch eine günstige Konstellation von Umgebungsbedingungen – zur Aufrechterhaltung einer stabilen Selbstorganisation *von außen* geliefert werden muss, leistet der Organismus *innerlich* von selbst: die aktive Organisation der Zu- und Abfuhr entsprechender Energieträger und Substrate. Der Organismus organisiert sich also im Unterschied zur rein physikalisch-chemischen Selbstorganisation in *doppelter* Weise selbst: erstens durch Selbstorganisation von physischen Strukturen, die denjenigen der physischen, chemischen oder kristalloiden Selbstorganisation analog sind (z. B. Selbstorganisation von Protein- oder Organellstrukturen) und deshalb bei fast allen Selbstorganisationsdiskussionen allein ins Auge gefasst werden. Zweitens die Organisation der Bedingungen, die die vorgenannte Selbstorganisation überhaupt erst möglich machen: Erzeugung und Erhaltung des thermodynamischen *Ungleichgewichts* als Ausgangs- und Erhaltungsursache für die zum Attraktor oder zum steady state bzw. zur Homöostase hinstrebenden Selbstorganisation. Diese die erstgenannte Selbstorganisation bedingende Selbstorganisation wird aber in den Selbstorganisationstheorien zumeist ebenso außer Acht gelassen, wie der Maschinenbauer mit seinem Plan und Konstruktionsprozess bei den Maschinentheorien des Organismus vergessen wird (vgl. Kap. 4.4). Deshalb glaubt z. B. Kirschner, die organische Selbstorganisation, ja sogar die großräumige Koordination von funktionellen Einheiten oder Ganzheiten sei einfach durch «Kollaps» im Sinne des obgenannten «Hinabrollens» zum thermodynamischen Energieminimum erklärbar: «Induced collapse embodies the idea that self-organizing systems are able to generate single and appropriate functional outcomes by coordinating the activities of many identical components over large distances. [...] Such systems [...] always collapse to a singular state [...]!» (Kirschner et al., 2000, 87). Auf diesem Hintergrund erhofft er sich vom 21. Jahrhundert die rein chemische Erklärung des Lebens.

Aber in diesem Modell wird das unaufhörliche Schaffen des thermodynamischen Ungleichgewichts, das permanente Aufrechterhalten von Energie- und Materialgradienten vergessen, das den zahllosen und unaufhörlichen «Kollapsen» vorangeht und energetisch *ihr Gegenteil* darstellt. Dieses thermodynamische Ungleichgewicht ist dem automatischen Streben nach Gleichgewicht *hierarchisch vorgeordnet* und muss in Raum und Zeit *organisiert* werden. Der Organismus leistet diese Organisation selbst, und zwar durch Enzymaktivitäten und deren Koordination. Und die Enzyme selbst sind wieder auf enzymatisch vermittelte, räumlich-zeitlich koordinierte dynamische Regulation der Genaktivität zurückzuführen (vgl. Kap. 4.2). Man kommt also nicht darum herum, thermodynamisch der gewissermaßen passiven Energieminimierung eine *aktive Energiemaximierung* polar gegenüberzusetzen und beides in einer sinnvollen, komplexen Gesamtorganisation vereint zu denken, die erst das Lebendige ausmacht.

So ist es bei der Thermodynamik dissipativer Strukturen im Sinn von Prigogine, so ist es aber auch bei der konventionellen Betrachtung der Thermodynamik, wie sie meist in den Lehrbüchern noch geltend gemacht wird (Purves et al., 2006, 128–148). Denn der energiekonsumierende Aufbau komplexer, hochgeordneter Strukturen in Organismen mit entsprechender Abnahme der Entropie steht zunächst im Widerspruch zum zweiten Hauptsatz der Thermodynamik. Das wird jedoch durch den den Anabolismus bei weitem überwiegenden Katabolismus wettgemacht: Für 1 kg aufgebaute Körpermasse wird 10 kg biologisches Material abgebaut, wodurch viel mehr «Unordnung» (Entropie) entsteht, als in 1 kg Körpermasse enthalten ist. Deshalb wird geglaubt, dass die Zunahme an Komplexität beim Organismus nur «in *scheinbarem* Widerspruch zum zweiten Hauptsatz» stehe (ebd., 131, HvPH). Der Widerspruch ist jedoch nicht nur scheinbar, sondern im Aufbausystem real, er wird aber im Gesamtkontext durch das Abbausystem bzw. die im offenen System von außen gelieferte Energie *kompensiert*, sodass der Organismus, «als ein hochgradig geordnetes, entropiearmes System» (ebd., 2006, 131) überhaupt möglich ist. Dem Aufbausystem *dient* also das energieliefernde Abbausystem, beide sind organisatorisch zusammengeschaltet, d.h. Teile einer den Auf- und Abbau sinnvoll integrierenden Gesamtorganisation. Energieträger müssen in den richtigen Mengen zur richtigen Zeit am richtigen Ort zur Verfügung stehen, Abbauprodukte müssen ebenso sinnvoll organisiert entfernt werden, die funktionellen und histologisch-anatomischen Strukturen müssen diesen Zwecken gemäß sowohl innerhalb des Organismus wie auch an seiner kontrolliert offenen Grenze zur Außenwelt organisiert sein. Erst diese *Organisation* macht die oben erwähnte thermodynamische Kompensation der energiekonsumierenden Schaffung von Ordnung möglich. Die Ordnung des Organismus entstammt also nicht seinem Energiehaushalt, sondern *regelt* diesen, indem sie sich in ihm verwirklicht. Die Organisation als solche ist ein ideelles, wenn auch reales Prinzip, das sich im Prozess der Selbstorganisation selbst verwirklicht.

4.11 Leben versus Tod, physische und ätherische Organisation

Dass die Gesetzmäßigkeit des organischen Systems nicht auf seine Komponenten zurückgeführt werden kann, sondern ontologisch ein eigenes «Sein» beanspruchen muss, lässt sich konkret daran erkennen, dass das Systemgesetz tatsächlich seine Eigenart und Selbständigkeit *gegen* die ihm eingeordneten stofflichen Komponenten geltend macht, d. h. das spezifisch Organische gegen das Anorganische, das Leben gegen das Tote, Mineralische.

So lösen sich nach dem Tod die Substanzen der Leichname von Tier und Mensch bzw. der abgestorbenen Pflanzenkörper entsprechend dem zweiten Hauptsatz der Thermodynamik unweigerlich in die umgebende leblose Natur, das sog. Mineralreich hinein auf, während des Lebens auch schon die aus dem Organismus ausgeschiedenen Substanzen oder traumatisch abgetrennte Körperteile. Im *lebenden* Organismus wird diese Auflösung jedoch ständig verhindert; ja, es geschieht das genaue Gegenteil jenes Zerfalls: Die anorganischen Substanzen werden im lebenden Organismus unter unablässiger, wohlorganisierter Schaffung eines Zustandes *fernab vom thermodynamischen Gleichgewicht* in höher geordnete organische Substanzen aufgebaut und in eine hochkomplexe Ordnung gebracht, die sich stets aktiv und selbsttätig (autopoietisch) erhält und bei Störung wiederherstellt. «Die Aufrechterhaltung des stationären Zustands fernab vom thermodynamischen Gleichgewicht ist eine *conditio sine qua non* für die Existenz lebender Systeme» (Penzlin, 2016,182). Dabei liegt die Eigenschaft des «Lebens» *als Leben* nicht eigentlich in der Herstellung der komplexen Substanzen, obwohl Leben sich nur auf deren Grundlage entfaltet und organische Substanzen in der Regel nur in lebenden Organismen hergestellt werden können – mit Ausnahme von den kleinmolekularen wie Harnstoff. Aber, wie Ernst Mayr sagt: «Diese organischen Moleküle unterscheiden sich nicht prinzipiell von anderen Molekülen» (Mayr, 1984, 45). Denn auch die höher geordneten Substanzen wie Nukleinsäuren, Eiweiße oder Lipide sind physische Substanzen und gehorchen physischen Gesetzen, wenn auch den emergenten, höheren, wie in den Kapiteln 3.2 und 3.3 dargestellt.

Für sich genommen verhalten sich diese höher geordneten Substanzen auch wie «organische Kristalle»; und sie werden physikalisch in jeder Hinsicht auch so aufgefasst (Head et al., 2000). Da diese Substanzen sich unter den geeigneten Bedingungen selbst organisieren, ja sogar Enzyme (z. B. Ribonuklease) im Reagenzglas durch Selbstorganisation ihre native dreidimensionale Konformation wieder zurückgewinnen können, nachdem diese zuvor durch schonendes Denaturieren zerstört und nur noch der primäre Eiweißfaden erhalten war (Lewin, 1988, 11), gibt es keinen Grund, den Organismus in *stofflicher* Hinsicht für etwas anderes als einen rein physischen Körper zu halten, einen Körper allerdings, der sich wie ein Kristall verhielte, nämlich *leblos* – wenn nichts anderes dazukäme, das *nicht physisch* ist. Deswegen bemerkte Steiner einmal: «Aber sehen Sie, wenn der Mensch bloß seinen physischen Leib hätte, so wäre er – ein komplizierter, aber immerhin – ein Kristall» (Steiner, 1975 a, 24). Kompliziert muss dieser «Kristall» natürlich dadurch sein, dass die Selbstorganisation – immer unter entsprechenden Bedingungen – aus Atomen und Molekülen nicht bloß Makromoleküle, sondern aus diesen noch höhere Strukturen wie Organellen und Zellen und im Weiteren Zellverbände, Organe, Organsysteme, ja den physischen Körper als Gesamtorganisation hervorbringt. Dieser wäre also in seiner komplexen Ganzheit als «Kristall» zu denken.

Und da es sich bei diesem Strukturaufbau stets um Selbstorganisation handelt, kann man *kausal* für die Bildung dieses physischen Körpers nur physische Gesetze und Kräfte verantwortlich machen. Da aber jede emergente Strukturebene ihre eigenen Gesetze hat, die sich die Elemente der untergeordneten Ebene unterordnen, können die jeweils übergeordneten Gesetze als causa formalis aufgefasst werden[105], die sich die causa materialis der untergeordneten Ebene unterwirft, wozu sie freilich eine ursächlich wirkende Kraft (causa) sein muss (vgl. Kap. 3.2 und 3.3). So kann etwa die Bildung der dreidimensionalen Konformation von Proteinen verstanden werden, die aber ihrerseits in noch höhere Strukturgesetze eingeordnet sind. In diesem Sinn kann das System von physisch-räumlichen Strukturgesetzen, die in ihrem

105 Diese Auffassung einer realen, wirkenden causa formalis als Ursache der Selbstorganisation von Kristallen sowie der damit verwandten physischen Gestaltbildung des Organismus ist kompatibel mit der neueren Chaostheorie. So stellt z. B. Stephen H. Kellert in seinem Buch über Chaostheorie im Kapitel mit dem bezeichnenden Titel «The ontic conception: causal versus geometrical mechanisms» der mechanischen Verursachung, die er als «causal» bezeichnet, die *geometrische* gegenüber, die er für die «common *patterns* or regularities at a more *macroscopic level* of analysis» verantwortlich macht. Diesen Mustern gegenüber mache es wenig Sinn, «to try to understand the behavior of the *whole* system by tracing each individual process. Instead, one needs to find a way of representing what the system does on the *whole* or on the average, which abstracts from such specific causal detail» (Kellert, 1993, 104–105, HvPH). Eine «geometrische» Verursachung ist aber notwendigerweise eine solche der räumlichen Form. In diesem Sinn kann die Manifestation der gesetzmäßigen physikalischen Formen und Gestalten von Kristallen und Organismen als «geometrische Kausation» verstanden werden.

Gesamtzusammenhang den räumlichen Bauplan des Organismus ausmachen, im aristotelischen Sinn auch als wirkende, in sich komplex geordnete *«Form»* bezeichnet werden. Der «Stoff» zu dieser Form wären dann die entsprechenden Substanzen, die z. B. durch die Ernährung oder aus dem Intermediärstoffwechsel in diese Form hineingelangen müssen, um zur höheren Substanz und Struktur aufgebaut zu werden. Diese «Form» bzw. das System der räumlichen Gestaltungsgesetze *als solcher* ist freilich ideeller, nichtsinnlicher Natur, wie Gesetze eben sind (vgl. Kap. 2 und 3.1); und deshalb kann man verstehen, warum Steiner dieses Gesetzessystem, die «physische Organisation» bzw. die «menschliche Form», als ein «übersinnliches Kraftsystem» bezeichnet, das gewissermaßen dem Ernährungsstoff «entgegengehalten» werde, wenn dieser in den Organismus eintritt, und warum er diesen Prozess mit dem Aufbau von Kochsalz aus Chlor und Natrium vergleicht (Steiner, 1978 c, 166–168):

> Erst dadurch, dass sich dieser Form eingliedert das Ernährungsmaterial, wird der menschliche Organismus zu einem physisch-sinnlichen Organismus, zu dem, was man mit Augen sehen und mit Händen greifen kann. Man nennt, was so entgegengehalten wird den äußeren Ernährungsstoffen, aus dem Grunde ‹Form›, weil eigentlich in aller Natur ein solches Gesetz wirkt, ein genau gleiches Gesetz, das überall *Formprinzip* genannt wird. Sie können bis zum Kristall hinuntergehen und müssen sich sagen: Die Substanzen, welche in den Kristall eintreten, müssen, um das zu werden, als was der Kristall sich darstellt, gleichsam eingefangen werden von den Formprinzipien, die bei den Kristallen die Prinzipien der Kristallisation sind. […] So setzt alles, was als Ernährungsstoffe in den menschlichen Organismus eintritt, die übersinnliche *Form* voraus.

So gesehen kann der materielle Körper als die Einheit dieser physischen «Form» mit ihrem «Stoff» angesehen werden.

Aber dieser physische Körper lebte nicht, wenn in ihm nur die genannten physischen Gestalt- und Substanzgesetze der verschiedenen Systemebenen wirkten. Er lebte auch dann nicht, wenn er nicht feste Kristalle, sondern stoffwechselähnliche Prozesse mit dissipativen Strukturen wie die oben erwähnte Belousov-Zhabotinsky-Reaktion hervorbringen würde. Denn diese sind lediglich oszillierende, bis zu ihrer Erschöpfung abklingende chemische Prozesse, die zwar typische Muster bilden, denen aber die *spezifische Organisation des Lebendigen* fehlt, nämlich eine *«in sich geschlossene Ganzheit»* (Steiner, 1979 a, 113), die auch die heutige neoaristotelische Ontologie als ein Charakteristikum von Lebewesen anschaut (Schark, 2005). Die elementaren Einheiten des Lebendigen wie z. B. Zellen existieren nur als Organismen, sie sind «integrierte Individuen» (Laubichler, 2005), die sich als in sich organisierte Einheiten der Außenwelt gegenüber *aktiv* gleichzeitig behaupten wie öffnen. Belousov-Zhabotinsky-Prozesse weisen diese Grundeigenschaft des Lebendigen, eine organismische Organisation, nicht auf. Nur auf solche in sich differenzierte Einheiten oder Ganzheiten treffen die weiteren Eigenschaften zu, die spezifisch für das Lebendige sind, wie Wachstum, organisierter Stoffwechsel[106], Abwehr, Fortpflanzung usw. Kristalle oder die zyklischen Ausbreitungsfronten der Belousov-Zhabotinsky-Reaktion wachsen nicht im organischen Sinn, sondern setzen Substanz durch Apposition an. Biologisches Wachstum ist dagegen eine aktive und bewegliche, in Metamorphosen auf ein Gestaltungsziel hin organisierte Größenzunahme, bei der der Stoff differenziert in das organismische System aufgenommen wird. «Der Unterschied zwischen anorganischer Materie und lebenden Organismen liegt nicht in dem Stoff, aus dem sie bestehen, sondern in der *Organisation* der biologischen Systeme» (Mayr, 1984, 50, HvPH).

Das Wesentliche der lebendigen Organisation bzw. Selbstorganisation ist also im Unterschied zur nicht-lebendigen diese als Einheit in sich organisierte räumliche Ganzheit, und ferner, dass sich diese Ganzheit teleonomisch in der Zeit verwirklicht. Es wirken also nicht nur die physisch-räumlichen bzw. morphologisch-geometrischen Gesetze, die letztlich einen «Kristall» zur Folge hätten, sondern darüber hinaus wirken *zeitliche Gesetze*. Der Organismus *verwirklicht* seine Gestalt nicht einfach wie der Kristall, sondern *entwickelt* sie in der Verwirklichung. Organismen sind «Entwicklungssysteme» (Stotz, 2005). Die organische Gestalt verwandelt sich im Entstehen; Morphogenese durch *Metamorphose*, wie das für die Pflanze von Goethe und kürzlich von Andreas Suchantke vorbildlich geschildert worden ist (Goethe, 1950h; Suchantke, 2002), und im 19. und 20. Jahrhundert von vielen Autoren für das Werden von Tier und Mensch mit ihren unglaublichen Gestaltwandlungen und -bewegungen herausgearbeitet worden ist, von der kugelförmigen Eizelle über die Stadien von Morula, Blastula und Gastrula über fischähnliche Baupläne bis hin zur typischen Säuger- und Menschengestalt (Hinrichsen, 1990). Auf der molekularen Ebene wird diese Entwicklung ermöglicht durch einen wohlgeordneten, zeitgerechten, sequenziellen Einsatz ganzer Kaskaden von Entwicklungskontrollgenen, wie das bei Drosophila oder beim Zebrafisch in Einzelheiten erforscht worden ist (vgl. Kap. 4.5). Die einzelnen Substanzen und Strukturelemente werden in zeitlich gesetzmäßiger Abfolge so geliefert, wie es für die räumliche Gesamtkonstruktion sinnvoll ist (vgl. Kap. 4.7). Der

106 Dazu gehören auch die zeit- und ortsgerechte Beschaffung von Ausgangsstoffen für das, was im Organismus der Belousov-Zhabotinsky-Reaktion verglichen werden könnte, sowie die analoge Entsorgung entsprechender Endprodukte.

Raumplan wird also nach einem *Zeitplan* verwirklicht, die *räumliche Organisation* ist beim Lebewesen einer *zeitlichen Organisation* unterworfen.

Diese zeitliche Organisation ist verantwortlich für die *rhythmische, zyklische* Zeitstruktur alles Lebendigen (Endres & Schad, 1997; Foster & Kreitzman, 2004). In der modernen Chronobiologie hat sich die Untersuchung dieser Zeitgesetze als eine eigenständige Wissenschaftsform etabliert (Touitou & Haus, 1992; Rosslenbroich, 1994). Und gerade diese zyklischen Vorgänge zeigen, wie unglaublich komplex die zeitliche Organisation des Lebendigen ist (Hildebrandt et al., 1998). Es handelt sich dabei nicht um ein mechanisches Schwingungssystem, sondern um einen beweglichen, reagiblen – eben lebendigen – Zeitorganismus, der als Einheit organisiert ist und zahllose Millisekunden-, Sekunden-, Minuten-, Stunden-, Tages-, Wochen-, Monats-, Jahres-, Siebenjahres- und weiteren Rhythmen in sich integriert, um darin das junge Aufstreben, das Erhalten und die Seneszenz des Organismus zu regeln. Gewissermaßen eine innere Zeitsymphonie, die die ganze Lebensspanne eines Lebewesens umfasst, und die deutlich zeigt, dass der räumliche Organismus von einem Zeit-*Organismus*, d.h. von der *Organisation wirkender Zeitgesetze* bestimmt wird, die für sein Entstehen, sein gesundes Funktionieren und seine Erhaltung verantwortlich ist. Für die praktische Medizin sind diese Gesichtspunkte von großer Bedeutung geworden (vgl. Kap. 8.4).

Der lebende Körper ist also *deshalb* kein Kristall, weil zu den Raumgesetzen die Zeitgesetze des Organischen *hinzukommen*, sodass eine bewegliche dynamische, d.h. *lebendige* Organisation entsteht, erhalten und zuletzt abgebaut wird. Das gilt für den Organismus als Ganzen, aber auch für die einzelnen Teile desselben: Obwohl sich Proteine unter isolierten physikalischen Bedingungen wie statische Kristalle verhalten, sind sie im lebendigen Organismus dynamische, bewegliche Gebilde, für die sich heute voll bestätigt (Tokuriki & Tawfik, 2009), was Karplus schon 1986 so formulierte: «Proteinmoleküle sind elastisch verformbar und nie in Ruhe. Wären sie starre Gebilde, könnten sie ihre lebenswichtigen Aufgaben oft gar nicht erfüllen. [...] Proteine sind also dynamische Gebilde, die ihre Konformation fortwährend verändern» (Karplus & McCammon, 1986, 108). Ja, gemäß rezenten Entdeckungen sind Enzyme viel dynamischer, als man sich ursprünglich vorgestellt hat. So hängen die Enzymfunktionen von subtilen Änderungen ihrer Konformation ab, die Bewegungen des aktiven Zentrums in Zeitskalen von Nano- und sogar Picosekunden (also von 10^{-12} Sek.!) beinhalten (Lu, 2012).

So wie sich die räumlichen Strukturgesetze durch Selbstorganisation verwirklichen, wenn die entsprechenden Vorbedingungen da sind, so auch die zeitlichen. In diesem Sinn erscheinen die Zeitstrukturen spontan als Emergenzen gegenüber den Raumstrukturen; sie sind nur *an* diesen zu beobachten, sind aber nicht durch sie verursacht. Und so wie die räumlichen Substanz-

und Strukturgesetze als wirkende Realitäten angesehen werden können, so auch die Zeitgesetze. Denn insofern das Räumliche *wirklich* nach Zeitstrukturen geordnet ist, muss diesen ein *Wirken* zukommen. Die in sich geordnete Zeitgesetzlichkeit kann in dieser Hinsicht als der kausale Grund für den teleonomen Charakter des Organismus angesehen werden. Sie bringt die *Zeitgestalt* des Organismus hervor, ist also deren causa formalis. Da diese in der Zeit verwirklicht wird, ist sie auch eine causa finalis, und da sie aktiv ist, ein kausales Agens (causa efficiens). Aber die *räumliche* causa formalis tritt immer in Einheit mit der *zeitlichen* auf; und deshalb beinhaltet der Goethe'sche Typus bzw. die organische «Entelechie» als ideelle Einheit beides, die räumliche und zeitliche Ordnung. Das begründet auch, warum die organischen Organisationsgesetze nur anhand der tatsächlich beobachteten *Entwicklung* eruiert werden können, wie das Goethe in seiner *«Metamorphose der Pflanzen»* gezeigt (Goethe, 1950 h) und Steiner in seinen Einleitungen zu Goethes morphologischen Schriften begründet hat (Steiner, 1973 h, 88–89):

> Die auf sich gebaute Entelechie enthält eine Anzahl sinnlicher Gestaltungsformen, von denen eine die erste, eine andere die letzte sein muss; bei denen nur immer in ganz bestimmter Weise die eine auf die andere folgen kann. Die ideelle Einheit setzt aus sich heraus eine Reihe sinnenfälliger Organe in zeitlicher Aufeinanderfolge und in räumlichem Nebeneinander und schließt sich in ganz bestimmter Weise von der übrigen Natur ab. Sie setzt ihre Zustände aus sich heraus. Daher sind sie auch nur in der Weise zu begreifen, dass man das aus einer ideellen Einheit hervorgehende Gestalten aufeinanderfolgender Zustände verfolgt, *d. h. ein organisches Wesen ist nur in seinem Werden, in seiner Entwicklung zu verstehen*. Der unorganische Körper ist abgeschlossen, starr, nur von außen zu erregen, innen unbeweglich. Der Organismus ist die Unruhe in sich selbst, vom Innern heraus stets sich umbildend, verwandelnd, Metamorphosen bildend.

Aber diese «Unruhe», das eigentlich *Lebendige* am Organismus, entspringt dem *zeitlichen* Element, das dem anorganischen Kristall fehlt, und so ist *der Zeitorganismus der Grund des Lebens*. Zeitgesetze sind keine Gesetze physischer Raumstrukturen, und deshalb *keine physischen* Gesetze; sie gestalten lediglich das Physische im Verlauf. Deswegen wird Zeit als Vollzug dieses (physischen) Verlaufs vorgestellt, oder schematisch in räumlicher Form ausgedrückt als Zeitachsen oder Ähnliches. «Nur muss man sich immer darüber im Klaren sein, dass man es dabei nicht mit der Zeit, sondern mit ihrer räumlichen Verbildlichung zu tun hat. Zeit ist also prinzipiell nicht vorstellbar» (Schad, 1992, 117; Schad, 1993). Steiner nennt das Rhythmische deswegen auch *«halbgeistig»*: «Rhythmische Vorgänge sind weder in der Natur, noch im Menschen etwas Physisches. Man könnte sie halbgeistig nennen. Das Physische als Ding verschwindet im rhythmischen Vorgang» (Steiner, 1976 b, 221). Und die Gesetze dieser «halbgeistigen» Erscheinungen sind ihrer Natur nach natürlich ebenso geistig wie die Gesetze der physischen Organisation (vgl. Kap. 3.2). Man kann deshalb im Hinblick auf den oben zitierten Ausdruck «übersinnliches Kraftsystem» auch sagen: Der Stoff, der in den Menschen eintritt, wird nicht nur durch das übersinnliche *physische* Kraftsystem aufgenommen; denn dieses ist nur «das allererste Übersinnliche, die menschliche Form» (Steiner, 1978 c), die den aufgenommenen Stoff erst zur höheren Substanz und räumlich-körperlichen Gestalt macht. Sondern die Substanz wird zudem durch ein *zweites übersinnliches Kraftsystem* aufgenommen, durch die *Organisation wirkender Zeitgesetze*, die dem physischen, sonst quasi «kristallinen» Körper die Funktionen des Lebens verleiht.

Im Unterschied zur physischen nennt Rudolf Steiner *diese* Organisation *«ätherisch»*, dabei in Anlehnung an einen älteren Wortgebrauch ebenso auf einen griechischen Ausdruck zurückgreifend, wie das im Fall des «Physischen» oder «Psychischen» in der heutigen Wissenschaft der Fall ist[107].

Im Unterschied zum Mineral verfügen Lebewesen, also Pflanze, Tier und Mensch, nicht nur über eine physische, sondern zudem über eine ätherische Organisation, einen *«Ätherleib»* oder *«Lebensleib»*, wie Steiner auch sagt (Steiner, 1978 d, 37). Diese ätherische Organisation und ihre Kräfte sind freilich ebenso wenig durch Sinnesbeobachtung wahrzunehmen wie die Kräfte der physischen Organisation. Dennoch sind beide der naturwissenschaftlichen Erkenntnis zugänglich, eben durch ihre gesetzmäßigen *Wirkungen*, die

---

107 Die von Steiner verwendeten, in der Wissenschaft sonst ungebräuchlichen Ausdrücke wie «ätherisch», «astralisch» (vgl. Kap. 4.11 und 5.4) usw. rufen nicht selten Befremden hervor (Burkhard, 2000); und manche behaupten, Steiner hätte seine Konzepte von älteren philosophischen, esoterischen oder medizinhistorischen Traditionen entlehnt (Zander, 2007). Aber ebenso wenig wie die heutige Wissenschaft und Medizin mit den griechischen Ausdrücken «physisch» oder «psychisch» einen medizinisch-anthropologischen Inhalt bezeichnen wollen, den sie etwa durch Tradition aus derjenigen Zeit übernommen hätten, in der diese Ausdrücke geprägt worden sind, ebenso wenig ist das bei Steiner mit Ausdrücken wie «ätherisch» oder «astralisch» der Fall, die in derselben alten Zeit geprägt und benutzt worden sind. Diese Ausdrücke will Steiner benützen, um Namen für Inhalte zu haben, die *mit den heutigen Erkenntnismitteln*, durch Beobachtung und Denken zu gewinnen sind. «Der Name wird im Einklang mit älteren instinktiven Ahnungen dieser Welt gegeben. Diese haben gegenüber dem, was gegenwärtig klar erkannt werden kann, keinen Erkenntniswert mehr; aber will man etwas bezeichnen, so braucht man Namen» (Steiner & Wegman, 1991, 11).

physischen Kräfte durch die räumlichen Strukturen und Gesetze, die ätherischen Kräfte durch die zeitlichen. Die festgestellten emergenten Zeitgesetze des Organismus sind Gesetze der ätherischen Organisation. Wolfgang Schad sagt deswegen zu Recht: «Chronobiologie ist Ätherforschung» (Schad, 2003). Und Steiner: «Es ist gut, wenn man sich überhaupt für das Verständnis von Äther- und physischem Leib die Vorstellung aneignet, dass der physische Leib vorzugsweise ein Raumesleib, der Ätherleib vorzugsweise ein Zeitenwesen ist» (Steiner, 1976 f, 74). «Vorzugsweise», weil einerseits die ätherische Organisation in die Raumorganisation wirkt, indem sie «wie eine Art Architekt» (Steiner, 1977, 57) des physischen Leibes die Einsätze der *physischen* Gesetze dirigiert, und weil andererseits die räumliche Organisation so auch ein *zeitliches* Gepräge bekommt.

Ätherische und physische Organisation sind als *Einheit* zu denken; der Ätherleib bleibt dem physischen Körper *nicht äußerlich*, wie die morphogenetischen Felder des Neovitalismus gedacht wurden[108], sondern durchdringt und bestimmt ihn *innerlich*, als sein eigenes, höheres, emergentes Wesen. Das ist vergleichsweise so, wie im chemischen Prozess das Kochsalzgesetz aus seinen Elementen Chlor und Natrium die emergente Substanz *Kochsalz* macht: Wie dabei die gesetzmäßigen Eigenschaften von Natrium und Chlor im doppelten Sinne Hegels «aufgehoben» werden (vgl. Kap. 3.3), so «entle-

108 Hinsichtlich einer möglichen Verwechslung des Ätherleibs mit neovitalistischen Vorstellungen von Lebenskräften führte Steiner in seiner «*Theosophie*» aus: «Der Verfasser dieses Buches hat [...] dasjenige, was hier Äther- oder Lebensleib genannt wird, auch ‹Bilde-Kräfte-Leib› genannt. Zu dieser Namensgebung fühlte er sich veranlasst, weil er glaubt, dass man nicht genug tun kann, um dem Missverständnis vorzubeugen, das hier mit Ätherleib Gemeinte zu verwechseln mit der ‹Lebenskraft› der älteren Naturwissenschaft. Wo es sich um Abweisung *dieser* älteren Vorstellung einer Lebenskraft im Sinne der modernen Naturwissenschaft handelt, steht der Verfasser in einem gewissen Sinne auf dem Standpunkt der Gegner einer *solchen* Kraft. Denn mit dieser wollte man die besondere Wirkungsweise der unorganischen Kräfte im Organismus erklären. Aber was im Organismus unorganisch wirkt, das wirkt da nicht anders als in dem Bereich der unorganischen Welt. Die Gesetze der unorganischen Natur sind im Organismus keine anderen als im Kristall usw. Aber im Organismus liegt eben etwas vor, was *nicht* unorganisch ist: das bildende Leben. Diesem liegt der Äther- oder Bilde-Kräfte-Leib zugrunde. Durch seine Annahme wird die berechtigte Aufgabe der Naturforschung nicht gestört: dasjenige, was sie über Kräftewirksamkeiten in der unorganischen Natur beobachtet, auch in die Organismenwelt hinein zu verfolgen. Und es abzulehnen, *diese* Wirksamkeit innerhalb des Organismus durch eine besondere Lebenskraft abgeändert zu denken, das sieht auch eine wahre Geisteswissenschaft als berechtigt an. Der Geistesforscher spricht vom Ätherleib insofern, als im Organismus sich noch *anderes* offenbart als im Leblosen» (Steiner, 1978 d, 37).

digen» sich auch die Substanzen des physischen Körpers der Wirksamkeit ihrer physischen Gesetze, wenn sie von den Gesetzen der ätherischen Organisation ergriffen und so zur emergenten *lebendigen Substanz* werden. Deshalb schreiben Steiner und Wegman in ihrer gemeinsamen ersten Schrift zur Grundlegung der anthroposophischen Medizin: «Durch ihn [den Ätherleib] geschieht im Menschen etwas, das nicht in der Fortsetzung des gesetzmäßigen Wirkens der Kräfte des physischen Leibes liegt, sondern das zur Grundlage hat, dass die physischen Stoffe, indem sie in das Ätherische einströmen, sich zuerst ihrer physischen Kräfte entledigen» (Steiner & Wegman, 1991, 12). Aber dabei bleibt es ebenso wenig, wie bei der chemischen Reaktion das Reaktionsgleichgewicht ausschließlich durch die bezwingende Wirksamkeit des emergenten Gesetzes gegenüber den Teilen bestimmt bleibt; sondern, wie dort die Teile aufgrund ihrer dynamischen Wechselbeziehung zum chemischen Ganzen wieder aus diesem hervortreten, so treten auch hier die bloß physischen Substanzen wieder aus dem Lebendigen hervor. «Das ergibt einen Substanzstrom. Lebloses wandelt sich in Lebendes; Lebendiges wandelt sich in Lebloses» (ebd., 35). Das muss in einer vom Organismus wohl kontrollierten Weise vor sich gehen, wenn der Organismus gesund sein soll.

Ein Beispiel dafür ist das Herausplastizieren physischer Strukturen, die für physisch-mechanische Zwecke des Organismus gebraucht werden, so z. B. durch das Auskristallisieren von Apatitkristallen im Zahnschmelz. Das ist ein vom Leben streng geregelter Prozess: Die anorganischen Kristallisationsprozesse müssen zur richtigen Zeit, am richtigen Ort und in der richtigen Gestaltung stattfinden können. Der Zahn hat morphologisch noch eine *organische* Gestaltung, wenn auch seine Substanz an den entsprechenden Stellen praktisch anorganisch wird. Wenn sich eine solche Substanz räumlich und zeitlich deplatziert verwirklicht, dann kann das zu Krankheit führen. Ein bekanntes Beispiel dafür sind die in der Rheumatologie so genannten «Mikrokristall-Attacken» wie z. B. bei der Periarthritis humeroscapularis: Im Bindegewebe des Schultergelenkes kristallisieren mikroskopisch kleine Apatitkristalle aus; und der Organismus reagiert im Sinne eines Selbstheilungsversuchs mit einer heftigen, schmerzhaften Entzündung auf diesen zum Fremden gewordenen Eigenstoff. Krankheit ist in diesem Fall nicht so sehr eine Frage der Substanz, sondern der *Prozessverlagerung*: Ein an sich normaler Prozess, eine anorganische Kristallisation, verwirklicht sich zu einer falschen Zeit an einem falschen Ort. Leben, Gesundheit und Krankheit sind in diesem Sinn nicht allein eine Frage von physisch-chemischen Interaktionen, sondern eine Frage des Verhältnisses von *räumlicher und zeitlicher Organisation*, oder, mit den in der anthroposophischen Medizin gebräuchlichen Ausdrücken formuliert, ein Ausdruck der Verhältnisse von physischem Leib und Ätherleib in einem Organ oder Organsystem (Steiner & Wegman, 1991; Selg, 2004).

Auch das Phänomen des Todes kann von diesem Gesichtspunkt aus verständlich werden. Entfällt die für die Lebensprozesse verantwortliche zeitliche Organisation vollständig, dann tritt der Tod ein, und der physische Körper muss entsprechend dem zweiten Hauptsatz der Thermodynamik unweigerlich zerfallen, es sei denn, er wird durch Konservieren zu einer Art «Kristall» gemacht. Nach Sistieren der ätherischen Kräfte wirken in ihm dann – abgesehen vom bakteriellen Zerfall – allein noch die physikalisch-chemischen Kräfte und Gesetze, und der Leichnam löst sich allmählich ins Mineralreich hinein auf. Der Ätherleib als Träger des Lebens und Ursache des organischen Aufbaus verhindert diesen Zerfall zeitlebens.

4.12 Zusammenfassung

Der objektive ontologische Idealismus führt zu einer Überwindung des wissenschaftlichen Reduktionismus, zuerst bezüglich des Substanzbegriffs in Physik, Chemie und Biochemie, dann auch in der Molekularbiologie, der Morphologie und dem Konzept des Organismus. Nicht nur Atome, Moleküle und Makromoleküle sind in hierarchischer Weise konstituiert und strukturiert, sondern auch die höheren organischen Strukturen wie Organellen, Zellen, Organe, Organsysteme und der Organismus als Ganzer. Jede dieser emergenten Ebenen hat ihre eigenen Eigenschaften und Gesetzmäßigkeiten. Diese verwirklichen sich selbst «von oben», wenn die dafür notwendigen Substanzen und Bedingungen «von unten» gegeben sind. Die Anerkennung dieser Tatsachen führt zu einem ganzheitlichen Verständnis von Substanzen, Systemen und Ursachen in der Molekularbiologie und zu einem ganzheitlichen Organismusbegriff in der Biologie. Der Organismus wird als ein sich in komplexen und wohlkoordinierten Prozesskaskaden «von oben» verwirklichendes emergentes *System* gesehen (organische «Selbstorganisation»), das zu seiner Verwirklichung auf entsprechende Materialien und Bedingungen «von unten» angewiesen, aber nicht aus diesen zu erklären ist. Die Gesamt-«Information» des Organismus wird als der gesetzliche Inhalt dieses Systems gesehen, und zwar als Gesamtsystem, d.h. als Einheit der über- und untergeordneten Systemaspekte, die letztlich als Phänotypus zur Erscheinung kommen. Die sog. *genetische Information* (Genotypus) ist davon nur ein Teil, nämlich die Sequenz der Aminosäuren auf dem primären Eiweißfaden. Nur *diese* Information ist *als solche* in den Nukleinsäuren codiert, und zwar streng genommen nicht in der DNS (und dort auch nur stückweise als «Exons» zwischen «Introns» verteilt), sondern erst in der Messenger-RNS, nach dem Vorgang des Spleißens (dynamischer Gen-Begriff). Die Tertiärstruktur der Proteine verwirklicht sich dann unter *der Bedingung* von und *in* einer entsprechenden

Primärstruktur als eine emergente, höhere Struktur mit ihren eigenen Phänomenen und Gesetzen. Diese sind als solche nicht im Genom kodiert, ebenso wenig wie die Strukturgesetze anderer Makromoleküle, Organellen usw., und so auch nicht die Gesetze der *räumlichen und zeitlichen Organisation*, durch die alle diese Elemente als in einem Ganzen aufeinander bezogen sind. Dabei ist die zeitliche Organisation der räumlichen noch übergeordnet. Bezeichnet man die räumliche Organisation als die physische, so kann man die zeitliche, die der räumlichen gegenüber emergent und insofern eigenständig ist, mit einem eigenen Namen belegen. Steiner bezeichnet sie als «ätherisch».

Anhand der morphogenetischen Prozesse wird versucht zu zeigen, dass diese räumlich-zeitliche Gesamtorganisation dem entspricht, was Goethe als Typus bezeichnete, nämlich die sich selbst *verwirklichende Idee* des Organismus, die sich – unter den dazu nötigen Bedingungen und in entsprechenden, «von unten» gegebenen Materialien – «von oben» manifestiert. Diese Idee oder Gesetzmäßigkeit kann ihrem Inhalt nach im Sinne von Goethes Erkenntnisprinzip nur das sein, was *empirisch* durch Beobachtung und Denken als tatsächliche *Organisation* gefunden wird. Deswegen erlaubt Goethes Typus-Begriff eine naturwissenschaftliche Erklärung der organischen Selbstorganisation, ohne auf bloß hypothetisch angenommene Vitalprinzipien oder morphogenetische Felder einerseits oder allein auf untergeordnete molekulare Elemente und Mechanismen andererseits zu rekurrieren. Diese Perspektive einer *Biologie jenseits von Vitalismus und Mechanismus* erscheint gestützt durch Überlegungen zur Thermodynamik, und die Anerkennung des emergenten Organisationsprinzips als ein *Wirkendes* erscheint kompatibel mit dem unweigerlichen Zerfall des Körpers nach dem Tod gemäß dem zweiten Hauptsatz der Thermodynamik.

5 Neurobiologie, Psychologie und Philosophie des Geistes: die Realität des Seelisch-Geistigen

5.1 Neurobiologie und die Emergenz des Bewusstseins. Die Frage nach der Realität des Seelischen

Tier und Mensch unterscheiden sich von den Pflanzen und Mikroorganismen nicht nur durch ihre typisch andere körperliche Organisation und ihre polare Atemphysiologie (Verbrauch statt Produktion von Sauerstoff), sondern insbesondere noch durch den Besitz eines *seelischen Innenlebens* oder *Bewusstseins*. Und die körperlichen Funktionen und Strukturen mit dem Nervensystem als Zentrum sind zweckmäßig auf die Ausübung dieses Seelenlebens hin organisiert und dienen diesem. Dadurch unterscheidet sich das Dasein von Tier und Mensch fundamental von dem der Pflanzen und Mineralien, und so ist es berechtigt, die Welt der *beseelten* Wesen als ein großes Naturreich für sich zu betrachten.

Bewusstsein ist ebenso ein vom lebendigen Körper sich abhebendes emergentes Phänomen wie Leben gegenüber dem bloß Materiellen. Das bedeutet, dass der Organismus bzw. das Sinnesnervensystem entgegen einer viel verbreiteten Meinung nicht die *Ursache* des Bewusstseins ist, sondern lediglich die notwendige *Bedingung* seines Auftretens. Diese Bedingung ist allerdings nach aller Erkenntnis der neueren Neurobiologie und Psychologie so geartet, dass bestimmten Bewusstseinszuständen bestimmte Hirnvorgänge zugeordnet[109] werden können (Cleeremans, 2005; Roth, 2007), sodass man aufgrund definierter neuronaler Prozesse bis zu einem gewissen Grad auf das Vorhandensein und den Inhalt von Bewusstseinsinhalten schließen kann (Haynes & Rees, 2006).

Doch ist es aus erkenntniswissenschaftlichen Gründen verfehlt, aus dieser *Korrelation* von Gehirn und Bewusstsein eine *Verursachung* des Bewusstseins durch das Gehirn abzuleiten («Mental phenomena are caused by neuro-

---

109 Bezüglich gegenseitiger Zuordnung von Gehirn- und Bewusstseinszuständen scheint es allerdings eine Art bio-psychologischer «Unschärferelation» zu geben: Je kleiner der Messort im Gehirn ist (Mikroebene), desto ungenauer ist die Verhaltensfunktion (Makroebene) bestimmbar (z.B. psychopathologische Multifunktionalität des Putamens); und je genauer die Verhaltensfunktion beschrieben werden soll, desto weniger lässt sich dafür ein bestimmter Gehirnort ausmachen (z.B. «Arbeitsgedächtnis»: Präfrontaler und parietaler Kortex, Zerebellum u.a.) (Tretter, 2007, 502).

physiological processes in the brain and are themselves features of the brain», Searle, 1992, S. 1), oder gar, wie Gerhard Roth, zu behaupten, «dass Geist ein *physikalischer* Zustand» sei, nur weil sein Auftreten «unabdingbar an physikalische und im engeren Sinne an chemische und physiologische Gesetzmäßigkeiten gebunden ist» (Roth, 2007, 309). Denn dieses *Gebundensein* des phänomenalen Bewusstseins an physisch-materielle Prozesse ist nicht das *Identischsein* mit solchen. In Wirklichkeit sind es bloß «*Kovarianzbeziehungen* [...], die es ermöglichen, geistige Phänomene ihren neuronalen Korrelaten zuzuordnen» (Schumacher, 2007, 321).

Das heißt, beide Gebiete, Bewusstseinsphänomene und neurophysiologische Phänomene, müssen – wie schon für andere emergente Phänomene dargestellt – *für sich* beobachtet und ihren spezifischen Gesetzen nach erkannt werden; und ihre gesetzmäßige Korrelation oder Kovarianz ist erst als Drittes feststellbar. Das Resultat ist dann lediglich das, was man früher psychophysischen *Parallelismus* genannt hat. Denn diese Korrelation lässt sich *deswegen* nicht als Verursachung bestimmen, weil *die empirische Beobachtung dieses Verursachens fehlt.* Zwischen dem subjektiven Bewusstseinserleben und der objektiven Wahrnehmung des dazu parallelen gehirnphysiologischen Prozesses klafft für die Beobachtung ein Abgrund, und damit eine *Erklärungslücke* oder *explanatory gap*, wie das Joseph Levine genannt hat (Levine, 1983). Nach Auffassung von David Chalmers kann dieser Abgrund, «the hard problem of consciousness», aus prinzipiellen Gründen nicht überschritten werden (Chalmers, 1996).

Das hängt damit zusammen, dass diese beiden miteinander korrelierenden Gebiete ihrer Natur nach ganz verschieden sind und keineswegs auf das je andere reduziert oder gar mit ihm identifiziert werden können: Die Phänomene des Bewusstseins sind *psychische* Phänomene und können nur durch *seelische Introspektion* beobachtet werden (Brentano, 1911), diejenigen ihrer neuronalen Korrelate sind *physische* Phänomene und nur durch *Extraspektion* mit Hilfe der Sinnesorgane beobachtbar. «Physisches und psychisches Phänomen» sind, wie bereits Franz Brentano (1838–1917) klar gezeigt hat, deutlich «als zwei Klassen von Erscheinungen» unterscheidbar (Brentano, 1907, 96). Die psychischen Erlebnisse wie Gefühle, Intentionen und Empfindungen haben als solche weder räumliche Ausdehnung noch Gewicht, noch andere Eigenschaften der physischen Gegenstände, sie sind *Qualia* seelischer Art.

Auch Gerhard Roth bemerkt das, wenn er sagt (Roth, 2007, 308–309): «Geist und Bewusstsein sind mindestens als subjektiv empfundene Phänomene keine Materie im herkömmlichen Sinn, d. h. sie sind nicht aus Elementarteilchen, Atomen und Molekülen aufgebaut, [...] Geist scheint irgendwie unräumlich zu sein.» Und: «Zugleich gibt es ganz offensichtlich zahlreiche

Eigengesetzlichkeiten des Geistigen, die durch die bisherige Physik nicht erklärt werden können – aber das ist bei vielen Eigenschaften biologischer Systeme der Fall» (ebd.). Das ist deswegen der Fall, weil sowohl biologische wie darüber hinaus psychische Zustände und Gesetze *emergent* sind gegenüber der jeweiligen Grundlage, in welcher sie sich durch Selbstorganisation verwirklichen: das biologische System gegenüber seiner physikalisch-chemischen und der psychische Zustand gegenüber seiner bloß biologischen Grundlage. Zu behaupten, «dass Geist ein physikalischer Zustand eigener Art mit vielen speziellen Gesetzen ist» (ebd., 309), ist letztlich ein Akt der Hilflosigkeit gegenüber den tatsächlichen Phänomenen, eine Flucht davor, die neue, andere, eben eigene Natur dieser psychischen Phänomene und geistigen Gesetze (vgl. Kap. 2) aus empirischen Gründen anerkennen zu müssen. Deswegen wird einfach für physikalisch erklärt[110], was sich empirisch überhaupt nicht als physikalisch zeigt.

Des gleichen Fehlers macht sich paradoxerweise auch John Searle schuldig, der in *«The Rediscovery of the Mind»* immerhin sehr deutlich auf die Irreduzibilität des Bewusstseins hinweist (Searle, 1992) und vom *Phänomen* her deutlich zwischen physischen und psychischen Phänomenen unterscheidet, so etwa am Beispiel des Schmerzes: «If I now say, ‹I am in pain›, what are the facts? Well, first there is a set of ‹physical› facts involving my thalamus and other regions of the brain, and second there is a set of ‹mental› facts involving my subjective experience of pain.» Und für den Fall einer reduktionistischen Erklärung des Psychischen: «But of course, the reduction of pain to its physical reality still leaves the subjective experience of pain unreduced [...]» (ebd., 120 – 121). Dennoch erklärt er «inner qualitative states of consciousness and intrinsic intentionality» schlicht als «physical» (ebd., xii). Er hebt also die Unterscheidung, die er aus empirischen Gründen zwischen «physical» und «mental» machen *muss*, dadurch wieder auf, dass er *begrifflich* beide Klassen von Phänomenen als «physical» bestimmt. Das ist jedoch ein Kategorienfehler. Nur so kann er das Bewusstsein einfach als «an irreducible feature of physical reality» bezeichnen (ebd., 116).

Auch Thomas Fuchs (Fuchs, 2005, 1 – 10) anerkennt in seiner «ökologischen» Sicht des Leib-Seele-Verhältnisses aus empirischen Gründen die «Irreduzibilität des subjektiven Erlebens» und den «epistemologischen oder methodischen Dualismus», der «dem subjektiven wie dem objektiven Zugang zur Wirklichkeit jeweils eigenständige Geltung belässt». Denn: «Bewusste

110 Was aber am Geist physikalisch sein soll, weiß Roth offenbar selbst nicht: «Wie die ‹Physik des Geistes› einmal aussehen wird, ist unklar» (Roth, 2007, 309). Erstaunlich ist immerhin, dass auf solcher Basis eine ganze Geist-Körper-Theorie aufgebaut wird.

Erlebnisse werden wir im Gehirn nicht finden – nur ihre neuronalen Korrelate», und so muss beides, das Psychische und das Physische, auf *seine eigene* Weise wahrgenommen und in Begriffe gefasst werden. «Die Begriffe der persönlichen Ebene, auf der von *meinen* Erlebnissen, Gefühlen, Erinnerungen die Rede ist, lassen sich daher prinzipiell nicht in die Begriffe der Aktionspotenziale oder Erregungsmuster übersetzen.» Aber dennoch nimmt auch Fuchs ontologisch eine «naturalistische, also nichtdualistische Position» ein und lehnt den ontologischen Dualismus ab, der Psyche und Physis *seinsmäßig* als zwei eigenständige Entitäten akzeptiert. Das geschieht nicht durch Deklarierung des Psychischen *als* Physisches, wie bei Searle oder Roth, sondern durch die Bestimmung beider als «psychophysische Einheit»: «Demnach wären neurobiologische Prozesse einerseits und psychologische Erlebnisse und Motive andererseits als Aspekte eines letztlich *einheitlichen, wenngleich mehrstufigen psychophysischen Geschehens* zu betrachten. Keineswegs wirken hier zwei verschiedene Entitäten, ‹Gehirn und Bewusstsein› oder ‹Körper und Geist›, aufeinander ein. Die beiden Beschreibungsarten beziehen sich gleichermaßen auf Systemzustände des Organismus in seiner Umwelt (*ontologischer Monismus*). Allerdings beschreiben sie ganz verschiedene Stufen von Komplexität, die daher nicht einfach identisch zu setzen sind (*epistemologischer Dualismus*)» (ebd.).

Aber auch das ist ein bloß *deklarierter* Monismus; denn was heißt hier «Einheit»? Sicher keine «Einerleiheit» oder «Gleichartigkeit», denn die Verschiedenheit von physischen und psychischen Phänomenen wird ja gerade zugestanden, ja es wird sogar gesagt: «Entsprechend dem epistemologischen Dualismus hat keine Beschreibung der anderen etwas an ‹Realität› voraus» (Fuchs, 2005, 7). Auch Searle bemerkt hinsichtlich der Gegenüberstellung von «objective physical reality» der Körperprozesse und «subjective appearance» der psychischen Phänomene: «But in the case of consciousness, its reality is the appearance» (Searle, 1992, 122).

Was bedeutet das? Dass das psychische Element dem physischen konsequenterweise nicht nur epistemologisch, sondern auch *ontologisch* als *gleichberechtigt*, wenn auch *verschiedenartig* hinzugesellt werden müsste: Physische Realität wird ergänzt durch psychische Realität. Genau das entspräche übrigens auch der in dieser Arbeit vertretenen epistemologischen und ontologischen Position im Sinne Goethes und Steiners: Realität als die von ihren Gesetzen durchdrungene Erscheinung, unabhängig davon, ob die Erscheinung auf der unter- oder übergeordneten Systemebene, ob am Subjekt oder am Objekt wahrgenommen wird (vgl. Kap. 2.5). Mit dem stimmt überein, dass Searle, Roth und Fuchs dem physischen und psychischen Element je eigene Erscheinungen und Gesetze oder Begriffe zugestehen. Wird deshalb das physische Element für real erklärt, so müsste das auch für das psychische

Element gelten dürfen. (Das gilt nota bene auch für den Fall, dass man, wie auch der Autor dieser Arbeit, wegen dem oben erwähnten beobachtungsmäßigen Abgrund, keine «kausale Wechselwirkung» zwischen physischem und psychischem Phänomen postuliert.) Doch diese erkenntniswissenschaftlich auf der Hand liegende Konsequenz wird nicht gezogen. Der «ontologische Dualismus» wird mit aller Macht gemieden. Warum?

Dafür gibt es offenbar mehrere Gründe. Der erste und möglicherweise sogar wichtigste Grund ist gar kein wissenschaftlicher, sondern ein zutiefst psychologischer; vielen wird er vielleicht nicht einmal bewusst: Die *Furcht* vor dem Seelischen oder Geistigen als solchem. Searle gesteht das offen zu: «If one had to describe the deepest motivation for materialism, one might say that it is simply a terror of consciousness. [...] The deepest reason for the fear of consciousness is that consciousness has the essentially terrifying feature of subjectivity. Materialists are reluctant to accept that feature because they believe that to accept the existence of subjective consciousness would be inconsistent with their conception of what the world must be like» (Searle, 1992, 55). «Wenn es sich aber so verhält», antwortet John Eccles darauf, «macht das ihre [der Materialisten] Philosophie irrational. Sie ist irrational» (Eccles, 1994, 263). Und er verweist dabei auch auf den *Behauptungscharakter* der von Changeux, Crick und Koch, Dennett, Edelmann, Sperry und Searle vertretenen Theorien der Identität von Selbst und Gehirn bzw. von Geist und Physikalischem: «Dieses seltsame Postulat der Identität wird niemals begründet, aber man glaubt, dass es sich aufklären wird, wenn unser wissenschaftliches Verständnis vollständiger wird – vielleicht in 100 Jahren; deshalb haben wir diesen Glauben ironisch ‹Schuldscheinmaterialismus› genannt» (ebd., 243).

Ein zweiter Grund für die Ablehnung eines ontologischen Dualismus ist die *ungenügende erkenntniswissenschaftliche Basis* vieler neurophilosophischer Erwägungen, was Gerhard Roth selbst als fundamentalen Mangel seiner eigenen Fachdisziplin diagnostiziert: «Die Hirnforschung hat [...] für sich bisher keine grundlegende Methoden- und Begriffskritik durchgeführt» (Roth, 2004, 67; zitiert in Tretter, 2007, 501). Diese grundlegende Methoden- und Begriffskritik hätte vor allem in einer empirischen Analyse des Erkenntnisvorgangs selbst zu bestehen – mit Aufklärung des prinzipiellen Verhältnisses von Phänomen und Gesetz, und mit differenzieller Anwendung dieses Prinzips auf die verschiedenen emergenten Phänomene der hierarchisch geordneten Natur (vgl. Kap. 2). Dann ergibt sich allerdings naturgemäß nicht einfach ein ontologischer Dualismus, sondern überhaupt ein *ontologischer Emergentismus*: *Jede* emergente Schicht der hierarchisch geordneten Natur hat *ihre* Realität, die sich durch ihre Erscheinung und ihr Gesetz offenbart, und die nicht auf die Realität der ihr untergeordneten Schichten reduzierbar ist. Das gilt bereits für den physikalisch-chemischen Bereich der anorganischen und organischen Substanzen und Strukturen (vgl. Kap. 3.3). Aber es gilt auch für den weiteren emergenten Bereich des Lebens (vgl. Kap. 4.8) und darüber hinaus für denjenigen des Bewusstseins.

Ein dritter Grund für die dominierende Zurückhaltung vor einem ontologischen zwei- oder gar mehrgliedrigen Menschenbild in der Medizin ist die begreifliche Ablehnung des ontologischen Dualismus *im Sinne Descartes*. Dieser ist es, der zumeist aufs Korn genommen wird (Searle, 1992, 2). Nach Descartes ist der räumliche Körper (res extensa) eine Maschine, die vom nicht-räumlichen Geist (res cogitans) via Zirbeldrüse gesteuert wird (Streubel, 2008, 31). Dabei bleibt der Geist dem Körper gegenüber vollständig anders und *äußerlich*, sodass die Wechselwirkung zwischen Geist und Körper einerseits einen *quasi linearkausalen, mechanistischen Charakter* behält und andererseits schlicht unbegreifbar bleibt bzw. in einer physikalistischen Perspektive den geschlossenen physischen Kausalnexus durchbricht und damit die Einheit der Natur in Frage stellt (ebd., 36). Der «Geist» im Sinne Descartes ist deswegen für das Geist-Gehirn-Verhältnis dasselbe wie das hypothetische morphogenetische Feld oder die spekulative Lebenskraft des Vitalismus für das Leben-Körper-Problem. In *diesem – äußeren – Sinn* wird der ontologische Dualismus berechtigterweise abgelehnt, denn er durchbricht die Naturgesetze.

John Eccles (1903 – 1997) vertritt mit seinem «dualistischen Interaktionismus» eine solche Sicht und wird deshalb mehrheitlich abgelehnt. Nach seinem Modell *interagiert* der Geist mit den für bewusste Erlebnisse zuständigen sensorischen und motorischen Gehirnarealen, von denen aus dann die üblichen neuronalen Schaltkreise aktiviert werden[111]. Das ist bei aller Akzeptanz des Geistes als einer eigenständigen Entität immer noch eine mechanistische Sicht: Der Geist wird wie ein Klavierspieler vorgestellt, der seinem Instrument vollständig äußerlich bleibt, *äußerlich (mechanisch)* auf dessen Tasten

111 Nach Eccles' Theorie «veranlasst jedes menschliche Ereignis eines Vorsatzes das Feuern einer Gruppe von Neuronen des supplementären motorischen Feldes in der Art, dass anschließend die ‹richtigen› motorischen kortikalen Neuronen Impulse über die verschiedenen bekannten Wege den Pyramidentrakt hinab entladen und die erwünschte Bewegung veranlassen» (Eccles, 1994, 112). Der Geist selbst wird als «nicht-materielles Feld» betrachtet, das auf quantenphysikalischer Ebene «die Wahrscheinlichkeit der Emission von Vesikeln aus präsynaptischen Vesikelgittern ändert». In dieser Hypothese sieht Eccles eine Möglichkeit, den Erhaltungssatz der Physik nicht stören zu müssen, denn gemäß dem von ihm zitierten Quantenphysiker Margenau (1984) bietet die Quantenphysik Aspekte der Immaterialität: «[...] Einige Felder, wie etwa das Wahrscheinlichkeitsfeld der Quantenphysik, enthalten weder Energie noch Materie» (Eccles, 1994, 113 – 114).

herumhämmert, wonach deren mechanische Umsetzung auf die Saiten den Ton auslöst. «Die wichtigste Aussage des dualistischen Interaktionismus lautet, dass Geist und Gehirn eigenständige Entitäten sind – das Gehirn befindet sich in Welt 1 und der Geist in Welt 2 – und dass sie über die Quantenphysik eine Wechselbeziehung aufnehmen» (Eccles, 1994, 27). Dass in dieser *mechanisch* vorgestellten Wechselwirkung alles hypothetisch bleibt, ist Eccles auch klar: «Natürlich wissen wir nichts über die Anatomie dieses Dialogs zwischen Selbst und Gehirn» (ebd., 253).

Das kann nicht anders sein, denn für die Beobachtung der Psychophysiologie bleibt der Abgrund zwischen den physischen bzw. physiologischen Phänomenen einerseits und den psychologischen Phänomenen andererseits bestehen. Dieser Abgrund gilt selbstverständlich auch für den oben besprochenen ontologischen Monismus in seinen Varianten des Physikalismus (z. B. bei Roth oder Searle) oder der psychophysischen Einheit der emergentistischen Systemtheorie (z. B. bei Fuchs): «Bewusstes Erleben entspräche dann der höchsten, emergenten Integrationsstufe der Hirnprozesse, auch wenn die Systemtheorie freilich über die ontologische Natur dieses ‹Sprungs› zur personalen Ebene keine Aussage mehr machen kann» (Fuchs, 2005, 6). Doch was heißt hier «Einheit» oder «Entsprechen»? Zunächst nichts anderes als dass sich z. B. «jede psychische Disposition oder Störung zugleich als neurobiologische Disposition oder Dysfunktion darstellt, ebenso wie umgekehrt» (ebd., 7). Aber aus diesem *«Entsprechen»* von physischem und psychischem Phänomen, das phänomenologisch tatsächlich vorhanden und schon lange als *Parallelität* ihres Auftretens anerkannt ist (Linke & Kurthen, 1988), ergibt sich nicht ihr ontologischen *Einssein.* Denn dieses ist den Phänomenen und Gesetzen nach tatsächlich nicht der Fall. Erkenntniswissenschaftlich steht also nichts im Wege, Körperliches und Seelisches gleichermaßen als real anzuerkennen. Wie ist dann aber ihre Beziehung in kausaler Hinsicht aufzufassen, wenn beide real sein, aber nicht im Sinne von Descartes und Eccles dualistisch «wechselwirken» sollen? Und wie lässt sich dabei das berechtigte Anliegen einer einheitlichen («monistischen») wissenschaftlichen Weltauffassung aufrechterhalten?

5.2 Problem des ontologischen Monismus und der psychophysischen Kausation

Für die unreflektierte Alltagserfahrung erscheint es klar, dass nicht nur körperliche Zustände auf das Seelische wirken, sondern dass auch umgekehrt seelische Vorgänge körperliche Prozesse hervorrufen können, dass also Körper und Seele im Sinne des ontologischen Dualismus zwei verschiedene, aufeinander wirkende Entitäten sind. In der medizinischen Praxis verhält es sich ebenso: «In der Medizin, die eine praktische Wissenschaft ist, führt eine strikt monistische Deutung des Hirn-Bewusstsein-Problems zu einer besonderen Schwierigkeit: Wir beobachten z. B., dass ein Mensch etwas wahrnimmt und sich daraufhin ärgert. Das führt zum Erröten, also zur Vasodilatation der Gesichtshaut, zum Anstieg des Blutdrucks usw. Will man diese physiologischen Vorgänge erklären, dann kommt man nur schwer ohne die Deutung aus, dass subjektives Erleben nicht nur durch Hirnfunktionen bedingt ist, sondern auch seinerseits auf körperliche Prozesse einwirkt» (Handwerker, 1995, 195).

Deswegen, d. h. aus vornehmlich empirisch-praktischen Gründen und meist in Anlehnung an Engel (Engel, 1977), verteidigen insbesondere die Psychiater immer noch «ein integrales und doch mehrdimensional-vielschichtiges ‹bio-psycho-soziales› Menschenbild» gegenüber den reduktionistisch-molekularbiologischen Konzepten vieler Hirnforscher (Tretter, 2007, 504). Dieses wird in einer systemtheoretischen Perspektive auch klar als mehrdimensionales «Ursachenmodell» verstanden (ebd., 498), jedoch nicht in linear-kausaler Weise: Für die «Wechselwirkungen» zwischen den emergenten Schichten Bewusstsein und Neurobiologie gilt gemäß Thomas Fuchs «keinesfalls äußerliche Kausalität oder dualistische Interaktion zweier Welten», sondern lediglich eine *«Transformation»* innerhalb des psychophysischen Gesamtsystems in Richtung «bottom-up» (z. B. Induktion von Bewusstseinsprozessen durch Psychopharmaka) oder in Richtung «top-down» (z. B. Induktion von biochemischen Veränderungen durch Psychotherapie) (Fuchs, 2005, 7). Aber was ist damit gesagt? Wie diese «Transformation» innerhalb der psychophysischen Einheit, deren Glieder für die Beobachtung eben als *zwei getrennte und verschiedene* auftreten, *bewirkt* wird, ist ja gerade die Frage. Der Transformationsbegriff hilft deshalb zunächst nicht weiter, die Kausalitätsfrage bleibt bestehen.

Das Leib-Seele-Problem stellt demnach die paradoxe Frage, wie die kausale Beziehung der epistemologisch eindeutig *verschieden* und *dualistisch*, aber *gleichermaßen real* auftretenden Entitäten von physischen und psychischen Phänomenen in einer *einheitlichen (monistischen)* wissenschaftlichen Gesamtauffassung verstanden werden kann, ohne diese Phänomene seinsmäßig als gleichartig (monistisch) zu deklarieren – was der Empirie widerspräche –, und ohne auf eine Wechselwirkung zu rekurrieren, die den Naturgesetzen und damit der einheitlichen Gesamtauffassung widerspräche.

Diese Frage erscheint lösbar, wenn man sich klarmacht, dass es nicht nur *eine* Form von ontologischem Monismus und nicht nur *eine* Art von Kausalität gibt. Der gegenwärtig dominierende ontologische Monismus ist – erkenntniswissenschaftlich gesehen – lediglich auf die *Wahrnehmung oder Erscheinung* gerichtet. In dieser allein sucht er die Wirklichkeit. Monismus wird dann so statuiert, dass man das dualistisch Erscheinende als Eines *deklariert.* Dazu muss man aber eines der beiden (meist geschieht das mit dem Psychischen, Nicht-Räumlichen, Inneren) entweder leugnen oder auf irgendeine Weise dem anderen (meist also dem Physischen, Äußeren, Räumlichen) zuschlagen oder – aufgrund ihres parallelen Auftretens – mit ihm als Einheit fassen. In all diesen Fällen ist freilich ihr vorheriger dualistischer Charakter nicht überwunden und der deklarierte Monismus nicht wirklich erreicht.

Sucht man Wirklichkeit nicht nur im Wahrgenommenen, Erscheinenden, sondern anerkennt man im Sinne des ontologischen Universalienrealismus auch dessen Gesetzmäßigkeit als zu seiner Wirklichkeit dazugehörig, dann erscheint Monismus unter Beibehaltung der seinsmäßigen Verschiedenheit der Erscheinungswelt erreichbar. Denn das *Gemeinsame* (monistische) der *verschiedenen* (dualistischen) Erscheinungen muss dann nicht mehr auf der *Erscheinungsseite* erzwungen werden – was unmöglich ist –, sondern liegt auf der *Gesetzesseite* des Erkannten erfahrbar vor: Die Gesetze der psychischen und physischen Erscheinungen haben zwar ihren je verschiedenen, spezifischen *Inhalt.* Aber ihrer *Form* nach sind alle in derselben Weise *Gesetze*, bestehen also gewissermaßen aus derselben «Substanz». Diese ist reiner Geist, um mit Hegel zu sprechen.

Deswegen stellt sich die Frage nach dem Verhältnis von Physischem und Geistigem nicht erst beim Gehirn-Geist-Problem, sondern bereits beim Physischen selbst (vgl. Kap. 3.2). Und da kann aufgrund des erkenntniswissenschaftlich Beobachtbaren zunächst nicht mehr und nicht weniger gesagt werden als: Die räumlichen Erscheinungen des Physischen *erweisen* sich als konstituiert von ihren Gesetzen, die zeitlichen Prozesse des Lebendigen *erweisen* sich als geprägt von den ihrigen, die psychischen Phänomene *folgen* psychologischen Gesetzen, und die im Denken erreichbaren rein geistigen Phänomene, der Inhalt der Gesetze selbst, *folgt* rein logischen Gesetzen bzw. *ist* logischer Natur. Das Konstitutive (Gesetzliche) jeder Schicht, der physischen, organischen, seelischen und geistigen, ist auf gleiche Weise im Denken erreichbar, aber die jeweiligen Erscheinungen können nur auf ganz verschiedenartigen Beobachtungswegen und auf unterschiedlichen hierarchischen Ebenen des Seins erreicht werden. Das gesamte Sein ist also seiner *Erscheinung* nach – nicht dualistisch, sondern *multiperspektivisch*, seiner *gesetzmäßigen Essenz* nach *monistisch*. Denn es ist auch durch dieses Gesetzmäßige, dass die konstitutiven oder funktionellen *Beziehungen zwischen* den disparaten Erscheinungen der verschiedenen Seinsschichten gefunden werden können. So auch zwischen den physischen und psychischen Erscheinungen. Die gesamte Erscheinungswelt erweist sich so als vom *eigentlichen Monon, dem Geist* geordnet. Geist und Erscheinung sind nur für unser in Wahrnehmen und Denken auseinandergelegtes Erkennen *zwei* (epistemologisch dualistisch), an sich sind sie *eins* (ontologisch monistisch), da der Geist das konstitutive Wesen der Erscheinung ist (vgl. Kap. 2.5). Und dieses wird im eigentlichen Erkenntnisakt, der Wesen und Erscheinung aufeinander bezieht, erkannt (epistemologischer Monismus) (vgl. Kap. 2.4). Dies charakterisiert den hier gemeinten anderen Monismus, der ursprünglich von Aristoteles in seiner universalen Lehre von Form und Stoff und seiner Erkenntnisauffassung (Zeller, 1908, 172–189), in der Neuzeit von Goethe und später von Steiner[112] vertreten sowie von diesem erkenntniswissenschaftlich begründet worden ist (Steiner, 1990).

---

112 Unter «*Monismus*» ist im Sinne Steiners zunächst die wissenschaftliche Grundhaltung zu verstehen, *sämtliche Erscheinungen* der Welt durch Anwendung des empirischen Erkenntnisprinzips zu erklären. Steiner unterscheidet jedoch verschiedene Formen des Monismus. In seinen Einleitungen zu «*Goethes Naturwissenschaftlichen Schriften*» stellt er sich klar gegen die *einseitig materialistische Form* «*jenes Monismus* [...], welcher eine das Organische wie das Unorganische umfassende einheitliche Naturanschauung *dadurch* begründen will, dass er das erstere auf *dieselben Gesetze – die mechanisch-physikalischen Kategorien und Naturgesetze* – zurückzuführen bestrebt ist, von denen das letztere bedingt wird», und er weist nach, dass Goethe im gleichen Sinne die mechanische Erklärungsweise des Organischen streng abgelehnt wissen will (Steiner, 1973 h). In derselben Weise ist im Sinne von Steiner und Goethe die monistische Erklärung des Bewusstseins und Seelenlebens durch ihr neurophysiologisches Korrelat abzulehnen. – Steiner selbst vertritt wissenschaftlich ebenfalls einen Standpunkt der «einheitlichen Weltanschauung oder des Monismus», wie er in seinem philosophischen Hauptwerk, «*Die Philosophie der Freiheit*», ausführlich darstellt (Steiner, 1978 b, 29; vgl. auch Kap. 2 und 7). Das geschieht jedoch nicht in einer einseitig materialistischen oder spiritualistischen, sondern in einer höheren, synthetischen Form, die das Materielle und das Geistige in einer einheitlichen Auffassung vereinigt. Steiners Monismus ergibt sich aus seinem Erkenntnis- und Wirklichkeitsbegriff, bzw. aus dem ontologischen Idealismus oder Gesetzesrealismus, der aus der Erkenntniswissenschaft folgt: Die volle Wirklichkeit eines Dinges beinhaltet nicht nur das, was wir an ihm *wahrnehmen* können, sondern auch die *Gesetzmäßigkeit* des Wahrgenommenen, die wir erst in unserem Denken als Begriff erfassen. «Unsere Organisation bedingt es, wie wir gesehen haben, dass uns die volle, totale Wirklichkeit, einschließlich unseres eigenen Subjektes, zunächst als Zweiheit erscheint. Das Erkennen überwindet diese Zweiheit, indem es aus den beiden Elementen der Wirklichkeit: der Wahrnehmung und dem durch das Denken erarbeiteten Begriff das ganze Ding zusammenfügt. [...] Die Welt ist uns als Zweiheit (dualistisch) gegeben, und das Erkennen verarbeitet sie zur Einheit (monistisch). Eine Philosophie, welche von diesem Grundprinzip ausgeht, kann als monistische Philosophie oder *Monismus* bezeichnet werden. Ihr steht gegenüber die Zweiweltentheorie oder der *Dualismus*. Der letztere nimmt nicht etwa zwei bloß durch unsere Organisation auseinandergehaltene Seiten der einheitlichen Wirklichkeit an, sondern zwei voneinander absolut verschiedene Welten. Er sucht dann Erklärungsprinzipien für eine Welt in der anderen» (Steiner, 1978 b, 112).

Dieser Monismus bringt auch noch andere Formen von Kausalität mit sich als die äußerliche, über die Descartes und Eccles hinsichtlich des Leib-Seele-Problems nicht hinausgekommen sind und die für diesen Seinsbereich mit Recht abgelehnt wird. Die gleichwertige Anerkennung von physischen und psychischen Erscheinungen als real ist ja nicht gleichbedeutend mit der Behauptung des äußerlichen Aufeinanderwirkens dieser sich gegenüberstehenden Erscheinungen. Ein *solches* Wechselwirken – das ja gar nicht beobachtet werden kann (vgl. Kap. 5.1) – wäre eine Interaktion wie in der Mechanik: Eine causa efficiens wird einer causa materialis *äußerlich* appliziert usw.

Ein hierarchisch geordnetes System mit emergenten Schichten entsteht jedoch im Sinne des hier gemeinten Monismus nicht durch *äußerliche* Wirkung der übergeordneten *Erscheinung* auf die untergeordnete oder umgekehrt, sondern durch *innerliche* Wirkung der *Gesetze*, wie bereits für die in sich hierarchisch geordnete Welt der Substanzen und physischen Körperstrukturen sowie für die Emergenz der Lebenserscheinungen und deren Gesetze dargestellt wurde (vgl. Kap. 4.8 und 4.9). Konkret zeigt sich demnach das Wirken der jeweils übergeordneten Gesetze einerseits im Hervorbringen der von ihnen konstituierten emergenten Erscheinungen, andererseits in den Folgen, die das für die jeweils submergente Ebene hat: Es wird ihr durch das Übergeordnete *entgegengewirkt*; die Auswirkung ihrer – jetzt untergeordneten – Gesetze in der Erscheinung wird relativ zur Wirksamkeit der übergeordneten Gesetzmäßigkeit *aufgehoben*. Dieses Entgegenwirken ist natürlich nur möglich durch ein Kraftendes, Wirkendes, weshalb auch die Folge dieses Entgegenwirkens im Bewirkten ein Indiz für die Wirksamkeit oder Realität des Übergeordneten ist. In der Substanz- und physisch-räumlichen Strukturwelt zeigt sich das im entsprechenden Verschwinden der submergenten Eigenschaften relativ zum Auftauchen der emergenten Eigenschaften höherer Ebenen, beim Übergang vom Unlebendigen zur Emergenz des Lebens im Aufbau der hochgeordneten organischen Organisation, die dem Zerfall des Körpers ins Ungeordnete und Anorganische zeitlebens aktiv entgegengesetzt wird (vgl. Kap. 4.11); und beim Übergang vom bloß Lebendigen zur Emergenz des Bewusstseins zeigt sich das abermals durch ein Zurückdrängen des spezifisch Lebendigen, Vitalen, relativ zum Auftreten des Bewusstseins.

An den Phänomenen zeigt sich also die wirkkausale Realität des Seelischen in zweifacher Weise: erstens direkt, an der emergenten Erscheinung des Seelischen als solchen, und zweitens indirekt, am Zurückdrängen der Eigenschaften des Lebens im Organismus, um das Auftreten des Bewusstseins möglich zu machen.

5.3 Bewusstsein versus Leben: lebendiges und seelisches Wirken

In der Tat besteht ein im Kontext des Leib-Seele-Verhältnisses sehr selten gewürdigter, aber für dieses sehr aufschlussreicher Antagonismus zwischen Lebens- oder Vitalfunktionen einerseits und Bewusstseinsfunktionen andererseits. Dieser Antagonismus besteht phylogenetisch, ontogenetisch, funktionell-anatomisch und physiologisch: Je höher entwickelt das Nervensystem oder die durch seine Prozesse vermittelte Bewusstseinsfunktion ist, desto *geringer* ist in bestimmter Hinsicht seine regenerative Potenz. Dem widerspricht scheinbar die bekannte Tatsache, dass das menschliche Gehirn, welches die höchsten Bewusstseinsfunktionen vermittelt, auch den höchsten Grundumsatz hat: Obwohl seine Masse nur 2 % der Körpermasse beträgt, verbraucht das menschliche Gehirn 15 – 20 % des Herzminutenvolumens und über 50 % der Blutglukose. Aber dieser intensive Metabolismus ist eine regenerative *Reaktion* auf Bewusstseinsleistungen.

Phylogenetisch zeigt sich dieses reziproke Verhältnis zwischen Bewusstsein und Vitalität beispielsweise im Regenerationsvermögen: Evolutorisch niedere wirbellose Tiere wie die fast 20 000 Arten (!) umfassenden Plattwürmer haben noch kein Zentralnervensystem, sondern lediglich Zerebralganglien, die evolutorisch den vegetativen Ganglien des Menschen analog sind und bloß ein dementsprechend niederes Bewusstsein ermöglichen. Dafür verfügen sie aber über eine gewaltige Regenerationskapazität, die ihnen ermöglicht, beim Entzweigeschnittenwerden an fast beliebiger Stelle aus jedem Teilstück einen ganzen Organismus zu regenerieren[113]. Die evolutorisch bedeutend höheren Amphibien haben bereits ein niedrig entwickeltes Zentralnervensystem mit entsprechenden, gegenüber Planarien höher entwickelten Bewusstseinsfunktionen, aber sie haben dafür an Vitalität eingebüßt; doch immerhin können sie noch ganze Extremitäten regenerieren (Gross, 1974). Die Kapazität zu solcher Epimorphose (vollständiger Ersatz verlorener Körperteile) haben die Säugetiere, die über die höchste Bewusstseinskapazität im Tierreich verfügen, verloren und einen Rest bloß als lokale Wundheilung behalten.

Dieser Gegensatz zwischen bewusstseinsvermittelnder und vitaler Kapazität des Organismus zeigt sich auch in der Ontogenese des Individuums und in der strukturellen und funktionellen Aufgabe seiner Organe. Bekanntlich verläuft die Wachstumsentwicklung in kranio-kaudaler Richtung mit Voranschreiten von Kopfbereich und Neurokranium und Hinterherhinken der Extremitäten, sodass der Schädel beim zweimonatigen Embryo die Hälfte,

113 Vgl. dazu sowie zum Folgenden die oben gemachten Ausführungen über die Strudelwürmer (Planarien), eine der vier Klassen von Plattwürmern, sowie zur Gliedmaßenregeneration der Amphibien (Kap. 4.7).

bei der Geburt ein Viertel und mit etwa 24 Jahren ein Achtel der gesamten Körperlänge einnimmt (Husemann, 2003, 36). Dabei ist die Wachstumsgeschwindigkeit frühembryonal am größten und nimmt postnatal exponentiell ab, sodass die organische Endgröße zuerst im Neurokranium und zuletzt in den Extremitäten erreicht wird. Die Abnahme der Wachstumsvitalität ist andererseits mit zunehmender Gehirnreife vergesellschaftet, und im Zusammenhang damit wachen die Bewusstseinsfunktionen sukzessive auf. Bei ausgewachsenen Säugetieren und Menschen können die Neuronen des Zentralnervensystems nach Verletzung in der Regel nicht mehr regenerieren, was substanziell durch wachstumshemmende Moleküle der umgebenden Neuroglia und Myelinscheiden bedingt ist, so z. B. durch das Membran-assoziierte Protein Nogo, das nur im ZNS, nicht aber im peripheren Nervensystem exprimiert wird (Grandpré & Strittmatter, 2001). Dadurch bleibt Letzteres sehr wohl regenerationsfähig.

Man vergleiche damit die Regenerationsfähigkeit der Leber, die durchaus der fast unerschöpflichen Vitalität der Strudelwürmer analog ist, etwa nach partieller Hepatektomie: «Liver manages to restore any lost mass and adjust its size to that of the organism, while at the same time providing full support for body homeostasis during the entire regenerative process» (Michalopoulos, 2007, 286). Nicht zu Unrecht wird dieses Organ deswegen im Deutschen und Englischen als ein Organ des «Lebens» («Leber» oder «liver») bezeichnet[114]. Aber dieses Lebensorgan vermittelt kein dem gewöhnlichen Bewusstsein zugängliches Bewusstsein, es befindet sich mit seiner Vitalität gewissermaßen im «Schlafzustand».

Aber auch das Gehirn muss zu seiner Erhaltung und Restauration von den Mühen des Bewusstseins regelmäßig den Schlaf aufsuchen. Schlafentzug

---

114 Es zeigt sich an diesem Regenerationsprozess der Leber besonders deutlich, was in Kapitel 4 über das Prinzipielle der Lebensprozesse überhaupt gesagt wurde: Sie sind nur dadurch möglich, dass die physischen Prozesskaskaden durch einen komplexen *aktiven* Organisationsvorgang aus einem ihnen übergeordneten Ganzen heraus räumlich-zeitlich *orchestriert werden*, was z. B. bedeutet, dass sowohl wachstumsfördernde wie -hemmende Faktoren zur richtigen Zeit und am richtigen Ort eingesetzt werden müssen, und dass einzelne Zellarten ihre Funktion u. U. ändern müssen, um dem regenerierenden Organ als funktionierendem Ganzen zu dienen. «Liver regeneration after partial hepatectomy is a very complex and well-orchestrated phenomenon. It is carried out by the participation of all mature liver cell types. The process is associated with signalling cascades involving growth factors, cytokines, matrix remodelling, and several feedbacks of stimulation and inhibition of growth related signals. [...] In situations when hepatocytes or biliary cells are blocked from regeneration, these cell types can function as facultative stem cells for each other» (Michalopoulos, 2007, 286).

während der Gehirnentwicklung führt zu stark erhöhter Nervenzellsterblichkeit durch Apoptose und zu reduzierter Gehirnmasse (Morrissey et al., 2004), im Schlaf wird auch beim Erwachsenen vermehrt Wachstumshormon ausgeschüttet (Van Cauter et al., 2000), und Schlafentzug beeinträchtigt allgemein die Wundheilung (Gumustekin et al., 2004). Im Schlaf werden schon bei den Fliegen die Veränderungen an den Synapsen regeneriert, die durch den durch das Wachsein bedingten Stress entstehen (Donlea et al., 2009; Roberts, 2009). Kognitive Lernprozesse verursachen sogar regelhaft DNS-Doppelstrangbrüche in den Neuronen, die im Schlaf wieder vollständig repariert werden (Superbielle et al., 2013).

Auch aus funktionellen Gründen ist deutlich geworden, dass *Bewusstsein gewissermaßen durch einen Verlust an Vitalität erkauft ist.* Darauf hat bereits der deutsche Philosoph Karl Fortlage (1806–1881) in seinen «*Acht psychologischen Vorträgen*» hingewiesen (Fortlage, 1869, 35):

> Wenn wir uns *lebendige Wesen* nennen, und so uns eine Eigenschaft beilegen, die wir mit Tieren und Pflanzen teilen, so verstehen wir unter dem lebendigen Zustand notwendig etwas, das uns nie verlässt, und sowohl im Schlaf als im Wachen stets in uns fortdauert. Dies ist das vegetative Leben der Ernährung unseres Organismus, ein unbewusstes Leben, ein Leben des Schlafs. Das Gehirn macht hier dadurch eine Ausnahme, dass dieses Leben der Ernährung, dieses Schlafleben bei ihm in den Pausen des Wachens überwogen wird von dem Leben der *Verzehrung*. In diesen Pausen steht das Gehirn einer überwiegenden Verzehrung preisgegeben, und gerät folglich in einen Zustand, welcher, wenn er sich auf die übrigen Organe miterstreckte, die absolute Entkräftigung des Leibes oder den Tod zu Wege bringen würde.

In der Tat sind alle physiologischen Prozesse, die funktionell direkt dem Bewusstsein dienen, nicht aufbauender, sondern *abbauender* Natur, ein Vorgang, den Steiner mit Bezugnahme auf diese Darstellung Fortlages auch als organische «*Herablähmung*»[115] bezeichnet hat (Steiner, 1976 e, 168). So findet z. B. bei

115 Mit «*Herablähmung*» bezeichnet Steiner in seinem Buch, «*Von Seelenrätseln*», an den meisten Stellen die «Herablähmung des Vorstellungslebens» (Steiner, 1976 e, 26), womit der Übergang der Vorstellungen von einem lebendigen in einen unlebendigen, eben «herabgelähmten» Formzustand gemeint ist, wenn diese durch die Vermittlung der Nerventätigkeit zu bewussten Vorstellungen des gewöhnlichen Bewusstseins werden. In Erweiterung dieses Wortgebrauchs bezeichnet Steiner jedoch an der oben im Text zitierten Stelle ausdrücklich auch das von Fortlage erwähnte «Leben der Verzehrung» des Gehirns mit diesem Ausdruck und sagt

der Sehwahrnehmung in gewissem Sinn ein *Abbau* der vorher aufgebauten Rhodopsin-Struktur statt; das den Wahrnehmungseindruck weiter bis ins ZNS vermittelnde Aktionspotenzial stellt einen geregelten *Zusammenbruch*[116] des vorher unter Energieaufwand aufgebauten Membranpotenzials des Sehnerven dar, und die Neurotransmitter, die den Nervenimpuls über die Synapsen zu leiten haben, sind *neurotoxisch*, sodass z. B. die Organschäden bei einer Gehirnembolie nicht nur durch Sauerstoffverlust, sondern auch durch Anhäufung der nicht mehr metabolisierten Neurotransmitter bedingt sind (Olney, 1987).

Dem könnte entgegnet werden, dass sämtliche Bewusstseinsleistungen nicht mit einer Abnahme, sondern mit einer *Zunahme* der metabolischen Leistungen entsprechender Gehirnareale assoziiert seien, und dass gerade darauf die Zuordnung von Bewusstseinsfunktionen und Gehirnarealen durch moderne bildgebende Verfahren wie Positronen-Emissions-Tomographie (PET) oder funktionelle Magnetresonanztomographie (fMRT) beruhen. Dem ist sicher zuzustimmen, aber dieser Metabolismus ist *reaktiv*[117], zur *Kompensation* der durch die Bewusstseinsleistung bewirkten Konsumption (vgl. dazu Vanzetta & Grinvald, 1999). So meint Leopold (Leopold, 2009, 387, HvPH):

> Housekeeping in the brain is a challenge, because neurons undergo sudden bursts of activity that *consume* energy and pollute their surroundings. Consider, for example, what happens in the cortex when we first direct our gaze to a bright stimulus. In the visual cortex [...] thousands of previously quiescent neurons suddenly erupt in a cacophony of

---

dazu: «von mir in dieser Schrift ‹Herablähmung› genannt» (Steiner, 1976 e, 168). Im Gesamtzusammenhang des dortigen Textes wird deutlich, dass diese – von mir hier als «organisch» bezeichnete – Herablähmung der Grund für die Herablähmung der Vorstellungen ist, wodurch diese bewusst werden. Die organische Herablähmung ist identisch mit dem auch in diesem Kapitel besprochenen Abbau als Voraussetzung des Bewusstseins. Über das Verhältnis von lebendigen, kraftenden Vorstellungen oder Ideen zu unlebendigen vgl. auch Kapitel 7.

116 Vgl. dazu die Darstellung bei Roth: «Allerdings ist das Auftreten eines Aktionspotenzials ‹kostenlos›, denn die damit verbundene Depolarisation der Zellmembran geschieht entlang dem Konzentrationsgefälle und verbraucht nur Energie, die zuvor bereitgestellt wurde. Energetisch teuer ist hingegen das Wiederherstellen des Membranruhepotenzials von -70 Millivolt nach Auftreten einer Salve von Aktionspotenzialen, und zwar durch die Arbeit der Natrium-Kalium-Ionenpumpe» (Roth, 2001, 196).

117 Dem widerspricht nicht, dass es auch eine *antizipatorische* Erhöhung des lokalen Blutflusses zu Gehirnarealen gibt, in denen aufgrund vorhergehender Konditionierung (!) durch sensorische Stimulationselemente eine bewusstseinsbedingte Aktivierung bzw. ein *dadurch bedingter* erhöhter metabolischer Bedarf zu *erwarten* ist (Sirontin & Das, 2009).

> activity, each generating hundreds of electrical impulses per second. In *response* to the metabolic consequences of such activity, fresh blood is directed towards neurons and glia in active regions, flushing out waste products, delivering nutrients and *restoring* the local milieu.

Und deswegen muss insbesondere bei den höheren Säugetieren und beim Menschen das – hoch entwickelte – Bewusstsein regelmäßig vom Schlaf unterbrochen sein, zur Regeneration des durch das Bewusstseinsleben im Sinn von Devitalisierung und Abbau beanspruchten Gehirns.

Mit anderen Worten: Das Bewusstsein entfaltet sich zwar *dank* des lebendigen Organismus, aber im *Gegensatz* zu diesem. Das Gehirn mit der damit verknüpften Sinnesorganisation[118] *ermöglicht* das Bewusstsein, aber nicht als dessen *Verursacher*, sondern als dessen *Widerpart* (Heusser, 2000 a). Mensch und Tier erleben nicht *durch*, sondern *gegen* den Leib. Statt «Leben» verwirklicht sich dann *«Er-leben»*. Und dieses Erleben ist gegenüber dem bloßen Leben emergent, es unterliegt seinen eigenen Gesetzen und Kräften. *Diese* müssen konsequenterweise als Ursache für die psychischen Phänomene gelten, und die physisch-lebendige Organisation bzw. deren Herablähmung ist die *Bedingung* für deren Auftreten. Insofern ist hinsichtlich der Leib-Seele-Frage nicht nur der epistemologische, sondern auch der *ontologische* Dualismus[119] (oder besser: eine *mehr*dimensionale Ursachenlehre) gerechtfertigt. In diesem Sinn ist Steiners Charakterisierung des Unterschieds zwischen Pflanze

---

118 Das gilt z. B. auch für die Sinnesphysiologie und -psychologie: Sinnesorgane, Nervenleitungen und Gehirn erzeugen weder den objektiven Wahrnehmungsinhalt noch den Inhalt der mit diesem verknüpften inhärenten Vorstellungen, und auch nicht die subjektive seelische Form, in der dieser Wahrnehmungs-Vorstellungskomplex als Bewusstseinserlebnis des Individuums auftritt (vgl. Kap. 2.1). Die ganze, beim Sinnes-Vorstellungserlebnis ablaufende physische Prozesskaskade zwischen Objekt und Zentralnervensystem dient der *Vermittlung* dieses Erlebnisses. Sie ist die *materielle Bedingung* dafür, dass der mit einem Vorstellungsinhalt des Subjekts verknüpfte objektive Wahrnehmungsinhalt *dort draußen* bewusst erlebt wird (Heusser, 2000 a). Als *erzeugender* Faktor des Vorstellens und Sinnesempfindens kann das gesetzmäßige *psychische* Wirken gelten, das den psychischen Phänomenen Empfinden und Vorstellen zugrunde liegt.

119 *Dieser* «Dualismus» bzw. dieses multidimensionale Ursachenverständnis ist allerdings nicht in einer mechanisch-äußerlichen oder räumlich-extensiven Form zu verstehen wie im Interaktionismus von Descartes oder Eccles, sondern in einer dynamisch-innerlichen und intensiven Form, wie er sich z. B. aus dem von Nicolai Hartmann vertretenen ontologischen Idealismus ergibt, nämlich als Antagonismus von wirkenden Gesetzen im hierarchisch geordneten System der Natur. Das gilt insbesondere auch für die Formulierung «außer dem Organismus» im folgenden Textzitat von Steiner.

und Tier in seinen Einleitungen zu «*Goethes Naturwissenschaftlichen Schriften*» zu verstehen (Steiner, 1973h, 89–96):

> Die Pflanze unterscheidet sich vom Tier durch den Mangel eines *realen* Innenlebens. Beim Tier tritt das letztere als Empfindung, willkürliche Bewegung usw. auf. Die Pflanze hat ein solches seelisches Prinzip nicht. Sie geht noch ganz in ihrer Äußerlichkeit, in der Gestalt auf. [...] Beim Tierleben tritt nun freilich etwas anderes ein. Das Leben verliert sich hier nicht in der Äußerlichkeit, sondern es separiert sich, sondert sich von der Körperlichkeit ab und gebraucht die körperliche Erscheinung nur noch als sein Werkzeug. Es äußert sich nicht mehr als bloßes Vermögen, einen Organismus von innen heraus zu gestalten, sondern es äußert sich in einem Organismus als etwas, was noch außer dem Organismus, als dessen beherrschende Macht, da ist.

Aber diese «beherrschende Macht» des Seelischen lebt gewissermaßen *auf Kosten* des Vitalen, was auch als ein indirekter Hinweis auf die wirkende Macht des Seelischen angesehen werden kann.

5.4 Das Seelische als gestaltbildendes Prinzip. Die astralische Organisation

Das Seelische hat aber bei Tier und Mensch nicht nur eine körperlich *abbauende*, das *Bewusstsein* ermöglichende, sondern auch eine *aufbauende, gestalt- und leibbildende* Funktion. Denn der Tierkörper wird von der seelischen Organisation nicht nur als Werkzeug zur Verwirklichung seiner inneren, in der seelischen Organisation gelegenen Bedürfnisse *benutzt*, sondern er ist auch zweckmäßig[120], d.h. *diesen Bedürfnissen gemäß gestaltet*. Deshalb enthält der Typus des Tieres im Unterschied zu demjenigen der Pflanze nicht nur die Gesetze der *äußeren* räumlichen und zeitlichen Gestalt, sondern zudem auch diejenigen der inneren, seelischen Organisation, wie Goethe in seiner «*Metamorphose der Tiere*» schön zum Ausdruck bringt (Goethe, 1950j, 267–268):

> *Zweck sein selbst ist jegliches Tier, vollkommen entspringt es*
> *Aus dem Schoß der Natur und zeugt vollkommene Kinder.*

---

120 «Zweckmäßig» ist hier im Sinne der «inneren» Teleologie bzw. Teleonomie gemeint (vgl. Kap. 4.3).

Alle Glieder bilden sich aus nach ewgen Gesetzen,
Und die seltenste Form bewahrt im Geheimen das Urbild.
So ist jeglicher Mund geschickt, die Speise zu fassen,
Welche dem Körper gebührt, es sei nun schwächlich und zahnlos
Oder mächtig der Kiefer gezähnt, in jeglichem Falle
Fördert ein schicklich Organ den übrigen Gliedern die Nahrung.
Auch bewegt sich jeglicher Fuß, der lange, der kurze,
Ganz harmonisch zum Sinne des Tieres und seinem Bedürfnis.

Im Gegensatz zur Pflanze hat das Tier also ein inneres, seelisches Zentrum, dem jedes Organ dient, *dem gemäß dieses Organ aber auch aufgebaut sein muss*, damit es dem Bedürfnis dieses Zentrums tatsächlich dienen kann. Steiner kommentiert deshalb diesen Gedanken so: «Beim Tiere erscheint jedes Organ als aus jenem Zentrum kommend, das Zentrum bildet seinem Wesen gemäß alle Organe. Die Gestalt des Tieres ist also die Grundlage für sein äußerliches Dasein. Sie ist aber von innen bestimmt» (Steiner, 1973h, 96).

«Von innen» heißt hier natürlich nicht: «vom Bewusstsein», sondern von dem gesetzmäßigen «Wesen» des Seelischen, das einerseits – *ohne Bewusstsein*, ähnlich wie die Pflanze – gestaltbildend auftritt, um andererseits Bewusstsein entwickeln zu können, wie oben geschildert im Gegensatz zur gebildeten Gestalt. Adolf Portmann (1897 – 1982) hat diese innere, dem Tier seine Gestalt gebende Instanz etwas unscharf, aber zutreffend «Innerlichkeit» genannt (Portmann, 2006, 69):

> Diese Innerlichkeit müssen wir sogleich streng vom Bewusstsein sondern. Das Bewusstsein ist eine besondere Leistung, eine der vielen Möglichkeiten von Innerlichkeit. Diese selber geht aber weit über die Sphäre des Bewusstseins hinaus. Die Anerkennung der unbewussten Innerlichkeit durch die Psychoanalyse hat viele Kämpfe erfordert. Die Biologen, auch wenn sie das Wort nicht brauchten, widmen sich seit langem der Ergründung der unbewusst arbeitenden Innerlichkeit. Das ganze Problem des Instinktes ist ja nur ein Glied dieses großen Fragenkreises.

Und Portmann macht darauf aufmerksam, dass diese Innerlichkeit *kein räumliches* Prinzip ist, obwohl es in der Gestaltung der räumlichen Körperorganisation tätig ist, und dass es *nicht nur im Gehirn*, sondern im *ganzen Organismus* tätig sein muss: «Niemand vermag sie zu lokalisieren; auch wenn wir einem Organ wie dem Gehirn die größte Bedeutung beimessen, so sind am Ganzen der Innerlichkeit doch alle Glieder des Ganzen mitbeteiligt» (ebd., 69), so etwa, wenn der entzweigeschnittene Strudelwurm seine Gestalt regeneriere und sich beispielsweise ein neues Gangliensystem aufbaue, so aber auch, wenn sich der Mensch im Mutterleib bilde (ebd., 70, HvPH):

> Der Keim, der zu Beginn dieser Entwicklung einen Zehntelmillimeter misst, leistet ein einziges Mal, was wir eben den Wurm in seiner Regeneration leisten sahen: Auch er baut sich selber sein Gehirn auf. Dieser Aufbau ermöglicht es, dass in dieser Grundstruktur ein bewusstes Ich sich formen kann. Wir sind uns aber alle darüber einig, dass *dieses* Ich nicht das aufbauende ist – das Ich ist eine Möglichkeit, die auf der Wirklichkeit des Selbst beruht.

Diese «Wirklichkeit des Selbst», d. h. die seelische, den Leib mitgestaltende Innerlichkeit kann als der eigentliche Grund für die enorme «physiognomische» Morphologie der Tiergestalt genommen werden. Diese ist – um mit Portmann zu sprechen – *als solche* schon «Ausdruck» der seelischen Innerlichkeit; sie tritt «in den Dienst der Darstellung», «der Selbstdarstellung und Selbststeigerung», und dadurch des Sozialverhaltens. Sie hat so, als dieser seelische Ausdruck, eine große Bedeutung im Wechselverhältnis beseelter Wesen (Portmann, 1982). Das Seelische wird so gewissermaßen als «physisch» gewordenes Phänomen zum Ausdruck gebracht. Vom Gesichtspunkt des ontologischen Idealismus ist dieser Vorgang verständlich, indem sich die Gesetzmäßigkeit des Seelischen, die «Form» im lebendigen Organismus als seinem «Stoff» zur Wirkung bringt. Thomas von Aquin hat das so ausgedrückt: «Also ist die Seele die Form des belebten Leibes» (Aquin, 1977, 57, d. an. 2, I. 412 a 27).

Mensch und Tier also als nicht nur physisch-körperliche und belebte, sondern zudem als *durchinnerlichte, beseelte* Wesen, auf ihren jeweiligen Stufen der Entwicklung. Das Seelisch-Innerliche ist dabei nicht nur als das *bewusste* Seelische zu verstehen, das im Alltagsjargon oder auch in der Psychosomatik als *Psyche* oder «psychische Instanz» (Adler, 2005, 10) bezeichnet wird. Das bewusste Seelische hängt in seiner Bewusstheit vom Gehirn ab (vgl. Kap. 5.3) und wird deswegen, wenn es überhaupt noch als eine reale, eigenständige Entität aufgefasst wird, in Bezug auf seinen «Sitz» oft in das Gehirn verlegt (Eccles, 1994). Das Seelische ist aber, wie die Psychoanalyse deutlich gemacht hat, in großen Teilen unbewusst oder unterbewusst, und es ist auch im Hinblick auf seine «Lokalisation»[121] viel umfassender zu den-

121 Wie bereits oben besprochen, ist das Seelisch-Geistige nirgends im Körper «lokalisiert», da es keine räumliche Natur hat. Der räumliche Körper vermittelt ihm jedoch sein Bewusstsein, und dieser räumliche *Bezug* wird als «Lokalisation» empfunden, als Standort, von dem aus die Welt erlebt wird.

ken, nämlich als den *gesamten* belebten Organismus durchwirkende seelische Organisation. *Diese* umfassende seelische Organisation – und nicht die «Psyche» – ist es, die dem menschlichen bzw. tierischen Organismus organisch-physiognomisch die «Beseeltheit» einprägt und die oben genannte zweckmäßige Hinorientierung auf das bewusste Seelenleben der «Psyche» gibt. Um diese umfassende, real im Körper wirkende seelische Organisation deutlich vom gewöhnlichen Begriff des Seelischen oder Psychischen zu differenzieren, hat Steiner einen anderen, aber ebenso den alten Nomenklaturen entlehnten Fachterminus gewählt, nämlich den des *«Astralischen»*, der *«astralischen Organisation»* oder des *«Astralleibes»* (Steiner & Wegman, 1991). Demnach verfügen Tier und Mensch nicht nur über einen physischen Körper und einen Ätherleib wie die Pflanze, sondern zudem über einen Astralleib[122]. Dieser ist der Träger alles Seelischen, sei es unbewusst oder bewusst, sei es organaufbauend oder organkonsumierend. Und dasselbe gilt sinngemäß auch für den menschlichen Geist, der den Kern bzw. das eigentliche «Ich» der menschlichen Seele ausmacht und dieser das Selbstbewusstsein verleiht (vgl. Kap. 5.5). Das Seelische des Tieres bzw. des Menschen baut sich also unbewusst im Leib sein Instrumentarium auf, um dieses dann für sein bewusstes Leben benutzen zu können (ebd., 17):

> Es muss sich der Astralleib seine Organisation innerhalb der physischen und der ätherischen aufbauen; es muss ein Gleiches das Ich in Bezug auf die Ich-Organisation tun. Aber in diesem *Aufbau* ergibt sich keine bewusste Entfaltung des Seelenlebens. Es muss, damit ein solches zustande kommt, dem Aufbau ein *Abbau* gegenüberstehen. Der astralische Leib baut sich seine Organe auf; er baut sie wieder ab, indem er die Gefühlstätigkeit im Bewusstsein der Seele entfalten lässt; das Ich baut sich seine ‹Ich-Organisation› auf; es baut sie wieder ab, indem die Willenstätigkeit im Selbstbewusstsein tätig wird.

Es versteht sich von selbst, dass die gestaltgebende Funktion des Seelischen und Geistigen der bewusstseinsschaffenden vorangehen muss, weil nur *das* an

---

122 Der Ausdruck «Leib» ist bei «Ätherleib» und «Astralleib» selbstredend nicht im physischen Sinn zu nehmen, sondern im Sinne von «Organisation» oder «Gestaltung» von Lebenskräften bzw. seelischen Kräften im hier gemeinten Sinn. Vgl. dazu Steiner: «Mit ‹Leib› soll bezeichnet werden, was einem Wesen von irgend einer Art ‹Gestalt›, ‹Form› gibt. Man sollte den Ausdruck ‹Leib› nicht mit sinnlicher Körperform verwechseln. In dem in dieser Schrift gemeinten Sinne kann die Bezeichnung ‹Leib› auch für das gebraucht werden, was sich als Seelisches und Geistiges gestaltet» (Steiner, 1978 d, 38–39).

Bewusstseinsleben entfaltet werden kann, für das die es bedingende lebendig-körperliche Organisation gebildet ist. Infolgedessen ist das Seelisch-Geistige bereits in unbewusster Weise im Leib tätig, *bevor* es als Seelisches im Bewusstsein zur Erscheinung kommen kann. Das hat bereits Immanuel Hermann Fichte 1859 in «*Zur Seelenfrage*» deutlich gemacht (Fichte, 1859, 19–26, 62):

> Um die *bewussten* Zustände des Geistes zu begründen, worin wohl nach allgemeinem Zugeständnisse die eigentümliche Aufgabe der Psychologie besteht, muss vom *unbewussten* Zustande desselben ausgegangen werden [...]. Dem Bewusstsein actu muss Bewusstsein in bloßer Potenzialität zugrunde liegen, d. h. ein *Mittelzustand* des Geistes, in dem er, noch nicht bewusst, dennoch den spezifischen Charakter der Intelligenz *objektiv* schon an sich trägt [...] Die Gesamtheit der vorbewussten (organischen) Seelenzustände ist ihrer innern Wirkung und ihrem eigentlichen Charakter nach schon ein *Vorstellen*, ohne aber die Schwelle des Bewusstseins zu erreichen. [Es ist dies ein] Raumgestalten entwerfendes Vorstellen [...], welches wegen seiner offenbaren Analogie mit den Kunsttrieben der Tiere oder in höchster Potenz sogar mit der schöpferisch bildenden Künstlerphantasie, wohl als ‹*leibgestaltende Phantasietätigkeit der Seele*› bezeichnet werden darf. [...] Es ist aufs eigentlichste die ‹*Phantasie*›, die Intelligenz (das Denken) in ihrer instinktiv sichern Wirkung, welche schon in jenen dunkelsten Anfängen sich zeigt, überhaupt aber das Band zwischen den bewussten und den bewusstlosen Regionen des Geistes bildet, indem sie in stetiger Stufenfolge vom höchsten Gipfel besonnener Kunstschöpfung durch die Zwischenstufen des ‹Traumes› in seiner Vielgestalt, der Ahnungen und der Instinkthandlungen, bis in jenes raumkonstruierende Vorstellen der Seele herab sich verfolgen lässt.

Leben wird zu Erleben, Bildungskraft zu «Einbildungskraft» (ebd., 62). Dabei ist zu berücksichtigen, dass die lebendige Bildetätigkeit nicht vom Seelischen (vom Astralleib) allein bewerkstelligt werden kann. Denn die Lebens- und Gestaltbildungsvorgänge sind bei allen Lebewesen eine Leistung des *Ätherleibs*. Dieser muss sich beim Tier noch der seelischen und beim Menschen der seelischen und geistigen Gesetzmäßigkeit fügen, wenn eine dem Tier oder Menschen *gemäße* leibliche Bildung zustande kommen soll. Und die Metamorphose von Leben zu Erleben bedeutet nicht nur den Übergang der *seelisch-geistigen Tätigkeit* vom Organischen zum Bewusstsein, sondern auch einen Übergang der *ätherisch-lebendigen* Tätigkeit, derer sich die seelisch-geistige bedient, von der organischen zur Bewusstseinsbildung. Das wird von Steiner als der eigentliche Grund angegeben für die in Kapitel 5.3 besprochene

Rücknahme von Vitalität bei Auftreten des Bewusstseins im phylogenetischen und ontogenetischen Entwicklungsgang und bei den psychophysischen Funktionsverhältnissen: Dem Körper bzw. den Bewusstsein vermittelnden Organen wird zugunsten der Bewusstseinsfunktionen gewissermaßen ätherische Kraft *entzogen*. Dem entspricht Steiners und Wegmans Darstellung in «*Grundlegendes für eine Erweiterung der Heilkunst nach geisteswissenschaftlichen Erkenntnissen*» (Steiner & Wegman, 1991, 12–13):

> Diese im Ätherleibe wirksamen Kräfte betätigen sich im Beginne des menschlichen Erdenlebens – am deutlichsten während der Embryonalzeit – als Gestaltungs- und Wachstumskräfte. Im Verlaufe des Erdenlebens emanzipiert sich ein Teil dieser Kräfte von der Betätigung in Gestaltung und Wachstum und wird Denkkräfte, eben jene Kräfte, die für das gewöhnliche Bewusstsein die schattenhafte Gedankenwelt hervorbringen.
>
> Es ist von der allergrößten Bedeutung zu wissen, dass die gewöhnlichen Denkkräfte des Menschen die verfeinerten Gestaltungs- und Wachstumskräfte sind. Im Gestalten und Wachsen des menschlichen Organismus offenbart sich ein Geistiges. Denn dieses Geistige erscheint dann im Lebensverlaufe als die geistige Denkkraft.
>
> Und diese Denkkraft ist nur ein Teil der im Ätherischen webenden menschlichen Gestaltungs- und Wachstumskraft. Der andere Teil bleibt seiner im menschlichen Lebensbeginne innegehabten Aufgabe getreu. Nur weil der Mensch, wenn seine Gestaltung und sein Wachstum vorgerückt, das ist, bis zu einem gewissen Grade abgeschlossen sind, sich noch weiter entwickelt, kann das Ätherisch-Geistige, das im Organismus webt und lebt, im weiteren Leben als Denkkraft auftreten.

Die ätherische Organisation kann in diesem Sinn als eine Art «missing link» des Leib-Seele-Problems und der Psychosomatik angesehen werden. Der Psychosomatik fehlt das *Leben* zwischen Psyche und Soma, sie hat deshalb kein wirkliches Konzept, wie Körper und Seele wechselwirken sollen (Adler, 2005). Das Konzept des Ätherischen erlaubt hingegen, die *Phänomenologie* von psychologischen und insbesondere auch psychopathologischen Erscheinungen zu verstehen, die psychologisch und neurophysiologisch allein nicht zu deuten sind. Ein Beispiel dafür sind die leibassoziierten Störungen bei Schizophrenen wie Strömungsgefühle und anderes, die durch das Konzept der ätherischen Organisation einer sinnvollen Deutung zugänglich sind (Andres, 1992).

Dasselbe gilt für das gut bekannte Phänomen der *Neuroplastizität*, der aktivitätsabhängigen Umbildung neuronaler Strukturen. «Aktivität» bedeutet dabei *seelische* Aktivität, das Ausüben von *Bewusstseinsfunktionen*, in Sinneserlebnissen, Gedächtnisbildung, Willkürbewegungen und anderem. Alle diese Funktionen sind zwar mit dem oben geschilderten Abbau im Nervensystem assoziiert und setzen eine zuvor entsprechend aufgebaute leibliche Struktur voraus (vgl. Kap. 5.3); aber sie haben andererseits reaktiv einen neuen Aufbau zur Folge, der der spezifischen Bewusstseinsfunktion bzw. *dem potenziellen spezifischen seelischen Funktionsbedarf* mit verbesserter leiblicher Struktur und Funktion entspricht.

In den letzten Jahren ist insbesondere bei Erforschung der Neuroplastizität im Bereich des Hippocampus deutlich geworden, dass verschiedene Wachstumsfaktoren wie brain-derived neurotrophic factor (BDNF), insulin-like growth factor-1 (IGF-1) und vascular endothelial-derived growth factor (VEGF) für diesen neuen Aufbau verantwortlich sind, der meist nach einigen Tagen wiederholter seelischer Aktivität (Übung) beginnt und über Wochen anhalten kann. Diese Wachstumsfaktoren induzieren in den Neuronen Gen-Aktivierungen und Eiweißproduktion, was zum Aussprossen von Neuronen, aber auch zu Angiogenese und erhöhtem Metabolismus führt, insofern diese zur Unterhaltung der neuen Bildungen nötig sind (Übersicht in: Cotman et al., 2007). Der biologische Langzeiteffekt von kurzzeitigen Bewusstseinsereignissen kann dabei durch eine aktivitätsabhängige epigenetische Regulation solcher Wachstumsfaktoren induziert sein. So ist bei Mäusen ein epigenetisches Regulatorprotein identifiziert worden (Gadd45 b), dessen Gen zu einer Genfamilie gehört, deren Produkte schon für reaktive Prozesse wie DNS-Reparatur und adaptive Immunreaktionen bekannt sind. Die neuronale Aktivierung führt zu einer Aktivierung des Gadd45 b-Gens, dessen Protein zu einer DNS-Demethylierung von Wachstumsfaktoren wie BDNF und fibroblast growth factor-1 (FGF-1) führt, die ihrerseits für die Neurogenese verantwortlich sind (Ma et al., 2009). Das ist die physiologisch-molekularbiologische Ebene, die jedoch nicht mechanistisch, sondern nur *systemisch* verstanden werden kann.

Denn all diese Prozesse in Nerv, Metabolismus und Gefäßversorgung müssen als räumlich-zeitliches Gesamtgeschehen auf das genaueste koordiniert werden und setzen deshalb eine *aktive* systemische *Organisation* voraus, die dem genetischen und sonstigen Geschehen *übergeordnet* ist (vgl. Kap. 4.7 und 4.8). «Growth factors *orchestrate* most, if not all, of the brain responses to exercise through either direct or indirect effects» (Cotman et al., 2007, 468, HvPH). Es ist klar, dass diese Wachstumsfaktoren dazu selbst orchestriert sein müssen: «These growth factors work *in concert* to produce complementary functional effects, modulating both overlapping and unique aspects of exercise-related benefits in brain plasticity, function and health» (ebd., 2007, 466, HvPH). Der molekularen Ebene (Ebene der physischen Organisation) ist eine systemisch-lebendige Ebene übergeordnet (diejenige der ätherischen Organisation), und diese produziert den Aufbau ihrerseits im Hinblick auf den psychischen Funktionsbedarf (astralische Organisation), folgt also den Gesetzen des Lebendigen und des Seelischen, das beim Menschen noch von seinem geistigen Ich durchwirkt ist. Das beschriebene molekularbiologische Geschehen kann deshalb als Ausdruck der leibaufbauenden Tätigkeit des Seelisch-Geistigen gesehen werden, die die leibliche «Instrumentenbildung» für die entsprechenden Bewusstseinsfunktionen zum Ziel hat.

Die hier zugrunde gelegte ideenrealistisch begründete Sicht von Chemie, Biochemie, Biologie, Morphologie und Psychophysiologie führt zur Konsequenz, dass weder das menschliche Gehirn noch die übrige körperliche Organisation in ihren Funktionen als eine Art rein molekularbiologisch-elektrophysiologische Maschinerie zu sehen ist, wie das in den Lehrbüchern fast durchgängig dargestellt wird, sondern als sowohl im Aufbau wie auch im bewusstseinsbedingenden Abbau als *belebt, beseelt,* und beim Menschen *durchgeistet.*

5.5 Geist versus Seele: Emergenz von Selbstbewusstsein und Selbstdetermination

Der Mensch ist nicht nur ein belebtes und beseeltes physisches Wesen wie das Tier, sondern darüber hinaus mit einem individuellen, zu denkendem Selbstbewusstsein und Selbstbestimmung veranlagten *Geist* begabt. Dass der Mensch aus Leib, Seele und Geist besteht, kann schon anhand alltäglicher Erlebnisse deutlich werden, wie Steiner in seinem Buch «*Theosophie*» an einem einfachen Beispiel zeigt (Steiner, 1978 d, 25–26). Dabei sei insbesondere auf den Unterschied zwischen Seele und Geist geachtet:

> Ich gehe über eine mit Blumen bewachsene Wiese. Die Blumen künden mir ihre Farben durch mein Auge. Das ist die Tatsache, die ich als gegeben hinnehme. – Ich freue mich über die Farbenpracht. Dadurch mache ich die Tatsache zu meiner eigenen Angelegenheit. Ich verbinde durch meine Gefühle die Blumen mit meinem eigenen Dasein. Nach einem Jahre gehe ich wieder über dieselbe Wiese. Andere Blumen sind da. Neue Freude erwächst mir aus ihnen. Meine Freude vom Vorjahre wird als Erinnerung auftauchen. Sie ist in mir; der Gegenstand, der sie angefacht hat, ist vergangen. Aber die Blumen, die ich jetzt sehe, sind von derselben Art wie die vorjährigen; sie sind nach denselben Gesetzen gewachsen wie jene. Habe ich mich über diese Art, über diese Gesetze aufgeklärt, so finde ich sie in den diesjährigen Blumen so wieder, wie ich sie in den vorjährigen erkannt habe. Und ich werde vielleicht also nachsinnen: Die Blumen des Vorjah-

> res sind vergangen; meine Freude an ihnen ist nur in meiner Erinnerung geblieben. Sie ist nur mit *meinem* Dasein verknüpft. Das aber, was ich im vorigen Jahre an den Blumen erkannt habe und dies Jahr wieder erkenne, das wird bleiben, solange solche Blumen wachsen. Das ist etwas, was sich mir geoffenbart hat, was aber von meinem Dasein nicht in gleicher Art abhängig ist wie meine Freude. Meine Gefühle der Freude sind *in mir*; die Gesetze, das *Wesen* der Blumen bleiben außerhalb meiner in der Welt.
>
> So verbindet sich der Mensch immerwährend in dieser dreifachen Art mit den Dingen der Welt. Man lege zunächst nichts in diese Tatsache hinein, sondern fasse sie auf, wie sie sich darbietet. Es ergibt sich aus ihr, dass der Mensch *drei Seiten in seinem Wesen* hat. Dies und nicht anderes soll hier vorläufig mit den drei Worten *Leib, Seele, und Geist* angedeutet werden. Wer irgendwelche vorgefassten Meinungen oder gar Hypothesen mit diesen drei Worten verbindet, wird die folgenden Auseinandersetzungen notwendig missverstehen müssen.

Steiner gibt hier keine Definition von Leib, Seele und Geist, sondern verweist auf die drei empirisch deutlich voneinander zu unterscheidenden Erscheinungsgebiete, in denen Leibliches, Seelisches und Geistiges *erfahren* werden können (Steiner, 1978 d, 26–27):

> Mit *Leib* ist hier dasjenige gemeint, wodurch sich dem Menschen die Dinge seiner Umwelt offenbaren, wie in obigem Beispiele die Blumen der Wiese. Mit dem Worte *Seele* soll auf das gedeutet werden, wodurch er die Dinge mit seinem eigenen Dasein verbindet, wodurch er Gefallen und Missfallen, Lust und Unlust, Freude und Schmerz empfindet. Als *Geist* ist das gemeint, was in ihm offenbar wird, wenn er, nach Goethes Ausdruck, die Dinge als ‹gleichsam göttliches Wesen›[123] ansieht.

Damit ist im Sinne des obigen Blumenbeispiels das Anschauen der «ewigen», d. h. nicht an das räumliche und zeitliche Erscheinungsdasein gebundenen Gesetzmäßigkeiten gemeint. Was dabei «offenbar» wird, d. h. zur Erscheinung kommt, ist einerseits der geistige Inhalt der Gesetze und andererseits die geistige Tätigkeit, die diese Gesetze zur Erscheinung bringt bzw. «anschaut» (Steiner, 1978 d, 27–28):

> In diesem Sinne besteht der Mensch aus *Leib, Seele* und *Geist*.
>
> Durch seinen Leib vermag sich der Mensch für den Augenblick

123 Vgl. ausführlicheres Zitat dieser Stelle bei Goethe in Kapitel 3.1, Anm. 49.

> mit den Dingen in Verbindung zu setzen. Durch seine Seele bewahrt er in sich die Eindrücke, die sie auf ihn machen; und durch seinen Geist offenbart sich ihm das, was sich die Dinge selbst bewahren. Nur wenn man den Menschen nach diesen drei Seiten betrachtet, kann man hoffen, Aufschluss über seine Wesenheit zu erhalten. Denn diese drei Seiten zeigen ihn in dreifach verschiedener Art mit der übrigen Welt verwandt.
>
> Durch seinen Leib ist er mit den Dingen verwandt, die sich seinen Sinnen von außen darbieten. Die Stoffe der Außenwelt setzen diesen seinen Leib zusammen; die Kräfte der Außenwelt wirken auch in ihm. Und wie er die Dinge der Außenwelt mit seinen Sinnen betrachtet, so kann er auch sein eigenes leibliches Dasein beobachten. Aber unmöglich ist es, in derselben Art das seelische Dasein zu betrachten. Alles, was an mir leibliche Vorgänge sind, kann auch mit den leiblichen Sinnen wahrgenommen werden. Mein Gefallen und Missfallen, meine Freude und meinen Schmerz kann weder ich noch ein anderer mit leiblichen Sinnen wahrnehmen. Das Seelische ist ein Gebiet, das der leiblichen Anschauung unzugänglich ist. Das leibliche Dasein des Menschen ist vor aller Augen offenbar; das seelische trägt er als *seine* Welt in sich. Durch den *Geist* aber wird ihm die Außenwelt in einer höheren Art offenbar. In seinem Innern enthüllen sich zwar die Geheimnisse der Außenwelt; aber er tritt im Geiste aus sich heraus und lässt die Dinge über sich selbst sprechen, über dasjenige, was nicht für ihn, sondern für *sie* Bedeutung hat. Der Mensch blickt zum gestirnten Himmel auf: das Entzücken, das seine Seele erlebt, gehört ihm an; die ewigen Gesetze der Sterne, die er im Gedanken, im Geiste erfasst, gehören nicht ihm, sondern den Sternen selbst an.
>
> So ist der Mensch ein Bürger *dreier Welten*. Durch seinen *Leib* gehört er der Welt an, die er mit seinem Leibe wahrnimmt; durch seine Seele baut er sich seine eigene Welt auf; durch seinen Geist offenbart sich ihm eine Welt, die über die beiden erhaben ist.

Das ist die Welt des Geistigen, welches die Erscheinungswelt als deren Gesetzmäßig-Wesenhaftes bestimmt und die ihrerseits erst durch den Geist des Menschen bewusst in der Form von Ideen zur Erscheinung gebracht werden kann.

Die *Evolution* hat es bis zum Menschen und in diesem über das bloß Materielle, Lebendige und Seelische hinaus auch zur Entfaltung seines Geistes gebracht. Deshalb sagt Dieter Wandschneider, übrigens ganz im Sinne Hegels: «In it [the human mind] nature transcends itself as nature and gains at the same time the potential to reveal the essence underlying nature» (Wandschneider, 2005, 208). Deswegen besteht auch kein Widerspruch zwischen der Anerkenntnis der von Darwin beschriebenen naturalistischen Evolution einerseits und einem idealistischen Verständnis derselben Evolution im Sinne des ontologischen Idealismus andererseits (vgl. Kap. 2.6). Denn, wie Wandschneider im gesetzesrealistischen Sinn sagt (ebd., 211):

> The laws of nature are rather like the logic determining the process of nature: they do not exist in time and space like a stone or an earthworm but possess *ideal* character. This ideal, then, is what was described above as the essence of nature underlying the natural being. In short, the concept of natural evolution implies that nature contains potentials that, in turn, stem from the laws of nature and thus form an ideal basis of nature – an inevitable metaphysical premise[124] for all natural sciences.
>
> [...] This much can be said: we are forced to assume something like a logic underlying nature in the form of natural laws, and this logic leads to the evolution of the faculty of cognition, which in turn is capable of directing itself toward nature and of penetrating and understanding it logically. All in all, this points to an (objective-) idealistic[125] ontology of nature.

Deswegen kann man auch das empirisch eindeutige *Faktum* der naturalistischen Evolution anerkennen und gleichzeitig die Behauptung zurückweisen, der Mensch sei nichts anderes als bloß ein höher entwickeltes Tier. Denn wenn auch der Mensch aus tierartigen Vorstufen seiner selbst hervorgeht, so ist doch das, was ihn zum Menschen macht, sein Geist, ein *emergentes* Prinzip, das sich nicht *aus* dem Physischen, Lebendigen und Seelischen seiner Vorformen erklären lässt, sondern sich *in* diesen allmählich zur Verwirklichung bringt. Man kann dann dieses geistige Prinzip im Zustand *vor* seiner Verwirklichung, als «Universale ante rem», ebenso als «Geistesvorfahr» des Menschen bezeichnen, wie seine tierartigen Vorformen seine natürlichen «Vorfahren» darstellen. Steiner formuliert das so (Steiner, 1979 a, 10):

> Die Entwickelung der Welt ist dann so zu verstehen, dass das vorangehende Ungeistige, aus dem sich später die Geistigkeit des Menschen

---

124 Diese Bemerkung über die ideale und damit geistige Basis der Natur kann jedoch keine *Prämisse* sein, sondern ist das *Resultat* einer sich selbst verstehenden Erkenntniswissenschaft.

125 Wandschneider präzisiert seinen Standpunkt des objektiven ontologischen Idealismus im nächsten Satz so: «Mind you: *objective* here designates an idealism not of Berkeleyan but of Hegelian type, for which there are, I think, good reasons and to which we owe probably the most well-thought-out philosophical concept of nature that occidental philosophy has brought forth» (Wandschneider, 2005, 211).

> entfaltet, neben und außer sich ein Geistiges hat. Die spätere durchgeistigte Sinnlichkeit, in der der Mensch erscheint, tritt dann dadurch auf, dass sich der Geistesvorfahre des Menschen mit den unvollkommenen ungeistigen Formen vereint und, diese umbildend, dann in sinnlicher Form auftritt.

Der Geist des Menschen kommt so gesehen als ein aus dem Zustand «ante rem» sukzessive in den Zustand «in re» hinein sich verwirklichendes «Universale» zu den bereits «in re» verwirklichten Gesetzen des Körperlichen, Lebendigen, und Seelischen *hinzu*, und prägt ihnen seine typisch *menschliche* Gestaltung auf, durch die sich der Mensch sowohl morphologisch wie psychologisch vom Tier unterscheidet.

Daraus ist erklärlich, dass der menschliche Organismus einerseits dem gleichen morphologischen Grundtypus unterliegt wie die höheren Säugetiere und andererseits unter diesen dennoch eine *Sonderstellung* einnimmt, die spezifisch menschlich ist. Denn aus dem Typusgedanken ergibt sich, wie Goethe im November 1784 in einem Brief an Knebel schrieb, als er ihm seine Abhandlung über die Entdeckung des Zwischenkieferknochens übermittelte, «dass man nämlich *den Unterschied des Menschen vom Tier in nichts Einzelnem* finden könne. Vielmehr ist der Mensch aufs nächste mit den Tieren verwandt. *Die Übereinstimmung des Ganzen* macht ein jedes Geschöpf zu dem was es ist, und der Mensch ist Mensch so gut durch die Gestalt und Natur seiner obern Kinnlade, als durch Gestalt und Natur des letzten Gliedes seiner kleinen Zehe» (Goethe, 1958 a, HvPH). Steiner hat gezeigt, dass Goethes Entdeckung des Zwischenkieferknochens beim Menschen *eine Folge* seiner zusammen mit Herder gehegten Gedanken über den morphologischen Zusammenhang der Naturreiche war (Steiner, 1973 a). Bereits Herder hatte in seinen *«Ideen zur Philosophie der Geschichte der Menschheit»* darauf hingewiesen, dass die in der menschlichen Organisation bedingte aufrechte Haltung die Grundbedingung für die Vernunfttätigkeit des Menschen ist (Herder, 2002; Steiner, 1973 a, 49).

In der Tat ist die gesamte anatomische und funktionelle Organisation des Menschen darauf hin angelegt, dass sich durch sie seine spezifisch menschlichen, d.h. *geistigen* bzw. *kulturschaffenden* Funktionen entfalten können, in Denken, Sprechen und Handeln (Kipp, 1948; Poppelbaum, 1981; Schad, 1985 b). Das spezifisch Menschliche der anatomischen Prägung lässt sich schon im Embryonalleben verfolgen (Schad, 1982 b); und es lässt sich zeigen, dass die höheren Säuger, Affen, und insbesondere die Primaten embryonal zunächst eine tendenziell mehr *menschentypische* Morphologie ausbilden, so z.B. in der Schädelmorphologie (Schindewolf, 1972), die zudem anatomisch auf einen *aufrechten Gang* hin angelegt ist, z.B. bezüglich des

Verhältnisses von Thoraxbreite zur Tiefe sowie bezüglich der Position des Foramen magnum unten am Schädel (Verhulst, 1999). Das verliert sich im Aufwachsen (z. B. in der Schädelmorphologie[126] und durch relative Verschmälerung der Thoraxbreite zur Tiefe entsprechend der Vierfüßigkeit), sodass die Morphologie des adulten Tiers ganz tiertypisch wird. Paläontologisch verweisen die Ontogenesen der Schädel bei Menschen und Menschenaffen «auf eine Stammform, die menschenähnlicher gewesen sein muss als die rezenten Menschenaffen» (Schindewolf, 1972, 272). Man kann deshalb der naiv-darwinistischen These, dass der Mensch vom Affen abstamme, die empirisch begründbare These entgegenhalten, dass die Affen als *Seitenlinien* bzw. sogar als «Rückentwicklung» (ebd., 272) phylogenetischer Vorformen der *Entwicklungslinie zum Menschen* betrachtet werden können (Verhulst, 1999). Diese sind zwar auch auf der tierischen Stufe zu denken, aber nicht als heutige Formen der Tiere.

Die Entwicklung des Menschen ist im Sinn des ontologischen Idealismus als die sukzessive Einprägung des spezifisch menschlichen Geistprinzips in jene vormenschlichen organischen Gestaltungen zu denken, wodurch diese sich zur höheren, emergent *menschlichen* Organisation umprägten. Diese ist wiederum Voraussetzung für die geistige Tätigkeit des Menschen, durch die dieser sich vom bloßen *Natur*wesen zum *Kultur*wesen emporarbeitet. «In this manner the biological principle of survival is ‹unhinged›: cultural principles take its place (which may well be analogous to the principle of survival) in the course of *a new form of evolution, the cultural evolution of man*» (Wandschneider, 2005, 211, HvPH). In diesem Sinn kann die kulturelle Evolution die natürliche Evolution in gewisser Weise vervollständigen (ebd., 208):

> Now, man himself is a child of nature. Nature thus appears to have brought forth, in humanity, a being that is capable of understanding

126 Vgl. dazu die Beschreibung von Schindewolf (Schindewolf, 1972, 266): «Die große Menschenähnlichkeit dieses Jugendstadiums wird im Laufe der Ontogenese schrittweise zurückgebildet und weicht immer mehr hervortretenden säugertypischen Formprägungen. Der Alterschädel zeigt dann als Umkehrung der Proportionen eine absolute Dominanz des Gesichtsschädels mit seiner gegenüber der völlig im Wachstum zurückgebliebenen Gehirnkapsel außerordentlich verlängerten Schnauzenregion. Die Stirn ist fliehend geworden, das Stirnbein hat seine starke Wölbung verloren. Die Temporallinie ist über das Schädeldach hinausgehoben und liegt auf einem Scheitelkamm; außerdem ist ein kräftiger Nackenkamm vorhanden. Die Augenhöhlen sind nach hinten geneigt und von einem Supraorbitalwulst überdacht. Foramen und Kondylen liegen am Hinterrand der Schädelbasis und sind nach hinten unten gerichtet. Die Zahnreihen haben langrechteckige Gestalt mit nahezu parallelen Schenkeln angenommen, die Eckzähne sind gewaltig vergrößert.»

> nature [...]. In the form of man, evolution has developed the organ of cognition that nature itself lacks. Only the activity of man's cognition can make visible what nature is in its essence. From this perspective, mind appears to as the completion and perfection[127] of nature, which, as we have said, also manifests in the completely new possibilities of technology in contrast to those of ‹biologically developed› nature.

Aber hier liegt auch eine Verantwortung, denn die Befreiung des geistigen Menschen aus den Banden der Natur garantiert noch nicht, dass er sich zu dieser Natur in ein harmonisches Verhältnis setzt. Im Erkennen bringt der Mensch die Gesetzlichkeiten der Natur zur Erscheinung. In seinem Handeln, in den Schöpfungen der Kultur und der Technik bringt der Mensch neue Ideen und Gesetze zur Erscheinung und verwirklicht sie, z. B. als Kunstwerke oder Maschinen. Ob die Kulturschöpfungen dabei zu den Naturschöpfungen in einem harmonischen Verhältnis stehen, wird keineswegs immer geprüft. Als geistiges, zu denkerischer Einsicht befähigtes Wesen wird der Mensch für seine Handlungen aber verantwortlich, wie Wandschneider andeutet (ebd., 208):

> As mind, man has the ability to oppose nature and to pervert and destroy it, yet nature has completed itself only in the human mind. Both results come from the same root: the ability to understand the underlying essence of nature. Animals can perceive only the outer appearance of nature. But man's ability to understand the essence is simultaneously his liberation from natural limitations and the negation of naturalness.

---

127 Steiner bezeichnet die hier genannte menschliche Erkenntnisaufgabe der Natur gegenüber als «den Weltprozess selbst zum Abschluss zu bringen» (Steiner, 1979 a, 115): «Wäre der Mensch ein bloßes Sinnenwesen, ohne geistige Auffassung, so wäre die unorganische Natur wohl nicht minder von Naturgesetzen abhängig, aber sie träten nie als solche ins Dasein ein. Es gäbe zwar Wesen, welche das Bewirkte (die Sinnenwelt), nicht aber das Wirkende (die innere Gesetzlichkeit) wahrnähmen. Es ist wirklich die echte, und zwar die wahrste Gestalt der Natur, welche im Menschengeiste zur Erscheinung kommt, während für ein bloßes Sinnenwesen nur ihre Außenseite da ist. Die Wissenschaft hat hier eine weltbedeutsame Rolle. Sie ist der Abschluss des Schöpfungswerkes. Es ist die Auseinandersetzung der Natur mit sich selbst, die sich im Bewusstsein des Menschen abspielt. Das Denken ist das letzte Glied in der Reihenfolge der Prozesse, die Natur bilden.»

5.6 Seele und Geist: Intelligenz bei Tieren und beim Menschen

Oft werden auch den Tieren kreative Intelligenzleistungen zugeschrieben und damit der wesentliche, durch die Geistfähigkeit des Menschen bedingte Unterschied zum Tier in Frage gestellt. Das gilt insbesondere für die limitierte Fähigkeit von Schimpansen zum kreativen Werkzeuggebrauch, zum situationsbezogenen Lernen, zur symbolischen Wortbenutzung und zu damit verbundenen beschränkten logischen Leistungen[128]. Doch diese Leistungen setzen in der Regel eine natürliche oder künstliche *Konditionierung* und die *Auslösung durch unmittelbar anwesende Sinnesgegenstände* voraus; und es scheint deshalb bisher offen geblieben zu sein, ob es sich um *reine, d.h. abstrakte* Intelligenzleistungen handeln kann. So fassen James und Carol Gould nach Jahrzehnten tierischer Intelligenzforschung zusammen (Gould & Gould, 1994, 190–191, HvPH):

> Certainly chimps in the wild understand similarity and difference, analogies, cause and effect, and a great deal more besides. They are able to formulate fairly complex and subtle plans. *The issue is whether they accomplish their thinking and planning solely by manipulating visual images* – actual or mental pictures of objects – *or if they also have more abstract conceptual tools available.* [...] Perhaps there is a middle ground, in which generic category icons are used in visual thinking. Concepts would be manipulated mentally in some way, and thus would probably have some kind of representation independent of a specific canonical example. A model based on *something like mental icons – generic category images* that might act as a mental alphabet for objects and actions and characteristics – would help explain the ease with which chimpanzees form and use conceptual categories, as well as their limited ability to learn language. Certainly there is no compelling evidence that language-trained chimpanzees are quicker at solving real-world problems than their untutored peers; abstract words and symbolic thinking, so essential to much of our culture-based behavior, do not seem to be powerful intellectual tools for chimpanzees except in situations specifically designed by researchers to make word-use necessary.

---

128 So z.B. durch Bezeichnen des Verhältnisses zwischen zwei Objekten wie Korkzapfen und Flaschendeckel als «dasselbe» oder «nicht dasselbe», indem das Tier auf Befragen auf entsprechende symbolische «Worte» in Form von Plastikformen zu zeigen hatte (Gould & Gould, 1994, 189).

Aber «mentale Ikonen» bzw. «allgemeine Kategoriebilder» wären *Bilder*, möglicherweise Vorstellungen. Diese *enthalten* zwar Gesetzmäßigkeit. Aber die Gesetzmäßigkeit tritt als Bild, nicht in reiner, abstrakter, bildloser Form auf. Erkenntniswissenschaftlich gesehen sind Bilder mentale *Wahrnehmungen*, *psychische Phänomene*, deren *Bedeutung* erst noch durch das Denken gefunden und eingesehen werden müsste[129]. Das würde darauf hindeuten, dass auch die intelligentesten der höheren Säugetiere wie die Schimpansen *bewusst* lediglich einen intelligenten *Seelen*inhalt erleben und sich dank diesem bewusst intelligent verhalten können, aber dass sie in sich nicht, wie der Mensch, *das Intelligible als solches, d.h. als reine Begriffe*, zur Erscheinung bringen können, den reinen *Geist*gehalt, der der anorganischen, organischen und ihrer eigenen Seelenwelt zugrunde liegt. Insofern ermangelte ihnen auch der Intellektus sensu strictu, das eigene Geistvermögen bzw. das Abstraktionsvermögen, das zum Erleben des Intelligiblen *als solchen* notwendig ist, also zum Ergreifen und Durchschauen von reinen Gedanken, abstrakten Ideen und zum Erkennen von Naturgesetzen.

Das zeigt sich z.B. beim intelligenten Werkzeuggebrauch, der insbesondere den höheren Säugetieren und gewissen Vogelarten zugeschrieben wird und z.B. bei Menschenaffen in vielfältigen experimentellen Settings untersucht worden ist. Die Tiere sind zwar in der Lage, durch assoziatives Lernen einfache Werkzeuge (z.B. aus Stöcken) zum Heranangeln von Nahrung zu konstruieren und benutzen. Es wird deswegen oft geglaubt, die Tiere würden diese Handlungen «verstehen», und auch Tomasello drückt sich in seinem neuesten Buch teilweise so aus (Tomasello, 2014). Aber Tomasello macht andererseits klar, dass dieses «Verstehen» in einer mentalen Repräsentation von intelligenten «*Antezedenz-Konsequenz-Folgen*» besteht (was bekanntlich auch durch Konditionieren erreicht werden kann) und nicht in einem *logischen* Durchschauen der beim Werkzeuggebrauch in Betracht kommenden *kausalen Kräfteverhältnisse* (ebd., 16–17). Deswegen hat Tomasello an anderer Stelle sogar formuliert (Tomasello, 1999, 23):

> But, in addition, the understanding of intentionality and causality requires the individual to understand the mediating forces in these external events that explain «why» a particular antecedent-consequent sequence occurs as it does – and these mediating forces are typically not readily observable. This understanding seems to be unique to humans.

129 Man vergleiche dazu das in Kapitel 2.3, Anm. 26 zu Kekulés bildhaften Erlebnissen Gesagte.

2008 re-analysierten Penn und Mitarbeiter in einer umfassenden Übersichtsarbeit die Evidenz für einen weiten Bereich von «menschenähnlichen» kognitiven Fähigkeiten bei verschiedenen Tier-Spezies auf einer funktionellen Ebene und verglichen sie mit der menschlichen Intelligenz. Die Autoren fassten das Resultat folgendermaßen zusammen (Penn et al., 2008, HvPH):

> Across all these disparate cases, a consistent pattern emerges: Although there is a profound similarity between human and nonhuman animals' abilities to learn about and act on the perceptual relations between events, properties and objects in the world, only humans appear capable of reinterpreting *the higher-order relation* between these perceptual relations in a structurally systematic and inferentially productive fashion. In particular, only humans form *general categories* based on structural rather than perceptual criteria, find *analogies* between perceptually disparate relations, *draw inferences* based on the *hierarchical or logical relation* between relations, *cognize the abstract functional role* played by constituents in a relation as distinct from the constituents' perceptual characteristics, or postulate *relations* involving *unobservable causes such as mental states and hypothetical forces*. There is *not simply a consistent absence of evidence for any of these higher-order relational operations in nonhuman animals; there is compelling evidence of an absence.*

Aus diesem Grund widersprechen Penn et al. dem bekannten Ausspruch von Charles Darwin: «Nevertheless, the difference in mind between man and the higher animals, great as it is, is certainly one of *degree and not of kind*» (Darwin, 1871, 105, HvPH) und formulieren stattdessen: «We argue that Darwin was mistaken: the profound biological continuity between human and nonhuman animals masks an equally profound *discontinuity* between human and nonhuman minds» (Penn et al., 2008, HvPH).

Obwohl also in den letzten Jahrzehnten durch eine umfangreiche Forschung in Neurobiologie, Verhaltenszoologie und Tierpsychologie bei höheren Tieren wie Menschenaffen, Vögeln, Delfinen und Elefanten eine Reihe von intelligenten Verhaltensweisen zutage gefördert worden sind, scheint der Mensch sich durch seine rationale Intelligenz *wesentlich* – nicht nur graduell – vom Tier zu unterscheiden. Führende Autoren auf diesem Gebiet sind sich darüber einig, dass der Abstand zwischen den Intelligenzleistungen dieser Tiere und des Menschen gewaltig bleibt, und dass zudem einzig der Mensch rationale Gedanken kommunizieren kann (Gazzaniga, 2008; Suddendorf, 2013; Tomasello, 2014), was seinen Grund natürlich darin hat, dass einzig der Mensch rationale Gedanken *einsehen* kann.

Es darf zudem nicht übersehen werden, dass auch die intelligentesten Tiere höchstens Intelligenzleistungen hervorbringen können, die denen von menschlichen Säuglingen und Kleinkindern bis zum *Alter von unter drei Jahren* entsprechen (Suddendorf, 2013). Aber erst in diesem Alter *erwacht* überhaupt im Seelenleben des Kindes das *Selbst- oder Ich-Bewusstsein* (Largo, 2000), das für die Bildung eigenständiger Gedanken notwendig ist; und die Fähigkeit zur rein denkerischen (rationalen) Abstraktion entwickelt sich erst allmählich während der Schulzeit, insbesondere erst nach der Pubertät (Stamm & Edelmann, 2013). Sie ist biologisch von der entsprechenden Zunahme der Myelinisierung von Neuronen abhängig und erst nach der Pubertät in ihrer Vollheit verfügbar, aber sie ist auch dann noch weiter entwickelbar (Stern, 2006). Die spezifisch menschliche Form von selbstbewusster Intelligenz ist beim Tier also gar nicht vorhanden.

Aber was genau macht den Unterschied zwischen dieser selbstbewussten menschlichen und der tierischen Intelligenz aus? Unter Intelligenz kann man umfassend ein mentales Vermögen verstehen, sich nach logisch intelligiblen Gesetzmäßigkeiten zu verhalten. Aus dieser Perspektive spielt es zunächst keine Rolle, ob dieses Verhalten bewusst ist oder nicht bzw. ob diese Gesetzmäßigkeiten eingesehen werden oder nicht. So sind die Bauleistungen von Bibern, Schwalben und Wespen oder die Fliegerakrobatik von Möwen intelligent, indem dabei nach statischen bzw. aerodynamischen Gesetzmäßigkeiten verfahren wird, allerdings ohne dass bei den Tieren von logischer Einsicht in diese Gesetze die Rede sein könnte. Ähnlich ist es beim vorwissenschaftlichen menschlichen Hausbau wie z. B. bei den Iglus von Eskimos oder bei der Kunst des Bumerang-Werfens der australischen Aborigines. «Intelligent» kann also der weitgehend unbewusste Instinkt sein, intelligent ist auch das schon deutlicher ins Bewusstsein tretende Gefühl (siehe z. B. Daniel Golemans *«Emotionale Intelligenz»*; Goleman, 1996), intelligent können auch mehr oder weniger bewusste spontane oder erlernte Handlungen sein, ohne dass sie auf intellektuelle Einsicht in den logischen Gehalt der dabei angewandten Intelligenz beruhen müssten, so z. B. beim erwähnten Instrumentengebrauch von Tieren aufgrund mentaler Repräsentation von Antezedenz-Konsequenz-Folgen oder beim Bumerang-Werfen. All diesen Arten des Verhaltens ist Intelligenz inhärent, aber nicht bewusst. Das gilt im Grunde genommen auch schon für rein organische oder auch anorganische Geschehnisse wie z. B. die Morphogenese von Pflanzen oder die Bildung von Kristallen nach mathematisch-geometrischen Gesetzmäßigkeiten[130]. Erst das entwickelte *menschliche Denken*

---

130 Diese Tatsache ist auch ein Grund für die Prägung des Ausdrucks «intelligent design», der in gewissen Grenzen, d. h. insofern damit die objektive Gestaltung von Naturgegenständen nach intelligiblen Gesetzen bezeichnet wird, berechtigt

kann sich all diese dem Anorganischen, Organischen und Mentalen zugrunde liegenden Gesetzmäßigkeiten *bewusst* machen, indem es diese in sich zur Erscheinung bringt, eine mentale Leistung, die das Tier offenbar nicht vermag.

Was aber unterscheidet diese Denkleistung des Menschen von derjenigen des Tieres? Ihre *Geistigkeit*, ihre *Aktivität,* ihre *Voll- und Selbstbewusstheit* und ihre *Objektivität* und *Universalität. Geistig* ist diese Tätigkeit, indem sie in nichts anderem als der vollbewussten Durchdringung des rein ideellen, d.h. geistigen Inhalts der entsprechenden Gesetze besteht. *Aktiv, selbst- und vollbewusst* ist sie, weil dieses denkende Durchdringen von Gesetzen ausschließlich durch eine voll- und selbstbewusste aktive Denkleistung des entsprechenden Individuums möglich ist. Und *objektiv* und *universell* ist sie, weil sie die *universellen, allgemeinen und objektiven* Gesetze durchdringt, die von allen individuellen, besonderen Fällen, für die diese Gesetze Geltung haben, absehen und lediglich deren Allgemeines beinhalten, welches überdies für alle Denker in gleicher Weise gilt. So Steiner in seiner *«Philosophie der Freiheit»* (Steiner, 1978b, 90):

> Unser Denken ist nicht individuell wie unser Empfinden und Fühlen. Es ist universell. [...] Ein Dreieck hat nur einen einzigen Begriff. Für den Inhalt dieses Begriffs ist es gleichgültig, ob ihn der menschliche Bewusstseinsträger A oder B fasst.

Indem das Individuum diese universelle geistige Tätigkeit hervorbringt zur Durchdringung des objektiv geistigen Inhalts, ist es *Geist.* Die Denkleistung des Geistes ist unmittelbare, offenbare Intelligenz. Menschlicher Geist *ist* Intelligenz.

Und der Geist *transzendiert* die Seele, denn *Seele* ist, wie wir in den Kapiteln 5.1–5.4 gesehen haben, *subjektives Innensein,* welches bei Mensch und Tier auf vergleichbare Weise vorhanden ist. Die Vorgänge und Inhalte des Seelischen behalten im Unterschied zu denjenigen des Geistes immer den Charakter dieses subjektiven Innenseins, d.h. des *Subjektiven* und *Besonderen* des betreffenden Individuums. So sind Triebe und Emotionen immer diejenigen des konkreten individuellen Subjektes. Ebenso beinhalten die mentalen Repräsentationen der sinnlich wahrgenommenen Außenwelt im Unterschied zum allgemeinen, universalen Charakter von reinen Ideen noch die besondere Perspektive des vorstellenden Subjekts, wie José Luis Bermúdez am Beispiel der visuellen Perzeption ausführt: «It is plain that each of us sees the world

---

ist. Für eine Diskussion der mit der kreationistischen Benutzung dieses Konzepts einhergehenden Problematik vgl. Kapitel 4.6.

from an egocentric perspective. In particular, we see objects as located on an egocentric frame of reference centered on the eyes» (Bermúdez, 1997). Diese egozentrische Perspektive bleibt in der sinnlichen Repräsentation erhalten. Diese ist zwar, wie die Idee, auch ein Gedanke, aber ein Gedanke in bildlicher Form, nicht ein Gedanke in Ideenform. Tomasello nennt sie «imaginastic or iconic schematizations of the organism's (or, in some cases, its species') previous experience» (Tomasello, 2014, 12). Sogar wenn man, wie James und Carol Gould, den Schimpansen *generic* category images zugesteht (Gould & Gould, 1994, 190–191), so sind diese, wie oben bemerkt, immer noch Bilder, und nicht abstrakte, logisch einsehbare Ideen. Dazu kommt, dass mentale Repräsentationen im Bewusstsein *von selbst auftreten*, wenn z. B. der Blick auf einen Gegenstand fokussiert wird. Ebenso treten durch assoziatives Lernen erworbene Antezedenz-Konsequenz-Folgen, wie Tomasello sie postuliert (Tomasello, 1999, 22–23; Tomasello, 2014, 16–17), im Bewusstsein grundsätzlich *assoziativ* auf, d. h. die entsprechende Repräsentationsfolge stellt sich unter entsprechenden Wahrnehmungsbedingungen im Bewusstsein *von selbst* ein, wogegen das logische Durchschauen des «Warum» einer solchen Folge nur durch *aktive* Denkleistung gelingt. Selbstverständlich gilt das nicht nur für das assoziative Vorstellen von Tieren, sondern auch für das assoziative Vorstellen des Menschen.

Zusammengefasst kann man zwischen der *Intelligenz der Seele* von Mensch und Tier und der *Intelligenz des menschlichen Geistes* unterscheiden. Die Intelligenz des *Seelenlebens* ist in gewisser Weise *passiv*, d. h. sie tritt Kontext-bedingt spontan im Bewusstsein auf und in diesem Sinn *nicht selbstbewusst*, *konkret bzw. bildhaft*, *subjektiv bzw. individuell*, und das ihr inhärente Gesetz bleibt in gewisser Hinsicht im Kleid der subjektiven Innerlichkeit *verborgen*. Die Intelligenz des menschlichen Geistes ist *aktiv, selbstbewusst, rein ideell, objektiv* und *universell*, und sie ist unmittelbar *offenbar*. Die Seele *enthält* Intelligenz, der Geist *ist* Intelligenz. Erst der Geist kann die Intelligenz der Seele (und des Organismus), aber auch seine eigene, erkennend zur Erscheinung bringen. Denn durch seine universelle Natur transzendiert er sich selbst in seinen leiblichen, seelischen und geistigen Manifestationsformen, wogegen die Seele in ihrer subjektiven Innerlichkeit verhaftet bleibt[131].

131 Man vergleiche dazu Thomas Nagels Formulierung dieser Tatsachen in «*Mind and Cosmos*» (Nagel, 2012, HvPH): «*Consciousness* presents a problem for evolutionary reductionism because of its *irreducibly subjective* character. This is true even of the most primitive forms of sensory consciousness, such as those presumably found in all *animals*. The problem that I want to take up now concerns *mental functions such as thoughts, reasoning, and evaluation that are limited to humans*, though their beginnings may be found in a few other species. These are

Daraus erklären sich eine Reihe von spezifischen Eigenschaften, die den Menschen gegenüber der gesamten Tierwelt zu einem einzigartigen Wesen machen, und die Michael Gazzaniga vom California Institute of Technology in seinem neuen Buch «*Human. The Science behind what makes us unique*» als die spezifische Differenz des Menschen zu allen andern Spezies sieht (Gazzaniga, 2008). Dazu zählt er die Kontrolle über Gedanken, Gefühle und Handlungen, Zukunftsplanung, Selbstreflexion und Selbstbewusstsein, Sprache, Aspekte von Imitation und soziales Lernen, episodisches Gedächtnis, Wissenschaft des Geistes («Theory of Mind») und anderes. Der Rezensent dieses Buches in *Science*, Ralph Adolphs, meint dazu: «Trying to find a single theme that ties all these together or subsumes them is daunting» (Adolphs, 2009). Das ist jedoch nicht «daunting», wenn man sich auf die Geistfähigkeit des Menschen besinnt. Diese ist der rote Faden in den aufgezählten Eigenschaften.

---

the functions that have enabled us to transcend the perspective of the immediate life-world given to us by our senses and instincts, and to explore the larger *objective reality* of nature and value» (ebd., 71). «Just as *consciousness* cannot be explained as a mere extension or complication of physical evolution, so *reason* cannot be explained as a mere extension or complication of consciousness. To explain our *rationality* will require *something in addition* to what is needed to explain our consciousness and its evidently adaptive forms, something at *a different level. Reason can take us beyond the appearances* because it has *completely general validity*, rather than merely local utility» (ebd., 81). «This, then, is what a theory of everything has to explain: not only the *emergence* from a *lifeless universe* of reproducing *organisms* and their development by evolution to greater and greater functional complexity; not only the *consciousness* of some of these organisms and its central role in their lives; but also the development of consciousness into *an instrument of transcendence* that can grasp *objective reality and objective value*» (ebd., 85). Nagel sucht eine Erklärung für die Tatsache der emergenten Evolution vom Anorganischen zu lebendigen Organismen, zum tierischen Bewusstsein, bis hin zur menschlichen Vernunft mit ihrer transzendental, objektiv und universell gearteten Geistigkeit. Den materialistischen Reduktionismus und den theistischen Kreationismus weist er wegen deren inneren Widersprüchen und Ungenügen zurück. Stattdessen sucht er eine emergentistische Erklärung, die er «*natural teleology*» nennt (ebd., 91). «The teleology I want to consider would be an *explanation* not only of the appearance of physical *organisms* but of the development of *consciousness* and ultimately of reason in those organisms» (ebd., 92). Nagel stellt eine solche Erklärung nur als eine Forderung auf, aber er findet sie nicht. In den vorangehenden Kapiteln 4.5, 5.1 und 5.5 ist versucht worden, zu zeigen, dass sich eine solche Erklärung aus der epistemologisch begründbaren Tatsache ergibt, dass die emergenten Eigenschaften von Leben, Seele und Geist durch die hierarchische Organisation kausal wirksamer Gesetzmäßigkeiten erklärt werden können. Vgl. dazu auch Kap 5.9 über die emergenten Perspektiven von Körper, Leben, Seele und Geist.

Dass das auch von Gazzaniga selbst nicht bemerkt wird, kann man mit guten Gründen auf seine reduktionistische Voraussetzung zurückführen, die diesen Geist für eine Illusion hält bzw. für eine bloße Produktion des Gehirns (Gazzaniga, 2011). Das verhindert allerdings nicht, dass er eine sehr gute empirisch begründete Beschreibung spezifisch menschlicher Eigenschaften liefert. Er hat bloß keine kausale Erklärung für diese Eigenschaften, da er das spezifisch Menschliche, den Geist, als eine Realität leugnet. Kann man die Geistigkeit und universelle Natur des menschlichen Ich jedoch anerkennen – oder zumindest hypothetisch voraussetzen –, so ergeben sich daraus zwanglos die genannten Eigenschaften, wie im Folgenden dargelegt wird.

Control of thoughts, feelings and actions ist nur möglich, wenn ein inneres Aktivitätszentrum sich über die Seelentätigkeiten von Denken, Fühlen und Wollen zu *erheben* und sie von einer höheren Sphäre aus aktiv zu bestimmen vermag. Das kann das Tier mit seiner bloß subjektiven Innerlichkeit nicht. Ebenso sind *episodic memory and planning the future* nur dann möglich, wenn das Bewusstseinszentrum das konkrete seelische Erleben in der Gegenwart zu *transzendieren* und in eine Erlebnissphäre einzutreten fähig ist, die sich von Raum und Zeit detachiert. Sie blickt dann in diesem detachierten Zustand auf eine schon vergangene Episode bzw. Situation zurück oder stellt sich eine künftige Episode oder Situation vor. Beides findet bezeichnenderweise auch detachiert vom aktuellen Erleben der Gegenwartssituation statt, denn beim Vorstellen von Zuständen, die nicht mehr oder noch nicht da sind, werden *die* Zustände nicht vorgestellt, die da sind. Das ist dem Tier anscheinend nicht möglich. Denn das Charakteristische des tierischen Verhaltens entspricht einer Gebundenheit an das unmittelbar gegenwärtige sinnliche oder leibliche Erleben, als könne es sich darüber nicht erheben.

Ähnlich ist es mit den Fähigkeiten von *self-awareness* und *self-reflection*, denn das setzt wieder Selbsttranszendenz voraus, was ein ganz im individuellen subjektiven Selbst lebendes Wesen wie das Tier nicht kann. Deswegen vermag sich das Tier auch nicht in gleicher Weise wie der Mensch erlebend in ein anderes Wesen zu versetzen, und so kommen die von Gazzaniga erwähnten Unterschiede zwischen Mensch und Tier bezüglich gewisser *aspects of imitation and social learning* sowie *theory of mind* zustande. Denn in der sozialen Interaktion nicht nur leiblicher oder seelischer Verhaltensäußerungen der Anderen gewahr zu werden und darauf mit seiner subjektiven Innerlichkeit zu reagieren, sondern sich in die dem Verhalten zugrunde liegenden *inneren Intentionen* der Anderen zu versetzen, setzt wiederum die nur dem menschlichen Geist zukommende Fähigkeit zur Selbsttranszendenz sowie – damit zusammenhängend – zur *geistigen Fremdimmanenz* voraus. Diese Fähigkeit liegt in der universellen Natur des menschlichen Denkens. Dazu Steiner in seiner *«Philosophie der Freiheit»* (Steiner, 1978 b, 60; 90, HvPH):

> Nun darf nicht übersehen werden, dass wir uns nur mit Hilfe des Denkens als Subjekt bestimmen und uns den Objekten entgegensetzen können. Deshalb darf *das Denken niemals als eine bloß subjektive Tätigkeit* aufgefasst werden. *Das Denken ist jenseits* von Subjekt und Objekt. Es bildet diese beiden Begriffe ebenso wie alle anderen. [...] *Das Denken ist somit ein Element, das mich über mein Selbst hinausführt und mit den Objekten verbindet.* [...]
>
> Mein Selbstwahrnehmen schließt mich innerhalb bestimmter Grenzen ein; mein Denken hat nichts zu tun mit diesen Grenzen. In diesem Sinne *bin ich ein Doppelwesen.* Ich bin *eingeschlossen in das Gebiet, das ich als das meiner Persönlichkeit wahrnehme*, aber ich bin Träger einer *Tätigkeit, die von einer höheren Sphäre aus* mein begrenztes Dasein bestimmt.

Der Mensch ist eben im Unterschied zum Tier ein *seelisch-geistiges Doppelwesen.* Daraus wird auch das von Michael Tomasello beschriebene, durch vielfältige empirische Forschung belegte Phänomen erklärlich, dass Menschenaffen auch in Kooperation nur ihre eigene *«individual intentionality»* zur Geltung bringen können, der Mensch darüber hinaus jedoch mit seinesgleichen auch *«shared intentionality»* und dadurch *«common intentionality»* entwickeln kann (Tomasello, 2014). «Shared» und «common intentionality» bedeutet, dass zwei oder mehr Individuen *dieselbe Intention* haben, *voneinander wissen, dass sie dieselbe Intentionalität haben*, diese miteinander *kooperativ* kommunizieren (was beim Menschen durch verbale und nonverbale *Sprache* möglich ist) und in gemeinsamem Handeln verwirklichen können. Das kooperative Verhalten der Tiere entfaltet sich im Gegensatz dazu hauptsächlich durch *«competitive interactions and imperative communication»* (ebd., 150). Entsprechend gestaltet sich die soziale Kognition von Tieren (ebd., 31, HvPH):

> In virtually all theoretical accounts, great apes' skills of social cognition evolved mainly for competing with others in the social group: being better or quicker than groupmates at anticipating what potential competitors might do, based on a Machiavellian intelligence [...]. And indeed a number of recent studies have found that great apes utilize their most sophisticated skills of social cognition in contexts involving competition or exploitation of others as opposed to contexts involving cooperation or communication with others [...]. Great apes are all about cognition for competition. Human beings, in contrast, are all about (or modestly about) cooperation.

Diese Tatsache ist verständlich, wenn man berücksichtigt, dass das fundamentale Erleben des Tieres dasjenige *der individuellen Subjektivität* bzw. *der Seele* ist, und dass diese beim Menschen noch vom *transsubjektiv gearteten Geist* durchdrungen ist. Deswegen entwickelt der Mensch im Unterschied zum Tier abgesehen von seiner spezifischen objektiven Denkfähigkeit, durch die er die Intentionen der Anderen *verstehen* kann, auch eine *spezifische soziale Perzeptionsfähigkeit*, durch die er die Intentionen des Anderen *wahrnehmen* kann. So beschreibt Steiner erstmals 1917 beim Menschen über die zunächst höchsten Sinne, die er mit dem Tier gemeinsam hat (Sehsinn und Hörsinn), hinaus noch drei weitere, soziale Sinne: 1. den Wortsinn, 2. den Gedankensinn, 3. den Ich-Sinn (Steiner, 1976e, 147). Diese ermöglichen ein konkretes *Wahrnehmen* der Manifestationsformen von Sprache, Gedanken, und Selbst des Anderen in der sozialen Kognition, nicht bloß deren hypothetische Annahme durch *Analogieschluss*, wie in der «Theory of Mind» meist angenommen wird[132].

Der Mensch ist zwar ein Seelenwesen wie das Tier auch, was bereits Charles Darwin aufgrund der seelisch-physiognomischen Ausdrucksphänomene z.B. bei Furcht, Wut oder Freude sehr eindrücklich beschrieben hat und was von der Ausdrucksforschung seither bestätigt worden ist (Darwin, 1998). Insofern hat der Mensch keine Sonderstellung. Aber darüber hinaus ist der Mensch auch ein *geistiges* Wesen, mit der Fähigkeit, die Welt und seinesgleichen und sich selbst zu erkennen, seinem Leben *Sinn und Bedeutung* zu geben und sich dabei in *Wissenschaft, Kunst und Religion* auch zum geistigen Grund der Welt in Beziehung zu setzen.

Und wie die Gestalt des menschlichen Organismus dem Grundtypus des höheren Säugetieres folgt, aber diesen zur «morphologischen Sonderstellung des Menschen» (Goerttler, 1972) erhebt, so ist auch der «seelische Typus» des

---

132 Der *Wort- bzw. Sprachsinn* ist zwar in der aktuellen sozialen Kognitionswissenschaft nicht unter dieser Bezeichnung bekannt, aber seine Existenz ist durch die moderne Sprachforschung und soziale Neurobiologie grundsätzlich belegt (Peveling, 2015). Das Konzept des *Gedankensinns* bei Steiner wird aktuell auf seine Tragfähigkeit auf dem Hintergrund der empirischen Forschung überprüft. Ein *Ich-Sinn* wurde auch 1922 vom deutschen Philosophen Max Scheler geltend gemacht (Scheler, 1973) und wird heute in Anknüpfung an diesen in die wissenschaftliche Diskussion gebracht (Gallagher & Zahavi, 2012). Wesentlich ist in der Argumentation von Steiner, Scheler und Gallagher & Zahavi, dass die Gedanken und das Selbst des Anderen *nicht durch einen Analogieschluss im eigenen Selbst konstruiert werden*, wie das auch heute in der «Theory of Mind» zumeist hypothetisch angenommen wird, sondern aufgrund einer phänomenalen Analyse des Perzeptionsfeldes am andern Selbst *wahrgenommen* werden.

Menschen, den er mit dem Tier gemeinsam hat, durch den Einschlag seiner geistigen Individualität zum ganz ichhaft Persönlichen erhöht[133].

5.7 Über die Bedeutung des Geistigen in Gesundheitsfragen

Die Wichtigkeit der Tatsache, dass der Mensch im Unterschied zum Tier nicht nur ein seelisches, sondern auch ein geistiges Wesen ist, zeigt sich überall im Alltag, so z. B. auch in der Bedeutung des Geistigen in Gesundheitsfragen und für die *praktische Medizin*. So ist z. B. *Krankheitsverarbeitung (Coping)* eine Fähigkeit, die nur dem Menschen zukommt, insofern sie kognitive Fähigkeiten wie Selbstreflexion, Informationssuche, Kontrolle krankheitsbezogener Emotionen oder bewusste Verhaltensveränderungen voraussetzt. Es ist undenkbar, dass ein Tier in diesem Sinne seine Krankheit «verarbeitet». Freilich können auch Tiere auf Stressoren mit einem Abwehrverhalten reagieren, das «Coping» genannt wird. Dieses besteht in einer passiveren oder aktiveren, d. h. aggressiveren Reaktion der Tiere auf einen entsprechenden inneren oder äußeren Stressor, dessen krankmachende Wirkung auf diese Weise in unterschiedlicher Weise beeinflusst wird. So entwickeln sich bei Mäusen, die mit Tumorzellen inokuliert werden, mehr Lungenmetastasen, wenn sie sozialem Stress ausgesetzt werden. Dabei treten bei denjenigen Tieren, die ein passiveres Coping zeigen, im Vergleich zu den aktiveren Tieren mehr Lungenmetastasen, ein erhöhter Kortikosteronspiegel und reduzierte Immunfunktionen auf (Azpiroz et al., 2008; Koolhaas, 2008). Diese mehr affektive, spontane Form von «Coping» existiert auch beim Menschen; aber sie muss deutlich unterschieden werden von der eingangs genannten Form der bewussten, kognitiven Form von Krankheitsverarbeitung, die nur beim Menschen vorkommt. Da jedoch Seele und Geist nicht getrennt sind, sondern meist eine natürliche Einheit bilden, ist es unwahrscheinlich, dass nur emotionale oder nur rationale Faktoren dabei eine Rolle spielen.

So ist beispielsweise bekannt, dass beim Menschen die psychische, meist emotionale Verfassung einen Einfluss auf den Krankheitsverlauf haben kann.

---

133 Das ist wohl auch der Grund dafür, warum der seelische Ausdruck der menschlichen Seele im Unterschied zu dem des Tieres einen so einzigartigen Charakter hat, sogar in den kleinen Dingen des Lebens. So ist z. B. das sog. Lachen eines Tieres, das eher einem «Grinsen» ähnlich ist, nicht zu vergleichen dem Lächeln des Menschen als Ausdruck seines innersten persönlichsten Ich-Wesens. Steiner formuliert das sogar so: «Der wirkliche Seelenbeobachter weiß, dass es das Tier nicht zum Weinen, sondern höchstens zum Heulen, und nicht zum Lachen, sondern nur zum Grinsen bringen kann» (Steiner, 1973 b, 262).

So bestätigen Montazeri und Mitarbeiter in ihrer Analyse von 477 Publikationen über Brustkrebs der Jahre 1974 bis 2007, dass psychologische Faktoren wie psychosozialer Stress und Depression die spätere Lebensqualität und zum Teil die Überlebenszeit bei Brustkrebs vermindern können (Montazeri, 2008). Andererseits können psychosoziale Interventionen, die immer Elemente der typisch menschlichen sozialen Kognition und des rationalen Diskurses beinhalten, bei Frauen mit Brustkrebs emotionalen Stress vermindern; und existierende Evidenz dafür, dass Psychotherapie das Überleben solcher Patientinnen verlängern kann, wird teilweise auf Aspekte von Immunfunktionen zurückgeführt wie natürliche Killerzellaktivität (van der Pompe et al., 1996). Kognitive Verhaltenstherapien können bei chronischem Fatigue-Syndrom Gestimmtheit, Müdigkeit und körperliche Fitness verbessern (O'Dowd et al., 2006) und bei Status nach Schlaganfall prädiktiv sein für später verbesserte Lebensqualität und reduzierte Krankheitskosten (Darlington et al., 2009). Damit sei veranschaulicht, dass der geistige Wesenskern der menschlichen Seele einen relevanten, beim Tier so nicht vorkommenden Faktor in der Genese und Therapie von Krankheiten darstellt.

Einige Formen der Psychotherapie sind direkt auf dieses geistige Ich des Menschen ausgerichtet, so z. B. die von Viktor Frankl (1905–1997) begründete *Logotherapie und Existenzanalyse* (Frankl, 2005). Frankl unterscheidet in seiner «dimensionalen» Anthropologie am Menschen: 1. die physische Dimension (Leib), 2. die psychische Dimension (Psyche) und 3. die *noetische Dimension (Geist)*. Der Geist kann sich gemäß Frankl über das Psychophysische erheben; nur dieses erkrankt, nicht aber der Geist. Dieser ist jedoch existenziell auf die Erfüllung mit *Sinn* ausgerichtet; das Fehlen von Sinn kann zur Erkrankung führen, und in der Logotherapie (lógos: griech. für Sinn) und Existenzanalyse wird entsprechend nach diesem – selbstverständlich ichhaft individuellen – Sinn gesucht.

Auch das von Aaron Antonovsky (1923–1994) begründete Konzept der *Salutogenese* ist an die geistige Ich-Funktion des Menschen gebunden (Antonovsky, 1979). Demnach kann der Mensch seine psychophysische Gesundheit gegenüber äußeren Stressoren besser aufrechterhalten, wenn er ein inneres *Kohärenzgefühl («sense of coherence»)* ausbilden kann, das auf der *Verstehbarkeit* der (Um-)Welt und auf ihrer sich daraus ergebenden *Handhabbarkeit oder Bewältigbarkeit* beruht, vor allem aber auf der *Sinnhaftigkeit* oder *Bedeutsamkeit* des eigenen Lebens und der Biographie. Das ist nur vom denkfähigen geistigen Wesenskern des Menschen zu leisten, niemals von einer Tierseele.

Auch für Steiner ist das geistige Ich des Menschen keine Entität, die als solche krank werden kann. Der Ausdruck «*Geisteskrankheit*» ist gemäß Steiner inadäquat, «weil der Geist immer gesund ist und eigentlich nicht erkranken kann. Es ist ein Unsinn, von Geisteskrankheiten zu sprechen. Es handelt sich immer darum, dass der Geist in seiner Fähigkeit, sich zu *äußern*, von dem physischen Organismus gestört wird, und nie um die Erkrankung des geistigen oder seelischen Lebens selber. Das sind alles nur Symptome, was da auftritt» (Steiner, 1976d, 256–257, HvPH). Deshalb berücksichtigen die anthroposophische Psychiatrie und Psychotherapie in Diagnose und Therapie so weit wie möglich auch die Beziehungen zwischen körperlichen und seelisch-geistigen Funktionen. Entsprechend wird die Therapie multimodal und integrativ gestaltet – mit Organismus-bezogenen Elementen wie konventionellen Psychopharmaka, anthroposophischen Medikamenten, äußeren Anwendungen, Bewegungstherapie (z.B. Heileurythmie) und anderem (Treichler, 1981a; Walter, 1955; Bissegger et al., 1998). Die anthroposophisch orientierte Psychoanalyse und Psychotherapie arbeitet bewusst auf eine Stärkung der geistigen Ich-Funktionen hin (Vandercruysse, 1999) und bezieht auch höhere Sinn- und Schicksalsfragen bzw. spirituelle und transzendente Aspekte mit ein (Priever, 1999).

Zur anthroposophischen Medizin und Psychotherapie gehört auch die Betrachtung der *Biographie*, in der sich die Entwicklung der geistigen Individualität des Menschen zum Ausdruck bringt. Bei Tieren macht es keinen Sinn, von «Biographie» zu sprechen. Die Frage «Was wird wohl aus dir?» lässt sich gegenüber einer neugeborenen Katze sehr leicht beantworten: eben dasselbe wie ihre Eltern, also eine Katze, gewiss in entsprechender Variation ihrer körperlichen Gestaltung und ihres seelischen Verhaltens. Sie wird die Bestimmung ihrer *Gattung* vollkommen erfüllen. Beim neugeborenen Menschenkind ist die gestellte Frage keineswegs zu beantworten. Gewiss wird dieses *als leiblich-seelisches* Wesen ebenfalls seiner Gattung entsprechen und die Eigenschaften seines Geschlechts, seiner Familie und seines ethnischen Hintergrundes in mehr oder weniger deutlicher Art zur Ausprägung bringen. Aber darüber hinaus – und für die gesamte menschliche Entwicklung und Biographie entscheidend – kommt die *geistige Individualität* des Menschen zur Entwicklung, die *als solche* nichts mit Eltern, Volk, Rasse usw. zu tun hat. Das hat Steiner im Kapitel *«Individualität und Gattung»* seiner *«Philosophie der Freiheit»* deutlich zum Ausdruck gebracht (Steiner, 1978b, 238–240):

> Der Mensch entwickelt Eigenschaften und Funktionen an sich, deren Bestimmungsgrund wir nur in ihm selbst suchen können. Das Gattungsmäßige dient ihm dabei nur als Mittel, um seine besondere Wesenheit in ihm auszudrücken. Er gebraucht die ihm von der Natur mitgegebenen Eigentümlichkeiten als Grundlage und gibt ihm die seinem eigenen Wesen gemäße Form. Wir suchen nun vergebens den Grund für eine Äußerung dieses Wesens in den Gesetzen der Gattung. Wir haben es

mit einem Individuum zu tun, das nur durch sich selbst erklärt werden kann. [...] Wer die Menschen nach Gattungscharakteren beurteilt, der kommt eben gerade bis zu der Grenze, über welcher sie anfangen, Wesen zu sein, deren Betätigung auf freier Selbstbestimmung[134] beruht.

Deshalb kann es sich auch in einer auf den Menschen als Ganzen ausgerichteten medizinischen Diagnostik und Therapie niemals bloß um das Integral der «bio-psycho-sozialen» Dimensionen handeln, weil darin *das Entscheidende des Menschseins, die geistige Dimension*, noch fehlt. «Wer das einzelne Individuum verstehen will, muss bis in dessen besondere Wesenheit dringen, und nicht bei typischen Eigentümlichkeiten stehen bleiben» (ebd., 240). Aus diesem Grund arbeitet die anthroposophisch orientierte Medizin an der Entwicklung einer Diagnostik und Therapie, die der physischen, lebendigen, seelischen *und geistigen* Dimension entspricht (Sieweke, 2008; Steiner & Wegman, 1991), und die die Gesetzmäßigkeiten der seelisch-geistigen Entwicklung des Menschen im Lebenslauf im Zusammenhang mit der physisch-leiblichen Entwicklung in differenzierter Weise zu berücksichtigen versucht (Treichler, 1981 b). Deshalb hat sich auch die *Biographiearbeit* als ein spezieller Zweig der anthroposophischen Psychotherapie entwickelt, durchaus unter Einbeziehung spiritueller und transzendenter Gesichtspunkte (Burkhard, 2005).

Denn auch die *Spiritualität* ist ein unabdingbares Element einer sich selbst verstehenden Humanmedizin. Es liegt in der Natur des Menschen als eines geistigen, zur Transzendenz fähigen Wesens (vgl. Kap. 5.6), dass er sich nicht mit der Welt der physischen oder seelischen Erscheinungen begnügt, sondern darüber hinaus auch eine Beziehung zum Geistigen in der Natur und im Weltall sucht[135]. Das tut er durch Wissenschaft, Kunst und Religion. Der

---

134 Damit ist nicht gemeint, dass das geistige Ich sich stets im Zustand der freien Selbstbestimmung befindet. Das tut es z. B. *nicht* als Säugling, im Schlaf oder in Zuständen eingeschränkten Bewusstseins, aber auch nicht in all den Zuständen des Lebens und des gewöhnlichen Alltags, in denen seine Urteilsfähigkeit (noch) nicht erreicht oder sonst wie eingeschränkt ist. Aber das menschliche Ich ist in Entwicklung zu dieser Selbstbestimmung begriffen: «Kein Mensch ist vollständig Gattung, keiner ganz Individualität. Aber eine größere oder geringere Sphäre seines Wesens löst jeder Mensch allmählich ab, ebenso von dem Gattungsmäßigen des animalischen Lebens, wie von den ihn beherrschenden Geboten menschlicher Autoritäten» (Steiner, 1978 b, 241).

135 Darauf bezieht sich Fausts Ausspruch zu seinem Famulus Wagner: «*Du bist dir nur des einen Triebs bewusst;/ O lerne nie den andern kennen!/ Zwei Seelen wohnen, ach! in meiner Brust,/ Die eine will sich von der andern trennen:/ Die eine hält in derber Liebeslust/ Sich an die Welt mit klammernden Organen;/ Die andre hebt gewaltsam sich vom Dunst/ Zu den Gefilden hoher Ahnen*» (Goethe, 1950 k, Zeilen 1110–1117).

Wissenschaftler «sucht nach den Gesetzen der Erscheinungen, er strebt denkend zu durchdringen, was er beobachtend erfährt»; der Künstler «sucht dem Stoffe die Ideen seines Ich einzubilden»; und der Religiöse «sucht in der Offenbarung, die ihm Gott zuteil werden lässt, die Lösung der Welträtsel» (Steiner, 1978 b, 28). Im vergangenen Dezennium ist die Bedeutung von Spiritualität und Religion für die Medizin zunehmend deutlich geworden (Heusser, 2006 b; Büssing et al., 2006), insbesondere bei medizin-ethischen Fragestellungen (Heusser & Riggenbach, 2003), bei der Krankheitsverarbeitung von Patienten mit chronischen und schweren Krankheiten (Büssing et al., 2005; Büssing et al., 2009; Büssing et al., 2013 a; Büssing et al., 2014), für die Arzt-Patientenbeziehung (Büssing et al., 2013 b; Büssing et al., 2015) sowie in der Palliativmedizin, wo man erkannt hat, dass der spirituellen Not mancher Patienten angesichts unheilbarer Krankheiten, Sterben und Tod durch die Angebote einer materiell-technisch orientierten Medizin und einer säkularisierten Kultur oft nur ungenügend begegnet werden kann (Efficace & Marrone, 2002). Deswegen wird in der Palliativmedizin heute von vier Formen des Leidens gesprochen: von physischem, psychischem, sozialem und *spirituellem Leid*; und die Berücksichtigung der entsprechenden Bedürfnisse wird klar zu den Zielen der Palliativ- und Hospizbetreuung gezählt (Bausewein et al., 2007, 6).

Diese Entwicklung macht deutlich, dass Spiritualität und die Frage nach dem Sinn zunehmend als integrale Elemente der modernen Medizin erkannt werden (Breitbart, 2002). Was im medizinischen Menschenbild jedoch noch fehlt, ist die Anerkenntnis des Menschen als reales seelisches und *spirituelles* Wesen und die konzeptuelle Integration des Geistes in die medizinische Anthropologie und Theorie der Medizin. Auch führende Vertreter der bio-psycho-sozialen Medizin sprechen vorerst lediglich von einer «psychischen Instanz» im Menschen und ihren Funktionen (Adler, 2005), jedoch ohne die Natur dieser Instanz näher zu bestimmen oder sie gar als Realität anzuerkennen. Auch fehlt in der bio-psycho-sozialen Medizin eine Differenzierung der seelischen und geistigen Instanz des Menschen, obwohl diese zum mindesten in der deutschen Geistesgeschichte Tradition hat[136]. Aufgabe der Humanmedizin ist es aber, in Theorie und Praxis eine medizinische Anthropologie zu entwickeln, die dem Menschen gemäß ist. Dazu ist allerdings eine Wissen-

136 So fasst Beckermann in seiner «*Analytischen Einführung in die Philosophie des Geistes*» zusammen: «Im Deutschen unterscheidet man häufig in dem Sinne zwischen Geist und Seele, dass man dem Geist den Bereich des rationalen Überlegens und Handelns zuordnet, der Seele dagegen den Bereich der Gefühle und der Intuition» (Beckermann, 2001, 4). (Der Vollständigkeit halber sei dazu ergänzt, dass es natürlich auch eine Intuition des vollbewussten denkenden Geistes gibt, vgl. dazu Kap. 2.3 und 7).

schaftsmethode notwendig, der es nicht um reduktionistisch theoretisierende, sondern um eine das Gesetzmäßige *der Phänomene* erfassende Theoriebildung geht, und die die Wissenschaftlichkeit nicht auf physische Phänomene einschränkt, sondern, wie in dieser Arbeit anhand der Erkenntniswissenschaft im Sinne Goethes und Steiners zu zeigen versucht wird, sich auch ausdehnt auf die Phänomene von Leben, Seele und Geist als solche. Das gilt auch für die Freiheitsfrage.

5.8 Zur Freiheitsfrage

Die Frage nach der Freiheit des menschlichen Denkens, Wollens und Handelns hat die abendländische Philosophie und Wissenschaft seit Plato sowie religiöse Denker in Buddhismus, Christentum und Islam immer wieder aufs Neue beschäftigt (Übersicht in: an der Heiden & Schneider, 2007). Wurde seit der Antike bis ins 20. Jahrhundert die menschliche Freiheit von einer Reihe von Denkern für möglich gehalten, insofern sie auf der Einsichtsfähigkeit der menschlichen Vernunft beruht und also eine Leistung des menschlichen *Geistes* darstellt, der diesen vom Tier unterscheidet, so ist diese menschliche Freiheit in den letzten Dezennien unter dem Eindruck neurophysiologischer Forschungsresultate zunehmend verneint worden. Die Thesen von Wolf Singer und Gerhard Roth dominieren dabei die öffentliche Debatte in Deutschland (Geyer, 2004), deren Motto Singer so zusammenfasst: «Verschaltungen legen uns fest: Wir sollten aufhören, von Freiheit zu sprechen» (Singer, 2004). Und insbesondere Singer macht darauf aufmerksam, dass die Neurowissenschaften «doch zunehmend überzeugendere Beweise dafür [liefern], dass menschliche und tierische Gehirne sich fast nicht unterscheiden, dass ihre Entwicklung, ihr Aufbau und ihre Funktionen den gleichen Prinzipien gehorchen», und meint, dass das Verhalten von Tier und Mensch letztlich gleichermaßen «den deterministischen Gesetzen physiko-chemischer Prozesse unterworfen» sei und deshalb «die Behauptung der materiellen Bedingtheiten von Verhalten auch auf den Menschen zutreffen». Und weil durch die zunehmende Verfeinerung neurobiologischer Messverfahren auch die den höheren kognitiven Leistungen und dem Verhalten zugrunde liegenden neuronalen Prozesse weitgehend aufklärbar geworden sind, hält er die emergenten kognitiven Leistungen selbst zwar nicht für dasselbe wie die physikochemischen Interaktionen in den Nervennetzen, aber dennoch für «kausal erklärbar» aus diesen (ebd., 35–37). Damit wird ihm und ähnlich Denkenden die vom Menschen empfundene Freiheit zur Illusion und das geistige Ich des Menschen bloß ein «kulturelles Konstrukt» (Singer, 2001) oder ein vom Gehirn konstruierter «virtueller Akteur» (Roth, 2001).

So wird deutlich, dass sich in den Grundkonzepten der psychophysiologischen Forschung seit den materialistischen Thesen des 19. Jahrhunderts «trotz des Berges von Daten», den die Neurowissenschaften inzwischen angehäuft haben, wenig geändert hat (Breidbach, 2001, 17). Gehirn, Bewusstsein, Geist und Freiheit, und damit das Menschsein in seinen zentralen Elementen, werden zu Produkten und illusionären Epiphänomenen der durch sich selbst organisierten und in der Evolution selektionierten physikalisch-chemischen Strukturen und Prozesse erklärt.

Diese Antwort auf die Freiheitsfrage ist jedoch nicht zwingend; sie ist lediglich eine Konsequenz der erkenntniswissenschaftlichen und ontologischen *Voraussetzungen* des Reduktionismus. Vom Gesichtspunkt des empirischen ontologischen Idealismus ergibt sich aus den physikalisch-chemischen, biologischen, evolutorischen und psychophysiologischen Fakten eine andere Antwort auf die Freiheitsfrage. Emergenz von höheren Strukturen und Funktionen bedeutet nicht ihre kausale Erklärung aus denjenigen der niedrigeren Ebenen, sondern ihre Bedingtheit von und ihre Kompatibilität mit diesen; emergente Phänomene und Gesetze sind epistemologisch gleichwertig wie submergente und können ontologisch nicht auf diese reduziert werden; haben somit einen *eigenen Seinsstatus* und damit auch ihre *eigene Verursachung*. Das gilt, wie oben dargestellt, bereits für das Substanzverständnis, den Organismusbegriff, das Leib-Seele-Verhältnis und die Bewusstseinsfrage.

Auf die Geist- und Freiheitsfrage bezogen bedeutet das, dass die gegenüber dem Tier emergenten geistigen Eigenschaften und die darauf gründende Freiheitsfähigkeit des Menschen nicht *kausal* auf die physikochemischen Interaktionen der Nervenzellen zurückgeführt werden können. Sätze wie: «Bewusstsein ist aus neurobiologischer Sicht ein Zustand besonderer neuronaler Aktivität» (Roth, 2001, 204), oder: «Das Gehirn generiert mit der Ausbildung eines Ich einen virtuellen ‹Akteur›» (ebd., 204), oder: dass die kognitiven Funktionen «kausal erklärbar» aus den physikochemischen neuronalen Interaktionen hervorgehen (Singer, 2004, 36), sind einfach falsch. Das sind keine Erkenntnisse, sondern vorschnelle Behauptungen, letztlich auch gemäß Singers eigenen erkenntniswissenschaftlichen Voraussetzungen: «Wir können nur erkennen, was wir beobachten, denkend ordnen und uns vorstellen können» (ebd., 30). Nirgends kann aber die *Generierung* oder *Kausation* von Bewusstsein, Ich und Kognition aus den neurobiologischen Vorgängen *beobachtet* werden. Wissenschaftlich korrekt wäre lediglich, die entsprechenden neurobiologischen Prozesse als nachweisbar notwendige *Bedingung* von Bewusstsein, Ich-Manifestation und Kognition zu bezeichnen. Die Wissenschaft kann auf diesem Gebiet zunächst nur die physiologischen Vorgänge einerseits und die psychologischen und kognitiven andererseits *für sich* beobachten und ihrer Gesetzmäßigkeit nach begreifen. Zwischen beiden besteht der bereits erwähnte Abgrund. Dessen sind sich eigentlich auch Singer und Roth bewusst. So gibt Roth auf den Einwand, die bloß neurobiologische Erklärung des menschlichen Handelns sei ein Kategorienfehler, zu (Roth, 2006,19):

> Man muss als Hirnforscher diese Argumente ernst nehmen. Es ist in der Tat so, dass der Hirnforscher bei seinen Untersuchungen nur anatomische Gegebenheiten und physiologische Abläufe erkennen kann, die als solche keinerlei Auskunft über irgendwelche Bedeutungen verraten. Dies gilt für das Geschehen auf der Ebene einzelner Zellen ebenso wie für Messungen globaler Hirnprozesse mithilfe der funktionalen Kernspintomographie. Eine funktionale und damit bedeutungshafte Interpretation ergibt sich erst aus dem Vergleich zwischen den Hirnstrukturen und -funktionen einerseits und Reaktionen bzw. verbalen Äußerungen der Versuchsperson oder des Patienten über bestimmte Erlebnisse andererseits.

Gibt man das zu, dann müsste man sich der Unzulässigkeit, Kausalität zu versichern, wo keine beobachtbar ist, bewusst sein. Letztlich ist sich Roth auch dessen bewusst, was er eingesteht (Roth, 2001, 205, HvPH):

> Freilich bleibt damit die Frage offen, was damit in den Augen der Philosophen heute bereits geklärt ist. *Erklärt ist zumindest nicht die Eigenheit des Selbsterlebens von Bewusstsein* – dieses Wesenszuges, der den Philosophen des Geistes so lieb ist. Es mag sein, dass hier eine *unüberbrückbare Erklärungslücke* vorliegt, mit der die kognitive Neurobiologie leben muss (die Philosophie des Geistes ebenfalls); schließlich muss eine Theorie nicht alles erklären.

Aber gerade darum geht es ja: wie die spezifische *Eigenheit* von Bewusstsein, Ich, Kognition, Selbst- und Freiheitserleben im Zusammenhang mit Neurobiologie erklärbar ist. Sie ist weder ihrem Inhalt noch ihrer Form nach daraus erklärbar. Dieses Zugeständnis von Gerhard Roth entzieht natürlich seiner reduktionistischen Theorie den Boden. Aber weder erkenntniswissenschaftlich noch ontologisch braucht es eine reduktionistische Theorie. *Erkenntniswissenschaftlich* gesehen ist psychophysiologische und neurokognitive Forschung ohnehin nicht möglich ohne die Multiperspektivität der empirischen Gesichtspunkte. In Übereinstimmung mit Michael Pauen «wollen wir nicht nur etwas über die ‹neuronale Basis› mentaler Phänomene wissen, sondern wir wollen *diese Phänomene selbst* erforschen» (Pauen, 2001, 86). Helmut Schwegler nennt das den *Aspektpluralismus:* «Verschiedene empirische

Zugänge werden gleichermaßen ernst genommen und zunächst in Bereichstheorien erfasst, die dann auf vielfältige Weise weiter miteinander verbunden werden können» (Schwegler, 2001, 79); Pauen spricht im Hinblick auf die qualitativ deutlich verschiedenen mentalen und neuronalen Eigenschaften von einem epistemologischen *Eigenschaftsdualismus* (Pauen, 2001). *Ontologisch* gesehen wäre es nichts als konsequent, den Eigenschaftsdualismus oder Aspektpluralismus auch als *ontologischen Dualismus* bzw. *Pluralismus* anzuerkennen, ohne daraus einen *spekulativen* interaktionistischen Dualismus oder Pluralismus im Sinne von Eccles zu machen.

Denn zunächst geht es in der *empirischen* Forschung nur darum, das, was man auf den unterschiedlichen Beobachtungsgebieten als physische, psychische und geistige Phänomene *tatsächlich erfährt*, als entsprechende *Fakten* anzuerkennen, unabhängig davon, welcher Natur (physisch, psychisch, geistig) diese Fakten sind, und unabhängig davon, wie diese unterschiedlichen Fakten im Weiteren *unter sich* in Beziehung stehen mögen. Da nun physische, psychische und geistige Fakten für das Erkennen epistemologisch gleichwertig sind, d.h. in der *Form der Erfahrung* auftreten (wenn auch auf einem je anderen Erfahrungsgebiet, vgl. Kap. 2.2 und 5.1), so ist es nicht unberechtigt, diese Fakten auch als *ontologisch gleichwertig*, wenn auch nicht *gleichartig* anzuerkennen. Denn *Realität*[137] ist eine Sache der Empirie, nicht der Theorie. Insofern lässt sich das faktische Seelisch-Geistige des Menschen empirisch und ontologisch ebenso als Realität fassen wie die sein Auftreten bedingenden neurophysiologischen und anderen biologischen Vorgänge, und zwar zunächst ohne dass das kausale Verhältnis zwischen ihnen aufgeklärt zu sein braucht.

In diesem Sinn ist auch das Faktum des menschlichen Freiheitserlebens eine «manifeste, unbezweifelbare Erfahrung», wie Peter Bieri sich ausdrückt (Bieri, 2001, 19). Selbst für Singer ist es eine *unbestreitbare Erfahrung*, die «Attribute unseres Menschseins» in der innerlichen «Ersten-Person-Perspektive» zu erleben; und dazu zählt er alle von uns innerlich erfahrbaren seelischen und geistigen Erlebnisse, so die Wahrnehmungen, Selbsterlebnisse und Gefühle, wie auch die «geistige, mentale Dimension [...], die uns befähigt, frei über uns befinden zu können, zu werten und zu entscheiden» (Singer, 2004, 33). Darüber hinaus gesteht er auch zu, dass die seelisch-geistigen Erlebnisse als *nicht weniger real* erfahren werden als die physisch-sinnlichen, zu denen

---

137 Unter Realität oder Wirklichkeit wird hier in Übereinstimmung mit Steiner und in Anlehnung an die Übersicht der unterschiedlichen Realitätsbegriffe bei Hügli und Lübcke (Hügli & Lübcke, 2003) umfassend und gleichzeitig differenziert das direkt oder indirekt Wahrnehmbare, am Objekt oder Subjekt empirisch Gegebene, gesetzmäßig bestimmte Faktische verstanden (vgl. Kap. 2.5).

ja auch die vom Forscher untersuchten neuronalen Vorgänge gezählt werden müssen: «Diese immateriellen Phänomene erleben wir als ebenso real wie die Erscheinungen der dinglichen Welt, die uns umgibt. [...] Phänomene, die wir als geistige oder psychische oder seelische bezeichnen, erleben wir als Realitäten einer immateriellen Welt, an deren Existenz unsere Selbsterfahrung jedoch ebenso wenig Zweifel aufkommen lässt wie unsere Sinneswahrnehmungen an der Existenz der dinglichen Welt» (ebd., 33). Das ist eine empirisch begründete ontologische Aussage, die – zumindest im Sinne der hier geltend gemachten Erkenntniswissenschaft – konsequent ist. Wir haben «die von unserer Selbsterfahrung genährte Überzeugung [...], dass wir an einer geistigen Dimension teilhaben, die von den Phänomenen der dinglichen Welt unabhängig und ontologisch verschieden ist» (ebd., 36).

Aber diese – aus empirischen Gründen zugestandene – ontologische Verschiedenheit wird von der Neurowissenschaft, und insbesondere auch von Singer, in der Regel nicht akzeptiert; es entsteht ein «Konflikt zwischen zwei, wie es scheint, gleichermaßen überzeugenden, gleichermaßen zutreffenden, aber inkompatiblen Menschenbildern für unser Selbstverständnis» (Singer, 2004, 37). Warum inkompatibel «für unser Selbst*verständnis*», wenn offenbar *nicht* inkompatibel für unsere Selbst*erfahrung*? Weil die auf die Erfahrung angewandte *Theorie* nicht zulassen *kann*, was diese Erfahrung deutlich zeigt: die ontologische Gleichwertigkeit von Physischem, Seelischem und Geistigem. Deswegen die vorläufige Unmöglichkeit, im wissenschaftlichen «Suchen nach dem befriedigenden Verhältnis der Vorstellung vom selbstbewussten Ich zu einem Gesamtweltbild» (Steiner, 1968) zu einer in sich kohärenten Antwort zu kommen, die diese verschiedenen Klassen von Fakten in einem widerspruchsfreien, einheitlichen Welt- und Menschenbild umfasst. Denn das ist es, was von der Neurophilosophie zu Recht gesucht wird (Singer, 2004, 39).

Der Grund für die vermeintliche Inkompatibilität liegt zunächst hauptsächlich in der Tatsache, dass die Einheit auf der *Wahrnehmungs*- statt auf der *Begriffs*- bzw. *Gesetzesseite* der vorliegenden Phänomene gesucht wird. Und das hängt damit zusammen, dass man das Gesetzliche im nominalistischen Sinn für etwas Subjektives hält, das nur für das Ordnungsbedürfnis des Menschen, aber nicht für die objektive Realität eine Bedeutung hat. Aber auf der Wahrnehmungsseite lässt sich die Einheit nie finden. Denn nicht erst die physischen und mentalen Wahrnehmungen, sondern schon die physisch-phänomenalen Sinnesqualitäten als solche sind verschieden bzw. «inkompatibel» untereinander. Was alle Perspektiven untereinander in Beziehung bringt und dadurch die alles durchziehende Einheit erst untersuchen kann, ist allein die *Begriffseite* des Erkennens, die das Ideelle, Gesetzmäßige der unterschiedlichen Phänomene und ihrer wechselseitigen Beziehungen finden muss. Die

Einheit des Disparaten ist dann eine ideelle und kann vom Gesichtspunkt des ontologischen Gesetzesrealismus trotzdem als real anerkannt werden[138].

Ein weiteres Element der geltenden Theorie ist die Meinung, das äußerlich objektive, physische Phänomen sei realer als das innerlich subjektive, psychische oder geistige Phänomen, eine beides umfassende Sicht müsse «geglaubt werden» (ebd., 37). Aber beide Arten von Phänomenen erscheinen als empirisch und ontologisch *gleichwertig*, wie Singer selbst darstellt, und so ist z. B. die Erlebnistatsache der Freiheit ebenso wenig eine Glaubensfrage wie die neuronalen Vorgänge. Insofern gibt es keine wirkliche Rechtfertigung dafür, dass Roth und Singer bei der Erklärung psychophysiologischer Zusammenhänge die äußere Dritte-Person-Perspektive gegenüber der inneren Erste-Person-Perspektive klar bevorzugen, ja diese durch jene sogar ersetzen wollen (Roth, 2004; Singer, 2004).

Die Folge eines solchen ungerechtfertigten «Ersatzes» der Ersten- durch die Dritte-Person-Perspektive sind Formulierungen wie «kognitive Leistungen menschlicher Gehirne» (Singer, 2004, 39), die der tatsächlichen Empirie widersprechen. Nicht das Gehirn, sondern der menschliche *Geist* bringt beobachtbar kognitive Leistungen hervor. Das Gehirn liefert dazu nur die materielle Bedingung. Epistemologisch korrekt wäre die klare Unterscheidung zwischen der von Roth selbst erwähnten selbständigen Verfolgung beider Perspektiven einerseits und deren Beziehung aufeinander andererseits. Wenn das unterbleibt, dann ist es ein leichtes, dem *Geist* einen Determinismus zu attestieren, der dem *Gehirn* zugehört. Doch das Ziel der neurokognitiven Forschung kann nicht das Leugnen des offensichtlichen Freiheitserlebnisses sein, sondern die Entwicklung von Konzepten, die die *erfahrene* Kompatibilität von Geist und Gehirn in einer einheitlichen und widerspruchsfreien wissenschaftlichen Anthropologie *verständlich* macht. So stellt sich auch die Aufgabe der neurokognitiven Forschung im Sinne der erkenntniswissenschaftlichen Haltung von Goethe und Steiner dar (Steiner, 1976 b, 24):

> Denn das freie Wirken aus dem Innern des menschlichen Wesens ist ein ganz elementares Ergebnis der menschlichen Selbstbeobachtung. Man darf es nicht wegleugnen, sondern muss es mit der Einsicht in die allgemeine Verursachung innerhalb der Naturordnung in Einklang bringen.

Das ist bekanntlich keineswegs trivial. Denn die Neurowissenschaftler machen mit Recht auf insbesondere zwei Hauptprobleme aufmerksam, die einen solchen Einklang bisher nicht haben finden lassen, und die deshalb zum

---

138 Man vergleiche dazu auch die Diskussion des Monismus in Kapitel 5.2.

Abstreiten der menschlichen Freiheit geführt haben: erstens die ungelöste Frage nach der energetischen Wechselwirkung von Geist und Gehirn und zweitens die neurobiologische Erkenntnis, dass «Handlungen, bei denen wir uns frei *fühlen*, im Gehirn vorbereitet und ausgeführt werden» (Roth, 2006, 11). Das erste Problem wird von Singer so formuliert (Singer, 2004):

> Ferner stellt sich das besonders unangenehme Problem der Verursachung, für das wir ebenfalls keine denkbaren Lösungen wissen. Wenn es diese immaterielle geistige Entität gibt, die von uns Besitz ergreift und uns Freiheit und Würde verleiht, wie sollte diese dann mit den materiellen Prozessen in unserem Gehirn wechselwirken? Denn beeinflussen muss sie die neuronalen Prozesse, damit das, was der Geist denkt, plant und entscheidet, auch ausgeführt wird. Wechselwirkungen mit Materiellem erfordern den Austausch von Energie. Wenn das Immaterielle Energie aufbringen muss, um neuronale Vorgänge zu beeinflussen, dann muss es über Energie verfügen. Besitzt es aber Energie, dann kann es nicht immateriell sein und muss den Naturgesetzen unterworfen sein. [...] Falls die Prämisse gilt, dass Weltdeutungen widerspruchsfrei sein müssen, um zutreffend zu sein, bleiben drei Möglichkeiten: Unsere Selbsterfahrung trügt, und wir sind nicht, wie wir uns wähnen, oder unsere naturwissenschaftlichen Weltbeschreibungen sind unvollständig, oder unsere kognitiven Fähigkeiten sind zu begrenzt, um hinter dem scheinbaren Widerspruch das Einende zu erfahren.

Da die Selbsterfahrung von Singer selbst als ontologisch gleichwertig mit der Fremderfahrung (z.B. der Gehirnprozesse) charakterisiert wird, müsste Letztere ebenso trügerisch sein wie Erstere. Die Deklassierung der Selbsterfahrung zugunsten der Gehirnerfahrung, die von Singer, Roth und anderen zur Lösung des Problems vorgenommen wird, lässt sich auf dieser Grundlage nicht rechtfertigen. Die weitere Möglichkeit, dass «unsere naturwissenschaftlichen Weltbeschreibungen unvollständig» sein könnten, wird von ihnen gar nicht ausgelotet. Und doch scheint hier ein Hauptproblem zu liegen. Singers Formulierung *setzt voraus*, dass das Wirkverhältnis von Geist und Gehirn als ein *Wechsel*wirken bzw. ein *Austausch* von Energie gedacht werden müsse, so wie das sonst in der Mechanik der Fall ist, und ferner, dass Energie nur *materiell* sein könne; und dabei wird auch vergessen, dass Naturgesetze geistiger Natur sind, kurz, es wird eine mechanistische und nominalistische Denkweise eingenommen.

Anders stellt sich dasselbe Problem unter der hier eingenommenen ontologisch ideenrealistischen Perspektive dar. Wenn nämlich *materielle* Energie und Substanz «den Naturgesetzen *unterworfen*» sein sollen, *gehorchen* sie einem *Geistigen*, dem Gesetz. Damit ist Geistiges schon für die untersten Elemente der Materie konstitutiv (vgl. Kap. 3.1 und 3.2). Die emergenten Gesetze der hierarchisch geordneten Substanzwelt, der organismischen Raum- und Zeitstrukturen bei Mikroorganismen, Pflanzen, Tieren und Menschen, der seelischen und geistigen Prägung des Lebendigen beim Tier sowie der zusätzlich geistigen Prägung beim Menschen sind alle *geistiger* Natur. So gesehen ist bei der mit Recht postulierten Selbstorganisation des Gehirns (Stephan, 2001), d. h. schon bei der *Bildung* von Organismus und Gehirn in der phylogenetischen und ontogenetischen Entwicklung nicht bloß geistlose Materie am Werk, wie oft geglaubt wird (Cruse, 2004), sondern konstitutiver *Geist*, und zwar *schon auf der materiellen Ebene*. Zur materiellen Ebene kommen dann noch von der hier eingenommenen Perspektive aus die Ebenen bzw. das gesetzmäßige Wirken des Lebens (des Ätherleibs, vgl. Kap. 4.11), des Seelischen (des Astralleibs, vgl. Kap. 5.4) und des menschlichen Geistes (des eigentlichen Ichs des Menschen, vgl. Kap. 5.5) hinzu. Diese alle wirken mit beim Aufbau des menschlichen Gehirns. Ihre Gesetze stehen dem Gehirn nicht *äußerlich* gegenüber im Sinn einer «Wechselwirkung» oder eines «Energieaustauschs», sondern wirken in ihm *inhärent*, als *seine* Gesetzmäßigkeit.

Und indem das Seelisch-Geistige des Menschen in der Entfaltung seiner *rein seelisch-geistigen Tätigkeit* das Gehirn *benutzt,* wird das vorher Aufgebaute in einem gewissen Sinne abgebaut (vgl. Kap. 5.3). Deshalb entfaltet sich auch das Freiheitserleben des Menschen zwar *dank* dem Gehirn, aber in gewissem Sinn *gegen* dasselbe. Doch auch dies nicht in einer *mechanisch-äußeren* Wechselwirkung mit Energieaustausch, sondern durch Entfaltung ihrer inneren, seelisch-geistigen Bildetätigkeit, die dann für die organische Bildung nicht mehr zur Verfügung steht. So gesehen ist der Gedanke eines seelisch-geistigen Akteurs, der trotz der naturgesetzlichen Bestimmtheit des Gehirns der Freiheit fähig wird, gleichermaßen kompatibel mit den Fakten der Entwicklungsgeschichte und der Neurobiologie wie auch mit dem unbestreitbaren Faktum des menschlichen Freiheitserlebens.

Das zweite Problem betrifft die Vorbereitung von als «frei» gefühlten Willensakten durch das Gehirn, die insbesondere von Gerhard Roth oft als Beweis gegen die Freiheit des Willens ins Feld geführt wird. Was ist damit genau gemeint?

Benjamin Libet hatte 1983 experimentell gezeigt, dass bei sehr einfachen Bewegungen das Bewusstsein, die entsprechende Bewegung zu wollen, erst einsetzt, *nachdem* die Bewegung auf der neuronalen Ebene durch den Aufbau eines sog. «Bereitschaftspotenzials» im kontralateralen motorischen Kortex eingeleitet worden ist (Libet et al., 1983; Libet, 1985). Dieses Ergebnis ist 1999 von Haggard und Eimer im Wesentlichen bestätigt worden (Haggard & Eimer, 1999), wobei diese Autoren nicht das Bereitschaftspotenzial im

Allgemeinen, sondern das *lateralisierte* Bereitschaftspotenzial im Speziellen mit der Bewusstwerdung des Bewegungswillens in Zusammenhang bringen. Roth hat zudem darauf aufmerksam gemacht, dass dem kortikalen Bereitschaftspotenzial seinerseits weitere Erregungen in den Basalganglien vorausgehen, die ohne Bewusstseinskorrelat sind, und kommt deshalb zum Schluss (Roth, 2001, 195):

> Solche – und viele andere – Befunde sind mit der Annahme unvereinbar, dass ein autonomer Geist das Gehirn als Instrument benutzt, um sich – so Eccles – in der materiellen Welt zu verwirklichen. Vielmehr zeigen sie, dass Bewusstsein das *Endresultat* der sehr komplexen Interaktionen vieler Hirnzentren ist, von denen die allermeisten grundsätzlich unbewusst arbeiten, und der Geist nicht etwa die Hirnaktivität anstößt, wie dies im Rahmen des interaktiven Dualismus angenommen wird, der das Gehirn als Instrument des Geistes ansieht.

Dieser Interpretation kann entgegengehalten werden, dass ein autonomer Geist oder eine selbsttätige Seele nicht nur im Sinn des Eccles'schen interaktiven Dualismus denkbar ist, und dass erst noch geklärt werden müsste, ob die in diesen Experimenten untersuchten Willensakte überhaupt als *frei* gelten können. Denn sich als Akteur zu fühlen oder sich als freier Akteur zu wissen – oder anders gesagt: Wille und freier Wille – sind nicht identisch. Libets Versuchspersonen sollten innerhalb eines vorgegebenen Zeitfensters einen Finger bewegen, sobald sie den Willensimpuls dazu fühlten («felt the urge», Libet et al., 1983), und danach anhand eines rotierenden Uhrzeigers angeben, zu welchem Zeitpunkt ihnen dieser «Drang» bewusst geworden war. Einem Tier könnte ja ebenso ein Bewegungsdrang bewusst werden, dem die entsprechende Bewegung folgt; doch niemand würde einen *solchen* bewussten Willen als frei bezeichnen. Singer macht immerhin einen Unterschied zwischen *freiem und unfreiem Willen*, und zwar aufgrund von «dem verschiedenen *Grad der Bewusstheit der Motive*, die zu Entscheidungen und Handlungen führen. Wir gehen offenbar davon aus, dass Motive, die wir ins Bewusstsein heben und einer bewussten Deliberation unterziehen können, dem freien Willen unterworfen sind, während Motive, die nicht bewusstseinsfähig sind, offenbar nicht dem freien Willen unterliegen» (Singer, 2004, 51, HvPH). «Wir beurteilen Entscheidungen und Akte als frei, die auf der bewussten Abwägung von Variablen gründen, also auf der *rationalen* Verhandlung von bewusstseinsfähigen Inhalten» (ebd., 60, HvPH). In diesem Sinn sind die bewusst werdenden Impulse von Libet keineswegs frei. Haggard und Eimer machen ausdrücklich darauf aufmerksam, dass die von Libet und ihnen untersuchten Willensimpulse *nicht* solche der bewussten rationalen Überlegung sind; sie sind «events pertaining to the implementation of a specific movement, rather than more abstract representations of action occurring at processing stages prior to selection of a specific movement», oder anders gesagt (Haggard & Eimer, 1999, 132):

> While the LRP [lateral readiness potential] may bear a causal relation to W [will] judgement, the LRP is a relatively late event in the physiological chain leading to action. In our terminology, LRP onset represents *the stage at which representation of abstract action is translated into representation of specific movement.* Thus, the LRP onset is *not the starting point of the psychological processes that culminate in voluntary movement,* but *it may be the starting point of conscious awareness of our motor performance.*

Was ist denn der *psychologische* Prozess, der im Sinne von Peter Bieri eine «manifeste, unbezweifelbare Erfahrung der Freiheit» darstellt? Das ist eine Frage, die nur aufgrund der *psychologischen* Beobachtung, also in der Innenperspektive, beantwortet werden kann und muss, zunächst ohne Dazwischenkunft der Neurophysiologie. Denn die freie seelisch-geistige Tätigkeit muss als eine solche im Unterschied zu unfreien Seelentätigkeiten erst empirisch eindeutig *bestimmt* werden. Erst dann kann das neurophysiologische Korrelat des Freiheitserlebens aufgesucht werden. Steiner hat hierzu, d. h. zur Untersuchung der Freiheitsfrage aufgrund psychologischer Beobachtung, in seinem philosophischen Hauptwerk *«Die Philosophie der Freiheit»* die bis heute wohl detaillierteste empirische Analyse des Freiheitserlebnisses unternommen (Steiner, 1978 b). Ein Hauptaspekt dazu wird im Folgenden kurz zusammengefasst.

Steiner unterscheidet für den einzelnen Willensakt *Motiv* und *Triebfeder* (ebd., 149 ff.). Das Motiv ist entweder ein Begriff oder eine Vorstellung, d. h. ein Gedanke in einer allgemeinen oder einer besonderen, d. h. auf eine Wahrnehmung bezogenen Form[139]. Das Motiv gibt das *Ziel* des Wollens an,

139 Im Sinne des in Kapitel 2.3 Dargestellten wird der Inhalt des *Begriffs* (des allgemeinen Gedankens) durch denkerische Einsicht, d. h. durch begriffliche Intuition bewusst. «Die *Vorstellung* ist nichts anderes als eine auf eine bestimmte Wahrnehmung bezogene Intuition, ein Begriff, der einmal mit einer Wahrnehmung verknüpft war, und dem der Bezug auf diese Wahrnehmung geblieben ist. Mein Begriff eines Löwen ist nicht *aus* meinen Wahrnehmungen von Löwen gebildet. Wohl aber ist meine Vorstellung vom Löwen *an* der Wahrnehmung gebildet. Ich kann jemanden den Begriff eines Löwen beibringen, der nie einen Löwen gesehen hat. Eine lebendige Vorstellung ihm beizubringen, wird mir ohne sein eigenes Wahrnehmen nicht gelingen. Die *Vorstellung* ist also ein individualisierter Begriff» (Steiner, 1978 b, 107).

die Triebfeder «bestimmt mich, auf dieses Ziel meine Tätigkeit zu richten» (ebd., 150). Das Motiv ist «der augenblickliche Bestimmungsgrund des Wollens», die Triebfeder ist «der bleibende Bestimmungsgrund des Individuums», d. h. der «in der menschlichen Organisation unmittelbar bedingte Faktor des Wollens», der aus der «individuellen Beschaffenheit des Menschen» resultiert, und den Steiner deshalb auch «die charakterologische Anlage» nennt (ebd., 149). Von dieser hängt es ab, ob ich eine Vorstellung oder eine Idee zum Motiv erheben, d. h. zum Ziel meines Handelns machen will. Dieselbe Vorstellung oder derselbe Begriff motiviert unterschiedliche Menschen je nach ihrer subjektiven Anlage oder denselben Menschen je nach seiner inneren Verfassung ganz verschieden. Die charakterologische Anlage beinhaltet die triebmäßige und emotionale Veranlagung des Individuums, aber auch seine bisherigen Erlebnisse, Gewohnheiten, erworbenen Vorstellungen und Begriffe, also alles, was als ein «mehr oder weniger bleibender Lebensgehalt unseres Subjektes» (ebd., 150) die Triebfeder dafür abgeben kann, dass eine aktuelle Vorstellung oder Idee zum Motiv eines konkreten Wollens wird. Hinsichtlich Art der Triebfedern unterscheidet Steiner deswegen vier mögliche Stufen des Wollens:

1. Den *Trieb*, durch den sich das Wahrnehmen eines Gegenstandes «unmittelbar, ohne Dazwischentreten eines Gefühles oder Begriffes in Wollen umsetzt» (ebd., 151), so wie das bei der Befriedigung leiblicher Bedürfnisse der Fall sein kann. Diese Art des Wollens, deren Charakteristikum die «Unmittelbarkeit [ist], mit der die Einzelwahrnehmung das Wollen auslöst» (ebd., 151), ist auch im konventionellen gewohnheitsmäßigen sozialen Verhalten vorhanden, wenn wir auf die Wahrnehmung eines Geschehens oder eines Menschen *reflexartig* oder durch anerzogenen sozialen *Takt* eine Handlung folgen lassen, «ohne weiter nachzudenken und ohne dass sich uns an die Wahrnehmung ein besonderes Gefühl knüpft» (ebd., 152).
2. Das *Fühlen*, das sich an Wahrnehmungen knüpfen kann. «Wenn ich einen hungernden Menschen sehe, so kann mein Mitgefühl mit demselben die Triebfeder meines Handelns sein» (ebd., 151).
3. Das *Denken und Vorstellen*. «Durch bloße Überlegung kann eine Vorstellung oder ein Begriff zum Motiv des Handelns werden» (ebd., 152). Das ist der Fall, wenn man sich z. B. daran erinnert, was man gelernt oder bei früheren Gelegenheiten in einem solchen Fall getan hat. Steiner nennt diese Triebfeder des Wollens deshalb auch die *praktische Erfahrung*. Diese kann durch Gewohnheit mit der Zeit naturgemäß in rein taktvolles Handeln übergehen, nämlich «wenn sich bestimmte typische Bilder von Handlungen mit Vorstellungen von gewissen Situationen des

Lebens in unserem Bewusstsein so fest verbunden haben, dass wir gegebenen Falles mit Überspringung aller auf Erfahrung sich gründenden Überlegung unmittelbar auf die Wahrnehmung hin ins Wollen übergehen» (ebd., 153).

4. Das *reine Denken*, oder die *praktische Vernunft*, d. h. «das begriffliche Denken ohne Rücksicht auf einen bestimmten Wahrnehmungsgehalt» (ebd., 153), sodass wir nicht aufgrund einer *solchen* Überlegung ins Wollen und die Handlung eintreten, die sich an Erinnerungen, Vorbilder, Autoritäten oder Gelerntes, also an die praktische *Erfahrung* hält, sondern aufgrund einer rein begrifflichen, durch Intuition zu gewinnenden *Einsicht in den rein ideellen Gehalt* eines Begriffs bzw. einer Idee[140]. In einer solchen Lage ist etwa der Erfinder eines völlig neuen Apparates bei der denkerischen Konzeption (Intuition) von dessen Idee. Erst wenn die Konzeption seiner Vernunft durchgängig *einleuchtet*, wird er sie verwirklichen, d. h. in einer konkreten, der Wahrnehmung letztlich zugänglichen Form realisieren wollen.

Vorstellungen oder Begriffe werden vom Subjekt dadurch zu Zielen (Motiven) des Handelns, dass es bewusst oder unbewusst solche Triebfedern mit ihnen verknüpft. Dabei werden sich Triebe naturgemäß an konkreten Vorstellungen (von zu erwerbendem Genuss usw.) entzünden, Gefühle ebenfalls an Vorstellungen, aber auch an allgemeinen Begriffen (z. B. als Enthusiasmus für ökologische oder politische Ideen), und die praktische Erfahrung wird sich ebenfalls an Vorstellungen oder Allgemeinbegriffe halten, die man einmal aufgenommen hat und die deshalb innerlich zur Verfügung stehen. Dazu gehören auch die sittlichen Gebote bzw. normethischen Satzungen, der kategorische Imperativ im Sinne Kants.

Im Unterschied dazu geht es bei der praktischen *Vernunft* ausschließlich um die *durch eigenes Denken zu vollziehende Einsicht* (begriffliche Intuition) in den ideellen Gehalt der anzustrebenden Handlungsziele. Das ist unabhängig davon, ob dieser Inhalt erstmals intuiert oder früher schon gedacht,

---

140 «Wir bestimmen den Inhalt eines Begriffes durch reine Intuition aus der ideellen Sphäre heraus. Ein solcher Begriff enthält dann zunächst keinen Bezug auf bestimmte Wahrnehmungen. Wenn wir unter dem Einflusse eines auf eine Wahrnehmung deutenden Begriffes, das ist einer Vorstellung, in das Wollen eintreten, so ist es diese Wahrnehmung, die uns auf dem Umwege durch das begriffliche Denken bestimmt. Wenn wir unter dem Einflusse von Intuitionen handeln, so ist die Triebfeder das *reine Denken*. Da man gewohnt ist, das reine Denkvermögen in der Philosophie als Vernunft zu bezeichnen, so ist es wohl berechtigt, die auf dieser Stufe gekennzeichnete moralische Triebfeder die *praktische Vernunft* zu nennen» (ebd., 153).

gelernt oder dem Subjekt gar als normethische Satzung oder Gebot eingeprägt worden ist. «Sobald ich die Berechtigung dieses Inhaltes als Grundlage und Ausgangspunkt einer Handlung ansehe, trete ich in das Wollen ein, gleichgültig ob der Begriff bereits zeitlich vorher in mir da war, oder erst unmittelbar vor dem Handeln in mein Bewusstsein tritt» (ebd., 154). Worauf es ankommt, ist die *aktuelle* Einsehbarkeit des Motivs durch das denkende Individuum.

Damit ist die höchste Form des Wollens diejenige, bei der das Motiv eine reine, objektiv einsehbare Idee und die Triebfeder das eigene, reine Denken ist. Und so wird das individuelle Subjekt in ethischer Hinsicht, d.h. in Bezug auf Maximen des Handelns, einerseits voll auf seine eigene Individualität und andererseits – aber *gleichzeitig!* – ganz in die Objektivität von Handlungszielen gestellt. Denn es ist auf dieser Stufe des Wollens einerseits *mein* Denken, das den Sinn von Handlungszielen klar einsehen und das einer bestimmten Handlungssituation gegenüber kreativ *meine eigenen Ideen* intuieren kann, ohne durch eine normethische Marschroute oder einen kategorischen Imperativ gebunden zu sein. Andererseits richtet sich dieses Denken ganz überindividuell nach dem objektiven Gehalt der Idee, der als solcher auch für andere einsehbar ist wie alle Gedanken. «Es ist klar, dass ein solcher Antrieb [das reine Denken] nicht mehr im strengen Wortsinne zu dem Gebiete der charakterologischen Anlage gezählt werden kann. Denn was hier als Triebfeder wirkt, ist nicht mehr ein bloß Individuelles in mir, sondern der ideelle und folglich allgemeine Inhalt meiner Intuition» (ebd., 154). Den Standpunkt, der sich die Entwicklung dieser höchsten, denkerischen Form des Wollens zum Ziel setzt, nennt Steiner in seiner *«Philosophie der Freiheit»* den *ethischen Individualismus* (ebd., 160).

Erst dieses rein denkerisch begründete Wollen kann im Sinne Steiners ein *freies* genannt werden: «Der bloße Pflichtbegriff schließt die Freiheit aus, weil er das Individuelle nicht anerkennen will, sondern Unterwerfung des letzteren unter eine allgemeine Norm fordert. Die Freiheit des Handelns ist nur denkbar vom Standpunkte des ethischen Individualismus aus» (ebd., 167)[141].

---

141 Der ethische Individualismus darf nicht verwechselt werden mit einem asozialen Ausleben des individuellen Subjekts, das etwa in triebgesteuerten Formen des Wollens gang und gäbe ist. Denn das zum ethischen Individualismus notwendige Denken ermöglicht nicht nur die Einsicht der eigenen, sondern auch die Erkenntnis der fremden Motive und des Zusammenhangs beider: «Der Unterschied zwischen mir und meinem Mitmenschen liegt durchaus nicht darin, dass wir in zwei ganz verschiedenen Geisteswelten leben, sondern dass er aus der uns gemeinsamen Ideenwelt andere Intuitionen empfängt als ich. Er will *seine* Intuitionen ausleben, ich die *meinigen*. Wenn wir beide wirklich aus der Idee schöpfen und keinen äußeren (physischen oder geistigen) Antrieben folgen, so können wir uns

Damit lässt sich das Freiheitserlebnis genauer bestimmen, das Peter Bieri eine «manifeste unbezweifelbare Erfahrung nennt» (Bieri, 2001, 19). Warum ist diese Erfahrung unbezweifelbar? Unbezweifelbar ist sie, weil wir die *Denktätigkeit*, die den Zielgedanken hervorbringt, seine Sinnhaftigkeit einsieht und ihn deshalb als einen zu verwirklichenden ansieht, bewusst selbst produzieren, und weil der *Denkinhalt*, den wir also hervorbringen und einsehen, in aller Klarheit als ein Durchschauter innerlich vor uns liegt. Insofern wir unser Denken selbst produzieren, sind wir von seiner Existenz auf das Gewisseste überzeugt. Wir können an ihm nicht zweifeln, *weil* wir es hervorbringen. Auf die Gewissheit dieses Denkerlebens hat René Descartes seine gesamte Philosophie gestellt. Steiner fasst das so zusammen (Steiner, 1978 b, 46):

> Das Gefühl, einen solchen festen Punkt zu haben, veranlasste den Begründer der neueren Philosophie, Renatus Cartesius, das ganze menschliche Wissen auf den Satz zu gründen: *Ich denke, also bin ich.* Alle andern Dinge, alles andere Geschehen ist ohne mich da; ich weiß nicht, ob als Wahrheit, ob als Gaukelspiel und Traum. Nur eines weiß ich ganz unbedingt sicher, denn ich bringe es selbst zu seinem sichern Dasein: mein Denken. Mag es noch einen anderen Ursprung seines Daseins haben, mag es von Gott oder anderswoher kommen, dass es in dem Sinne da ist, in dem ich es selbst hervorbringe, dessen bin ich gewiss.

Das neurophysiologische Korrelat des Freiheitserlebens kann also nur dasjenige des motivbildenden reinen Denkens sein. Lokalisatorisch ist das Korrelat der kognitiven Intentionsbildung und Handlungssteuerung im Frontalhirn und insbesondere im präfrontalen Kortex zu finden (Übersicht in: Goschke, 2006). Der präfrontale Kortex ist seinerseits Teil eines komplexen neuronalen Systems, das auch andere kortikale und subkortikale Areale einschließt, die ihrerseits weniger bewusste Seelenfunktionen vermitteln, so etwa emotionale und unbewusste motivationale Prozesse. Denn auch das reine Denken wird psychologisch durch nicht-denkerische Vorgänge vorbereitet, so etwa durch das *Bedürfnis* (also ein Gefühl), einen Sachverhalt denkerisch durchschauen

---

nur in dem gleichen Streben, in denselben Intentionen begegnen. [...] Läge nicht in der menschlichen Wesenheit der Urgrund zur Verträglichkeit, man würde sie ihr durch keine äußeren Mittel einimpfen! Nur weil die menschlichen Individuen eines Geistes *sind*, können sie sich auch nebeneinander ausleben. Der Freie lebt im Vertrauen darauf, dass der andere Freie mit ihm einer geistigen Welt angehört und sich in seinen Intentionen mit ihm begegnen wird. Der Freie verlangt von seinen Mitmenschen keine Übereinstimmung, aber er erwartet sie, weil sie in der menschlichen Natur liegt» (Steiner, 1978 b, 166).

zu wollen[142]; und es schließen sich an die rein denkerisch – d. h. frei – gebildeten Motive wiederum Gefühle an[143]. Diese sind sogar wesentlich bei der Umsetzung der gebildeten Motive in Handlungen (Damásio, 1994).

Ähnlich ist es mit nicht-freien Handlungen, die instrumentell als Glieder von Handlungsketten der Verwirklichung eines übergeordneten, frei gewählten Motivs dienen. Wenn ich mit der frei gewählten Absicht, in der Bibliothek ein Buch zu holen, mit dem Auto dorthin fahre, dann werden die einzelnen Hantierungen des Steuers, die der Verwirklichung jenes Zieles dienen, die Bewegungen des Aussteigens, des Treppe-hoch-Gehens usw. nicht als frei gewollt, sondern als halbbewusst oder reflexartig im Sinne der untersten der oben genannten Stufen des Wollens klassiert werden müssen. Frei im eigentlichen, hier gemeinten Sinn sind beim «freien» Handeln nur die Anteile der freien, rein denkerisch vollzogenen Motivbildung und Handlungskontrolle, die zu ihrem Vollzug zentral den präfrontalen Kortex benötigt, nicht aber die quasi automatisierten Einzelhandlungen, die instrumentell der Verwirklichung jenes Motivs dienen und zu deren Vermittlung nach- und untergeordnetere Gehirnzentren genügen. Im Handeln selbst verschwindet sogar das seelische Erleben aus dem Bewusstsein, d. h. dasjenige, was seelisch als Wollen im Bewegungsvorgang der Glieder selbst vorgeht, wird nicht mehr bewusst[144].

Die von Libet sowie von Haggard und Eimer untersuchten Handlungsimpulse mit ihrem Bereitschaftspotenzial gehören zu den letzteren, den nachgeordneten, und setzen psychologisch wie physiologisch die vorgeordneten freien des präfrontalen Kortex *voraus*, wenn sie überhaupt im Rahmen der Freiheitsfrage interpretiert werden sollen. Für eine frei zu nennende Handlung muss die Einsicht in das Motiv und in seine Berechtigung durch Nachdenken *bereits vollzogen sein*, *bevor* in das dazu gehörige Handeln eingetreten wer-

---

142 Vgl. dazu «*Die Philosophie der Freiheit*», Kap. II: «*Der Grundtrieb der Wissenschaft*» (Steiner, 1978 b, 27 ff.).

143 «Während ich handle, bewegt mich die Sittlichkeitsmaxime, insoferne sie intuitiv [d. h. rein denkerisch] in mir leben kann; sie ist verbunden mit der *Liebe* zu dem Objekt, das ich durch meine Handlung verwirklichen will. Ich frage keinen Menschen und auch keine Regel: soll ich diese Handlung ausführen? – sondern ich führe sie aus, sobald ich die Idee davon gefasst habe. Nur dadurch ist sie *meine* Handlung» (Steiner, 1978 b, 161).

144 Das ist auch ein Grund dafür, warum z. B. Franz Brentano in seiner Einteilung des Seelenlebens das Wollen ganz weglässt und nur das Vorstellen, Urteilen und Fühlen bespricht (Brentano, 1911). Vgl. dazu Steiners ausführliche Besprechung in: Steiner, 1976 c. Steiner unterscheidet die drei Hauptformen der Seelentätigkeiten und den Grad ihrer Bewusstwerdung wie folgt: 1. das Denken und Vorstellen: *wachbewusst*, 2. das Fühlen: entspricht dem Bewusstheitsgrad des *Träumens*, und 3. das Wollen im Betätigen der Glieder: demjenigen des *Schlafens* (Steiner, 1976 e).

den kann. Bloß *für sich betrachtet*, gehört der von Libet untersuchte «gefühlte Drang», den Finger zu bewegen, keineswegs zu den Freiheitserlebnissen, und kann deswegen auch nicht zur Widerlegung der Freiheit herangezogen werden. Nach Thomas Goschkes Darstellung beruht Libets ursprüngliche Interpretation seiner Befunde «auf einer falschen Vorstellung über die kausale Rolle bewusster[145] Absichten [...], der zufolge bewusste Intentionen die *unmittelbaren Auslöser* einzelner willentlicher Bewegungen sind» (Goschke, 2006, 140). Im Gegensatz dazu ergebe sich aus einer umfassenderen Interpretation der psychophysiologischen Befunde eine alternative Konzeption, «der zufolge bewusste Intentionen besser als *modulierende Randbedingungen* betrachtet werden sollten, die [...] kognitive, sensorische und motorische Systeme in bestimmter Weise *konfigurieren*» (ebd., S. 140), d. h. ihnen ihre Bestimmungen *aufprägen*. Deswegen meint Goschke (ebd., S. 140):

> Die kausale Wirkung bewusster Intentionen besteht so gesehen nicht darin, dass sie einzelne Bewegungen ‹anstoßen›, sondern dass sie die Bereitschaft modulieren, mit der bestimmte Handlungen in Reaktion auf bestimmte Reize aktiviert werden. Für die Interpretation von Libets Befunden bedeutet dies, dass die Probanden die eigentlich kausal relevanten Absichten bereits lange vor dem Moment bildeten, zu dem sie die einzelnen Bewegungen ausführten – nämlich zu Beginn des Experiments, als sie die Versuchsinstruktion erhielten und einwilligten, ihr Folge zu leisten.

Auf diese initial durch einsichtsvolle Überlegung gefassten «kausal relevanten Absichten» müsste deswegen zur Diskussion der Freiheitsfrage rekurriert werden. Denn frei kann eine Handlung nur genannt werden, insofern sie nach einem frei gebildeten Motiv vollzogen wird. Dieses Motiv muss *vor* Initiierung der Handlung vollbewusst gefasst und durchschaut sein. An den Vollzug des der Motivbildung dienenden *reinen Denkens* hat sich also psychologisch wie physiologisch die Freiheitsfrage zu richten.

Das reine, frei betätigte Denken erhebt sich also, dynamisch gesprochen, wie eine als sicher erlebte Insel aus dem kontinuierlichen Strom mannigfaltiger seelischer Tätigkeiten, die in wechselnden Bewusstseinsgraden und in

145 Präziser und zutreffender wäre es, hier «bewusste Absichten» und im folgenden Zitat «bewusst» durch freie «Absichten» und «frei» zu ersetzen. Denn auch der von Libet untersuchte «Drang», den Finger zu bewegen, wird ja bewusst. Dass Goschke hier mit «bewussten Absichten» die aufgrund denkerischer Einsicht gefassten meint, im *Gegensatz* zu den von Libet gemeinten, geht auch aus dem letzten Satz der im Folgenden zitierten Passage hervor.

mehr oder weniger aktiver oder passiver Form erlebt werden, die aber durchaus nicht den psychologischen Status der Freiheit beanspruchen können. «Auch die als frei empfundenen bewussten Entscheidungen werden immer durch eine Vielzahl im Unbewussten verhandelter Prozesse vorbereitet und beeinflusst» (Singer, 2004, 52).

Aus diesem Eingebettetsein des reinen Denkens in andere Seelentätigkeiten darf jedoch für die *psychologische* Ebene nicht der Schluss gezogen werden, dass das hier gemeinte Freiheitserlebnis von den ihm vorangehenden oder es im seelischen Untergrund parallel begleitenden Seelentätigkeiten *bewirkt* werde. Denn die seelische Beobachtung zeigt deutlich, dass z.B. der dem Denken vorangehende *Erkenntnisdrang* zwar ein Bedürfnis ist, welches einer bestimmten Wahrnehmung gegenüber spontan (also nicht frei) auftritt, dass dieses Bedürfnis aber nur die *Veranlassung* abgibt für die daraufhin einsetzende Denk- und Urteilstätigkeit. Diese wird im obgenannten Sinn vollständig als von uns als denkender Individualität *frei bewirkt* erlebt (vgl. dazu Steiner, 1978b, 27ff.). «Frei *von*» anderen Seelentätigkeiten wie Gefühlen usw., weil sich das Denken, genau so lange, als es sich aufrechterhalten kann, diesen gegenüber durchsetzt und sie zurückdrängt; und gleichzeitig «frei *zu*», indem es ausschließlich den Denkinhalt intendiert und nichts anderes. Das reine, freie Denken ist emergent gegenüber diesen anderen Seelentätigkeiten[146] und nur dieses wird als vom Ich des Menschen allein verursacht erlebt. Denn die seelische Beobachtung zeigt, «dass *nur* in der Betätigung des Denkens das ‹Ich› bis in alle Verzweigungen der Tätigkeit sich mit dem Tätigen als *ein* Wesen weiß. Bei keiner andern Seelentätigkeit ist dies restlos der Fall. Wenn zum Beispiel eine Lust gefühlt wird, kann eine feinere Beobachtung sehr wohl unterscheiden, inwiefern das ‹Ich› sich mit einem Tätigen eins weiß und inwiefern in ihm ein Passives vorhanden ist, sodass die Lust für das ‹Ich› bloß auftritt. Und so ist es auch mit den andern Seelentätigkeiten» (ebd., 54).

Analog dazu kann auch das *neurophysiologische Korrelat* der dem reinen Denken vorangehenden oder es begleitenden unfreien Seelentätigkeiten nicht als die *Ursache* des neurophysiologischen Korrelats des reinen, motivbildenden Denkens aufgefasst werden. Denn hier, im Biologisch-Physiologischen, herrscht nicht lineare Kausalität im Sinne mechanischer Kettenreaktionen, bei denen das zeitlich Vorangehende die *Ursache* des Nachfolgenden

146 Zu diesen anderen Seelentätigkeiten gehört auch das Gedanken-*Haben* bzw. das spontane, *von selbst* auftretende Erscheinen von Gedanken im Bewusstseinshorizont. Solches Denken oder Vorstellen wird empirisch nicht als eine Produktion des Ich erlebt wie das hier gemeinte, vom Ich aktiv betätigte Denken (Steiner, 1978b, 55).

ist, sondern hier herrscht sich *selbst organisierende Tätigkeit mit Auftreten von emergenten Zuständen*, die ihre Gesetzmäßigkeit *aus sich selbst* verwirklichen. Zu dieser Verwirklichung liefert das *zeitlich Vorangehende* und das als substanzielles und funktionelles Substrat *Unterliegende* nicht die Ursache, sondern die *Bedingung* und *Veranlassung* (vgl. dazu Kap. 4.7–4.8 und 5.2–5.4).

Deshalb sei im Folgenden in Bezug auf die Freiheitsfrage lediglich das kausale Verhältnis des reinen Denkens zu *seinem* neurophysiologischen Substrat ins Auge gefasst. Auch hier gilt für das reine, selbstbewusste Denken, was oben bereits allgemeiner für das Bewusstsein ausgeführt wurde: Erstens: Es gibt keine Beobachtung dafür, dass das *Gehirn* die freie Entscheidung hervorbringt. Die Behauptung, «dass auch die sogenannten ‹freien Entscheidungen› vom Gehirn selbst getroffen werden» (Singer, 2004, 57), ist epistemologisch falsch. Solche Entscheidungen können nur als vom geistigen Ich des individuellen Menschen getroffen beobachtet werden. Zweitens: Es ist wohl kaum zu bestreiten, dass die als frei empfundenen kognitiven Akte grundsätzlich auf gleichartigen neurophysiologischen Prozessen beruhen wie die unfreien (ebd., 61). Das würde aber auch heißen, dass der innere Vollzug solcher Akte physiologisch in gleichartiger Weise auf Abbau beruhen muss, wie das bei jenen Prozessen der Fall ist (vgl. Kap. 5.3). Das Ich denkt zwar *mit* dem Gehirn, aber indem es das tut, gleichzeitig *gegen* das Gehirn. Das Gehirn ist wie der Boden, auf dem und in gewissem Sinn *gegen* den sich das Ich mit seiner *aus ihm selbst erzeugten* Tätigkeit bewegt. Das bedeutet, dass das Wirken seelischer und geistiger Prozesse – und damit die Freiheit des menschlichen Wollens – nicht inkompatibel ist mit der Tatsache physiologischer Vorgänge. Nicht das Gewissheitserlebnis der Freiheit, sondern seine Verursachung durch das Gehirn ist eine «Illusion» und «soziale Konvention», d. h. diejenige bestimmter Neurophilosophen.

Im Weiteren zeigt die tatsächliche Beobachtung des reinen Denkens einerseits und der Gehirnprozesse andererseits ganz klar zwei verschiedenartige «Objekte», die je anderen Gesetzen unterworfen sind: Das Gehirn funktioniert nach *physiologischen* Gesetzen, das reine Denken nach *logischen* Gesetzen (Steiner, 1978 b, 44–45):

> Diese durchsichtige Klarheit in Bezug auf den Denkprozess ist ganz unabhängig von unserer Kenntnis der physiologischen Grundlagen des Denkens. Ich spreche hier von dem Denken, insofern es sich aus der Beobachtung unserer geistigen Tätigkeit ergibt. Wie ein materieller Vorgang meines Gehirns einen anderen veranlasst oder beeinflusst, während ich eine Gedankenoperation ausführe, kommt dabei gar nicht in Betracht. Was ich am Denken beobachte, ist nicht: welcher Vorgang in

> meinem Gehirne den Begriff des Blitzes mit dem des Donners verbindet, sondern, was mich veranlasst, die beiden Begriffe in ein bestimmtes Verhältnis zu bringen. Meine Beobachtung ergibt, dass für meine Gedankenverbindungen nichts vorliegt, nach dem ich mich richte, als der Inhalt meiner Gedanken; nicht nach den materiellen Vorgängen im Gehirn richte ich mich. Für ein weniger materialistisches Zeitalter als das unsrige wäre diese Bemerkung natürlich vollständig überflüssig. Gegenwärtig aber, wo es Leute gibt, die glauben: wenn wir wissen, was Materie ist, werden wir auch wissen, wie die Materie denkt, muss doch gesagt werden, dass man vom Denken reden kann, ohne sogleich mit der Gehirnphysiologie in Kollision zu treten.

Die selbst von Singer zugegebene epistemologische und die daraus sich ergebende ontologische *Gleichwertigkeit* von Denken und Gehirn bedeutet ebenso die ontologische Anerkenntnis des menschlichen Geistes mit seiner Freiheitsfähigkeit. Damit wird *nicht* die Abhängigkeit dieser Freiheitsfähigkeit vom Gehirn geleugnet. Es könnte im Gegenteil sogar zugegeben werden, dass sich im Gehirn ein Ausdruck der Denktätigkeit zeigt, *bevor* diese Denktätigkeit als eine freie und vom Ich selbst getätigte *bewusst* wird, ähnlich wie die Sinneserlebnisse und die von Libet und anderen untersuchte Bewegungsinitiierung mit einer *zeitlichen Verzögerung* von einigen hundert Millisekunden *nach* der damit zusammenhängenden Gehirnaktivierung bewusst wird (Roth, 2001, 194–197). Eine solche zeitliche Verzögerung ist vom hier eingenommenen Gesichtspunkt aus sogar zu *erwarten*, ohne dass die Realität der erlebten Freiheit in Frage gestellt ist. Das erscheint zugegebenermaßen paradox und soll deshalb im Folgenden genauer erläutert werden.

Ein *zeitlich* Erstes ist nicht notwendigerweise ein *prinzipiell* und *kausal* Erstes. Das ist nur in der Mechanik der Fall, wo die Ursache in der Erscheinung stets *vor* der Wirkung vorhanden ist und diese in einer ununterbrochenen Kette beobachtbarer Prozesse bewirkt. Auf *diese* Weise sind weder die Bewusstseinserlebnisse im Allgemeinen noch die Freiheitserlebnisse im Speziellen als aus denjenigen neuronalen Prozessen *erzeugt* nachzuweisen, die ihnen zeitlich vorausgehen. Denn erstens fehlt ein beobachtbarer Übergang von neuronalen zu mentalen Ereignissen und damit der empirische Nachweis der behaupteten Erzeugung.

Zweitens sind neuronale Prozesse nur *Bedingungen* für das Auftreten von Bewusstsein; dieses ist ihnen gegenüber emergent und verwirklicht sich in ihnen – wie alles Emergente gegenüber seiner Grundlage – kraft seiner eigenen Gesetze *selbst*. Dieses Sich-selbst-Verwirklichen ist klar beim reinen Denken beobachtbar, dessen Erzeugung durch das tätige Ich ein existenziell gewisses Erlebnis für den Denker darstellt.

Drittens wird hier nicht behauptet, das geistig frei tätige Ich sei eine Instanz, «die neuronalen Abläufen *vorgängig* ist» (Singer, 2004, 57, HvPH), oder der freie Wille sei ein *«unbedingter»*, d.h. von «vorauslaufenden Bedingungen» unabhängiger Wille (Goschke, 2006, 107). Es wird lediglich die *Bedingtheit* von der *Ursächlichkeit* unterschieden sowie darauf hingewiesen, dass neuronale Bedingtheit mit mentaler Wirkursächlichkeit kompatibel ist, eine Auffassung, die in der aktuellen Diskussion als «Kompatibilismus» auch von anderen Autoren diskutiert wird (vgl. dazu Goschke, 2006). Und es wird gesagt, dass beim Handeln aus Freiheit die abgeschlossene *Einsicht* in das Motiv und seine Sinnhaftigkeit der Handlung vorgängig sind. Aber es kann selbstverständlich keine Rede davon sein, dass sich das denktätige Ich als den neuronalen Abläufen «vorgängig» erlebt. Das Ich erlebt in der Innenperspektive überhaupt keine neuronalen Vorgänge, sondern ausschließlich seine Denktätigkeit und den dadurch zur Erscheinung gebrachten Denkinhalt. Und es erlebt zudem, wie es diese Denktätigkeit gegenüber andern, von selbst auftretenden Bewusstseinserlebnissen kraftvoll durchsetzen muss, etwa wenn es im Konzentrieren auf das Lösen einer Rechenaufgabe durch Erlebnisse äußeren Lärms oder durch die Vorfreude über das bevorstehende Abendessen gestört wird. Gerade *weil* und insofern jede Faser des hier gemeinten Denkens vom Denkenden selbstbewusst produziert werden muss, um überhaupt erscheinen zu können, hat der Denkende Gewähr dafür, dass nichts anderes in den Inhalt dieses Denk- und Freiheitserlebnisses hineinspielt als das von ihm Hervorgebrachte, d.h. Denkinhalt und Denktätigkeit, also z.B. auch nichts von der leiblich-seelischen Organisation.

Es kann dann zusätzlich als Resultat von psychophysiologischen Experimenten erwartet werden, dass sich bei diesem konzentrativen Durchsetzen der denkerischen Tätigkeit auch auf der neuronalen Ebene die neuronalen Korrelate dieses Denkens an die Stelle der entsprechenden Korrelate anderer Bewusstseinserlebnisse setzen. Wie aber der Zusammenhang zwischen Denken und seinem eigenen physiologischen Korrelat ist, wird durch die Innenperspektive nicht bewusst, und es kann deshalb nicht behauptet werden, das Denken müsse dem Auftreten seines neuronalen Korrelates zeitlich vorangehen. Das wäre nur im interaktionistischen Dualismus der Fall, wie er von Descartes oder Eccles begründet wurde, und der in etwa behauptet, «dass der ‹unsterbliche, autonome Geist› auf das Gehirn einwirkt und die beobachteten korrelierenden Hirnprozesse auslöst, so wie der Pianist per Tastendruck einem Konzertflügel Klänge entlockt» (Roth, 2001, 194). Nur wenn der interaktionistische Dualismus zuträfe, so müsste die Aktivierung des Denkens seinem physiologischen Korrelat ebenso vorgängig sein wie die Aktivierung der Fingerbewegung dem Tastendruck am Klavier.

Wird aber das Gehirn-Geist-Verhältnis in der systemischen, emergentistischen Sicht des hier zur Diskussion gestellten ontologischen Idealismus gesehen, ist das nicht der Fall. Es wäre dann im Gegenteil das Auftreten von physiologischem Geschehen kompatibel mit dem zeitlichen *Nachfolgen* des entsprechenden Freiheitserlebnisses, *obwohl* dieses im obgenannten Sinn ursächlich aus sich selbst und nicht aus seinem neurophysiologischen Korrelat erklärt werden muss.

Denn das *Gesetzmäßige* einer emergenten Erscheinung besteht *in sich selbst*, unabhängig von seiner Erscheinung, und ist dieser Erscheinung als deren *Prinzip* oder *«Wesen»* vergleichsweise ebenso *vorgängig* (als Universale ante rem), wie die Idee eines plastischen Kunstwerks ihrer Erscheinung vorangeht. Aber daran ist nicht wesentlich, ob sie *zeitlich*, sondern dass sie als *prinzipiell Erstes* ihrer Erscheinung vorgängig ist. Und *dieses prinzipiell Erste bleibt sie* während ihres gesamten im Zeitlichen verlaufenden Verwirklichungsprozesses, hört also während ihres ganzen Wirkens nie auf, prinzipiell Erstes zu sein. Aber wie beim plastischen Gestalten des Kunstwerks aus der Verwirklichung der Idee in Plastilin oder Ton Bewegungen oder Gestaltungen entstehen, noch *bevor* das Kunstwerk *erscheint* – Bewegungen, die kausal nicht aus dem Material zu erklären sind –, ebenso ist das in analogem Sinn bei der *Selbstverwirklichung* emergenter Gesetze in der Natur der Fall. So im Organismus, wenn der Keim noch nicht das Gestaltungsgesetz der ausgewachsenen Bildung offenbart, aber dennoch schon einen Ausdruck desselben auf untergeordneter Stufe darstellt. So kann das aber vergleichsweise auch bei der Erscheinung des Denkens, das sich im Denkakt manifestiert, gedacht werden.

Mit den empirischen psychophysiologischen Fakten ist diese Auffassung nicht weniger gut in Einklang zu bringen als die reduktionistische der gegenwärtigen Neurophysiologie, sondern im Gegenteil insofern sogar besser, als sie nicht genötigt ist, Bewusstheit, Geist und Freiheit unter Missachtung der Beobachtungslücke zwischen physiologischer und psychologischer Empirie aus dem Gehirn zu deduzieren. Wenn Singer behauptet: «Entscheidungen entstehen im Gehirn als Resultat von Selbstorganisationsprozessen» (Singer, 2006, 86), so ist das wiederum epistemologisch falsch. Beobachtet wird nicht die Entstehung von Entscheidungen *im Gehirn*, sondern *im Geist*. Dieser, insofern er ein freier ist, «organisiert» bzw. verwirklicht sich selbst. Was dabei – auf andere Weise – im Gehirn als *physiologischer* Selbstorganisationsprozess beobachtet wird, wäre in dem hier gemeinten Sinn *als Folge* der Selbstverwirklichung des Geistes zu sehen. Was dabei als neuronaler Prozess der *Bewusstwerdung* des Denkens allenfalls *zeitlich* vorangeht, ist in dieser Interpretation nicht die neuronale *Ursache* des Denkens und des darin gründenden Freiheitserlebnisses, sondern die *Folge* des sich im neuronalen Substrat zur Erscheinung bringenden Wesenhaften (Gesetzmäßigen) des Denkens selbst. Beide – die neuronale Vorbereitung und die darauf folgende Bewusstheit des Denkens – sind in dieser Sicht gleichermaßen eine Verwirklichungsform des prinzipiell Ersten. Jedoch ist das zeitlich Erste, die physiologische Vorbereitung, eine *Bedingung* des zeitlich Nachfolgenden. Deswegen kann nicht dieses, das im Bewusstsein *zur Erscheinung* kommende Denken, die kausale Ursache des Gehirnprozesses sein, wie der interaktionistische Dualismus im Sinne Eccles annimmt; und es kann auch nicht das zeitlich Erste, der vorbereitende Gehirnprozess, die Ursache des Denkens sein, wie Roth, Singer und viele Neurowissenschaftler annehmen, sondern für beide liegt die Ursache im Wesenhaften des Denkens, das sich zur Erscheinung bringt. Damit hat dieses Wesenhafte eine doppelte Aufgabe, und aus dieser kann auch erklärlich werden, warum die Emergenz, d. h. das Erscheinen des Denkens als bewusste Tätigkeit organisch gesehen nicht mit Aufbau, sondern mit Abbau korreliert ist. Darauf hat erstmals Steiner in seiner *«Philosophie der Freiheit»* hingewiesen (Steiner, 1978 b, 147):

> Dem Wesenhaften, das im Denken wirkt, obliegt ein Doppeltes: Erstens drängt es die menschliche Organisation in deren eigener Tätigkeit zurück, und zweitens setzt es sich selbst an deren Stelle. Denn auch das erste, die Zurückdrängung der Leibesorganisation, ist Folge der Denktätigkeit. Und zwar desjenigen Teiles derselben, der das Erscheinen des Denkens vorbereitet.

Das Gehirn dient von diesem Gesichtspunkt aus nicht der Erzeugung einer Illusion «Geist», sondern der *Bewusstwerdung* des realen, denktätig «im Gehirn» wirkenden menschlichen Geistes (ebd., 148):

> Aber eine bedeutungsvolle Frage taucht hier auf. Wenn an dem *Wesen* des Denkens der menschlichen Organisation[147] kein Anteil zukommt, welche Bedeutung hat diese Organisation in der Gesamtwesenheit des Menschen? Nun, was in dieser Organisation durch das Denken geschieht, hat wohl mit der Wesenheit des Denkens nichts zu tun, wohl aber mit der Entstehung des Ich-Bewusstseins aus diesem Denken heraus. Innerhalb des Eigenwesens des Denkens liegt wohl das wirkliche ‹Ich›, nicht aber das Ich-Bewusstsein. Dies durchschaut derjenige, der eben unbefangen das Denken beobachtet. Das ‹Ich› ist innerhalb des

147 Gemeint ist hier von Steiner die «menschliche leiblich-seelische Organisation», in der alles Physiologische und bewusste oder unbewusste Psychologische enthalten ist, das das Denken einer anderen als der eigenen Gesetzmäßigkeit unterwerfen und damit das Freiheitserlebnis zur Illusion machen könnte (ebd., 146).

Denkens zu finden[148]; das ‹Ich-Bewusstsein› tritt dadurch auf, dass im allgemeinen Bewusstsein sich die Spuren der Denktätigkeit in dem oben gekennzeichneten Sinn eingraben. Durch die Leibesorganisation entsteht also das Ich-Bewusstsein.

Und das Ich-Bewusstsein ist das Bewusstsein seiner selbst als Denkendes, das seine Denktätigkeit im Produzieren erlebt und in dieser den Denkinhalt. Und erst wenn dieser vollbewusst gedacht ist, kann er Motiv eines freien Wollens werden. Die *Bewusstheit* der vom menschlichen Geist durch reines Denken vollständig selbst produzierten Einsicht in den Inhalt und die Sinnhaftigkeit eines Motivs in der Form eines reinen Gedankens macht die Freiheit des menschlichen Wollens aus. Freiheit ist weder jenes «unbedingte», unbewirkte und undeterminierte Wollen eines auf dem Klavier des Körpers spielenden abgehobenen hypothetischen Geistes im Sinne von Eccles noch jene soziale Konvention und illusionäre Erzeugung des Determinismus eines sich selbst spielenden Klaviers im Sinne von Roth oder Singer, sondern diejenige Form des menschlichen Wollens, die dieses als eine vollbewusste Wirkung des sich als Realität erlebenden selbstbewussten menschlichen Geistes aufweist. Das denkende Ich verdankt seinem Gehirn nicht sein Wesen und seine Tätigkeit, wohl aber seine *Bewusstheit*, und *indirekt*, durch diese, seine Freiheit.

5.9 Erkenntnisgrundlagen einer integrativen medizinischen Anthropologie: Perspektiven von Körper, Leben, Seele und Geist

In der *Humanmedizin* geht es nicht bloß um Physik, Chemie und Biologie, und trotz vieler Ähnlichkeiten zwischen Mensch und Tier nicht um Zoologie, sondern – um es bewusst tautologisch auszudrücken – um *Humananthropologie*. Diese beinhaltet zwar auch physikalische, chemische, biologische und gewissermaßen «zoologische» Perspektiven, geht aber durch das spezifisch Humane über diese hinaus. Durch die Fokussierung der wissenschaftlichen Aufmerksamkeit der letzten 200 Jahre auf die molekularen und biologischen Grundlagen der Organismen und des Bewusstseins sind die materielle Konstitution und Funktion der Organismen und deren innere Verwandtschaft über die Artgrenzen hinaus in einem vorher nie da gewesenen Maße aufgeklärt worden, was auch in der Medizin zu einem gewaltigen Fortschritt geführt

148 Man vergleiche dazu das in diesem Kapitel im Anschluss an Descartes über das Existenzialerlebnis des Ich als eines Denkenden Gesagte.

hat. Andererseits ist das *Humane als solches* dadurch weitgehend aus dem Blickfeld verschwunden oder als etwas Besonderes, Eigenständiges bestritten worden. Die in der Einleitung erwähnten negativen Folgen dieser Entwicklung sind ebenfalls nicht zu übersehen.

Ein Ausweg aus dieser Situation erfordert, sich im Hinblick auf die medizinische Anthropologie *die Frage nach dem Wesen des Menschen neu zu stellen*; und in dieser Hinsicht könnten der hier vertretene empirische ontologische Idealismus und die Erkenntnis- und Wirklichkeitsauffassung, auf die er sich stützt, einen relevanten Beitrag leisten. Denn das Wesentliche dabei ist, dass die verschiedenen in der Beobachtung auffindbaren und in ihrer natürlichen Abstufung emergenten Phänomene von Physik, Chemie, Biologie, Morphologie, Psychologie usw. nicht auf die ihnen jeweils unterliegenden Ebenen reduziert, sondern wissenschaftlich gleichwertig behandelt werden. Das bedeutet, jeden dieser Phänomenbereiche zunächst für sich durch Beobachtung und Denken ins Auge zu fassen und erst dann – als zusätzliche Erkenntnisleistung – ihre gegenseitigen Abhängigkeiten aufzuklären.

Resultate dieses Vorgehens sind, dass jedem Phänomenbereich seine eigenen Eigenschaften und Gesetze zugesprochen werden können, die nicht aus denjenigen anderer Phänomenbereiche ableitbar sind, dass nicht nur die Phänomene, sondern auch die sie bestimmenden Gesetze zur Wirklichkeit gehören, dass gegenseitige Abhängigkeit der Phänomenbereiche nicht nur Verursachung zu sein braucht, sondern auch Bedingung sein kann, dass Kausalität nicht nur Fremdverursachung, sondern auch Selbstverursachung bedeuten kann, kurz, dass verschiedene Formen von Wirksamkeit anerkannt und alle Phänomenbereiche der Wirklichkeit als epistemologisch und ontologisch gleichberechtigt angesehen werden müssen. Durch Integration der Erkenntnisse aus diesen Bereichen ergibt sich eine umfassende wissenschaftliche Sicht auf den Menschen in seiner komplexen physischen, lebendigen, seelischen und geistigen Realität, eine Sicht, die mit Recht eine «integrative» oder «Ganzheitsauffassung» genannt werden kann. Das medizinische Menschenbild gewinnt dadurch als Anthropologie, d. h. als Wissenschaft des Menschen, in Theorie und Praxis eine neue Bedeutung, was zu derjenigen Richtungsänderung in der Medizin beitragen kann, die heute von Vielen angestrebt wird.

Die erwähnte integrative oder Ganzheitsauffassung ist, wie sich aus den Phänomenen ergibt, eine systemische, hierarchisch in sich gegliederte. Systemische Konzepte sind in der Medizin der letzten Jahrzehnte wiederholt vorgestellt worden. Sie beinhalten in der Regel schichtentheoretische Modelle, die vor allem die Hierarchie der *physischen* Systemgliederung des Menschen vorsehen, und die, mit Varianten, etwa folgende Gliederung umfassen: *Elementarteilchen* ➤ *Atome* ➤ *Moleküle* ➤ *Makromoleküle* ➤ *Organellen* ➤

Zellen ➛ Organe ➛ Organismus ➛ Familie ➛ Volk ➛ ethnische Gruppen ➛ Menschheit (Feigl & Bonet, 1989; Medicus, 2006). Daneben gibt es auch Untergliederungen, die die *physischen, psychischen und sozialen* Aspekte des Menschseins umfassen, wie z. B. das bio-psycho-soziale Modell (Adler, 2005). Dabei wird freilich geltend gemacht, dass bei jeder Gliederung auch wieder Untergliederungen möglich sind (von Uexküll & Wesiak, 1998, 98). Andere Einteilungen berücksichtigen zusätzlich zur Psyche noch den denkenden Geist des Menschen (Leib ➛ Psyche ➛ Geist) (Frankl, 2005) oder unterscheiden beim Leib noch den materiellen Körper und das Leben (Hyle ➛ Bios ➛ Psyche ➛ Logos) (Danzer, 2013), und neuerdings wird auch die spirituell-religiöse Seite des Seelisch-Geistigen für die Medizin hervorgehoben, ein Modell mit physischer, psychischer, sozialer und spiritueller Verfasstheit des Menschen (Bausewein et al., 2007; Büssing et al., 2009). Solche Modelle ergeben sich nicht durch die Theorie, sondern durch *empirisch* gegebene Perspektiven der Patienten und der praktischen Medizin und führen auch zu konkreten therapeutischen Anwendungen (vgl. Kap. 5.7). Jedoch werden die Implikationen dieser multiperspektivischen Sichtweisen für das Grundverständnis des Menschen bisher kaum diskutiert, oder sie werden im Rahmen der Leib-Seele-Diskussion besprochen, meist mit der Konsequenz, dass dem Seelisch-Geistigen aufgrund einer reduktionistischen *Theorie* kein wirklich realer Status zuerkannt wird.

Fasst man aber das Erkennen im hier gemeinten Sinn als das denkerische Durchschauen der den *tatsächlichen* Phänomenen und Wirkungen inhärenten Gesetze auf (vgl. Kap. 2), dann kommt man zu einer in sich differenzierten synthetischen Sicht des Menschen und seiner Beziehungen zur Umwelt, in der nicht nur *eine*, die materielle, Form von Wirkung und Wirklichkeit anerkannt werden kann, sondern *verschiedene*, die aber miteinander in Beziehung stehen. *Systemisch* sind dabei am Menschen zunächst vier hauptsächliche, voneinander unterscheidbare emergente Ebenen auseinanderzuhalten, durch die der Mensch mit den übrigen Naturreichen verwandt und in sich selbst differenziert ist als eine hierarchisch geordnete Gesamtwesenheit. Es sind die Hauptbereiche der physischen Substanzen, des Lebens, des Seelischen und des Geistes, die in vereinfachter Form in Tabelle 1 dargestellt werden, und die abgesehen von Steiner (Steiner & Wegman, 1991) seit dem 20. Jahrhundert schon von einer ganzen Reihe von Denkern vertreten wurden: Max Scheler (Scheler, 1947), Nicolai Hartmann (Hartmann, 1964), Helmuth Plessner (Plessner, 1975) und Gerhard Danzer (Danzer, 2013) (vgl. auch Heusser, 1999 b; Heusser, 2013).

Tab. 1 Emergente Seinsbereiche und systemische Ebenen in Natur und Mensch

Mineral	Pflanze	Tier	Mensch	Systemische Ebenen
			Geist	Ich
		Seele	Seele	Astralleib
	Leben	Leben	Leben	Ätherleib
Materie	Materie	Materie	Materie	Physischer Körper

Alle vier Naturreiche bestehen aus *Materie*, so auch die Pflanze und der physische Körper von Tier und Mensch. Bereits dieses Physische als solches erweist sich im Sinn des in Kapitel 3.3 über den ganzheitlichen Charakter des Substanziellen Ausgeführten als in sich mannigfaltig hierarchisch geordnet.

Aber Pflanzen, Mikroorganismen, Tier und Mensch sind nicht nur physische, sondern zusätzlich auch *lebende* Systeme mit den emergenten Eigenschaften von Wachstum, Metamorphose, Ernährung, Atmung, Abwehr, Ausscheidung, Selbstheilung, Fortpflanzung und anderem. Als systemische Ursache dafür lässt sich aus den besprochenen empirischen Gründen eine besondere Klasse von spezifischen Organisationsgesetzen und ihren Kräften bestimmen, die Goethe als organischen «Bildungstrieb» oder «bildende Kraft» zusammenfasst (Goethe, 1950 j, 237, 240) und Steiner meist «ätherische» Kräfte genannt hat, und die kausal für die funktionellen und strukturellen Gestaltungen des Lebendigen verantwortlich gemacht werden können, wie das in Kapitel 4.11 zu zeigen versucht wurde. Das Sistieren der Wirksamkeit dieser Kräfteorganisation bedeutet Tod und Zerfall des Körpers in das Mineralreich hinein.

Tier und Mensch verfügen demgegenüber noch über die zusätzlichen, wiederum emergenten Eigenschaften des *Seelischen* mit den Phänomenen des Bewusstseins: Empfindung, Schmerz, Lust, Freude, Angst, Instinkt, Trieb, Intention, Willkürbewegung und anderes. Diese psychischen Phänomene zeigen schon durch die Art, wie sie auftreten – als innerlich-seelisch erlebte Qualia –, dass sie von einer ganz anderen Natur sind als die physischen, und entsprechend auch anderen Gesetzen folgen als diese. Steiner spricht diesbezüglich von einer «astralischen» Organisation (vgl. Kap. 5.4). Die Verwirklichung der seelischen Gesetze und Kräfte ist vom Vorhandensein der entsprechenden vitalen und substanziellen Grundlage *abhängig*, aber nicht durch diese *verursacht*, ähnlich, wie das auch für das Verhältnis der ätherischen zu den physischen Kräften der Fall ist.

Und der Mensch unterscheidet sich vom Tier noch durch die zusätzliche und emergente Tatsache seines individuellen *Geistes*, der seinem Seelischen die Fähigkeit des *Denkens* ermöglicht und damit die Einsichts-, Freiheits- und Kulturfähigkeit, über die das Tier nicht verfügt (vgl. Kap. 5.6). Hegel bemerkt dazu treffend: «Das *Denken* macht die Seele, womit auch das Tier begabt ist, erst zum Geiste» (Hegel, 1969, 13). Der menschliche Geist ist diejenige Instanz im Menschen, die das der materiellen, belebten und beseelten Natur zugrunde liegende Geistige in der Form der Gesetzmäßigkeiten in sich zur Erscheinung bringen und in ebensolcher Weise auch sich selbst erkennen kann. Das ist es, was sich als der innerste, bestimmende Wesenskern der Seele, als das eigentliche Ich oder die geistige Individualität des Menschen erlebt.

Jede dieser emergenten Ebenen hat ihre eigenen Phänomene und Gesetze, wobei die Gesetze der jeweils übergeordneten Systemebenen sich nur verwirklichen können, wenn die jeweils untergeordneten Systemebenen und sonstigen Bedingungen vorhanden sind. Insofern ist die Verwirklichung der übergeordneten Systemeigenschaften von den untergeordneten *abhängig*, aber sie ist durch diese *nicht verursacht*, sondern hat ihnen gegenüber ihr eigenes Sein. Der äußere Ausdruck dieses eigenen Seins und Wirkens ist die Tatsache der Selbstorganisation auf all diesen Systemebenen. Selbstorganisation ist aber nur möglich durch *Selbstwirksamkeit*. Der Philosoph Nicolai Hartmann (1882–1950) hat dieses Wechselverhältnis der vier Seinsebenen des physischen, organischen, seelischen und geistigen Seins des Menschen als hierarchische Gesamtordnung treffend so ausgedrückt (Hartmann, 1964, 177–183):

> Die vier Hauptstufen des physischen, seelischen, organischen und geistigen Seins sind deutlich in ihr [der Natur] erkennbar.
>
> So erhebt sich die organische Natur über der anorganischen. Sie schwebt nicht frei für sich, sondern setzt die Verhältnisse und Gesetzlichkeiten des physisch Materiellen voraus; sie ruht auf ihnen auf, wenn schon diese keineswegs ausreichen, das Lebendige auszumachen. Ebenso bedingt ist seelisches Sein und Bewusstsein durch den tragenden Organismus, an und mit dem allein es in der Welt auftritt. Und nicht anders bleiben die großen geschichtlichen Erscheinungen des Geisteslebens an das Seelenleben der Individuen gebunden, die seine jeweiligen Träger sind. Von Schicht zu Schicht, über jeden Einschnitt hinweg, finden wir dasselbe Verhältnis des Aufruhens, der Bedingtheit ‹von unten› her, und doch zugleich der Selbständigkeit des Aufruhenden in seiner Eigengeformtheit und Eigengesetzlichkeit.
>
> Dieses Verhältnis ist die eigentliche Einheit der realen Welt. Die Welt entbehrt bei aller Mannigfaltigkeit und Heterogenität keineswegs der Einheitlichkeit. Sie hat die Einheit eines Systems, aber das System ist ein Schichtensystem. Der Aufbau der Welt ist ein Schichtenbau. Nicht auf die Unüberbrückbarkeit der Einschnitte kommt es hierbei an – denn

> es könnte sein, dass diese nur ‹für uns› besteht –, sondern auf das Einsetzen neuer Gesetzlichkeit und kategorialer Formung, zwar in Abhängigkeit von der niederen, aber doch in aufweisbarer Eigenart und Selbständigkeit gegen sie.

Erkenntniswissenschaftlich und ontologisch ist jede dieser Schichten gleichberechtigt und jede muss auf die prinzipiell gleiche Weise erkannt werden: Ihre Erscheinungen müssen mit (evtl. apparativ erweiterten) «äußeren» Sinnen beobachtet und ihre Gesetze müssen mit dem «inneren Sinn» des menschlichen Geistes, dem Denken, zur Erscheinung gebracht werden. So gesehen muss das Erkennen notwendig multiperspektivisch werden, wenn es die in sich komplex geordnete Realität von Mensch und Natur in ihrer differenzierten Tatsächlichkeit als Physisches, Lebendiges, Seelisches oder Geistiges erfassen will. So hat auch Goethe seine umfassend gedachte Morphologie verstanden (Goethe, 1950l, 415):

> *Morphologie*
> Ruht auf der Überzeugung, dass alles was sei, sich auch andeuten und zeigen müsse. Von den ersten physischen und chemischen Elementen an, bis zur geistigsten Äußerung des Menschen lassen wir diesen Grundsatz gelten.
>
> Wir wenden uns gleich zu dem, was Gestalt hat. Das Unorganische, das Vegetative, das Animale, das Menschliche deutet sich alles selbst an, es erscheint, als was es ist, unserm äußern, unserm inneren Sinn.

Es ist hier versucht worden, zu zeigen, dass eine Differenzierung der medizinischen Anthropologie nach Körper, Leben, Seele und Geist mit den *empirisch vorliegenden Fakten*, d. h. den Phänomenen und Gesetzen der Substantialität, der biologischen und psychologischen Prozesse und der geistig freien Tätigkeit des Menschen nicht nur kompatibel ist, sondern sich bei konsequentem Erkenntnisgang sogar aus ihnen ergibt. Neben den bereits erwähnten weiteren Denkern des 20. Jahrhunderts wie Max Scheler und Helmuth Plessner vertritt heute neu auch Gerhard Danzer, Professor für Psychosomatik an der Charité, Berlin, in seinem vor kurzem publizierten neuen Buch über medizinische Anthropologie und Psychosomatik, *«Personale Medizin»*, aus empirischen Gründen ein viergliedriges Menschenbild mit den Ebenen von physischem Körper («Hyle»), Leben («Bios»), Seele («Psyche»), und Geist («Logos») (Danzer, 2013).

Diese Auffassung ist implizit auch bei einem der aktuell gewichtigsten reduktionistischen Interpreten des Menschseins, Wolf Singer, veranlagt, wenn er tote Substanz, Lebendiges, Seelisches und Geistiges aufgrund der tatsächlichen Erfahrungen unterscheidet (Singer, 2006, 86), und gleichzeitig diesen Erfahrungen einen epistemologisch und ontologisch gleichberechtigten Status zuerkennt (vgl. Kap. 5.8). Doch die reduktionistische Denkgewohnheit hindert ihn, die Konsequenz aus dieser Gleichberechtigung zu ziehen, und so zu einer Anerkennung des Menschen als ein materielles *und* lebendiges, seelisches und geistiges Wesen im realen Sinne zu kommen. Er schreibt (ebd., 86):

> Die Untergliederung der Welt in die Ebenen der unbelebten Materie, der lebenden Organismen sowie der psychischen und geistigen Prozesse spiegelt dann nur die Koexistenz von Beschreibungssystemen für unterscheidbare Erfahrungen. Aus der Existenz von verschiedenen Beschreibungssystemen folgt jedoch noch nicht, dass sich die in ihnen angesprochenen Phänomene nicht aufeinander beziehen lassen. Es könnte sich zum Beispiel verhalten wie mit den verschiedenen Ansichten eines Gegenstandes. Reduktion oder Erklären würde dann nichts anderes bedeuten als das Herstellen von Bezügen zwischen Phänomenen, die von unterschiedlichen Positionen aus eine unterschiedliche Beschreibung erfahren haben. Dies jedoch ist ein Vorgang, der in den Naturwissenschaften unangefochten und mit großem Erfolg vollzogen wird.

Dem ist sicher weitgehend zuzustimmen. Doch verschiedene «Beschreibungssysteme» haben nur einen Sinn, wenn auch Verschiedenes *wahrgenommen* wird. Und für diesen Fall geht es erkenntnismäßig nicht nur um das Beschreiben, sondern um das Erfassen der verschiedenen Gesetzmäßigkeiten des Wahrgenommenen. Ferner ist das *Beziehen* der Ebenen von Körper, Leben, Seele und Geist nicht identisch mit «Reduktion oder Erklären», denn eine höhere emergente Ebene ist ihrem Inhalt nach kausal gerade nicht aus den untergeordneten Ebenen erklär- oder auf sie reduzierbar. Zudem wäre nicht nur die *Erzeugung*, sondern ebenso das *Bedingtsein* der höheren Systemebene durch die niedrigeren eine mögliche Beziehung zwischen ihnen, und zwar eine solche, die dem Über- und dem Untergeordneten gleichermaßen ein Eigensein zugestehen könnte. Singer kann das offenbar nicht sehen oder zugeben. Er scheint insofern von Denkgewohnheiten befangen zu sein, als er sich ein widerspruchsfreies Menschenbild nur unter der *Voraussetzung* des *Reduktionismus* denken kann: «Akzeptiert man aber, dass unsere Weltbilder Hirnkonstrukte sind, dann erscheint der Konflikt zwischen dem reduktionistischen Ansatz der modernen Hirnforschung und den geisteswissenschaftlichen Positionen lösbar» (ebd., 86). Der «Konflikt» ist so aber nicht lösbar, weil das Geistige dabei als Erzeugnis des Materiellen nur *deklariert*, aber – wie gezeigt – nicht nachgewiesen wird. Der Konflikt ist überdies nur ein scheinbarer; er entsteht erst dadurch, dass man die Mannigfaltigkeit der *Erscheinungswelt* auf *eine*

Art von Erscheinungen und deren Gesetze zurückführen möchte, um zu einer einheitlichen Sicht von Mensch und Welt zu kommen, und dass man nicht bemerkt, dass im *Gesetzmäßigen* des Mannigfaltigen das reale und einheitliche Element vorhanden ist, das die Beziehungen zwischen dem Vielen offenbart. Dieses Nicht-Bemerken ist die Folge des Nominalismus.

Zudem ist unerfindlich, warum bei einer epistemologischen *Gleichberechtigung* von Gehirn und Geist der Geist auf das Gehirn reduziert werden soll. Denn die andere Variante, die Zurückführung des Gehirns auf den Geist, wäre dann ebenso berechtigt. Doch sogar das ist in Singers Ausführungen implizit enthalten, auch wenn er sich dessen offenbar nicht bewusst ist. Wenn nämlich Singer unsere Weltbilder, also unser Bewusstsein der Welt, ein bloßes Gehirnkonstrukt sein lässt, dann müsste auch das Gehirn selbst ein bloßes Gehirnkonstrukt sein und keine Wirklichkeit. Denn wir haben keine andere Möglichkeit vom Gehirn zu wissen, als dass es uns durch Wahrnehmen und Denken *bewusst* wird. Dass sich damit Singers These von selbst aufhebt, scheint er nicht zu bemerken. Singers Argumentation ist ein Beispiel dafür, dass der Nominalismus und Reduktionismus nicht zu einer konsistenten, widerspruchsfreien, mit der tatsächlichen Empirie sowie mit der Alltagserfahrung und dem Selbstverständnis der Patienten übereinstimmenden medizinischen Anthropologie führt. Die multiperspektivische rationelle Empirie, wie sie von Goethe in seinen naturwissenschaftlichen Arbeiten praktiziert und von Steiner erkenntniswissenschaftlich begründet worden ist, könnte hingegen zur Lösung dieser Problematik beitragen.

Das gilt nicht nur allein für das Verständnis des Menschen, sondern, wie aus dem Gesagten bereits implizit hervorgeht, auch für seine *Beziehungen zur Welt*. Denn es eröffnet sich aus der hier dargelegten Sicht auch die Perspektive, dass der Mensch zu seiner Außenwelt und zum Kosmos nicht, wie gewöhnlich angenommen, nur in *physischer* Hinsicht in Beziehung zu stehen braucht, sondern dass Beziehungen in analoger Weise auch für seine ätherische Bildkräfteorganisation, seine Seele und seinen Geist möglich sein könnten. Mit anderen Worten: Es kann angenommen werden, dass der Kosmos nicht nur aus den uns zunächst bekannten physischen Körpern und Kräften besteht, sondern darüber hinaus auch ätherische, astralische und rein geistige Kräfte und Geschehnisse beinhaltet, mit denen der Mensch in differenzierten Beziehungen steht. Für den Bereich der ätherischen Kräfte und ihre Bedeutung für die Biologie von Pflanzen, Tier und Mensch ist diesbezüglich allerdings schon einiges naturwissenschaftlich-empirisches Material zusammengetragen worden (Wachsmuth, 1924; Wachsmuth, 1965; Adams & Whicher, 1980; Bockemühl, 1985; Edwards, 1986; Endres & Schad, 1997; Zürcher et al., 2010), was hier nicht weiter besprochen werden kann. Aber über das Ätherisch-Lebendige hinaus könnten solche Perspektiven auch für das Seelisch-Geistige des Menschen bedeutsam sein, so z. B. hinsichtlich der weitreichenden Fragen, die sich im Anschluss an die spirituellen und religiösen Bedürfnisse und Hoffnungen des Menschen stellen, deren Relevanz für die Medizin zunehmend deutlich geworden ist, z. B. hinsichtlich einer vom Körper unabhängigen Existenz von Seele und Geist nach dem Tod, aber auch vor der Geburt bzw. Konzeption (Steiner, 1975 a; Steiner, 1977; Steiner, 1978 d; Heusser, 2003).

Die medizinische Anthropologie ist so gesehen das Wissensgebiet über den Menschen, das diesen in seiner körperlich-lebendig-seelisch-geistigen Ganzheit und Außenweltbezogenheit im Hinblick auf medizinische Bedürfnisse zu erfassen versucht. Sie kommt dabei unweigerlich zu Fragen nach der Realität des Immateriellen in Mensch, Natur und Kosmos, die sie mit naturwissenschaftlichen Mitteln allein nicht mehr lösen kann. Die Frage ist, ob und wie ein *empirisch wissenschaftlicher* Zugang zur Lösung solcher Fragen überhaupt möglich ist. Damit hat es die Anthroposophie als Geisteswissenschaft zu tun.

5.10 Zusammenfassung

Eine weitere Anwendung des Erkenntnis- und Wirklichkeitsprinzips im Sinne Goethes und Steiners ist das Seelisch-Geistige als Phänomen. Die Eigenschaft des *Bewusstseins bzw. das Psychische* als Phänomen ist gegenüber dem bloß lebendigen Organismus ebenso emergent wie die räumlich-zeitliche Organisation des Lebendigen gegenüber der bloßen Substanz bzw. dem physischen Körper. Substanz und organismische Organisation erweisen sich dabei als notwendige *Bedingungen*, doch nicht als *Ursachen* des Psychischen. Das zeigt sich am Problem der psychophysischen Kausation: Die gängige Überzeugung, das Psychische werde durch das Gehirn *verursacht*, ist epistemologisch schon deswegen nicht zu halten, weil die physischen und organischen Phänomene des Gehirns und die – völlig anders gearteten – psychischen Phänomene des Bewusstseins für die Beobachtung durch einen Abgrund getrennt sind. Eine Kausation kann nicht beobachtet werden. Das Psychische erscheint gegenüber der Substanz und der lebendigen Organisation des Gehirns durch seine eigenen Phänomene, Gesetze und Wirksamkeiten, und so gesehen als seine eigene Realität. Dagegen spricht nicht, dass sich das Bewusstsein nur unter der *Voraussetzung* des lebendigen, funktionierenden Gehirns manifestieren kann. Im Gegenteil: Die – noch zu wenig beachtete – Tatsache, dass *Bewusstsein organisch mit Abbau und Devitalisierung* einhergeht, sodass zwischen den bewussten Phasen wieder regeneriert werden muss, spricht eher dafür, dass die psychischen Vorgänge auf einer Wirksamkeit eigener Art beruhen könnten, die sich zwecks Bewusstseinsentfaltung zum Organisch-Lebendigen in einen gewissen Gegensatz stellen muss. Andererseits kann vermutet werden, dass das Seelische auch am Aufbau bzw. am regenerativen Wiederaufbau seiner organischen Grundlage auf unbewusste Weise beteiligt ist. Denn die Gehirnstrukturen und Lebensfunktionen des Gehirns müssen im *Hinblick auf ihre seelische Funktion, also seelischen Gesetzen gemäß*, organisiert sein, wofür auch das Beispiel der aktivitätsabhängigen Neuroplastizität spricht. Das Seelische, insofern es im Leib im Sinn des Aufbaus *organisierend* tätig ist, ist zu unterscheiden vom Seelischen, das in Abhängigkeit von leiblichem Abbau in verschiedenen Graden *bewusst* wird. Dieses Seelische wird meist zusammenfassend als *«Psyche»* bezeichnet. Das «Psychische» stellt demnach nur einen Ausschnitt aus einer viel umfassenderen seelischen Aktivität dar. Für diese umfassendere Aktivität gebraucht Steiner oft den Ausdruck *«seelische» oder «astralische» Organisation.*

Im Weiteren kann anhand der selbstbewussten Intelligenzleistungen des Menschen phänomenologisch zwischen Seele und Geist unterschieden und geltend gemacht werden, dass der Geist (das eigentliche «Ich» der menschlichen Individualität) gegenüber dem bloß Seelischen eine abermals emergente, nicht reduzierbare Entität darstellt, die sich zum bloß Seelischen auch in Gegensatz stellen kann. Die Seele ist subjektive Innerlichkeit mit inhärenten, aber noch nicht vollbewussten Qualitäten von Intelligenz, wie man auch an den Intelligenzleistungen der Tiere sehen kann. Der menschliche Geist transzendiert diese subjektive Innerlichkeit, und seine Intelligenz wird fähig, die objektiven universellen Gesetze in der Wirklichkeit denkerisch zu durchdringen und in seinen Dienst zu stellen. Erst durch seinen Geist entwickelt sich der Mensch vom bloßen Natur- zum Kulturwesen. Erst der Geist ist Sinn- und Bedeutungsfragen zugänglich und entwickelt die Freiheitsfähigkeit. Als frei werden nur solche Handlungen betrachtet, deren Motiv vorher durch vollbewusstes Denken gebildet und eingesehen worden ist. In diesem Zusammenhang wird versucht zu zeigen, warum die von Benjamin Libet und anderen gefundenen Bereitschaftspotenziale, die im Gehirn *vor Bewusstwerden* einer spontan intendierten Handlung auftreten, kein Argument gegen die menschliche Freiheit sind.

Das Kapitel endet mit einer viergliedrigen Konzeption des Menschen, die das Physische, Lebendige, Seelische und Geistige des Menschen aufgrund der naturwissenschaftlichen und psychologischen Empirie als reale, ineinander wirkende Organisationsglieder anerkennt und diese zur Grundlage der medizinischen Anthropologie macht.

6 Von der Anthropologie zur Anthroposophie

6.1 Die Frage nach der Realität und Erkennbarkeit des Geistigen

Im 2. Kapitel wurde gezeigt, dass nicht etwa nur die Philosophie oder eine andere Geisteswissenschaft, sondern auch die Naturwissenschaft rein Geistiges gut kennt, nämlich die im Denken zutage geförderten Gesetzmäßigkeiten der Natur. Und es wurde mit empirischer Begründung dargelegt, dass dieser Geist als objektiv gelten kann, und zwar sowohl für die innerliche, intellektuelle Anschauung wie auch durch die Tatsache, dass die äußere Natur den entsprechenden Naturgesetzen objektiv unterworfen ist. Deshalb wurde das Naturgesetz nicht nur als ein Abstraktum im Geist des Subjekts aufgefasst, sondern als ein realer Bestandteil der Wirklichkeit selbst. Im Weiteren wurde argumentiert, dass diese Wirklichkeit eine wirkende sein muss, da die Erscheinungen ansonsten nicht tatsächlich diesem Gesetzmäßigen unterworfen sein könnten. In diesem Sinn wurde im Anschluss an den klassischen und modernen Universalienrealismus sowie insbesondere an Goethes und Steiners Erkenntnis- und Wirklichkeitsauffassung der empirische ontologische Idealismus vertreten.

Aber mit dieser Auffassung verbindet sich ein entscheidendes Problem. Denn *zunächst kennt die Wissenschaft keinen «wirkenden» Geist*, sondern nur den zwar reinen, aber abstrakten Geist der menschlichen Gedanken; und da dieser aufgrund nominalistischer Interpretation zumeist für etwas bloß Subjektives oder gar für ein Produkt des materiellen Gehirns gehalten wird, das mit der objektiven Welt nichts zu schaffen hat, kann für gewöhnlich in der Wissenschaft keine Rede davon sein, ein «Geistiges» in der Natur, im Kosmos oder im Menschen zu suchen und anerkennen zu wollen. «Geist» wird deswegen dem Glauben, irrationalem Fühlen oder spekulativem Wähnen überlassen.

Doch der «Geist», von dem hier die Rede ist, ist das Hellste, Klarste und Genaueste, das ein Wissenschaftler überhaupt erleben kann; und erst dieser Geist macht die Wissenschaft zur Wissenschaft: die vollständig einsehbare ideelle Gesetzmäßigkeit. Das gilt für alle der Wissenschaft zugänglichen Gesetzmäßigkeiten, auf allen emergenten Ebenen des Materiellen, der Lebenserscheinungen der Organismen, der psychischen Phänomene oder der geistigen Wirksamkeit des Menschen. Es gilt auch für die Statistik, d. h. für Gesetze, die sich nicht mit vorhersehbarer Eindeutigkeit, sondern nur mit statistischer Wahrscheinlichkeit verwirklichen, ist doch das Mathematisch-

Statistische selbst ideelle Gesetzmäßigkeit und nur als eine solche einsehbar. Von diesem Gesichtspunkt aus ist es der *Geist*, durch den der Wissenschaftler in die Natur wirklich *hinein*schaut. Ohne diesen Geist kann er nur auf ihre äußere Erscheinung *hin*schauen.

So ist auch Goethes bekannte Opposition gegen Albrecht von Haller zu verstehen, wenn er dessen Gedicht kritisiert:

Ins Innre der Natur
Dringt kein erschaffner Geist.
Glückselig! Wem sie nur
Die äußre Schale weist.

Das entspricht der nominalistischen Haltung, die sich bloß den Naturerscheinungen äußerlich *gegenüber* sieht und denkt, dass die Gedanken über die Natur nur dem denkenden Geist angehören. Für die ideenrealistische Haltung jedoch, die Goethe vertrat, stellt sich die Sache so dar, dass der menschliche Geist im Beobachten zwar der Erscheinung wie einer «Schale» gegenübersteht, aber im Erfassen des Gesetzes in deren Wesen oder «Kern» eindringt, sodass er im Erkennen stets das Ganze hat. Deswegen moniert Goethe (Goethe, 1950 a, 529):

‹Ins Innre der Natur› –
O du Philister: –
‹Dringt kein erschaffner Geist›.
Mich und Geschwister
Mögt ihr an solches Wort
Nur nicht erinnern!
Wir denken: Ort für Ort
Sind wir im Innern.
‹Glückselig! Wem sie nur
Die äußre Schale weist!›
Das hör' ich sechzig Jahre wiederholen,
Ich fluche drauf, aber verstohlen;
Sage mir tausend tausendmale:
Alles gibt sie reichlich und gern;
Natur hat weder Kern
Noch Schale,
Alles ist sie mit einem Male.
Dich prüfe du nur allermeist,
Ob Du Kern oder Schale seist.

Aber das Gesetzmäßig-Geistige, das in dieser Weise der Natur inhärent ist, erscheint für das Denken bloß in der abstrakten, leblosen Form des wissenschaftlichen *Gedankens*; und, gleichgültig ob man diesen Gedanken seinem Inhalt nach für subjektiv hält wie im Nominalismus oder für objektiv wie im Realismus: Es erscheint absurd, in Anbetracht dieses abstrakten Geistes von einem *wirkenden* Geist in der menschlichen Organisation oder in der Natur zu sprechen. Es ist begreiflich, dass unter solchen Umständen die Existenz eines wirkenden Geistes in Frage gestellt wird.

Und dennoch, das genaue Durchdenken des Verhältnisses von Gesetz zu seiner Erscheinung legt nahe, dass die Gesetze im Fall ihrer objektiven Gültigkeit draußen in der Natur nichts bloß Abstraktes, Kraftloses sein können, sondern ein *Wirkendes* sein müssen. Denn insofern die Erscheinung tatsächlich nach einem Gesetz geordnet ist, muss sie diesem Gesetz gemäß *bewirkt* worden sein. Das Gesetz kann also draußen in der Natur – als Universale in re – nicht das kraftlose Abstraktum sein, als das es unserem Geist – als Universale post rem – erscheint, sondern es muss *Wirkkraft* an sich haben, da ansonsten keine Ordnung bewirkt werden könnte[149]. Darauf macht Steiner in seinem Aufsatz «*Von der Abstraktheit der Begriffe*» in «*Von Seelenrätseln*» anhand einer Überlegung des Wiener Philosophen Vincenz Knauer (1828 – 1894) aufmerksam (Steiner, 1976e, 138 – 139):

> Der Mensch bildet sich über die sinnenfällige Wirklichkeit *Begriffe*. Für die Erkenntnistheorie entsteht die Frage, wie sich dasjenige, das der Mensch als Begriff von einem wirklichen Wesen oder Vorgang in seiner Seele zurückbehält, zu diesem wirklichen Wesen oder Vorgang verhält. Hat dasjenige, was ich in mir als den Begriff eines Wolfes herumtrage, irgendeine Beziehung zu einer Wirklichkeit, oder ist es bloß ein von meiner Seele geformtes Schema, das ich mir gebildet habe, indem ich von demjenigen absehe (abstrahiere), was diesem oder jenem Wolfe eigentümlich ist, dem aber in der Welt des Wirklichen nichts entspricht. Eine ausgedehnte Betrachtung erfuhr diese Frage in dem mittelalterlichen Streite zwischen Nominalisten und Realisten. Für den Nominalisten ist [sic] an dem Wolf nur wirklich die an diesem als einzelnem Individuum vorhandenen sichtbaren Stoffe, Fleisch, Blut, Knochen usw. Der Begriff ‹Wolf› ist ‹bloß› eine gedankliche Zusammenfassung der verschiedenen Wölfen gemeinsamen Merkmale. Der *Realist* erwidert darauf: Irgendein Stoff, den man am einzelnen Wolf findet, den trifft man auch bei ande-

---

149 Wie sich dieses Problem zur heute viel diskutierten Frage der *Selbstorganisation* in der Natur verhält, wird in den Kapiteln 3.3 und 4.3 diskutiert.

> ren Tieren an. Es muss etwas geben, das den Stoff in den lebendigen Zusammenhang hineinordnet, in dem er sich im Wolfe findet. Dieses ordnende Wirkliche ist durch den Begriff gegeben.

Mit «Begriff» ist hier, wie in Kapitel 2 ausgeführt, das durch das Denken begriffene Gesetz der hier angesprochenen Ordnung in der Natur, in diesem Fall im Wolf, gemeint. Auf dieses bezüglich führt Steiner weiter aus (ebd., 139–140):

> Man wird nun zugeben müssen, dass Vincenz Knauer, der hervorragende Kenner des Aristoteles und der mittelalterlichen Philosophie, in seinem Buche ‹Die Hauptprobleme der Philosophie› (Wien 1892) bei Besprechung der aristotelischen Erkenntnistheorie (Seite 137) etwas vortreffliches sagt mit den Worten: ‹Der Wolf zum Beispiel besteht aus keinen anderen materiellen Bestandteilen als das Lamm; seine materielle Leiblichkeit baut sich aus assimiliertem Lammfleisch auf; aber der Wolf wird doch kein Lamm, auch wenn er zeitlebens nichts als Lämmer frisst. *Was ihn also zum Wolf macht, das muss selbstverständlich etwas anderes sein als die Hyle*[150]*, die sinnfällige Materie, und zwar kein bloßes Gedankending muss und kann es sein, obwohl es nur dem Denken, nicht dem Sinne zugängig ist, sondern ein Wirkendes, also Wirkliches, ein sehr Reales.*›

Das ordnende Gesetz kann deshalb im Formzustand des Universale in re konsequenterweise als *wirkende* Idee gedacht werden, obwohl es als Universale post rem nur als wirkungsloses Abstraktum erlebt wird. Das ist nicht bloß *historisch* zu nehmen als eine Forderung des Aristotelismus oder der mittelalterlichen Philosophie, sondern *prinzipiell*, d.h. als eine Konsequenz des logischen Verhältnisses des Gesetz*gebenden* zum Gesetz*nehmenden*. Wenn dieses *wirklich* durch jenes geordnet sein soll, dann muss jenes, also das Gesetz dieser Ordnung, in diesem, dem Gesetznehmenden, mit Kraft verwirklicht worden sein. Also muss das Ordnungsgesetz selbst Kraft an sich

---

150 *Hyle* (griech. für Stoff) und *Morphe* (griech. für Form) machen nach Aristoteles zusammen das Ganze einer Sache aus. Kein Stoff ohne Form. Sieht man im obigen Beispiel von der Form des Ganzen, die den Wolf bzw. das Lamm ausmacht, ab, so ist der verbleibende Stoff immer noch seiner eigenen Form, seinem Strukturgesetz, unterworfen, wie das beim Leichnam der Fall ist. Dieser zerfällt, da er nicht mehr jener höheren Form unterworfen ist, die im lebendigen Tier den Stoff in diejenige Form hineinordnet, die das spezifische Ganze des Tieres (oder Teilganze, wenn man auf die Ebene der Organe oder der Zellen hinuntergeht) ausmacht.

haben[151]. Das gilt für sämtliche systemische Gestaltungsgesetze in Physik, Biologie oder Psychologie.

Aus diesem Grund haben die Physiker David Bohm (1917–1992) und David Peat (geb. 1938) den Begriff der *«aktiven Information»* in die wissenschaftliche Diskussion eingeführt (Bohm & Peat, 1990); Information also als eine *wirkende* Entität, und zwar zunächst für die kausale Erklärung des Auftretens von emergenten Eigenschaften in der Quantenphysik. Der aktiven Information wird dabei ein realer Status zugesprochen, zusätzlich zur Materie und zur (materiellen) Energie. David Peat führt dazu aus (Peat, 1999, 49–53):

> Toward the end of the 1980s David Bohm introduced the notion of Active Information into his Ontological Interpretation of Quantum Theory. His idea was to use the activity of information as a way of explaining the actual nature of quantum processes and, in particular, the way in which a single physical outcome emerges out of a multiplicity of possibilities. Initially this idea, of information as a physical activity, was tied to Bohm's particular theory but [...] it is possible to go further and elevate ‹information› to the level of a new physical concept, one that can be placed alongside Matter and Energy. [...] Information, therefore, allows a distinction to be made between what could be called raw or ‹unformed› energy and a more subtle energy, an activity which can be identified with information. This information acts on raw energy to give it form. [...] Form has associated with it the idea of a Gestalt, of global patterns, perception and non-locality. [...] It is really correct, for example, to speak of a ‹field› of information, since information does not fall off with distance, neither is it associated with energy in the usual sense. Possibly the notion of field should be widened or, at the quantum level, we should be talking about pre-space structures, or about algebraic relationships that precede the structure of space and time.

Diese Überlegungen sind vollständig kompatibel mit dem hier vertretenen ontologischen Idealismus, der das Gesetz selbst als ein Wirkendes versteht: Im Zustande der Universalia ante rem gehen die Gestaltgesetze ihrer Einprägung in den Stoff voraus («pre-space structures», «precede the structure of space and time»). Sie sind insofern an keinen «Ort» gebunden («non-locality»). In diesem Sinn kann Information als wirkendes Gesetz in Analogie mit dem physikalischen Feldbegriff zwar wohl als «Feld» bezeichnet werden, aber als

151 Vgl. dazu die Ausführung über das Verhältnis von Organismus und Mechanismus in Kapitel 4.4.

ein solches, das im Unterschied zu den physikalischen Feldern der physikalischen Energien nicht räumlich limitiert ist («a ‹field› of information, since information does not fall off with distance, neither is it associated with energy in the usual sense»).

Damit wird auch von einer anderen Seite her nochmals deutlich, warum weder ein vitalistisch verstandenes morphogenetisches Feld noch ein Modell mechanistisch verstandener morphogenetischer Substanzen, sehr wohl aber die Typus-Idee Goethes als wirkursächliche Erklärung für die Gestaltungsprozesse des Organismus gelten kann (vgl. Kap. 4.7 und 4.9). Denn die «Information» dieser Gestaltung, das Gestaltungs- oder Organisationsgesetz als solches, verwirklicht sich selbst; und das ist nur möglich, wenn dieses Gesetz über die nötige Wirkungskraft dazu verfügt, wenn sie also in der Formulierung von David Peat *aktiv* ist. Das ist im Sinne von Vincenz Knauer die Idee des Wolfes als «ein Wirkendes, also Wirkliches, ein sehr Reales».

Da eine «Information» oder ein Gesetz, nach dem ein Gegenstand geformt ist (Universale in re), gleichzeitig dasjenige ist, durch das die Gestaltung vom Erkennenden begriffen wird (Universale post rem), ist klar, dass die «aktive Information» sowohl ontologisch das verbindende Element zwischen Geist und Materie wie auch epistemologisch das verbindende Element zwischen Gegenstand und Erkennendem darstellt. Denn als Formgesetz ist es Geist, der der Erscheinung inhärent ist, und als begriffenes Gesetz enthüllt es dem Erkennenden die Idee, die Bedeutung[152] der betreffenden Erscheinung. Diese Idee ist durch verbale oder andere Mittel kommunizierbar, sie muss dazu im jeweiligen Bewusstsein durch Denktätigkeit erfasst werden, das durch die damit korrelierten Gehirnfunktionen ermöglicht wird. Vom Gesichtspunkt des ontologischen Idealismus kann man deshalb Peat vollständig zustimmen, wenn er in der aktiven Information das Element vermutet, in dem Form, Bedeutung, Biologie, Neurowissenschaften, Bewusstseinsfor-

152 Im Sinne des objektiven ontologischen Idealismus versteht es sich von selbst, dass «Information» hier im *inhaltlichen* Sinn ihrer *Bedeutung* zu verstehen ist, und nicht im Sinn von Shannons und Weavers Informationstheorie (Weaver & Shannon, 1949). «Shannon and Weaver's ‹Information Theory› is concerned with the way data – bytes of information – travel along a telephone line or within other transmission systems. The ‹meanings› of a particular message is irrelevant, what is significant is only the mechanism of its encoding and decoding, plus the relative roles played by noise and redundancy» (Peat, 1999, 49). Dies sei hier explizit hervorgehoben, da Shannons und Weavers Informationstheorie meist auch als Grundlage des *physiologischen Informationsbegriffs* genommen wird, und da in den Physiologiebüchern der Unterschied und der Zusammenhang zwischen Informations-*Inhalt*, um den es hier geht, und Informations-*Träger*, von dem Shannon spricht, oft ungenügend behandelt wird.

schung, Geist und Materie miteinander verbunden sind: «Information connects to concepts such as form and meaning, which are currently debated in a variety of fields from biology and the neurosciences, to consciousness studies and the nature of dialogue. It may well provide the integrating factor between mind and matter» (Peat, 1999, 49).

Doch das Problem bleibt, dass das *Aktive*, *Wirkende* der Information sich der *Wahrnehmung* entzieht und lediglich ein aus dem Bewirkten *gedanklich erschlossenes* Postulat darstellt. Das gilt freilich in gewisser Weise zunächst für *alles Wirken*, dessen Existenz vom naturwissenschaftlichen oder psychologischen Gesichtspunkt aus aufgrund des Bewirkten *gefordert* werden muss (Stuart & Klages, 1984, 12), sei es im Physikalischen[153], Chemischen, Biologischen oder auch in den sog. psychosomatischen Wechselwirkungen, also für den Gesamtbereich der Wissenschaften, deren Erkenntnisse Elemente der medizinischen Anthropologie darstellen.

In seiner Schrift *«Von Seelenrätseln»* nennt Steiner nun alle diese Wissenschaftsformen – ganz unabhängig von der Medizin – zusammenfassend *«Anthropologie»*[154]. Dieser Ausdruck kennzeichnet dort alle auf dem gewöhnlichen Bewusstsein beruhenden, auf Wahrnehmung und begrifflichem Denken beruhenden Wissenschaften, also Naturwissenschaften, Psychologie, Philosophie. In diesen kann das Geistige nur in seiner abstrakten, wirkungslosen Form erlebt werden[155].

---

153 So können die elektromagnetischen, radioaktiven oder Gravitationskräfte mit keinen Sinnen wahrgenommen werden. Trotzdem können ihre Existenz und die Art ihres Wirkens aufgrund des von ihnen Bewirkten denknotwendig gefordert werden. Analog ist es mit der Forderung von spezifisch-organischen Bildekräften (ätherischen Kräften) in den Organismen (vgl. Kap. 4.11), was häufig übersehen wird.

154 «Ich möchte in dem Folgenden, um langatmigen Umschreibungen zu entgehen, die auf Sinnenbeobachtung und verstandesmäßige Bearbeitung der Sinnesbeobachtung gestützte Wissenschaftsrichtung Anthropologie nennen und bitte den Leser, mir diesen nicht gewöhnlichen Gebrauch dieses Ausdruckes zu gestatten» (Steiner, 1976e, 12–13).

155 Als Grund für die abstrakte Erlebnisform des gewöhnlichen Bewusstseins nennt Steiner dessen Abhängigkeit von der körperlich-leiblichen Organisation. Als wissenschaftliches «Objekt» sei der «Anthropologie» in diesem Sinn «nur zugänglich, was im gewöhnlichen Bewusstsein durch die Leibesorganisation erlebt wird» (Steiner, 1976e, 106). Dazu gehören nicht nur die physischen, sondern auch die psychischen Phänomene im Sinn von Franz Brentano, also im weitesten Sinn alles, was zufolge der in Kapitel 4 besprochenen körperlichen Bedingtheit des Bewusstseins als Seelisches und Geistiges erfahren und wissenschaftlich bearbeitet werden kann, bis hin zur Logik, Erkenntniswissenschaft und Philosophie (ebd., 30–32).

Die Wirklichkeit des Wirkens ist in diesem Sinn ein fundamentales Problem für die «Anthropologie», wie Steiner im Anschluss an die oben von Vincenz Knauer zitierte Textstelle über das Wirken des Wolfsgesetzes ausführt (Steiner, 1976e, 140):

> Doch wie will man im Sinne einer bloß anthropologischen Betrachtung der Wirklichkeit beikommen, auf die hiermit gedeutet wird? Was durch die Sinne der Seele vermittelt wird, das ergibt nicht den Begriff ‹Wolf›. Was aber im gewöhnlichen Bewusstsein als dieser Begriff vorliegt, das ist sicher kein ‹Wirkendes›. Aus der Kraft *dieses* Begriffes konnte doch gewiss nicht die Zusammenordnung der im Wolfe vereinigten ‹sinnfälligen› Materien entstehen. Die Wahrheit ist, dass Anthropologie mit dieser Frage an einem der Grenzorte *ihres* Erkennens ist.

Denn die Wirklichkeit einer Sache ist im hier gemeinten Sinn erst dann *gegeben*, wenn sie durch geeignete Mittel der *Wahrnehmung* zugänglich gemacht und ihrem Gesetz nach begriffen ist (vgl. Kap. 2.4–2.5). Doch da das Wirken als solches sich der Sinnesbeobachtung und dem Denken entzieht, ist die Anthropologie in gewissem Sinne an einer *Grenze des Erkennens* angelangt. Aus diesem Grund ist die Existenz von Kräften als solche im Verlauf der Wissenschaftsgeschichte auch ab und zu bestritten worden, so etwa noch 1963 von J. J. C. Smart (vgl. dazu Hacking, 1996, 64ff.). Aber auch wenn die Existenz von Kräften im Allgemeinen zugegeben wird, so könnte doch immerhin ihre direkte empirische Erkennbarkeit in Frage gestellt werden.

Doch die Erkenntnisgrenze, die damit charakterisiert ist, braucht nicht absolut zu sein. Könnte eine Möglichkeit aufgezeigt werden, nicht nur Bewirktes, sondern auch *Wirkendes wahrzunehmen*, dann wäre diese Grenze zumindest an diesem Punkt überschritten. Die Suche nach dem Auffinden dieses Punktes und nach dem Überschreiten der für die Beobachtung bestehenden Grenze zwischen dem Bewirkten und dem Wirkenden charakterisiert eine der Strömungen der Geistes- und Wissenschaftsgeschichte Europas im 19. Jahrhundert, eine Strömung, die man auch als die Suche nach dem Übergang von der «Anthropologie» in eine «*Anthroposophie*» bezeichnen kann. Da diese Strömung im Schatten der gewaltigen naturwissenschaftlich-anthropologischen Entwicklung heute kaum noch bekannt ist, aber die Stellung der Anthroposophie im Wissenschaftskontext deutlich macht, soll sie im folgenden Kapitel mit einigen Linien skizziert werden. Es kann dadurch von der Wissenschaftsgeschichte her ein Verständnis dafür gewonnen werden, was Steiner u. a. in seiner Schrift «*Von Seelenrätseln*» von einer mehr erkenntniswissenschaftlichen und erkenntnispsychologischen Seite her darstellte (Steiner, 1976e, 7, 12–13):

> In dem ersten [Aufsatz] ‹Anthropologie und Anthroposophie› suche ich in einer kurzen Darstellung zu zeigen, wie wahre naturwissenschaftliche Betrachtung nicht nur in keinem Widerspruche steht mit demjenigen, was ich unter ‹Anthroposophie› verstehe, sondern wie der geisteswissenschaftliche Weg der letzteren von den Erkenntnismitteln der ersteren als etwas Notwendiges gefordert werden muss.
>
> Der Vertreter der Anthroposophie glaubt aus Erfahrungen heraus, die nicht nur seine persönlichen Erlebnisse sind, behaupten zu dürfen, dass die menschlichen Erkenntnisvorgänge von dem Punkte an weiter entwickelt werden können, bei dem derjenige Forscher halt macht, der sich nur auf Sinnesbeobachtung und Verstandesurteil über diese Sinnesbeobachtung stützen will. [...] In diesem Sinne meint Anthroposophie mit ihrer Forschung da beginnen zu können, wo Anthropologie aufhört.

Das Streben der erwähnten Strömung innerhalb der europäischen Geistes- und Wissenschaftsgeschichte ist von Goethe in seinem *«Faust»* in einer dichterisch einmaligen Form zum Ausdruck gebracht worden (Heusser, 2000 a).

Faust wird in diesem Werk dargestellt als der Repräsentant der Wissenschaft überhaupt, wie sie sich im Abendland entwickelt hat. Denn er hat alle vier klassischen Fakultäten absolviert und überschaut damit die Universitas als Ganze; er verfügt über das Wissen, das ein Gelehrter seiner Epoche überhaupt erreichen kann, und ist «gescheiter als alle die Laffen, Doktoren, Magister, Schreiber und Pfaffen».

Doch dafür ist ihm auch die Beschränktheit all des gelehrten Wissens allzu deutlich bewusst geworden (Goethe, 1950 k):

Habe nun, ach! Philosophie
Juristerei und Medizin
Und leider auch Theologie
Durchaus studiert, mit heißem Bemühn.
Da steh ich nun, ich armer Tor,
Und bin so klug als wie zuvor! (354–359)
Und sehe, dass wir nichts wissen können!
Das will mir schier das Herz verbrennen. (364–365)

An einer *Grenze des Erkennens* fühlt er sich also angekommen; und das ist für ihn zu einer fast unerträglichen Situation, einer existenziellen Lebenskrise geworden. Was ist es eigentlich, worunter er leidet?

Statt der lebendigen Natur,
Da Gott die Menschen schuf hinein,

Umgibt in Rauch und Moder nur
Dich Tiergeripp und Totenbein! (414–417)

Nicht das *Lebendige* der tätigen, schaffenden Natur, sondern das bereits Gewordene, Abgelebte, Tote ist, was ihm in seiner gesamten, auf Sinneserfahrung und Denken basierenden Wissenschaft zugänglich ist. Das *Wirken* der Gesetze, die auch im Sinne der Goethe'schen Morphologie die gewordene, geronnene Gestalt hervorgebracht haben, ist dieser Wissenschaft nicht zugänglich. Und doch ist es dieses *Wirken*, das allem Existierenden zugrunde liegt, das Faust in einer bis zur Verzweiflung gehenden Intensität sucht:

Dass ich erkenne, was die Welt
Im Innersten zusammenhält,
Schau alle Wirkenskraft und Samen
Und tu nicht mehr in Worten kramen. (382–385)

Das *Schauen der Wirkenskraft*, die allem Bewirkten zugrunde liegt, ist es also, was Faust als der am weitesten fortgeschrittene Gelehrte des Universitätslebens seiner Epoche sucht, aber nicht auf *theoretische*, bloß denkende, sondern auf empirische, erfahrende, voll *erlebende* Weise.

Für *solches* Streben hat der Kollege und Famulus Fausts, Wagner, «der trockene Schleicher» (521), noch gar kein Verständnis. Geist ist ihm nicht etwas real Wirkendes, das er *erlebend* in der Natur aufsuchen möchte, sondern ein bloß Ideelles, das er getrennt davon in Büchern findet, und das er bloß in Form des *Gedachten* kennt:

Ich hatte selbst oft grillenhafte Stunden,
Doch solchen Trieb hab ich noch nie empfunden.
Man sieht sich leicht an Wald und Feldern satt;
Des Vogels Fittich werd ich nie beneiden.
Wie anders tragen uns die Geistesfreuden
Von Buch zu Buch, von Blatt zu Blatt! (1100–1105)
Verzeiht! es ist ein groß Ergetzen,
Sich in den Geist der Zeiten zu versetzen,
Zu schauen, wie vor uns ein weiser Mann gedacht
Und wie wirs dann zuletzt so herrlich weit gebracht.
(570–573)

Wagner ist auch derjenige, der später in der Phiole «aus viel hundert Stoffen durch Mischung – denn auf Mischung kommt es an – den Menschenstoff gemächlich komponieren» möchte:

Was man an der Natur Geheimnisvolles pries,
Das wagen wir verständig zu probieren,
Und was sie sonst organisieren ließ,
Das lassen wir kristallisieren. (6858–6861)

Wenn Wagner nur den *Stoff* als etwas Wirkendes, Tätiges ansehen kann, nicht aber die *Idee*, das Organisationsgesetz, durch das der Stoff im Organismus geordnet wird, dann entsteht für ihn der Organismus nicht durch «Organisieren», sondern durch «Mischen», d. h. durch *äußeres* Zusammentreten von Substanzen; und diese sollen nach der Weise von anorganischen Stoffen so zu einem Ganzen gerinnen, dass auch das Höchste nicht fehlt, nämlich «ein Hirn, das trefflich denken soll» (6867).

Wagner ist in seinem wissenschaftlichen Suchen eben bloß der sinnlich-materiellen Wirklichkeit zugewandt; den Geist kennt er nur in der Form des menschlichen Gedankens, dem er gewiss keine wirkende Realität attestieren kann. Faust hingegen, der diese Wirklichkeit und diesen Geist nicht nur *auch* kennt, sondern gewissermaßen bis zu ihrer Grenze ausgelotet hat, sucht an dieser Grenze verzweifelt, ja gewaltsam einen Weg, diese Grenze zu überschreiten, um erlebend zu jenem *Wirkenden* und *Geistigen* zu gelangen, das überall dem Bewirkten zugrunde liegt, das sich aber dem gewöhnlichen, auf Sinnesanschauung und Denken beruhenden Erkennen nicht zeigt. Deswegen ruft er Wagner die bekannten Sätze zu:

Du bist dir nur des einen Triebs bewusst;
O lerne nie den andern kennen!
Zwei Seelen wohnen, ach! in meiner Brust,
Die eine will sich von der andern trennen:
Die eine hält in derber Liebeslust
Sich an die Welt mit klammernden Organen;
Die andre hebt gewaltsam sich vom Dust
Zu den Gefilden hoher Ahnen. (1113–1120)

Das ist von Goethe nicht trivial oder bloß poetisch gemeint, sondern der Ausdruck einer tiefen Sehnsucht, die dem Kulturschaffen seiner Zeitepoche in den mannigfaltigsten Formen zugrunde liegt und die auch im Erkenntnisstreben der Wissenschaft an den Universitäten nachgewiesen werden kann. Es ist auf der einen Seite das Streben, auf rein empirisch naturwissenschaftlichem Boden die Erkenntnis des Menschen und der Natur in einer vorher nicht vorhandenen Gediegenheit auszubilden, wie das insbesondere seit der Zeit Du Bois-Reymonds der Fall ist. Und es ist auf der anderen Seite das Streben, mit ebensolcher Gediegenheit eine *empirische Geisteswissenschaft* zu begründen und zu entwickeln, der das zunächst verborgene *Wirken* in Mensch, Natur und Kosmos zugänglich werden kann. Das ist das Streben, der wissenschaftlichen «*Anthropologie*» eine wissenschaftliche «*Anthroposophie*» beizugesellen, und zwar nicht nur im Sinne von Steiners Verständnis dieser Ausdrücke, sondern auch schon im Sinne der damaligen Nomenklatur, von Vertretern jener zweiten, wenig beachteten Strömung. Das sei im Folgenden an zwei Beispielen erörtert.

6.2 Anthropologie und Anthroposophie bei I. P. V. Troxler

Das erste Beispiel ist der aus Beromünster bei Luzern stammende Arzt, Philosoph und Politiker Ignaz Paul Vital Troxler (1780–1866) (Heusser, 1984)[156]. Politisch hatte er sich schon früh einen Namen gemacht als Bekämpfer restaurativer Kräfte in der nach-napoleonischen Ära. So geht z. B. die Einrichtung des Zweikammersystems für das nationale Parlament in der Schweizerischen Bundesverfassung von 1848 auf Troxler zurück. Troxler hatte in Jena Philosophie und Medizin studiert und war dann als Arzt einige Zeit in Wien und später in der Schweiz tätig. Zu seinen Patienten zählten Ludwig van Beethoven und Heinrich Pestalozzi. In Jena hatte er das erste Kolleg von Hegel besucht, war ein Lieblingsschüler von Schelling und verfasste schon bald eigene medizintheoretische Schriften im Stil der damaligen Naturphilosophie Schellings.

In seiner philosophischen Grundposition kam er jedoch schon bald zu einer Differenz bzw. Erweiterung von Schellings Auffassung. Ging es in Schellings damaliger Naturphilosophie darum, das dem menschlichen Geist und der Natur, dem Idealen und Realen, dem Subjektiven und Objektiven zugrunde liegende «Absolute» in der menschlichen Vernunft als *Idee* zur Erscheinung zu bringen, um so die «Identität» zwischen Geist und Natur herzustellen, so genügte das Troxler nicht mehr. Im Unterschied zu Schelling wollte er den Geist in der Natur nicht nur *denken*, sondern *empirisch anschauen* lernen.

Besonders ergab sich ihm diese Forderung einer empirischen Anschauung am Problem des Lebens. In seiner Schrift von 1806 mit dem bezeichnenden Titel «*Über das Leben und sein Problem*» (Troxler, 1925) beschreibt er das «Leben» als ein wirkendes Etwas, dessen Existenz zwar aus den empirisch wahrnehmbaren, von ihm bewirkten Tatsachen gefordert werden müsse, das sich selbst aber nirgends der empirischen Beobachtung zeige. Das Leben sei

156 Eine ausführliche Darstellung von Leben, Werk und Bedeutung Troxlers sowie Referenzen und Angaben zu weiterführender Literatur über die in diesem Kapitel behandelten Themen finden sich in Heusser, 1984, insbesondere im Hinblick auf seine Philosophie, Anthropologie, Anthroposophie und Medizintheorie.

deshalb das «Unbekannte» (ebd., 36), ja für die intellektuelle Anschauung der Vernunft ein «Nichts» (ebd., 28), und das sei sein Problem. Es müsse deswegen *der Anschauung zugänglich* zu machen sein, wie er in seiner nächsten Schrift von 1808 vorschlug. Ein *Sinn* sei auszubilden, den Troxler in Übereinstimmung mit dem ihm zukommenden Objekt «Vitalsinn» (Troxler, 1808, 2) nennt. Und die auf solcher Wahrnehmung basierende, vorerst nur zu fordernde Wissenschaft nannte er nicht «Biologie», sondern – wie schon der Titel dieser Schrift besagt – *«Biosophie»*.

Als Arzt war Troxler jedoch deutlich, dass für die medizinische Anthropologie nicht nur das Rätsel des Lebens, sondern darüber hinaus dasjenige von Seele und Geist zu lösen sei. So ist für ihn der Mensch nicht bloß ein physisch-materieller Körper mit lebendigen, seelischen und geistigen Eigenschaften, sondern eine viergliedrige Wesenheit, gleichermaßen bestehend aus dem physischen *«Körper»*, dem *«Leib»*, der auch das Leben beinhaltet, ferner aus *«Seele»* und *«Geist»*, wie er in seiner Schrift *«Blicke in das Wesen des Menschen»* von 1812 darlegte (Troxler, 1921)[157]. In diesen vier Wesensgliedern sah Troxler auch die Elemente, durch die der Mensch der äußeren Natur verwandt ist: «Im Menschen kehren alle Naturreiche wieder: *Körper* ist die Erdennatur, *Leib* die Pflanzen-, *Seel* die Tiernatur, *Geist* der Mensch» (Troxler, 1936, 192)[158]. Solchen Grundvorstellungen gemäß versuchte er eine medizinische Anthropologie zu skizzieren, in welcher der Aufbau, die physiologischen Funktionen und pathologischen Prozesse nicht einfach als

157 Goethe hatte diese Schrift, in der Troxler zum ersten Mal die Viergliederung des Menschen in Körper, Leib, Seele und Geist darlegte, im November 1912 gelesen und zählte sie zu den bedeutendsten Erscheinungen des Jahres, obwohl sie – trotz brillanter Partien – die Köpfe eher verwirre als zurechtsetze (Honegger, 1925).

158 In dieser «Tetraktys», wie Troxler mit einem pythagoreischen Ausdruck die Viergliederung des Menschen in Körper, Leib (Leben), Seele und Geist auch nennt, sieht Troxler das eigentliche und ursprüngliche Bild des Menschen, das schon den Alten als «Sarx», «Soma», «Psyche» und «Pneuma» bekannt gewesen und in dieser Form auch vom Apostel Paulus vertreten worden sei. Dieses Menschenbild müsse heute aufgrund der fortschreitenden Erkenntnis auf neue Weise wiedergefunden und insbesondere als Grundlage der medizinischen Anthropologie ausgearbeitet werden (Troxler, 1921). Die heutige Psychosomatik kennt davon nur noch die «Psyche» und das «Soma». Aber dieses «Soma» abstrahiert vom Leben, mit dem es noch bei Paulus behaftet ist, und meint eigentlich den physischen Körper «Sarx» (griech. für Fleisch), der letztlich im «Sarg» (von Sarkophag: «das den ‹Sarx› Aufnehmende») landet. Eine phänomenologische Unterscheidung von Substanz und Leben, wie sie oben versucht wurde, könnte jedoch zu einer Differenzierung des «Somatischen» in eine physische und eine lebendige Organisation führen, und ebenso ließe sich das «Psychische» beim Menschen in das Seelische und Geistige differenzieren (vgl. Kap. 5.9 sowie Heusser, 1999b).

Folge physischer Wechselwirkungen, sondern als Ausdruck eines harmonischen oder disharmonischen Zusammenwirkens von physisch-körperlichen, lebendig-leiblichen, seelischen und geistigen Kräften in einem Organ oder Organsystem verstanden werden (Heusser, 1984).

Und die Entwicklung eines Erkennens schwebte Troxler vor, welche das Wirken dieser übersinnlichen Kräftesysteme auf ihrem Gebiet nach demselben Prinzip zu erforschen vermag, das auch für die Erkenntnis auf dem Gebiet der naturwissenschaftlichen Anthropologie gilt: durch entsprechendes *Wahrnehmen* und durch *Begreifen* des Wahrgenommenen (Troxler, 1942). Daraus ergibt sich für Troxler die Perspektive einer höheren Wissenschaftsform, die er schon 1828 in seiner *«Naturlehre des menschlichen Erkennens oder Metaphysik»* und im darauf folgenden Jahr in seiner dreibändigen *«Logik»* die *«Anthroposophie»* nennt (Troxler, 1944; Troxler, 1829). Eine geisteswissenschaftliche Anthroposophie, ganz nach naturwissenschaftlichem Vorbild (Troxler, 1944, 114):

> Doch es wird eine Zeit kommen, und sie ist nahe, wo die Anthroposophie die Naturerscheinungen des Geisterreichs im Menschen dem Geiste erklären wird, wie die Physik den Regenbogen dem Gesicht und die Äolsharfe dem Ohr wirklich auseinandersetzt.

Für die Medizin würde eine solche Entwicklung die Konsequenz haben, dass nicht nur die physisch-sinnliche Empirie, sondern auch die *geistige Erfahrung* zur Erkenntnis von Krankheitsursachen und Erklärung von pathologischen Prozessen herangezogen werden müsste, wie Troxler schon in einer frühen Schrift bemerkte (Troxler, 1806, 27, 21):

> Wer nicht mit einem geistigen Blicke solche Krankheiten in ihrer Geburtsstätte zu erreichen, anzuschauen, und von ihr aus zu verfolgen vermag, wird sie gewiss in der Leiche nicht erkennen – er mag in den Eingeweiden wühlen, und schauen, riechen, schmecken, fühlen und tasten, und er wird höchstens die Residuen erloschener Prozesse finden.
>
> Es forderte daher eine Art ganz höherer Forschung dazu, um die Ursache an sich [...] ausfindig zu machen. Überhaupt werden sich die Ärzte in ihrer Aetiologie solcher Krankheiten noch weit über ihre bisherigen Ansichten erheben müssen.

Man muss sich klarmachen, dass Troxler damals, kurz vor Anbruch der moderneren naturwissenschaftlichen Epoche mit Du Bois-Reymond und anderen, mit solchen Ideen noch auf ein hohes Interesse vieler seiner Zeitgenossen traf und dass Troxler eine weit herum bekannte, hochgeachtete Persönlichkeit war. Seine *«Logik»* von 1829 z.B. führte 1830 zu seiner Berufung als Professor für Philosophie an die Universität Basel. Als Hegel 1831 in Berlin starb, wurde Troxler als einer der möglichen Nachfolgekandidaten vorgeschlagen. Und bei der Gründung der Universität Bern 1834 wurde Troxler zu ihrem ersten Professor für Philosophie ernannt. Troxler hatte auch die Eröffnungsrede der Universität Bern zu halten, weil, wie die ihn beauftragende Behörde schrieb: «gerade Sie diesen nicht unwichtigen Akt in demjenigen Geiste ausführen werden, welcher der Feier und der Bedeutung des Tages am angemessensten ist» (Widmer & Lauer, 1980, 151). Gleich im Wintersemester 1834/35 hielt Troxler seine Vorlesungen über Philosophie, die er im Frühjahr veröffentlichte (Troxler, 1942). Darin wird unter anderem ausgeführt, wie die Philosophie als eine bloß im *Gedanken* lebende Wissenschaft in den Systemen von Schelling und Hegel ihren Höhepunkt erreicht habe. Insbesondere in Hegels System des «reinen, nicht an der Erscheinung haftenden Gedankens» habe die Philosophie ihre «höchste und letzte Entwicklungsstufe» erreicht (ebd.,290); und die jetzt anstehende «Reform der Philosophie» dürfe nicht mehr in «diese oder jene Systematik» gesetzt werden, sondern erfordere «ein eigentümliches höheres Organ des Bewusstseins und der Erkenntnis» (ebd.,81). Eine *«Anthroposophie»* sei zu entwickeln, die auf geistiger *Anschauung* und dem *Begreifen* des Angeschauten gründe, ebenso wie das in den auf Sinnesanschauung beruhenden Wissenschaften der Fall sei[159]. In diesem Sinn wurde die Anthroposophie als eine Forderung der Anthropologie bereits an der Wurzel der Universität Bern veranlagt.

6.3 Anthropologie und Anthroposophie bei I.H. Fichte

Das zweite Beispiel dafür, dass die Anthroposophie in der europäischen Wissenschaftsgeschichte als eine Forderung der naturwissenschaftlich orientier-

159 Troxler nennt das Wahrnehmungsvermögen für das Realgeistige einen «übergeistigen Sinn» und die Fähigkeit des menschlichen Geistes, das übersinnlich Angeschaute zu begreifen, den «übersinnlichen Geist» (Troxler, 1942, 6. Vortrag). Diese Bezeichnungen sind zwar umständlich, aber insofern sinnvoll, als das geistige Anschauungsvermögen des gewöhnlichen, für die wissenschaftliche Anthropologie in Betracht kommenden Bewusstseins «Geist» nur in der Form des abstrakten menschlichen Gedankens kennt, und weil in *dieser* Hinsicht das Wahrnehmen des dem Gedanken zukommenden *Wirkenden* als «über»-geistig bezeichnet werden könnte. Andererseits hat sich der urteilende Geist, der sich sonst mit seinen Begriffen auf das Sinnliche richtet, beim anthroposophischen Erkennen punkto Empirie auf das «Über»-sinnliche zu richten, deshalb «übersinnlicher Geist» (vgl. dazu auch Steiner, 1979 a, 137, Anm. 27).

ten Anthropologie auftritt, ist Immanuel Hermann Fichte (1796–1879), der Sohn des berühmten Philosophen Johann Gottlieb Fichte. Er hatte in Berlin Philosophie studiert, wurde bei seinem Doktorat 1818 u. a. von Hegel geprüft, war später vorübergehend Professor für Philosophie und Pädagogik in Bonn und lehrte von 1842 bis zu seiner Emeritierung 1863 als Lehrstuhlinhaber für Philosophie an der Universität Tübingen.

Ein Hauptthema von I. H. Fichtes Philosophie war die Frage nach Art und Wirklichkeit des menschlichen Geistes. In diesem Punkt trat er in deutliche Opposition zu Hegel. Er kritisierte an Hegel, dass dieser den Geist an sich nur in seiner *allgemeinen*, dem reinen Denken zugänglichen Form gelten lasse, nicht jedoch als ein *besonderes, individuelles* Wesen, als welches sich dieser Geist selbst innerlich erlebe (Fichte, 1876, 127–128):

> Der Geist ist ihm, ganz wie die Natur, an sich ein allgemeines individualitätsloses Wesen. Die Frage entsteht daher, wie wenigstens der Schein eines Individuellen an ihm entstehe. Völlig umgekehrt dagegen verhält sich die Sache in Wahrheit: faktisch sind Geist und Seele nur als individuelle vorhanden und nur so Gegenstand der Erforschung.

Es ist Fichtes Intention, wissenschaftliche Aussagen auch in der Psychologie so wie in der Naturwissenschaft zu machen, nämlich «auf dem Wege *direkter* Beobachtung» (Fichte, 1859, 44). Und da das individuelle Geistige des Menschen innerlich konkret *erfahrbar* – und nicht nur *denkbar* – ist, hält Fichte sich für das Urteil berechtigt: «Der menschliche Geist ist individuelle Substanz» (ebd., 23), wobei der Ausdruck «Substanz» freilich nicht physisch, sondern im übertragenen Sinn, als geistig zu verstehen ist.

Damit lässt sich gemäß Fichte der menschliche Geist in der Abstufung der Naturreiche auf empirische Weise als Angehöriger eines eigenen Reiches für sich bestimmen (ebd., 21):

> Der Geist ist daher, um dieser ursprünglichen, weder aus etwas anderm zu erklärenden, noch von außen in ihn hineinzutragenden Eigenschaft des Bewusstseins, ein Wesen eigener Art; er bildet in der Reihe der Dinge eine Wesensstufe für sich.

Fichte kritisiert auch die Hypothesen des damaligen Materialismus, das Bewusstsein und der menschliche Geist seien letztlich aus dem Stoff und dessen Bewegungen im menschlichen Gehirn zu erklären. Deshalb weist er auch die materialistische Interpretation der Darwin'schen Lehre zurück (Fichte, 1876, 81–82):

> Diese, in der an sich tadelfreien Absicht, die Entwicklung des Höhern aus dem Niedern in lückenloser Stetigkeit nachzuweisen, stellt den Satz auf: dass das Leben und die Organismen auf der Erde aus rein mechanischer Wirksamkeit der physikalischen und chemischen Kräfte mit Ausschluss aller Plan- und Zweckmäßigkeit entstanden sein können. Und diese vorläufig noch unbewiesene Behauptung scheint bei uns sogar zu einer Art von Glaubensbekenntnis geworden zu sein, welche den Maßstab für die wissenschaftliche Freisinnigkeit eines Forschers abgibt.

Dieser Auffassung gegenüber gibt Fichte die Tatsache des Auftretens von *neuen* Eigenschaften auf den jeweils höheren Entwicklungs- und Organisationsstufen der Natur zu bedenken, die aus den niedrigeren nicht ableitbar sind, also das, was heute als «Emergenz» bezeichnet wird (Fichte, 1876, 82):

> Zunächst begegnet uns hier abermals der schon widerlegte Trugschluss, dass aus einer Komposition von Elementen etwas Anderes und Neues entstehen könnte, was in keinem jener Elemente für sich vorhanden sei. Diese Folgerung stände auch hier im Widerspruche mit dem auch für die Natur geltenden Denkgesetze, ‹dass aus Nichts Nichts werden könne›. Weiter jedoch trägt die ganze Art der Beweisführung: ‹die Annahme sei denkbar›, es lasse sich dergleichen ‹voraussetzen› usw., so sehr das Gepräge subjektiver Ungewissheit und objektiver Unwahrscheinlichkeit, dass man schwerlich sich entschließen wird, das Problem wirklich dadurch für gelöst zu halten.

Doch lässt Fichte den Satz, «dass aus Nichts Nichts werden könne», auch für sich gelten. Den faktischen, zur Erscheinung kommenden Geist erklärt er nicht aus den materiellen Bedingungen seines Erscheinens, sondern *aus realen, aber latenten bzw. potenziellen, seiner Erscheinung vorangehenden Zustandsformen seiner selbst* (Fichte, 1859, 19–22):

> Um die *bewussten* Zustände des Geistes zu begründen, worin wohl nach allgemeinem Zugeständnisse die eigentümliche Aufgabe der Psychologie besteht, muss vom *unbewussten* Zustande desselben ausgegangen werden, oder, was dasselbe bedeutet: vom Geiste, als schon entfalteter, in sich reflektierter Subjektivität, *zurückgegangen* auf sein noch unreflektiertes, substantielles Wesen. […] Dem Bewusstsein actu muss Bewusstsein in bloßer Potenzialität zu Grunde liegen, d.h. ein Mittelzustand des Geistes, in dem er, *noch nicht* bewusst, dennoch den spezifischen Charakter der Intelligenz *objektiv* schon an sich trägt; aus diesen Bedingungen vorbewusster Existenz sodann muss das *wirkliche* Bewusstsein

erklärt und stufenweise entwickelt werden. Dies ist der erste Gesichtspunkt der Untersuchung: Genesis des Bewusstseins aus den Bedingungen einer *vorbewussten* Existenz des Geistes.

Zu den vorbewussten Zustandsformen des Geistes gehören solche, in denen er sich im Leib schon durch intelligente Triebe und Instinkte äußert, aber in denen die Intelligenz noch nicht als reine, ihrer selbst bewusste zur Erscheinung kommt. Die Instinkthandlungen sind «ein nur bewusstloses Vorstellen» (ebd., 53). Und die Entstehung des Bewusstseins ist dann *kausal* aus solchen Vorformen zu erklären, und nicht aus den materiell-leiblichen Bedingungen, die für die Ermöglichung des Bewusstseins notwendig sind. Das gilt für die phylogenetische und ontogenetische Entwicklung des Menschen (ebd., 31):

> Der Geist ist seiner Grundbeschaffenheit nach ein *apriorisches* Wesen, mit einem Systeme von Trieben und Instinkten behaftet, *aus* welchen er wirkt und ins Bewusstsein sich herauslebt, um nun eben dadurch das *empirische* Bewusstsein zu erzeugen, sodass er aufs eigentlichste als *vorempirischer*, seinen bewussten Erfahrungszuständen *vorausgehender*, weil sie produzierender gedacht werden muss.

Sehr interessant ist nun Fichtes Gedanke, dass das Seelisch-Geistige in seinen vorbewussten Zuständen nicht nur in Form von Trieben und Instinkten im Leib tätig ist, sondern auch *als den Leib selbst gestaltende Kraft*, und insofern an der Schaffung der leiblichen Bedingungen, die das Bewusstsein ermöglichen, beteiligt ist. Das erhelle z. B. aus der Tatsache, dass der Leib dem entsprechenden Seelisch-Geistigen gemäß gestaltet ist, gewissermaßen dessen Abdruck oder seine Physiognomie trage: «Woher anders also, denn unmittelbar aus der Seele, kann das individuelle Gepräge des Leibes stammen»? (ebd., 55). Und diesen Punkt versucht Fichte aufgrund empirischer Tatsachen insbesondere in seiner *«Anthropologie»* von 1856 zu belegen (Fichte, 1856). Denn der organische Vorgang, durch den diese leibliche Bildung entstehe, sei ein quasi intelligenter Prozess, in dem alle organischen Einzelvorgänge zu einem bestimmten Ganzen koordiniert und auch gegenüber Störungen aufrechterhalten würden. Das geschehe mit einer «individuell sich betätigenden Vernunftmäßigkeit, aber zugleich mit einer solchen, die nicht bewusst reflektierend, sondern als reale, plastisch-künstlerische Macht wirkt» (Fichte, 1876, 483). So ist für Fichte «die Gesamtheit der vorbewussten (organischen) Seelenzustände ihrer inneren Wirkung und ihrem eigentlichen Charakter nach schon ein *Vorstellen*, ohne aber ‹die Schwelle des Bewusstseins› zu erreichen» (Fichte, 1859, 25). Es ist ein Vorstellen, «welches, wegen seiner offenbaren Analogie mit dem Kunsttriebe der Tiere oder in höchster Potenz sogar mit der schöpferisch bildenden Künstlerphantasie als ‹leibgestaltende Phantasietätigkeit der Seele› bezeichnet werden darf» (ebd., 26).

Durch dieses «raumkonstruierende Vermögen» (ebd., 51) bzw. die «geometrisierende Tätigkeit» (ebd., 59) der Seele werde überhaupt erst die körperliche Bedingung geschaffen für die spätere Entfaltung des Bewusstseins. Und in der Entfaltung von *bewusster* Phantasie und Intelligenz finde dann eine «Entbindung» (ebd., 64) der seelischen Kräfte statt, die vorher im Leib gewirkt haben.

Fichtes Postulat dieses vorbewussten seelischen Wirkens im Leib beruht auf einem Schlussverfahren, wie es auch sonst in Naturwissenschaft und Psychologie üblich sei: «Aus den Leistungen des Geistes in seinen bewussten Akten schließen wir zurück auf seine vorbewussten Fähigkeiten und seine ganze substantielle Natur [...] Dieser methodische Zirkel ist jedoch ganz und gar kein anderer, als der in jeder auf Induktion beruhenden Erfahrungswissenschaft» (ebd., 22).

Die Schlüsse, die Fichte in dieser Weise zieht, sind sehr weitgehend und haben Konsequenzen für seine Grundvorstellungen des Verhältnisses von Leib und Seele. So ergibt sich, «dass die Seele, das Formende und Erhaltende ihres (äußern) Leibes eben damit ihm bedingend vorangehen müsse in irgendeinem, freilich noch näher zu erwägenden Sinn» (Fichte, 1876, 514). «Der Organismus in seinem Grundbestande muss gegeben sein, die Seele muss ihn vorfinden, um nunmehr ihre Eigentümlichkeit ihm einbilden, überhaupt ihn beherrschen und in sehr bescheidenem Maße auch ihn umbilden zu können» (Fichte, 1859, 57). Und insofern man sich «zur Annahme eines solchen, Raumschemen entwerfenden Bildvermögens im Organismus» genötigt sehe, müsse man auch anerkennen, dass die Seele «von den ersten Leibesanfängen an bis zum Abstreifen dieser ganzen Lebensform im Tode, mit *alldurchdringendem*, wenigstens schematischem Vermögen in ihrem Leibe gegenwärtig sein muss» (Fichte, 1859, 59). D. h. das Seelisch-Geistige des Menschen könne nicht nur mit dem Gehirn assoziiert sein, sondern müsse mit der *ganzen* Leiblichkeit verbunden gedacht werden.

Andererseits ergibt sich bei Geltendmachen einer vorbestehenden, selbständigen, aber im Leib wirkenden Seele auch der Gedanke an deren Fortbestehen nach dem Tod, unabhängig vom Körper. Dieses Fortbestehen gegenüber dem Körper lasse sich schon während des Lebens erkennen. Denn körperlich gesehen entsteht und vergeht der Organismus fortwährend: in einem «Mauserprozess» werde der Körper ständig abgebaut, und insofern seien Sterben und Tod ein «eigenes Produkt des Lebensprozesses» (Fichte, 1876, 324), in dem sich die Seele jedoch stets erhalte. Und der eigentliche Tod sei dann nur die letzte Konsequenz dieses Prozesses (ebd., 324):

> Fragen wir nun, was der definitive, eigentlich sogenannte Tod bedeute, so müssen wir dieselbe Analogie verfolgen; denn es liegt ihm durchaus keine *andere* oder *neue* Erscheinung vor. Jenes unablässige Sterben, Wiederabstreifen der sinnlich-chemischen Stoffe, vollendet sich im ‹Tode›: die organische Seele, der ‹innere Leib›, lässt *vollständig* die sinnlichen Medien fallen, gleich wie er es *unvollständig* in jedem Augenblicke seines Lebens tat. Dies der *‹natürliche Tod›*, wie er als die Gegenseite und Folge, dem zeitlichen *Anfange* der Verleiblichung entspricht.

Und daraus ergibt sich für Fichte der Gedanke der Unsterblichkeit, des Sich-Erhaltens der menschlichen Seele im Tod (Fichte, 1876, 329–330):

> Denn kaum braucht hier noch gefragt zu werden, wie der *Mensch an sich selbst* sich verhalte in diesem Todesvorgange? Dieser bleibt auch nach dem letzten, uns sichtbaren Akte des Lebensprozesses in seinem Wesen ganz derselbe nach Geist und Organisationskraft (‹innerem Leibe›) welcher er vorher war. Seine Integrität ist bewahrt; denn er hat durchaus nichts verloren von dem, was sein war und zu seiner Substanz gehörte während des sichtbaren Lebens. Er kehrt nur im Tode in die unsichtbare Welt zurück, oder vielmehr, da er dieselbe nie verlassen hatte, da sie das eigentlich *Beharrende* in allem Sichtbaren ist – er hat nur eine bestimmte Form der Sichtbarkeit abgestreift. ‹Totsein› bedeutet lediglich, der gewöhnlichen Sinnenauffassung nicht mehr perzeptibel bleiben, ganz auf gleiche Weise, wie auch das eigentlich Reale, die letzten Gründe der Körpererscheinungen den Sinnen imperzeptibel sind.

So bringe die *Anthropologie*, die er als die «*naturwissenschaftliche* Untersuchung über das menschliche Seelenwesen» bezeichnet (Fichte, 1876, XV), aufgrund von «Erfahrungsbeweisen» (ebd., XXI) durchaus die «letzten Gründe, um von einer Unsterblichkeit menschlicher Persönlichkeit reden zu dürfen» (ebd., 36).

Aber das Verfahren dieser Anthropologie «kann nur *den* Verlauf nehmen, dass man aus den Grundtatsachen, welche im wirklichen Bewusstsein vor uns liegen, zurückschließe auf die (verborgenen) Bedingungen im Geiste, welche jene Wirkungen hervorzubringen im Stande sind» (Fichte, 1859, 22). Was z. B. das Wirken der Seele im Körper anbetrifft, «müssen wir gestehen, dass es nach dem gegenwärtigen Stande der psychologischen Erkenntnisse unmöglich sei, auf dem Wege *direkter* Beobachtung über jene Frage auch nur annähernd zur Gewissheit zu kommen» (ebd., 44).

Damit ist die Anthropologie erkenntnismäßig an ihrer Grenze angelangt. Und doch sieht Fichte die Perspektive einer Überschreitung dieser

Grenze. Denn wie der menschliche Geist sich vom unbewussten leiblichen Wirken zum bewussten Erfassen der «Idee» empor gerungen habe, so sei ein Weiterschreiten von hier aus denkbar. Die Idee sei dann gewissermaßen die «unterste Stufe» des Lebens im Geiste (Fichte, 1876, 619):

> Wie nach innen (oder oben) hin der Zugang zur jenseitigen Welt im Diesseits dadurch ihm eröffnet ist, so kann er von Stufe zu Stufe immer tiefer eingehen in diese Welt, so gewiss diese Stufenfolge kein reales Übersichhinausgerücktwerden bedeutet, sondern ein allmähliches Abstreifen der Hüllen ist, welche im Sinnenleben verdunkelnd auf dem Geist liegen.

Solches bedenkend, sieht Fichte eine ganz neue Perspektive der wissenschaftlichen Psychologie vor sich, die er folgendermaßen charakterisiert (ebd., 620–621):

> Die bisherige wissenschaftliche Psychologie hat durchaus nur von der *einen* Hälfte, vom sinnlich-geistigen Bewusstseinsprozesse, Kunde genommen und einiges Verständnis davon gezeigt; die andere ebenso wichtige Hälfte, weil sie zugleich den Grund für jene enthält, ist noch nicht für sie vorhanden. Soll jedoch das *volle* Geistwesen des Menschen erkannt werden, so geschieht es nur dadurch, dass beide Hälften gleichmäßig ins Auge gefasst und im wahren Verhältnisse zueinander begriffen werden. Dies ist die künftige Aufgabe der Psychologie, welche damit wohl zugeständlich nicht nur einen wesentlich neuen Umfang, sondern auch einen neuen, erst wahrhaft begründeten Ausgangspunkt erhält. [...]
>
> Diese gründliche Erfassung des Menschenwesens erhebt nunmehr die ‹Anthropologie› in ihrem Endresultate zur ‹*Anthroposophie*›, denn als ‹*Weisheit*› ist man wohl berechtigt die Erkenntnis anzusprechen, welche demjenigen, was sich zunächst als ein Sinnliches und Vergängliches bietet, den Charakter innerer Ewigkeit und Übersinnlichkeit vindiziert.

So tritt auch bei Immanuel Hermann Fichte die Forderung einer *geisteswissenschaftlichen Anthroposophie* als eine Konsequenz der naturwissenschaftlich begründeten Anthropologie auf.

Die europäische Wissenschafts- und Geistesgeschichte zeigt also, dass nicht nur in dichterischer Form wie in Goethes «*Faust*», sondern im tatsächlichen Wissenschaftsbetrieb an Universitäten in Weiterentwicklung der Zielsetzungen des Deutschen Idealismus das Bedürfnis auftaucht, die Grenzen des gewöhnlichen Erkennens zu überschreiten, um von der Erkenntnis des

Bewirkten in Mensch, Natur und Kosmos zu einer empirischen Erkenntnis des *Wirkenden* zu kommen, das aufgrund des Bewirkten von Naturwissenschaft und Psychologie angenommen werden muss, das sich aber der gewöhnlichen physischen und psychischen Beobachtung entzieht. Es ist das Bedürfnis, von der Anthropologie zur Anthroposophie zu gelangen, wie sie dann von Rudolf Steiner erkenntniswissenschaftlich, methodisch und inhaltlich um die Wende vom 19. zum 20. Jahrhundert auch tatsächlich begründet worden ist.

6.4 Zusammenfassung

Der objektive, empirische ontologische Idealismus kommt aufgrund des gesetzmäßig Bewirkten zum Postulat von *wirkenden* Gesetzen (oder von gesetzmäßigem *Wirken*) in den emergenten Phänomenen des Physischen, Lebendigen, Seelischen und Geistigen in Natur und Mensch. Daraus ergibt sich die Forderung, dass nicht nur *eine*, die physische, sondern *vier* Klassen von wirkenden Kräften und Gesetzen zu unterscheiden und beispielsweise in der Medizin zu berücksichtigen seien: physische, lebendige, seelische und ichhaft-geistige.

Dabei besteht das Problem, dass Naturwissenschaft und Psychologie empirisch lediglich das Bewirkte vor sich haben und allenfalls noch dessen Gesetz in einer abstrakten Form, d.h. als bloße Idee, auffinden können (in der Physik z.B. das Gesetzmäßige des Magnetkraftfeldes, im Organischen die Organisationsgesetze des Lebendigen, in der leiblichen Physiognomie die Prägung durch Seelisch-Geistiges), aber das mit den Gesetzen assoziierte *Wirken selbst* empirisch *grundsätzlich nicht wahrnehmbar* zu sein scheint.

Mehrere Denker der europäischen Wissenschaftsgeschichte haben dieses Problem als eine Grenze des Erkennens empfunden und eine erkenntnismäßige Lösung dafür gesucht. I. P. V. Troxler (1780–1866) hat im Anschluss an Schelling und Hegel gefordert, dass man vom bloßen *Denken* wirkender Gesetze zu einem *empirischen Anschauen* derselben kommen solle bzw. dass eine höhere Wissenschaftsform zu entwickeln sei, deren Erkennen auf übersinnlichem Gebiet dem Muster des naturwissenschaftlichen Erkennens folge: Wahrnehmen und denkerische Verarbeitung des Wahrgenommenen. Fasste Troxler die Wissenschaften des gewohnten Erkennens als «Anthropologie» zusammen, so nannte er die geforderte höhere Wissenschaft schon 1828 die *«Anthroposophie»*. I.H. Fichte (1796–1879) schließt in seiner *«Anthropologie»* aufgrund der damals zugänglichen psychologischen und naturwissenschaftlichen Beobachtungen über das Seelenleben, dass die menschliche Seele eine in sich selbst bestehende Entität sei, die zwar zur Entwicklung des gewöhnlichen Bewusstseins den Körper benötige, aber dass für nach dem Tod grundsätzlich eine leibfreie Existenz der Seele angenommen werden könne, die der wissenschaftlichen Anthropologie empirisch nicht zugänglich sei. Deshalb forderte auch er eine «*Anthroposophie*», die die Anthropologie diesbezüglich ergänzen müsse.

7 Anthroposophie als empirische Geisteswissenschaft

7.1 Erkenntnisgrenze und ihre Überschreitung

Die Grenze, an die die «Anthropologie» erkenntnismäßig stößt, ist oben dadurch gekennzeichnet worden, dass für Naturwissenschaft und Psychologie das Wirken von Kräften und Gesetzen in Natur und Mensch zwar aufgrund des Bewirkten gefordert werden muss, aber nicht empirisch beobachtet werden kann. Wie Steiner in *«Von Seelenrätseln»* ausführt, wird diese Grenze oft für prinzipiell unüberwindlich gehalten, oder es werden theoretische Hypothesen ausgebildet, für die das Wahrnehmungskorrelat fehlt (Steiner, 1976 e, 20). In beiden Fällen kann keine Erkenntnis im Sinne des hier vertretenen Erkenntnisbegriffs zustande kommen.

Das sind aber nicht die einzigen Möglichkeiten, sich an dieser Erkenntnisgrenze zu verhalten. Steiner stellt dar, wie *an* dieser Grenze Fähigkeiten ausgebildet werden können, die über die Grenze hinausführen, von der Sinnesanschauung in eine geistige Anschauung hinein, die das nicht-sinnliche Wirken der Kräfte in Mensch, Natur und Kosmos im Sinne von Troxler und I. H. Fichte tatsächlich erforschbar mache, und wie sich so eine moderne *Anthroposophie* als Geisteswissenschaft begründen, entwickeln und für die Lebenspraxis fruchtbar machen lasse. In *«Anthroposophische Leitsätze»* von 1925 wird das so zum Ausdruck gebracht (Steiner, 1976 b, 14–15):

1. Anthroposophie ist ein Erkenntnisweg, der das Geistige im Menschenwesen zum Geistigen im Weltall führen möchte. [...]
2. Anthroposophie vermittelt Erkenntnisse, die auf geistige Art gewonnen werden. Sie tut dies aber nur deswegen, weil das tägliche Leben und die auf Sinneswahrnehmung und Verstandestätigkeit gegründete Wissenschaft an eine Grenze des Lebensweges führen, an der das seelische Menschendasein ersterben müsste, wenn es diese Grenze nicht überschreiten könnte. Dieses tägliche Leben und diese Wissenschaft führen nicht so zur Grenze, dass an dieser stehengeblieben werden muss, sondern es eröffnet sich an dieser Grenze der Sinnesanschauung durch die menschliche Seele selbst der Ausblick in die geistige Welt.
3. Es gibt Menschen, die glauben, mit den Grenzen der Sinnesanschauung seien auch die Grenzen *aller* Einsicht gegeben. Würden diese aufmerksam darauf sein, *wie* sie sich dieser Grenzen bewusst werden, so würden sie auch in diesem Bewusstsein die Fähigkeit entdecken,

> die Grenzen zu überschreiten. Der Fisch schwimmt an die Grenze des Wassers; er muss zurück, weil ihm die physischen Organe fehlen, um außer dem Wasser zu leben. Der Mensch kommt an die Grenze der Sinnesanschauung; er kann erkennen, dass ihm auf dem Wege dahin die Seelenkräfte geworden sind, um seelisch in dem Elemente zu leben, das nicht von der Sinnenanschauung umspannt wird.

Um deutlich zu machen, wie dieses Gewahrwerden der Grenze und das Erwerben von seelischen Kräften, die über diese Grenze hinausführen, im Sinne der erwähnten anthropologisch-anthroposophischen Wissenschaftsentwicklung seit dem 19. Jahrhundert konkret gemeint sind, sei zunächst auf den Begriff der Grenze in Hegels Logik sowie auf das Bestreben des Deutschen Idealismus hingewiesen, diese Grenze zu überschreiten. Für Hegel ist es schon im *Begriff der Grenze* bestimmt, das Element zu finden, das über die Grenze hinausführt; denn die Grenze ist dadurch bestimmt, dass Etwas an sein Anderes heranstößt, sodass an der Grenze selbst schon demjenigen Elemente begegnet wird, das sich jenseits der Grenze erstreckt (Hegel, 1978, 136–138):

> Etwas also ist unmittelbares sich auf sich beziehendes Dasein und hat seine Grenze zunächst als gegen Anderes: sie ist das Nichtsein des Anderen, nicht des Etwas selbst; es begrenzet in ihr sein Anderes. – Aber das Andere ist selbst ein Etwas überhaupt; die Grenze also, welche das Etwas gegen das Andere hat, ist auch Grenze des Anderen als Etwas, Grenze desselben, wodurch es das erste Etwas als *sein* Anderes von sich abhält [...].
>
> Sie [die Grenze] ist die *Mitte* zwischen beiden, in der sie aufhören. Sie haben das *Dasein jenseits* voneinander und *von ihrer Grenze*; die Grenze als das Nichtsein eines jeden ist das Andere von beiden.
>
> [Das bedeutet, dass] das Etwas, welches nur in seiner Grenze ist, ebensosehr sich von sich selbst trennt und hinaus auf sein Nichtsein weist und dies als sein Sein ausspricht und so in dasselbe übergeht.

In Bezug auf die hier angesprochene Grenze zwischen dem Erkennen des Bewirkten und dem Erkennen des Wirkenden (vgl. Kap. 6.1) würde das bedeuten, dass das Erkennen des Bewirkten in sich selbst an das Erkennen des Wirkens anstoßen und in dieses *übergehen* können müsste.

In der Tat ist im gewöhnlichen Erkennen der anthropologischen Wissenschaften nicht nur das Bewirkte, sondern auch schon das Element des *Wirkens* empirisch aufzufinden, und damit dasjenige, was über das gewöhnliche Erkennen hinausführt. Und es ist dieses gewöhnliche Erkennen selbst, welches an dieses Wirken heranführt, ja dieses produziert.

Das kann man sich klarmachen, wenn man sich erlebend auf den Unterschied zwischen Denk*tätigkeit* und Denk*inhalt* besinnt. Das anthropologische Erkennen hat zunächst die bis zum Erkenntnisaugenblick *gewordenen* Erkenntnisgegenstände vor sich und bringt die Gesetze dieses Gewordenen in sich zur Erscheinung. Die *Kräfte*, die in der Natur als mit diesen Gesetzen verbunden das Werden erzeugen, erlebt dieses Erkennen nicht. Das Resultat der Wissenschaft ist zwar Geist, nämlich das Gesetzmäßige, Wesenhafte der gewordenen Erscheinungen; aber das ist kraftloser, rein abstrakter Geist, zuletzt das «tote Gebein der Logik», wie Hegel sich ausdrückt (ebd., 48). «Das System der Logik ist das Reich der Schatten, die Welt der einfachen Wesenheiten, von aller sinnlichen Konkretion befreit» (ebd., 55). Das macht Fausts Problem aus. Das Wirken und Leben des Wirklichen ist *für das Erkennen* aus diesem Wirklichen entschwunden. Und was Hegel diesbezüglich für die Philosophie formuliert, meint er für die hier «anthropologisch» genannten Wissenschaften überhaupt (Hegel, 1964, 36):

> Wenn die Philosophie ihr Grau in Grau malt, dann ist eine Gestalt des Lebens alt geworden, und mit Grau in Grau lässt sie sich nicht verjüngen, sondern nur erkennen; die Eule der Minerva beginnt erst mit der einbrechenden Dämmerung ihren Flug.

Die Frage wäre also, wie das Erkennen sozusagen im vollen Licht des frischen Morgens an das *Leben* herankäme, oder wie Faust ausruft, nachdem sein Streben nach Erkenntnis des Wirkenden in der Natur (vgl. Kap. 6.1) zu einer gewissen Erfüllung gekommen ist (Goethe, 1950 k):

Ich fühle junges, heilges Lebensglück
Neuglühend mir durch Nerv und Adern rinnen. (432 – 433)
Ich schau in diesen reinen Zügen
Die wirkende Natur vor meiner Seele liegen.
Jetzt erst erkenn ich, was der Weise spricht:
‹Die Geisterwelt ist nicht verschlossen;
Dein Sinn ist zu, dein Herz ist tot!
Auf! Bade, Schüler, unverdrossen
Die irdsche Brust im Morgenrot!› (440 – 446)

Das Erkennen *kommt* an das Leben heran. Es gilt sogar die Paradoxie: Je toter, abstrakter die Wissenschaft auf der *einen* Seite geworden ist, desto mehr ist in ihr auf der *anderen* Seite *Leben und Wirken* als konkrete, empirische *Erfahrung* aufgetaucht. Das kann klar werden, wenn man sich auf den Unterschied besinnt, der für die innere Erfahrung zwischen Denk*inhalt* und Denk*tätigkeit* besteht. Der Denk*inhalt* ist zwar abstrakt, ohne Leben; aber die Denk*tätigkeit* ist lebendiges Tun, Hervorbringen, aktives Wirken des menschlichen Geistes, wie auch Hegel bemerkt (Hegel, 1969, 54):

> Nehmen wir das Denken in seiner am nächsten liegenden Vorstellung auf, so erscheint es zunächst in seiner gewöhnlichen, subjektiven Bedeutung, als eine der geistigen Tätigkeiten oder Vermögen *neben* andern, der Sinnlichkeit, Anschauen, Phantasie usf., Begehren, Wollen, usf. Das *Produkt* desselben, die Bestimmtheit oder Form des Gedankens, ist das *Allgemeine*, Abstrakte überhaupt. Das *Denken* als die *Tätigkeit* ist somit das *tätige* Allgemeine, und zwar das *sich* betätigende, indem die Tat, das Hervorgebrachte, eben das Allgemeine ist. Das *Denken* als Subjekt vorgestellt ist *Denkendes*, und der einfache Ausdruck des existierenden Subjekts als Denkenden ist *Ich*.

Und das denkende Ich lebt im Denken nicht nur in der toten, objektiven Seite des Denkinhalts, sondern immer *gleichzeitig* auch im lebendigen *Tun der Denktätigkeit* (Hegel, 1978, 25):

> Insofern also das subjektive Denken unser eigenstes, innerlichstes Tun ist und der objektive Begriff der Dinge die Sache selbst ausmacht, so können wir aus jenem Tun nicht heraus sein, nicht über demselben stehen, und ebensowenig können wir über die Natur der Dinge hinaus.

Und je genauer und abstrakter die Denkinhalte, desto mehr muss sich der Denktätige befleißigen, «die Anstrengung des Begriffs auf sich zu nehmen» (Hegel, 1979, 56), um den gesetzmäßigen Zusammenhang überhaupt hervorbringen und einsehen zu können. Gerade *weil* die Produkte des rationalen Denkens, das Logisch-Gesetzmäßige, im gewöhnlichen Bewusstsein nur in einer abstrakten, wirkungslosen Form auftritt, ist das *eigene* Wirken des Denkers gefordert, um es überhaupt zur Erscheinung zu bringen. (Darin liegt auch der Grund der menschlichen Freiheitsfähigkeit[160].) Im Unterschied zu

160 Die menschliche Denktätigkeit erscheint so als der einzige Ort in der Natur und der menschlichen Organisation, an dem die Gesetzmäßigkeiten der Welt sich nicht selbst verwirklichen, sondern ausschließlich durch das (denkerische) Wirken des Menschen zur Erscheinung gebracht werden. Auf dieser Tatsache beruht auch die menschliche *Freiheit* (vgl. Kap. 5.8). Steiner führt deswegen in seinen «*Grundlinien einer Erkenntnistheorie der Goetheschen Weltanschauung*» in Bezug auf den Gesetzesgrund der Welt aus: «Er lebt nicht als Wille irgendwo außerhalb des Menschen; er hat sich jedes Eigenwillens begeben, um alles von des Menschen Willen abhängig zu machen. Auf dass der Mensch sein eigener Gesetzgeber sein

Vorstellungen, Erinnerungen, Gefühlen, Trieben usw. kommen reine Begriffe im Bewusstsein niemals *von selbst*, sondern immer nur durch die Vermittlung unserer Denktätigkeit zur Erscheinung. Und deswegen ist der abstrakte Gedankengehalt der Wissenschaft bzw. die Logik das beste Trainingsfeld für die Eigentätigkeit des menschlichen Geistes. Dadurch entwickelt sich im Denken die *Kraft*, sich *im rein Geistigen* der reinen, klaren Begriffswelt sicher zu bewegen und sich gleichzeitig in dieser Bewegung durch keine ungewollten Einflüsse aus der Sinnesanschauung oder aus der seelischen Innenwelt stören zu lassen (Hegel, 1978, 55):

> Das Studium dieser Wissenschaft, der Aufenthalt in diesem Schattenreich ist die absolute Bildung und Zucht des Bewusstseins. Es treibt darin ein von sinnlichen Anschauungen und Zwecken, von Gefühlen, von der bloß gemeinten Vorstellungswelt fernes Geschäft. Von einer negativen Seite betrachtet, besteht dies Geschäft in dem Fernhalten der Zufälligkeit des räsonierenden Denkens und der Willkür, diese oder jene Gründe sich einfallen zu lassen und gelten zu lassen. Vornehmlich aber gewinnt der Gedanke dadurch Selbständigkeit und Unabhängigkeit. Er wird in dem Abstrakten und in dem Fortgehen durch Begriffe ohne sinnliche Substrate einheimisch [...].

Frühere Zeitepochen standen dem Geistigen bewusstseinsmäßig und inhaltlich viel näher als die naturwissenschaftliche. In allen vor- und außerwissenschaftlichen Kulturen war die Zivilisation und mit ihr z. B. die Medizin durchdrungen von spirituellen Erlebnisformen und Inhalten. Diese Erlebnisformen und Inhalte wurden im naturwissenschaftlichen Zeitalter zunehmend verdrängt durch die sinnliche Anschauung und die rein denkerische Verarbeitung des Angeschauten. Von der Naturwissenschaft wurde als objektive Realität schließlich nur noch die materielle Sinneswelt anerkannt, was zur materialistischen Weltanschauung führte. Trotzdem brachte das *materialistische* gegenüber den vorhergehenden spirituelleren Zeitaltern einen klaren Fortschritt in Bezug auf die *geistigen* Fähigkeiten des Menschen. Das ist keineswegs paradox. Denn die nur durch persönliche eigene Denkanstrengung des individuellen Ich leistbare logisch-denkerische Verarbeitung des sinnlich Beobachteten führte zu der von Hegel gemeinten Kraft, Selbständigkeit und Sicherheit im rein geistigen Tun, die den modernen Wissenschaftler ausmachen und die in dieser Form vorher nicht vorhanden waren. Steiner bemerkt dazu (Steiner, 1976 b, 66):

---

könne, müssen alle Gedanken auf außermenschliche Weltbestimmungen u. dgl. aufgegeben werden» (Steiner, 1979 a, 125).

> Er [der Mensch] fiel in die materialistische Weltanschauung in dem Zeitalter, das sein eigenes geistiges Wesen auf eine Stufe brachte, die höher ist als die vorangehenden. Das kann leicht verkannt werden; man kann den ‹Fall› in den Materialismus nur allein beachten, und dann über ihn traurig sein. Aber während das *Anschauen* dieses Zeitalters sich auf die äußere physische Welt beschränken musste, entfaltete sich im Innern der Seele eine *gereinigte, in sich selbst bestehende Geistigkeit* des Menschen als *Erleben.*

Dieses rein geistige *Erleben* ist ein Zweifaches: erstens das Erleben des reinen, objektiven, logischen Denk*inhaltes*, aber *zugleich* auch zweitens das Erleben der reinen, diesem Denkinhalt sich hingebenden Denk*tätigkeit.* Freilich wird das Erleben dieser Tätigkeit oft nicht beachtet, und zwar *weil* sie sich gewissermaßen selbst ganz dem Inhalt hingibt und in dieser Hingabe nicht auf sich selbst achtet[161]. Wird man sich aber *dieses* Erlebens bewusst, so wird einem auch die Tatsache bewusst, dass man *am* Erleben des toten Denkinhaltes das *Erleben der lebendigen* Denktätigkeit, d. h. das *Anschauen einer geistigen*

161 Steiner bezeichnet deswegen die *Beobachtung* des Denkens in seiner *«Philosophie der Freiheit»* als eine Art «Ausnahmezustand» (Steiner, 1978 b, 43): «Die Beobachtung eines Tisches, eines Baumes tritt bei mir ein, sobald diese Gegenstände auf dem Horizonte meiner Erlebnisse auftauchen. Das Denken aber über diese Gegenstände beobachte ich nicht gleichzeitig. Den Tisch beobachte ich, das Denken aber über den Tisch führe ich aus, aber ich beobachte es nicht in demselben Augenblicke. Ich muss mich erst auf einen Standpunkt außerhalb meiner eigenen Tätigkeit versetzen, wenn ich neben dem Tische auch mein Denken über den Tisch beobachten will.» Der Ausnahmezustand besteht dann darin, dass man *sein bereits durchgeführtes* Denken zum inneren Beobachtungsgegenstand macht. Denn das Denken «muss erst da sein, wenn wir es beobachten wollen» (ebd., 44). «Zwei Dinge vertragen sich nicht: tätiges Hervorbringen und beschauliches Gegenüberstellen» (ebd., 43). Man vergleiche bezüglich Beobachtung des Denkens auch Kapitel 2.1. Dennoch wird das Denken gemäß Steiners Auffassung *im Vollzug* erlebt, erfahren, wahrgenommen; denn es ist vom Denkenden selbst bewusst produziert. Das Denken «ist eine Wahrnehmung, in der der Wahrnehmende selbst tätig ist, und es ist eine Selbstbetätigung, die zugleich wahrgenommen wird» (ebd., 256). Das ist kein Widerspruch zum vorher Gesagten. Denn die geistige Tätigkeit des Denkens wird *während* des Denkens, also *in* actu, *erlebt*, *erfahren*; aber das Erfahrene kann erst post actum *beobachtet* werden, denn Beobachten ist beschauliches Gegenüberstellen. «Ich kann mein gegenwärtiges Denken nie beobachten; sondern nur die Erfahrungen, die ich über meinen Denkprozess gemacht habe, kann ich nachher zum Objekt des Denkens machen» (ebd., 43). Mit dem im Text gemeinten Erleben, Wahrnehmen oder Anschauen des *wirkenden* Denkens ist nicht dessen Beobachten post actum, sondern sein Erleben in actu gemeint (vgl. dazu auch Kap. 6.1 – 6.3).

Wirkkraft entwickelt hat. Damit ist an der Grenze des gewöhnlichen Erkennens auf empirische Weise ein Element von der Art gefunden, die im Jenseits dieser Grenze gesucht wird, und es ist am toten, abstrakten Geist (dem Denk*inhalt*) die Fähigkeit entwickelt worden, in diesem Element zu leben, nämlich in konkret wirkendem, lebendigem Geist (der Denk*tätigkeit*). Das ist, was Steiner mit den bereits zitierten Worten meint (Steiner, 1976 b, 14 ff.):

> Dieses tägliche Leben und diese Wissenschaft führen nicht so zur Grenze, dass an dieser stehengeblieben werden muss, sondern es eröffnet sich an dieser Grenze der Sinnesanschauung durch die menschliche Seele selbst der Ausblick in die geistige Welt. [...] Der Mensch kommt an die Grenze der Sinnesanschauung; er kann erkennen, dass ihm auf dem Wege dahin die Seelenkräfte geworden sind, um seelisch in dem Elemente zu leben, das nicht von der Sinnenanschauung umspannt wird.

Johann Gottlieb Fichte (1762–1814) hat sich dieses geistige Anschauen im Vollziehen des Denkaktes bewusst gemacht und es zu einem zentralen Inhalt seiner Philosophie erhoben. Er nennt es «intellektuelle Anschauung», versteht aber darunter das Anschauen der vom menschlichen Ich selbst vollzogenen lebendigen Denk*tätigkeit* als solcher, wogegen Hegel mit demselben Ausdruck mehr das tätige Anschauen des objektiven Denk*inhalts* bezeichnete, dem er auch sein philosophisches Hauptinteresse zuwandte: «das reine Wissen, auch als *die intellektuelle Anschauung* bestimmt» (Hegel, 1978, 76). Fichte hat in seiner *Wissenschaftslehre* von 1797 mit Nachdruck auf dieses Anschauen der lebendigen Denktätigkeit durch das Ich im unmittelbaren Vollzug hingewiesen (Fichte, 1871, 463):

> Dieses dem Philosophen angemuthete Anschauen seiner selbst im Vollziehen des Actes, wodurch ihm das Ich entsteht, nenne ich intellectuelle Anschauung. Sie ist das unmittelbare Bewusstseyn, daß ich handle, und was ich handle; sie ist das, wodurch ich etwas weiss, weil ich es thue. Daß es ein solches Vermögen der intellectuellen Anschauung gebe, lässt sich nicht durch Begriffe demonstriren, noch, was es sey, aus Begriffen entwickeln. Jeder muss es unmittelbar in sich finden, oder er wird es nie kennenlernen.

Und das Vermögen zu dieser geistigen Anschauung ist wie ein neues Sinnesorgan, durch das Inhalte erblickt werden, die demjenigen unzugänglich sind, der nur das sinnliche Anschauen kennt. So sagt Fichte in seinen Vorlesungen zur Wissenschaftslehre von 1813 (Fichte, 1834, 4):

> Diese Lehre setzt voraus ein ganz neues inneres Sinneswerkzeug, durch welches eine neue Welt gegeben wird, die für den gewöhnlichen Menschen gar nicht vorhanden ist.

Auch F. W. J. Schelling (1775–1854) weist auf diese innere Anschauung des geistig tätigen Ich, die dem äußeren sinnlichen Leben verborgen bleibt; und er ist der Auffassung, dass die Fähigkeit zu solcher Anschauung die Voraussetzung dafür darstellt, von einer übersinnlichen Welt überhaupt etwas wissen zu können (Schelling, 1856/57, 318):

> Uns allen nämlich wohnt ein geheimes, wunderbares Vermögen bei, uns aus dem Wechsel der Zeit in unser Innerstes, von allem, was von außen dazukam, entkleidetes Selbst zurückzuziehen und da unter der Form der Unwandelbarkeit das Ewige in uns anzuschauen. Diese Anschauung ist die innerste, eigenste Erfahrung, von welcher allein alles abhängt, was wir von einer übersinnlichen Welt wissen und glauben.

Und Novalis (Friedrich von Hardenberg, 1772–1801), der J. G. Fichte intensiv studiert und ihn auch persönlich kennengelernt hatte, war der Auffassung, dass Fichtes «intellektuelle Anschauung» die erste Form einer höheren, denkend-anschauenden Erkenntnis sein könnte, die noch anderes zutage fördern könnte als das eigene geistige Ich, die aber alles so wahrnehmen müsste, wie das eigene denkende Ich erlebt wird, nämlich als *Tätiges* (Novalis, 1960, 524):

> Es wäre wohl möglich, dass Fichte der Erfinder einer ganz neuen Art zu denken wäre – für die die Sprache noch keinen Namen hat. Der Erfinder ist vielleicht nicht der fertigste und sinnreichste Künstler auf seinem Instrument. […] Es ist […] wahrscheinlich, dass es Menschen giebt und geben wird – die weit besser Fichtisiren werden als Fichte!
>
> Man sollte alle Sachen, wie man sein Ich anschaut, betrachten – als *eigene Thätigkeit.* Mit dem Ich geht es nur am leichtesten – das ist der Anfang, das Princip dieses Gebrauchs.

Damit ist auf eine Wissenschaftsform geblickt, die das *Wirkende in Natur und Kosmos* in derselben Weise empirisch anschauen und dadurch erkennen kann, wie das zunächst bloß für das denkende *Ich* an der geschilderten Grenze des gewöhnlichen Bewusstseins der Fall ist. Eine solche Erkenntnis- und Wissenschaftsform wäre gleichbedeutend mit der *Überschreitung* der Grenze, die dem Erkennen des gewöhnlichen Bewusstseins zunächst gesetzt ist. Am Selbsterleben der eigenen geistigen Tätigkeit findet das Selbstbewusstsein auch den Begriff des wirklichen, weil wirkenden Geistes. Damit geht ihm dasjenige auf, das dem sinnlichen Gegenstandsbewusstsein noch ein verborgenes Jenseits gewesen ist: wirklicher, wirkender Geist. Dem entspricht auch Hegels Charakterisierung der Grenzüberschreitung in seiner *«Phänomenologie des Geistes»* (Hegel, 1979, 145):

> Das Bewusstsein hat erst im Selbstbewusstsein, als dem Begriffe des Geistes, seinen Wendungspunkt, auf dem es aus dem farbigen Scheine des sinnlichen Diesseits und aus der leeren Nacht des übersinnlichen Jenseits in den geistigen Tag der Gegenwart einschreitet.

Aus diesen Zusammenhängen wird ersichtlich, wie bei bedeutendsten Dichtern und Denkern der mitteleuropäischen Geistes- und Wissenschaftsgeschichte im 18. und 19. Jahrhundert das Bestreben auftritt, aus dem empirischen Erkennen und der Wissenschaftsform des gewöhnlichen Bewusstseins eine höhere Erkenntnis- und Wissenschaftsform zu entwickeln, die sich dem Geistigen und Wirkenden in Mensch und Natur zuwendet, die aber hinsichtlich Erkenntnisprinzip der Naturwissenschaft analog und ebenbürtig ist. Eine solche Wissenschaftsform auszubilden und in Ergänzung zur gewöhnlichen Wissenschaft in die ideelle und praktische Lebenskultur einzuführen war das Lebenswerk Rudolf Steiners.

7.2 Empirische Geisteswissenschaft bei Rudolf Steiner

Die philosophisch-erkenntniswissenschaftlichen Grundschriften Steiners sind ganz vom *empirischen* Standpunkt aus geschrieben; der volle Titel seines philosophischen Hauptwerks von 1894 lautet dem entsprechend: *«Die Philosophie der Freiheit. Grundzüge einer modernen Weltanschauung. Seelische Beobachtungsresultate nach naturwissenschaftlicher Methode»* (Steiner, 1978 b). Damit ist gleichzeitig auch das Prinzip der anthroposophischen Geistwissenschaft im Sinne Steiners charakterisiert: nämlich die Anwendung des *in der Naturwissenschaft* ausgebildeten, auf *Wahrnehmung und Denken beruhenden Erkenntnisprinzips* für die Gebiete der *seelischen und geistigen* Wahrnehmung. Deswegen schreibt Steiner noch 1924, ein Jahr vor seinem Tod und nach Ausarbeitung eines Großteils seiner Anthroposophie, in der Neuauflage seiner erkenntniswissenschaftlichen Frühschrift *«Grundlinien einer Erkenntnistheorie der Goetheschen Weltanschauung»* von 1886: «In Wahrheit ist in meinen späteren [anthroposophischen] Veröffentlichungen kein Verlassen der Idee des Erkennens vorhanden, die ich in dieser Schrift ausgebildet habe, sondern nur die Anwendung dieser Idee auf die geistige

Erfahrung» (Steiner, 1979 a, 138). Franz Brentano hat bereits 1868 die These vertreten, dass die wahre philosophische Forschungsart keine andere sein könne als die in den Naturwissenschaften geübte: «Vera philosophiae methodus nulla alia nisi scientiae naturalis est» (zitiert in Steiner, 1976 c, 81); und er hat diese Methode auch zur Grundlage seiner *«Psychologie vom empirischen Standpunkte»* gemacht (Brentano, 1874). Steiner vertritt die Auffassung, dass dieselbe Methode auf die höhere, geistige Erfahrung anzuwenden sei, die an der gekennzeichneten Grenze des gewöhnlichen Bewusstseins beginne. Damit könne die naturwissenschaftliche und psychologische Anthropologie in die Anthroposophie hineingeführt werden. In diesem Sinn strebe die Anthroposophie für das *geistige* Erkennen in der heutigen Zeit etwas Analoges an, wie im Zeitalter von Kopernikus und Galilei für das Naturerkennen begonnen wurde (Steiner, 1965 c, 183):

> Dasjenige nun, was dazumal versucht worden ist für die Naturwissenschaft in der Ausbeutung und Erklärung der Geheimnisse der Natur, versucht, für den Geist und für das Seelische, die Geisteswissenschaft in der heutigen Zeit. Nichts anderes will diese Geisteswissenschaft in ihren Grundlagen sein, als für das geistig-seelische Leben etwas Ähnliches, wie die Naturwissenschaft es dazumal geworden ist für das äußere Naturleben.

Und die Fähigkeit, auf einem geistigen Wahrnehmungsgebiet *Wissenschaft* zu betreiben, werde zunächst an der Naturwissenschaft herangebildet, wie Steiner 1910 in seiner anthroposophischen Hauptschrift *«Die Geheimwissenschaft im Umriss»* darlegte (Steiner, 1977, 36):

> Geheimwissenschaft[162] will die naturwissenschaftliche Forschungsart und Forschungsgesinnung, die auf ihrem Gebiete sich an den Zusammenhang und Verlauf der sinnlichen Tatsachen hält, von dieser besonderen Anwendung loslösen, aber sie in ihrer denkerischen und sonstigen Eigenart festhalten. Sie will über Nichtsinnliches in derselben Art spre-

162 In dieser Schrift verwendet Steiner anstelle von und gleichbedeutend mit «Geisteswissenschaft» meist den Ausdruck *«Geheimwissenschaft»*. Damit ist nicht etwa auf «Geheimes» im Sinn von Geheimgehaltenem, anderen Menschen Vorenthaltenem gedeutet (die Publikation dieser *«Geheimwissenschaft im Umriss»* wäre sonst ja auch etwas völlig Widersinniges), sondern auf die – öffentliche – Darstellung von Methode und Inhalt geisteswissenschaftlicher Forschung, deren Gegenstand, die geistige Wahrnehmungswelt im obgenannten Sinn, dem gewöhnlichen Sinnesbewusstsein nicht zugänglich und *insofern* «geheim» ist. (Man vergleiche dazu das Kapitel «Charakter der Geheimwissenschaft» in: Steiner, 1977, 33 ff.)

chen, wie die Naturwissenschaft über Sinnliches spricht. Während die Naturwissenschaft im Sinnlichen mit dieser Forschungsart und Denkweise stehenbleibt, will Geheimwissenschaft die seelische Arbeit an der Natur als eine Art Selbsterziehung der Seele betrachten und das Anerzogene auf das nichtsinnliche Gebiet anwenden. Sie will so verfahren, dass sie zwar nicht über die sinnlichen Erscheinungen als solche spricht, aber über die nichtsinnlichen Weltinhalte so, *wie* der Naturforscher über die sinnenfälligen. Sie hält von dem naturwissenschaftlichen Verfahren die seelische Verfassung innerhalb dieses Verfahrens fest, also gerade das, durch welches Naturerkenntnis Wissenschaft erst wird. Sie darf sich deshalb als Wissenschaft bezeichnen.

Gegenstand dieser Geisteswissenschaft ist, wie geschildert, die geistige Wahrnehmungswelt als *wirkende Realität*, an die das naturwissenschaftliche Erkennen an der geschilderten Erkenntnisgrenze anstößt. «In diesem Sinne meint Anthroposophie mit ihrer Forschung da beginnen zu können, wo Anthropologie aufhört» (Steiner, 1976e, 13). Und dieser Grenzpunkt ist, wie dargestellt, die *Erfahrung der Denktätigkeit im reinen Denken*, die sich jeder wirklich denkende Mensch, d.h. insbesondere der Naturwissenschaftler, durch eigene innere Empirie klarmachen kann. Um oft auftretende Missverständnisse bezüglich des Begriffs «Geist» im hier gemeinten Sinn zu vermeiden, sei deshalb ausdrücklich darauf hingewiesen, dass Steiner unter «Geist» zunächst nichts anderes versteht als das, was jeder Denker so in sich erleben kann: «Ja, man kann sagen, wer die Wesenheit des Geistigen in der Gestalt, in der sie sich dem Menschen *zunächst* darbietet, erfassen will, kann dies in dem auf sich selbst beruhenden Denken» (Steiner, 1978b, 145).

Und was dort erlebt wird, ist nicht nur der reine, abstrakte Begriffs*inhalt*, sondern, worauf insbesondere schon Johann Gottlieb Fichte hingewiesen hat, auch die vom Ich produzierte *Denktätigkeit* in ihrem Vollzug. Und das ist ein geistiges *Wahrnehmungserlebnis*, das durch seine Art die grundsätzliche Möglichkeit erweist, dass der Mensch in seinem klaren Wachbewusstsein wirkenden Geist *wahrnehmen* kann. Von da aus ergibt sich der Gedanke, dass möglicherweise auch *anderes* Realgeistiges wahrgenommen werden könnte. Steiner formuliert das in den Zusätzen zur Neuausgabe seiner *«Philosophie der Freiheit»* von 1918 folgendermaßen (Steiner, 1978b, 256):

> Darf aus dem Gesichtspunkte, der sich bloß aus dem intuitiv[163] erlebten Denken ergibt, berechtigt *erwartet* werden, dass der Mensch außer

163 Der Begriff der *Intuition* oder des *intuitiven Erlebens* ist bei Steiner in der *«Philosophie der Freiheit»* nicht im halbbewussten Sinn des heute üblichen Wortge-

> dem Sinnlichen auch Geistiges *wahrnehmen* könne? Dies darf erwartet werden. Denn, wenn auch *einerseits* das intuitiv erlebte Denken ein im Menschengeiste sich vollziehender tätiger Vorgang ist, so ist es *andererseits* zugleich eine geistige, ohne sinnliches Organ erfasste Wahrnehmung. Es ist eine Wahrnehmung, in der der Wahrnehmende selbst tätig ist, und es ist eine Selbstbetätigung, die zugleich wahrgenommen wird. Im intuitiv erlebten Denken ist der Mensch in eine geistige Welt auch als Wahrnehmender versetzt.

Dabei wird freilich noch kein *anderes* wirkendes Geistiges erlebt als dasjenige des eigenen Denkens. Und doch ist dieses der Ausgangspunkt für das höhere geistige Wahrnehmen, wie Steiner in einer seiner Hauptschriften zur geistigen Schulung, *«Wie erlangt man Erkenntnisse der höheren Welten?»*, ausführt (Steiner, 1975 b, 220):

> Für die hier gemeinte übersinnliche Seelenbetätigung ist es außerordentlich bedeutsam, in voller Klarheit das Erleben des reinen Denkens zu durchschauen. Denn im Grunde ist dieses Erleben selbst schon eine übersinnliche Seelenbetätigung. Nur eine solche, durch die man noch nichts Übersinnliches schaut. Man lebt mit dem reinen Denken im Übersinnlichen; aber man erlebt nur *dieses* auf eine übersinnliche Art; man erlebt noch nichts anderes Übersinnliches. Und das übersinnliche Erleben muss sein eine Fortsetzung desjenigen Seelen-Erlebens, das schon im Vereinigen mit dem reinen Denken erreicht werden kann. Deshalb ist es so bedeutungsvoll, diese Vereinigung richtig erfahren zu können.

Aus dieser Erfahrung ergibt sich dann die Perspektive einer *Fortsetzung* dieser Art von geistigem Wirklichkeitserleben auf mögliche *weitere* Erfahrungen wirkenden Geistes, so wie das von Schelling und Novalis postuliert worden war. Steiner formuliert das so (Steiner, 1978 b, 256):

---

brauchs gemeint, sondern im vollbewussten, *rein denkerischen* Sinn. «Intuition» ist sowohl der Denk*inhalt*, der im Erkennen der Wahrnehmung entgegengebracht werden muss, wie auch die *Form*, in welcher er auftritt, also die Denk*tätigkeit* (vgl. Kap. 2.3). Und auch das *Erleben* dieser Denktätigkeit wird als Intuition bezeichnet, und das ist im obigen Text unter «intuitiv erlebtes Denken» gemeint. Allgemein, sowohl das Erleben des Denkinhaltes wie der Denktätigkeit einschließend, bestimmt Steiner den Begriff der Intuition wie folgt: «*Intuition* ist das im rein Geistigen verlaufende bewusste Erleben eines rein geistigen Inhaltes. Nur durch eine Intuition kann die Wesenheit des Denkens erfasst werden» (Steiner, 1978 b, 146).

> Im intuitiv erlebten Denken ist der Mensch in eine geistige Welt auch als Wahrnehmender versetzt. Was ihm innerhalb dieser Welt als Wahrnehmung so entgegentritt wie die geistige Welt seines eigenen Denkens, das erkennt der Mensch als geistige Wahrnehmungswelt. Zu dem Denken hätte *diese* Wahrnehmungswelt dasselbe Verhältnis wie nach der Sinnenseite hin die sinnliche Wahrnehmungswelt. Die geistige Wahrnehmungswelt kann dem Menschen, sobald er sie erlebt, nichts Fremdes sein, weil er im intuitiven Denken schon ein Erlebnis hat, das rein geistigen Charakter trägt. Von einer solchen geistigen Wahrnehmungswelt sprechen eine Anzahl der von mir nach diesem Buche veröffentlichten Schriften. Diese ‹Philosophie der Freiheit› ist die philosophische Grundlegung für diese späteren Schriften. Denn in diesem Buche wird versucht, zu zeigen, dass richtiges Denk-Erleben schon Geist-Erleben *ist.* Deswegen scheint es dem Verfasser, dass derjenige nicht vor dem Betreten der geistigen Wahrnehmungswelt haltmachen wird, der in vollem Ernste den Gesichtspunkt des Verfassers dieser ‹Philosophie der Freiheit› einnehmen kann. Logisch ableiten – durch Schlussfolgerungen – lässt sich aus dem Inhalte dieses Buches allerdings nicht, was in des Verfassers späteren Büchern dargestellt ist. Vom lebendigen Ergreifen des in diesem Buche gemeinten intuitiven Denkens wird sich aber naturgemäß der weitere lebendige Eintritt in die geistige Wahrnehmungswelt ergeben.

Im *«lebendigen Ergreifen»* des intuitiven, tätig erlebten *Denkens* werde sich «naturgemäß der weitere *lebendige Eintritt in die geistige Wahrnehmungswelt* ergeben»: Damit ist auf die *Methode* gedeutet, die gemäß Steiner zur Erweiterung des Denkerlebens in weiteres lebendiges Geisterleben führt, und über welche die philosophischen Vorläufer Steiners wie Troxler und I. H. Fichte noch keine klaren Vorstellungen hatten[164]. Diese Methode beruht nach

---

164 So spricht Troxler lediglich von der «Selbstentwicklung», die von der menschlichen Seele mit Hilfe der Denktätigkeit zu leisten wäre, denn das Denken ist dasjenige, das den Menschen, der im Sinnlichen dem Objekt äußerlich gegenübersteht, auf *innere, geistige Weise* mit diesem Objekt verbindet. Deswegen müsse der Mensch zur Erreichung einer höheren, geistigen Anschauung «über die Sinnlichkeit hinaus» gelangen, aber eben «nicht in der Richtung der Außenwelt, sondern in der zu uns selbst». Das führe zu einer grundlegenden Veränderung oder «Inversion» der Erkenntnisrichtung; und diese habe mit Entwicklung des Denkens zu tun. Denn das Denken sei «nichts anderes als eine der Gewalt unsers höhern Selbstes unterworfene Naturkraft». Aber wie diese Kraft zwecks Erlangung eines höheren Wahrnehmungsvermögens zu verwenden sei, wird nirgends ausgeführt. Troxler spricht lediglich von «Vereinigung aller Seelenkräfte» und nennt diese Tätigkeit in seiner *«Logik»* auch «Meditation» und «Kontemplation» (vgl. dazu Heusser, 1984, 264–267).

der Darstellung Steiners in ihrer Hauptsache darauf, dass die *Denkkraft*, deren Ausbildung seit Anbruch der auf Wahrnehmung und Denken beruhenden Erkenntnisweise seit Aristoteles zur Entwicklung der Naturwissenschaft geführt hat, in sich noch *verstärk*t wird. Steiner führt dazu im ersten Kapitel der zusammen mit der Ärztin Ita Wegman verfassten Schrift «*Grundlegendes für eine Erweiterung der Heilkunst nach geisteswissenschaftlichen Erkenntnissen*» aus (Steiner & Wegman, 1991):

> Die Anthroposophie bildet, bevor sie über das Geistige Aussagen macht, die Methoden aus, die sie berechtigen, solche Aussagen zu machen. Um einen Einblick in diese Methoden zu bekommen, bedenke man das Folgende: Alle Ergebnisse der gegenwärtig anerkannten Naturwissenschaft sind im Grunde aus den Eindrücken der menschlichen Sinne gewonnen. Denn wenn auch der Mensch im Experiment oder in der Beobachtung mit Werkzeugen das erweitert, was die Sinne ihm geben können, so kommt dadurch nichts *wesentlich* Neues zu den Erfahrungen über *die* Welt hinzu, in der der Mensch durch seine Sinne lebt.
>
> Aber auch durch das Denken, insofern dieses bei der Erforschung der physischen Welt tätig ist, kommt nichts Neues zu dem sinnenfällig Gegebenen hinzu. Das Denken kombiniert, analysiert usw. die Sinneseindrücke, um zu Gesetzen (Naturgesetzen) zu gelangen; aber es muss sich der Erforscher der Sinneswelt sagen: dieses Denken, das da aus mir hervorquillt, fügt etwas Wirkliches zu dem Wirklichen der Sinneswelt nicht hinzu.
>
> Das aber wird sogleich anders, wenn man nicht bei dem Denken stehen bleibt, zu dem es der Mensch zunächst durch Leben und Erziehung bringt. Man kann dieses Denken in sich verstärken, erkraften.

Es geht also um eine *Verstärkung* des Denkens, das man sich insbesondere durch ein akademisches Studium und die damit zusammenhängende (natur) wissenschaftliche Tätigkeit erworben hat. Auf welche Weise diese Verstärkung des Denkens erübt werden kann, wird im Folgenden dargestellt (ebd.):

> Man kann einfache, leicht überschaubare Gedanken in den Mittelpunkt des Bewusstseins stellen, und dann, mit Ausschluss aller anderen Gedanken, alle Kraft der Seele auf solchen Vorstellungen halten. Wie ein Muskel erstarkt, wenn er immer wieder und wieder in der Richtung der gleichen Kraft angespannt wird, so erstarkt die seelische Kraft mit Bezug auf dasjenige Gebiet, das sonst im Denken waltet, wenn sie in der angegebenen Art Übungen macht. Man muss betonen, dass diesen Übungen einfache, leicht überschaubare Gedanken zugrunde liegen müssen. Denn

> die Seele darf, während sie solche Übungen macht, keinerlei Einflüssen eines halb oder ganz Unbewussten ausgesetzt sein. (Wir können hier nur das Prinzip solcher Übungen angeben; eine ausführliche Darstellung und Anleitung, wie solche Übungen im Einzelnen zu machen sind, findet man in Rudolf Steiners ‹Wie erlangt man Erkenntnisse der höheren Welten?›, in dessen ‹Geheimwissenschaft› und in anderen anthroposophischen Schriften.)
>
> Es liegt nahe, den Einwand zu erheben, dass jemand, der sich so mit aller Kraft bestimmten, in den Mittelpunkt des Bewusstseins gerückten Gedanken hingibt, allerlei Autosuggestionen und dergleichen ausgesetzt ist, und dass er einfach in das Gebiet der Einbildung hineinkommt. Allein Anthroposophie zeigt zugleich, wie die Übungen verlaufen müssen, damit dieser Einwand völlig unberechtigt ist. Sie zeigt, wie man während des Übens so fortschreitet wie beim Lösen eines arithmetischen oder geometrischen Problems. Wie da das Bewusstsein nirgends ins Unbewusste ausgleiten kann, so auch nicht während des angedeuteten Übens, wenn die anthroposophischen Anleitungen richtig befolgt werden.

Das Wesentliche dieser Übungen, die das *Prinzip* der *Meditation* zur Erwerbung höherer Erkenntnisse im Sinne Steiners darlegen, ist also das *Verstärken* oder *«Erkraften»* der *Denktätigkeit*, wie sie etwa bei geometrischen oder mathematischen Übungen ausgeübt wird. Die «einfachen, leicht überschaubaren Gedanken», auf die sich dabei das Denken zu konzentrieren hat, können z.B. geometrische Vorstellungen sein (Steiner, 1961a) oder einfache symbolische Sinnbilder oder «Imaginationen» (Steiner, 1977), konzentrierte Aufmerksamkeitsübungen in der Natur (Steiner, 1975b), Rückwärtsvorstellen von erinnerten Ereignissen (Steiner, 1977, 338ff.), ferner auch Denkanstrengungen an sog. «Grenzvorstellungen», d.h. an zunächst unlösbar erscheinenden wissenschaftlichen Problemen an den Grenzen des Erkennens (Steiner, 1976a). Das sind alles wiederholte und ausdauernde mentale Tätigkeiten oder Übungen, die nur durch *aktive Konzentrierung der Denk- oder Vorstellungskraft* geleistet werden können. Stets kommt es darauf an, dass sich daran die Vorstellungs- oder Denk*kraft* verstärkt, so wie sich die Muskelkraft in analoger Weise durch regelmäßig durchgeführte Klimmzüge an der Reckstange verstärkt. In Steiners Worten: «Auf den Inhalt der Vorstellungen, welche das imaginative Erleben erfüllen, kommt nichts an; dagegen alles auf die Seelenfähigkeit, die an diesem Erleben herangebildet wird» (Steiner, 1977, 317).

Als *Folge* dieses Übens wird nach Steiners Darstellung nicht nur die Denk- oder Vorstellungskraft *verstärkt*, sondern es wird das Verstärkte im Vollzug auch verstärkt *wahrgenommen*, und die Kraft der *geistigen Wahrneh-*

mungsfähigkeit erweitere sich vom Gewahrwerden der Denkkraft auf weitere Kraftbereiche, die vorher dem Bewusstsein verborgen waren (Steiner & Wegman, 1991, 10):

> Im Verfolge dieses Übens kommt man zu einer Verstärkung der *Denkkraft*, von der man vorher keine Ahnung hatte. Man fühlt die waltende Denkkraft in sich wie einen neuen Inhalt des Menschenwesens. Und zugleich mit diesem Inhalt seines eigenen Menschenwesens offenbart sich ein Weltinhalt, den man vorher vielleicht geahnt, aber nicht durch Erfahrung gekannt hat. Sieht man einmal in Augenblicken der Selbstbeobachtung auf das gewöhnliche Denken hin, so findet man die Gedanken schattenhaft, blass gegenüber den Eindrücken, die die Sinne geben.
>
> Was man jetzt in der verstärkten Denkkraft wahrnimmt, ist durchaus nicht blass und schattenhaft; es ist vollinhaltlich, konkret-bildhaft; es ist von einer viel intensiveren Wirklichkeit als der Inhalt der Sinneseindrücke. Es geht dem Menschen eine neue Welt auf, indem er auf die angegebene Art die Kraft seiner Wahrnehmungsfähigkeit erweitert.

Mit dem *«neuen Inhalt des Menschenwesens»* ist – so die weitere Darstellung – diejenige Kraftorganisation gemeint, aus der die Denkkräfte stammen bzw. von der sie einen Teil darstellen. Das sind gemäß Steiner die *ätherischen* Kräfte, die im organischen Aufbau des physischen Körpers für Wachstum und Gestaltung verantwortlich sind, und von denen gegen Ende des ersten Jahrsiebts die Reifung des Zentralnervensystems so weit zustande gebracht werde, dass sich fortan ein Teil davon aus der physischen Organisation lösen und als Vorstellungs- und Denkkräfte in einer solchen Form benutzt werden können, dass die Schulreife erreicht wird[165].

Die angegebenen Übungen haben also zum Ziel, die geistige Wahrnehmungsfähigkeit von der eignen Denkkraft auf das Kraftende der eigenen ätherischen Organisation überhaupt auszudehnen, also im physischen Leib den ätherischen Leib empirisch erfahrbar zu machen (Steiner, 1961 a). Und mit dem neu wahrgenommenen «Weltinhalt» ist das objektive Ätherische der äußeren Welt gemeint, das man gemäß Steiners Darstellung durch die Vermittlung der verstärkten Denkkraft, also der eigenen ätherischen Organisation, in analoger Weise wahrnehmen kann, wie man durch die Vermittlung der eige-

165 Vgl. dazu die Kapitel 4.11 und 5.3–5.4 sowie I.H. Fichtes Hypothese einer vorbewussten organischen «leibgestaltenden Phantasietätigkeit der Seele», die als Raumformen gestaltende Kraft im Organismus wirkt, bevor sie in der Entwicklung aus diesem für ihre bewusste Tätigkeit als Vorstellungs- und Denkkraft befreit wird.

nen physischen Organisation das objektive äußere Physische erfährt. So soll die Fähigkeit ausgebildet werden, die – gewissermaßen von Faust gesuchten – Wirkkräfte des Lebendigen, überhaupt das Wirkende, Gestaltende in Natur und Kosmos empirisch *erfahren* zu können, dessen Existenz und Charakteristik vorher aufgrund des sinnlich anschaubaren Bewirkten nur denkerisch *erschlossen* werden konnte.

Durch seine eigene *Verstärkung* würde demgemäß das wissenschaftliche Denken in die Lage kommen, in sich nicht nur «schattenhafte» abstrakte Denkinhalte zu denken, wie das im Denken des gewöhnlichen Bewusstseins der Fall ist, sondern «vollinhaltliche, konkret-bildhafte», die gemäß Steiners Darstellung sogar ein intensiveres – weil kraftendes – empirisches Erlebnis darstellen als die – extensiven – Sinneswahrnehmungen. Das wäre jenes «Fichtisieren», jene «neue Art zu denken», von der Novalis im Anschluss an Johann Gottlieb Fichte spricht, und die es erlauben würde, «alle Sachen, wie man sein Ich anschaut, zu betrachten – als *eigene Tätigkeit*».

Man begreift aus diesen Gesichtspunkten auch, warum Steiner solchen Wert darauf legt, dass die Übungen zur geistigen Anschauung auf *Erkraftung des Denkens* beruhen und dabei in vollbesonnener Art so vollzogen werden müssen «wie beim Lösen eines arithmetischen oder geometrischen Problems», und warum das auf Denken beruhende «gesunde gewöhnliche Bewusstsein die notwendige Voraussetzung für das schauende Bewusstsein ist» (Steiner, 1976e, 141). Denn die Freiheit, Selbstbewusstheit und kritische Selbstkontrolle des gewöhnlichen Bewusstseins beruhen darauf, dass das selbstgenerierte Denken in sich die klaren Denkinhalte und durch diese die Erfahrungswelt durchschaut (vgl. Kap. 5.8), und dass diese Denkinhalte dabei abstrakt, kraftlos und «schattenhaft» sind, d.h. *keine Kraft oder Zwang auf den Denker ausüben.* Am kraftlosen Denkinhalt des gewöhnlichen Bewusstseins erkraftet sich die Eigenkraft des Denkers. Dieser begreift sich und die Welt durch seine *eigene* Kraft und Einsicht. Werden im – durch Übung verstärkten – Denken nun *kraftende* Inhalte wahrgenommen im Sinne des geschilderten schauenden Bewusstseins, so muss diesen gegenüber die Einsichts- und Freiheitsfähigkeit des Menschen *erhalten,* ja *gesteigert* werden, um sie bewusstseinsmäßig aushalten zu können; und deswegen muss die Denktätigkeit *ihre eigene* Kraft gesteigert haben, um der *Kraft dieser Inhalte* mit der gleichen Freiheit und Selbständigkeit innerlich gegenübertreten zu können, wie das gegenüber kraftlosen Ideen der Fall ist. Ohne diese Voraussetzung wäre die gesunde Aufrechterhaltung des Selbstbewusstseins in Frage gestellt, wie Steiner auch in *«Von Seelenrätseln»* deutlich macht (Steiner, 1976e, 141):

> Wenn aber das Selbstbewusstsein nicht bereits ein Erworbenes wäre vom gewöhnlichen Bewusstsein her: es könnte im schauenden Bewusst-

> sein nicht ausgebildet werden. Man kann hieraus begreifen, dass das gesunde gewöhnliche Bewusstsein die notwendige Voraussetzung für das schauende Bewusstsein ist. Wer glaubt, ein schauendes Bewusstsein ohne das tätige gesunde gewöhnliche Bewusstsein entwickeln zu können, der irrt gar sehr. Es muss sogar das gewöhnliche Bewusstsein in jedem Augenblicke das schauende Bewusstsein begleiten, weil sonst dies letztere Unordnung in die menschliche Selbstbewusstheit und damit in das Verhältnis des Menschen zur Wirklichkeit brächte. Anthroposophie kann es bei ihrer schauenden Erkenntnis nur mit einem solchen Bewusstsein, nicht aber mit irgendeiner Herabstimmung des gewöhnlichen Bewusstseins zu tun haben.

Und daraus erhellt sich auch die grundsätzliche Bedeutung, die das insbesondere von Wissenschaftlern auszubildende *reine Denken* als Voraussetzung für alle höhere Erkenntnis im Sinne Steiners hat (Steiner, 1965 a, 321 – 322):

> In meinem vor kurzem erschienenen Buch ‹*Vom Menschenrätsel*› habe ich das ‹schauende Bewusstsein› beschrieben – in Anlehnung an die Goethesche Idee von der ‹anschauenden Urteilskraft›. Ich verstehe darunter die Fähigkeit des Menschen, sich eine geistige Welt zur unmittelbaren Anschauung und Beobachtung zu bringen. Meine früheren Schriften behandeln das reine Denken so, dass ersichtlich ist, ich zähle dieses durchaus zu den Verrichtungen des ‹schauenden Bewusstseins›. Ich sehe in diesem reinen Denken die erste, noch schattenhafte Offenbarung der geistigen Erkenntnisstufen. Man kann aus meinen späteren Schriften überall ersehen, dass ich als höhere geistige Erkenntniskräfte nur diejenigen anzusehen vermag, die der Mensch in einer ebensolchen Art entwickelt wie das reine Denken. Ich lehne für den Bereich der geistigen Erkenntniskräfte jede menschliche Verrichtung ab, die unter das reine Denken herunterführt, und erkenne nur eine solche an, die über dieses reine Denken hinausgeleitet. Ein vermeintliches Erkennen, das nicht in dem reinen Denken eine Art Vorbild anerkennt und das sich nicht im Gebiete derselben Besonnenheit und inneren Klarheit bewegt wie das ideenscharfe Denken, kann nicht in eine wirklich geistige Welt führen.

In diesem Punkt unterscheidet sich der von Steiner vertretene *abendländische* geistige Schulungsweg diametral von orientalischen oder anderen Meditationsmethoden zur Bewusstseinserweiterung, insofern diese nicht an der Denk- und Urteilsfähigkeit ansetzen. So beruht z. B. die «*Transzendentale Meditation*» darauf, dass die *Denktätigkeit* geradezu *ausgesetzt* wird, um den Meditationsinhalten (mantrische Worte aus dem Sanskrit) oder von selbst aus unbewussten Seelentiefen auftauchenden Gedanken, Gefühlen oder gar körperlichen Empfindungen freien Lauf zu lassen: «Wir leben auf der Ebene spontanen Sprechens, nicht auf der des Denkens, nicht einmal des völligen Verstehens. [...] Die Erfahrung des anstrengungslosen Denkens ist der zentrale Punkt und die Voraussetzung für die Erfahrung des Absoluten» (Mildenberger & Schöll, 1977, 83–84). Die Erfahrung des «Absoluten», «Transzendenten» werde dann aber nicht in actu, sondern «erst hinterher» (ebd., 72) bewusst. Im Gegensatz dazu beruhen die von Steiner angegebenen Übungen von Meditation und Kontemplation ganz im Sinne Fichtes und Hegels auf der *Anstrengung*, ja *Verstärkung* der schon im reinen, wissenschaftlichen Denken geübten Denk*tätigkeit*. Denn diese tritt vollbewusst, aktiv und in actu ins «Absolute» ein, wie Hegel das der Welt zugrunde liegende Geistige auch nennt (Hegel, 1979). Das ist – wie dargestellt – zunächst nur in Form von reinen, abstrakten Gedanken der Fall, in denen sich der menschliche Geist aber bereits im «Transzendenten» befindet, nämlich im inneren Wesen der äußeren Erscheinung: «Das Gewahrwerden der Idee in der Wirklichkeit ist die wahre Kommunion des Menschen» (Steiner, 1973 g, 126). Bei weiterer Verstärkung der Denkkraft werde dann aber auch das *Lebendige, Aktive*, d. h. die *Kraft vollbewusst erfahren*, mit der die Idee ihre Wirkungen in der Erscheinung vollzieht (Steiner, 1976 e). Aber die Betätigung der Denkkraft ist schon der erste Punkt, in dem kraftender, lebendiger Geist vollbewusst erfahren wird. Deshalb muss von hier aus weitergeschritten werden.

Diese Haltung Steiners gegenüber der Aufgabe des tätigen Denkens beim Überschreiten der Grenze zwischen dem Erleben des abstrakten und des wirkenden Geistes ist von der allergrößten Bedeutung. Denn dadurch wird für die Fortentwicklung des Bewusstseins nahtlos an die denkende Bewusstseinsform angeknüpft, die mit dem Zeitalter der griechischen Philosophie begann, und auf der die Entwicklung der abendländischen *Wissenschaft* beruht. Evolutorisch bedeutet das eine *Weiter*entwicklung der menschlichen Bewusstseinsfähigkeiten, wogegen das Rekurrieren auf ältere, oft orientalische Methoden in gewissem Sinn eine *Rückkehr* zu spirituellen Bewusstseinsformen bedeutet, die einer früheren, vorintellektuellen und vorwissenschaftlichen Zeit entsprechen. Die Anwendung des zuerst von der abendländischen Naturwissenschaft entdeckten *Entwicklungsprinzips* in der Natur auf das Geistige und das Bewusstsein könnte jedoch zu einem für diese Fragen wichtigen Gesichtspunkt führen, wie er bereits von Troxler 1828 zum Ausdruck gebracht worden ist (Troxler, 1944, 53):

> Es wird aber auch nicht [...] die ganze neuere Philosophie als eine fruchtlose Verirrung, als ein bloßer Abfall ohne Fortschritt anzusehen sein, sodass man ganze Jahrhunderte hindurchgehend Bemühungen

der größten Geister nur als eitle, nutzlose Werke aus Tagebüchern der Geschichte des menschlichen Geistes auszustreichen und nichts besseres zu tun hätte, als wieder zu Plato und Pythagoras, oder gar zur Weisheit der Ägypter und Inder, oder der Chinesen, oder überhaupt der Sagen und Mythen der alten Welt zurückzukehren.

Damit sind die Richtung und das Grundsätzliche des übersinnlichen Erkennens im Sinne der abendländischen Anthroposophie in einigen Grundzügen skizziert. Dieses Erkennen beruht auf der Übertragung und Anwendung des im Untersuchen sinnlicher Gegenstände ausgebildeten *naturwissenschaftlichen Erkenntnisprinzips auf übersinnliche Wahrnehmungen.*

Das setzt einerseits die durch systematische Übung auszubildende *Fähigkeit zu übersinnlicher Wahrnehmung*[166] voraus; und diese ist ihrerseits eine Verstärkung und Fortbildung des schon im reinen Denken des gewöhnlichen Bewusstseins vorhandenen geistigen Wahrnehmens. Andererseits genügt das bloße *Wahrnehmen* für eine Geistes-«Wissenschaft» ebenso wenig wie für die Naturwissenschaft; die *Gesetze* des Wahrgenommenen müssen *begriffen* und mit dem Wahrgenommenen evident zur Übereinstimmung gebracht werden. Deswegen schreibt Steiner in seiner «*Philosophie der Freiheit*» in Bezug auf die geistige Wahrnehmungswelt, die wie diejenige der eigenen Denkkraft ins Auge gefasst wird, an der oben bereits zitierten Stelle (Steiner, 1978 b): «Zu dem Denken hätte *diese* Wahrnehmungswelt dasselbe Verhältnis wie nach der Sinnenseite hin die sinnliche Wahrnehmungswelt». Und deshalb macht Steiner noch in seinem vorletzten Lebensjahr, in der Neuauflage seiner «*Grundlinien einer Erkenntnistheorie der Goetheschen Weltanschauung*» von 1924 die Bemerkung: «In Wahrheit ist in meinen späteren Veröffentlichungen kein Verlassen[167] der Idee des Erkennens vorhanden, die ich in dieser Schrift aus-

166 Eine ausführliche Darstellung dieses Erkenntniswegs ist in Steiners anthroposophischen Grundschriften zu finden (Steiner, 1975 b; Steiner, 1978 d; Steiner, 1977).

167 Diese Textpassage wie auch die vorhergehende aus «*Die Philosophie der Freiheit*» sind hier nicht nur zur nochmaligen Verdeutlichung von Steiners allgemeinem, von ihm auf *alle* Wissenschaftsformen angewandten Erkenntnisbegriff zitiert, sondern auch deswegen, weil seit Steiners Lebzeit manche Kritiker einen Bruch zwischen Steiners früheren erkenntniswissenschaftlich-philosophischen und seiner späteren anthroposophischen Schaffensphase haben sehen wollen. So z. B. auch Zander, der allerdings im Wesentlichen frühere Kritiker kompiliert und sich trotz seiner Vorgabe, «historisch-kritisch» vorgehen zu wollen, nicht einmal im Kapitel «Wissenschaft» der Mühe unterzieht, Steiners Erkenntnisbegriff aus den erkenntniswissenschaftlichen Grundschriften zu rezipieren und seine Anwendung auf die Geisteswissenschaft zu beachten, und so die von Steiner ausführlich dargestellte wissenschaftliche Grundlage der Anthroposophie einfach außer Acht lässt (Zander, 2007).

gebildet habe, sondern nur die Anwendung dieser Idee auf die geistige Erfahrung» (Steiner, 1979a, 138).

In diesem Sinn beruht die Anthroposophie auf der *Weiterentwicklung* des geistigen Vermögens, dem das Denken des gewöhnlichen Bewusstseins und die Naturwissenschaft zu verdanken sind, wodurch – unter Vermeidung einer vordenkerischen Mystik – eine Geistes*wissenschaft* möglich wird. Steiner drückt das in seinem Aufsatz «*Philosophie und Anthroposophie*» so aus (Steiner, 1965b, 66):

> Unter Anthroposophie verstehe ich eine wissenschaftliche Erforschung der geistigen Welt, welche die Einseitigkeiten einer bloßen Natur-Erkenntnis ebenso wie diejenigen der gewöhnlichen Mystik durchschaut, und die, bevor sie den Versuch macht, in die übersinnliche Welt einzudringen, in der erkennenden Seele erst die im gewöhnlichen Bewusstsein und in der gewöhnlichen Wissenschaft noch nicht tätigen Kräfte entwickelt, welche ein solches Eindringen ermöglichen.

Steiner unterscheidet dabei *drei Stufen* des übersinnlichen Wahrnehmens und Erkennens (Steiner, 1977), die in diesem Kontext nur kurz erwähnt werden können. Die erste ist die bereits charakterisierte, die durch eine systematische Verstärkung des *Denkens* zustande kommt und gemäß Steiners Darstellung zur Wahrnehmung der *ätherischen Kräfte* und damit der *Lebensvorgänge* in Mensch und Natur führe. Diese Stufe bezeichnet Steiner als die «*imaginative*» Wahrnehmungs- und Erkenntnisstufe. Von da ausgehend beruhe die zweite Stufe auf einer abermaligen systematischen Verstärkung der Seelenkräfte, die jetzt auch spezifisch das *Fühlen* umfasst und zu einer direkten empirischen Erkenntnis der *seelischen* Kräfte und Wesen in Mensch und Kosmos führe, d.h. für die menschliche und tierische Organisation zu einer Erkenntnis des Wirkens des *Astralleibes*. Steiner nennt diese Erkenntnis die «*inspirative*» oder «*Inspiration*». Und als dritte Stufe übersinnlichen Erkennens schildert Steiner diejenige der höheren, geisteswissenschaftlichen «*Intuition*», die auf einer systematischen und vollbewussten Verstärkung des *Wollens* beruhe und zu einer Erkenntnis des rein geistig Wesenhaften in Mensch und Kosmos führe, im menschlichen Organismus zu einer Erkenntnis des Wirkens der Ich-Organisation (Steiner, 1978d; Steiner, 1977).

Doch jede dieser Erkenntnisstufen setze die für die Naturwissenschaft geltende Bewusstseinsverfassung und das Prinzipielle ihrer Erkenntnisgewinnung *voraus* und *baue darauf auf*. Denn, wie Steiner z.B. auch in «*Die Rätsel der Philosophie*» anhand der Philosophie- und Bewusstseinsgeschichte darlegt (Steiner, 1968), das Prinzip der *Entwicklung* gilt nicht nur für das Organische, sondern auch für das *Bewusstsein*: Die Entwicklung habe aus früheren Formen des Bewusstseins und Erkennens das moderne *denkerische* Bewusstsein und das naturwissenschaftliche Erkennen hervorgebracht; und *dieses* könne jetzt die Basis für die folgenden Stufen des Bewusstseins und Erkennens bilden, wie Steiner u. a. 1920 in seinen Vorträgen über «*Grenzen der Naturerkenntnis*» darlegte (Steiner, 1969 b, 36 ff.):

> Wir müssen es auch im Menschenleben mit dem Begriff des Werdens ernst nehmen, das heißt, wir müssen ausgehen von dem, was gerade im hohen Maße disziplinierend ist an der modernen Naturwissenschaft, wir müssen uns an dem erziehen und müssen gewissermaßen das, was wir an strenger Methode, an wissenschaftlicher Disziplin uns anerzogen haben in der Naturwissenschaft der neueren Zeit [...] über diese Naturwissenschaft selber hinauszutreiben wissen, sodass wir in höhere Gebiete aufsteigen mit derselben Gesinnung, die wir in der Naturwissenschaft haben, aber mit Ausdehnung der Methoden auf ganz andere Gebiete. Ich glaube deshalb auch nicht und sage das ganz unumwunden, dass zu einem wirklichen geisteswissenschaftlichen Erkennen derjenige kommen kann, der nicht im strengen Sinne des Wortes eine naturwissenschaftliche Disziplin sich erworben hat, der nicht forschen und denken gelernt hat in den Laboratorien und durch die Methode der neueren Naturwissenschaft. Am allerwenigsten hat Geisteswissenschaft Veranlassung, diese neuere Naturwissenschaft zu unterschätzen. Im Gegenteil, sie weiß sie völlig zu schätzen.

Das gilt insbesondere auch für das Verhältnis der Anthroposophie zur naturwissenschaftlichen Medizin.

7.3 Zusammenfassung

Auch von anderen Denkern der mitteleuropäischen Geistes- und Wissenschaftsgeschichte ist die erwähnte Erkenntnisgrenze bemerkt und nach ihrer Überwindung gesucht worden. Schon J. G. Fichte (1762–1814), der Vater von I. H. Fichte, hatte in seiner *Wissenschaftslehre* darauf aufmerksam gemacht, dass im Denken nicht nur abstrakter Geist (Ideen, Gesetze), sondern auch *wirkender Geist* empirisch erlebbar sei, nämlich die vom Ich produzierte Denk*tätigkeit*. Damit beginne *im Denken* eine höhere, geistige Form der Anschauung. Schelling (1775–1854) und Novalis (1772–1801) fanden, dass man im Sinne Fichtes lernen müsse, auch *andere* geistige Tatsachen so anschauen zu lernen wie in sich das denktätige Ich: in ihrem ureigensten Tätigsein. Rudolf Steiner (1861–1925) stellte dar, wie die Denk*tä*-

tigkeit, wie man sie sonst etwa in der Mathematik oder der Geometrie betätigt, durch systematische Übung so *verstärkt* werden könne, dass sie in die Lage komme, in sich nicht nur die kraftlosen abstrakten Gesetzmäßigkeiten zu erleben wie das gewöhnliche Denken, sondern auch deren *Wirken wahrzunehmen*. Und geisteswissenschaftliche *Erkenntnis* liege nur vor, wenn das nicht-sinnliche Wirken nicht nur *wahrgenommen*, sondern gleichzeitig auch sein Gesetz *begriffen* werde. In diesem Sinn stützt sich die Anthroposophie im Sinne Steiners auf eine Erweiterung der geistigen Wahrnehmungsfähigkeit und auf die Übertragung des für die naturwissenschaftliche Anthropologie geltenden Erkenntnisprinzips auf Gebiete der nicht-sinnlichen Wirklichkeit. Das ist, was Steiner, in weitgehender Übereinstimmung mit seinen Vorgängern Troxler und I. H. Fichte, als *empirische Geisteswissenschaft* charakterisiert und *Anthroposophie* nennt. Neben dem naturwissenschaftlichen Erkennen der sinnlichen Gegenstände schildert Steiner drei Stufen des geisteswissenschaftlichen Erkennens, entsprechend den drei zum physischen Körper hinzukommenden höheren Organisationsgliedern des Menschen: Leben, Seele und Geist (Ich). Mit seinen vier Organisationsgliedern ist der Mensch auch den übrigen Naturreichen verwandt: Mineralreich (Substanzen), Pflanze (Leben), Tier (Seele) und Mensch (Geist).

8 Anthroposophische Geisteswissenschaft und naturwissenschaftliche Medizin

8.1 Viergliedriges Menschenbild als Grundlage der medizinischen Anthropologie, Nosologie und Therapie

Obwohl Steiner schon früh seit Beginn seiner geisteswissenschaftlichen Tätigkeit nach der Jahrhundertwende von Privatpersonen in persönlichen und dabei auch gesundheitlichen Dingen um Rat gefragt worden war und auch einzelnen Ärzten und Therapeuten vom geisteswissenschaftlichen Standpunkt aus Ratschläge in medizinischen Fragen erteilt hatte, wird der Beginn der anthroposophischen Medizin mit Recht mit dem Jahr 1920 datiert (van Deventer, 1992; Zander, 2007, Bd. 2, S. 1455 ff.), als Steiner auf Anfrage von interessierten Pharmazeuten und Ärzten begann, Vortragszyklen über geisteswissenschaftliche Aspekte der Medizin für Fachleute zu halten (Steiner, 1976 d). Diese Vorträge wurden bis 1924 fortgesetzt (Steiner, 2001; Steiner, 1989; Steiner, 2003 a; Steiner, 2003 b; Steiner, 1979 b; Steiner, 1994 b; Steiner, 1994 a), sie wurden in der Regel mitstenographiert und sind heute in der Rudolf Steiner Gesamtausgabe in Buchform erhältlich. 1921 wurden die ersten klinisch-therapeutischen Institute in Arlesheim bei Basel in der Schweiz und in Stuttgart eingerichtet (van Deventer, 1992), und in unmittelbarem Zusammenhang damit wurden auch die ersten Laboratorien zur Heilmittelherstellung aufgebaut, aus denen dann die Firma Weleda hervorging (Kugler, 1997). Zur Jahreswende 1923/24 wurde im Rahmen der damals neu begründeten Freien Hochschule für Geisteswissenschaft am Goetheanum in Dornach (Schweiz) die Medizinische Sektion eingerichtet, deren Leiterin die holländische, in der Schweiz ausgebildete Ärztin Ita Wegman (1876 – 1943) war, die Begründerin des ersten Klinisch-Therapeutischen Institutes in Arlesheim. Mit Wegman zusammen verfasste Steiner die bereits erwähnte erste, 1925 publizierte Schrift über anthroposophische Medizin «*Grundlegendes für eine Erweiterung der Heilkunst nach geisteswissenschaftlichen Erkenntnissen*» (Steiner & Wegman, 1991).

In dieser Schrift wie auch an vielen Stellen der medizinischen Vorträge und in anderen Zusammenhängen wird von Steiner klar darauf hingewiesen, dass die anthroposophische Medizin nicht in Opposition steht zur regulären naturwissenschaftlichen Medizin, sondern voll auf dieser aufbaut und dabei versucht, die naturwissenschaftlichen Erkenntnisse über den Menschen durch geisteswissenschaftliche Erkenntnisse im oben dargestellten Sinn zu *erweitern* (ebd., 7 – 8):

In dieser Schrift wird auf neue Möglichkeiten für das ärztliche Wissen und Können hingewiesen. Richtig beurteilen wird man das Vorgebrachte nur, wenn man sich auf die Gesichtspunkte einlassen kann, die leitend waren, als die medizinischen Anschauungen zustande kamen, von denen hier gesprochen wird.

Nicht um eine Opposition gegen die mit den anerkannten wissenschaftlichen Methoden der Gegenwart arbeitende Medizin handelt es sich. Diese wird von uns in ihren Prinzipien voll anerkannt. Und wir haben die Meinung, dass das von uns Gegebene nur derjenige in der ärztlichen Kunst verwenden soll, der im Sinne dieser Prinzipien vollgültig Arzt sein kann.

Allein wir fügen zu dem, was man mit den heute anerkannten wissenschaftlichen Methoden über den Menschen wissen kann, noch weitere Erkenntnisse hinzu, die durch andere Methoden gefunden werden, und sehen uns daher gezwungen, aus dieser *erweiterten* Welt- und Menschenerkenntnis auch für eine Erweiterung der ärztlichen Kunst zu arbeiten.

Eine Einwendung der anerkannten Medizin kann im Grunde gegen das, was wir vorbringen, nicht gemacht werden, da wir diese nicht verneinen. Nur derjenige, der nicht nur verlangt, man müsse sein Wissen bejahen, sondern der dazu noch den Anspruch erhebt, man dürfe keine Erkenntnis vorbringen, die über die seinige hinausgeht, kann unseren Versuch von vornherein ablehnen.

Die Erweiterung der Welt- und Menschenerkenntnis sehen wir in der von Rudolf Steiner begründeten Anthroposophie. Sie fügt zu der Erkenntnis des *physischen* Menschen, die allein durch die naturwissenschaftlichen Methoden der Gegenwart gewonnen werden kann, diejenige vom *geistigen* Menschen. Sie geht nicht durch ein bloßes Nachdenken von Erkenntnissen des Physischen zu solchen des Geistigen über. Auf diesem Wege sieht man sich doch nur vor mehr oder weniger gut gedachte Hypothesen gestellt, von denen niemand beweisen kann, dass ihnen in der Wirklichkeit etwas entspricht.

Die Anthroposophie bildet, bevor sie über das Geistige Aussagen macht, die Methoden aus, die sie berechtigen, solche Aussagen zu machen.

Mit dem «geistigen Menschen» sind hier der Ätherleib, der Astralleib und das Ich des Menschen gemeint, die in ihrer *inneren Realität und Wirksamkeit* empirisch nur den entsprechenden geisteswissenschaftlichen Erkenntnisformen (vgl. Kap. 7.2), ihrer äußeren Erscheinung nach der *anthropologischen* Naturwissenschaft und Psychologie zugänglich sind.

Für die Erkenntnis der physisch-geistigen Gesamtorganisation von Mensch und Naturwesen bedeutet das im vorangehenden Kapitel Dargestellte eine differenzierte, abgestufte Erkenntnis, die schematisch so dargestellt werden kann (Tab. 2).

Tab. 2 Seins- und Erkenntnisstufen in Natur und Mensch

Mineral	Pflanze	Tier	Mensch	Kräfte-Organisation	Stufen des Erkennens
			Geist	Ich	Geisteswissenschaftliche Intuition
		Seele	Seele	Astralleib	Geisteswissenschaftliche Inspiration
	Leben	Leben	Leben	Ätherleib	Geisteswissenschaftliche Imagination
Materie	Materie	Materie	Materie	Physischer Körper	Naturwissenschaftliches Erkennen

Deshalb *ergänzen* sich Anthropologie und Anthroposophie *komplementär*, und «anthroposophische Medizin» ist die Einheit beider, theoretisch wie praktisch. Denn beide beschreiben im Sinne des dargelegten Wissenschafts- und Wirklichkeitsverständnisses *dasselbe*, wenn auch von zwei verschiedenen Seiten. Was an physischen, physiologischen, psychologischen und geistigen Phänomenen am Gesunden oder Kranken durch die sinnliche oder seelische Beobachtung des gewöhnlichen Bewusstseins von den «anthropologischen» Wissenschaften gefunden wird, ist die Auswirkung von Kräften, deren Wirkung im Sinn des Dargestellten nur durch übersinnliche Wahrnehmung empirisch beobachtet werden kann. In diesem Sinn besteht bezüglich der tatsächlichen, phänomenologisch erfassbaren *Fakten* kein Widerspruch zwischen Anthroposophie und konventioneller medizinischer Anthropologie. Wohl aber besteht ein Widerspruch bezüglich *Theorien*.

Die *reduktionistische* Medizintheorie erklärt die gesunden und kranken Erscheinungen des Lebens, des Seelischen und des Geistigen im Menschen als *kausale Folge* molekularer Wechselwirkungen. Die im Sinne Goethes, Troxlers, Franz Brentanos, Steiners, Max Schelers, Helmuth Plessners, Nicolai Hartmanns, Danzers und anderer gehaltene *empirisch-phänomenologisch* begründete Anthropologie anerkennt die *empirischen emergenten Phänomene* von Körper, Leben, Seele und Geist als *ontologisch eigenständig* und lässt in ihnen das Wirken von spezifisch eigenen Gesetzen gelten. Die

Anthroposophie untersucht empirisch *das Wirken* dieser Gesetze und kommt dadurch – wie auch auf äußerlich-empirische Weise die Anthropologie – zu vier Klassen von kausal wirkenden Kräften oder Kräfteorganisationen.

Daraus ergibt sich allerdings ein gegenüber der konventionellen medizinischen Anthropologie modifizierter *Begriff von Gesundheit und Krankheit*. Gesundheit und Krankheit sind kausal nicht mehr alleinige Folge von Prozesskaskaden molekularer Wechselwirkungen, sondern Folge eines komplexen harmonischen oder unharmonischen Zusammenwirkens der physischen, ätherischen, astralischen und Ich-Organisation in einem Organ, Organsystem oder im ganzen Organismus (Steiner & Wegman, 1991; Selg, 2004). Entsprechend können Krankheiten physisch, ätherisch, seelisch oder geistig bedingt sein, eine Auffassung, die in der neueren Medizin ja für den seelisch-geistigen Bereich auch durch die Psychosomatik vertreten wird, ohne allerdings bisher zu der sich daraus ergebenden Konsequenz für die Kausalitätsfrage, d. h. zur Anerkenntnis des Seelisch-Geistigen als einer *wirkenden* inneren Ursache, geführt zu haben (Adler, 2005). Die physischen äußeren Ursachen wie Toxine, Mikroorganismen usw. sind aus dieser Sicht mit Ausnahme von physisch-mechanischen Gewalteinwirkungen keine *direkt* wirkenden Wirkursachen, sondern *äußerer Veranlassungsgrund* für das *je eigene* adäquate oder inadäquate Wirken (im Sinne der Selbstorganisation, vgl. Kap. 3, 4 und 5) der inneren Ursachen. Wie sich diese Begriffe von Gesundheit, Krankheit und Therapie für die einzelnen Organbereiche, Krankheitsentitäten oder medizinischen Fachbereiche spezifizieren, ist in der anthroposophisch-medizinischen Literatur umfangreich beschrieben worden und kann dort nachgelesen werden (vgl. Kap. 8.4). Hier geht es zunächst nur um das Grundsätzliche des anthroposophisch-medizinischen Konzepts und seines Bezugs zur Wissenschaftsfrage.

Entsprechend richtet sich die *Therapie* nicht bloß auf *physische* Interaktionen auf molekularer Ebene im Sinne der heutigen Modellvorstellungen von Wirkstoff-Rezeptor-Beziehungen, sondern auf *differenzielle* Wirkungen von Gesetzen und Kräften des Lebens, des Seelischen und des Geistigen. Eine zugeführte Substanz ist in diesem Sinn nicht mehr durch einen Wirkungs-«*Mechanismus*» für eine organische oder psychische Wirkung verantwortlich, sondern im Sinne einer *Induktion* des Eigenwirkens und von Kräften der physischen, ätherischen, astralischen oder Ich-Organisation oder ihres Zusammenwirkens in einem Organ, Organsystem oder im Ganzen des Organismus. Die therapeutische Wirkung von Substanzen und Prozessen bestimmt sich so nicht bloß durch ihre physisch-chemische Wirkung, die sie im Anorganischen entfaltet, sondern durch die Beziehung, die sie zu Kräften und Gesetzen der physischen, ätherischen, astralischen oder Ich-Organisation hat (Steiner & Wegman, 1991; Selg, 2004; Sieweke, 1982; Sieweke, 1994).

In der anthroposophischen Medizin werden deshalb abgesehen von konventionellen, physisch-chemisch begründeten Pharmaka auch speziell verarbeitete *Substanzen aus dem Mineral-, Pflanzen- und Tierreich* eingesetzt, die sich differenziert auf die Aktivierung oder Hemmung der Wirkung von Kräften der physischen, organischen, seelischen und geistigen Organisation auswirken. Und die *speziellen Verfahren der anthroposophischen Pharmazie* haben den Zweck, die Wirkungen dieser Substanzen auf diese Ziele hin zu fokussieren (Glöckler, 2005). Ebenso ist es mit den *spezifischen Applikationsarten von Substanzen* in der anthroposophischen Medizin: *innerlich eingenommen, injiziert oder äußerlich appliziert* in Form von Salben, Kompressen, Bädern oder anderen äußeren Anwendungen haben Substanzen gemäß den anthroposophischen Konzepten eine je unterschiedliche systemische Wirkung, da die differenziellen, d. h. physisch-ätherisch-astralisch-ichhaften Kräftesysteme in den Stoffwechselvorgängen der Verdauungsorgane, in der rhythmischen Organisation des Kreislaufsystems und in dem von starken Sinnesprozessen durchzogenen Hautsystem eine je unterschiedliche Konfiguration aufweisen.

Im Ganzen geht es abgesehen von der *Elimination* von Mikroben oder von *pathologischen* Strukturen sowie vom *Ersatz* fehlender Substanzen oder Strukturen um das *Anstoßen der Eigentätigkeit der gesundheitsschaffenden Systeme* in der menschlichen Gesamtorganisation. Deswegen spielt die Berücksichtigung von *Selbstheilungskräften* im anthroposophisch-medizinischen Denken eine so wesentliche Rolle (Heusser, 1999 a; Hildebrandt, 1999; Heusser, 2002 b). Dem an der *Heteronomie (Fremdbestimmtheit)* und *am äußeren Pathogen* orientierten («pathogenetischen») Denken der «Schulmedizin» wird *ergänzend* ein auf *Autonomie und Hygiogenese* gerichtetes Denken hinzugesellt, das mit den genannten *inneren Kausalfaktoren* der menschlichen Gesamtorganisation rechnet (Bahrs & Matthiessen, 2007). Den *Defiziten* wird die Aktivierung von *Ressourcen* entgegengestellt, die auf Eigenkräften beruhen; und diese beziehen sich nicht nur auf die physische, sondern auf die *ganze*, also physische, lebendige, seelische und geistige Organisation des Menschen (Heusser, 2002 c).

Die Folge davon ist *ein ganzheitliches und multimodales integratives Therapiekonzept*, das je nach der konkret vorliegenden Situation *verschiedene Therapiefaktoren auf verschiedenen Ebenen* zur Anwendung bringt. Schon die Anwendung von *Medikamenten* kann sich – wie geschildert – auf physische, ätherische, astralische und ichhafte Wirkungen oder auf deren innere Relationen beziehen. Dazu kommen *künstlerische Therapien* wie Malen (Mees-Christeller et al., 2000), Plastizieren (Golombek, 2000), Musiktherapie (Felber et al., 2000) oder therapeutische Sprachgestaltung (Denjean-von-Stryk & von Bonin, 2000), die primär über das Seelische, aber durch dessen Integration im Gesamtmenschen sekundär auch auf die physisch-lebendige oder geistige Organisation wirken. Umgekehrt wirkt die *Rhythmische Massage* primär auf die lebendig-physische und über deren Harmonisierung auch auf die seelisch-geistige Organisation (Hauschka, 1971). Eine weitere Therapieoption ist die *Heileurythmie*, eine von Steiner neu entwickelte Bewegungstherapie (Steiner, 2003 a), die, im Unterschied zu der in der anthroposophischen Medizin ebenfalls angewandten *Physiotherapie*, ihrem Grundkonzept nach nicht primär auf Strukturen und Funktionen des *physischen*, sondern auf den *Ätherleib* wirkt und auf das harmonische Ineinanderwirken von Körper, Seele und Geist. Aus diesem Grund werden mit der Heileurythmie (auch Eurythmie-Therapie genannt) auch innere organische Prozesse behandelt wie z. B. die verschiedenen Verdauungsleistungen des Gastrointestinaltraktes vom Magen bis zum Dickdarm, die Nieren- und Blasenfunktionen und anderes (Kirchner-Bockholt, 1997).

Ein weiteres Therapiefeld eröffnet sich durch die Tatsache, dass der Mensch im Unterschied zu den anderen Naturwesen noch über ein *geistiges Ich* verfügt. Hier sind alle *kognitiven Therapien und Krankheitsverarbeitungsstrategien* anzusiedeln, ferner die Fragen nach dem *Sinn von Leben und Krankheit*, die *Schicksalsverarbeitung* und die *Biographiearbeit*, bei der es um Aspekte der Ich-Entwicklung im Lebensgang und im Zusammenhang mit Erkrankungs- und Genesungsvorgängen geht (Burkhard, 2005), ferner die *Spiritualität und Religiosität*, durch die sich der Mensch als ein geistiges Wesen auf den geistig-göttlichen Grund der Welt bezieht (Steiner, 1994 b; vgl. auch Kap. 5.7).

In diesem Zusammenhang wird auch deutlich, warum anthroposophische Medizin diagnostisch und therapeutisch nicht nur eine integrative Ganzheitsmedizin, sondern auch eine *individualisierende Medizin* ist. Denn eine Individualisierung ergibt sich einerseits schon rein quantitativ aus der Tatsache der *multifaktoriellen Kausalität* der Pathogenese, die nicht nur je verschiedene physische und soziale Außenweltbedingungen, sondern bei den einzelnen Patienten auch eine je individuelle Konfiguration von relevanten physischen, ätherischen, astralischen und Ich-bedingten *inneren* Kausalfaktoren umfasst. Und andererseits ergibt sich eine Individualisierung von Diagnose und Therapie auch aus prinzipiellen qualitativen Gründen, weil nämlich im *Ich des Menschen* dessen ganz individueller Wesenskern gegeben ist, durch den er ein unverwechselbares Wesen für sich darstellt, mit seiner eigenen Entwicklung, Biographie und inneren Bestimmung. Es ist das, was Goethe die geistige «Entelechie», das «obere Leitende» (vgl. dazu Nager, 1991, 165) im Menschen nennt und was gewissermaßen den «inneren Lebensplan» (ebd., 119) angibt. Die Abweichung von diesem ureigenen «Wachstumsgesetz», etwa durch einseitige Lebensweisen, kann zur Erkrankung führen, wie Goethe an sich selbst in seiner eigenen, fast zum Tod führenden Erkrankung seiner Leipziger Studentenzeit erfahren hatte: «[...] Ich verhetzte meinen glücklichen Organismus dergestalt, dass die darin enthaltenen besonderen Systeme zuletzt in eine Verschwörung und Revolution ausbrechen mussten, um das Ganze zu retten» (Goethe, 1950d, 363).

Eine im individuellen Ich-Wesen und Schicksalsgang begründete Erkrankung ist freilich ganz *einzigartig* und anders zu werten als eine Erkrankung, die in den *allgemeinen*, für alle Menschen geltenden Gesetzen der physischen Organisation begründet ist, oder als Erkrankungen mit mehr *typologischen* Aspekten, wie die in organischen Funktionen begründeten Konstitutionen und Temperament-Anlagen, oder die durch typische seelische Reaktionsweisen verursachten wie Stressreaktionen und dergleichen. Deswegen ist Krankheit auch bei vergleichbarer äußerer Symptomatik nicht gleich Krankheit, und deswegen muss im Sinne der anthroposophischen Medizin bei Anamnese, Diagnose und Therapiefindung versucht werden, die Aspekte der physischen, ätherischen, astralischen und der Ich-Dimension zu erfassen und therapeutisch umzusetzen. Daraus ergibt sich das ganzheitliche, multimodale, integrative und individualisierte Therapiekonzept der anthroposophischen Medizin (Soldner & Stellmann, 2011; Girke, 2012; Jachens, 2012).

8.2 Wissenschaftliche Überprüfung anthroposophischer Konzepte und das Rationale in der Medizin

Die anthroposophisch-medizinischen Konzepte leiten sich von der von Steiner begründeten sowie methodisch und inhaltlich ausgearbeiteten geisteswissenschaftlichen Forschung her, die ihrem Selbstverständnis nach einerseits eine erweiterte, d.h. übersinnliche Wahrnehmungsfähigkeit voraussetzt und anderseits die Anwendung des auch für die Naturwissenschaft geltenden Erkenntnisprinzips auf die übersinnliche Wahrnehmungswelt. Und sie beziehen sich auf das Wirken von je besonderen Klassen von Kräften und Gesetzen im Physischen, Lebendigen, Seelischen und Geistigen von Mensch und Natur. Diese Konzepte, die zudem noch durch eine ihnen entsprechende eigene Nomenklatur vermittelt werden, weichen vorläufig noch sehr ab von den Konzepten und Denkgewohnheiten der konventionellen Medizin, und es ist deshalb psychologisch verständlich, dass der anthroposophischen Medizin oft eine erhebliche Skepsis, wenn nicht Ablehnung oder gar Polemik entgegengebracht wird (Stratmann, 1988; Bock, 1993; Burkhard, 2000; Zander, 2007; Ernst, 2008; Ernst & Schmacke, 2015).

Wie soll man sich von einem *wissenschaftlichen* Standpunkt aus zu diesen Konzepten verhalten, insbesondere wenn man bedenkt, dass die übersinnliche Erkenntnis, auf die da rekurriert wird, sicher nicht eine allgemein verbreitete Fähigkeit[168] darstellt, sondern durch eine besondere geistige Schulung erst erworben werden soll? Sind diese Konzepte gläubig hinzunehmen, und ist die anthroposophische Medizin dann eine Weltanschauungsmedizin, deren Konzepte unüberprüfbar sind und die deshalb außerhalb der rationalen und wissenschaftlichen Medizin anzusiedeln ist?[169]

Steiner selbst hat sich in den unterschiedlichsten Zusammenhängen zu solchen Fragen klar geäußert. Für die Rezeption seiner anthroposophischen Schriften wie *«Die Geheimwissenschaft im Umriss»* möchte er «vor allem Leser, welche nicht gewillt sind, auf blinden Glauben hin die vorgebrachten Dinge anzunehmen, sondern welche sich bemühen, das Mitgeteilte an den Erkenntnissen der eigenen Seele und an den Erfahrungen des eigenen Lebens zu prüfen. Er möchte vor allem vorsichtige Leser, welche nur das logisch zu Rechtfertigende gelten lassen» (Steiner, 1977, 14).

Die Überprüfung soll also anhand der eigenen *Erfahrung* und der *Logik* des mitgeteilten Inhaltes erfolgen, d. h. an den beiden Elementen, die jedem Erkennen und jeder Wissenschaft zugrunde liegen (vgl. Kap. 2.4). Eine *direkte*

---

168 Zander stellt sogar in Abrede, dass eine solche übersinnliche Erkenntnisfähigkeit im Sinne Steiners überhaupt existiere, bzw. er behauptet, dass Steiner keine solche Fähigkeit besessen, sondern seine anthroposophischen Inhalte von anderen Autoren und Lehren abgeleitet und, mit eigenen Konstruktionen durchsetzt und erweitert, zum Gedankengebäude der Anthroposophie ausgebaut habe. Das sind jedoch *Voraussetzungen* Zanders, die er faktisch nicht nachweist, sondern *annimmt*, und in deren Licht er dann Steiners Werk und seine historischen und zeitgenössischen Bezüge mehr oder weniger konsequent *interpretiert* (Ravagli, 2009). Doch wenn die Ablehnung übersinnlicher Wahrnehmungs- und Erkenntnisfähigkeiten nach der Art Zanders auch *wissenschaftlich* nicht haltbar ist, so kann sie immerhin *psychologisch* verständlich sein, da ja eine solche Fähigkeit keineswegs eine alltägliche Angelegenheit ist.

169 So glaubt Barbara Burkhard hinsichtlich anthroposophischer Medizin einen Gegensatz «Überzeugt Glaubende contra ungläubig Forschende» konstruieren zu müssen (Burkhard, 2000, 160), und Franz Stratmann meint, bei den anthroposophischen Vorstellungen handle es sich um «Glaubenssätze und mystische Hypothesen, die einer Überprüfung und einem wissenschaftlichen Medizinverständnis nicht zugänglich sind» (Stratmann, 1988, 70). Edzard Ernst gibt die Viergliederung des Menschen falsch wieder, geht, wie auch die anderen genannten Autoren, auf die wissenschaftliche Begründung der Anthroposophie und der anthroposophischen Medizin bei Steiner gar nicht ein und referiert lediglich aus sekundären Quellen, die anthroposophische Medizin beruhe «auf einer Fülle von Analogieschlüssen, welche die ‹magischen, alchemistischen und astrologischen Vorstellungen früherer Jahrhunderte› aufgreifen» (Ernst, 2008, 1). Belege dazu liefert er jedoch nicht; und ähnliche Behauptungen bringt er auf einer miserabel recherchierten Literaturbasis in seiner neuesten Publikation vor, ohne jede Berücksichtigung der Wissenschaftsgrundlagen der Anthroposophie (Ernst & Schmacke, 2015).

Überprüfung wäre freilich nur jemandem möglich, der sich aufgrund eigener übersinnlicher Erkenntnisfähigkeit eine *empirische Anschauung* übersinnlicher Tatbestände, also etwa des Ätherleibs und seiner Tätigkeiten, verschaffen könnte, was offenbar nicht eine alltägliche Begebenheit ist. Aber Steiner meint «hier nicht etwa *nur* die geisteswissenschaftliche Prüfung durch die übersinnlichen Forschungsmethoden, sondern vor allem die *durchaus mögliche* vom gesunden, vorurteilslosen Denken und Menschenverstand aus» (Steiner, 1977, 14).

Denn die empirische Geisteswissenschaft, wie Steiner sie versteht, muss ja die geistigen Wahrnehmungen ebenso ihren Gesetzen nach *begreifen*, wie die Naturwissenschaft die physischen (vgl. Kap. 7.2), und die gefundenen Resultate in *Gedankenform* darlegen. Durch die Gedankenform werden aber die geistigen Inhalte «dem gewöhnlichen Bewusstsein, das im Sinne der Gegenwart denkt, aber noch nicht in die Geist-Welt hineinschaut, voll verständlich» (ebd., 26). Und da das Gedankliche grundsätzlich der Logik unterliegt, muss und kann der geisteswissenschaftliche Inhalt auch Steiners Darstellung nach in erster Linie einer *logischen* Prüfung unterworfen werden.

Doch die Logik allein genügt nicht. Denn es könnte immerhin sein, dass jemand durch rein gedankliche Konstruktionen ein logisch in sich stimmiges Weltbild aufbaute, unabhängig von der empirischen Wirklichkeit, und das deswegen für diese gar keine Bedeutung hätte. Deshalb weist Steiner wiederholt auf die Notwendigkeit hin, dass wissenschaftliche Aussagen nicht nur auf ihre *Logik*, sondern immer auch auf ihre *Wirklichkeitsgemäßheit* hin geprüft werden müssen, oder, wie er z. B. in seinem Kurs *«Fachwissenschaften und Anthroposophie»* von 1920 lapidar formuliert: «Wirklichkeitsgemäß und logisch muss ein Urteil sein» (Steiner, 2005, 42).

Doch wie soll eine anthroposophisch-geisteswissenschaftliche Aussage auf ihre Wirklichkeitsgemäßheit hin, also an der empirischen Wahrnehmung, geprüft werden, wenn eine solche Wahrnehmung für den Prüfenden gar nicht vorhanden ist? Dann immerhin ist eine *indirekte* Prüfung nötig und möglich, nach der Art, wie das überhaupt in einem Gebiet wie der Medizin üblich ist, auch in *naturwissenschaftlicher* Hinsicht. Denn das Wenigste von dem, was ein Medizinstudent und später ein Arzt lernt und in der Praxis oder in Studien zur Anwendung bringt, ist von ihm *selbst empirisch* gefunden worden. Er studiert in *Gedankenform*, was systematisch forschende Spezialisten aufgrund ihrer – evtl. auch apparativ erweiterten – *Wahrnehmung* gefunden und erkannt haben, beispielsweise wie das Insulin auf der molekularen Ebene die Zuckermobilisierung regelt. Er hat freilich in Praktika *die Art* solcher Wahrnehmungen und Erkenntnisgewinnung in Beispielen persönlich kennengelernt, er weiß aus Erfahrung, wie sich das empirische Material gewissermaßen «anfühlt», und er kann zusätzlich auf wissenschaftsmethodische Darstellungen rekurrieren, die über Einzelheiten solcher Erkenntnisgewinnung Aufschluss geben. Er kennt somit das Grundsätzliche der naturwissenschaftlichen Empirie und der wissenschaftlichen Urteilsbildung. Dadurch kann er zunächst ein berechtigtes *Vertrauen* hegen in die Darstellungen anderer, die er gedanklich übernimmt, aber freilich kein blindes und gläubiges, sondern ein begründetes Vorschuss-Vertrauen. Denn wenn in der persönlichen Praxis oder durch Studien geprüft wird, ob die Logik dieser Darstellung konsistent ist und ihr möglicher Zusammenhang mit den *zugänglichen* Phänomenen rational einleuchtet, dann entspricht das einer indirekten empirischen Nachprüfung der Wirklichkeitsgemäßheit jener Darstellung.

So ist es prinzipiell auch mit der Geisteswissenschaft, wie Steiner sie versteht. Schon in der *Erfahrung des eigenen Denkens* kann man erleben, wie sich das geistige «Material» empirisch «anfühlt», auf das sich Steiner bezieht, oder man kann aufgrund geistiger Übungen weitere geistige Erlebnisse haben, ohne gleich ein systematischer Forscher oder Spezialist auf solchen Gebieten zu sein. Trotzdem ist man in diesem Fall den Angaben des geisteswissenschaftlichen Spezialisten nicht kritiklos ausgeliefert. Man kennt *die Art* realgeistiger Wahrnehmungen, und man weiß, wie solche Wahrnehmungen dem denkenden Urteil unterzogen werden können (vgl. Kap. 6.1). Man kennt also das geisteswissenschaftliche Verfahren als solches schon aus den Erfahrungen seines eignen gewöhnlichen Bewusstseins[170], und man kann zusätzlich die damit kompatiblen Darstellungen Steiners über die methodische Entwicklung des höheren geisteswissenschaftlichen Erkenntnisvermögens aus diesem gewöhnlichen heraus zur Kenntnis nehmen (Steiner, 1978 d; Steiner, 1977; Steiner, 1975 b). Das berechtigt dann dazu, den geisteswissenschaftlichen Inhalten zunächst ebenfalls in wissenschaftlicher Gesinnung offen zu begegnen, das Dargestellte *rational* zu durchdenken, mit der eigenen Erfahrungswelt gedanklich in Beziehung zu bringen und dann *an der Erfahrung selbst indirekt* zu prüfen. Insofern ist das Verhältnis des praktizierenden Arztes oder

170 Wer sich einen persönlichen empirischen Einblick in die Art dieses geisteswissenschaftlichen Verfahrens im Bereich von rein geistigen Erlebnissen verschaffen will, die man bereits innerhalb des gewöhnlichen Bewusstseins haben kann, kann das anhand von Steiners *«Die Philosophie der Freiheit»*. Denn darin ist alles auf die Aktivierung *des empirischen geistigen Erlebens* innerhalb des eigenen Denkens angelegt sowie auf die Bildung eines wissenschaftlichen *Urteils* an diesem Erleben. Dasselbe gilt auch für die anderen philosophisch-anthroposophischen Grundschriften Steiners. So bezeichnet er selbst seine *«Philosophie der Freiheit»* und *«Wahrheit und Wissenschaft»* als ein «geistig-seelisches Selbsterziehungsmittel», anhand dessen der Leser – abgesehen von der gedanklichen Aufnahme eines wissenschaftlichen Inhalts – sich in der angegebenen Richtung selbst «trainieren» könne (Steiner, 1983, Vortrag vom 15.12.1910).

Forschers zur naturwissenschaftlichen Anthropologie und zur geisteswissenschaftlichen Anthroposophie grundsätzlich dasselbe.

Man muss dabei auch berücksichtigen, dass *wissenschaftliche Rationalität* nicht auf die Naturwissenschaften beschränkt ist, wie manche vorauszusetzen scheinen – sonst dürften reine Mathematik oder die Wissenschaft der Logik, die auf rein inneren Erlebnissen beruhen, nicht als Wissenschaften bezeichnet werden. Wie dargestellt, hat *jede* Ebene der in sich mannigfaltig und hierarchisch geordneten Welt *ihre* Gesetze und damit *ihren rationalen Inhalt*, der nicht aus demjenigen anderer Ebenen abgeleitet werden kann, sondern mit ihm inhaltlich nur kompatibel ist und deshalb mit ihm zusammen in einer einheitlichen, aber in sich differenzierten *rationalen Gesamtauffassung* der Wirklichkeit gefasst werden kann (vgl. Kap. 5.9). *Die Ratio, das Gesetzmäßige* ist dann das Element, das alle Erscheinungen der in sich gegliederten Gesamtwelt verbindet.

Die Idee, das Gesetz, der logische oder rationale Inhalt ist deshalb auch das Element, das Anthropologie und Anthroposophie wie «in einem Punkte» zusammenführt (Steiner, 1976e, 32). Und das ist speziell für die Frage der *Überprüfbarkeit geisteswissenschaftlicher Aussagen in der Medizin* von Bedeutung. Denn die Gesetze und Kräfte der physischen, lebendigen, seelischen und geistigen Organisation des Menschen sind nicht abstrakt übereinander geschichtete Ebenen, sondern wirken *ineinander.* Der physische Körper beispielsweise ist nichts Maschinenhaftes, dem die Lebensorganisation äußerlich wäre, sondern *er ist lebendig*, d.h. er wird gemäß den anthroposophischen Grundkonzepten in *seinen* Strukturen und Funktionen *innerlich vollständig durchwirkt und bestimmt* von den ihm zwar übergeordneten, aber *in ihm* wirkenden Gesetzen und Kräften des Lebens, d.h. von der ätherischen Organisation. Diese prägt sich dem Physischen ein, sodass *im Physischen empirisch ein gesetzmäßiger Abdruck des Ätherischen* zu finden sein muss (vgl. Kap. 4.11). Die Anthropologie kann im Bewirkten das *Gesetzmäßige* dieses Wirkens aufsuchen, die Anthroposophie bezieht sich empirisch *auf dieses Wirken selbst.* Das in Ideenform ausdrückbare *Gesetz* des organischen Wirkens ist in Anthropologie und Anthroposophie identisch, es bildet somit die Brücke zwischen beiden Wissenschaftsformen. Und so ist es dem Prinzip nach mit allen wirkenden Gesetzen des Physischen, Ätherischen, Astralischen und der Ich-Organisation, insofern sie sich in den physischen oder psychischen Phänomenen zur Erscheinung bringen (vgl. Kap. 8.1).

Was die Anthroposophie also nach ihrem Selbstverständnis zur medizinischen Anthropologie für das Verständnis von Gesundheit, Krankheit und für die therapeutische Praxis hinzufügen möchte, ist ein empirisch gewonnenes rationales, in sich zusammenhängendes *Wissen* über die Wirkkräfte in der Natur und über den inneren Kräfte-Menschen als eine in sich gegliederte physisch-lebendig-seelisch-geistige Ganzheit, also über das innerlich Wirkende dessen, was die Anthropologie durch sinnlich-äußere oder durch gewöhnlich psychologische Empirie ebenfalls als Kraftwirkungen postuliert und als eine in sich gegliederte physisch-lebendig-seelisch-geistige Ganzheit erkennen kann. In diesem Sinn bezweckten Steiners geisteswissenschaftliche Ausführungen über Physiologie, Pathologie und Therapie die Darstellung einer «Ratio» (Steiner, 1989, 138), als Grundlage einer geisteswissenschaftlich erweiterten Medizin, sodass in einem medizinisch-anthropologisch umfassenden Sinn der innere Zusammenhang zwischen einer «rationellen Diagnose» und einer «rationellen Therapie» gefunden werden kann (Steiner, 1994 a, 122). Beide Wissenschaftsrichtungen, die anthroposophische und die anthropologische, kommen so empirisch auf ihren eigenen Gebieten zu einem rationalen Bild des Menschen, und «die Betrachter der beiden Bilder werden sich mit ihren Vorstellungen in ähnlicher Übereinstimmung befinden können wie das negative Plattenbild des Photographen bei entsprechender Behandlung mit der positiven Photographie» (Steiner, 1976 e, 32 ff.).

Eine solche Übereinstimmung ist allerdings nur dann zu erwarten, wenn die entsprechenden geisteswissenschaftlichen, psychologischen und naturwissenschaftlichen Bilder nicht aus *Modellvorstellungen* bestehen, sondern lediglich die *Gesetzmäßigkeiten* enthalten, die an den entsprechenden *empirischen Phänomenen* tatsächlich gefunden werden können. «Deshalb ist die hier gemeinte Geisteswissenschaft bemüht, innerhalb der anorganischen und organischen Naturwissenschaft den reinen Phänomenalismus auszubilden und ohne Spekulation, ohne zugrundegelegte atomistische oder andere Hypothesen rein die Vorgänge selbst darzustellen, wie sie sich darbieten» (Steiner, 2005, 318). Es darf in der Tat nicht übersehen werden, dass die Naturwissenschaft durch ihre Modellvorstellungen über die eigentlichen Phänomene und deren Gesetzmäßigkeit *hinausgeht und Annahmen macht*, die die Phänomene erklären sollen. Diese Erklärungen sind dann meist reduktionistisch gehalten. In diesem Sinn ist es «durchaus Weltanschauung, die sich in den Wissenschaften ausspricht, wenn das auch öfter geleugnet wird» (ebd., 250). Die manchmal behauptete Unvereinbarkeit anthroposophischer Konzepte mit der Naturwissenschaft (Stratmann, 1988; Bock, 1993, 64 ff.; Burkhard, 2000; Zander, 2007; Ernst & Schmacke, 2015) beruht allenfalls auf ihrer Inkompatibilität mit gewissen naturwissenschaftlichen *Modellvorstellungen*, wogegen sie mit den naturwissenschaftlichen *Fakten* und deren Gesetzen innerlich sehr gut übereinstimmen können, ein Punkt, auf den Steiner immer wieder hinweist.

An dieser inneren Übereinstimmung klärt sich auch die Frage der Wissenschaftsfähigkeit der anthroposophischen Medizin im Rahmen der modernen medizinischen Forschung. Die grundsätzliche Möglichkeit einer solchen

Übereinstimmung wird nur derjenige a priori ablehnen können, der das Wirkliche und Rationale in der Medizin nur auf das Physische am Menschen beschränken will und eine empirische Geisteswissenschaft im hier dargelegten Sinn nicht anerkennen kann.

8.3 Anthroposophische Medizin und moderne medizinisch-wissenschaftliche Forschung

Steiners eigene Auffassung über das Verhältnis zwischen Anthroposophie und Naturwissenschaft *in der medizinischen Forschung* entspricht vollständig dem oben skizzierten allgemeinen Verhältnis zwischen Anthropologie und Anthroposophie. Bereits der erste Zyklus von zwanzig Vorträgen über Geisteswissenschaft und Medizin, den Steiner 1920 auf Anfrage für Ärzte gehalten hat, enthält über fünfzig Hinweise und Anregungen zu naturwissenschaftlichen und psychophysiologischen Untersuchungen, präklinischen, experimentellen und klinischen Studien, Literaturrecherchen zu aktuellen medizinischen oder zu medizinhistorischen Fragestellungen, zu Doktorarbeiten, Habilitationen usw. Das alles zu Themen, für die Steiner vom anthroposophisch-geisteswissenschaftlichen Standpunkt aus Gesichtspunkte darlegte (Steiner, 1976d). Die geisteswissenschaftlichen Gesichtspunkte selbst werden in diesen Vorträgen wegen des Umfangs der komplexen Thematik und der für die Vorträge zur Verfügung stehenden Zeit ausdrücklich nicht als systematisch-theoretisches Lehrgebäude entwickelt, «wo man gewissermaßen bei den Axiomen beginnt und dann zu dem immer Komplizierteren aufsteigt» (ebd.,210), sondern im Sinn einer «andeutenden Wegleitung» dargestellt (ebd.,379), welche das Thema wie «in Kreisen» (ebd., 210) von den verschiedensten Perspektiven her umgreift, um so «eine Gesamtanschauung des Menschen zu gewinnen» (ebd.,364), und zwar auch «im Zusammenhang mit der Außenwelt» (ebd.,364), wodurch man den Bezug des Menschen zu den Prozessen und Substanzen der Natur intimer kennenlernen und so mit den geisteswissenschaftlichen Angaben immerhin schon praktisch arbeiten könne (ebd.,15). Das Ganze ist jedoch sehr aphoristisch gehalten, im Sinn einer Skizze[171], durch die die Zuhörer unter anderem auch angeregt werden sollten, «in der Natur selbst Beobachtungen anstellen zu können», was «eine

---

171 Dass durch eine solche Vorgehensweise Steiners Vorträge über Medizin «zu den schwerverständlichsten aller anthroposophisch orientierten Vorträge gehören», war Steiner selbst klar (Steiner, 1976d, 280), doch sah er das als eine Schwierigkeit an, die angesichts der damit verfolgten Zielsetzung «nicht leicht anders sein kann» (ebd.,280).

Art Weg sein kann, auf dem man so manches finden kann» (ebd., 190), sei es für die konkrete medizinische Praxis, sei es für die allmähliche Ausarbeitung einer geisteswissenschaftlich erweiterten medizinischen Systematik.

Steiner war sich vollkommen bewusst, dass «ja alles nur ein Anfang sein kann» (ebd., 312). Denn als das Wesentliche dieser und der weiteren Vorträge über medizinische Themen erachtete Steiner die Bereitschaft der Ärzte, «mitzutun» (ebd., 13) bei einer allgemeinen Reform des medizinischen Denkens *überhaupt*. Dabei wolle er, in der Auseinandersetzung zwischen «allopathischer Medizin» und den verschiedenen medizinischen Reformbestrebungen nicht «nach irgendeiner Richtung Partei nehmen, sondern [...] die Tatsachen objektiv darstellen» (ebd., 379), soweit sie sich aus der geisteswissenschaftlichen Forschung ergeben. Das bedeutet freilich kein Primat geisteswissenschaftlicher Gesichtspunkte über die naturwissenschaftlichen, wie Zander behauptet[172], sondern, wie 1917 in *«Von Seelenrätseln»* ausgeführt (vgl. auch Kap. 8.2), ein *komplementäres* Verhältnis zwischen Anthropologie und Anthroposophie, oder, wie im selben Jahr in Vorträgen über akademische Fachwissenschaften und Anthroposophie dargestellt (Steiner, 1950, 24):

> Die Sache liegt schon so. Naturwissenschaft wird auf der einen Seite gelten, Geisteswissenschaft, Geistesforschung auf der anderen Seite. Aber wie man beim Tunnelgraben, wenn man richtig alles erwogen hat, von zwei Seiten grabend, in der Mitte sich zusammenfindet, so finden sich *Geistesforschung und Naturforschung* zusammen, und geben erst ein Ganzes der vom Menschen erstrebten Erkenntnis.

Konkret bedeutet das für das Verhältnis der Anthroposophie zur medizinischen Forschung gemäß den in Steiners medizinischen Vortragszyklen wiederholt gemachten Äußerungen, dass *beide* Seiten ihren – gleichermaßen berechtigten und notwendigen – Beitrag zu leisten haben. Die anthroposophischen Gesichtspunkte geben dabei zwar die Ratio ab für Inhalt und Wirkung immaterieller Faktoren in Gesundheit, Krankheit und Genesung, aber diese Ratio hat für die naturwissenschaftliche medizinische Forschung keinen autoritativen Stellenwert, wie Zander glaubt (Zander, 2007, Bd. 2, 1569), sondern lediglich denjenigen von «Leitideen» oder «regulativen Prinzipien» oder, wie man

---

172 Zander behauptet: «Wie immer die Gewichte zwischen Universitäts- und Alternativmedizin in der anthroposophischen Medizin durch künftige Forschungen noch verteilt werden: Die ‹Erweiterung› der empirischen Medizin gab es bei Steiner nicht auf gleicher Augenhöhe mit der ‹Schulmedizin›, sondern nur unter anthroposophischer Deutungshoheit» (Zander, 2007, Bd. 2, 1569). Das ist auch unter dem Gesichtspunkt der von Steiner selbst erwähnten Möglichkeit geisteswissenschaftlicher Irrtümer absurd (vgl. dazu auch Anm. 174).

heute sagen würde, von *Arbeitshypothesen*, die *erst durch die naturwissenschaftlich-empirische Forschung überprüft* bzw. im oben besprochenen Sinn *indirekt* bestätigt oder «verifiziert» werden müssen (Steiner, 1989, 138 ff.):

> Ich wollte das im Prinzip anführen, damit Sie sehen, wie auf einer Ratio diese Dinge beruhen, aber die Ratio soll nur regulatives Prinzip sein. Sie werden sehen, dass dasjenige, was durch diese regulativen Prinzipien behauptet wird, verifiziert werden kann auf die Weise, wie überhaupt solche Tatbestände nach den Gewohnheiten der heutigen Medizin verifiziert werden. Wir wollen auch gar keinen Anspruch darauf erheben, dass diese Dinge irgendwie als Behauptung hingenommen werden sollen, bevor die Verifizierung da ist.

«Verifikation»[173] bedeutet dabei nicht einfach eine simple naturwissenschaftliche «Bestätigung» des geisteswissenschaftlichen Tatbestandes, sondern in der Regel eine *Ausarbeitung* der Thematik mit naturwissenschaftlichen Mitteln; denn die geisteswissenschaftliche Idee ist oft sehr allgemein und bedarf der Konkretion der physischen, mit naturwissenschaftlichen Mitteln zu fassenden Ebene ihrer tatsächlichen *Manifestation*. Dazu kommt, dass Steiner für die geisteswissenschaftliche Forschung keineswegs Fehlerfreiheit beansprucht hat[174]. Es gilt also ganz allgemein (Steiner, 1989, 75):

> Es kann sich ja wirklich bei alledem, was für Medizin und zum Beispiel auch für Physiologie von anthroposophischer Geistesforschung herkommt, nur um Anregungen handeln, die dann empirisch weiterbearbeitet werden müssen. Erst auf der Grundlage dieser empirischen Weiterarbeit kann sich über die Dinge, um die es sich handelt, ein gültiges, überzeugendes Urteil bilden, ein Urteil von der Art, wie man es auf therapeutischem Gebiete braucht.

Worauf es dabei für die Fragen der medizinischen Forschung im Sinne einer integrativen medizinischen Anthropologie ankommt, ist der innere *Zusam-*

---

173 Bezüglich der heute unter dem Einfluss von Popper oft bestrittenen Möglichkeit einer wissenschaftlichen *Verifikation* vergleiche man das in Kapitel 2.4 über das Verhältnis von Verifikation und Falsifikation Gesagte.

174 Dazu bemerkte Steiner z. B. im Kurs «*Fachwissenschaften und Anthroposophie*» von 1920: «Ich gebe gerne zu, Geisteswissenschaft kann in manchen Einzelfragen irren. Sie ist am Anfang. Aber darum handelt es sich nicht. Sondern es handelt sich darum, in welche Richtung gestrebt wird» (Steiner, 2005, 400); oder: «Im einzelnen kann geirrt werden, aber es handelt sich darum, eine neue Richtung zu zeigen» (ebd., 412).

menhang zwischen Faktoren und Wirkungen der voneinander emergenten, aber ineinander wirkenden physischen, lebendigen, seelischen und geistig-ichhaften Ebene der menschlichen Gesamtorganisation. Deswegen ist es vom Gesichtspunkt der anthroposophisch erweiterten Medizin nicht nur möglich, sondern auch nötig, einen physiologischen oder psychologischen Prozess auf der Ebene seiner physisch-materiellen Bedingungen, und zusätzlich auf den Ebenen seiner ätherischen, astralischen oder ichhaften Geschehnisse zu beschreiben. Was Kritiker wie Zander oder Burkhard als problematisch ansehen[175], die multiperspektivische Sicht und die Darlegung wechselseitiger Abhängigkeiten solcher Perspektiven bei Steiner, liegt in der Natur der Sache bzw. der multiperspektivischen Realität des Menschen; und *es kann keine Perspektive die anderen ersetzen*, was schon aus erkenntniswissenschaftlichen Gründen zu gelten hat (vgl. Kap. 2). So hat Steiner selbst auch vom *geisteswissenschaftlichen* Standpunkt aus auf die Wichtigkeit und Notwendigkeit der

175 So sehen Burkhard wie Zander einen Widerspruch darin, dass von anthroposophischer Seite für die Wirkungen der von Steiner für die Krebstherapie empfohlenen Misteltherapie einerseits die von der Anthroposophie geltend gemachten ätherischen und anderen immateriellen Kräfte, andererseits die von der modernen Naturwissenschaft gefundenen Inhaltsstoffe wie die Lektine verantwortlich gemacht werden (bekanntlich unter wesentlicher Beteiligung von Forschern anthroposophischer Institutionen), und dass diese Lektine zudem im Kontext anthroposophischer Konzepte interpretiert werden (Burkhard, 2000, 118 ff.; Zander, 2007, Bd. 2, S. 1569). Zander glaubt sogar, dass in Steiners ganzheitlicher, Körper, Seele und Geist umfassenden Anschauung des Menschen «neben den dominierenden Spiritualismus in Einzelfragen immer wieder ein krasser Materialismus» trete (ebd., S. 1495). Materialismus entsteht ja nicht dadurch, dass man die materielle Seite des Daseins anerkennt, sondern dass man diese als die *Einzige* anerkennt und die nicht-materiellen Phänomene ontologisch und/oder erkenntnismäßig auf sie reduziert. Indem Zander weder die Existenz noch die Erkennbarkeit der von Steiner geltend gemachten geistigen Seite des Daseins anzuerkennen scheint, zu welchem freilich auch die Materie gehört, müsste *ihm* dieser Materialismus zugeschrieben werden. Zu Steiners Leistungen gehört gerade, den Materialismus durch die erkenntniswissenschaftliche Begründung des *geistigen Wesens der materiellen Erscheinungen* aufgehoben zu haben, *ohne* die *Wirklichkeit* der materiellen Erscheinungen geleugnet oder die Berechtigung, ja Notwendigkeit der materiellen Forschung verkannt zu haben. Steiners wissenschaftliche, mit Goethe übereinstimmende Grundposition erlaubt geradezu, eine einheitliche, d. h. *monistische wissenschaftliche Gesamtauffassung* zu entwickeln, die epistemologisch und ontologisch neben der materiellen auch die lebendige, seelische und geistige Seite das Daseins und damit den Menschen *als Menschen* wieder anerkennt, wogegen der *materialistische Monismus*, von dem auch Autoren wie Burkhard und Zander nicht ganz freizusprechen zu sein scheinen, durch seine Beschränkung auf die geistlos gedachte Materie den Menschen als solchen wissenschaftlich aus dem Auge verloren hat.

für sich bestehenden *naturwissenschaftlichen* Seite der Forschung und ihrer technischen Hilfsmittel hingewiesen, und er hat erwartet, dass die anthroposophisch-medizinische Forschung dem gebührend Rechnung trage. So sagt er im Oktober 1922 zu den anthroposophisch interessierten Ärzten (Steiner, 1989, 88 ff.):

> Ich muss großen Wert darauf legen, dass gerade in diesen prinzipiellen Dingen keine Missverständnisse entstehen. [...] Wenn jemand etwa glauben wollte: Nun, es ist unsinnig, sinnenfällige Empirie in der Physiologie, in der Biologie zu treiben, wozu braucht man die spezielle Fachwissenschaft, man entwickelt sich geistige Fähigkeiten, schaut in die geistige Welt hinein, kommt dann zu einer Anschauung über den Menschen, über den gesunden, über den kranken Menschen, und kann gewissermaßen eine geistige Medizin begründen – so wäre das ein großer Irrtum. Es tun das ja manche auch, aber es kommt nichts dabei heraus. Höchstens das, dass sie wacker schimpfen auf die empirische Medizin, aber sie schimpfen dann eben über etwas, was sie nicht kennen. Also darum kann es sich nicht handeln, dass wir etwa einen Strich machen gegenüber der gewöhnlichen sinnenfälligen empirischen Wissenschaft und aus geistigen Wolkenkuckucksheimen herunter eine Geisteswissenschaft begründen. So ist es gar nicht gegenüber den empirischen Wissenschaften [...]. Sie können zum Beispiel, wenn Sie geisteswissenschaftlich forschen, nicht etwa auf dasselbe kommen, was sie mit dem Mikroskop erforschen. Sie können ruhig jemanden, der Ihnen den Glauben beibringen will, dass er aus der Geisteswissenschaft heraus dasselbe finden kann, was man unter dem Mikroskop findet, als einen Scharlatan auffassen. Das ist nicht so. Dasjenige, was empirische Forschung in heutigem Sinne gibt, besteht. Und um die Wissenschaft auch im Sinne geisteswissenschaftlicher Anthroposophie vollständig zu machen auf irgendeinem Gebiete, dazu ist nicht etwa ein Hinwegräumen des sinnenfällig Empirischen statthaft, sondern es ist durchaus ein Rechnen mit dieser sinnenfälligen Empirie notwendig. Nirgends wird derjenige, der, wenn ich mich dieses Ausdruckes bedienen darf, in anthroposophischer Geisteswissenschaft Fachmann ist, etwas anderes finden, als dass man dadurch, dass man Geisteswissenschaft treibt, erst recht sich im Sinne des sinnenfällig Empirischen mit den Erscheinungen der Welt befassen muss.

Das ist allerdings ein langwieriger und auch *heute noch in keiner Weise abgeschlossener Prozess*, geschweige denn, dass das schon zu Steiners Lebzeiten hätte möglich sein können. Denn es geht dabei nicht darum, lediglich einige andere oder zusätzliche, «erweiternde» Auffassungen in der Medizin oder in einem anderen Lebensgebiet geltend zu machen, um so eine «alternative» Lebensansicht und weltanschauliche Sondergruppe zu begründen, sondern Steiners Anliegen war es, auf einem gediegenen erkenntniswissenschaftlichen und methodischen Fundament zum Aufbau einer *gründlichen, natur- und geisteswissenschaftlichen Gesamtauffassung von Mensch, Natur und Kosmos* in der Kultur überhaupt beizutragen. In diesem Sinn sind nicht nur seine Ausführungen zur Medizin, sondern auch zu anderen Bereichen wie Pädagogik, Landwirtschaft, Kunst, Soziologie und Ökonomie gehalten. So führte er in Vorträgen über physikalische Themen vor Lehrern 1920 aus (Steiner, 1982, 214):

> Gewiss, Sie werden Unbefriedigendes genug da oder dort in dieser Vortragsfolge finden, weil die Vorträge nur aphoristisch sein konnten, aber das Eine wird sich Ihnen in dieser Vortragsfolge zeigen: dass es einfach notwendig ist, unsere gesamte physikalische, chemische, physiologische und biologische Vorstellungswelt neu aufzubauen, gründlich neu aufzubauen. Darin kommen wir natürlich nur weiter, wenn wir nicht nur das Schulwesen, sondern auch das Wissenschaftswesen selbst weiterbilden. Und wenn so etwas entstehen könnte [...], dass wir ausbauen zu gleicher Zeit mit dem Schulwesen das Akademiewesen, [...] dann würden wir eigentlich erst das erreichen, was im Grunde genommen erreicht werden soll [...].

Auch in der Medizin, die auf all diesen Wissenschaften aufbaut, geht es darum, neben der praktischen Seite, auf die Steiner von Anfang an großen Wert gelegt hat, *eine gediegene akademisch-wissenschaftliche Forschung* zu entwickeln. Dazu ist notwendig, «dieselbe Exaktheit» anzustreben, die auch sonst in der Wissenschaft üblich ist (Steiner, 1994 a, 88). Es ist interdisziplinär zu arbeiten («spezialisiert haben wir uns genug, jetzt handelt es sich darum, dass wir die einzelnen Spezialitäten wieder zusammenbringen», Steiner, 1989, 7); und die in der Literatur schon vorhandenen Forschungsresultate sind im Rahmen einer synthetischen Betrachtung zusammenzuschauen. Das betrifft sowohl die Ergebnisse der Naturwissenschaft («dasjenige, was empirisch in der orthodoxesten Wissenschaft vorliegt, durchnehmen, und das nächste mit dem entferntesten zusammenbringen», Steiner, 1989, 115), wie auch der von ihm begründeten Geisteswissenschaft («heute liegt schon die Möglichkeit vor, dass dasjenige, was in einer kurzen Skizze angedeutet ist, durch viel Einzelheiten, die in Zyklen und Schriften von mir vorliegen, ausgebaut werde», Steiner, 2003 b, 58). «Wenn man diese Dinge in der skizzenhaften Art hinstellt, wie ich es leider tun musste, so kann einem vieles phantastisch erscheinen. Aber die Dinge sind alle in ihren Einzelheiten verifizierbar» (Steiner, 1989, 134). Worum es geht, ist, «diese Dinge, die ich jetzt nur so andeutungsweise erwähnt habe, in Bezug auf alle Einzelheiten methodisch zu verfolgen, und man wird dann dasjenige was sich auf diese Weise ergibt, in eine wirkliche wissenschaftliche Ordnung hineinbringen» (ebd., 131). Diese wissenschaftliche Ordnung ist aber so zu denken, dass sie den natur- und geisteswissenschaftlichen Aspekt zu einer einheitlichen Gesamtanschauung integriert. «Und so meine ich, wäre es schon gut, wenn wir möglichst bald eine die Geisteswissenschaft und die sinnenfällige Naturwissenschaft überbrückende Literatur hätten» (ebd., 162).

Das fernere Ziel solcher Bemühungen ist die allmähliche Ausarbeitung eines natur- und geisteswissenschaftlich begründeten *«Systems der Medizin»* (Steiner, 1978 a, 173), zu dem Steiner durch sein medizinisches und sonstiges wissenschaftliches Vortragswerk auch seiner eigenen Darstellung nach nur skizzenhafte Umrisse und Anregungen geben konnte. Das ist auch der eigentliche Grund für den aphoristischen und dadurch schwierigen Duktus dieser Vorträge, der schon den damaligen Zuhörern Mühe gemacht hat und den Kritiker wie Zander gerne bemängeln (Zander, 2007, Bd. 2, 1489 ff.). Steiner hat mit diesen Vorträgen keine medizinischen «Kurse» im eigentlichen Sinn bezweckt, obwohl auch er gelegentlich dieses Wort benutzt («Ich möchte nicht, dass verwechselt werde das, was ich versuchen werde, mit einem medizinischen Kursus, der es ja sein wird», Steiner, 1976 d, 14), sondern in erster Linie das Denken und Forschen seiner medizinischen und sonstigen wissenschaftlich tätigen Zuhörer in eine neue *Richtung* bringen wollen (ebd., 13), und im Übrigen alles Weitere von *deren eigenen Forschung* abhängig gemacht («wir wollen diese Betrachtungen jetzt abschließen, deren Fortsetzung in Ihrer eigenen selbständigen Arbeit liegen muss», Steiner, 2000 b, 216). Und dabei gilt, was in der modernen medizinischen Forschung noch viel deutlicher geworden ist als zur Zeit Steiners: «Richtiges ist doch nur zu erreichen durch eine geregelte menschliche Zusammenarbeit» (ebd., 216); die Forschung ist naturgemäß auf eine *lange zeitliche Perspektive* anzulegen und hat, wie beschrieben und wie auch sonst für die forschende Medizin üblich, für die Überprüfung und konkrete Anwendung geisteswissenschaftlicher Gesichtspunkte auch die üblichen *naturwissenschaftlichen Forschungsmethoden* anzuwenden (Steiner, 1989, 100):

> Nun wird alles, was ich sagen kann, aphoristisch sein und im Grunde nur das letzte Ziel angeben können. Der Ausgangspunkt würde aber sein die gegenwärtige sinnenfällige empirische Forschung, und der Zwischenweg der müsste eigentlich gemacht werden durch die Arbeit der ärztlichen Freunde im weitesten Umfange, denn dieser Weg ist ein außerordentlich langer […].

Auch die erste und einzige *systematische* Schrift zur Medizin von Steiner und Wegman (Steiner & Wegman, 1991) kann das Ziel eines medizinischen Systems im Sinn der obgenannten Konzeption noch in keiner Weise erfüllen, und dasselbe hätte auch für die bereits geplante Fortsetzung dieser Schrift, die wegen Steiners Tod im März 1925 nicht mehr zustande kam, gelten müssen (vgl. Nachwort von Ita Wegman in: Steiner & Wegman, 1953, 123). Steiner selbst bemerkte in seinem letzten Lebensjahr dazu, als er das Erscheinen des ersten Bandes ankündigte: «Das, was ich gestern von dem medizinischen Buche gesagt habe, wird nur den allerersten, elementaren Anfang darstellen können, und das wird nach langer Zeit, wenn wir nicht mehr leben werden, die ausgebildete Wissenschaft erst werden» (Steiner, 1969 a). Die seitherige Entwicklung und die heutige Situation der anthroposophischen Medizin machen deutlich, dass das einer sehr realistischen Einschätzung entspricht. Dabei muss man einerseits die Ausarbeitung eines geisteswissenschaftlich erweiterten medizinischen Systems als solches, also *eine die Natur- und Geisteswissenschaft umfassende systematische medizinische Anthropologie*, und andererseits die *naturwissenschaftliche oder psychologische Überprüfung anthroposophischer Konzepte zur Physiologie, Pathologie und Therapie* bzw. *die experimentelle und klinische Forschung* im Sinne der konventionellen Medizin ins Auge fassen.

Zusammenfassend geht aus diesen Erwägungen hervor, dass im Sinne Steiners nicht nur kein Widerspruch zwischen anthroposophischer Medizin und moderner wissenschaftlicher Forschung besteht, sondern diese ein unabdingbarer Bestandteil jener darstellt.

8.4 Zur Lage der anthroposophisch erweiterten medizinischen Anthropologie

Gegenwärtig liegt eine Fülle von Materialien zu einer *anthroposophisch erweiterten Naturauffassung und medizinischen Anthropologie* vor, die seit Begründung der anthroposophischen Medizin am Anfang des 20. Jahrhunderts von Ärzten, Pharmazeuten und Wissenschaftlern erarbeitet worden sind. Diese stellen gegenüber der Situation zu Steiners Lebzeiten eine ganz andere, beträchtlich erweiterte Basis für das von Steiner gemeinte «medizinische System» dar, jedoch kann dieses noch nicht als verwirklicht angesehen werden. Die von Steiner angeregte *experimentelle und klinisch-wissenschaftliche Forschung* hat sich aus mehreren Gründen noch weniger entfaltet, sodass insgesamt von einem noch sehr vorläufigen Stand der anthroposophisch erweiterten Medizin ausgegangen werden muss. Diese Entwicklung und die gegenwärtige Situation kann hier nur in den thematischen Hauptlinien[176] beschrieben werden, um eine Vorstellung davon zu vermitteln, in welchen Richtungen und in welcher Art die bisherigen Bemühungen zur Verwirklichung der von Steiner angeregten medizinischen Entwicklung gediehen sind.

Die Entwicklung einer anthroposophisch erweiterten Naturauffassung und medizinischen Anthropologie begann bereits mit Steiners Einleitungen und Kommentaren zu *«Goethes Naturwissenschaftlichen Schriften»* (Steiner, 1973 g) und wurde später insbesondere in seinen naturwissenschaftlichen Kursen fortgesetzt (Steiner, 2000 a; Steiner, 2000 b). Das sind zwar keine medizinischen Schriften, aber sie haben mannigfaltige Bezüge zur Medizin.

Dasselbe gilt für die naturwissenschaftlich ausgerichteten Arbeiten weiterer anthroposophischer Autoren über die Natur des Mineralischen und den *Substanzbegriff*. Dazu zählen die von der Naturwissenschaft ausgehenden Ausführungen von Walther Cloos und Wolfgang Wimmenauer über Mineralien und ihre Gestaltprozesse (Cloos, 1970; Wimmenauer, 1992), Eugen Koliskos oben besprochene Arbeiten über hypothesenfreie Chemie (Kolisko, 1922 a) sowie die damaligen Debatten über das Problem des Atomismus (Kolisko & Rozumek, 2012), Manfred von Mackensens Schriften über Prozesschemie (von Mackensen & Schoppmann, 2001), Martin Rozumeks phänomenologische und begriffliche Arbeiten (Rozumek & Buck, 2008; Rozumek, 2008) und Otto Wolffs Grundlagen einer geisteswissenschaftlich erweiterten Biochemie (Wolff, 2013), in denen bereits der Bezug der Substanzen zu den physischen, ätherischen, astralischen oder ichhaften Kräften im menschlichen Organismus besprochen wird. In eine ähnliche Richtung gehen Wilhelm Pelikans Buch über die Metalle (Pelikan, 1981) und Gisbert Husemanns Arbeit über das Zinn (Husemann, 1962). Diese Schriften gehen im Sinn von Goethes naturwissenschaftlicher Methode stark von der natürlichen Phänomenologie der Substanzen aus und setzen diese in Beziehung zur menschlichen Organisation, wogegen Hilma Walter in ihrem Buch über Metalle und ihre therapeutischen Eigenschaften vorwiegend von anthroposophisch-geisteswissenschaftlichen Gesichtspunkten ausgeht (Walter, 1966); und ähnlich ist es mit Rudolf Hauschkas Substanz- und Heilmittellehre (Hauschka, 1972; Hauschka, 1974). Alla Selawry hingegen stellt die naturwissenschaftlich-phänomenologischen und geisteswissenschaftlichen Aspekte der Metallwirkung auch zur homöopathischen Phänomenologie in Beziehung (Selawry, 1985).

176 Eine *historische* Aufarbeitung dieser Entwicklung liegt außerhalb des Rahmens dieser Schrift, und ist auch in Zanders bisher umfangreichsten (wenn auch problematischen, vgl. Einleitung sowie Kap. 8.2, 8.3 und 8.5) Arbeit zur Geschichte der Anthroposophie in Deutschland weder intendiert noch geleistet worden (Zander, 2007).

Auch in der *Botanik* gibt es vielfache goetheanistische Arbeiten, teilweise mit deutlichem Bezug zur menschlichen Organisation (Schad, 1982c; Schad, 1982d; Suchantke, 2002). Das wird in den eigentlichen Heilpflanzenbüchern fortgesetzt, so in Pelikans bekannter Heilpflanzenkunde (Pelikan, 1958–1978), in den Büchern von Christian Simonis (Simonis, 1955; Simonis, 1981) oder in Jochen Bockemühls stark von qualitativer Phänomenologie ausgehenden Anleitungen zur Heilpflanzenerkenntnis (Bockemühl, 1996–2003). Eine Ergänzung dazu bietet Hilma Walters ganz von anthroposophisch-geisteswissenschaftlichen Gesichtspunkten ausgehendes Heilpflanzenbuch (Walter, 1971).

Eine besondere Gruppe von Arbeiten sind diejenigen, die sich teils von phänomenologisch-naturwissenschaftlichen, teils von anthroposophisch-geisteswissenschaftlichen Aspekten aus mit der Natur und Wirksamkeit des *Ätherischen* befassen. Dazu gehören die experimentellen Arbeiten über die sensiblen Strömungsformen in Flüssigkeiten von Theodor Schwenk (Schwenk, 1963), Johanna Zinkes verwandte Studie über die Strömungsformen von Luft durch gesprochene Laute (Zinke, 2003) und Hans Jennys Experimente über Klangformen in verschiedenen Materialien (Jenny, 2009). Guenther Wachsmuths Arbeiten über die ätherischen Bildkräfte in Kosmos, Erde und Mensch gehen zwar von der Geisteswissenschaft aus, aber bemühen sich durch Heranziehen zahlreicher naturwissenschaftlicher Studien um eine äußerlich-empirische Verifikation (Wachsmuth, 1924; Wachsmuth, 1965), wogegen Ernst Marti bei mehr anthroposophischen Argumenten bleibt (Marti, 1994). Mehrere Arbeiten beschäftigen sich mit den physischen, u. a. geometrischen Ausdrucksformen des Ätherischen in den Pflanzen (Bockemühl, 1985; Edwards, 1986), zum Teil mit Einbezug der aus dem Kosmos wirkenden Ätherkräfte bei Pflanzen (Adams & Whicher, 1980), bei Tieren (Endres & Schad, 1997) oder in der Geometrie der menschlichen Gestalt (Schüpbach, 1947–1948). Hermann Poppelbaum widmet sich der Frage der Wissenschaftlichkeit des Konzepts des Ätherleibs (Poppelbaum, 1924), und Jochen Bockemühl (Bockemühl, 1996–2003) sowie Andreas Suchantke (Suchantke, 2012) beschreiben Übungsmethoden, um das Ätherische in der Natur zu erfahren.

Das geht dann weiter mit *zoologischen und humanmorphologischen* Schriften, von denen insbesondere diejenigen erwähnt seien, die die menschliche und tierische Gestalt vergleichen. Dabei seien einerseits diejenigen Arbeiten erwähnt, die sich mit der ontogenetischen (Kipp, 1948) oder morphologischen Sonderstellung des Menschen beschäftigen (Poppelbaum, 1981; Verhulst, 1999; McKeen, 1996), die z. B. in ihrer Aufrechten einen Ausdruck der menschlichen Ichhaftigkeit darstellt. Diese können ergänzt werden durch Studien über die inneren Organsysteme des Menschen (Kranich, 2003).

Ferner sei Wolfgang Schads klassische Arbeit hervorgehoben, in der durch vergleichende Morphologie nachgewiesen wird, wie in den drei Hauptsäugetiergruppen der Nagetiere, Raubtiere und Huftiere in relativer einseitiger Dominanz ausgebildet ist, was sich beim Menschen ausgewogen bildet, und wie die gesamte Gestalt der Menschen bzw. der entsprechenden Tiere und ihre Lebensweise damit zusammenhängen: das Nervensinnessystem bei den Nagetieren, das rhythmische System bei den Raubtieren und das Stoffwechselsystem bei den Huftieren (Schad, 1983; Schad, 2012). Armin Husemann zeigt dasselbe Prinzip durch Vergleich der Zahnstellungen und ihrer Funktion im Zusammenhang mit der Lebensweise bei Nagetier, Raubtier und Huftier einerseits und Mensch andererseits (Husemann, 1996). Husemann hat auch auf den plastisch-musikalischen Bau des Menschen hingewiesen (Husemann, 2003); und er verwendet nach einer Empfehlung Steiners plastisches Gestalten und musikalische Übungen in der von ihm geleiteten Ärzteausbildungsstätte, der Eugen Kolisko Akademie in Filderstadt bei Stuttgart, als systematische Trainingsmittel für Medizinstudierende und Ärzte, um ihr Empfindungsvermögen für die Gestaltungskräfte der menschlichen Organisation zu schulen (Husemann, 2007). Armin Husemanns neuestes Buch demonstriert das Resultat eines solchen Trainings, vor allem im Hinblick auf die Beziehungen zwischen den organischen Formen, Funktionen und dem Bewusstsein in der menschlichen Physiologie, Pathologie und Therapie (Husemann, 2015).

Auf die Tatsache und die Bedeutung der *funktionellen Dreigliederung* der menschlichen Organisation hat erstmals Steiner in «*Von Seelenrätseln*» 1917 hingewiesen (Steiner, 1976e, 150–163). Er machte darauf aufmerksam, dass zwischen dem Nervensystem mit seinem durch die Bewusstseinsfunktionen bedingten Abbau und dem dem Aufbau dienenden Stoffwechselsystem funktionell eine Polarität besteht, die durch das rhythmische System mit seinen Atem- und Kreislauffunktionen ausgeglichen wird (Heusser, 1999b). Diese Gesichtspunkte wurden von mehreren Autoren vor allem in morphologischer Hinsicht weiter bearbeitet (Schad, 1971; Schad, 1985a; Schad, 2012; Vogel, 1979) und haben eine fundamentale Bedeutung für die anthroposophische Medizin. Der bekannte Nürnberger Anatom Johannes Rohen hat Steiners Idee der funktionellen Dreigliederung in seinen viel benutzten Lehrbüchern über Anatomie, Histologie und zuletzt auch Embryologie und Morphologie als Ordnungsprinzip für diese Fachgebiete bestätigt (Rohen & Lütjen-Drecoll, 2000; Rohen, 2000; Rohen & Lütjen-Drecoll, 2006a; Rohen & Lütjen-Drecoll, 2006b). Basierend auf Steiners Dreigliederungskonzept führt er anatomisch und funktionell eine allgemeine Gestalt- und Funktionsgliederung ein, in die Organe und Funktionen des Stoffwechsels, der Atmung sowie des Kreislaufs und des «Informationswechsels und [der] Steuerung», wozu das Nervensystem dient. Im Deutsch sprechenden Europa gehören Rohens sehr bekannte Lehrbücher zur anerkannten Grundlage des Medizinstudiums.

Auch die *Physiologie* ist unter dem Gesichtspunkt der Dreigliederung betrachtet worden, insbesondere bezüglich Herz und Kreislauf (Schad, 1985 a; Schad, 1998); bezüglich Herzfunktion wurde unter anderem aufgrund entsprechender Befunde aus der Kreislaufliteratur auf die Berechtigung von Steiners Kritik am mechanischen Pumpenmodell des Herzens verwiesen (Bavastro & Kümmell, 1999). Kürzlich hat Branko Furst aus den USA eine detaillierte Ausarbeitung von Steiners Konzept der Herz-Kreislauf-Physiologie vorgelegt und die Validität dieses Konzepts mit seiner bekannten Kritik des mechanistischen Herz-Pumpen-Modells auf dem Hintergrund der aktuellen anatomischen, physiologischen, evolutorischen, embryologischen, experimentellen und klinischen Evidenz belegt (Furst, 2014; Furst, 2015).

Die *Rhythmologie bzw. Chronobiologie* ist ein Gebiet, auf dem viel erarbeitet worden ist. So hat bereits Wachsmuth durch eine Synopsis einer großen Menge naturwissenschaftlicher Rhythmusliteratur das Rhythmische als einen Ausdruck von Lebensvorgängen in Erde und Mensch charakterisiert (Wachsmuth, 1965), Hoerner hat über die Bedeutung von Rhythmen für den seelischen Entwicklungsgang geschrieben (Hoerner, 1991) und Bernd Rosslenbroich über die rhythmische Organisation des Menschen im Zusammenhang mit der funktionellen Dreigliederung (Rosslenbroich, 1994). Sehr wesentlich sind die Arbeiten der Forscher um den Marburger Arbeitsphysiologen Gunther Hildebrandt (1924–1999) zur therapeutischen Physiologie und Hygiogenese (Hildebrandt, 1998) und zur Chronobiologie und Chronomedizin (Gutenbrunner et al., 1987; Gutenbrunner et al., 1993). Auch Hildebrandt hat grundlegende Gesichtspunkte zur Rhythmusforschung von Steiner bestätigt, insbesondere diejenigen zur Bedeutung des Frequenzverhältnisses von Atem und Puls als Indikator für den Gesundheitszustand (vgl. die Übersicht in: Hildebrandt, 1999; ferner: Heusser, 1999 b). In eigener Forschung hat die mit dem Verfasser verbundene Arbeitsgruppe experimentell zeigen können, dass der Puls-Atem-Quotient, der mit Hilfe der Herzfrequenzvariabilität (HRV) errechnet werden kann, eine gegenüber anderen HRV-Rhythmusparametern eigenständige Größe darstellt (Cysarz et al., 2008), und dass dieser Quotient mit subjektiv empfundener Gesundheit, besserer mentaler Gesundheit und geringerer Depressivität korreliert (von Bonin et al., 2014).

Die Gesetzmäßigkeiten der rhythmischen Organisation werden in der anthroposophischen Medizin in verschiedenen Anwendungsformen praktisch genutzt. Mehrere *neue Therapien* sind auf dieser Grundlage entwickelt worden: *rhythmische Massage* in der Physiotherapie (Hauschka, 1971), *rhythmische Einreibungen* in der Pflege (Layer, 2003), spezielle Formen der Kunsttherapie wie *therapeutisches Plastizieren* (Golombek, 2000), Malen (Mees-Christeller et al., 2000), *interaktive Musiktherapie* (Felber et al., 2000), *therapeutische Sprachgestaltung* (Denjean-von-Stryk & von Bonin,

2000), *Heileurythmie* (Hachtel & Gäch, 2007; Kirchner-Bockholt, 1997) und rhythmische Anwendungen in der *Herstellung* von *Arzneimitteln*[177]. In der Arbeitsgruppe des Verfassers konnte in eigener Forschung ein Effekt der Heileurythmie bei Kindern mit Aufmerksamkeitsdefizit-Syndrom wahrscheinlich gemacht (Majorek et al., 2004) sowie gezeigt werden, dass die Rezitation von Hexametern durch therapeutische Sprachgestaltung eine Synchronisation der Atem- und Pulsfrequenzen zur Folge hat, ähnlich, wie das sonst im nächtlichen Regenerationsschlaf der Fall ist (Cysarz et al., 2004). Damit ist gezeigt, dass eine solche künstlerische Therapie nachweisbare physiologische Wirkungen haben kann, die eine Grundlage von Regeneration abgeben. Auch die physiologische sowie subjektiv-psychologische Wirkung von Heileurythmie gegen Stress ist in neueren Studien belegt worden (Kanitz et al., 2011; Kanitz et al., 2013; Seifert et al., 2012; Seifert et al., 2013; Edelhäuser et al., 2015; Berger et al., 2015).

Interessant ist die Reihe *«A New Image of Man»*, die von Professoren wie Karl E. Schaefer (Brown University), Herbert Hensel (Universität Marburg), Ronald Brady (Ramapo College, New Jersey), Gunther Hildebrandt (Universität Marburg), Uwe Stave (University of Miami) und Wolfgang Blankenburg (Universität Bremen) zusammengestellt wurde und die Ansätze einer *individuumsbezogenen* Physiologie, Psychologie und Medizin enthält (Schaefer et al., 1977; Schaefer et al., 1979 a; Schaefer et al., 1979 b). Den Anlass zu diesen Beiträgen hatte ein Symposium am Gemeinschaftskrankenhaus Herdecke 1973 gegeben, das die genannten Forscherpersönlichkeiten im Hinblick auf die zu gründende Universität Witten/Herdecke (1982) zusammengebracht hatte.

Anthroposophische Aspekte zur menschlichen *Nervensinnesorganisation* sind von Wolfgang Schad zusammengetragen worden (Schad, 2014), und es gibt Ansätze zu einer Interpretation der Sinnesphysiologie, die mit der Beseeltheit des senso-moto-neuronalen Systems rechnet (Heusser, 2000 a), oder dazu, das Schmerzgeschehen in einer solchen Perspektive zu interpretieren (Heusser, 2007). Hervorgehoben sei die Dissertation von Walter Johannes Stein von 1919, die den physisch-lebendig-seelisch-geistigen Gesamtprozess

---

177 So wurde z. B. die Firma WALA, die anthroposophische Heilmittel und Kosmetika aus Naturstoffen herstellt, ursprünglich aufgrund einer Anregung von Rudolf Steiner begründet. 1924 reiste der aus Wien stammende Chemiker Dr. Rudolf Hauschka (1891–1969) nach Holland, besuchte eine anthroposophische Sommertagung in Arnheim und traf dort Rudolf Steiner, mit dem er mehrere Gespräche führte. Als Hauschka Steiner fragte, was nach seiner Sichtweise *Leben* sei, antwortete Steiner: «Studieren Sie die Rhythmen, Rhythmus trägt Leben» (www.wala.de/unternehmen/gruendungsidee/; abgerufen am 26. 12. 2015).

beim Sinneserlebnis darstellt. Steiner hatte Stein dazu wesentliche Anregungen gegeben (Stein & Steiner, 1985). Besonders hervorgehoben seien ferner das bedeutende Lehrbuch der Physiologie «*Allgemeine Sinnesphysiologie. Hautsinne, Geschmack, Geruch*» von Herbert Hensel, in dem u. a. die Nicht-Hintergehbarkeit der Sinneserfahrung im Sinne Steiners nachgewiesen wird (Hensel, 1966), sowie die Habilitationsschrift von Gerhard Kienle über «*Die optischen Wahrnehmungsstörungen und die nichteuklidische Struktur des Sehraums*» (Kienle, 1965). Wichtig zu erwähnen sind auch zwei Arbeiten, in denen Rudolf Steiners Konzept des Sprachsinns ausführlich bearbeitet und auf dem Hintergrund der Entwicklungspsychologie, der Sprachforschung und der sozialen Neurobiologie bis in Einzelheiten bestätigt worden ist (Lutzker, 1996; Peveling, 2015).

Diese vorgenannte Auswahl von Monographien zu einzelnen Themenbereichen einer goetheanistisch und anthroposophisch erweiterten Natur- und medizinisch orientierten Menschenkunde kann vermehrt werden durch das umfangreiche Schrifttum, das in speziell dazu gegründeten *Zeitschriften* publiziert worden ist. Dazu gehören zunächst die von Ita Wegman gegründete, zwischen 1926 und 1940 in acht Jahrgängen herausgegebene öffentliche Zeitschrift «*Natura*», die die unterschiedlichsten Beiträge zu morphologischen, physiologischen, psychologischen, pathologischen, substanziellen, therapeutischen, kosmologischen, medizinhistorischen und anderen medizinisch relevanten Themen enthält (Wegman, 1981), ferner die von Wegman für die mit der Medizinischen Sektion am Goetheanum zusammenarbeitenden Ärzte herausgegebenen «*Beiblätter*» der Zeitschrift «*Natura*», deren erste von ihr selbst verfasst waren und thematisch zunächst etwa dem zweiten Band der zusammen mit Steiner geplanten Schrift entsprachen (Wegman, 2000).

Zahlreiche Artikel finden sich auch in den von der Naturwissenschaftlichen Sektion am Goetheanum herausgegebenen Periodika «*Gäa Sophia. Jahrbuch der Naturwissenschaftlichen Sektion der Freien Hochschule am Goetheanum*» (Wachsmuth, 1926–1932) und seit 1964 «*Elemente der Naturwissenschaft*» (http://science.goetheanum.org/index.php?id=348), ferner das seit 1984 vom Carl Gustav Carus-Institut in Öschelbronn herausgegebene «*Tycho de Brahe Jahrbuch für Goetheanismus*» mit goetheanistischen Beiträgen aus dem Spektrum von Naturwissenschaften, Medizin und Pharmazie (www.carus-institut.de/tycho). Mehr auf das unmittelbar Medizinische fokussiert sind die 1992 von der Medizinischen Sektion am Goetheanum herausgegebene Buchreihe «*Persephone*» mit Arbeitsmaterialien zum Gesamtgebiet der Medizin und die seit 1988 existierende Fachzeitschrift für anthroposophische Medizin, «*Der Merkurstab*», die durch die Medizinische Sektion am Goetheanum und die Gesellschaft Anthroposophischer Ärzte in Deutschland herausgegeben wird und eine Fortsetzung des «*Ärzte-*

Journals» (1946–1949) sowie der *«Beiträge zur Erweiterung der Heilkunst»* (1950–1987) bildet (www.merkurstab.de). Sowohl die anthroposophisch-medizinische Zeitschriften- wie Bücherliteratur seit Anbeginn der anthroposophisch-medizinischen Bewegung um 1920 wurde von Angelika Overstolz in übersichtlichen Dokumentationsbänden indexiert und mit einem umfangreichen Sachwort- und Autorenregister versehen (Overstolz, 1995; Overstolz, 2001). Kürzlich hat die Medizinische Sektion am Goetheanum zusammen mit der Gesellschaft Anthroposophischer Ärzte in Deutschland das Projekt *«Anthromedics»* gestartet, ein Online-Portal auf Englisch und Deutsch, mit Informationen über sowie Zugang zu anthroposophisch-medizinischer Literatur durch ein digitales Archiv mit sämtlichen Ausgaben von *«Der Merkurstab»* sowie mit Zugang zu Textbüchern über anthroposophische Medizin (Gesellschaft Anthroposophischer Ärzte in Deutschland & Medizinische Sektion, 2014).

Systematische und zusammenfassende Werke über die Grundlagen der anthroposophischen Medizin als Ganze liegen in den geisteswissenschaftlichen Darstellungen von Herbert Sieweke (Sieweke, 1982; Sieweke, 1994) oder Volker Fintelmann vor (Fintelmann, 2007). Hervorgehoben sei insbesondere die erstmals 1940 von Friedrich Husemann und später von Otto Wolff in mehreren und stets erweiterten Auflagen herausgegebene dreibändige Gesamtdarstellung der anthroposophischen Medizin, *«Das Bild des Menschen als Grundlage der Heilkunst»*, die lange das Standardwerk zur anthroposophischen Medizin darstellte. Dieses heute revisionsbedürftige Werk geht von anatomischen und physiologischen Grundlagen über allgemeine und spezielle Pathologie bis zur Darstellung einzelner Fachgebiete mit konkreten indikationsbezogenen Therapieempfehlungen (Husemann & Wolff, 1986–1991). Dieses Buch kann jetzt bis zu einem gewissen Grad ersetzt oder zumindest ergänzt werden durch Matthias Girkes ausgezeichnetes Buch über Innere Medizin (Girke, 2012) sowie bezüglich Metabolismus zusätzlich durch Andreas Goyerts Buch über Prozesse des Stoffwechselsystems (Goyert, 2015).

Daneben gibt es eine Reihe von *Werken oder Kompendien zu einzelnen medizinischen Fachgebieten, Krankheitsentitäten oder Therapieformen*, die abgesehen von ihrem klinisch-therapeutischen Inhalt auch für die konzeptuelle Basis der anthroposophischen Medizin wichtig sind. Neben dem erwähnten Buch über *Innere Medizin* (Girke, 2012) gibt es Werke über *Geriatrie* (Girke, 2014), *Dermatologie* (Jachens, 2012), *Pädiatrie* (Soldner & Stellmann, 2011), *Onkologie und Misteltherapie* (Fintelmann, 2002; Kienle & Kiene, 2003; Kienle & Kiene, 2010; Ostermann et al., 2009; Büssing et al., 2011 c; Ostermann & Büssing, 2012; Heusser & Kienle, 2014 a), *Intensivmedizin* (Bavastro, 1994), *Psychiatrie* (Walter, 1955; Treichler, 1981 a; Bissegger et al., 1998) und *Psychotherapie* (Vandercruysse, 1999; Priever, 1999),

Heilpädagogik (Bort et al., 1956; von Zabern, 2002; Weihs, 1971; Grimm & Kaschubowski, 2008), *Pflege* (Heine & Bay, 1995), *äußere Anwendungen* wie Wickel und Kompressen (Fingado, 2001), ferner, wie oben erwähnt, über *Kunsttherapie und Heileurythmie*. Dazu kommen Werke über *Pharmazie* (Glöckler, 2005), zu einzelnen *anthroposophischen Heilmitteln* (Wolff, 1990; Schramm, 1983; Soldner, 2008; Basold et al., 1995) und zur *Ernährung* (Schmidt, 1975–1979). Sodann sind die Arbeiten zur *Entwicklungspsychologie* (Treichler, 1981 b) und zum *Verhältnis von Medizin und Pädagogik* (Kolisko, 2002; Glöckler, 1998; Glöckler et al., 2015[178]; Marti & Heusser, 2009; Fischer et al., 2013) zu erwähnen. Im Themenmuster dieser Werke fehlen etliche Gebiete, die zwar in der anthroposophischen Medizin praktiziert und in Kursen, Praxen oder Kliniken gelehrt werden, aber die höchstens durch einzelne Buchbeiträge oder Zeitschriftenartikel in Theorie und Praxis bis zu einem gewissen Grad dokumentiert sind. Dazu gehören Gynäkologie, Ophthalmologie, Oto-Rhino-Laryngologie und andere.

Zu erwähnen ist auch das Schrifttum über die *Geschichte der anthroposophischen Medizin* (van Deventer, 1992; Kugler, 1997; Selg, 2000 a; Selg, 2000 b; Selg, 2003; Selg, 2015; Zander, 2007), die Geschichte der Heilpädagogik und Sozialtherapie (Frielingsdorf et al., 2013) und über die Beziehung der anthroposophischen Medizin zur Medizingeschichte, insbesondere zu Paracelsus (Daems, 2001), ferner zum Christentum (Selg, 2005; Husemann, 2009) und zum Thema Spiritualität (Heusser, 2006 b), ferner zur medizinischen Ethik (Heusser & Riggenbach, 2003; Glöckler, 2002). In diesen Zusammenhang gehören auch Werke über den erkenntnis- und gesinnungsbezogenen inneren *moralisch-ethischen Schulungs- und Entwicklungsweg des Arztes* (Selg, 2006; Selg, 2013), der in Anknüpfung an Steiners medizinische Kurse für junge Mediziner von 1924 (Steiner, 2003 b) in der anthroposophischen Medizin seit jeher eine besondere Rolle spielt, und der auch für das Verhältnis der anthroposophischen Medizin zur Wissenschaftsmethodik nicht ohne Bedeutung gewesen ist (vgl. Kap. 8.5).

Insgesamt bietet diese Literatur trotz ihres seit Steiner und Wegman enorm gewachsenen Umfangs und trotz mehrerer Teilsynopsen erst eine *erste Basis* für ein medizinisch-anthroposophisches System in dem von Steiner genannten Sinne. Das Material ist noch zu heterogen, selektiv und thematisch

178 Diese «*Kindersprechstunde*» von Michaela Glöckler und Wolfgang Goebel hat als ein Beratungsbuch für Eltern eine weltweite Verbreitung gefunden, viele Auflagen erfahren und ist in mehrere Sprachen übersetzt worden. Das unterstreicht den großen Bedarf für geisteswissenschaftlich erweiterte medizinische Gesichtspunkte auch in der Bevölkerung. Die neueste (20.) Auflage ist zusätzlich von Karin Michael redigiert worden.

zerstreut, um inhaltlich ein solches System abgeben zu können. Oft sind die Konzepte noch sehr allgemein gehalten, und qualitativ sind sie sehr unterschiedlich. Viele Abhandlungen basieren auf vorwiegend anthroposophischer Ideenbildung, und es fehlt oft sehr an der begrifflichen anthropologisch-naturwissenschaftlichen Durcharbeitung und noch mehr an einer entsprechenden empirischen Absicherung. Konturen zu einer systematischen natur- und geisteswissenschaftlichen Gesamtsynthese zeichnen sich aufgrund der vielen Einzelarbeiten bisher nur für Teilgebiete ab, so etwa für die funktionelle Dreigliederung und ihre morphologischen, anatomischen und physiologischen Grundlagen sowie die darauf beruhende therapeutische Physiologie und Hygiogeneseforschung. In diesen Gebieten ist das, was aus Steiners anthroposophischen Anregungen geworden ist, insbesondere durch die konzeptuellen und empirischen Arbeiten der Arbeitsgruppen um Wolfgang Schad, Johannes Rohen, Gunther Hildebrandt und Herbert Hensel, und auch durch hervorragende Übersichtsarbeiten von Branko Furst zu Steiners Konzept der Herzkreislauf-Physiologie nahtlos in das akademische Lehr- und Forschungsgebäude integriert worden und kann als gesicherter Beitrag der Anthroposophie zur Naturwissenschaft und zur medizinischen Anthropologie betrachtet werden.

Im Ganzen ist es aber noch ein weiter Weg zu einer stringenten einheitlichen natur- und geisteswissenschaftlichen Gesamtsynthese in dem von Steiner intendierten «System der Medizin» (Steiner, 1978 a, 173), und zwar sowohl in die Breite wie in die Tiefe. Vier Arbeitsrichtungen werden dafür meines Erachtens notwendig sein, um die Entwicklung nach diesem Ziel hin zu fördern. Dieses Buch soll einen orientierenden Beitrag dazu von Seiten der Wissenschaftsgrundlagen der Anthroposophie geben.

Zunächst muss eine solide erkenntniswissenschaftliche Basis für die Brückenbildung zwischen den naturwissenschaftlichen und den geisteswissenschaftlichen Perspektiven der Realität gebaut werden. Das beinhaltet a) den Aufweis des Geistigen als eines integralen und sogar wesentlichen Teils der Realität selbst (vgl. Kap. 2), b) die Umwandlung der Naturwissenschaft in eine neue, nicht-reduktionistische Form, die auch dem Geist gemäß ist (vgl. Kap. 3, 4 und 5), und c) die Begründung der geisteswissenschaftlichen Erkenntnis als eine Weiterführung der naturwissenschaftlichen Erkenntnisart in den Wahrnehmungsbereich des Geistigen (vgl. Kap. 6 und 7).

Zweitens müssen die vielfältigen geisteswissenschaftlichen Elemente und Perspektiven im umfangreichen Gesamtwerk Steiners und die tragfähigen Teile der darauf aufbauenden Sekundärliteratur in eine kohärente anthroposophische Konzeption des Menschen in Beziehung zu Gesundheit, Krankheit und Therapie gebracht werden, am besten themenweise entsprechend den involvierten Fachgebieten. Das ist keineswegs schon befriedigend gelungen. Doch immerhin liegt seit wenigen Jahren als ein wichtiger Schritt in diese

Richtung von Peter Selg die erste systematische Gesamtdarstellung der Entfaltung einer anthroposophischen Humanphysiologie im Gesamtwerk Rudolf Steiners (Selg, 2000 c) vor sowie, ebenfalls von Peter Selg, die erste systematische Zusammenstellung von Quellentexten zu Physiologie, Pathologie und Therapie aus der Rudolf Steiner Gesamtausgabe (Steiner, 2004 a; Steiner, 2004 b). Das ist von erheblichem Wert für die allmähliche Erarbeitung einer das Geistes- und Naturwissenschaftliche *umfassenden* systematischen medizinischen Anthropologie und Medizintheorie.

Die dritte und außerordentlich wichtige Arbeitsrichtung wird die systematische Überprüfung und weitere Ausarbeitung der anthroposophisch-medizinischen Konzepte durch eine adäquate naturwissenschaftliche Methodologie im Sinne dessen, was Steiner «Verifikation» genannt hat (vgl. Kap. 8.2 und 8.3).

Die vierte Richtung ist die persönliche Anstrengung der anthroposophischen Ärzte, Pharmazeuten und Wissenschaftler zur allmählichen eigenen Fähigkeitsentwicklung für geistige Wahrnehmungen und geisteswissenschaftliche Erkenntnisse (vgl. Kap. 7) und gleichzeitig eine solide naturwissenschaftliche Ausbildung und methodische Qualifikation einer größeren Anzahl von anthroposophisch orientierten Wissenschaftlern in medizinischen Fachgebieten.

Wenn man bedenkt, wie viel Arbeit schon auf einem kleinen Teilgebiet für die Erreichung solider Resultate notwendig ist, dann wird deutlich, dass die Entwicklung einer kohärenten natur- und geisteswissenschaftlich medizinischen Anthropologie und Medizintheorie nur ein allmählicher Prozess sein kann und naturgemäß die Arbeit vieler Individuen, Forschergruppen und mehrerer Generationen erfordern wird. Vorerst sind die verfügbaren Forschergruppen und Forschungsinfrastrukturen zu klein, um optimistischere Erwartungen hegen zu können. Abgesehen davon gilt für diese neue anthroposophisch-anthropologisch arbeitende Forschung dasselbe wie für die seit ca. 250 Jahren arbeitende Naturwissenschaft: Gediegene Forschung lässt sich nur schrittweise, als *Entwicklung*, über lange Sicht, und durch die Zusammenarbeit vieler und unterschiedlicher Forscher verwirklichen.

8.5 Zur Lage der klinisch-wissenschaftlichen Forschung in der anthroposophischen Medizin

Zu dieser Entwicklung gehört auch die wissenschaftliche Überprüfung der *Wirksamkeit und Zweckmäßigkeit der anthroposophisch-medizinischen Therapiemethoden* durch experimentelle und klinische Studien, wie Steiner das selbst verlangt und erwartet hat (vgl. Kap. 8.3). Dieses Gebiet hat sich seit

Steiners Lebenszeit ebenfalls entfaltet, doch deutlich weniger als die medizinisch-anthropologische Basisliteratur. Das hat zum großen Teil strukturelle, aber auch inhaltliche Gründe, die z. T. in dem spezifisch ganzheitlichen, multimodalen und individualisierten Therapieansatz der anthroposophischen Medizin begründet sind.

Die strukturellen Gründe können sehr einfach deutlich werden, wenn man sich klarmacht, wie wenige Institute und Forscher für diese Arbeit zur Verfügung stehen. So verfügen die insgesamt 16 vorwiegend in Mitteleuropa domizilierten anthroposophischen Kliniken und fünf wissenschaftlichen Institute der anthroposophischen Medizin zusammen über weniger als 50 Forschungsstellen; eine Mehrzahl der an den größeren Kliniken mittlerweile existierenden Forschungsabteilungen wurde nach 1980 gegründet. Zudem können sich die anthroposophischen Arzneimittelhersteller wie Weleda und Wala hinsichtlich Forschungsförderung in keiner Weise mit den konventionellen Pharmariesen messen.

Der Beginn der *experimentellen naturwissenschaftlichen Arbeit* wurde durch Lili Kolisko gemacht, die Steiners diesbezügliche Anregungen im ersten Medizinerkurs von 1920 aufgriff und zunächst eine Ernährungsstudie mit Kaninchen und humanen Probanden durchführte, um Steiners geisteswissenschaftlich begründeter These, dass die Milz eine funktionelle Bedeutung habe bei der Einrhythmisierung der zu unterschiedlichsten Zeiten aufgenommenen Nahrung in die eigenen Körperrhythmen, mit naturwissenschaftlichen Mitteln nachzugehen (Steiner, 1976 d, 199). Koliskos 1922 veröffentlichte Arbeit *«Milzfunktion und Plättchenfrage»* (Kolisko, 1922 b) brachte eine indirekte empirische Bestätigung für diese These, die Steiner als solche anerkannte, wobei er gleichzeitig auch auf das Bestehen mancher methodischer Einwände im Einzelnen hinwies (Steiner, 1994 a, 87 – 89). In der Tat muss die Studie aus der Sicht heutiger Anforderungen an experimentelle Designs sowohl in quantitativer wie in qualitativer Hinsicht noch als Pilotstudie betrachtet werden, die trotz ihres positiven Resultats noch keinen Beweischarakter beanspruchen kann. Entsprechend wurde sie auch schon damals kritisiert (Zander, 2007, 1468 – 1472). Trotzdem wurde sie von Steiner gelobt, und zwar weil durch die Arbeit von Kolisko zum ersten Mal in dem oben dargestellten Sinn anthropologisch-anthroposophisch gearbeitet wurde, und weil diese Studie trotz ihres anfänglichen Charakters ein erstes Beispiel dafür abgab, «wie wir dieselbe Exaktheit anstreben, die sonst heute in der wissenschaftlichen Grundlage auch der Medizin angestrebt wird» (Steiner, 1994 a, 87 – 88); und er ärgerte sich deshalb über den Versuch eines anthroposophischen Arztes, diese Schrift zu unterdrücken.

Zander nimmt diesen Vorgang und insbesondere Steiners Eintreten für diese Studie zum Anlass, der anthroposophischen Medizin vorzuwerfen –

und er schließt sich darin anderen Autoren an –, dass sie das zu beweisende Ergebnis geisteswissenschaftlich «bereits in der Tasche habe», was «einen bis heute strittigen Punkt zwischen universitärer und anthroposophischer Medizin hinsichtlich der empirisch unzugänglichen Voraussetzungen der Anthroposophie» darstelle (Zander, 2007, 1477). Zander unterschiebt dabei, die von Steiner befürwortete naturwissenschaftliche Forschung habe lediglich Rechtfertigungscharakter im Sinn einer Weltanschauungsmedizin, und meint: «Nicht das Experiment, sondern die ‹Schau› begründete letztlich die anthroposophische Medizin» (ebd., 1469). Zander übersieht dabei erstens, dass Experimente stets nach Ideen durchgeführt werden, und dass insofern nie das Experiment, sondern stets *die Idee* die Medizin begründet (Martin, 2000), und dass in diesem Zusammenhang das Experiment nur dazu dient, die Idee auf wissenschaftliche Weise empirisch zu bestätigen oder verwerfen. Dass die Idee im Falle der anthroposophischen Medizin aus einer geisteswissenschaftlichen Quelle kommen kann, deren *Wahrnehmungsgebiet* nicht a priori jedermann zugänglich ist (also für viele zunächst eine «empirisch unzugängliche Voraussetzung» darstellt), ist richtig. Aber dasselbe gilt, wie in Kapitel 8.2 gezeigt, für manche Gebiete der Naturwissenschaft auch. Und da die Idee als Idee mindestens der *Logik* und Denkbarkeit zugänglich sein muss, ist sie als *Hypothese* grundsätzlich wissenschaftsfähig. Das naturwissenschaftliche Experiment dient dann gerade dazu, die Idee auf einem jedermann empirisch zugänglichen und vor allem in der Praxis konkret handhabbaren Feld zu prüfen. In diesem Sinn hat Steiner seine in Kapitel 8.3 erwähnten geisteswissenschaftlichen «Leitideen» gemeint. Zweitens macht sich Zander nicht klar, dass es im Falle der Rechtfertigungsforschung unsinnig sein müsste, *überhaupt* eine Idee experimentell prüfen zu wollen, da man ohne *begründbare* Vorkenntnisse ja nicht von vornherein annehmen kann, dass das Experiment eine realistische Wahrscheinlichkeit hat, positiv auszugehen. Drittens *ist* dieses Experiment positiv ausgegangen, auch wenn es anerkanntermaßen noch methodische Mängel hat. Der positive Ausgang könnte natürlich Zufall sein; aber niemand würde bei einer bloßen Rechtfertigungsforschung riskieren wollen, generell seine Ideen dem Experiment aussetzen zu wollen, wenn er keine Begründung dafür hätte, dass es sich um eine *potenziell wirklichkeitsgemäße* Idee handelt. Erwähnt sei hier zum Schluss noch, dass aktuell an unserem Lehrstuhl Steiners Milzkonzeption im Rahmen eines größeren Forschungsprojektes geistes- und naturwissenschaftlich aufgearbeitet wird (Scheffers & Weinzirl, 2015), und dass wir in diesem Rahmen kürzlich die von Steiner erwähnte Milzschwellung nach Nahrungsaufnahme in einer kontrollierten experimentellen Studie sonographisch belegen konnten (Garnitschnig et al., 2015).

Dasselbe gilt für den erstmals von Steiner angeregten und durch Lili

Kolisko erfolgreich durchgeführten experimentellen Nachweis der Wirkung homöopathisch potenzierter Substanzen. Von Zander wird das allerdings nicht besprochen, obwohl diese Arbeitsrichtung das Lebenswerk von Kolisko bedeutet, wogegen «*Milzfunktion und Plättchenfrage*» eine einmalige Arbeit blieb. In seinem Ärztekurs von 1920 hatte Steiner dazu aufgefordert, die Wirkung potenzierter Substanzen «in gewissen Kurven» darzustellen (Steiner, 1976 d, 214). Lili Kolisko, die selbst nicht Ärztin, sondern Laborantin war, griff diese Anregung auf und untersuchte in kontrollierten Experimenten die Wirkung potenzierter Substanzen auf das Pflanzenwachstum. Die Veröffentlichung der ersten Arbeit, «*Physiologischer und physikalischer Nachweis der Wirksamkeit kleinster Entitäten*» erfolgte 1923 (Kolisko, 1997); und 1961 hat Kolisko das Ergebnis ihrer fast dreißigjährigen experimentellen Arbeit auf diesem Gebiet, die allgemein als *die* Pionierarbeit zum experimentellen Nachweis der Wirkung potenzierter Substanzen gilt (Righetti, 1988, 77), in Buchform zusammengetragen (Kolisko, 1961). Wilhelm Pelikan und Georg Unger haben diese Arbeit in den Sechzigerjahren mit einem aufwendigen experimentellen Design fortgeführt und durch eine eingehende statistische Analyse bestätigt (Pelikan & Unger, 1965). Und seit 1995 hat die vom Autor dieser Schrift bis 2008 geleitete Dozentur für anthroposophische Medizin unter PD Dr. Stephan Baumgartner in Kooperation mit der Dozentur für Klassische Homöopathie an der Universität Bern mit Pflanzenmodellen, Mikroorganismen und physikalischen Methoden im Institut für Komplementärmedizin eine international führende Abteilung für Grundlagenforschung mit potenzierten Substanzen aufgebaut (www.ikom.unibe.ch). Die Gruppe hat moderne Evaluationsstandards aufgestellt (Baumgartner et al., 1998) und rigoros kontrollierte Studien in physikalischen Systemen, in Pflanzenmodellen und mit Mikroorganismen durchgeführt und die Tatsache der von Lilli Kolisko festgestellten Wirksamkeit potenzierter Substanzen grundsätzlich bestätigt (Baumgartner et al., 2004; Baumgartner et al., 2008; Baumgartner et al., 2009; Guggisberg et al., 2005; Wälchli et al., 2006; Scherr et al., 2006; Scherr et al., 2007; Jäger et al., 2011 a; Klein et al., 2013; Majewsky et al., 2014). Dabei wurden auch Übersichtsarbeiten erstellt (Witt et al., 2007; Majewsky et al., 2009; Betti et al., 2009; Jäger et al., 2011 b) und neue methodische Aspekte dieser Forschung mit potenzierten Substanzen beschrieben (Baumgartner, 2005; Jäger et al., 2011 c).

Nicht nur nach den allgemein anerkannten Forderungen der Medizin, sondern auch gemäß Steiners eigenen Forderungen nach wissenschaftlicher «Verifikation» müssen die klinische Wirkung und Wirksamkeit anthroposophischer Medikamente und nicht-pharmakologischer Interventionen ebenfalls mit allgemein anerkannten klinischen Studienmethoden gezeigt werden. Jedoch konnte aus den am Ende von Kapitel 8.4 genannten Gründen die dazu nötige Forschungsinfrastruktur nur sehr langsam aufgebaut werden, und auf akademischem Niveau erst in den letzten 20 Jahren. Die anthroposophischen Therapien wurden zumeist direkt in der medizinischen Praxis entwickelt, aus dem anthroposophischen Verständnis der Pathologie und im Kontext des unmittelbaren therapeutischen Bedarfs (Steiner & Wegman, 1991; van Deventer, 1992), und die praktisch etablierten Methoden werden jetzt allmählich auf ihre Wirksamkeit, Wirkung und z. T. Wirkprinzipien untersucht.

Ein Beispiel dafür ist der Einsatz des homöopathisch potenzierten Halb-Metalls Antimon zur Verbesserung der Blutgerinnung bei Gerinnungsstörungen. Steiner war der Erste, der Antimon für diese Indikation vorschlug, zuerst in seinem ersten Ärztekurs 1920 (Steiner, 1976d, 352ff.; Steiner & Wegman, 1991, 131). In ihrer Beschreibung der anthroposophischen Ratio fassen Steiner und Wegman die gut bekannten chemischen und physikalischen (besonders kristallographischen) Eigenschaften von Antimon zusammen und beschreiben, wie sich in diesen Eigenschaften die Neigung von Antimon zeigt, leicht in die Gestaltungskräfte des Ätherischen einzutreten, die im Organismus unter der Wirksamkeit der Ich-Organisation stehen, und die sich u. a. im Prozess der Blutgerinnung zum Ausdruck bringen (Steiner & Wegman, 1991, Kap. 6). Antimon könne deshalb die Blutgerinnung unterstützen. Vom erkenntniswissenschaftlichen Gesichtspunkt ist klar, dass die Aktivität und die Interaktion der physischen, ätherischen, astralischen und Ich-Organisationen vom gewöhnlichen Bewusstsein nicht direkt beobachtet werden können (vgl. Kap. 6.1), wohl aber indirekt in ihrer Auswirkung in den Prozessen des physischen Körpers, in diesem Fall in denjenigen der klinischen Symptome der Blutung oder in Blutgerinnungstests im Labor (vgl. Kap. 8.2).

Wie in vielen anderen Fällen von therapeutischen Substanzen, die von Steiner den Ärzten damals aufgrund seiner geisteswissenschaftlichen Forschung (die es mit den Wirkkräften als solchen zu tun hat, vgl. Kap. 7.2) für die Therapie vorgeschlagen wurden, so ist auch Antimon damals direkt in die therapeutische Praxis eingeführt worden und hat sich in der weiteren ärztlichen Erfahrung etabliert. So ist Antimon seit damals von den praktizierenden anthroposophischen Ärzten und in den anthroposophischen Kliniken in homöopathisch potenzierter Form bei verschiedenen Formen von Blutgerinnungsstörung angewendet worden, meist als D6, also in einer toxikologisch unbedenklichen Dosierung (Heusser et al., 2004). Doch war das Präparat jahrelang ohne präklinische oder klinische experimentelle Prüfung, wie viele andere praktisch bewährte Medikamente der anthroposophischen Medizin auch, die entweder durch geisteswissenschaftliche Ratio neu in die Praxis eingeführt wurden, oder die aus der homöopathischen oder phytotherapeutischen Tradition übernommen und die aufgrund ihrer beobachtbaren Wirkungen auf die physische, ätherische, astralische oder Ich-Organisation sekundär geisteswissenschaftlich interpretiert wurden. Zudem war in den damaligen kleinen und bezüglich Infrastruktur bescheidenen klinischen Verhältnissen in keiner Weise an klinische Forschung im heutigen Sinn zu denken, was grundsätzlich auch für viele Gebiete der Schulmedizin gilt.

An der 1995 eingerichteten Dozentur für anthroposophische Medizin der Universität Bern haben wir deshalb zunächst bei den anthroposophischen Ärzten in der Schweiz eine Umfrage zur retrospektiven Beurteilung von Nutzen und Nebenwirkungen durchgeführt (Meier & Heusser, 1999), und dann in einem Kooperationsprojekt mit dem Thromboselabor des Departements für klinische Forschung der Universität Bern gefunden, dass Antimon in vitro die Gerinnselfestigkeit im Blut von gesunden Spendern signifikant und in demjenigen von Patienten mit Blutgerinnungsstörungen tendenziell verstärkt sowie die Gerinnungszeit leicht verkürzt (Heusser et al., 2004). Ein exakt analoges Resultat wurde dann auch in vivo in einer randomisierten, Placebokontrollierten, doppelblinden Cross-over Studie mit 30 gesunden Probanden gefunden: signifikant verkürzte Gerinnungszeit und signifikant verstärkte Gerinnselfestigkeit 30 Minuten nach intravenöser Injektion von Antimon D6 gegenüber Placebo, bei einwandfreier Verträglichkeit (Heusser et al., 2009 a). Basierend auf diesen Ergebnissen wird aktuell an der urologischen Universitätsklinik Bern in einer randomisierten Placebo-kontrollierten Doppelblindstudie die Wirkung von Antimon D6 bei intra- und postoperativer Blutung bei Patienten mit peri-urethraler Prostataresektion untersucht. Das mag als ein Beispiel dienen für den in Kapitel 8.3 geschilderten rationalen Zusammenhang zwischen anthroposophischen Konzepten und naturwissenschaftlich-klinischer Forschung, die heute noch ebenso gültig ist wie damals, als sie Steiner selbst vor rund 90 Jahren formulierte (Steiner, 1989, 75):

> Es kann sich ja wirklich bei alledem, was für Medizin und zum Beispiel auch für Physiologie von anthroposophischer Geistesforschung herkommt, nur um Anregungen handeln, die dann empirisch weiterbearbeitet werden müssen. Erst auf der Grundlage dieser empirischen Weiterarbeit kann sich über die Dinge, um die es sich handelt, ein gültiges, überzeugendes Urteil bilden, ein Urteil von der Art, wie man es auf therapeutischem Gebiete braucht.

Dieses aktuelle Beispiel aus der eigenen Forschung des Autors mag zeigen, dass anthroposophische Therapieformen durchaus einer experimentellen Überprüfung fähig sein können, und zwar «auf die Weise, wie überhaupt solche Tatbestände nach den Gewohnheiten der heutigen Medizin» überprüft werden (Steiner, 1989, 138). Weitere Beispiele für eine «empirische Weiterarbeit» an Ideen, die zunächst aus der Geisteswissenschaft gewonnen sind, können in der in Kapitel 8.4 erwähnten Rhythmus- und Hygiogenese-Forschung gefunden werden. Deshalb sind nicht nur *ideelle* Beiträge der Anthroposophie zur medizinischen Anthropologie im Sinne einer Erweiterung naturwissenschaftlicher Erkenntnisse durch geisteswissenschaftliche Konzepte denkbar, sondern auch *praktische, evidenzbasierte* therapeutische Beiträge im Sinne einer Erweiterung des therapeutischen Spektrums.

Im Ganzen ist die Entwicklung der experimentellen und klinischen Forschung in der anthroposophischen Medizin jedoch hinter der medizinisch-anthropologischen Theoriebildung zurückgeblieben. Eine umfassende Analyse von Wirksamkeit, Nutzen, Wirtschaftlichkeit und Sicherheit der gesamten anthroposophischen Medizin wurde zwischen 1999 und 2005 im Rahmen des gesamtschweizerischen Projekts Evaluation Komplementärmedizin (PEK) durchgeführt, in dessen nationalem Lenkungsausschuss der Verfasser dieser Schrift als universitärer Repräsentant der Komplementärmedizin fungierte (Melchart et al., 2005). Im PEK wurde einerseits eine umfassende Evaluation der existierenden internationalen klinischen Literatur vorgenommen und im Rahmen von Health-Technology-Assessments der einzelnen Therapierichtungen (Homöopathie, anthroposophische Medizin, Traditionelle Chinesische Medizin, Neuraltherapie, Phytotherapie) dokumentiert, und andererseits wurde in der Schweiz eine große Versorgungsforschungsstudie durchgeführt zum Vergleich von komplementärmedizinischen und schulmedizinischen Arztpraxen bezüglich Praxis- und Patientenstruktur, Patientenversorgung, Patientenzufriedenheit und subjektiv empfundenem Patientennutzen. An der Erstellung der HTAs wirkten mit: Dr. Gunver Kienle und Dr. Helmut Kiene vom Institut für angewandte Erkenntnistheorie und medizinische Methodologie (IAEMM) in Freiburg sowie Dr. Hans Ulrich Albonico von der Vereinigung anthroposophisch orientierter Ärzte in der Schweiz (VAOAS), in Kooperation mit Prof. Peter Matthiessen vom Gerhard Kienle Lehrstuhl für Medizintheorie und Komplementärmedizin der Universität Witten/Herdecke. Das HTA für die anthroposophische Medizin wurde 2006 publiziert und gab eine für damals gültige Übersicht über die gesamte klinische Literatur der anthroposophischen Medizin (AM), deren Ergebnis wie folgt zusammengefasst wurde (Kienle et al., 2006):

> *Hintergrund und Fragestellung* dieses Health Technology Assessment Berichts zur Anthroposophischen Medizin (AM) waren: Situation in der Schweiz, Wirksamkeit, Sicherheit, Bedarf und Wirtschaftlichkeit. Vorgabe war eine möglichst praxisnahe Evaluation.
>
> *Design:* Systematisches Review.
>
> *Material und Methode:* Nach relevanten klinischen Studien wurde systematisch gesucht in 20 Datenbanken, Literaturverzeichnissen und

durch ausgiebige Expertenkontakte. Qualität und Praxisrelevanz der Studien wurden nach vorab definierten Kriterien überprüft.

Ergebnisse: AM ist eine ärztliche, die Schulmedizin erweiternde Therapierichtung, mit spezifischen pharmakologischen und nicht-pharmakologischen Therapien. Sie umfasst alle Bereiche der Medizin. Zur Wirksamkeit wurden 178 klinische Studien identifiziert: 17 RCTs[179], 21 prospektive und 43 retrospektive N-RCTs, 50 prospektive und 47 retrospektive Kohortenstudien/Fallserien im Vorher-Nachher-Design. Sie untersuchten ein weites Spektrum an AM-Therapien bei einer Vielzahl von Erkrankungen, 90 x die Misteltherapie der Krebserkrankung. 170 Studien zeigten ein positives Ergebnis für AM. Die methodische Qualität der Studien variierte sehr, einige zeigten erhebliche Schwächen, andere waren sorgfältig durchgeführt; die Praxisrelevanz war überwiegend hoch. Bei Beschränkung auf qualitativ bessere Studien zeigte sich weiterhin ein positives Ergebnis für AM. Nebenwirkungen und Risiken sind selten. AM wird im Rahmen der Normalversorgung auf expliziten Wunsch der Patienten aufgesucht. AM-Patienten sind überwiegend gut ausgebildet, häufig Frauen, im Alter von 30–50 Jahren, oder Kinder. Die wenigen Untersuchungen zur Wirtschaftlichkeit zeigen günstige Kostenprofile aufgrund zurückhaltender Krankenhauseinweisungen und Medikamentenverschreibungen.

Schlussfolgerung: Studien unterschiedlichen Designs und unterschiedlicher Qualität beschreiben bei einer Vielzahl von Erkrankungen ein für die AM medizinisch gutes und für die Patienten zufriedenstellendes, sicheres und vermutlich auch kostengünstiges Behandlungsergebnis. Mehr Forschung, methodologische Ausbildung sowie Etablierung einer entsprechenden Infrastruktur sind wünschenswert.

Diese Studien umfassten Indikationen wie Depression, chronisches Müdigkeitssyndrom, Angst, Burnout, Aufmerksamkeitsdefizit-Hyperaktivitätssyndrom (ADHS), Anorexia nervosa, Migraine, Trigeminus Neuralgie, occipitaler Schmerz und andere Schmerzsyndrome, lumbale und zervikale Halswirbel-Syndrome, intervertebrale Diskopathien, akute Ischialgie, Hüft- und Kniegelenksarthritis, chronisch-entzündliche rheumatische Erkrankungen, Wundheilung nach Karpaltunnelsyndrom, Nabelpflege, akute Infektionen des oberen Respirationstraktes und der Mittelohren, Sinusitis, Pseudokrupp, Fieber bei Kindern, Asthma bei Kindern, Lungenerkrankungen (inkl. Sarkoidose), Krebs, Verbrennungen, kardiovaskuläre Erkrankungen, chronische

179 RCTs sind randomisierte klinische Studien (randomized clinical trials), N-RCTs sind nicht-randomisierte klinische Studien.

Hepatitis C oder B, Colitis ulcerosa, Infektionen des Gastrointestinaltraktes, Hyperlipidämie, Hyperurikämie, Indikationen in der Gynäkologie und Geburtshilfe, Schilddrüsenerkrankungen.

In der Patientenversorgungsstudie von PEK zeigten die in anthroposophischen Praxen behandelten Patienten eine signifikant höhere Patientenzufriedenheit als die in konventionellen Praxen behandelten, obwohl sie im Durchschnitt signifikant mehr chronische und schwerere Krankheiten aufwiesen als diese. Auch wurden ihre Erwartungen in die Therapie zu einem höheren Grad erfüllt (Esch et al., 2008). Im Schlussbericht des PEK wird die Gesamtsituation der anthroposophischen Medizin so zusammengefasst (Melchart et al., 2005):

> Die Anthroposophische Medizin verfügt über keine ausreichende Zahl kontrolliert randomisierter Studien im Vergleich zur konventionellen Medizin. Unter Einbezug des erweiterten Erkenntnismaterials aus gut dokumentierten Beobachtungsstudien und Kasuistiken ergibt sich aber eine zufriedenstellende Indizienlage für Wirksamkeit und Nutzen der Patienten. Die Sicherheit kann als weitgehend belegt betrachtet werden.

Fünf Jahre später wurde ein Update dieses HTA-Berichts durchgeführt, dessen Resultat wie folgt zusammengefasst wurde (Kienle et al., 2011 b):

> *Hintergrund und Fragestellung:* 2005 wurde ein «Health Technology Assessment» (HTA)-Bericht zu Wirksamkeit, Sicherheit, Bedarf und Wirtschaftlichkeit der Anthroposophischen Medizin (AM) erstellt. Im Kontext des «Schweizer Volksvotums pro Komplementärmedizin» (Mai 2009) erfolgte ein Update des HTA-Berichts.
>
> *Design:* Update des HTA-Berichts durch eine systematische Übersichtsarbeit.
>
> *Methoden:* Das Update wurde in Anlehnung an den bereits vorhandenen HTA-Bericht sowie entsprechend den Vorgaben des Schweizer Bundesamtes für Gesundheit durchgeführt. Nach klinischen Studien wurde systematisch in vier Datenbanken, in einer spezialisierten Zeitschrift und mithilfe umfassender Expertenkontakte gesucht. Studien wurden nach vorab definierten Kriterien ausgewählt, die Daten extrahiert und die Qualität individuell überprüft.
>
> *Ergebnisse:* 70 neue klinische Studien zur Wirksamkeit wurden gefunden. Damit liegen derzeit insgesamt 265 klinische Studien zur AM vor: 38 randomisierte Studien, 36 prospektive und 49 retrospektive, nichtrandomisierte, vergleichende Studien sowie 90 prospektive und 52 retrospektive Studien ohne Kontrollgruppe. Die Studien untersuchten

ein weites Spektrum an AM-Therapien bei einer Vielzahl von Erkrankungen; das Gesamtsystem der AM untersuchten 38 Studien, in 10 Studien ging es um nichtpharmakologische Therapien, 133 befassten sich mit Misteltherapie bei Krebs und 84 untersuchten sonstige AM-Arzneitherapien. Die Studien zeigten in der Mehrzahl ein positives Ergebnis für AM. Die methodische Qualität variierte sehr; einige wiesen erhebliche Schwächen auf, andere waren sorgfältig durchgeführt. Die Praxisrelevanz war überwiegend hoch. Bei Beschränkung auf die qualitativ besseren Studien ergab sich ein positives Ergebnis für die AM. Nebenwirkungen und Risiken waren selten und im Schweregrad meist mild oder mäßig. Studien zur Sicherheit zeigten eine insgesamt gute Verträglichkeit.

Schlussfolgerung: Studien unterschiedlichen Designs und unterschiedlicher Qualität beschreiben bei einer Vielzahl von Erkrankungen ein für die AM medizinisch gutes und für die Patienten zufriedenstellendes, sicheres und vermutlich auch kostengünstiges Behandlungsergebnis. Weiterführende qualitativ hochwertige Evaluationen sind wünschenswert.

Der Hauptkritikpunkt am Wirksamkeitsnachweis der anthroposophischen Medizin ist das *Fehlen von genügend randomisierten Studien.* Die Gründe dafür sind vielfältig. Wir haben am Beispiel der Antimon-Studie gesehen, dass die Durchführung solcher Studien in einem experimentellen Setting zwar grundsätzlich möglich ist. Jedoch sind sie nicht immer dort möglich, wo sie intendiert sind. Der Autor dieser Arbeit hat z. B. an der Universität Bern vier prospektive, GCP[180]-konforme, randomisierte, z. T. verblindete und Placebo-kontrollierte Studien zur Misteltherapie von Neoplasmen in interdisziplinärer Kooperation mit anderen Kliniken des Berner Universitätsspitals und in einem Fall multizentrisch mit insgesamt sieben Zentren in vier Kantonen geplant, von der Ethikkommission genehmigen lassen und mit der Durchführung begonnen. Alle vier Projekte mussten aber vorzeitig abgebrochen werden, weil von den kooperierenden Ärzten auf den entsprechenden Abteilungen entweder zu wenig Patienten rekrutiert wurden oder weil Patientinnen sich nicht einer randomisierten verblindeten Placebo-kontrollierten Studie unterziehen wollten. Zudem haben Patienten, die sich anthroposophisch behandeln lassen wollen, gemäß eigenen Recherchen eine belegbare Präferenz für diese Therapierichtung (von Rohr et al., 2000 a). Das macht es z. B. an anthroposophischen Kliniken praktisch unmöglich, zu randomisieren (von Rohr et al., 2000 b).

180 GCP (Good Clinical Practice): international anerkannte Qualitätsstandards zur Durchführung klinischer Studien.

Zudem macht auch das anthroposophische Therapieverfahren als solches der randomisierten Evaluation Schwierigkeiten. Denn es handelt sich um ein *komplexes, integratives, multimodales* Verfahren, in welchem die Therapie gleichzeitig *individualisiert* wird. Die kontrollierte Untersuchung einzelner Therapieaspekte und die Bildung von Gruppen, die bezüglich Therapie vergleichbar sind, werden so schwierig bis unmöglich, vor allem, wenn es sich bislang angesichts der insgesamt kleinen klinischen Strukturen nicht um sehr große Behandlungsgruppen handeln kann. Es bleibt dann die *Evaluation des therapeutischen Systems als Ganzen*, sei es in einem randomisierten oder nicht-randomisierten Design. Ein Beispiel dazu aus eigener Forschung: Der Verfasser dieser Schrift war als Co-Chairman an einem größeren Schweizer Nationalfonds-Projekt zur Erforschung der Lebensqualität bei Patienten mit fortgeschrittener Krebskrankheit beteiligt, in dem im Berner Universitätsspital in einer randomisierten Studie entweder eine komplexe individualisierte anthroposophische Therapie (Patientengruppe 1) oder eine psychoonkologische Gruppentherapie (Patientengruppe 2) oder gar keine Zusatztherapie (Patientengruppe 3, Kontrolle) zusätzlich zur konventionellen palliativen Tumortherapie gegeben werden sollte (Hürny et al., 1994; Cerny & Heusser, 1999). Parallel dazu wurde in einer anthroposophischen Tumorklinik, in der aufgrund von Patientenpräferenz keine Randomisation möglich war, mit den gleichen Mitteln eine gleichgeartete Patientenkohorte untersucht (Patientengruppe 4), nachdem vorgängig die Patientenpopulationen beider Spitäler miteinander verglichen worden waren (Pampallona et al., 2002). Evaluiert wurde also in Gruppen 3 und 4 das anthroposophisch-medizinische Gesamtsystem als solches. Die ungenügende Rekrutierung in der randomisierten Studie verhinderte deren Evaluation (das war eine der vier erwähnten frühzeitig abgebrochenen Studien); hingegen konnte die Patientenkohorte (Gruppe 4) der anthroposophischen Klinik evaluiert werden, allerdings nur in einem Prä-/Post-Design und durch Vergleich der Resultate mit der internationalen Literatur. Die Lebensqualität der 144 untersuchten Patienten nahm während der durchschnittlich dreiwöchigen stationären Behandlung in dieser Klinik in sämtlichen 20 untersuchten Parametern zu, in 12 davon signifikant, und zwar in allen Hauptdomänen der Lebensqualität: globale, körperliche, emotionale, kognitive, spirituelle und soziale Lebensqualität. Zu erwähnen ist, dass diese Patienten in etwa 98 % keinen anthroposophischen Hintergrund hatten. Die Ergebnisse gehören zu den besten der internationalen Literatur (Heusser et al., 2006 a; Heusser et al., 2006 b); und im Follow-up nach 4 Monaten sind bei den noch untersuchbaren Patienten trotz Abschwächung der bei Spitalaustritt gesteigerten Lebensqualität klare Indizien für eine nachhaltig verbesserte Lebensqualität zu finden. Und den anthroposophischen Therapien wurden aus Patientensicht sowohl in quantitativen und qualitativen Teilen der Studie positive Wirkungen auf körperliche, seelische, geistige und soziale Aspekte attestiert (Heusser et al., 2006 a; Heusser et al., 2009 b).

Individualisierung bedeutet in diesem therapeutischen Konzept nicht nur, dass aus einem multimodalen Therapieangebot eine individuelle Kombination von Therapieelementen ausgewählt wird, sondern dass eine Individualisierung je nach involvierter systemischer Ebene *methodisch notwendig* ist. Denn wenn der Mensch tatsächlich ein Ganzes ist, in dem physische, lebendige, seelische und ichhaft-geistige Gesetze und Kräfte kausal wirksam sind (vgl. Kap. 5.9 und 8.1), dann wirkt sich das je nach involvierter Ebene sowohl für die Erkrankung wie auch für die Therapie hinsichtlich Generalisierbarkeit stark aus. Die Gesetze der physischen Organisation sind am meisten generalisierbar, auf der untersten Ebene der Elementarteilchen und anorganischer Substanzen gilt sogar Generalisierbarkeit über alle Naturreiche hinweg, im Bereich der organischen Substanzen nur noch innerhalb der Welt der Organismen. Die Gesetzmäßigkeiten des Lebendigen, also z. B. des Wachstums, der Abwehr usw. verfügen in ihrer Reagibilität jedoch schon über bedeutend größere Variationsmöglichkeiten als z. B. die Kristalle. Im menschlichen Organismus äußert sich das u. a. durch Unterschiede der «Vitalität», die in der Regel der «Konstitution» zugeschrieben werden. Das Seelische ist im Verhältnis zum Vitalen nochmals reagibler und auf eine viel feinere Weise, und es zeigt mit seiner Innerlichkeit schon bei den Tieren individuelle «Eigenheiten», die das bloß Lebendige noch nicht hat. Dennoch verläuft das Seelenleben noch in typischen, der Tier- oder Menschenpsychologie bekannten Mustern. Das alles trifft auf den Menschen auch zu. Bei diesem kommt aber sein geistiges Ich-Wesen dazu, das ihn erst zu einer einmaligen und unverwechselbaren Individualität oder «Persönlichkeit» macht, deren im Freiheitszustand aus Einsicht gefassten Entschlüsse nicht mehr aus der charakterologischen Anlage erklärt und «psychologisch» vorhergesehen werden können (vgl. Kap. 5.8 und 8.1). Hier ist alles individuell und einzig und kann auch nicht mehr typologisch erfasst werden wie das bloß Psychologische (Seelische) oder Konstitutionelle der lebendig-organischen Prozesse oder das noch Allgemeinere, Gattungsmäßige des physischen Körpers und seiner Teile.

Das bewusste Einbeziehen solcher Gesichtspunkte in Diagnose und Therapie ist ein Hauptgrund dafür, warum im anthroposophischen Bereich – im Unterschied etwa zu Homöopathie, traditioneller Chinesischer Medizin oder Phytotherapie (Melchart et al., 2005) – relativ wenig randomisierte Studien durchgeführt werden. Denn aus diesem Menschenbild ergeben sich sowohl ethische wie methodische Probleme mit der randomisierten Studie[181].

---

181 Eine ausführliche Besprechung dieser und anderer ethischer, methodischer und praktischer Probleme der randomisierten Studien durch anthroposophische Auto-

Die *ethischen Probleme* haben ihren Grund darin, dass auf dem Hintergrund des anthroposophischen Menschenbildes nicht nur der Patient, sondern auch der Arzt mit den seelisch-geistigen Qualitäten seiner Persönlichkeit im therapeutischen Prozess eine Rolle spielt. Der Arzt ist nicht bloß eine diagnostische Vermittlungsstelle, ein Umsetzer von Ergebnissen von klinischen Studien nach Leitlinien und ein Verschreiber von Pillen der Hierarchie von klinischer Evidenz, sondern auch eine in ihrer Art einzigartige Persönlichkeit, die mit der ebenso einzigartigen Patientenindividualität interagiert, wodurch eine Arzt-Patienten-Beziehung und ein therapeutischer Prozess geschaffen werden, die in *dieser* Weise einzigartig sind. Wer langjährige Erfahrung in der Behandlung von Patienten hat, weiß, dass jede Arzt-Patienten-Beziehung anders und in ihrer Art einmalig ist. Das muss nicht überbewertet werden, ist aber ein Faktum. Für die anthroposophische Medizin ist *die individuelle Arzt-Patienten-Beziehung ein integraler Faktor der therapeutischen Situation.* Denn das Zuhören, Aufmuntern, Zusprechen, das humorvolle Lächeln, die Beratung in Gesundheits- und Lebensfragen, die Psycho- oder Logotherapie und Existenzanalyse im weitesten Sinn, die Hilfestellungen bei der Krankheitsverarbeitung und bei Sinn- und Schicksalsfragen sowie bei existenziellen oder spirituellen Nöten sind Handlungen, die in der vielfältigsten Weise fast jede Konsultation begleiten, und sei es nur im Händedruck oder in der allgemeinen Haltung, die man in einer fünfminütigen Konsultation dem Patienten nebst einer direkten medizinischen Handlung entgegenbringt. In dieser Hinsicht hat der Arzt diesem individuellen Patienten gegenüber eine *Verantwortung*, denn es ist ja nicht eine Krankheit, sondern ein kranker *Mensch*, der zum Arzt kommt, und *diesem* ist in seiner Krankheit zu helfen, und zwar so, wie er es «nach bestem Wissen und Gewissen» kann. Wird in diese Situation durch das Randomisierungsprozedere eingegriffen, so nimmt sich der Arzt die Möglichkeit, im Sinne seines Auftrags, der auch vom Gesetz her immer ein *individueller* ist, optimal zu wirken. Das betrifft – im Falle der Randomisierung – insbesondere den Therapieentscheid, gewissermaßen den wesentlichsten Teil der ärztlichen Handlung. Denn wenn das Los bzw. der Computer den Behandlungsentscheid trifft anstelle des «besten Wissens und Gewissens» der ärztlichen Ethik, so wird der Arzt nicht nur juristisch, sondern auch innerlich *diesem seinem individuellen Patienten* nicht gerecht. Deshalb hat auch der

ren finden sich in: Kienle, 1974; Kienle & Burkhardt, 1983; Heusser, 1999d; Kiene, 2001; Kiene, 1994; Kienle et al., 2006; Kienle, 2009; Matthiessen, 2009. Hier kann auf diese Thematik nur in einigen Hauptpunkten eingegangen werden, die deutlich machen, warum bei vielen anthroposophischen Ärzten aufgrund ihrer medizinisch-anthropologischen Grundkonzepte eine erhebliche Zurückhaltung gegenüber randomisierten Studien herrscht.

große deutsche Hämatologe Begemann das Randomisieren als «prinzipiell unärztlich» empfunden, und meint, dass diesbezügliche Bedenken auch nicht von Ethikkommissionen zerstreut werden können (Begemann, 1988).

Methodisch gilt die randomisierte Studie aus einsehbaren statistischen Gründen bereits seit langem als «Goldstandard» der klinischen Evaluation. Die differenzierte Berücksichtigung der unterschiedlichen Systemebenen des hier skizzierten medizinischen Menschenbildes führt jedoch zu einer Relativierung dieser Auffassung: Insofern als sowohl die Ursachen wie auch die Auswirkungen von Erkrankung und Heilung nicht nur auf der physischen, sondern auch auf der lebendigen, seelischen, oder geistigen Ebene liegen können, kommt je nach Anteil der einzelnen Wirkfaktoren mehr dem ganz Individuellen des menschlichen Ich, dem schon recht Typologischen des Seelischen oder der vitalen Konstitution, oder dem am meisten Generalisierbaren der physischen Befunde Bedeutung zu. Da freilich die Gesetze und Kräfte von Körper, Leben, Seele und Geist im Ganzen immer zusammenwirken, ist ein Geschehen in der menschlichen Gesamtorganisation nie ganz generalisierbar, aber – außer möglicherweise im Freiheitszustand – auch nie ganz individualisierbar. Dennoch wird je nach Umständen mehr dem Generalisierbaren, mehr dem Typologischen oder mehr dem Individuellen, Einzigartigen ein Gewicht zukommen müssen. Das bedeutet, dass nicht nur für Diagnose und Therapie, sondern *auch für die Therapieforschung* entweder eine mehr *nomothetische, generalisierende*, oder eine *typologische*, oder aber eine *idiographische*, ganz auf das Unverwechselbare, Einmalige der menschlichen Individualität gehende Evaluation im Zentrum stehen müssen, wie das von Peter Matthiessen wiederholt gefordert worden ist (Matthiessen, 2009; Ostermann & Matthiessen, 2003).

Die kollektiven[182] randomisierten Studien ermöglichen aber nur Aussagen über das Generalisierende oder allenfalls Typologische; ihr Sinn und ihre Methode besteht gerade darin, von allem Individuellen abzusehen. Die «beste Evidenz», wie sie im Rahmen von Evidence-based Medicine aufgefasst wird, ist dann tatsächlich diejenige aus randomisierten Studien, in der es weder auf den individuellen Patienten noch auf das Urteil des einzelnen Arztes ankommt, sondern allein auf das «biometrische Urteil» (Matthiessen, 2009). Für die Evaluation der idiographischen, individuellen Aspekte von Patienten und Krankheiten sind die randomisierten Studien aber nicht die «beste», sondern die *schlechteste* Evidenz, insofern sie jenes Individuelle gezielt ausblen-

182 Davon sind die randomisierten Einzelfallstudien (n = 1) zu unterscheiden, bei denen z. B. an *einem* Patienten unterschiedliche Therapien oder Placebo phasenweise in zeitlich randomisierter Abfolge gegeben werden können. Das ist jedoch nur in wenigen Therapiesituationen möglich.

den. Die «beste Evidenz» ist für die idiographische Forschung diejenige, deren *Fakten* nur durch *individuelles* Beobachten und Zuhören eruiert werden können (*«narrative based Medicine»*, ebd., 51), und deren Methode nur die *Beurteilung* dieser Fakten durch *Individuen*, z.B. durch Ärzte oder Forscher, sein kann (Kienle, 2005). Insofern ist es auch nötig, der «Evidence-based Medicine» komplementär eine «Cognition-based Medicine» an die Seite zu stellen (Kiene, 2001). Cognition-based Medicine ist in der idiographischen Forschung unabdingbar; sie ist aber auch für die typologische Forschung wesentlich, so z.B. im typologischen Gestalterkennen (ebd.). Deshalb geht es bei der Frage der Therapieevaluation nicht um eine einseitig aufgefasste Evidence-based Medicine, deren «beste Evidenz» nur aus randomisierten Studien stammen kann, sondern es geht zunächst um *«Medicine-based Evidence»* (Heusser, 1999d). Das bedeutet, dass sich die *Art* von Evidenzgewinnung der *Art* von Fragestellung adaptieren muss, nicht umgekehrt. *Evidence-based Medicine setzt Medicine-based Evidence voraus.* Und was dann die «beste» Evidenz ist, hängt von der Fragestellung ab. Konkret heißt das, dass zur Beurteilung einer therapeutischen Richtung oder Methode eine sinnvolle Informationssynthese aus allen verfügbaren Arten von Evidenz nötig ist, von dem auf der Erfahrung beruhenden individuellen ärztlichen Urteil bis zur randomisierten Doppelblindstudie – mit jeweiligem Bewusstsein darüber, welche Arten von Erkenntnis diese Arten von Evidenz ermöglichen (Heusser, 2001b).

Diese Gesichtspunkte, die vom Verfasser im Rahmen eines Auftrags des Schweizerischen Bundesamtes für Sozialversicherung zur Erstellung von Kriterien zur Beurteilung des Nutzens von komplementärmedizinischen Methoden dargelegt (Heusser, 2001b) und methodologisch ausführlich begründet wurden (Heusser, 1999d), sind vom Eidgenössischen Departement des Inneren 1998 akzeptiert und in das *«Handbuch zur Standardisierung der medizinischen und wirtschaftlichen Leistungen»* des Bundesamtes für Sozialversicherung aufgenommen worden. Nach diesen Gesichtspunkten ist auch die Beurteilung der anthroposophischen Therapiestudien im Rahmen des HTA-Berichts für das Programm Evaluation Komplementärmedizin PEK vorgenommen worden (Kienle et al., 2006).

In Deutschland sind im Arzneimittelgesetz von 1976 aufgrund des Wirkens von Gerhard Kienle die «besonderen Therapierichtungen» anerkannt worden (Selg, 2003), zu denen nebst der Phytotherapie und der Homöopathie auch die anthroposophische Medizin zählt. Für den Wirksamkeitsnachweis dieser besonderen Therapierichtungen kann – auf der Basis ihrer intrinsischen klinischen Methodologie und praktischen Kontexte – laut Arzneimittelgesetz außer den randomisierten Studien auch «anderes Erkenntnismaterial» geltend gemacht werden. Dieses beinhaltet nach Abschnitt 5 der deutschen Arzneimittelprüfrichtlinien (Bundesanzeiger, 1994): nicht-kontrollierte Studien,

Anwendungsbeobachtungen, Sammlungen von Einzelfallberichten, die eine wissenschaftliche Auswertung ermöglichen, nach wissenschaftlichen Methoden aufbereitetes Erfahrungsmaterial und Gutachten von Fachgesellschaften. Auch die von Kiene beschriebenen Beurteilungsverfahren seiner komplementären Methodenlehre («Cognition-based Medicine») müssten sinngemäß dazu gezählt werden (Kiene, 2001).

Das korrespondiert auch mit der allmählich wachsenden methodologischen Einsicht in der konventionellen Medizin, dass – in Abhängigkeit von den medizinischen Fragestellungen und dem zu evaluierenden Kontext – *verschiedene* Evaluationsprozedere oder Studiendesigns methodologisch am besten geeignet sein können: beweisende oder pragmatische randomisierte Studien (Witt, 2009), randomisierte oder nicht-randomisierte Studien (Verde & Ohmann, 2015), wobei Beobachtungsstudien und randomisierte Studien vergleichbare Effektgrößen haben können (Anglemyer, 2014). Gegenwärtig erfahren auch die lange geächteten Einzelfallstudien international einen erstaunlichen Wiederaufstieg, und die dazu gehörigen methodologischen Leitlinien sind kürzlich entwickelt worden (Gagnier et al., 2013). Das bedeutet, dass das Aufstellen *eines* «Goldstandards» für alle klinischen Studien ein sehr einseitiges Unternehmen darstellt. Verschiedene Fragestellungen verlangen verschiedene methodologische Standards für ihre Beantwortung. Das gilt für alle medizinischen Systeme, auch für anthroposophische Medizin. Wenn zum Beispiel ein *ganzheitliches medizinisches System* evaluiert werden soll mit individualisierten multimodalen Behandlungspaketen z. B. wie in der anthroposophischen Medizin, dann wird es einen Bedarf an nicht-randomisierten pragmatischen Studien geben (Heusser et al., 2006) oder sogar an Einzelfallstudien (Werthmann et al., 2014). Wenn es jedoch darum geht, den Einfluss eines definierten Mistelpräparats auf das mittlere Überleben von Patienten mit Pankreaskarzinom zu untersuchen, unabhängig vom Kontext und anderen individualisierenden Faktoren, dann wird die kontrollierte randomisierte Studie angemessen sein (Tröger et al., 2013).

Aus diesem Grund sind in der anthroposophischen Medizin verschiedene Formen von klinischen Studien benutzt worden, um Wirkung und Wirksamkeit zu eruieren. Das schließt auch randomisierte Studien ein, trotz deren oben besprochener ethischer Limiten. In den letzten Dekaden hat sich die Quantität und Qualität der klinischen Studien in der anthroposophischen Medizin zunehmend verbessert, und heute werden fast alle Studien adäquat durchgeführt und in Fachjournalen mit Peer Review veröffentlicht. Da der Fokus dieses Kapitels eine allgemeine Übersicht über die Situation der klinischen Studien in der anthroposophischen Medizin ist, können wir hier nicht tiefer in die methodologische Diskussion eintreten. Dies ist anderswo und auch von anderen Autoren schon ausführlich geschehen (Kienle, 1974;

Kienle, 1980; Kienle & Burkhardt, 1983; Kiene, 1994; Kiene, 2001; Heusser, 1999 d; Heusser, 2001 b; Kienle, 2005; Walach et al., 2006; Boon et al., 2007; Fønnebø et al., 2007; Walach, 2011). Hier ging es darum, die Aufmerksamkeit auf die Multiperspektivität der menschlichen Natur zu richten und darauf, wie sie mit dem Evaluationsprozess verbunden ist (Matthiessen, 2009).

Dies muss bei der Beurteilung von Wirkung und Wirksamkeit der anthroposophischen Medizin im Auge behalten werden. Der Schlussbericht des nationalen Programms Evaluation Komplementärmedizin PEK hatte 2005 der anthroposophischen Medizin trotz Fehlens von genügenden randomisierten Studien «insgesamt eine zufriedenstellende Indizienlage für Wirksamkeit und Nutzen» für die Patienten bei weitgehend belegter Sicherheit attestiert (Melchart et al., 2005, 94; Kienle et al., 2006). 5 Jahre später dokumentierte das Update des HTA-Berichts eine deutliche Steigerung dieser Evidenz (Kienle et al., 2011 b). Seither, nochmals 4½ Jahre später (recherchiert im Juli 2015), sind Anzahl und Qualität der Studien zur Grundlagen-, klinischen und Versorgungsforschung nochmals gestiegen; und mit Evaluation von anthroposophisch-medizinischer Ausbildung und Professionalismus ist ein neuer, wichtiger Entwicklungs- und Forschungszweig hinzugekommen. Um eine inhaltliche Übersicht über diese reiche Forschungslandschaft zu geben, seien im Folgenden alle Forschungsthemen dieses Zeitraums von 2011 bis 12. Juli 2015 nach Forschungsbereichen aufgelistet, insofern sie in internationalen Fachjournalen mit Peer Review veröffentlicht worden sind (fast durchwegs in englischer Sprache) und dadurch schon eine Qualitätskontrolle absolviert haben[183]. Es handelt sich um insgesamt 76 Studien: 14 Studien zur Grundlagenforschung, 27 zur klinischen Forschung (5 Einzelfallstudien und Fallserien, 12 Beobachtungsstudien, 4 nicht-randomisierte kontrollierte und 6 randomisierte Studien), 23 Studien zur Versorgungsforschung und Gesundheitsökonomie, 4 Reviews und 8 Studien zur Evaluation von anthroposophisch-medizinischer Ausbildung und Professionalismus.

Basic research: Immunomodulatory properties of a lemon-quince preparation as an indicator of anti-allergic potency (Gründemann et al., 2011); homeopathic preparations of quartz, sulfur and copper sulfate assessed by UV-spectroscopy (Wolf et al., 2011); inner correspondence and peacefulness among participants in eurythmy therapy and yoga: a validation study (Büssing et al., 2011 b); comparative in vitro study of the effects of separate and combined products of Citrus e fructibus and Cydonia e fructibus on immuno-

183 Eine systematische Begutachtung mit kritischer Bewertung dieser Studien bezüglich Inhalt, Methoden und Qualität ist eine separate und größere Arbeit für sich, die nicht im Rahmen dieses Buches geleistet werden kann.

logical parameters of seasonal allergic rhinitis (Baars et al., 2012); impact of colored light on cardiorespiratory coordination (Edelhäuser et al., 2013); two new flavonol glycosides and a metabolite profile of Bryophyllum pinnatum (Fürer et al., 2013); preclinical assays to investigate an anthroposophic pharmaceutical process applied to mistletoe (Baumgartner et al., 2014); effects of chronic Bryophyllum pinnatum administration on Wistar rat pregnancy (Hosomi et al., 2014); cytotoxic properties of Helleborus niger L. on tumour and immunocompetent cells (Schink et al., 2015); cardio-respiratory balance during day-rest compared to deep sleep, a possible indicator for quality of life (von Bonin et al., 2014); improvement of circadian rhythm of heart rate variability by eurythmy therapy (Seifert et al., 2013); training effect of eurythmy therapy on specific oscillations of heart rate variability (Edelhäuser et al., 2015); identification of predictive psychometric measures for therapy responsiveness for a multimodal therapy concept from anthroposophical medicine in chronic cancer-related fatigue (Kröz et al., 2015); immunomodulatory effects of preparations from anthroposophical medicine for parenteral use (Gründemann et al., 2015).

Clinical research: Single case studies and case series: Eurythmy therapy in anxiety (Kienle et al., 2011 a); inpatient treatment of community-acquired pneumonias with integrative medicine (Geyer et al., 2013); facilitating self-healing in anthroposophic psychotherapy (Lees, 2013); durable response of cutaneous squamous cell carcinoma following high-dose peri-lesional injections of Viscum album extracts (Werthmann et al., 2013); tumour response following high-dose intratumoural application of Viscum album on a patient with adenoid cystic carcinoma (Werthmann et al., 2014).

Clinical research: Observational studies: Quality of life in breast cancer patients during chemotherapy and concurrent therapy with a mistletoe extract (Eisenbraun et al., 2011); influence of self-regulation and autonomic regulation on survival in breast and colon carcinoma patients (Kröz et al., 2011); pulpa dentis D30 for acute reversible pulpitis: a prospective cohort study in routine dental practice (Hamre et al., 2011); improvement of heart rate variability by eurythmy therapy after a 6-week eurythmy therapy training (Seifert et al., 2012); long-term outcomes of anthroposophic treatment for chronic disease: a four-year follow-up analysis of 1510 patients from a prospective observational study in routine outpatient settings (Hamre et al., 2013); effects of eurythmy therapy in the treatment of essential arterial hypertension: a pilot study (Zerm et al., 2013); intratumoral mistletoe therapy in patients with unresectable pancreas carcinoma: a retrospective analysis (Schad et al., 2013 b); eurythmy therapy in the aftercare of pediatric posterior fossa tumour survivors – a pilot study (Kanitz et al., 2013); Mesembryanthemum crystallinum L. as a dermatologically effective medicinal plant (Raak et al.,

2014); sleep quality in pregnancy during treatment with Bryophyllum (Lambrigger-Steiner et al., 2014); improvement of sleep quality during treatment with Bryophyllum (Simões-Wüst et al., 2015); effect of Colchicum autumnale in patients with goitre and euthyroidism or mild hyperthyroidism (Scheffer et al., 2016).

Clinical research: Non-randomised controlled trials: Anthroposophic supportive treatment in children with medulloblastoma receiving first-line therapy (Seifert et al., 2011); the impact of eurythmy therapy on stress coping strategies and health-related quality of life (Kanitz et al., 2011); antibiotic use in children with acute respiratory or ear infections in comparison of anthroposophic and conventional treatment under routine primary care conditions (Hamre et al., 2014 b); targeting inflammation in cancer-related-fatigue: a rationale for mistletoe therapy as supportive care in colorectal cancer patients (Bock et al., 2014).

Clinical research: Randomized controlled trials: Citrus/Cydonia Compositum subcutaneous injections versus nasal spray for seasonal allergic rhinitis: a randomized controlled trial on efficacy and safety (Baars et al., 2011); treating menopausal symptoms with a complex anthroposophic remedy or placebo: a randomized controlled trial (von Hagens et al., 2012); five-year follow-up of patients with early stage breast cancer after a randomized study comparing additional treatment with a mistletoe extract to chemotherapy alone (Tröger et al., 2012); mistletoe therapy in patients with locally advanced or metastatic pancreatic cancer: a randomised clinical trial on overall survival (Tröger et al., 2013); quality of life of patients with advanced pancreatic cancer during treatment with mistletoe: a randomized controlled trial (Tröger et al., 2014 b); additional therapy with a mistletoe product during adjuvant chemotherapy of breast cancer patients improves quality of life (Tröger et al., 2014 a).

Health care service evaluation and health economics: Anthroposophic medicine in pediatric primary care (Jeschke et al., 2011); usage of alternative medical systems and anthroposophic medicine by older German adults (Büssing et al., 2011 a); adverse drug reactions in a complementary medicine hospital: a prospective, intensified surveillance study (Süsskind et al., 2012); adverse drug reactions for anthroposophical and conventional drugs detected in the network of anthroposophical physicians (Tabali et al., 2012); adverse drug reactions to anthroposophic and homeopathic solutions for injection: a systematic evaluation of German pharmacovigilance databases (Jong et al., 2012); depression, comorbidities, and prescriptions of antidepressants in a German network of GPs and specialists with subspecialisation in anthroposophic medicine: a longitudinal observational study (Jeschke et al., 2012); prescribing pattern of Bryophyllum preparations among a network of anthroposophic physicians (Simões-Wüst et al., 2012); patients whose GP knows anthroposophic and other complementary medicine tend to have lower costs and live longer (Kooreman & Baars, 2012); 6-year comparative economic evaluation of healthcare costs and mortality rates of Dutch patients from conventional and CAM GPs (Baars & Kooremann, 2014); cost analysis of anthroposophical inpatient treatment based on DRG data (Heinz et al., 2013); the consumer quality index anthroposophic healthcare: a construction and validation study (Koster et al., 2014); parental attitudes and decision-making regarding MMR vaccination in an anthroposophic community (Byström et al., 2014); influence of alternative lifestyles on self-reported body weight and health characteristics in women (Simões-Wüst et al., 2014); human breast milk in relation to allergic sensitization and anthroposophic lifestyle (Torregrosa Paredes et al., 2014); influence of anthroposophic lifestyle on the concentration of metals in placenta and cord blood (Fagerstedt et al., 2015); Network Oncology (NO) – a clinical cancer register for health services research and the evaluation of integrative therapeutic interventions in anthroposophic medicine (Schad et al., 2013 a); use of complementary and alternative medicine in healthy children and children with chronic medical conditions in Germany (Gottschling et al., 2013); complementary and alternative medicine in paediatrics in daily practice in Europe (Längler & Zuzak, 2013); integration of anthroposophic medicine in supportive breast cancer care (Ben-Arye et al., 2013); adverse drug reactions and expected effects to therapy with subcutaneous mistletoe extracts in cancer patients (Steele et al., 2014 a); safety of intravenous application of mistletoe preparations in oncology (Steele et al., 2014 b); the use and safety of intratumoral application of mistletoe preparations in oncology (Steele et al., 2015); the use of anthroposophical and other complementary approaches in integrative oncology centres in Europe (Rossi et al., 2015).

Reviews: Quality of life and related dimensions in cancer patients treated with mistletoe extract, a meta-analysis (Büssing et al., 2011 c); music therapy as part of integrative neonatology: 20 years of experience (Thiel et al., 2011); anthroposophic medicine: an integrative medical system originating in Europe (Kienle et al., 2013); overview of the publications from the Anthroposophic Medicine Outcomes Study (AMOS): a whole system evaluation study (Hamre et al., 2014 a); systematic review on the effectiveness of eurythmy therapy (Lötzke et al., 2015).

Medical education and professionalism: Non-reductionistic medical anthropology, medical education and practitioner-patient-interaction in anthroposophic medicine (Heusser et al., 2012); integrative medical education: educational strategies and preliminary evaluation of the Integrated Curriculum for Anthroposophic Medicine (Scheffer et al., 2012); active student participation may enhance patient centeredness: patients' assessments of the clinical education ward for integrative and anthroposophical medicine (Scheffer et al., 2013); quality of postgraduate medical training in anthroposophic hospitals in Germany and Switzerland (Heusser et al., 2014b); problems and problem solving in integrative postgraduate medical training at anthroposophic hospitals (Heusser et al., 2014c; Eberhard et al., 2014); spirituality in medical doctors and their relation to specific views of illness and dealing with their patients' individual situation (Büssing et al., 2013b); influence of spirituality on cool down reactions, work engagement, and life satisfaction in anthroposophic health care professionals (Büssing et al., 2015).

Wenn man auf den Beginn der anthroposophischen Medizin in den 1920er Jahren zurückschaut und ihre seitherige Entwicklung, so wird deutlich, wie berechtigt Steiners damalige Forderung einer empirisch-naturwissenschaftlichen Forschung zur Überprüfung und Ausarbeitung der anthroposophisch-geisteswissenschaftlichen Konzepte war und noch heute ist (Steiner, 1989, 75):

> Es kann sich ja wirklich bei alledem, was für Medizin und zum Beispiel auch für Physiologie von anthroposophischer Geistesforschung herkommt, nur um Anregungen handeln, die dann empirisch weiterbearbeitet werden müssen. Erst auf der Grundlage dieser empirischen Weiterarbeit kann sich über die Dinge, um die es sich handelt, ein gültiges, überzeugendes Urteil bilden, ein Urteil von der Art, wie man es auf therapeutischem Gebiete braucht.

Die hier präsentierte Übersicht über die gegenwärtigen empirischen Forschungsfelder der anthroposophischen Medizin zeigt, wie vielfältig und fruchtbar diese empirische Arbeit ist, wie sie sich kontinuierlich ausgeweitet und in der aktuellen Publikationslandschaft das heute übliche akademische Niveau erreicht hat, und weiter wächst. Erst in den letzten zwei bis drei Jahrzehnten ist es möglich geworden, die Verhältnisse zu schaffen, die die gründliche und qualitativ hochstehende Forschung erlauben, die nötig ist, um in der von Steiner geforderten Richtung akademisch zu arbeiten. Das beinhaltet die Verfügbarkeit von akademischen Forschungseinrichtungen und professionellen Wissenschaftlern. Beides wurde seit den 1970er Jahren durch die Anstrengungen der anthroposophischen Kliniken, der anthroposophischen Heilmittelhersteller und der anthroposophischen Ärzte mit wissenschaftlichem Interesse angestoßen, indem sie begannen, mit akademischen Forschern der konventionellen Medizin kooperative Forschungsprojekte zu entwickeln und eigene Forschungsinstitute einzurichten, die ihrerseits wieder Wissenschaftler anzogen. Obwohl das alles nur in kleinen

Verhältnissen möglich war, bildete sich im anthroposophischen Kontext eine Anzahl von Wissenschaftlern mit akademischer Anbindung heraus, von denen einige an Universitäten tätig waren. Auf dieser Basis und im Kontext der zunehmenden öffentlichen Debatte über das Bedürfnis der Bevölkerung nach Komplementärmedizin sowie die Forderungen nach einer wissenschaftlichen Absicherung der Komplementärmedizin begann sich auch die anthroposophische Medizin an Universitäten zu etablieren. Die ersten akademischen Institutionen, die namentlich der anthroposophischen Medizin gewidmet waren, waren die *Dozentur für Anthroposophische Medizin* an der Kollegialen Instanz für Komplementärmedizin, die 1995 aufgrund einer Volksinitiative an der Universität Bern eingerichtet wurde, und ab 2009 der *Lehrstuhl für Medizintheorie, Integrative und Anthroposophische Medizin* an der Universität Witten/Herdecke. Der Autor dieses Buches betrachtet es als ein Schicksalsglück, an beide Universitäten berufen worden zu sein und beide Institutionen geleitet haben zu dürfen, in Bern von 1995 bis 2008 und in Witten/Herdecke von 2009 bis 2016. In den letzten Jahren haben sich über zehn anthroposophische Wissenschaftler mit Forschungsthemen der anthroposophischen Medizin an Universitäten habilitiert und sind zum Teil zu Professoren befördert worden, so an den Universitäten Freiburg i. Br., Tübingen, Bern und an der Charité in Berlin. Professuren namentlich für anthroposophische Medizin sind 2014 auch in Bern und 2015 in Berlin eingerichtet bzw. beschlossen worden. An einer Anzahl von zusätzlichen Universitäten sind weitere anthroposophische Wissenschaftler tätig, auch in anderen Ländern, so in Leiden (Niederlande), Stockholm (Schweden), Ann Arbor (Michigan, USA) und Sao Paolo (Brasilien), und diese Anzahl wächst. Anthroposophie und anthroposophische Medizin haben demnach durchaus ihren Platz in der akademischen Wissenschaft und Medizin gefunden, auch wenn ihre Anliegen und ihre Prinzipien immer noch sehr vielen konventionellen Wissenschaftlern unbekannt, fremd oder gar suspekt sind.

Aber gerade aus diesem Grund ist es nötig, abgesehen von der Generierung von Evidenz für die Wirksamkeit, Sicherheit und Zweckmäßigkeit der anthroposophischen Therapieverfahren auch die Wissenschaftsbasis der Anthroposophie selbst sowie ihrer Konzepte aufzuarbeiten. Zu diesem Zweck wurde dieses Buch geschrieben. Durch Lernen von Rudolf Steiner und eigenes Überprüfen und Weiterdenken seiner Ideen bin ich zur Überzeugung gekommen, dass das Verhältnis zwischen Anthroposophie und konventioneller Wissenschaft durch die intrinsische Grundlage von beiden geklärt werden muss: Erkenntniswissenschaft. Ebenso müssen beide, anthroposophische und konventionelle Medizin und ihre Konzepte, auf eine solide erkenntniswissenschaftliche sowie empirische Basis gestellt werden. Anthroposophische Medizin muss in Kongruenz mit konventioneller Wissenschaft entwickelt werden, und ihre therapeutischen Optionen müssen auf der Basis konventioneller Methodologie geprüft werden, wenn auch unter adäquater Berücksichtigung der spezifischen Eigenschaften des menschlichen Wesens als physisches, lebendiges, seelisches, geistiges und soziales Wesen sowie der entsprechenden medizinischen Fragestellungen.

Dieses Buch wurde spezifisch dazu geschrieben, den Bogen von der Erkenntniswissenschaft bis zur klinischen Forschung zu spannen, um eine Brücke in die Wissenschaftsgrundlage der Anthroposophie und der anthroposophischen Medizin im Kontext der akademischen Wissenschaft zu schaffen. Dadurch kann deutlich werden, dass Anthroposophie durchaus Wesentliches zur Lösung des «great problem of the next hundred years» beitragen kann, das John Martin am Anfang des 21. Jahrhunderts mit Recht darin sah, «to understand what makes a human being a human being» (Martin, 2000). Was darin erreicht worden ist, ist sicher vorläufig, aber das Potenzial ist enorm.

8.6 Zusammenfassung

Die naturwissenschaftlich und psychologisch arbeitende Anthropologie und die geisteswissenschaftliche Anthroposophie, wie Steiner sie versteht, ergänzen sich gegenseitig komplementär. Die Anthropologie kann aufgrund des Bewirkten grundsätzlich auf die Existenz von Wirkkräften auf den emergenten Ebenen von Leben, Seele und Geist schließen. Dennoch beschränkt sich die Wissenschaft fast ausschließlich auf den physischen Körper und will das Leben, das Seelische und das Geistige nicht als eigenständige Prinzipien anerkennen. Die Anthroposophie will das Wirken von Leben, Seele und Geist im physischen Körper konkret beschreiben und entsprechende Erkenntnisse für praktische Lebensgebiete wie die Medizin fruchtbar machen. Für die konventionelle medizinische Anthropologie können so theoretische und praktische Beiträge geleistet werden. Dazu gehört ein vertieftes Verständnis für die Vorgänge im gesunden und kranken Menschen. Gesundheit oder Krankheit brauchen nicht für eine bloße Folge von korrekten oder unkorrekten Wechselwirkungen von Molekülen gehalten zu werden, die höchstens im Zentralnervensystem noch einen psychischen Einfluss erfahren, sondern sie sind der Ausdruck eines harmonischen oder unharmonischen Zusammenwirkens von Kräften der physischen, lebendigen, seelischen und geistigen Organisation des Menschen in einem Organ, Organsystem oder im Ganzen des Organismus. Für die Therapie sollen so Beiträge geleistet werden, indem die reparativen und eliminativen Maßnahmen der vorwiegend mit physischen (und einigen seelischen) Mitteln arbeitenden konventionellen Medizin ergänzt werden durch medikamentöse oder andere therapeutische Maßnahmen, die darauf abzielen, die regenerative Kapazität der lebendigen, seelischen oder geistigen Kräfteorganisationen im Organismus zu fördern.

Doch wie soll man sich im wissenschaftlichen Sinn verhalten gegenüber «geisteswissenschaftlichen» Aussagen, die man möglicherweise nicht selbst empirisch nachprüfen kann? Das Prinzip ist, gemäß Steiners eigener Darstellung, dass man diese Aussagen, die ja in Gedankenform gegeben sind und insofern begreifbar sein müssen, auch wenn ihr wahrnehmliches Korrelat fehlt, als «Leitideen» oder Arbeitshypothesen nimmt, die man mit empirisch-naturwissenschaftlichen Methoden im Sinne der modernen Medizin ebenso nachprüft wie andere Hypothesen. Denn wenn sich seelisch-geistige oder ätherische Prozesse im physischen Organismus zum Ausdruck bringen sollen, dann müssen sie in diesem empirisch indirekt nachweisbar sein. So ist anthroposophisch-medizinische Forschung auch gemeint, als eine Überprüfung und Ausarbeitung geisteswissenschaftlich gewonnener anthroposophischer Konzepte durch anthropologische Forschungsmethoden der Naturwissenschaft und Psychologie. Das betrifft die theoretische Seite der medizinischen Anthropologie wie auch die praktische Therapieforschung.

In den letzten Teilen des Kapitels wird je ein kursorischer Überblick gegeben über die Lage der anthroposophisch-medizinischen Theoriebildung seit Steiner sowie über die Evidenzlage bezüglich Wirksamkeitsnachweis der anthroposophischen Medizin, und es wird auf dem Hintergrund des anthroposophisch-medizinischen Menschenbildes begründet, warum nicht nur die randomisierte Studie, sondern auch anderes Erkenntnismaterial für eine Therapieforschung notwendig ist, die sich wie die anthroposophische Medizin auf eine ganzheitliche medizinische Anthropologie stützt, die das Physische, Lebendige, Seelische und Geistige als eigenständige, wenn auch voneinander abhängige Wirklichkeitsaspekte des Menschen anerkennt. Im Ganzen wird gezeigt, dass die empirisch-naturwissenschaftliche Evidenz für Sicherheit und Wirksamkeit der anthroposophischen Medizin im Wachsen begriffen ist und die anthroposophische Medizin sich an den Universitäten seit ca. 20 Jahren zunehmend etabliert. Damit verbunden ist die Notwendigkeit, die Wissenschaftsgrundlage der Anthroposophie selbst im akademischen Kontext deutlich zu machen. Zu diesem Zweck ist dieses Buch geschrieben worden.

Adams, G.; Whicher, O. 1980. The Plant between Sun and Earth and the Science of Physical and Ethereal Spaces. Rudolf Steiner Press, London.

Adler, R.H. 2005. Einführung in die biopsychosoziale Medizin. Schattauer, Stuttgart, New York.

Adolphs, R. 2009. Who are we? Science 323: 585.

an der Heiden, U.; Schneider, H. 2007. Hat der Mensch einen freien Willen? Die Antworten der großen Philosophen. Philipp Reclam jun., Stuttgart.

Andres, K. 1992. Konzepte der anthroposophischen Psychiatrie und deren Beitrag zum Verständnis der Schizophrenie. Psychother Psychosom Med Psychol 42: 362–369.

Anglemyer, A.; Horvath, H.T.; Bero, L. 2014. Healthcare outcomes assessed with observational study designs compared with those assessed in randomized trials. Cochrane Database Syst Rev 2014; 4: MR000034. doi:10.1002/14651858.MR000034.pub2.

Antonovsky, A. 1979. Health, stress, and coping. New perspectives on mental and physical well-being. Jossey-Bass, San Francisco.

Aquin, T.v. 1977. Die Philosophie des Thomas von Aquin. 2. Aufl. Felix Meiner, Hamburg.

Aspect, A.; Dalibard, J.; Roger, G. 1982. Experimental test of Bell's inequalities using time-varying analyzers. Phys. Rev. Lett. 49: 1804–1807.

Australian Government. 2014. What is genetic information? [Internet] 22.07.2014 [abgerufen am 12.08.2014]. URL: http://www.alrc.gov.au/publications/3-coming-terms-genetic-information/what-‹genetic-information›

Azpiroz, A.; De Miguel, Z.; Fano, E.; Vegas, O. 2008. Relations between different coping strategies for social stress, tumor development and neuroendocrine and immune activity in male mice. Brain Behav. Immun. 22: 690–698.

Baars, E.W.; Jong, M.; Nierop, A.F.; Boers, I.; Savelkoul, H.F. 2011. Citrus/Cydonia Compositum Subcutaneous Injections versus Nasal Spray for Seasonal Allergic Rhinitis: A Randomized Controlled Trial on Efficacy and Safety. ISRN Allergy 2011: 836051. doi:10.5402/2011/836051.

Baars, E.W.; Jong, M.C.; Boers, I.; Nierop, A.F.; Savelkoul, H.F. 2012. A comparative in vitro study of the effects of separate and combined products of Citrus e fructibus and Cydonia e fructibus on immunological parameters of seasonal allergic rhinitis. Mediators Inflamm. 2012: 109829. doi:10.1155/2012/109829.

Baars, E.W.; Kooreman, P. 2014. A 6-year comparative economic evaluation of healthcare costs and mortality rates of Dutch patients from conventional and CAM GPs. BMJ Open 2014; 4(8): e005332. doi:10.1136/bmjopen-2014-005332. Erratum in: BMJ Open 2014; 4(9): e005332corr1.

Bacon, F. 1990a. Neues Organon. Teilband 1. Felix Meiner, Hamburg.

Bacon, F. 1990b. Neues Organon. Teilband 2. Felix Meiner, Hamburg.

Bahrs, O.; Matthiessen, P.F. (Hg.). 2007. Gesundheitsfördernde Praxen. Die Chancen einer salutogenetischen Orientierung in der hausärztlichen Praxis. Hans Huber, Bern.

Basfeld, M. 1998. Wärme: Ur-Materie und Ich-Leib. Verlag Freies Geistesleben, Stuttgart.

Basold, A.; Cloos, W.; Daems, W.F.; Krüger, H.; Pelikan, W.; et al. 1995. Heilmittel für typische Krankheiten nach Angaben von Rudolf Steiner. Aufbauprinzipien – Kiesel – Antimon – Eisen – Blei und Silber – Merkur. Edition Persephone Medizinische Sektion am Goetheanum, Dornach.

Baumann, P. H.; von Berlepsch, K. 1999. Komplementärmedizin aus der Sicht der Wissenschaft. Bericht der Expertengruppe zum Nationalen Forschungsprogramm 34, Komplementärmedizin, 1992–1998. Forsch Komplementärmed 6 (Supplementum).

Baumgartner, S. 2005. Reproductions and Reproducibility in Homeopathy: Dogma or Tool? J Altern Complement Med 11: 771–772.

Baumgartner, S.; Heusser, P.; Thurneysen, A. 1998. Methodological Standards and Problems in Preclinical Homoeopathic Potency Research. Forsch Komplementärmed 5: 27–32.

Baumgartner, S.; Thurneysen, A.; Heusser, P. 2004. Growth Stimulation of Dwarf Peas (Pisum sativum L.) through Homeopathic Potencies of Plant Growth Substances. Forsch Komplementärmed 11: 281–292.

Baumgartner, S.; Shah, D.; Schaller, J.; Kämpfer, U.; Thurneysen, A.; Heusser, P. 2008. Reproducibility of dwarf pea shoot growth stimulation by homeopathic potencies of gibberellic acid. Complement Ther Med 16(4): 183–191. doi:10.1016/j.ctim.2008.03.001.

Baumgartner, S.; Wolf, M.; Skrabal, P.; Bangerter, F.; Heusser, P.; Thurneysen, A.; Wolf, U. 2009. Highfield 1H T1 and T2 NMR relaxation time measurements of H2O in homeopathic preparations of quartz, sulfur, and copper sulfate. Naturwissenschaften 96(9): 1079–1089. doi:10.1007/s00114-009-0569-y.

Baumgartner, S.; Flückiger, H.; Kunz, M.; Scherr, C.; Urech, K. 2014. Evaluation of Preclinical Assays to Investigate an Anthroposophic Pharmaceutical Process Applied to Mistletoe (Viscum album L.) Extracts. Evid Based Complement Alternat Med 2014: 620974. doi:10.1155/2014/620974.

Bausewein, C.; Roller, S.; Voltz, R. 2007. Leitfaden Palliativmedizin Palliative Care. 3. Aufl. Elsevier, München.

Bavastro, P. 1994. Anthroposophische Medizin auf der Intensivstation. Edition Persephone. Medizinische Sektion am Goetheanum, Dornach.

Bavastro, P.; Kümmell, H. C. (Hg.). 1999. Das Herz des Menschen. Verlag Freies Geistesleben, Stuttgart.

Beckermann, A. 2001. Analytische Einführung in die Philosophie des Geistes. Walter de Gruyter, Berlin.

Begemann, H. 1988. Therapie als Wissenschaft. Bemerkungen zum Problem der vergleichenden Therapiebewertung am Beispiel der Zytostatika. Dtsch. Med. Wochenschr. 113: 1198–1203.

Belousov, B.P. 1981. Eine periodische Reaktion und ihr Mechanismus. In: Kuhnert, L.; Niedersen, U. (Hg.), Selbstorganisation chemischer Strukturen. Harri Klein, Frankfurt a. M., S. 73–82.

Beloussov, L.V.; Opitz, J.M.; Gilbert, S.F. 1997. Life of Alexander G. Gurwitsch and his relevant contribution to the theory of morphogenetic fields. Int. J. Dev. Biol. 41: 771–779.

Ben-Arye, E.; Schiff, E.; Levy, M.; Raz, O.G.; Barak, Y.; Bar-Sela, G. 2013. Barriers and challenges in integration of anthroposophic medicine in supportive breast cancer care. Springerplus 2013; 2: 364. doi:10.1186/2193-1801-2-364.

Berger, B.; Bertram, M.; Kanitz, J.; Pretzer, K.; Seifert, G. 2015. «Like walking into an empty room»: Effects of Eurythmy therapy on Stress perception in comparison with a sports intervention from the subjects' perspective – a qualitative study. Evid Based Complement Alternat Med 2015: 856107. doi:10.1155/2015/856107.

Bergmann, L.; Schaefer, C. 1981. Lehrbuch der Experimentalphysik. Bd. IV: Aufbau der Materie. Hg. von H. Gobrecht. Walter de Gruyter, Berlin.

Bermúdez, J. L. 1997. What is at stake in the debate on nonconceptual content? Phil. Perspect. 21(1): 55–72.

Betti, L.; Trebbi, G.; Majewsky, V.; Scherr, C.; Shah-Rossi, D.; Jäger, T.; Baumgartner, S. 2009. Use of homeopathic preparations in phytopathological models and in field trials: a critical review. Homeopathy 98(4): 244–266.

Bieri, P. 2001. Das Handwerk der Freiheit. Über die Entdeckung des eigenen Willens. Hanser, München.

Bissegger, M.; Bräuner-Gülow, G.; Brongs, S.; Klitzke-Pettener, S.; Reinhold, S.; Ruckgaber, K.-H.; Schäfer, M.; Weik, J. 1998. Die Behandlung von Magersucht – ein integrativer Therapieansatz. Verlag Freies Geistesleben, Stuttgart.

Björkman, J.; Nagaev, I.; Berg, O.G.; Hughes, D.; Andersson, D.I. 2000. Effects of environment on compensatory mutations to ameliorate costs of antibiotic resistance. Science 287: 1779–1782.

Bleuler, E. 1976. Das autistisch-undisziplinierte Denken in der Medizin und seine Überwindung. Springer, Berlin, Heidelberg, New York.

Bock, K.D. 1993. Wissenschaftliche und alternative Medizin. Paradigmen – Praxis – Perspektiven. Springer, Berlin, Heidelberg.

Bock, P.R.; Hanisch, J.; Matthes, H.; Zänker, K. S. 2014. Targeting inflammation in cancer-related-fatigue: a rationale for mistletoe therapy as supportive care in colorectal cancer patients. Inflamm Allergy Drug Targets 13(2): 105–111.

Bockemühl, J. (Hg.). 1985. Erscheinungsformen des Ätherischen. Wege zum Erfahren des Lebendigen in Natur und Mensch. 2. Aufl. Verlag Freies Geistesleben, Stuttgart.

Bockemühl, J. 1996–2003. Ein Leitfaden zur Heilpflanzenerkenntnis. 3 Bde. Verlag am Goetheanum, Dornach.

Bohm, D. 1986. Fragmentierung und Ganzheit. In: Dürr, H.-P. (Hg.), Physik und Transzendenz. Scherz, Bern, München, Wien, S. 263–293.

Bohm, D.; Peat, F.D. 1990. Das neue Weltbild. Naturwissenschaft, Ordnung und Kreativität. Goldmann, München.

Boogerd, F.C.; Bruggeman, F.J.; Hofmeyr, J.-H.S.; Westerhoff, H.V. 2007. Towards philosophical foundations of Systems Biology: introduction. In: Boogerd, F.C.; Bruggeman, F.J.; Hofmeyr, J.-H.S.; Westerhoff, H.V. (Hg.), Systems Biology. Philosophical Foundations. Elsevier, Amsterdam, S. 3–19.

Boon, H.; MacPherson, H.; Fleishman, S.; Grimsgaard, S.; Koithan, M.; Norheim, A.J.; Walach, H. 2007. Evaluating complex healthcare systems: a critique of four approaches. Evid Based Complement Alternat Med 4(3): 279–285.

Bort, J.; Holtzapfel, W.; Kirchner, H.; Löffler, F.; Maikowski, R.; Pache, W.; Pracht, E. 1956. Heilende Erziehung. Vom Wesen seelenpflege-bedürftiger Kinder und deren heilpädagogische Förderung. Natura-Verlag, Arlesheim.

Breaker, R.R. 2008. Complex Riboswitches. Science 319: 1795–1797.

Breidbach, O. 2001. Hirn und Bewusstsein – Überlegungen zu einer Geschichte der Neurowissenschaften. In: Pauen, M.; Roth, G. (Hg.), Neurowissenschaften und Philosophie. Wilhelm Fink, München, S. 11–58.

Breitbart, W. 2002. Spirituality and meaning in supportive care: spirituality- and meaning-centered group psychotherapy interventions in advanced cancer. Support Care Cancer 10: 272–280.

Brendza, R.P.; Serbus, L.R.; Duffy, J.B.; Saxton, W.M. 2000. A function for kinesin I in the posterior transport of oskar mRNA and Staufen protein. Science 289: 2120–2122.

Brentano, F. 1874. Psychologie vom empirischen Standpunkte. Duncker & Humblot, Leipzig.

Brentano, F. 1907. Untersuchungen zur Sinnespsychologie. Duncker & Humblot, Leipzig.

Brentano, F. 1911. Von der Klassifikation der psychischen Phänomene. 2. Aufl. Duncker & Humblot, Leipzig.

Bundesanzeiger. 1994. Nr. 244, 22.12.1994: Allgemeine Verwaltungsvorschrift zur Änderung von Arzneimittelprüfrichtlinien.

Burkhard, B. 2000. Anthroposophische Arzneimittel. Eine kritische Betrachtung. Govi-Verlag, Eschborn.

Burkhard, G. 2005. Das Leben in die Hand nehmen: Arbeit an der eigenen Biographie. 10. Aufl. Verlag Freies Geistesleben, Stuttgart.

Büssing, A.; Matthiessen, P.F.; Ostermann, T. 2005. Engagement of patients in religious and spiritual practices: confirmatory results with the SpREUK-P 1.1 questionnaire as a tool of quality of life research. Health Qual Life Outcomes 3: 53.

Büssing, A.; Keller, N.; Michalsen, A.; Moebus, S.; Dobos, G.; Ostermann, T.; Matthiessen, P.F. 2006. Spirituality and Adaptive Coping Styles in German Patients with Chronic Diseases in a CAM Health Care Setting. J Complement Integr Med 3: 1–24.

Büssing, A.; Michalsen, A.; Balzat, H.J.; Grünther, R.A.; Ostermann, T.; Neugebauer, E.A.M.; Matthiessen, P.F. 2009. Are Spirituality and Religiosity Resources for Patients with Chronic Pain Conditions? Pain Med 10: 327–339.

Büssing, A.; Ostermann, T.; Heusser, P.; Matthiessen, P.F. 2011 a. Usage of alternative medical systems, acupuncture, homeopathy and anthroposophic medicine, by older German adults. Zhong Xi Yi Jie He Xue Bao 2011; 9(8): 847–856.

Büssing, A.; Edelhäuser, F.; Weisskircher, A.; Fouladbakhsh, J.M.; Heusser, P. 2011 b. Inner Correspondence and Peacefulness with Practices among Participants in Eurythmy Therapy and Yoga: A Validation Study. Evid Based Complement Alternat Med 2011; pii:329023. doi:10.1155/2011/329023.

Büssing, A.; Raak, C.; Ostermann, T. 2011 c. Quality of life and related dimensions in cancer patients treated with mistletoe extract (Iscador): a meta-analysis. Evid Based Complement Alternat Med 2012: 219402.

Büssing, A.; Janko, A.; Baumann, K.; Hvidt, N.C.; Kopf, A. 2013 a. Spiritual needs among patients with chronic pain diseases and cancer living in a secular society. Pain Med 14(9): 1362–1373.

Büssing, A.; Hirdes, A.T.; Baumann, K.; Hvidt, N.C.; Heusser, P. 2013 b. Aspects of spirituality in medical doctors and their relation to specific views of illness and dealing with their patients' individual situation. Evid Based Complement Alternat Med 2013: 734392. doi:10.1155/2013/734392.

Büssing, A.; Baumann, K.; Hvidt, N.C.; Koenig, H.G.; Puchalski, C.M.; Swinton, J.

2014. Spirituality and health. Evid Based Complement Alternat Med 2014: 682817. doi:10.1155/2014/682817.
Büssing, A.; Lötzke, D.; Glöckler, M.; Heusser, P. 2015. Influence of spirituality on cool down reactions, work engagement, and life satisfaction in anthroposophic health care professionals. Evid Based Complement Alternat Med 2015: 754814. doi:10.1155/2015/754814.
Byström, E.; Lindstrand, A.; Likhite, N.; Butler, R.; Emmelin, M. 2014. Parental attitudes and decision-making regarding MMR vaccination in an anthroposophic community in Sweden – a qualitative study. Vaccine 32(50): 6752 – 6757. doi:10.1016/j.vaccine.2014.10.011.
Cairns, J.; Overbaugh, J.; Miller, S. 1988. The origin of mutants. Nature 335: 142 – 145.
Cerny, T.; Heusser, P. 1999. Untersuchungen der Lebensqualität von Patienten mit metastasierendem Brust- oder Darmkrebs, behandelt in der Anthroposophischen Medizin oder in der Schulmedizin, letztere mit oder ohne psychoonkologische oder anthroposophische Zusatztherapie. Programm Bericht NFP 34. Forsch Komplementärmed 6 (Suppl. 1): 35 – 37.
Chakalova, L.; Debrand, E.; Mitchell, J.A.; Osborne, C. S.; Fraser, P. 2005. Replication and Transcription: Shaping the landscape of the genome. Nat. Rev. Genet. 6: 669 – 677.
Chalmers, D. 1996. The conscious mind. Oxford University Press, Oxford.
Christiaen, L.; Davidson, B.; Kawashima, T.; Powell, W.; Nolla, H.; Vranizan, K.; Levine, M. 2008. The transcription/migration interface in heart precursors of Ciona intestinalis. Science 320: 1349 – 1352.
Cleeremans, A. 2005. Computational correlates od consciousness. Prog. Brain Res. 150: 81 – 98.
Cloos, W. 1970. Lebensstufen der Erde. Beiträge zu einer organischen Gesteins- und Mineralkunde. 2. Aufl. Verlag Freies Geistesleben, Stuttgart.
Commoner, B. 1968. Failure of the Watson-Crick theory of the chemical explanation of inheritance. Nature 220: 335.
Cotman, C.W.; Berchtold, N.C.; Christie, L.A. 2007. Exercise builds brain health: key roles of growth factor cascades and inflammation. Trends Neurosci. 30: 464 – 472.
Couzin, J. 2008. MicroRNAs make big impression in disease after disease. Science 319: 1782 – 1784.
Crick, F. H. C. 1966. The genetic code. Scientific American 215(4): 55 – 62.
Crick, F. H. C. 1970. Central dogma of molecular biology. Nature 227(5258): 561 – 563.
Cruse, H. 2004. Ich bin mein Gehirn. Nichts spricht gegen den materialistischen Monismus. In: Geyer, C. (Hg.), Hirnforschung und Willensfreiheit. Suhrkamp, Frankfurt a. M., S. 223 – 228.
Cysarz, D.; von Bonin, D.; Lackner, H.; Heusser, P.; Moser, M.; Bettermann, H. 2004. Oscillation of heart rate and respiration synchronize during poetry recitation. Am. J. Physiol. Heart Circ. Physiol. 287: H579–H587.
Cysarz, D.; von Bonin, D.; Brachmann, P.; Buetler, S.; Edelhäuser, F.; Laederach-Hofmann, K.; Heusser, P. 2008. Day-to-night time differences in the relationship between cardiorespiratory coordination and heart rate variability. Physiol Meas 29: 1281 – 1291.
Daems, W. F. 2001. Streifzüge durch die Medizin- und Pharmaziegeschichte. Edition Persephone. Medizinische Sektion am Goetheanum, Dornach.

Damásio, A.R. 1994. Descartes' Irrtum – Fühlen, Denken und das menschliche Gehirn. List, München.
Danzer, G. 2013. Personale Medizin. Huber, Bern.
Darlington, A.S.; Dippel, D.W.; Ribbers, G.M.; van Balen, R.; Passchier, J.; Busschbach, J.J. 2009. A prospective study on coping strategies and quality of life in patients after stroke, assessing prognostic relationships and estimates of cost-effectiveness. J Rehabil Med 41: 237–241.
Darwin, C. 1871. The descent of man, and selection in relation to sex. John Murray, London.
Darwin, C. 1998. The Expression of the Emotions in Man and Animals. With an Introduction, Afterword and Commentaries by Paul Ekman. 3. Aufl. Oxford University Press, New York, Oxford.
Davidson, D. 1993. Der Mythos des Subjektiven. Philosophische Essays. Übers. und mit einem Nachwort hg. von J. Schulte. Reclam, Stuttgart.
De Robertis, E.M.; Kuroda, H. 2004. Dorsal-ventral patterning and neural induction in Xenopus embryos. Annu. Rev. Cell Dev. Biol. 20: 285–308.
de Vries, J. 1983. Grundbegriffe der Scholastik. Wissenschaftliche Buchgesellschaft, Darmstadt.
Dekker, J. 2008. Gene regulation in the third dimension. Science 319: 1793–1797.
Denjean-von-Stryk, B.; von Bonin, D. 2000. Therapeutische Sprachgestaltung. Anthroposophische Kunsttherapie. Bd. 4. Urachhaus, Stuttgart.
Descartes, R. 1993. Regulae ad directionem ingenii. Felix Meiner, Hamburg.
Deschamps, J. 2004. Hox genes in the limb: a play in two acts. Science 304: 1610–1611.
Dinger, T.J. 1996. Homöopathie und Anthroposophische Medizin: Ursprünge, Abhängigkeiten und Kontroversen von 1910–1990. Dissertation. Universität Münster.
Donlea, J.M.; Ramanan, N.; Shaw, P.J. 2009. Use-dependent plasticity in clock neurons regulates sleep in Drosophila. Science 324: 105–112.
Driesch, H. 1921. Philosophie des Organischen. 2. Aufl. Wilhelm Engelmann, Köln.
Driesch, H. 1929. Zur vitalistischen Begriffsbildung. Wilhelm Rouxs Arch. Dev. Biol. 116: 1–6.
Driesch, H. 1931. Entelechie und Materie. A. Klein, Leipzig.
Du Bois-Reymond, E. 1882. Über die Grenzen des Naturerkennens. Veit & Comp, Leipzig.
Du Bois-Reymond, E. 1918. Jugendbriefe von Emil Du Bois-Reymond an Eduard Hallmann. Dietrich Reimer, Berlin.
Dürken, B. 1936. Entwicklungsbiologie und Ganzheit. B. G. Teubner, Leipzig, Berlin.
Eberhard, S.; Weinzirl, J.; Orlow, P.; Berger, B.; Heusser, P. 2014. Recommendations for problem solving in integrative postgraduate medical training of physicians at anthroposophic hospitals in Germany and Switzerland. Forsch Komplementärmed 21(5): 284–293. doi:10.1159/000366186.
Eccles, J.C. 1994. Wie das Gehirn sein Selbst steuert. Piper, Berlin, Heidelberg.
Edelhäuser, F.; Hak, F.; Kleinrath, U.; Lühr, B.; Matthiessen, P.F.; Weinzirl, J.; Cysarz, D. 2013. Impact of colored light on cardiorespiratory coordination. Evid Based Complement Alternat Med 2013: 810876. doi:10.1155/2013/810876.
Edelhäuser, F.; Minnerop, A.; Trapp, B.; Büssing, A.; Cysarz, D. 2015. Eurythmy therapy increases specific oscillations of heart rate variability. BMC Complement Altern Med 2015: 167. doi:10.1186/s12906-015-0684-6.
Edwards, L. 1986. Geometrie des Lebendigen. Vom Erleben gestaltbildender Naturkräfte. Verlag Freies Geistesleben, Stuttgart.

Efficace, F.; Marrone, R. 2002. Spiritual issues and quality of life assessment in cancer care. Death Stud 26: 743 – 756.

Einstein, A. 1905. Über einen die Erzeugung und Verwandlung des Lichtes betreffenden heuristischen Gesichtspunkt. Annalen der Physik 322: 132 – 148.

Eisberg, R.; Resnick, R. 1985. Quantum Physics of Atoms, Molecules, Solids, Nuclei, and Particles. John Wiley & Sons, New York.

Eisenbraun, J.; Scheer, R.; Kröz, M.; Schad, F.; Huber, R. 2011. Quality of life in breast cancer patients during chemotherapy and concurrent therapy with a mistletoe extract. Phytomedicine 18(2 – 3): 151 – 157. doi:10.1016/j.phymed.2010.06.013.

Ellis, G. F. R. 2005. Physics and the real world. Phys Today 58(7): 49 – 54.

Endres, K.-P.; Schad, W. 1997. Biologie des Mondes. Mondperiodik und Lebensrhythmen. Hirzel, Stuttgart, Leipzig.

Engel, G. L. 1977. The need for a new medical model: a challenge for biomedicine. Science 196: 535 – 544.

Ernst, E. 2008. Anthroposophische Medizin. Eine kritische Analyse. Fortschr Med Orig I; 150: 1 – 6.

Ernst, E.; Schmacke, N. 2015. Anthroposophische Medizin: eine kritische Analyse mit besonderer Berücksichtigung der Misteltherapie. In: Schmacke, N. (Hg.), Der Glaube an die Globuli. Die Verheißungen der Homöopathie. Suhrkamp, Berlin, S. 148 – 162.

Esch, B. M.; Marian, F.; Busato, A.; Heusser, P. 2008. Patient satisfaction with primary care: an observational study comparing anthroposophic and conventional care. Health Qual Life Outcomes 6: 74. doi:10.1186/1477-7525-6-74.

Fagerstedt, S.; Kippler, M.; Scheynius, A.; Gutzeit, C.; Mie, A.; Alm, J.; Vahter, M. 2015. Anthroposophic lifestyle influences the concentration of metals in placenta and cord blood. Environ. Res. 136: 88 – 96. doi:10.1016/j.envres.2014.08.044.

Feigl, W.; Bonet, E.M. 1989. Systemtheorie in der Medizin und Biologie. Wien Med Wochenschr 139: 87 – 91.

Felber, R.; Reinhold, S.; Stückert, A. 2000. Musiktherapie und Gesang. Anthroposophische Kunsttherapie. Bd. 3. Urachhaus, Stuttgart.

Fichte, I. H. 1856. Anthropologie. Die Lehre von der menschlichen Seele. Begründet auf naturwissenschaftlichem Wege für Naturforscher, Seelenärzte und wissenschaftlich Gebildete überhaupt. 1. Aufl. Brockhaus, Leipzig.

Fichte, I. H. 1859. Zur Seelenfrage. Eine philosophische Konfession. Brockhaus, Leipzig.

Fichte, I. H. 1876. Anthropologie. Die Lehre von der menschlichen Seele. Begründet auf naturwissenschaftlichem Wege für Naturforscher, Seelenärzte und wissenschaftlich Gebildete überhaupt. 3. Aufl. Brockhaus, Leipzig.

Fichte, J. G. 1834. Johann Gottlieb Fichte's Einleitungsvorlesungen in die Wissenschaftslehre, die transcendentale Logik und die Tatsachen des Bewusstseins. Vorgetragen an der Universität zu Berlin in den Jahren 1812 u. 13. Aus dem Nachlass hg. von I. H. Fichte. Marcus, Bonn.

Fichte, J. G. 1871. Werke. Hg. von I.H. Fichte. De Gruyter, Berlin.

Fingado, M. 2001. Therapeutische Wickel und Kompressen. Handbuch aus der Ita Wegman Klinik. Natura-Verlag, Arlesheim.

Fintelmann, V. (Hg.). 2002. Onkologie auf anthroposophischer Grundlage. Loseblattwerk mit Register. Johannes M. Mayer, Stuttgart.

Fintelmann, V. 2007. Intuitive Medizin – Anthroposophische Medizin in der Praxis. 5. Aufl. Hippokrates, Stuttgart.

Fischer, H.F.; Binting, S.; Bockelbrink, A.; Heusser, P.; Hueck, C.; Keil, T.; Roll, S.; Witt, C. 2013. The effect of attending Steiner schools during childhood on health in adulthood: a multicentre cross-sectional study. PLoS ONE 2013; 8(9): e73135. doi:10.1371.

Fischer, G.S. 1993. Faltung der Proteine: Der Weg vom Baustein zur Funktion. Verhandlungen der Gesellschaft Deutscher Naturforscher und Ärzte. Wissenschaftliche Verlagsgesellschaft, Stuttgart.

Fønnebø, V.; Grimsgaard, S.; Walach, H.; Ritenbaugh, C.; Norheim, A.J.; MacPherson, H.; Lewith, G.; Launsø, L.; Koithan, M.; Falkenberg, T.; Boon, H.; Aickin, M. 2007. Researching complementary and alternative treatments – the gatekeepers are not at home. BMC Med Res Methodol 2007; 7: 7.

Foote, J. 2003. Isomeric antibodies. Science 299: 1327–1328.

Fortlage, K. 1869. Acht psychologische Vorträge. Mauke, Jena.

Foster, R.; Kreitzman, L. 2004. Rhythms of Life. The biological clocks that control the daily lives of every living thing. Profile Books, London.

Fox Keller, E. 2000. The Century of the Gene. Harvard University Press, Cambridge, MA.

Frankl, V.E. 2005. Ärztliche Seelsorge. Grundlagen der Logotherapie und Existenzanalyse (1946). 11. Aufl. Franz Deuticke, Wien.

Frielingsdorf, V.; Grimm, R.; Kaldenberg, B. 2013. Geschichte der anthroposophischen Heilpädagogik und Sozialtherapie: Entwicklungslinien und Aufgabenfelder 1920–1980. Verlag am Goetheanum, Dornach.

Fuchs, T. 2005. Ökologie des Gehirns. Eine systemische Sichtweise für Psychiatrie und Psychotherapie. Nervenarzt 76: 1–10.

Fuller, S. 2007. Science vs. religion. Intelligent design and the problem of evolution. Polity Press, Malden, MA.

Fürer, K.; Raith, M.; Brenneisen, R.; Mennet, M.; Simões-Wüst, A.P.; von Mandach, U.; Hamburger, M.; Potterat, O. 2013. Two new flavonol glycosides and a metabolite profile of Bryophyllum pinnatum, a phytotherapeutic used in obstetrics and gynaecology. Planta Med. 79(16): 1565–1571. doi:10.1055/s-0033-1350808.

Furst, B. 2014. The Heart and Circulation. An Integrative Model. Springer, London.

Furst, B. 2015. The Heart: Pressure-Propulsion Pump or Organ of Impedance? J. Cardiothorac. Vasc. Anesth. 29(6): 1688–1701. doi.org/10.1053/jvca.2015.02.022.

Gagnier, J.J.; Kienle, G.S.; Altman, D.G.; Moher, D.; Sox, H.; Riley, D.; CARE Group. 2013. The CARE Guidelines: Consensus-based Clinical Case Reporting Guideline Development. Glob Adv Health Med 2013; 2(5): 38–43. doi:10.7453/gahmj.2013.008.

Gallagher, S.; Zahavi, D. 2012. The Phenomenological Mind. 2. Aufl. Routledge, London, New York.

Garnitschnig, L.; Weinzirl, J.; Andrae, L.; Scheffers, T.; Ostermann, T.; Heusser, P. Postprandiale Dynamik des Milzvolumens bei gesunden Probanden. Tag der Forschung. Universität Witten/Herdecke. Gesundheitsforschung 2015. Abstract-Band, S. 38.

Gazzaniga, M.S. 2008. Human. The Science Behind What Makes Us Unique. Ecco (Harper Collins), New York.

Gazzaniga, M.S. 2011. Who's in Charge? Free Will and the Science of the Brain. Ecco (Harper Collins), New York.

Gesellschaft Anthroposophischer Ärzte in Deutschland (GAÄD); Medizinische Sektion, Freie Hochschule für Geisteswissenschaft, Dornach. 2014. Anthromedics.

Newsletter No.1/2014. [Internet] 18.03.2014 [abgerufen am 26.12.2015]. URL: http://www.medsektion-goetheanum.org/EYED2/files/file/Research%202010/ANTHROMEDICS%20Newsletter%20No%201%202014-03-18_DE_V03.pdf

Geyer, C. 2004. Vorwort. In: Geyer, C. (Hg.), Hirnforschung und Willensfreiheit. Suhrkamp, Frankfurt a. M., S. 2–19.

Geyer, U.; Diederich, K.; Kusserow, M.; Laubersheimer, A.; Kramer, K. 2013. Inpatient treatment of community-acquired pneumonias with integrative medicine. Evid Based Complement Alternat Med 2013: 578274. doi:10.1155/2013/578274.

Girke, M. 2012. Innere Medizin: Grundlagen und therapeutische Konzepte der Anthroposophischen Medizin. 2. Aufl. Salumed, Berlin.

Girke, M. (Hg.). 2014. Geriatrie: Grundlagen und therapeutische Konzepte der Anthroposophischen Medizin. Salumed, Berlin.

Glöckler, M. (Hg.). 1998. Gesundheit und Schule. Edition Persephone. Medizinische Sektion am Goetheanum, Dornach.

Glöckler, M. (Hg.). 2002. Spirituelle Ethik. Situationsgerechtes, selbstverantwortliches Handeln. Verlag am Goetheanum, Dornach.

Glöckler, M. (Hg.). 2005. Anthroposophische Arzneitherapie für Ärzte und Apotheker. Wissenschaftliche Verlagsgesellschaft, Stuttgart.

Glöckler, M.; Girke, M.; Matthes, H. 2011. In: Uhlenhoff, R. (Hg.), Anthroposophie in Geschichte und Gegenwart. Berliner Wissenschaftsverlag, Berlin, S. 514–611.

Glöckler, M.; Goebel, W.; Michael, K. 2015. Kindersprechstunde. 20. Aufl. Urachhaus, Stuttgart.

Goerttler, K. 1972. Morphologische Sonderstellung des Menschen im Reich der Lebensformen auf der Erde. In: Gadamer, H.-G.; Vogler, P. (Hg.), Neue Anthropologie. Thieme, Stuttgart, S. 215–257.

Goethe, J.W. 1950 a. Allerdings. Dem Physiker. In: Beutler, E. (Hg.), Johann Wolfgang Goethe. Sämtliche Werke. Bd. 1. Artemis, Zürich, S. 529.

Goethe, J.W. 1950 b. Analyse und Synthese. In: Beutler, E. (Hg.), Johann Wolfgang Goethe. Sämtliche Werke. Bd. 16. Artemis, Zürich, S. 887–890.

Goethe, J.W. 1950 c. Aphorismen und Fragmente. In: Beutler, E. (Hg.), Johann Wolfgang Goethe. Sämtliche Werke. Bd. 17. Artemis, Zürich.

Goethe, J.W. 1950 d. Aus meinem Leben. Dichtung und Wahrheit. In: Beutler, E. (Hg.), Johann Wolfgang Goethe. Sämtliche Werke. Bd. 10. Artemis, Zürich.

Goethe, J.W. 1950 e. Beiträge zur Optik. §14. In: Beutler, E. (Hg.), Johann Wolfgang Goethe. Sämtliche Werke. Bd. 16. Artemis, Zürich, S. 770.

Goethe, J.W. 1950 f. Beobachtung und Denken. In: Beutler, E. (Hg.), Johann Wolfgang Goethe. Sämtliche Werke. Bd. 17. Artemis, Zürich, S. 856–857.

Goethe, J.W. 1950 g. Der Versuch als Vermittler von Objekt und Subjekt. In: Beutler, E. (Hg.), Johann Wolfgang Goethe. Sämtliche Werke. Bd. 17. Artemis, Zürich, S. 844–855.

Goethe, J.W. 1950 h. Die Metamorphose der Pflanzen. In: Beutler, E. (Hg.), Johann Wolfgang Goethe. Sämtliche Werke. Bd. 17. Artemis, Zürich, S. 22–58.

Goethe, J.W. 1950 i. Erfahrung und Wissenschaft. In: Beutler, E. (Hg.), Johann Wolfgang Goethe. Sämtliche Werke. Bd. 17. Artemis, Zürich, S. 869–871.

Goethe, J.W. 1950 j. Erster Entwurf einer allgemeinen Einleitung in die vergleichende Anatomie, ausgehend von der Osteologie. In: Beutler, E. (Hg.), Johann Wolfgang Goethe. Sämtliche Werke. Bd. 17. Artemis, Zürich, S. 231–269.

Goethe, J.W. 1950k. Faust. Eine Tragödie. In: Beutler, E. (Hg.), Johann Wolfgang Goethe. Sämtliche Werke. Bd. 5. Artemis, Zürich, S. 139 – 526.

Goethe, J.W. 1950l. Fragmente zur vergleichenden Anatomie. In: Beutler, E. (Hg.), Johann Wolfgang Goethe. Sämtliche Werke. Bd. 17. Artemis, Zürich, S. 414 – 435.

Goethe, J.W. 1950m. Naturwissenschaftliche Schriften: Vergleichende Anatomie, Zoologie. In: Beutler, E. (Hg.), Johann Wolfgang Goethe. Sämtliche Werke. Bd. 17. Artemis, Zürich, S. 217 – 436.

Goethe, J.W. 1950n. Naturwissenschaftliche Schriften: Botanik. In: Beutler, E. (Hg.), Johann Wolfgang Goethe. Sämtliche Werke. Bd. 17. Artemis, Zürich, S. 9 –216.

Goethe, J.W. 1950o. Schriften zur Farbenlehre. In: Beutler, E. (Hg.), Johann Wolfgang Goethe. Sämtliche Werke. Bd. 16. Artemis, Zürich, S. 7 – 838.

Goethe, J.W. 1950p. Über den Zwischenkiefer des Menschen und der Tiere. In: Beutler, E. (Hg.), Johann Wolfgang Goethe. Sämtliche Werke. Bd. 17. Artemis, Zürich, S. 288 – 328.

Goethe, J.W. 1950q. Vorarbeiten zu einer Physiologie der Pflanzen. In: Beutler, E. (Hg.), Johann Wolfgang Goethe. Sämtliche Werke. Bd. 17. Artemis, Zürich, S. 119 – 133.

Goethe, J.W. 1950r. Wenige Bemerkungen. In: Beutler, E. (Hg.), Johann Wolfgang Goethe. Sämtliche Werke. Bd. 17. Artemis, Zürich, S. 101 – 102.

Goethe, J.W. 1958a. Brief an Knebel, 17. November 1784. In: Bach, R. (Hg.), Johann Wolfgang Goethe. Briefe. Carl Hanser, München, S. 208 – 209.

Goethe, J.W. 1958b. Brief an Sömmering, 28. Aug. 1796. In: Bach, R. (Hg.), Johann Wolfgang Goethe. Briefe. Carl Hanser, München, S. 349 – 351.

Goethe, J.W. 1975a. Sprüche in Prosa. In: Steiner, R. (Hg.), Goethes Naturwissenschaftliche Schriften. Bd. 5. Rudolf Steiner Verlag, Dornach, S. 349 – 537.

Goethe, J.W. 1975b. Wirkung meiner Schrift. In: Steiner, R. (Hg.), Goethes Naturwissenschaftliche Schriften. Bd. 1. Rudolf Steiner Verlag, Dornach, S. 194 – 217.

Goethe, J.W. 1988. Brief an H.W.F. Wackenroder vom 21. Januar 1832. Goethes Briefe und Briefe an Goethe. Hamburger Ausgabe. Beck, München.

Goleman, D. 1996. Emotionale Intelligenz. Hanser, München.

Golombek, E. 2000. Plastisch-therapeutisches Gestalten. Anthroposophische Kunsttherapie. Bd. 1. Urachhaus, Stuttgart.

Görnitz, T.; Görnitz, B. 2008. Die Evolution des Geistigen. Quantenphysik – Bewusstsein – Religion. Vandenhoeck & Ruprecht, Göttingen.

Görnitz, T.; Görnitz, B. 2016. Von der Quantenphysik zum Bewusstsein. Kosmos, Geist und Materie. Springer, Berlin.

Goschke, T. 2006. Der bedingte Wille. Willensfreiheit und Selbststeuerung aus der Sicht der kognitiven Neurowissenschaft. In: Roth, G.; Grün, K.-J. (Hg.), Das Gehirn und seine Freiheit. Beiträge zur neurowissenschaftlichen Grundlegung der Philosophie. Vandenhoeck & Ruprecht, Göttingen, S. 107 – 156.

Gottschling, S.; Gronwald, B.; Schmitt, S.; Schmitt, C.; Längler, A.; Leidig, E.; Meyer, S.; Baan, A.; Shamdeen, M.G.; Berrang, J.; Graf, N. 2013. Use of complementary and alternative medicine in healthy children and children with chronic medical conditions in Germany. Complement Ther Med 2013; (Suppl. 1): 61 – 69. doi:10.1016/j.ctim.2011.06.001.

Gould, J.L.; Gould, C.G. 1994. The Animal Mind. Scientific American Library, New York.

Goyert, A. 2015. Anthroposophische Medizin und die Prozesse des Stoffwechsels. Verlag Freies Geistesleben, Stuttgart.

Grandpré, T.; Strittmatter, S.M. 2001. Nogo: A Molecular Determinant of Axonal Growth and Regeneration. Neuroscientist 7: 377–386.

Gregor, T.; Wieschaus, E.F.; McGregor, A.P.; Bialek, W.; Tank, D.W. 2007. Stability and nuclear dynamics of the Bicoid morphogen gradient. Cell 130: 141–152.

Grimm, R.; Kaschubowski, G. (Hg.). 2008. Kompendium der anthroposophischen Heilpädagogik. Ernst Reinhardt, München.

Gross, J. R. 1974. Regeneration. Thieme, Stuttgart.

Gründemann, C.; Papagiannopoulos, M.; Lamy, E.; Mersch-Sundermann, V.; Huber, R. 2011. Immunomodulatory properties of a lemon-quince preparation (Gencydo®) as an indicator of anti-allergic potency. Phytomedicine 18(8–9): 760–768. doi:10.1016/j.phymed.2010.11.016.

Gründemann, C.; Diegel, C.; Sauer, B.; Garcia-Käufer, M.; Huber, R. 2015. Immunomodulatory effects of preparations from Anthroposophical Medicine for parenteral use. BMC Complement Altern Med 15: 219. doi:10.1186/s12906-015-0757-6.

Guggisberg, A.G.; Baumgartner, S.; Tschopp, C.M.; Heusser, P. 2005. Replication study concerning the effects of homeopathic dilutions of histamine on human basophil degranulation in vitro. Complement Ther Med 13: 91–100.

Gumustekin, K.; Seven, B.; Karabulut, N.; Aktas, O.; Gursan, N.; Aslan, S.; Keles, M.; Varoglu, E.; Dane, S. 2004. Effects of sleep deprivation, nicotine, and selenium on wound healing in rats. Neuroscience 114: 1433–1442.

Gurdon, J. B.; Bourillot, P.Y. 2001. Morphogen gradient interpretation. Nature 413: 797–803.

Gurley, K. A.; Rink, J.C.; Sánchez Alvarado, A.S. 2008. β-Catenin defines head versus tail identity during planarian regeneration and homeostasis. Science 319: 323–327.

Gurwitsch, A. 1922. Über den Begriff des Embryonalen Feldes. Wilhelm Roux Arch Entwickl Mech Org 51: 383–415.

Gutenbrunner, C.; Hildebrandt, G.; Moog, R. (Hg.). 1987. Chronobiology and Chronomedicine. Basic Research and Applications. Proceedings of the 2nd Annual Meeting of the European Society for Chronobiology. Peter Lang, Frankfurt a. M.

Gutenbrunner, C.; Hildebrandt, G.; Moog, R. (Hg.). 1993. Chronobiology and Chronomedicine. Basic Research and Applications. Proceedings of the 7th Annual Meeting of the European Society for Chronobiology. Peter Lang, Frankfurt a. M.

Hachtel, B.; Gäch, A. 2007. Bibliographie Heileurythmie 1920–2007. Natur-Kunst-Medizin Verlags GmbH, Bad Boll.

Hacking, I. 1996. Einführung in die Philosophie der Naturwissenschaften. Reclam, Stuttgart.

Hadorn, E. 1981. Experimentelle Entwicklungsforschung – im Besonderen an Amphibien. Springer, Berlin, Heidelberg, New York.

Haggard, P.; Eimer, M. 1999. On the relation between brain potentials and the awareness of voluntary movements. Exp Brain Res 126: 28–133.

Halusková, J. 2010. Epigenetic studies in human diseases. Folia Biol. (Praha) 56(3): 83–96.

Hamre, H.J.; Mittag, I.; Glockmann, A.; Kiene, H.; Tröger, W. 2011. Pulpa dentis D30 for acute reversible pulpitis: A prospective cohort study in routine dental practice. Altern Ther Health Med 17(1): 16–21.

Hamre, H.J.; Kiene, H.; Glockmann, A.; Ziegler, R.; Kienle, G.S. 2013. Long-term outcomes of anthroposophic treatment for chronic disease: a four-year follow-up

analysis of 1510 patients from a prospective observational study in routine outpatient settings. BMC Res Notes 2013; 6: 269. doi:10.1186/1756-0500-6-269.
Hamre, H.J.; Kiene, H.; Ziegler, R.; Tröger, W.; Meinecke, C.; Schnürer, C.; Vögler, H.; Glockmann, A.; Kienle, G.S. 2014a. Overview of the Publications from the Anthroposophic Medicine Outcomes Study (AMOS): A Whole System Evaluation Study. Glob Adv Health Med 2014; 3(1): 54–70. doi:10.7453/gahmj.2013.010.
Hamre, H.J.; Glockmann, A.; Schwarz, R.; Riley, D.S.; Baars, E.W.; Kiene, H.; Kienle, G.S. 2014b. Antibiotic Use in Children with Acute Respiratory or Ear Infections: Prospective Observational Comparison of Anthroposophic and Conventional Treatment under Routine Primary Care Conditions. Evid Based Complement Alternat Med 2014: 243801. doi:10.1155/2014/243801.
Handwerker, H.O. 1995. Allgemeine Sinnesphysiologie. In: Schmidt, R.F.; Thews, G. (Hg.), Physiologie des Menschen. Springer, Berlin, Heidelberg, New York, S. 195.
Harten, H.-U. 1974. Physik für Mediziner. Springer, Berlin, Heidelberg, New York.
Hartmann, N. 1964. Der Aufbau der realen Welt. Grundriss der allgemeinen Kategorienlehre. 3. Aufl. Walter de Gruyter, Berlin.
Hauschka, M. 1971. Rhythmische Massage nach Dr. Ita Wegman. Menschenkundliche Grundlagen. Schule für Künstlerische Therapie und Massage, Boll über Göppingen.
Hauschka, R. 1972. Substanzlehre. Zum Verständnis der Physik, der Chemie und therapeutischer Wirkungen der Stoffe. 5. Aufl. Vittorio Klostermann, Frankfurt a. M.
Hauschka, R. 1974. Heilmittellehre. Ein Beitrag zu einer zeitgemäßen Heilmittelerkenntnis. 2. Aufl. Vittorio Klostermann, Frankfurt a. M.
Hawks, J.; Wang, E.T.; Cochran, G.M.; Harpending, H.C.; Moyzis, R.K. 2007. Recent acceleration of human adaptive evolution. Proc. Natl. Acad. Sci. U.S.A. 104(52): 20753–20758.
Hay, E.D. 1968. Dedifferentiation and Metaplasia in Vertebrate and Invertebrate Regeneration. In: Ursprung, H. (Hg.), The Stability of the Differentiated State. Springer, Berlin, Heidelberg, New York, S. 85–108.
Haynes, J.D.; Rees, G. 2006. Decoding mental states from brain activity in humans. Nat. Rev. Neurosci. 7: 523–534.
Head, J.F.; Inouye, S.; Teranishi, K.; Shimomura, O. 2000. The crystal structure of the photoprotein aequorin at 2.3. A resolution. Nature 405: 372–376.
Hegel, G.W.F. 1964. Grundlinien der Philosophie des Rechts oder Naturrecht und Staatswissenschaft im Grundriss. Fromann, Stuttgart.
Hegel, G.W.F. 1969. Enzyklopädie der philosophischen Wissenschaften im Grundrisse (1830). Felix Meiner, Hamburg.
Hegel, G.W.F. 1978. Wissenschaft der Logik. Erster Teil. Die objektive Logik. Erstes Buch. Suhrkamp, Frankfurt a. M.
Hegel, G.W.F. 1979. Phänomenologie des Geistes. Suhrkamp, Frankfurt a. M.
Heine, R.; Bay, F. (Hg.). 1995. Pflege als Gestaltungsaufgabe. Anregungen aus der Anthroposophie für die Praxis. Hippokrates, Stuttgart.
Heinz, J.; Fiori, W.; Heusser, P.; Ostermann, T. 2013. Cost Analysis of Integrative Inpatient Treatment Based on DRG Data: The Example of Anthroposophic Medicine. Evid Based Complement Alternat Med 2013: 748932. doi:10.1155/2013/748932.
Heisenberg, W. 1973. Physik und Philosophie. Ullstein, Ulm.
Heitler, W. 1972. Naturwissenschaft ist Geisteswissenschaft. Die Waage, Zürich.

Hensel, H. 1966. Allgemeine Sinnesphysiologie. Hautsinne, Geschmack, Geruch. Springer, Berlin, Heidelberg, New York.
Herder, J.G. 2002. Ideen zur Philosophie der Geschichte der Menschheit. Wissenschaftliche Buchgesellschaft, Darmstadt.
Heusser, P. 1984. Der Schweizer Arzt Ignaz Paul Vital Troxler (1780–1866). Seine Philosophie, Anthropologie und Medizintheorie. Schwabe, Basel, Stuttgart.
Heusser, P. 1989. Das zentrale Dogma nach Watson und Crick und seine Widerlegung durch die moderne Genetik. Verhandlungen der Naturforschenden Gesellschaft in Basel, Basel, S. 1–14.
Heusser, P. 1997. Führt die Molekularbiologie zu einem neuen Konzept des Organismus? Forsch Komplementärmed 4: 106–111.
Heusser, P. (Hg.). 1999 a. Akademische Forschung in der Anthroposophischen Medizin. Beispiel Hygiogenese: Natur- und geisteswissenschaftliche Zugänge zur Selbstheilungskraft des Menschen. Peter Lang, Bern.
Heusser, P. 1999 b. Anthroposophie als Geisteswissenschaft und die naturwissenschaftliche Medizin. In: Heusser, P. (Hg.), Akademische Forschung in der Anthroposophischen Medizin. Peter Lang, Bern, S. 21–38.
Heusser, P. 1999 c. Intuition. Die innere Basis von Wissenschaft und Ethik. Anthroposophische und konventionelle Medizin. In: Ausfeld-Hafter, B. (Hg.), Intuition in der Medizin. Peter Lang, Bern, S. 77–96.
Heusser, P. 1999 d. Probleme von Studiendesigns mit Randomisation, Verblindung und Placebogabe. Forsch Komplementärmed 6: 89–102.
Heusser, P. 2000 a. Goethe, die moderne Sinnesphysiologie und das Leib/Seele-Problem. In: Heusser, P. (Hg.), Goethes Beitrag zur Erneuerung der Naturwissenschaften. Paul Haupt, Bern, Stuttgart, Wien, S. 435–456.
Heusser, P. (Hg.). 2000 b. Goethes Beitrag zur Erneuerung der Naturwissenschaften. Paul Haupt, Bern, Stuttgart, Wien.
Heusser, P. 2000 c. Über die Notwendigkeit einer Erneuerung heutiger Wissenschaften – Der Beitrag von Goethes Wissenschaftsmethode. In: Heusser, P. (Hg.), Goethes Beitrag zur Erneuerung der Naturwissenschaften. Paul Haupt, Bern, Stuttgart, Wien, S. 13–41.
Heusser, P. 2001 a. Erklärung der Evolution durch Selbstorganisation: nominalistisch oder realistisch? Bull. Soc. Frib. Sc. Nat. 90: 33–48.
Heusser, P. 2001 b. Kriterien zur Beurteilung des Nutzens von komplementärmedizinischen Methoden. Forsch Komplementärmed Klass Naturheilkd 8: 14–23.
Heusser, P. 2002 a. Das materialistische Weltbild stösst an seine Grenzen. In: Stauffacher, W.; Bircher, J. (Hg.), Zukunft Medizin Schweiz. Das Projekt «Neu-Orientierung der Medizin» geht weiter. EMH Schweizerischer Ärzteverlag und Schweizerische Akademie der Medizinischen Wissenschaften, Basel, S. 106–113.
Heusser, P. (Hg.). 2002 b. Gesundheitsförderung – Eine neue Zeitforderung. Peter Lang, Bern.
Heusser, P. 2002 c. Physiologische Grundlagen der Gesundheitsförderung und das anthroposophisch-medizinische Konzept. In: Heusser, P. (Hg.), Gesundheitsförderung, eine neue Zeitforderung. Peter Lang, Bern, S. 101–130.
Heusser, P. 2003. Sterben, Leben nach dem Tod und wiederholte Erdenleben. In: Heusser, P. (Hg.), Sterbebegleitung, Sterbehilfe, Euthanasie. Haupt, Bern, Stuttgart, Wien, S. 127–156.
Heusser, P. 2006 a. Holistic Thinking in Basic Sciences and Medicine. A New Elective at

the University of Bern. Overall Concept and Evaluation Strategy, Specific Needs Assessment, Pilot Course with an Emphasis on Role-Play, and Feasibility Study. Thesis, Master of Medical Education. Medical Faculty. University of Bern, Bern.

Heusser, P. 2006 b. Spiritualität in der modernen Medizin. Peter Lang, Bern.

Heusser, P. 2007. Anthroposophic Concepts of Pain. In: Ernst, E.; Pittler, M.H.; Wider, B.; Boddy, K. (Hg.), Complementary Therapies for Pain Management. An Evidence-Based Approach. Elsevier, Mosby, Edinburgh, S. 57–61.

Heusser, P. 2013. Emergenz und Kausalität: Systemische Interaktion von Körper, Leben, Seele und Geist des Menschen. In: Heusser, P.; Weinzirl, J. (Hg.), Medizin und die Frage nach dem Menschen. Königshausen und Neumann, Würzburg, S. 35–50.

Heusser, P.; Riggenbach, B. (Hg.). 2003. Sterbebegleitung – Sterbehilfe – Euthanasie. Die aktuelle Problematik aus anthroposophisch-medizinischer Sicht. Paul Haupt, Bern.

Heusser, P.; Stutz, M.; Haeberli, A. 2004. Does homeopathically potentized antimony stimulate coagulation? A summary of previous findings and results of an in vitro pilot study by means of thrombelastography. J Altern Complement Med 10: 829–834.

Heusser, P.; Berger Braun, S.; Bertschy, M.; Burkhard, R.; Ziegler, R.; Helwig, S.; van Wegberg, B.; Cerny, T. 2006 a. Palliative In-Patient Cancer Treatment in an Anthroposophic Hospital: II Quality of Life during and after Stationary Treatment, and Subjective Treatment Benefits. Forsch Komplementärmed 13: 156–166.

Heusser, P.; Berger Braun, S.; Ziegler, R.; Bertschy, M.; Helwig, S.; van Wegberg, B.; Cerny, T. 2006 b. Palliative In-Patient Cancer in an Anthroposophic Hospital: I Treatment Patterns and Compliance with Anthroposophic Medicine. Forsch Komplementärmed 13: 94–100.

Heusser, P.; Berger, S.; Stutz, M.; Hüsler, A.; Haeberli, A.; Wolf, U. 2009 a. Efficacy of Homeopathically Potentized Antimony on Blood Coagulation. A Randomized Placebo Controlled Crossover Trial. Forsch Komplementärmed 16: 14–18.

Heusser, P.; Bertschy, M.; Burkhard, R.; Ziegler, R.; Cerny, T.; Wolf, U. 2009 b. Langzeiterhaltung der Lebensqualität bei fortgeschrittener Krebskrankheit. Prospektive Studie über zwölf Monate während und nach stationärer Behandlung in einer anthroposophischen Klinik. In: Scheer, R.; Alban, S.; Becker, H.; Holzgrabe, U.; Kemper, F.H.; Kreis, W.; Matthes, H. (Hg.), Die Mistel in der Tumortherapie 2. Aktueller Stand und klinische Forschung. KVC-Verlag, Essen, S. 477–493.

Heusser, P.; Scheffer, C.; Neumann, M.; Tauschel, D.; Edelhäuser, F. 2012. Towards non-reductionistic medical anthropology, medical education and practitioner-patient-interaction: the example of Anthroposophic Medicine. Patient Educ Couns 89(3): 455–460. doi:10.1016/j.pec.2012.01.004.

Heusser, P.; Kienle, G.S. 2014 a. Anthroposophic Medicine, Integrative Oncology, and Mistletoe Therapy of Cancer. In: Abrams, D.I.; Weil, A.T. (Hg.), Integrative Oncology. 2. Aufl. Oxford University Press, Oxford, New York, S. 560–588.

Heusser, P.; Eberhard, S.; Berger, B.; Weinzirl, J.; Orlow, P. 2014 b. The subjectively perceived quality of postgraduate medical training in integrative medicine within the public healthcare systems of Germany and Switzerland: the example of anthroposophic hospitals. BMC Complement Altern Med 2014; 14: 191. doi:10.1186/1472-6882-14-191.

Heusser, P.; Eberhard, S.; Weinzirl, J.; Orlow, P.; Berger, B. 2014 c. Problems in integrative postgraduate medical training of physicians at anthroposophic hospi-

tals in Germany and Switzerland. Forsch Komplementärmed 21(4): 223–230. doi:10.1159/000366187.
Hildebrandt, G. 1998. Therapeutische Physiologie. In: Gutenbrunner, C.; Hildebrandt, G. (Hg.), Balneologie und medizinische Klimatologie. Springer, Berlin, Heidelberg, New York, S. 5–84.
Hildebrandt, G. 1999. Physiologische Grundlagen der Hygiogenese. In: Heusser, P. (Hg.), Akademische Forschung in der Anthroposophischen Medizin. Beispiel Hygiogenese: Natur- und geisteswissenschaftliche Zugänge zur Selbstheilungskraft des Menschen. Peter Lang, Bern, S. 57–82.
Hildebrandt, G.; Moser, M.; Lehofer, M. 1998. Chronobiologie und Chronomedizin. Biologische Rhythmen. Medizinische Konsequenzen. Hippokrates, Stuttgart.
Hinrichsen, K.V. (Hg.). 1990. Humanembryologie. Lehrbuch und Atlas der vorgeburtlichen Entwicklung des Menschen. Springer, Berlin, Heidelberg, New York.
Hobert, O. 2008. Gene Regulation by Transcription Factors and MicroRNAs. Science 319: 1785–1786.
Hoerner, W. 1991. Zeit und Rhythmus. Die Ordnungsgesetze der Erde und des Menschen. 2. Aufl. Urachhaus, Stuttgart.
Holdrege, C. 1999. Der vergessene Kontext. Entwurf einer ganzheitlichen Genetik. Verlag Freies Geistesleben, Stuttgart.
Holliday, R. 1990. DNA Methylation and Epigenetic Inheritance. Philos Trans R Soc Lond B Biol Sci 326(1235): 329–338.
Honegger, R. 1925. Goethe und Hegel. Jahrbuch der Goethegesellschaft, Weimar, S. 38–111.
Hösle, V. 2005. Objective Idealism and Darwinism. In: Hösle, V.; Illies, C. (Hg.), Darwinism and Philosophy. University of Notre Dame Press, Notre Dame, IN, S. 216–242.
Hösle, V.; Illies, C. (Hg.). 2005. Darwinism and Philosophy. University of Notre Dame Press, Notre Dame, IN.
Hosomi, J.K.; Ghelman, R.; Quintino, M.P.; de Souza, E.; Nakamura, M.; Moron, A.F. 2014. Effects of chronic Bryophyllum pinnatum administration on Wistar rat pregnancy. Forsch Komplementärmed 21(3): 184–189. doi:10.1159/000363709.
Houchmandzadeh, B.; Wieschaus, E.; Leibler, S. 2002. Establishment of developmental precision and proportions in the early Drosophila embryo. Nature 415: 798–802.
Hügli, A.; Lübcke, P. (Hg.). 2003. Philosophielexikon. Personen und Begriffe der abendländischen Philosophie von der Antike bis zur Gegenwart. Rowohlt, Reinbek bei Hamburg.
Hürny, C.; Heusser, P.; Bernhard, J.; Castiglione, M.; Cerny, T. 1994. Verbessern nichtkonventionelle Zusatztherapien die Lebensqualität von Krebspatienten? Eine methodenkritische Übersicht. Schweiz Med Wochenschr Suppl 124(62): 55–63.
Husemann, A.J. 1996. Der Zahnwechsel des Kindes. Ein Spiegel seiner seelischen Entwicklung. Verlag Freies Geistesleben, Stuttgart.
Husemann, A.J. 2003. Der musikalische Bau des Menschen. Entwurf einer plastisch-musikalischen Menschenkunde. 4. Aufl. Verlag Freies Geistesleben, Stuttgart.
Husemann, A.J. 2007. Menschenwissenschaft durch Kunst: Die plastisch-musikalisch-sprachliche Menschenkunde. Einführung – Quellentexte – Dokumentation. Verlag Freies Geistesleben, Stuttgart.
Husemann, A.J. 2015. Form, Leben und Bewusstsein. Einführung in die Menschenkunde der Anthroposophischen Medizin. Verlag Freies Geistesleben, Stuttgart.

Husemann, F. 2009. Anthroposophische Medizin. Ein Weg zu den heilenden Kräften. Verlag am Goetheanum, Dornach.

Husemann, F.; Wolff, O. 1991 Bde. 1 (10. Aufl.) und 2 (5. Aufl.), 1986 Bd. 3 (3. Aufl.). Das Bild des Menschen als Grundlage der Heilkunst. Entwurf einer geisteswissenschaftlich orientierten Medizin. Verlag Freies Geistesleben, Stuttgart.

Husemann, G. 1962. Erdengebärde und Menschengestalt. Das Zinn in Erde und Mensch. Verlag Freies Geistesleben, Stuttgart.

Jachens, L. 2012. Dermatologie: Grundlagen und therapeutische Konzepte der Anthroposophischen Medizin. Salumed, Berlin.

Jaeger, J.; Surkova, S.; Blagov, M.; Janssens, H.; Kosman, D.; Kozlov, K.N.; Manu; Myasnikova, E.; Vanario-Alonso, C.E.; Samsonova, M.; Sharp, D.H.; Reinitz, J. 2004. Dynamic control of positional information in the early Drosophila embryo. Nature 430: 368–371.

Jaenisch, R.; Bird, A. 2003. Epigenetic regulation of gene expression: how the genome integrates intrinsic and environmental signals. Nat. Genet. (Suppl.) 33: 245–254.

Jäger, T.; Scherr, C.; Shah, D.; Majewsky, V.; Betti, L.; Trebbi, G.; Bonamin, L.; Simões-Wüst, A.P.; Wolf, U.; Simon, M.; Heusser, P.; Baumgartner, S. 2011 a. Use of homeopathic preparations in experimental studies with abiotically stressed plants. Homeopathy 2011; 100(4): 275–287.

Jäger, T.; Scherr, C.; Wolf, U.; Simon, M.; Heusser, P.; Baumgartner, S. 2011 b. Investigation of arsenic-stressed yeast (Saccharomyces cerevisiae) as a bioassay in homeopathic basic research. ScientificWorldJournal 2011; 11: 568–583. doi:10.1100/tsw.2011.45.

Jäger, T.; Scherr, C.; Simon, M.; Heusser, P.; Baumgartner, S. 2011 c. Development of a test system for homeopathic preparations using impaired duckweed (Lemna gibba L.). J Altern Complement Med 2011; 17(4): 315–323. doi:10.1089/acm.2010.0246.

Jenny, H. 2009. Kymatik. Wellenphänomene und Schwingungen. AT Verlag, AZ Fachverlage, Aarau.

Jeschke, E.; Ostermann, T.; Tabali, M.; Kröz, M.; Bockelbrink, A.; Witt, C.M.; Willich, S.N.; Matthes, H. 2011. Anthroposophic medicine in pediatric primary care: a prospective, multicenter observational study on prescribing patterns. Altern Ther Health Med 17(2): 18–28.

Jeschke, E.; Ostermann, T.; Vollmar, H.C.; Tabali, M.; Matthes, H. 2012. Depression, Comorbidities, and Prescriptions of Antidepressants in a German Network of GPs and Specialists with Subspecialisation in Anthroposophic Medicine: A Longitudinal Observational Study. Evid Based Complement Alternat Med 2012: 508623. doi:10.1155/2012/508623.

Jong, M.C.; Jong, M.U.; Baars, E.W. 2012. Adverse drug reactions to anthroposophic and homeopathic solutions for injection: a systematic evaluation of German pharmacovigilance databases. Pharmacoepidemiol Drug Saf 21(12): 1295–1301. doi:10.1002/pds.3298.

Jütte, R. 1996. Geschichte der Alternativen Medizin. C.H. Beck, München.

Kanitz, J. L.; Pretzer, K.; Reif, M.; Voss, A.; Brand, R.; Warschburger, P.; Längler, A.; Henze, G.; Seifert, G. 2011. The impact of eurythmy therapy on stress coping strategies and health-related quality of life in healthy, moderately stressed adults. Complement Ther Med 19(5): 247–255. doi:10.1016/j.ctim.2011.06.008.

Kanitz, J.L.; Pretzer, K.; Calaminus, G.; Wiener, A.; Längler, A.; Henze, G.; Driever, P.H.; Seifert, G. 2013. Eurythmy therapy in the aftercare of pediatric posterior fossa tumour survivors – a pilot study. Complement Ther Med 2013; 21 (Suppl. 1): 3–9. doi:10.1016/j.ctim.2012.02.007.

Kant, I. 1926. Kritik der reinen Vernunft. 13. Aufl. Felix Meiner, Leipzig.

Karplus, M.; McCammon, J.A. 1986. Das dynamische Verhalten der Proteine. Spektrum der Wissenschaft 6: 108–118.

Kauffmann, S. 1995. At Home in the Universe. The Search for Laws of Self-Organization and Complexity. Oxford University Press, New York, Oxford.

Keller, P.J.; Schmidt, A.D.; Wittbrodt, J.; Stelzer, E.H.K. 2008. Reconstruction of zebrafish early embryonic development by scanned light microscopy. Science 322: 1065–1069.

Kellert, S.H. 1993. In the Wake of Chaos. University of Chicago Press, Chicago, London.

Kiefer, B. 2007. Das Prinzip der Emergenz. Schweizerischer Nationalfonds. Horizonte: 33.

Kiene, H. 1984. Essentiale Wissenschaftstheorie. Die Erkenntnistheorie Rudolf Steiners im Spannungsfeld moderner Wissenschaftstheorien. Perspektiven essentialer Wissenschaft. Urachhaus, Stuttgart.

Kiene, H. 1994. Komplementärmedizin – Schulmedizin. Der Wissenschaftsstreit am Ende des 20. Jahrhunderts. Schattauer, Stuttgart.

Kiene, H. 2001. Komplementäre Methodenlehre. Cognition Based Medicine. Springer, Berlin, Heidelberg, New York.

Kienle, G. 1965. Die optischen Wahrnehmungsstörungen und die nichteuklidische Struktur des Sehraums. Habilitationsschrift. Johann Wolfgang von Goethe-Universität, Frankfurt.

Kienle, G. 1974. Arzneimittelsicherheit und Gesellschaft. Eine kritische Untersuchung. Schattauer, Stuttgart, New York.

Kienle, G. 1980. Das Formalisierungsproblem in der Medizin. Therapie der Gegenwart 119: 1407–1421.

Kienle, G.S. 2005. Gibt es Gründe für pluralistische Evaluationsmodelle? Limitationen der randomisierten klinischen Studie. Z Ärztl Fortbild Qualitätssich 99: 289–294.

Kienle, G.S. 2009. Bedeutet Evidence-based Medicine eine Abkehr von der ärztlichen Therapiefreiheit? In: Jütte, R. (Hg.), Die Zukunft der Individualmedizin. Deutscher Ärzte-Verlag, Köln, S. 69–77.

Kienle, G.; Burkhardt, R. 1983. Der Wirksamkeitsnachweis für Arzneimittel. Analyse einer Illusion. Urachhaus, Stuttgart.

Kienle, G.S.; Kiene, H. 2003. Die Mistel in der Onkologie. Fakten und konzeptionelle Grundlagen. Wissenschaftliche Ergebnisse und Diskussionen im Kontext moderner Tumorimmunologie, klinischer Methodologie und aktueller Krebskonzepte. Schattauer, Stuttgart, New York.

Kienle, G.S.; Kiene, H.; Albonico, H.-U. 2006. Anthroposophische Medizin in der klinischen Forschung. Wirksamkeit, Nutzen, Wirtschaftlichkeit, Sicherheit. Schattauer, Stuttgart, New York.

Kienle, G.S.; Kiene, H. 2010. Review article: Influence of Viscum album L (European mistletoe) extracts on quality of life in cancer patients: a systematic review of controlled clinical studies. Integr Cancer Ther 9(2): 142–157.

Kienle, G.S.; Hampton Schwab, J.; Murphy, J.B.; Andersson, P.; Lunde, G.; Kiene, H.;

Hamre, H.J. 2011a. Eurythmy Therapy in anxiety. Altern Ther Health Med 17(4): 56–63.

Kienle, G.S.; Glockmann, A.; Grugel, R.; Hamre, H.J.; Kiene, H. 2011b. Clinical research on anthroposophic medicine: update of a health technology assessment report and status quo. Forsch Komplementärmed 2011; 18(5): 269–282.

Kienle, G.S.; Albonico, H.-U.; Baars, E.W.; Hamre, H.J.; Zimmermann, P.; Kiene, H. 2013. Anthroposophic medicine: an integrative medical system originating in Europe. Glob Adv Health Med 2(6): 20–31. doi:10.7453/gahmj.2012.087.

Kim, J. 1999. Making sense of emergence. Philos Stud 95: 3–36.

Kimelman, D.; Pyati, U.J. 2005. Bmp Signaling: Turning a Half into a Whole. Cell 123: 982–984.

Kipp, F. 1948. Höherentwicklung und Menschwerdung. Hippokrates, Stuttgart.

Kirchner-Bockholt, M. 1997. Grundelemente der Heileurythmie. Verlag am Goetheanum, Dornach.

Kirschner, M.; Gerhart, J.; Mitchison, T. 2000. Molecular «Vitalism». Cell 100: 79–88.

Klein, S.D.; Sandig, A.; Baumgartner, S.; Wolf, U. 2013. Differences in Median Ultraviolet Light Transmissions of Serial Homeopathic Dilutions of Copper Sulfate, Hypericum perforatum, and Sulfur. Evid Based Complement Alternat Med 2013: 370609. doi:10.1155/2013/370609.

Kolisko, E. 1922a. Hypothesenfreie Chemie im Sinne der Geisteswissenschaft. In: Kolisko, E. (Hg.), Aenigmatisches aus Kunst und Wissenschaft. Der Kommende Tag AG, Stuttgart, S. 165–230.

Kolisko, E. 1989. Auf der Suche nach neuen Wahrheiten. Goetheanistische Studien. Philosophisch-Anthroposophischer Verlag am Goetheanum, Dornach.

Kolisko, E. 2002. Vom therapeutischen Charakter der Waldorfschule. Hg. und eingeleitet von Peter Selg. Verlag am Goetheanum, Dornach.

Kolisko, L. 1922b. Milzfunktion und Plättchenfrage. Der Kommende Tag AG, Stuttgart.

Kolisko, L. 1961. Physiologischer und physikalischer Nachweis der Wirksamkeit kleinster Entitäten. 1923–1959. Hohenheimer Druck- und Verlagshaus, Gerabronn.

Kolisko, L. 1997. Physiologischer und physikalischer Nachweis der Wirksamkeit kleinster Entitäten. Neu hg. mit Beiträgen von G. und F. Husemann. Verlag am Goetheanum, Dornach.

Kolisko, E.; Rozumek, M. 2012. Hypothesenfreie Chemie: «Hypothesenfreie Chemie» im Sinne der Geisteswissenschaft, der Atomismusstreit 1922/23 und Rudolf Steiners Stellung zum Atomismus. Verlag am Goetheanum, Dornach.

König, K. 2000. Eugen Kolisko. In: Selg, P. (Hg.), Anthroposophische Ärzte. Lebens- und Arbeitswege im 20. Jahrhundert. Verlag am Goetheanum, Dornach, S. 164–170.

Koolhaas, J.M. 2008. Coping style and immunity in animals: making sense of individual variation. Brain Behav. Immun. 22: 662–667.

Kooreman, P.; Baars, E.W. 2012. Patients whose GP knows complementary medicine tend to have lower costs and live longer. Eur J Health Econ 13(6): 769–776. doi:10.1007/s10198-011-0330-2.

Koster, E.B.; Ong, R.R.; Heybroek, R.; Delnoij, D.M.; Baars, E.W. 2014. The consumer quality index anthroposophic healthcare: a construction and validation study. BMC Health Serv Res 2014; 14: 148. doi:10.1186/1472-6963-14-148.

Kragl, M.; Knapp, D.; Nacu, E.; Khattak, S.; Maden, M.; Epperlein, H.H.; Tanaka, E.M. 2009. Cells keep a memory of their tissue origin during axolotl limb regeneration. Nature 460: 60.

Kranich, E.-M. 2003. Der innere Mensch und sein Leib. Verlag Freies Geistesleben, Stuttgart.

Krischer, K. 2007. Von Glühwürmchen und Elektroden. Wie Strukturen aus ungeordneter Materie entstehen. In: Sandhoff, K.; Donner, W. (Hg.), Vom Urknall zum Bewusstsein – Selbstorganisation der Materie. Verhandlungen der Gesellschaft Deutscher Naturforscher und Ärzte. Thieme, Stuttgart, S. 133 – 149.

Kröz, M.; Reif, M.; Büssing, A.; Zerm, R.; Feder, G.; Bockelbrink, A.; von Laue, H.B.; Matthes, H.; Willich, S.N.; Girke, M. 2011. Does self-regulation and autonomic regulation have an influence on survival in breast and colon carcinoma patients? Results of a prospective outcome study. Health Qual Life Outcomes 2011; 9: 85. doi:10.1186/1477-7525-9-85.

Kröz, M.; Reif, M.; Zerm, R.; Winter, K.; Schad. F.; Gutenbrunner, C.; Girke, M.; Bartsch, C. 2015. Do we have predictors of therapy responsiveness for a multimodal therapy concept and aerobic training in breast cancer survivors with chronic cancer-related fatigue? Eur J Cancer Care (Engl) 2015; 24(5): 707 – 717. doi:10.1111/ecc.12278.

Kugler, W. (Hg.). 1997. Rudolf Steiner und die Gründung der Weleda. Beiträge zur Rudolf Steiner Gesamtausgabe Nr. 118/119. Rudolf Steiner Nachlassverwaltung, Dornach.

Kühn, A. 1965. Vorlesungen über Entwicklungsphysiologie. 2. Aufl. Springer, Berlin, Heidelberg, New York.

Küppers, G. 1996. Selbstorganisation: Selektion durch Schließung. In: Küppers, G. (Hg.), Chaos und Ordnung. Formen der Selbstorganisation in Natur und Gesellschaft. Philipp Reclam jun., Stuttgart, S. 123 – 148.

Küppers, G.; Paslack, R. 1996. Die natürlichen Ursachen von Ordnung und Organisation. In: Küppers, G. (Hg.), Chaos und Ordnung. Formen der Selbstorganisation in Natur und Gesellschaft. Philipp Reclam jun., Stuttgart, S. 44 – 60.

Lambrigger-Steiner, C.; Simões-Wüst, A.P.; Kuck, A.; Fürer, K.; Hamburger, M.; von Mandach, U. 2014. Sleep quality in pregnancy during treatment with Bryophyllum pinnatum: an observational study. Phytomedicine 21(5): 753 – 757. doi:10.1016/j.phymed.2013.11.003.

Lanctot, C.; Cheutin, T.; Cremer, M.; Cavalli, G.; Cremer, T. 2007. Dynamic genome architecture in the nuclear space: regulation of gene expression in three dimensions. Nat. Rev. Genet. 8: 104 – 115.

Längler, A.; Zuzak, T.J. 2013. Complementary and alternative medicine in paediatrics in daily practice – a European perspective. Complement Ther Med 2013; 21 (Suppl 1): 26 – 33. doi:10.1016/j.ctim.2012.01.005.

Largo, R. 2000. Kinderjahre. Die Individualität des Kindes als erzieherische Herausforderung. Piper, München.

Laubichler, M.D. 2005. Organismen. Systemtheoretische Organismuskonzeptionen. In: Krohs, U.; Toepfer, G. (Hg.), Philosophie der Biologie. Suhrkamp, Frankfurt a. M., S. 109 – 124.

Layer, M. (Hg.). 2003. Praxishandbuch Rhythmische Einreibungen nach Wegman/Hauschka. Hans Huber, Bern.

Lecuit, T.; Le Goff, L. 2007. Orchestrating size and shape during morphogenesis. Nature 450: 189 – 192.

Lees, J. 2013. Facilitating self-healing in anthroposophic psychotherapy. Forsch Komplementärmed 20(4): 286 – 289. doi:10.1159/000354192.

Lehmann, J. 1991. Die vitalistische Grundfrage und ihr Verhältnis zur modernen Molekularbiologie. Dissertation. Medizinhistorisches Institut. Universität Bern, Bern.

Leopold, D.A. 2009. Pre-emptive blood flow. Nature 457: 387–388.

Leuenberger, P.; Longchamp, C. 2002. Was erwartet die Bevölkerung von der Medizin? Ergebnisse einer Umfrage des GfS-Forschungsinstitutes, Politik und Staat, Bern, im Auftrag der SAMW. In: Stauffacher, W.; Bircher, J. (Hg.), Zukunft der Medizin Schweiz. Das Projekt «Neu-Orientierung der Medizin» geht weiter. Schweizerischer Ärzteverlag AG, Basel, S. 181–235.

Levin, M. 2012. Morphogenetic fields in embryogenesis, regeneration, and cancer: Non-local control of complex patterning. BioSystems 109(3): 243–261. doi:10.1016/j.biosystems.2012.04.005.

Levine, J. 1983. Materialism and qualia: The explanatory gap. Pac Philos Q 64: 354–361.

Lewin, B. 1988. Gene. Lehrbuch der molekularen Genetik. VHC-Verlag, Stuttgart.

Lewis, J. 2008. From signals to patterns: space, time and mathematics in developmental biology. Science 322: 399–403.

Libet, B. 1985. Unconscious cerebral initiative and the role of conscious will in voluntary action. Behav Brain Sci 8: 529–539.

Libet, B.; Gleason, C.A.; Wright, E.W.; Pearl, K. 1983. Time of conscious intention to act in relation to onset of cerebral activity (readiness potential). Brain 106: 623–642.

Linke, D.B.; Kurthen, M. 1988. Parallelität von Gehirn und Seele. Neurowissenschaft und Leib-Seele-Problem. Enke, Stuttgart.

Löffler, G.; Petrides, P.E. 1998. Biochemie und Pathobiochemie. 6. Aufl. Springer, Berlin, Heidelberg, New York.

Lötzke, D.; Heusser, P.; Büssing, A. 2015. A systematic literature review on the effectiveness of eurythmy therapy. J Integr Med 2015; 13(4): 217–230. doi:10.1016/S2095-4964(15)60163-7.

Lu, H.P. 2012. Enzymes in coherent motion. Science 335: 300–301.

Lutzker, P. 1996. Der Sprachsinn: Sprachwahrnehmung als Sinnesvorgang. Verlag Freies Geistesleben, Stuttgart.

Ma, D.K.; Jang, M.H.; Guo, J.U.; Kitabatake, Y.; Chang, M.L.; Pow-Anpongkul, N.; Flavell, R.A.; Lu, B.; Ming, G.L.; Song, H. 2009. Neuronal activity-induced Gadd 45 b promotes epigenetic DNA demethylation and adult neurogenesis. Science 323: 1074–1077.

Maddox, J. 1988. Crystals from first principles. Nature 335: 201.

Majewsky, V.; Arlt, S.P.; Shah, D.; Scherr, C.; Jäger, T.; Betti, L.; Trebbi, G.; Bonamin, L.; Klocke, P.; Baumgartner, S. 2009. Use of homeopathic preparations in experimental studies with healthy plants. Homeopathy 98(4): 228–243.

Majewsky, V.; Scherr, C.; Arlt, S.P.; Kiener, J.; Frrokaj, K.; Schindler, T.; Klocke, P.; Baumgartner, S. 2014. Reproducibility of effects of homeopathically potentised gibberellic acid on the growth of Lemna gibba L. in a randomised and blinded bioassay. Homeopathy 103(2): 113–126.

Majorek, M.; Tüchelmann, T.; Heusser, P. 2004. Therapeutic Eurythmy-movement therapy for children with attention deficit hyperactivity disorder (ADHD): a pilot study. Complement Ther Nurs Midwifery 10: 46–53.

Marti, E. 1994. Das Ätherische. Eine Erweiterung der Naturwissenschaft durch Anthroposophie. 2. Aufl. Edition Verlag die Pforte im Rudolf Steiner Verlag, Dornach.

Marti, T.; Heusser, P. 2009. Gesundheit vier- bis achtjähriger Kinder vor dem Hintergrund des familiären Lebensstils: Eine retrospektive Querschnittstudie an Kindern aus Schulen in der Stadt Bern und Umgebung. Peter Lang, Bern.

Martin, J. 2000. The idea is more important than the experiment. Lancet 356: 934–937.

Matthiessen, P.F. 2002. Perspektivität und Paradigmenpluralismus in der Medizin. In: Fuchs, B.; Kobler-Fumasoli, N. (Hg.), Hilft der Glaube? Heilung auf dem Schnittpunkt zwischen Theologie und Medizin. Lit Verlag, Münster.

Matthiessen, P.F. 2008. Pluralität – auf dem Weg zu einer Integrativen Medizin? Forsch Komplementärmed 15: 248–250.

Matthiessen, P.F. 2009. Paradigmenpluralität und ärztliche Praxis. Autonomie des Arztes und Methodenpluralismus. In: Jütte, R. (Hg.), Die Zukunft der Individualmedizin. Deutscher Ärzte-Verlag, Köln, S. 37–53.

Matthiessen, P.F.; Rosslenbroich, B.; Schmidt, S. 1992. Unkonventionelle Medizinische Richtungen. Bestandsaufnahme zur Forschungssituation. Verlag für neue Wissenschaft GmbH, Bonn.

Mayr, E. 1984. Die Entwicklung der biologischen Gedankenwelt. Vielfalt, Evolution und Vererbung. Springer, Berlin, Heidelberg, New York.

Mayr, E. 1999. This is biology: the science of the living world. 7. Aufl. Harvard University Press, Cambridge, MA.

McKeen, T. 1996. Wesen und Gestalt des Menschen. Verlag Freies Geistesleben, Stuttgart.

McMahon, A.; Supatto, W.; Fraser, S.E.; Stathopoulos, A. 2008. Dynamic analyses of Drosophila gastrulation provide insights into collective cell migration. Science 322: 1546–1550.

Medicus, G. 2006. Grundlagen der Anthropologie – Eine interdisziplinäre Wissenschaft mit biologischen Wurzeln. Naturwiss Rundsch 159: 65–71.

Mees-Christeller, E.; Denzinger, I.; Altmaier, M.; Künstner, H.; Umfrid, H.; Frieling, E.; Auer, S. 2000. Therapeutisches Zeichnen und Malen. Anthroposophische Kunsttherapie. Bd. 2. Urachhaus, Stuttgart.

Melchart, D.; Mitscherlich, F.; Amiet, M.; Eichenberger, R.; Koch, P. 2005. Programm Evaluation Komplementärmedizin (PEK) Schlussbericht. In: BAG, Bundesamt für Gesundheit, Eidgenössisches Departement des Innern. Bern.

Messiah, A. 1961. Quantum Mechanics. North-Holland, Amsterdam.

Metzinger, T. (Hg.) 1996. Bewusstsein. Beiträge aus der Gegenwartsphilosophie. Ferdinand Schöningh, Paderborn.

Meier, C.; Heusser, P. 1999. Stibium in der Blutstillung. Eine Ärzteumfrage. Der Merkurstab 52: 99–104.

Michalopoulos, G.K. 2007. Liver regeneration. J. Cell. Physiol. 213: 286–300.

Mildenberger, M.; Schöll, A. 1977. Die Macht der süßen Worte. Transzendentale Meditation. Aussaat Verlag, Wuppertal.

Misquitta, A.J.; Welch, G.W.; Stone, A.J.; Price, S.L. 2008. A first principles prediction of the crystal structure of $C_6Br_2ClFH_2$. Chem Phys Lett 456: 105–109.

Mitchell, S. 2008. Komplexitäten. Warum wir erst anfangen, die Welt zu verstehen. Suhrkamp, Frankfurt a. M.

Mocek, R. 1996. Ganzheit und Selbstorganisation. Auf den Spuren eines biologischen Grundproblems. In: Küppers, G. (Hg.), Chaos und Ordnung. Formen der Selbstorganisation in Natur und Gesellschaft. Philipp Reclam jun., Stuttgart, S. 60–96.

Montazeri, A. 2008 Health-related quality of life in breast cancer patients: a biblio-

graphic review of the literature from 1974 to 2007. J. Exp. Clin. Cancer Res. 27: 32.
Morrissey, M.J.; Duntley, S.P.; Anch, A.M.; Nonneman, R. 2004. Active sleep and its role in the prevention of apoptosis in the developing brain. Med. Hypotheses 62: 876–879.
Moser, W.A. 2014. Anthroposophie als Geisteswissenschaft. Verlag des Nachlasses von Werner A. Moser, Basel.
Müller, O.L. 2015. Mehr Licht. Goethe mit Newton im Streit um die Farben. Fischer, Frankfurt a.M.
Nagel, T. 2012. Mind and Cosmos. Why the Materialist Neo-Darwinian Conception of Nature is Almost Certainly False. Oxford University Press, Oxford.
Nager, F. 1991. Der heilkundige Dichter. Goethe und die Medizin. Artemis, Zürich.
Nair, S.; Schilling, T.S. 2008. Chemokine signalling controls endodermal migration during Zebrafish gastrulation. Science 322: 89–92.
Nishida, K. 1989. Über das Gute. Insel Verlag, Frankfurt a.M.
Novalis. 1960. Novalis Schriften. Die Werke Friedrich von Hardenbergs. Historisch-kritische Ausgabe. Hg. von Paul Kluckhohn und Richard Samuel. 2. Aufl. Kohlhammer, Stuttgart.
Nüsslein-Volhard, C.; Wieschaus, E. 1980. Mutations affecting segment number and polarity in Drosophila. Nature 287: 795–801.
O'Dowd, H.; Gladwell, P.; Rogers, C.A.; Hollinghurst, S.; Gregory, A. 2006. Cognitive behavioural therapy in chronic fatigue syndrome: a randomised controlled trial of an outpatient group programme. Health Technol Assess 10: 1–121.
Oberheim, K.W.; Luther, W. 1958. Versuche über die Extremitätenregeneration von Salamanderlarven bei umgekehrter Polarität des Amputationsstumpfes. Wilhelm Roux Arch Entwickl Mech Org 150: 373–382.
Olney, J.W. 1987. Glutamate. In: Adelman, G. (Hg.), Encyclopedia of Neuroscience. Birkhäuser, Boston, Basel, Stuttgart, S. 468–470.
Ostermann, T.; Matthiessen, P.F. (Hg.). 2003. Einzelfallforschung in der Medizin. Bedeutung, Möglichkeiten, Grenzen. Verlag für Akademische Schriften, Frankfurt a.M.
Ostermann, T.; Raak, C.; Büssing, A. 2009. Survival of cancer patients treated with mistletoe extract (Iscador): a systematic literature review. BMC Cancer 2009; 9: 451.
Ostermann, T.; Büssing, A. 2012. Retrolective studies on the survival of cancer patients treated with mistletoe extracts: a meta-analysis. Explore 8(5): 277–281.
Ostwald, W. 1895. Die Überwindung des wissenschaftlichen Materialismus. Verhandlungen der Gesellschaft Deutscher Naturforscher und Ärzte 1895. 67. Versammlung, Leipzig.
Overstolz, A. 1995. Dokumentation anthroposophisch-medizinischer Zeitschriften 1926–1994. Verlag am Goetheanum, Dornach.
Overstolz, A. 2001. Dokumentation anthroposophisch-medizinischer Bücher: Gesamtübersicht über die weltweit erschienenen Bücher zur anthroposophischen Medizin und ihrer Grenzgebiete. Verlag am Goetheanum, Dornach.
Oxford University Press. 2014. Oxford Dictionaries. [Internet] 04.06.2014 [abgerufen am 26.12.2015]. URL: http://www.oxforddictionaries.com/de/definition/englisch/genetic-information?q=genetic+information
Pampallona, S.; von Rohr, E.; van Wegberg, B.; Bernhard, J.; Helwig, S.; Heusser, P.; Hürny, C.; Schaad, R.; Cerny, T. 2002. Socio-Demographic and Medical Char-

acteristics of Advanced Cancer Patients Using Conventional or Complementary Medicines. Onkologie 25: 165–170.

Pauen, M. 2001. Grundprobleme der Philosophie des Geistes und die Neurowissenschaften. In: Pauen, M.; Roth, G. (Hg.), Neurowissenschaften und Philosophie. Wilhelm Fink, München, S. 83–122.

Peat, F.D. 1999. Active Information, Meaning and Form. Frontier Perspectives 8: 49–53.

Pelikan, W. 1958–1978. Heilpflanzenkunde. Der Mensch und die Heilpflanzen. 3 Bde. Philosophisch-Anthroposophischer Verlag, Dornach.

Pelikan, W. 1981. Sieben Metalle. Vom Wirken des Metallwesens in Kosmos, Erde und Mensch. 4. Aufl. Philosophisch-Anthroposophischer Verlag, Dornach.

Pelikan, W.; Unger, G. 1965. Die Wirkung potenzierter Substanzen. Pflanzenwachstumsversuche mit statistischer Auswertung. Philosophisch-Anthroposophischer Verlag, Dornach.

Penn, D.C.; Holyoak, K.J.; Povinelli, D.J. 2008. Darwin's mistake: Explaining the discontinuity between human and nonhuman minds. Behav Brain Sci 31: 109–178.

Penzlin, H. 2016. Das Phänomen Leben: Grundfragen der Theoretischen Biologie. 2. Aufl. Springer, Berlin, Heidelberg.

Petersen, C.P.; Reddien, P.W. 2008. Smed-βcatenin-1 is required for anteroposterior blastema polarity in planarian regeneration. Science 319: 327–330.

Peveling, M. 2015. Der Sprachsinn bei Rudolf Steiner. Eine kritische Würdigung im Lichte der modernen Sprachforschung und der sozialen Neurobiologie. Thesis. Universität Witten/Herdecke.

Plessner, H. 1975. Die Stufen des Organischen und der Mensch. 3. Aufl. Walter de Gruyter, Berlin.

Polanyi, M. 1968. Life's irreducible structure. Live mechanisms and information in DNA are boundary conditions with a sequence of boundaries above them. Science 160: 1308–1312.

Poppelbaum, H. 1924. Der Bildekräfteleib der Lebewesen als Gegenstand wissenschaftlicher Erfahrung. Der Kommende Tag AG, Stuttgart.

Poppelbaum, H. 1981. Mensch und Tier. Fünf Einblicke in ihren Wesensunterschied. 2. Aufl. Fischer, Hamburg.

Popper, K.R. 1976. Logik der Forschung. 6. Aufl. J.C.B. Mohr (Paul Siebeck), Tübingen.

Popper, K.R. 1985. Objektive Erkenntnis. Ein evolutionärer Entwurf. 4. Aufl. Ex Libris, Zürich.

Portmann, A. 1982. Um eine basale Anthropologie. In: Portmann, A. (Hg.), Biologie und Geist. Suhrkamp, Frankfurt a.M., S. 277–291.

Portmann, A. 2006. Die Innerlichkeit – Die Weltbeziehung und das Erleben (1960). In: Senn, D.G. (Hg.), Adolf Portmann. Lebensforschung und Tiergestalt. Ausgewählte Texte. Schwabe, Basel, S. 60–73.

Priever, W. 1999. Aspekte des Unbewussten. Verlag Freies Geistesleben, Stuttgart.

Prigogine, I. 1977. Nobel Lecture: Time, Structure and Fluctuations [E-book]. Nobel Media AB, Stockholm [abgerufen am 15.04.2009]. URL: http://nobelprize.org/chemistry/laureates/1977/prigogine-lecture.pdf

Primas, H. 1985a. Kann Chemie auf Physik reduziert werden? Erster Teil: Das Molekulare Programm. Chemie in unserer Zeit 19: 109–119.

Primas, H. 1985b. Kann Chemie auf Physik reduziert werden? Zweiter Teil: Die Chemie der Makrowelt. Chemie in unserer Zeit 19: 160–166.

Primas, H. 1991. Reductionism: Palaver without Precedent. In: Agazzi, E. (Hg.), The Problem of Reductionism in Science. Kluwer Academic Publishers, Dordrecht, Boston, London, S. 161–172.

Primas, H. 1992. Umdenken in der Naturwissenschaft. Gaia 1: 5–15.

Purves, W.K.; Sadava, D.; Orians, G.H.; Heller, H.C. 2006. Biologie. Elsevier, München.

Raak, C.; Molsberger, F.; Heinrich, U.; Bertram, M.; Ostermann, T. 2014. Mesembryanthemum crystallinum L. as dermatologically effective medicinal plant – first results from 3 pilot studies. Forsch Komplementärmed 21(6): 366–373. doi:10.1159/000369909.

Ravagli, L. 2009. Zanders Erzählungen. Eine kritische Analyse des Werkes „Anthroposophie in Deutschland". Berliner Wissenschafts-Verlag, Berlin.

Reversade, B.; De Robertis, E.M. 2005. Regulation of ADMP and BMP2/4/7 at Opposite Embryonic Poles Generates a Self-Regulating Morphogenetic Field. Cell 123: 1147–1160.

Riedl, R. 2005. A Systems Theory of Evolution. In: Hösle, V.; Illies, C. (Hg.), Darwinism and Philosophy. University of Notre Dame Press, Notre Dame, IN, S. 121–142.

Righetti, M. 1988. Forschung in der Homöopathie. Grundlagen, Problematik und Ergebnisse. Ulrich Burgdorf, Göttingen.

Ringe, D.; Petsko, G.A. 2008. How Enzymes Work. Science 320: 1428–1429.

Roberts, L. 2009. Sleeping to reset overstimulated synapses. Science 324: 22–23.

Robinson, G.E.; Fernald, R.D.; Clayton, D.F. 2008. Genes and social behavior. Science 322: 896–900.

Rohen, J.W. 2000. Morphologie des menschlichen Organismus. Versuch einer goetheanistischen Gestaltlehre des Menschen. Verlag Freies Geistesleben, Stuttgart.

Rohen, J.W.; Lütjen-Drecoll, E. 2000. Funktionelle Histologie. 4. Aufl. Schattauer, Stuttgart.

Rohen, J.W.; Lütjen-Drecoll, E. 2006 a. Funktionelle Anatomie des Menschen. Lehrbuch der makroskopischen Anatomie nach funktionellen Gesichtspunkten. 11. Aufl. Schattauer, Stuttgart.

Rohen, J.W.; Lütjen-Drecoll, E. 2006 b. Funktionelle Embryologie. Die Entwicklung der Funktionssysteme des menschlichen Organismus. 3. Aufl. Schattauer, Stuttgart.

Rossi, E.; Vita, A.; Baccetti, S.; Di Stefano, M.; Voller, F.; Zanobini, A. 2015. Complementary and alternative medicine for cancer patients: results of the EPAAC survey on integrative oncology centres in Europe. Support Care Cancer 23(6): 1795–1806. doi:10.1007/s00520-014-2517-4.

Rosslenbroich, B. 1994. Die Rhythmische Organisation des Menschen. Aus der chronobiologischen Forschung. Verlag Freies Geistesleben, Stuttgart.

Rosslenbroich, B. 2006. The notion of progress in evolutionary biology – the unresolved problem and an empirical suggestion. Biol Philos 21: 41–70.

Rosslenbroich, B. 2007. Autonomiezunahme als Modus der Makroevolution. Galunder, Nümbrecht.

Rosslenbroich, B. 2014. On the origin of autonomy. A new look at the major transitions in evolution. Springer, Cham, Heidelberg, New York, Dordrecht, London.

Roth, G. 2001. Die neurobiologischen Grundlagen von Geist und Bewusstsein. In: Pauen, M.; Roth, G. (Hg.), Neurowissenschaften und Philosophie. Eine Einführung. Wilhelm Fink, München, S. 155–209.

Roth, G. 2004. Worüber dürfen Hirnforscher reden – und in welcher Weise? In: Geyer, C. (Hg.), Hirnforschung und Willensfreiheit. Suhrkamp, Frankfurt a. M., S. 66–85.

Roth, G. 2006. Willensfreiheit und Schuldfähigkeit aus Sicht der Hirnforschung. In: Roth, G.; Grün, K.-J. (Hg.), Das Gehirn und seine Freiheit. Beiträge zur neurowissenschaftlichen Grundlegung der Philosophie. Vandenhoeck & Ruprecht, Göttingen, S. 9–27.

Roth, G. 2007. Die Physik des Geistes. In: Sandhoff, K.; Donner, W.; u. a. (Hg.), Vom Urknall zum Bewusstsein – Selbstorganisation der Materie. Verhandlungen der Gesellschaft Deutscher Naturforscher und Ärzte. Thieme, Stuttgart, S. 301–312.

Rozumek, M. 2008. Lebensvorgänge als Erkenntnismittel für chemische Zusammenhänge. In: Rozumek, M.; Buck, P. (Hg.), Das Chemische und die Stoffe. Verlag am Goetheanum, Dornach, S. 45–66.

Rozumek, M.; Buck, P. (Hg.). 2008. Das Chemische und die Stoffe. Verlag am Goetheanum, Dornach.

Rutherford, S. L.; Lindquist, S. 1998. Hsp90 as a capacitor for morphological evolution. Nature 396: 336–342.

Sander, K. 1990. Von der Keimplasmatheorie zur synergetischen Musterbildung. Verh. Dtsch. Zool. Ges. 83: 133–177.

Saunders, J.W. 1968. Animal Morphogenesis. Macmillan, New York.

Schad, F.; Axtner, J.; Happe, A.; Breitkreuz, T.; Paxino, C.; Gutsch, J.; Matthes, B.; Debus, M.; Kröz, M.; Spahn, G.; Riess, H.; von Laue, H.B.; Matthes, H. 2013 a. Network Oncology (NO) – a clinical cancer register for health services research and the evaluation of integrative therapeutic interventions in anthroposophic medicine. Forsch Komplementärmed 20(5): 353–360. doi:10.1159/000356204.

Schad, F.; Axtner, J.; Buchwald, D.; Happe, A.; Popp, S.; Kröz, M.; Matthes, H. 2013 b. Intratumoral Mistletoe (Viscum album L) Therapy in Patients with Unresectable Pancreas Carcinoma: A Retrospective Analysis. Integr Cancer Ther 13(4): 332–340.

Schad, W. 1971. Säugetier und Mensch. Zur Gestaltbiologie vom Gesichtspunkt der Dreigliederung. Verlag Freies Geistesleben, Stuttgart.

Schad, W. 1982 a. Biologisches Denken. In: Schad, W. (Hg.), Goetheanistische Naturwissenschaft. I. Allgemeine Biologie. Verlag Freies Geistesleben, Stuttgart, S. 9–25.

Schad, W. 1982 b. Die Vorgeburtlichkeit des Menschen. Der Entwicklungsgedanke in der Embryologie. Urachhaus, Stuttgart.

Schad, W. (Hg.). 1982 c. Goetheanistische Naturwissenschaft. Allgemeine Biologie. Verlag Freies Geistesleben, Stuttgart.

Schad, W. (Hg.). 1982 d. Goetheanistische Naturwissenschaft. Botanik. Verlag Freies Geistesleben, Stuttgart.

Schad, W. (Hg.). 1983. Goetheanistische Naturwissenschaft. Zoologie. Verlag Freies Geistesleben, Stuttgart.

Schad, W. (Hg.). 1985 a. Goetheanistische Naturwissenschaft. Anthropologie. Verlag Freies Geistesleben, Stuttgart.

Schad, W. 1985 b. Stauphänomene am menschlichen Knochenbau. In: Schad, W. (Hg.), Goetheanistische Naturwissenschaft. Anthropologie. Verlag Freies Geistesleben, Stuttgart, S. 9–29.

Schad, W. 1992. Die Heterochronien in der Evolution der Wirbeltierklassen. Naturwissenschaftliche Fakultät Witten/Herdecke, Witten.

Schad, W. 1993. Vom Verstehen der Zeit. In: Kniebe, G. (Hg.), Was ist Zeit? Verlag Freies Geistesleben, Stuttgart, S. 233–272.

Schad, W. 1998. Zeitgestalten der Natur. Goethe und die Evolutionsbiologie. In:

Matussek, P. (Hg.), Goethe und die Verzeitlichung der Natur. Beck, München, S. 345–382.

Schad, W. 2003. Chronobiologie ist Ätherforschung. Tycho de Brahe Jahrbuch für Goetheanismus. Tycho Brahe Verlag, Niefern-Öschelbronn, S. 20–36.

Schad, W. 2012. Säugetier und Mensch: Ihre Gestaltbiologie in Raum und Zeit. 1. Aufl. Verlag Freies Geistesleben, Stuttgart.

Schad, W. 2014. Die Doppelnatur des Ich: Der übersinnliche Mensch und seine Nervenorganisation. Verlag Freies Geistesleben, Stuttgart.

Schaefer, K.E.; Hensel, H.; Brady, R. (Hg.). 1977. Toward a Man-Centered Medical Science. A New Image in Medicine, Vol. I. Futura Publishing Company, Mt. Kisco, NY.

Schaefer, K. E.; Hildebrandt, G.; Macbeth, N. (Hg.). 1979 a. Basis of an Individual Physiology. A New Image in Medicine, Vol. II. Futura Publishing Company, Mt. Kisco, NY.

Schaefer, K.E.; Stave, U.; Blankenburg, W. (Hg.). 1979 b. Individuation Process and Biographical Aspects of Disease. A New Image in Medicine, Vol. III. Futura Publishing Company, Mt. Kisco, NY.

Schark, M. 2005. Lebewesen als ontologische Kategorie. In: Krohs, U.; Toepfer, G. (Hg.), Philosophie der Biologie. Suhrkamp, Frankfurt a. M., S. 175–192.

Scheffer, C.; Tauschel, D.; Neumann, M.; Lutz, G.; Cysarz, D.; Heusser, P.; Edelhäuser, F. 2012. Integrative medical education: educational strategies and preliminary evaluation of the Integrated Curriculum for Anthroposophic Medicine (ICURAM). Patient Educ Couns 89(3): 447–454. doi:10.1016/j.pec.2012.04.006.

Scheffer, C.; Tauschel, D.; Neumann, M.; Lutz, G.; Valk-Draad, M.; Edelhäuser, F. 2013. Active student participation may enhance patient centeredness: patients' assessments of the clinical education ward for integrative medicine. Evid Based Complement Alternat Med 2013: 743832. doi:10.1155/2013/743832.

Scheffer, C.; Debus, M.; Heckmann, C.; Cysarz, D.; Girke, M. 2016. Colchicum autumnale in Patients with Goitre with Euthyroidism or Mild Hyperthyroidism: Indications for a Therapeutic Regulative Effect – Results of an Observational Study. Evid Based Complement Alternat Med 2016: 2541912. doi:10.1155/2016/2541912.

Scheffers, T.; Weinzirl, J. 2015. Die Milz in der «Okkulten Physiologie». In: Selg, P. (Hg.), «Okkulte Physiologie». Rudolf Steiners Prager Kurs (1911). Verlag des Ita Wegman Instituts, Arlesheim, S. 37–58.

Scheler, M. 1947. Die Stellung des Menschen im Kosmos. Nymphenburger, München.

Scheler, M. 1973. Wesen und Formen der Sympathie. 2. Aufl. Franke, Bern.

Schelling, F. J.W. 1856/57. Schellings sämtliche Werke. Hg. von K.F.A. Schelling, Stuttgart.

Scherr, C.; Baumgartner, S.; Spranger, J.; Simon, M. 2006. Effects of Potentised Substances on Growth Kinetics of Saccharomyces cerevisiae and Schizosaccharomyces pombe. Forsch Komplementärmed 13: 298–306.

Scherr, C.; Simon, M.; Spranger, J.; Baumgartner, S. 2007. Duckweed (Lemna gibba L.) as a Test Organism for Homeopathic Potencies. J Altern Complement Med 13: 931–938.

Schiller, F. 1935. Briefwechsel zwischen Schiller und Goethe. 2 Bde. Schiller an Goethe 19. Jan. 1798. Reclam, Leipzig.

Schindewolf, O.H. 1972. Phylogenie und Anthropologie aus paläontologischer Sicht. In: Gadamer, H.-G.; Vogler, P. (Hg.), Neue Anthropologie. Thieme, Stuttgart, S. 230–292.

Schink, M.; Garcia-Käufer, M.; Bertrams, J.; Duckstein, S.M.; Müller, M.B.; Huber, R.; Stintzing, F.C.; Gründemann, C. 2015. Differential cytotoxic properties of Helleborus niger L. on tumour and immunocompetent cells. J Ethnopharmacol 159: 129–136. doi:10.1016/j.jep.2014.11.003.
Schmal, F.W.; von Weizsäcker, C.F. 2000. Moderne Physik und Grundfragen der Medizin. Dtsch Ärztebl 97: A 165–167.
Schmidt, G. 1975–1979. Dynamische Ernährungslehre. Die Anregung Rudolf Steiners für eine neue Ernährungshygiene. 2 Bde. Proteus Verlag, St. Gallen.
Schneider, N. 1998. Erkenntnistheorie des 20. Jahrhunderts. Reclam, Stuttgart.
Schneider, P. 1985. Einführung in die Waldorfpädagogik. 2. Aufl. Klett-Cotta, Stuttgart.
Schöne, A. 1987. Goethes Farbentheologie. C.H. Beck, München.
Schramm, H. 1983. Heilmittelfibel zur Anthroposophischen Medizin. Novalis Verlag, Schaffhausen.
Schumacher, R. 2007. Gehirn und Bewusstsein aus philosophischer Sicht. In: Sandhoff, K.; Donner, W.; u.a. (Hg.), Vom Urknall zum Bewusstsein – Selbstorganisation der Materie. Verhandlungen der Gesellschaft Deutscher Naturforscher und Ärzte. Thieme, Stuttgart, S. 315–328.
Schüpbach, W. 1947–1948. Über das Geometrische im menschlichen Skelett. Die Beziehungen zur Pflanzengeometrie, zum Kosmischen und zur menschlichen Individualität. 3 Hefte. Troxler Verlag, Bern.
Schwegler, H. 2001. Reduktionismus und Physikalismen. In: Pauen, M.; Roth, G. (Hg.), Neurowissenschaften und Philosophie. Eine Einführung. Wilhelm Fink, München, S. 59–82.
Schwenk, T. 1963. Das sensible Chaos. Strömendes Formenschaffen in Wasser und Luft. 2. Aufl. Verlag Freies Geistesleben, Stuttgart.
Searle, J.R. 1992. The Rediscovery of the Mind. MIT Press, Cambridge, MA, London.
Seifert, G.; Rutkowski, S.; Jesse, P.; Madeleyn, R.; Reif, M.; Henze, G.; Längler, A. 2011. Anthroposophic supportive treatment in children with medulloblastoma receiving first-line therapy. J. Pediatr. Hematol. Oncol. 33(3): e105–108. doi:10.1097/MPH.0b013e31820946d3.
Seifert, G.; Kanitz, J.L.; Pretzer, K.; Henze, G.; Witt, K.; Reulecke, S.; Voss, A. 2012. Improvement of heart rate variability by eurythmy therapy after a 6-week eurythmy therapy training. Integr Cancer Ther 11(2): 111–119. doi:10.1177/1534735411413263.
Seifert, G.; Kanitz, J.L.; Pretzer, K.; Henze, G.; Witt, K.; Reulecke, S.; Voss, A. 2013. Improvement of circadian rhythm of heart rate variability by eurythmy therapy training. Evid Based Complement Alternat Med 2013: 564340. doi:10.1155/2013/564340.
Selawry, A. 1985. Metall-Funktionstypen in Psychologie und Medizin. 2. Aufl. Haug, Heidelberg.
Selg, P. 2000a. Anfänge anthroposophischer Heilkunst. Philosophisch-Anthroposophischer Verlag am Goetheanum, Dornach.
Selg, P. (Hg.). 2000b. Anthroposophische Ärzte. Lebens- und Arbeitswege im 20. Jahrhundert. Nachrufe und Kurzbiographien. Verlag am Goetheanum, Dornach.
Selg, P. 2000c. Vom Logos menschlicher Physis. Die Entfaltung einer anthroposophischen Humanphysiologie im Werk Rudolf Steiners. Bde. I und II. 2. Aufl. Verlag am Goetheanum, Dornach.
Selg, P. 2003. Gerhard Kienle. Leben und Werk. Bde. I und II. Verl. a. Goetheanum, Dorn.

Selg, P. 2004. Krankheit, Heilung und Schicksal des Menschen. Über Rudolf Steiners geisteswissenschaftliches Pathologie- und Therapieverständnis. Verlag am Goetheanum, Dornach.

Selg, P. 2005. Christliche Medizin. Die ideellen Beziehungen des Christentums zur Heilkunde und die Anthroposophische Medizin. Verlag am Goetheanum, Dornach.

Selg, P. 2006. «Die Medizin muss Ernst machen mit dem geistigen Leben.» Rudolf Steiners Hochschulkurse für die «jungen Mediziner». Verlag am Goetheanum, Dornach.

Selg, P. 2013. Die «Wärme-Meditation»: Geschichtlicher Hintergrund und ideelle Beziehungen. Verlag am Goetheanum, Dornach.

Selg, P. (Hg.). 2015. „Okkulte Physiologie". Rudolf Steiners Prager Kurs (1911). Verlag des Ita Wegman Instituts, Arlesheim.

Service, R.F. 2008. Problem solved (sort of). Science 321: 784–789.

Sheldrake, R. 1983. Das schöpferische Universum. Die Theorie des morphogenetischen Feldes. Goldmann, München.

Sieweke, H. 1982. Anthroposophische Medizin. Studien zu ihren Grundlagen. Erster Teil. 2. Aufl. Philosophisch-Anthroposophischer Verlag, Dornach.

Sieweke, H. 1994. Anthroposophische Medizin. Studien zu ihren Grundlagen. Zweiter Teil. Gesundheit und Krankheit als Verwirklichungsformen menschlichen Daseins. 2. Aufl. Philosophisch-Anthroposophischer Verlag, Dornach.

Sieweke, H. 2008. Anthroposophische Medizin. 3. Aufl. Verlag am Goetheanum, Dornach.

Sijmons, J. 2009. Phänomenologie und Idealismus. Struktur und Methode der Philosophie Rudolf Steiners. 1. Aufl. Schwabe, Basel.

Simões-Wüst, A.P.; Jeschke, E.; Mennet, M.; Schnelle, M.; Matthes, H.; von Mandach, U. 2012. Prescribing pattern of Bryophyllum preparations among a network of anthroposophic physicians. Forsch Komplementärmed 19(6): 293–301. doi:10.1159/000345841.

Simões-Wüst, A.P.; Kummeling, I.; Mommers, M.; Huber, M.A.; Rist, L.; van de Vijver, L.P.; Dagnelie, P.C.; Thijs, C. 2014. Influence of alternative lifestyles on self-reported body weight and health characteristics in women. Eur J Public Health 24(2): 321–327. doi:10.1093/eurpub/ckt045.

Simões-Wüst, A.P.; Hassani, T.A.; Müller-Hübenthal, B.; Pittl, S.; Kuck, A.; Meden, H.; Eberhard, J.; Decker, M.; Fürer, K.; von Mandach, U.; Bryophyllum Collaborative Group. 2015. Sleep Quality Improves During Treatment with Bryophyllum pinnatum: An Observational Study on Cancer Patients. Integr Cancer Ther 2015; 14(5): 452–459. doi:10.1177/1534735415580680.

Simonis, W.C. 1955. Die unbekannte Heilpflanze. Vittorio Klostermann, Frankfurt a.M.

Simonis, W.C. 1981. Medizinisch-botanische Wesensdarstellungen einzelner Heilpflanzen. Lehrbriefe nach Heilpflanzen-Unterricht an einer ärztlichen Fortbildungsstätte. 2 Bde. Novalis Verlag, Schaffhausen.

Singer, W. 2001. Vom Gehirn zum Bewusstsein. In: Lüer, G.; Elsner, N. (Hg.), Das Gehirn und sein Geist. Wallstein, Göttingen, S. 189–204.

Singer, W. 2004. Verschaltungen legen uns fest: Wir sollten aufhören, von Freiheit zu sprechen. In: Geyer, C. (Hg.), Hirnforschung und Willensfreiheit. Suhrkamp, Frankfurt a.M., S. 30–65.

Singer, W. 2006. Gekränkte Freiheit. Interview mit Wolf Singer. In: Roth, G.; Grün,

K.-J. (Hg.), Das Gehirn und seine Freiheit. Beiträge zur neurowissenschaftlichen Grundlegung der Philosophie. Vandenhoeck & Ruprecht, Göttingen, S. 83–87.

Sirontin, Y. B.; Das, A. 2009. Anticipatory haemodynamic signals in sensory cortex not predicted by local neural activity. Nature 457: 475–479.

Soldner, G. (Hg.). 2008. Vademecum Anthroposophischer Arzneimittel. Gesellschaft Anthroposophischer Ärzte in Deutschland und Medizinische Sektion der Freien Hochschule für Geisteswissenschaft, Dornach/Schweiz, Filderstadt.

Soldner, G.; Stellmann, H. M. 2011. Individuelle Pädiatrie. Leibliche, seelische und geistige Aspekte in Diagnostik und Beratung. Anthroposophisch-homöopathische Therapie. 4. Aufl. Wissenschaftliche Verlagsgesellschaft, Stuttgart.

Soto, A. M.; Sonnenschein, C. 2011. The tissue organization field theory of cancer: a testable replacement for the somatic mutation theory. Bioessays 33: 332–340.

Spaemann, R.; Löw, R. 1991. Die Frage Wozu? Geschichte und Wiederentdeckung des teleologischen Denkens. Piper, München.

Spemann, H. 1921. Die Erzeugung tierischer Chimären durch heteroplastische embryonale Transplantation zwischen Triton cristatus und taeniatus. Wilhelm Roux Arch Entw Mech Org 48: 533–570.

Spemann, H. 1968. Experimentelle Beiträge zu einer Theorie der Entwicklung. 2. Aufl. Springer, Berlin.

Spratt, N.; Hass, H. 1960. Integrative mechanisms in development of the early chick blastoderm. I. Regulative potentiality of separated parts. J. Exp. Zool. 145: 97–138.

Stamm, M.; Edelmann, D. 2013. Handbuch frühkindlicher Entwicklung. Springer, Wiesbaden.

Steele, M. L.; Axtner, J.; Happe, A.; Kröz, M.; Matthes, H.; Schad, F. 2014 a. Adverse Drug Reactions and Expected Effects to Therapy with Subcutaneous Mistletoe Extracts (Viscum album L.) in Cancer Patients. Evid Based Complement Alternat Med 2014: 724258. doi:10.1155/2014/724258.

Steele, M. L.; Axtner, J.; Happe, A.; Kröz, M.; Matthes, H.; Schad, F. 2014 b. Safety of Intravenous Application of Mistletoe (Viscum album L.) Preparations in Oncology: An Observational Study. Evid Based Complement Alternat Med 2014: 236310. doi:10.1155/2014/236310.

Steele, M. L.; Axtner, J.; Happe, A.; Kröz, M.; Matthes, H.; Schad, F. 2015. Use and safety of intratumoral application of European mistletoe (Viscum album L) preparations in Oncology. Integr Cancer Ther 2015; 14(2): 140–148. doi:10.1177/1534735414563977.

Stein, W. J.; Steiner, R. 1985. Dokumentation eines wegweisenden Zusammenwirkens. W. J. Steins Dissertation in ihrem Entstehungsprozess und in ihrer Aktualität. Philosophisch-Anthroposophischer Verlag am Goetheanum, Dornach.

Steiner, R. 1950. Anthroposophie und Akademische Wissenschaften. 1. Aufl. Europa Verlag, Zürich, Wien, Stuttgart.

Steiner, R. 1961 a. Das Anschauungserlebnis der Denktätigkeit und der Sprachtätigkeit. Öffentlicher Vortrag vom 20. April 1923 in Dornach. In: Steiner, R., Was wollte das Goetheanum und was will die Anthroposophie? 1. Aufl. Verlag der Rudolf Steiner-Nachlassverwaltung, Dornach.

Steiner, R. 1961 b. Goethes Recht in der Naturwissenschaft. In: Steiner, R., Methodische Grundlagen der Anthroposophie 1884–1901. Gesammelte Aufsätze. 2. Aufl. Verlag der Rudolf Steiner-Nachlassverwaltung, Dornach.

Steiner, R. 1965a. Die Geisteswissenschaft als Anthroposophie und die zeitgenössische Erkenntnistheorie. In: Steiner, R., Philosophie und Anthroposophie. Gesammelte Aufsätze 1904–1918. 1. Aufl. Rudolf Steiner Verlag, Dornach, S. 307–331.

Steiner, R. 1965b. Philosophie und Anthroposophie. In: Steiner, R., Philosophie und Anthroposophie. Gesammelte Aufsätze 1904–1918. 1. Aufl. Rudolf Steiner Verlag, Dornach, S. 66–110.

Steiner, R. 1965c. Die Aufgabe der Geisteswissenschaft und deren Bau in Dornach. In: Steiner, R., Philosophie und Anthroposophie. Gesammelte Aufsätze 1904–1918. 1. Aufl. Rudolf Steiner Verlag, Dornach, S. 173–224.

Steiner, R. 1968. Die Rätsel der Philosophie in ihrer Geschichte als Umriss dargestellt. 8. Aufl. Verlag der Rudolf Steiner-Nachlassverwaltung, Dornach.

Steiner, R. 1969a. Das Initiatenbewusstsein. Die wahren und die falschen Wege der geistigen Forschung. 3. Aufl. Rudolf Steiner Verlag, Dornach.

Steiner, R. 1969b. Grenzen der Naturerkenntnis 5. Aufl. Rudolf Steiner Verlag, Dornach.

Steiner, R. 1973a. Die Entstehung von Goethes Gedanken über die Bildung der Tiere. In: Steiner, R., Goethes Naturwissenschaftliche Schriften. 3. Aufl. Rudolf Steiner Verlag, Dornach, S. 40–69.

Steiner, R. 1973b. Geisteswissenschaftliche Menschenkunde. 3. Aufl. Rudolf Steiner Verlag, Dornach.

Steiner, R. 1973c. Goethe als Denker und Forscher. In: Steiner, R., Goethes Naturwissenschaftliche Schriften. 3. Aufl. Rudolf Steiner Verlag, Dornach, S. 258–301.

Steiner, R. 1973d. Goethe gegen den Atomismus. In: Steiner, R., Goethes Naturwissenschaftliche Schriften. 3. Aufl. Rudolf Steiner Verlag, Dornach, S. 302–329.

Steiner, R. 1973e. Goethe und der naturwissenschaftliche Illusionismus. In: Steiner, R., Goethes Naturwissenschaftliche Schriften. 3. Aufl. Rudolf Steiner Verlag, Dornach, S. 252–257.

Steiner, R. 1973f. Goethe und die Mathematik. In: Steiner, R., Goethes Naturwissenschaftliche Schriften. 3. Aufl. Rudolf Steiner Verlag, Dornach, S. 237–248.

Steiner, R. 1973g. Goethes Naturwissenschaftliche Schriften. 3. Aufl. Rudolf Steiner Verlag, Dornach.

Steiner, R. 1973h. Über das Wesen und die Bedeutung von Goethes Schriften über organische Bildung. In: Steiner, R., Goethes Naturwissenschaftliche Schriften. 3. Aufl. Rudolf Steiner Verlag, Dornach, S. 70–115.

Steiner, R. 1974. Mysteriengestaltungen. 3. Aufl. Rudolf Steiner Verlag, Dornach.

Steiner, R. 1975a. Esoterische Betrachtungen karmischer Zusammenhänge. Erster Bd. 6. Aufl. Rudolf Steiner Verlag, Dornach.

Steiner, R. 1975b. Wie erlangt man Erkenntnisse der höheren Welten? 22. Aufl. Rudolf Steiner Verlag, Dornach.

Steiner, R. 1976a. Anthropologie und Anthroposophie. Von Seelenrätseln. 4. Aufl. Rudolf Steiner Verlag, Dornach, S. 11–33.

Steiner, R. 1976b. Anthroposophische Leitsätze. 7. Aufl. Rudolf Steiner Verlag, Dornach.

Steiner, R. 1976c. Franz Brentano (Ein Nachruf). Von Seelenrätseln. 4. Aufl. Rudolf Steiner Verlag, Dornach, S. 78–129.

Steiner, R. 1976d. Geisteswissenschaft und Medizin. 5. Aufl. Rudolf Steiner Verlag, Dornach.

Steiner, R. 1976e. Von Seelenrätseln. 4. Aufl. Rudolf Steiner Verlag, Dornach.

Steiner, R. 1976 f. Welche Bedeutung hat die okkulte Entwicklung des Menschen für seine Hüllen und sein Selbst? 4. Aufl. Rudolf Steiner Verlag, Dornach.
Steiner, R. 1977. Die Geheimwissenschaft im Umriss. 29. Aufl. Rudolf Steiner Verlag, Dornach.
Steiner, R. 1978 a. Der Mensch als Zusammenklang des schaffenden, bildenden und gestaltenden Weltenwortes. 5. Aufl. Rudolf Steiner Verlag, Dornach.
Steiner, R. 1978 b. Die Philosophie der Freiheit. Grundzüge einer modernen Weltanschauung. Seelische Beobachtungsresultate nach naturwissenschaftlicher Methode. 14. Aufl. Rudolf Steiner Verlag, Dornach.
Steiner, R. 1978 c. Eine okkulte Physiologie. 4. Aufl. Rudolf Steiner Verlag, Dornach.
Steiner, R. 1978 d. Theosophie. Einführung in übersinnliche Welterkenntnis und Menschenbestimmung. 30. Aufl. Rudolf Steiner Verlag, Dornach.
Steiner, R. 1979 a. Grundlinien einer Erkenntnistheorie der Goetheschen Weltanschauung. Mit besonderer Rücksicht auf Schiller. 7. Aufl. Rudolf Steiner Verlag, Dornach.
Steiner, R. 1979 b. Heilpädagogischer Kurs. 8. Aufl. Rudolf Steiner Verlag, Dornach.
Steiner, R. 1980. Wahrheit und Wissenschaft. Vorspiel einer Philosophie der Freiheit. 5. Aufl. Rudolf Steiner Verlag, Dornach.
Steiner, R. 1982. Geisteswissenschaftliche Impulse zur Entwicklung der Physik. Zweiter naturwissenschaftlicher Kurs. Die Wärme auf der Grenze positiver und negativer Materialität. 3. Aufl. Rudolf Steiner Verlag, Dornach.
Steiner, R. 1983. Antworten der Geisteswissenschaft auf die großen Fragen des Daseins 2. Aufl. Rudolf Steiner Verlag, Dornach.
Steiner, R. 1984. Vom Menschenrätsel. 5. Aufl. Rudolf Steiner Verlag, Dornach.
Steiner, R. 1987. Geisteswissenschaftliche Impulse zur Entwicklung der Physik. Erster Naturwissenschaftlicher Kurs. Licht, Farbe, Ton – Masse, Elektrizität, Magnetismus. 3. Aufl. Rudolf Steiner Verlag, Dornach.
Steiner, R. 1989. Physiologisch-Therapeutisches auf Grundlage der Geisteswissenschaft. Zur Therapie und Hygiene. 3. Aufl. Rudolf Steiner Verlag, Dornach.
Steiner, R. 1990. Goethes Weltanschauung. 8. Aufl. Rudolf Steiner Verlag, Dornach.
Steiner, R. 1994 a. Anthroposophische Menschenerkenntnis und Medizin. 3. Aufl. Rudolf Steiner Verlag, Dornach.
Steiner, R. 1994 b. Das Zusammenwirken von Priestern und Seelsorgern. Pastoralmedizinischer Kurs. 4. Aufl. Rudolf Steiner Verlag, Dornach.
Steiner, R. 2000 a. Geisteswissenschaftliche Impulse zur Entwicklung der Physik. Erster Naturwissenschaftlicher Kurs: Licht, Farbe, Ton – Masse, Elektrizität, Magnetismus. 4. Aufl. Rudolf Steiner Verlag, Dornach.
Steiner, R. 2000 b. Geisteswissenschaftliche Impulse zur Entwicklung der Physik. Zweiter Naturwissenschaftlicher Kurs: Die Wärme auf der Grenze positiver und negativer Elektrizität. 4. Aufl. Rudolf Steiner Verlag, Dornach.
Steiner, R. 2001. Geisteswissenschaftliche Gesichtspunkte zur Therapie. 5. Aufl. Rudolf Steiner Verlag, Dornach.
Steiner, R. 2003 a. Heileurythmie. 5. Aufl. Rudolf Steiner Verlag, Dornach.
Steiner, R. 2003 b. Meditative Betrachtungen und Anleitungen zur Vertiefung der Heilkunst. 4. Aufl. Rudolf Steiner Verlag, Dornach.
Steiner, R. 2004 a. Texte zur Medizin. Anthroposophie und Heilkunst. Teil 1: Physiologische Menschenkunde. Hg. von Peter Selg. Rudolf Steiner Verlag, Dornach.
Steiner, R. 2004 b. Texte zur Medizin. Anthroposophie und Heilkunst. Teil 2: Pathologie und Therapie. Hg. von Peter Selg. Rudolf Steiner Verlag, Dornach.

Steiner, R. 2005. Fachwissenschaften und Anthroposophie. 1. Aufl. Rudolf Steiner Verlag, Dornach.
Steiner, R.; Wegman, I. 1953. Grundlegendes für eine Erweiterung der Heilkunst nach geisteswissenschaftlichen Erkenntnissen. 3. Aufl. Verlag des Klinisch-Therapeutischen Instituts, Arlesheim.
Steiner, R.; Wegman, I. 1991. Grundlegendes für eine Erweiterung der Heilkunst nach geisteswissenschaftlichen Erkenntnissen. 7. Aufl. Rudolf Steiner Verlag, Dornach.
Stent, G.S. 1981. Programmatic phenomena, hermeneutics and complex network. In: Steinberg, C.M.; Lefkovits, I. (Hg.), The Immune System I, S. 6–13. Karger, Basel.
Stephan, A. 2001. Emergenz in kognitionsfähigen Systemen. In: Pauen, M.; Roth, G. (Hg.), Neurowissenschaften und Philosophie. Wilhelm Fink, München, S. 123–154.
Stern, C.M. 1954. Two or three bristles. Am. Sci. 42: 213–247.
Stern, E. 2006. Was Hänschen nicht lernt, lernt Hans hinterher. Erwerb geistiger Kompetenzen bei Kindern und Erwachsenen aus kognitionspsychologischer Perspektive. In: Nuissl, E. (Hg.), Vom Lernen zum Lehren. Lern- und Lehrforschung für die Weiterbildung. Bertelsmann, Bielefeld, S. 93–106.
Stöckler, M. 1991. A short history of emergence and reductionism. In: Agazzi, E. (Hg.), The Problem of Reductionism in Science. Kluwer Academic Publishers, Dordrecht, Boston, London, S. 71–90.
Stone, A.J. 2008. Intermolecular potentials. Science 321: 787–789.
Stotz, K. 2005. Organismen als Entwicklungssysteme. In: Krohs, U.; Toepfer, G. (Hg.), Philosophie der Biologie. Suhrkamp, Frankfurt a. M., S. 125–143.
Stratmann, F. 1988. Zum Einfluss der Anthroposophie in der Medizin. Zuckschwerdt, München, Bern, Wien, San Francisco.
Streubel, T. 2008. Gehirn und Geist. Peter Lang, Frankfurt a. M., Berlin, Bern.
Strohman, R.C. 1997. The coming revolution in biology. Nat. Biotechnol. 15: 194–200.
Stuart, H.A.; Klages, G. 1984. Kurzes Lehrbuch der Physik. 10. Aufl. Springer, Berlin, Heidelberg, New York, Tokyo.
Suchantke, A. 2002. Metamorphose. Kunstgriff der Evolution. Verlag Freies Geistesleben, Stuttgart.
Suchantke A. 2012. Lesen im Buch der Natur: Wege zum Erfahren des Ätherischen. Verlag am Goetheanum, Dornach.
Suddendorf, T. 2013. The Gap. The Science of what separates us from other animals. Basic Books, New York.
Superbielle, E.; Sanchez, P.E.; Kravitz, A.V.; Wang, X.; Ho, K.; Eilertson, K.; Devidze, N.; Kreitzer, A.C.; Mucke, L. 2013. Physiologic brain activity causes DNA double-strand breaks in neurons, with exacerbation by amyloid-β. Nat. Neurosci. 16: 613–621.
Süsskind, M.; Thürmann, P.A.; Lüke, C.; Jeschke, E.; Tabali, M.; Matthes, H.; Ostermann, T. 2012. Adverse drug reactions in a complementary medicine hospital: a prospective, intensified surveillance study. Evid Based Complement Alternat Med 2012: 320760. doi:10.1155/2012/320760.
Tabali, M.; Ostermann, T.; Jeschke, E.; Witt, C.M.; Matthes, H. 2012. Adverse drug reactions for CAM and conventional drugs detected in a network of physicians certified to prescribe CAM drugs. J Manag Care Pharm 18(6): 427–438.
Thiel, M.T.; Findeisen, B.; Längler, A. 2011. Music therapy as part of integrative neona-

tology: 20 years of experience – 3 case reports and a review. Forsch Komplementärmed 18(1): 31 – 35. doi:10.1159/000323714.

Toepfer, G. 2005. Teleologie. In: Krohs, U.; Toepfer, G. (Hg.), Philosophie der Biologie. Suhrkamp, Frankfurt a. M., S. 36 – 70.

Tokuriki, N.; Tawfik, D.S. 2009. Protein Dynamism and Evolvability. Science 324: 203 – 208.

Tomasello, M. 1999. The Cultural Origins of Human Cognition. Harvard University Press, Cambridge, MA.

Tomasello, M. 2014. A Natural History of Human Thinking. Harvard University Press, Cambridge, MA.

Tonegawa, S. 1983. Somatic generation of antibody diversity. Nature 302: 575 – 581.

Torregrosa Paredes, P.; Gutzeit, C.; Johansson, S.; Admyre, C.; Stenius, F.; Alm, J.; Scheynius, A.; Gabrielsson, S. 2014. Differences in exosome populations in human breast milk in relation to allergic sensitization and lifestyle. Allergy 69(4): 463 – 471. doi:10.1111/all.12357.

Touitou, Y.; Haus, E. (Hg.). 1992. Biologic Rhythms in Clinical and Laboratory Medicine. Springer, Berlin, Heidelberg, New York.

Treichler, R. 1981 a. Der schizophrene Prozess. Beiträge zu einer erweiterten Pathologie und Therapie. Verlag Freies Geistesleben, Stuttgart.

Treichler, R. 1981 b. Die Entwicklung der Seele im Lebenslauf. Verlag Freies Geistesleben, Stuttgart.

Tretter, F. 2007. Gehirn-Geist-Debatte. Wissenschaftsphilosophische Probleme im Hinblick auf die Psychiatrie. Nervenarzt 78: 498 – 504.

Tröger, W.; Ždrale, Z.; Stanković, N.; Matijašević, M. 2012. Five-year follow-up of patients with early stage breast cancer after a randomized study comparing additional treatment with viscum album (L.) extract to chemotherapy alone. Breast Cancer (Auckl) 6: 173 – 180. doi:10.4137/BCBCR.S10558.

Tröger, W.; Galun, D.; Reif, M.; Schumann, A.; Stanković, N.; Milićević, M. 2013. Viscum album [L.] extract therapy in patients with locally advanced or metastatic pancreatic cancer: a randomised clinical trial on overall survival. Eur. J. Cancer 49(18): 3788 – 3797.

Tröger, W.; Ždrale, Z.; Tišma, N.; Matijašević, M. 2014 a. Additional Therapy with a Mistletoe Product during Adjuvant Chemotherapy of Breast Cancer Patients Improves Quality of Life: An Open Randomized Clinical Pilot Trial. Evid Based Complement Alternat Med 2014: 430518. doi:10.1155/2014/430518.

Tröger, W.; Galun, D.; Reif, M.; Schumann, A.; Stanković, N.; Milićević, M. 2014 b. Quality of life of patients with advanced pancreatic cancer during treatment with mistletoe: a randomized controlled trial. Dtsch Ärztebl Int 111(29 – 30): 493 – 502. doi:10.3238/arztebl.2014.0493.

Troxler, I. P. V. 1806. Einige Worte über die grassierende Krankheit und Arzneykunde im Kantone Luzern im Jahre 1806, Zug.

Troxler, I. P. V. 1808. Elemente der Biosophie. J.G. Feind, Leipzig.

Troxler, I. P. V. 1829. Logik. Die Wissenschaft des Denkens und Kritik aller Erkenntnis. 3 Bde. Cotta, Stuttgart, Tübingen.

Troxler, I. P. V. 1921. Blicke in das Wesen des Menschen. Nach der Erstausgabe Aarau 1812 neu hg. von H. E. Lauer. Der Kommende Tag AG, Stuttgart.

Troxler, I. P. V. 1925. Über das Leben und sein Problem. Nach der Erstausgabe von 1806 hg. von H. Kern und C. Bernoulli. Niels Kampmann, Celle.

Troxler, I. P. V. 1936. Fragmente. Erstveröffentlichung aus seinem Nachlasse. Hg. von Willi Aeppli. Troxler Verlag, Bern.

Troxler, I. P. V. 1942. Vorlesungen über Philosophie. Über Inhalt, Bildungsgang, Zweck und Anwendung derselben aufs Leben. Nach der Druckausgabe Bern 1835 neu hg. von F. Eymann. Troxler Verlag, Bern.

Troxler, I. P. V. 1944. Naturlehre oder Metaphysik. Nach der Erstausgabe 1828 neu hg. von Willi Aeppli. Troxler Verlag, Bern.

Valentini, A. 1991. Non-local correlations in quantum electrodynamics. Phys Lett A 153 (6–7): 321–325.

Van Cauter, E.; Leproult, R.; Plat, L. 2000. Age-related changes in slow-wave sleep and REM sleep and relationship with growth hormone and cortisol levels in healthy men. JAMA 284: 861–868.

van der Pompe, G.; Antoni, M.; Visser, A.; Garssen, B. 1996. Adjustment to breast cancer: the psychobiological effects of psychosocial interventions. Patient Educ Couns 28: 209–219.

van Deventer, M. 1992. Die anthroposophisch-medizinische Bewegung in den verschiedenen Etappen ihrer Entwicklung. Natura-Verlag, Arlesheim.

Vandercruysse, R. 1999. Die therapeutische Dimension des Denkens. Anthroposophische Aspekte zur Psychoanalyse. Edition Hardenberg. Verlag Freies Geistesleben, Stuttgart.

Vanzetta, I.; Grinvald, A. 1999. Increased cortical oxidative metabolism due to sensory stimulation: implications for functional brain imaging. Science 286: 1555–1558.

Verde, P.E.; Ohmann, C. 2015. Combining randomized and non-randomized evidence in clinical research: a review of methods and applications. Res Synth Methods 6(1): 45–62.

Verhulst, J. 1999. Der Erstgeborene. Mensch und höhere Tiere in der Evolution. Verlag Freies Geistesleben, Stuttgart.

Vogel, G. 1999. Many modes of transport for an embryo's signals. Science 285: 100–105.

Vogel, L. 1979. Der dreigliedrige Mensch. Morphologische Grundlagen einer allgemeinen Menschenkunde. Philosophisch-Anthroposophischer Verlag, Dornach.

Volkamer, K.; Streicher, C.; Walton, K.G. 1991. Intuition, Kreativität und ganzheitliches Denken. Sauer Verlag, Heidelberg.

Vollmer, G. 1987. Evolutionäre Erkenntnistheorie. Erkenntnisstrukturen im Kontext von Biologie, Psychologie, Linguistik, Philosophie und Wissenschaftstheorie. 4. Aufl. Hirzel, Stuttgart.

von Bertalanffy, L. 1970. Gesetz oder Zufall: Systemtheorie und Selektion. In: Koestler, A.; Smythies, J.R. (Hg.), Das neue Menschenbild. Die Revolutionierung der Wissenschaften vom Leben. Ein internationales Symposion. Fritz Molden, Wien, München, Zürich, S. 71–95.

von Bonin, D.; Grote, V.; Buri, C.; Cysarz, D.; Heusser, P.; Moser, M.; Wolf, U.; Laederach, K. 2014. Adaption of cardio-respiratory balance during day-rest compared to deep sleep – an indicator for quality of life? Psychiatry Res 219 (3): 638–644.

von Hagens, C.; Schiller, P.; Godbillon, B.; Osburg, J.; Klose, C.; Limprecht, R.; Strowitzki, T. 2012. Treating menopausal symptoms with a complex remedy or placebo: a randomized controlled trial. Climacteric 15(4): 358–367. doi:10.3109/13697137.2011.597895.

von Helmholtz, H. 1977. Über Goethes naturwissenschaftliche Arbeiten. In: Mandelkow, K.R. (Hg.), Goethe im Urteil seiner Kritiker. Beck, München, S. 412.

von Mackensen, M.; Schoppmann, R. 2001. Prozesschemie aus spirituellem Ansatz. Pädagogische Forschungsstelle Kassel, Kassel.

von Rohr, E.; Pampallona, S.; van Wegberg, B.; Cerny, T.; Hürny, C.; Bernhard, J.; Helwig, S.; Heusser, P. 2000 a. Attitudes and beliefs towards disease and treatment in patients with advanced cancer using anthroposophical medicine. Onkologie 23: 558–563.

von Rohr, E.; Pampallona, S.; van Wegberg, B.; Hürny, C.; Bernhard, J.; Heusser, P.; Cerny, T. 2000 b. Experiences in the realisation of a research project in anthroposophical medicine in patients with advanced cancer. Schweiz Med Wochenschr 130: 1173–1184.

von Uexküll, T.; Wesiak, W. 1998. Theorie der Humanmedizin. Grundlagen ärztlichen Denkens und Handelns. 3. Aufl. Urban & Schwarzenberg, München, Wien, Baltimore.

von Weizsäcker, C.F. 1986. Naturgesetz und Theodizee. In: Dürr, H.-P. (Hg.), Physik und Transzendenz. Scherz, Bern, München, Wien, S. 250–261.

von Zabern, B. 2002. Kompendium der ärztlichen Behandlung seelenpflegebedürftiger Kinder, Jugendlicher und Erwachsener. Erfahrungen und Hinweise aus der anthroposophischen Therapie. Edition Persephone. Medizinische Sektion am Goetheanum, Dornach.

Wachsmuth, G. 1924. Die ätherischen Bildekräfte in Kosmos, Erde und Mensch. Der Kommende Tag AG, Stuttgart.

Wachsmuth, G. (Hg.). 1926–1932. Gäa Sophia. Jahrbuch der Naturwissenschaftlichen Sektion der Freien Hochschule am Goetheanum. Bde. I–VI. Rudolf Geering Verlag in Basel, Dornach, Stuttgart, Basel.

Wachsmuth, G. 1965. Erde und Mensch. Ihre Bildekräfte, Rhythmen und Lebensprozesse. 3. Aufl. Philosophisch-Anthroposophischer Verlag, Dornach.

Walach, H. 2011. Placebo controls: historical, methodological and general aspects. Philos. Trans. R. Soc. Lond., B, Biol. Sci. 366(1572): 1870–1878. doi:10.1098/rstb.2010.0401.

Walach, H.; Falkenberg, T.; Fønnebø, V.; Lewith, G.; Jonas, W.B. 2006. Circular instead of hierarchical: methodological principles for the evaluation of complex interventions. BMC Med Res Methodol 2006; 6: 29.

Wälchli, C.; Baumgartner, S.; Bastide, M. 2006. Effect of low doses and high homeopathic potencies in normal and cancerous human lymphocytes: an in vitro isopathic study. J Altern Complement Med 12: 421–427.

Walter, H. 1955. Abnormitäten der geistig-seelischen Entwicklung in ihren Krankheitserscheinungen und deren Behandlungsmöglichkeiten. Verlag des Klinisch-Therapeutischen Instituts, Arlesheim.

Walter, H. 1966. Die sieben Hauptmetalle. Ihre Beziehungen zu Welt, Erde und Mensch. Philosophisch-Anthroposophischer Verlag am Goetheanum, Dornach.

Walter, H. 1971. Die Pflanzenwelt. Ihre Verwandtschaft zur Erden- und Menschheitsentwicklung. Versuch einer Pflanzensystematik als Verständigungsgrundlage für die Therapie. Natura-Verlag, Arlesheim.

Wandschneider, D. 2005. The Problem of Direction and Goal in Biological Evolution. In: Hösle, V.; Illies, C. (Hg.), Darwinism and Philosophy. University of Notre Dame Press, Notre Dame, IN, S. 196–215.

Weaver, W.; Shannon, C. E. 1949. The Mathematical Theory of Communication. University of Illinois Press, Urbana, IL.

Wegman, I. (Hg.). 1981. Natura. Eine Zeitschrift zur Erweiterung der Heilkunde nach geisteswissenschaftlicher Menschenkunde. Photomechanischer Nachdruck der 8 Bände von 1926–1940. Natura-Verlag, Arlesheim.

Wegman, I. (Hg.). 2000. Beiblätter der Zeitschrift Natura. Zusammenstellung der 1926–1936 erschienenen Einzelhefte «für die Mitglieder der medizinischen Sektion». Natura-Verlag, Arlesheim.

Weihs, T. J. 1971. Das entwicklungsgestörte Kind. Heilpädagogische Erfahrungen in der therapeutischen Gemeinschaft. Verlag Freies Geistesleben, Stuttgart.

Weiss, P. 1927. Potenzprüfung am Regenerationsblastem. I. Extremitätenbildung aus Schwanzblastem im Extremitätenfeld bei Triton. Wilhelm Roux Arch Entwickl Mech Org 111: 317–340.

Weiss, P. A. 1970. Das lebende System: Ein Beispiel für den Schichtendeterminismus. In: Koestler, A.; Smythies, J.R. (Hg.), Das neue Menschenbild. Die Revolutionierung der Wissenschaften vom Leben. Ein internationales Symposion. Fritz Molden, Wien, München, Zürich, S. 13–70.

Werthmann, P. G.; Sträter, G.; Friesland, H.; Kienle, G. S. 2013. Durable response of cutaneous squamous cell carcinoma following high-dose peri-lesional injections of Viscum album extracts – a case report. Phytomedicine 20(3–4): 324–327. doi:10.1016/j.phymed.2012.11.001.

Werthmann, P. G.; Helling, D.; Heusser, P.; Kienle, G. S. 2014. Tumour response following high-dose intratumoural application of Viscum album on a patient with adenoid cystic carcinoma. BMJ Case Rep 2014; pii:bcr2013203180. doi:10.1136/bcr-2013-203180.

Whitelegg, M. 2003. Goethean science: An alternative approach. J Altern Complement Mede 9: 311–320.

Widmer, M.; Lauer, H.E. 1980. Ignaz Paul Vital Troxler. Walter Kugler, Zug.

Wiener, N. 1948. Cybernetics. Wiley, New York.

Willmann, O. 1907. Geschichte des Idealismus. Bd. 2. Friedrich Vieweg, Braunschweig.

Wimmenauer, W. 1992. Zwischen Feuer und Wasser. Gestalten und Prozesse im Mineralreich. Urachhaus, Stuttgart.

Wirz, J. 1996. Schritte zur Komplementarität in der Genetik. Elemente der Naturwissenschaft 64: 37–52.

Wirz, J. 2000. Typusidee und Genetik. In: Heusser, P. (Hg.), Goethes Beitrag zur Erneuerung der Naturwissenschaften. Paul Haupt, Bern, Stuttgart, Wien, S. 313–336.

Wirz, J. 2008. Nicht Baukasten, sondern Netzwerk – die Idee des Organismus in Genetik und Epigenetik. Elemente der Naturwissenschaft 88: 5–21.

Witt, C.M. 2009. Efficacy, Effectiveness, Pragmatic Trials – Guidance on Terminology and the Advantages of Pragmatic Trials. Forsch Komplementärmed 16: 292–294.

Witt, C. M.; Bluth, M.; Albrecht, H.; Weisshuhn, T. E.; Baumgartner, S.; Willich, S.N. 2007. The in vitro evidence for an effect of high homeopathic potencies – A systematic review of the literature. Complement Ther Med 15: 128–138.

Wolf, U.; Wolf, M.; Heusser, P.; Thurneysen, A.; Baumgartner, S. 2011. Homeopathic Preparations of Quartz, Sulfur and Copper Sulfate Assessed by UV-Spectroscopy. Evid Based Complement Alternat Med 2011: 692798. doi:10.1093/ecam/nep036.

Wolff, O. 1990. Heilmittel für typische Krankheiten. Zu den von Rudolf Steiner methodisch neu konzipierten Heilmitteln. Verlag Freies Geistesleben, Stuttgart.

Wolff, O. 2013. Grundlagen einer geisteswissenschaftlichen Biochemie. 2. Aufl. Verlag Freies Geistesleben, Stuttgart.

Wolff, O.; Schürholz, J.; McKeen, T. 1990. Anthroposophische Medizin. Der Merkurstab Sonderheft: 24–27.

Wuketits, F. M. 1981. Biologie und Kausalität. Parey, Berlin, Hamburg.

Xie, Q.; Cvekl, A. 2011. The orchestration of mammalian tissue morphogenesis through a series of coherent feed-forward loops. J. Biol. Chem. 286(50): 43259–43271.

Zander, H. 2007. Anthroposophie in Deutschland. 2 Bde. Vandenhoeck & Ruprecht, Göttingen.

Zeller, E. 1908. Grundriss der Geschichte der griechischen Philosophie. 9. Aufl. O. R. Reisland, Leipzig.

Zerm, R.; Lutnæs-Mast, F.; Mast, H.; Girke, M.; Kröz, M. 2013. Effects of eurythmy therapy in the treatment of essential arterial hypertension: a pilot study. Glob Adv Health Med 2013; 2(1): 24–30. doi:10.7453/gahmj.2013.2.1.006. Erratum in: Glob Adv Health Med 2013; 2(2): 8. Zerm, Ronald.

Ziegler, R. 2000. Goethe und die Mathematik als Kulturfaktoren. In: Heusser, P. (Hg.), Goethes Beitrag zur Erneuerung der Naturwissenschaften. Paul Haupt, Bern, Stuttgart, Wien, S. 457–486.

Ziegler, R. 2014. Vorbedingungen und Konsequenzen der Fragefähigkeit des Menschen: Erkenntniswissenschaft als Grundlage von Natur- und Geisteswissenschaft. In: Heusser, P.; Weinzirl, J. (Hg.), Rudolf Steiner. Seine Bedeutung für Wissenschaft und Leben heute. Schattauer, Stuttgart, S. 42–50.

Ziegler, R.; Richter, R.; Spengler Neff, A.; Wirz, J. 2015. Biologische Evolution als Erscheinungsentwicklung. Elemente der Naturwissenschaft 103: 41–115.

Zinke, J. F. 2003. Luftlautformen sichtbar gemacht. Sprache als plastische Gestaltung der Luft. Hg. von Rainer Patzlaff. Verlag Freies Geistesleben, Stuttgart.

Zürcher, E.; Schlaepfer, R.; Conedera, M.; Guidici, F. 2010. Looking for differences in wood properties as a function of the felling date; lunar phase-correlated variations in the drying behavior of Norway spruce (Picea abies Karst.) and sweet chestnut (Castanea sativa Mill.). Trees 24: 31–41.

Eugen Kolisko | Martin Rozumek (Hg.)

Hypothesenfreie Chemie

«Hypothesenfreie Chemie»
im Sinne der Geisteswissenschaft,
der Atomismusstreit 1922/23
und Rudolf Steiners Stellung zum Atomismus

Das vorliegende Buch vereinigt die kommentierte Neuausgabe dreier Vorträge Eugen Koliskos über «Hypothesenfreie Chemie» mit einer Studie über den «Atomismusstreit» in der Zeitschrift «die Drei» und die Stellung Rudolf Steiners zum Atomismus in seinem Spätwerk. In den 1920er Jahren entstehen neue, noch heute anregende naturwissenschaftliche Forschungsansätze im Sinne Goethes und der Anthroposophie, so von Kolisko für die Chemie. Sie vereint eine antiatomistische Grundhaltung. Steiner begrüßt zugleich den Aufbruch in der Naturwissenschaft des frühen 20. Jahrhunderts. – Ihre bedenkenswerten Argumente und seine differenzierte Position werden nachgezeichnet, u.a. in einer bibliografischen Untersuchung über Atomismus und Phänomenologie im Werk Steiners ab 1917. Ersichtlich werden Steiners Haltung Neuem gegenüber und das von ihm intendierte Verhältnis von phänomenologischer Naturwissenschaft und anthroposophischer Forschung.

336 Seiten, kartoniert, ISBN 978-3-7235-1480-1

Jan Christopher Göschel

Der biografische Mythos als pädagogisches Leitbild

Transdisziplinäre Förderplanung
auf Grundlage der Kinderkonferenz
in der anthroposophischen Heilpädagogik

Als Antwort auf den zweckrationalen Instrumentalismus einer positivistischen Behindertenpädagogik entwickelt der Autor aus den transdisziplinären Anlagen der anthroposophischen Heilpädagogik einen Förderplanungsansatz, der das Leitmotiv der individuellen Biografie als integrales Prinzip der kindlichen Lebenswelt erschließt. Dieser «biografische Mythos» wird als Leitbild für ein pädagogisches und therapeutisches Handeln gesetzt, das der Integrität der sich entwickelnden Biografie verpflichtet ist. Dies geschieht in einem sozial-künstlerischen dialogischen Prozess, der in der gelebten Begegnung der Teilnehmer mit dem Kind verankert ist und den wesentlichen biografischen Themen und Motiven in einem bildhaft-narrativen «Motivbild» einen intersubjektiv nachvollziehbaren Ausdruck gibt. Unter Einbezug von Elementen der Phänomenologie, der Hermeneutik, der Erzähl- und Bildtheorie sowie der kontemplativen Geisteswissenschaft schafft der Autor eine erkenntnistheoretische und methodologische Grundlage sowie einen Leitfaden zur praktischen Gestaltung transdisziplinärer Förderplanungsprozesse in heil- und behindertenpädagogischen Arbeitszusammenhängen.

Reihe: Edition Anthropos, Band 1

372 Seiten, kartoniert, ISBN 978-3-7235-1460-3

Verlag am Goetheanum

Friedwart Husemann

ANTHROPOSOPHISCHE
MEDIZIN

Ein Weg zu den heilenden Kräften

Mit diesem nun um drei Kapitel erweiterten Grundlagenwerk anthroposophischer Medizin legt Friedwart Husemann nach 40 Jahren ärztlicher Tätigkeit sein Lebenswerk vor. Anhand von Krankengeschichten werden allgemeine Erkenntnisprinzipien der anthroposophischen Medizin entwickelt und geprüft. Der Autor praktiziert damit nicht nur eine erweiterte Menschenkunde, sondern zeigt auf den unterschiedlichsten Gebieten den Weg zu einer rationellen Therapiefindung auf. Der weite Bogen der Darstellung reicht von Arzneimittelbildern über Lebensberatung in der Hausarztpraxis, Heileurythmie, seelischen Übungen zur Gesundheitsstärkung über methodische Leitlinien der goetheanistischen Forschung bis zum Heilungsimpuls des Lukasevangeliums und einer Reform des Medizinstudiums heute. Eine Bereicherung für jeden Fachkollegen und eine Lesefreude für alle, denen eine anthroposophisch erweiterte Medizin am Herzen liegt. Zur Erklärung der Fachausdrücke ist ein Glossar beigefügt.

392 Seiten, gebunden, ISBN 978-3-7235-1418-4